# DAS GROSSE BUCH VOM RENOVIEREN

## Das aktuelle Standardwerk zum Neugestalten und Verschönern von Haus und Wohnung

MOEWIG

Bildnachweis: bfc Eckermeier 236–244, 246–249, 266–267; Lars Dalsgaard 82–84, 100–104, 120–122, 342–349; Danebrock 215–217; Erich H. Heimann 36–43, 350–355; Knauf 126; Fa. Wagner-Solar 306–308; alle übrigen Abbildungen sowie Umschlagfotos Redaktion selbst ist der Mann, Köln
Abo-Service **selbst ist der Mann**: Tel. 01 80/5 30 14 17

© Heinrich Bauer Spezialzeitschriften Verlag KG, Hamburg
© für die Buchausgabe by
VPM Verlagsunion Pabel Moewig KG, Rastatt
Redaktion: Hans Altmeyer, Angela Altmeyer, Lutz Mannschott
Umschlaggestaltung: Werbeagentur Zeuner, Ettlingen
Printed in Germany
ISBN 3-8118-1366-8

# Inhalt

## Kapitel 1: Farbe und Tapeten



## Kapitel 2: Bodenbeläge



## Kapitel 3: Trockenausbau



## Kapitel 4: Verputzen

## Kapitel 5: Ausbau mit Profilholz und Leisten



## Kapitel 6: Bau-Elemente montieren und warten



## Kapitel 7: Bäder renovieren und modernisieren



## Kapitel 8: Dachausbau



## Kapitel 9: Haustechnik



## Kapitel 10: Küchen renovieren und modernisieren

Kapitel 1

# Farbe und Tapeten

**Anstreichen und Tapezieren sind die häufigsten Heimwerker-Arbeiten. Wir zeigen Ihnen, wie Sie mit der richtigen Technik und ein wenig theoretischem Wissen Ihre Wohnung modern und ansprechend gestalten können**

## INHALT

*Geschafft! Für diese schön strukturierte Wand brauchten wir nur Farben, Spachtel und etwas Mut*

### Gestalten mit Farben

# Tolle Wände

*Fast hatte die Tapete sie verdrängt: Die traditionellen Malertechniken. Jetzt sind sie wieder voll im Trend. Wir zeigen, wie solche Wandkunst entsteht*

Wer ‚Rauhfaser, weiß' für den Gipfel der Wandgestaltung hält, wird den folgenden Seiten wenig abgewinnen können. Wer allerdings schon lange von Wohnzimmerwänden in Spachteltechnik oder vom zart gestupften Schlafzimmer träumt und sich nur nie an die Ausführung herangewagt hat, der sollte sich unsere Beispiele genauer ansehen: Sie könnten nämlich alle unter dem Motto „kleiner Aufwand – großer Effekt" stehen. Tatsächlich ist hier kaum mehr Geschick erforderlich als etwa fürs Tapezieren. Und gegenüber dem Griff zur Tapete schlagen gleich drei Vorteile zu Buche: Erstens ist die dekorative Wand aus dem Farbeimer wesentlich preiswerter. Zweitens haben Sie bei Farb- und Musterwahl völlig freie Hand. Und last not least ist Ihre Wand am Ende ein echtes Unikat.

Ein kleiner Tip nebenbei: Alle vorgestellten Techniken lassen sich auch mit wasserlöslichen Acrylfarben realisieren – also etwa zur Gestaltung von Möbelfronten oder sonstigen Holz-Oberflächen.

Möbel & Accessoirs: Yellow Möbel, Köln

## Die Spachteltechnik

Für die Spachtelmalerei eignen sich die preiswerten Japanspachtel. Für größere Flächen kann man auch einen Federspachtel (rechts) benutzen

Wer auch immer die Idee hatte, Farbe statt mit Pinsel oder Rolle einfach einmal mit einem Spachtel aufzutragen – er schuf eine Technik, die sich seit Jahrhunderten vor allem in der Kunstmalerei großer Beliebtheit erfreut. Wichtig für ein gelungenes Ergebnis sind hochwertige, relativ dickflüssig eingestellte Farben und ein elastischer Spachtel. Bei der Farbwahl sollten Sie berückschtigen, daß die letzte Schicht eindeutig dominiert (sofern man hier nicht eine leicht verdünnte Farbe aufträgt, die den Untergrund noch durchschimmern läßt). Vor allem von der Grundschicht „blitzen" nur noch die Spachtelkanten durch, so daß man hier ruhig ein wenig Mut zum Kontrast beweisen kann. Lassen Sie jede Schicht gut durchtrocknen, bevor Sie mit dem nächsten Auftrag beginnen: Vor allem die durch den Spachtel erzeugten Farbwülste müssen durch und durch ausgehärtet sein, damit sie bei den nachfolgenden Arbeiten nicht verletzt werden.

**TIP** **Probieren geht über Studieren**

Bevor Sie sich endgültig für Farbtöne und Technik entscheiden, sollten Sie auf einer starken Pappe oder wie hier einem Plattenreststück mehrere Muster anfertigen. Erstens können Sie so Ihre Farbwahl noch einmal überprüfen, zweitens bekommen Sie schon einmal ein Gefühl für die Handhabung des jeweiligen Werkzeugs. **TIP**

1 Auf die glatte (!) und mit verdünnter Farbe grundierte Fläche werden die einzelnen Farbschichten in gegenläufigen Viertelkreisbewegungen so ...

2 ... aufgezogen, daß die durch die Spachtelkante erzeugten Farbwülste gleichmäßig über die Fläche verteilt sind. Dazu taucht man den Spachtel ...

3 ... einfach in die Farbe ein. Wie dick Sie die Farbe auftragen, ist Sache des Fingerspitzengefühls: Hier wurde die letzte Schicht fest abgezogen, ...

4 ... so daß die darunterliegende noch grün durchschimmerte. Der abschließende Glanzüberzug macht die Oberfläche zugleich strapazierfähiger

## Sparen Sie nicht an der Farbe!

Die nur *wischfesten* Leimfarben bleiben aufgrund ihres Bindemittels (Leim) auch nach der Trocknung wasserlöslich und sind deshalb für hochwertige Wandanstriche ungeeignet. Auch *waschfeste* Dispersionsfarben sind problematisch: für sie gibt es nämlich keine genormten Mindestanforderungen. Je nach Marke muß man hier mit erheblichen Qualitätsunterschieden rechnen. Auf Nummer sicher gehen Sie, wenn Sie eine Dispersionsfarbe mit der Kennzeichnung *waschbeständig (bzw. scheuerbeständig) nach DIN 53778* kaufen. Sie kann mit Vollton-Abtönfarben eingefärbt werden. Im Fachhandel erhalten Sie allerdings auch nach Ihren Wünschen maschinell abgetönte Farben.

Sofortmischsystem nach Farbtonkarte: Diesen Service findet man im Fachhandel

Wer seine Farben selbst mischen will, sollte Vollton-Abtönfarben verwenden. Praktisch: Die Banderole mit den Farbton-Abstufungen

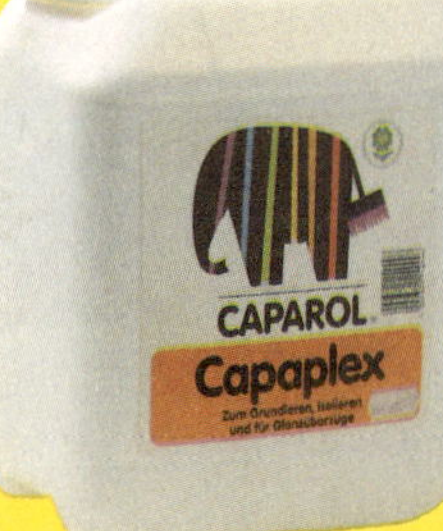


Zur Grundierung und für Glanzüberzüge gibt es ganz speziell auf Dispersionsfarben abgestimmte Produkte

1

*Bei dieser Variante wurden auf eine farbig grundierte Wand mit dem Wickeltuch weitere Farben aufgebracht*

## Die Wickeltechnik

Für diese traditionsreiche Technik braucht man Geduld und – im wahrsten Sinne des Wortes – Fingerspitzengefühl. Aber die Mühe lohnt sich! Als Auftragsmittel eignen sich alle Arten von Tüchern: Neben dem hier eingesetzten Kunstleder kann man auch grobe Stoffe verwenden, die die aufgewickelte Farbe noch einmal zusätzlich strukturieren. Bevor Sie ans Werk gehen, sollten Sie die Technik ein wenig einüben. Es kommt entscheidend darauf an, daß Sie Ihr Auftragstuch unverkrampft im Griff haben. Wickeln Sie stets von oben nach unten: Die Schwerkraft erleichtert die Tuchführung entscheidend. Wichtig für einen gleichmäßigen Farbauftrag ist, daß Sie Ihr Tuch nach jedem Eintauchen von überschüssiger Farbe befreien, bevor Sie an der Wand arbeiten. Die Wickeltechnik – ob mit Farbe oder transparent – eignet sich besonders gut zur nachträglichen Gestaltung eintöniger Flächen, auch auf Rauhfaser- oder Prägetapeten.

### TIP Test für alte Farbanstriche

Altanstriche aus Leim- oder Kalkfarben taugen nicht als Haftgrund: Sie müssen mit Quast oder Wurzelbürste abgewaschen werden. Ob andere Altanstriche noch in Ordnung sind, kann man mittels Gitterschnitt und Klebeband prüfen: Nach dem Abziehen darf keine oder kaum Farbe auf dem Band sein. Andernfalls muß der Altanstrich mit einem Spachtel oder ähnlichem entfernt werden. Empfehlenswert bei solchen Problemuntergründen ist in jedem Fall ein zusätzlicher Voranstrich mit Tiefengrund.

TIP

*Zum Wickeln geeignet: Kunstledertuch oder grobe Baumwolle: Letztere gibt dem Farbauftrag zusätzlich Struktur*

1

*Das Kunstledertuch so falten, daß keine glatten Flächen entstehen, und rundum mit Farbe benetzen. Bevor Sie an die Wand gehen, muß die …*

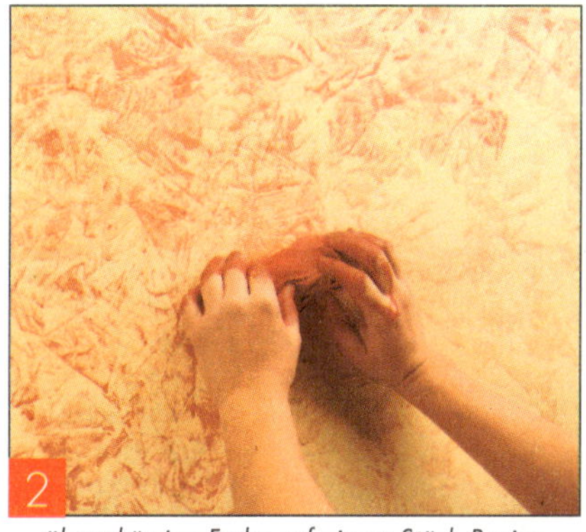

2

*… überschüssige Farbe auf einem Stück Papier oder Pappe abgewickelt werden. Das Tuch locker halten und zwischen den Fingern „rollen“ lassen*

1

*Am besten arbeitet man mit einer solchen Schale. Der zum Anstrichsystem gehörende Glanzüberzug wird hier unverdünnt verarbeitet. Alternativ ...*

2

*... können Sie auch einen Acryllack verwenden. Man kann in geraden Bahnen arbeiten, aber auch kreuz und quer – immer jedoch von oben nach unten*

**2**

*Die zweite Variante: Die einfarbig gestrichene Wand wird mit einem speziellen Glanzüberzug „eingewickelt"*

# Damit alles glatt geht ...

... sollten Sie den Wanduntergrund sorgfältig vorbereiten. Vor allem für die Spachtel- und Marmoriertechnik muß die zu bearbeitende Fläche absolut eben sein: Ideal in dieser Hinsicht ist natürlich eine mit Gipskartonplatten verkleidete Wand, wenn Sie die Fugen sorgfältig (in mehreren Schritten mit Zwischenschliff) verspachtelt haben. Fugen, bei denen die Plattenkanten nicht abgerundet sind, sollten zusätzlich mit einem eingespachtelten Gewebeband überdeckt werden.
Kleinere Schadstellen oder Unebenheiten in verputzten Wänden lassen sich mit Füllspachtelmassen ausgleichen.
Bei größerflächigen Unebenheiten empfiehlt sich das Aufziehen eines Flächenspachtels mit der Glättkelle. Auch hier sind meist mehrere Arbeitsschritte mit Zwischen- und Endschliff erforderlich.
Nach den Spachtelarbeiten sollten Sie die gesamte Fläche mit verdünnter Dispersionsfarbe vorstreichen.

*Die Stöße der Gipskartonflächen verspachteln. Bei Plattenstößen mit geschnittenen Kanten ein Gewebeband einlegen*

*Einen idealen Haftgrund für die hier vorgestellten Techniken erzielen Sie durch einen flächendeckenden Auftrag einer mit 10% Wasser verdünnten Dispersionsfarbe*

*Kleinere Schadstellen in verputzten Wänden können mit Füllspachtel repariert werden*

*Falls sich an Ihrer Wand großflächige Unebenheiten zeigen, hilft nur das Aufziehen eines Flächenspachtels mit der Glättkelle*

## Das Marmorieren

*Das brauchen Sie für die Lasur: Terpentin, Leinöl, Trockenfarbe, Sikkativ, ein Mischgefäß und einen Ringpinsel*

Wie wäre es mit Marmor an der Wand? Oder einer Marmorsäule? Kein Problem! Wer die Technik des Marmorierens beherrscht, braucht dafür nur ein paar Mark auszugeben. Die Fotos unten zeigen die einzelnen Arbeitsschritte. Zwar erfordert es schon etwas Übung, um die Marmorstruktur täuschend echt nachzuahmen, dafür haben Sie bei dem hier vorgestellten Verfahren aber auch reichlich Zeit und Gelegenheit zum Probieren: Unsere Lasur läßt sich nämlich mit etwas Terpentin immer wieder anlösen und sogar abwaschen, so daß eigentlich gar nichts schiefgehen kann. Die Prozedur mit Terpentin, Lappen und Pinseln können Sie beliebig oft wiederholen. Die Lasurstreifen, die Sie zunächst aufmalen, sollten eine Orientierung haben, sie können jedoch ruhig verschieden dick und ganz unregelmäßig verteilt sein. Bei den abschließenden Arbeitsgängen mit Ring- und Borstenpinsel können Sie ruhig auch noch eine weitere Farbe ins Spiel bringen (z. B. Gold wie bei unserer Säule). Bei der Arbeit mit der leicht entzündlichen Lasur sollten Sie den Raum gut lüften und in jedem Fall Handschuhe tragen.

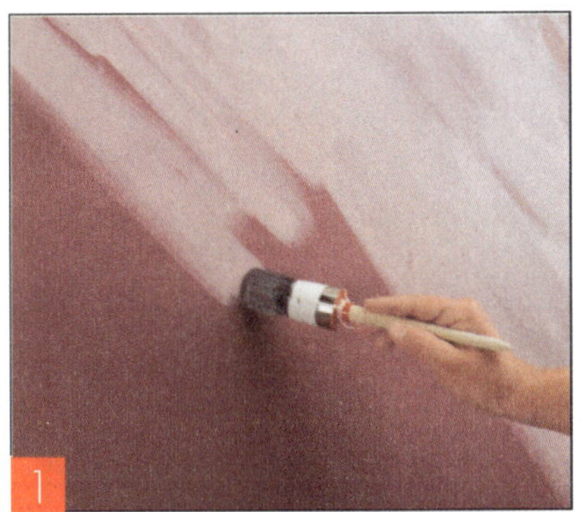

1 *Die mit Dispersionsfarbe und dem auf Seite 10 vorgestellten Transparentüberzug grundierte Fläche streifenweise mit der Lasur bestreichen*

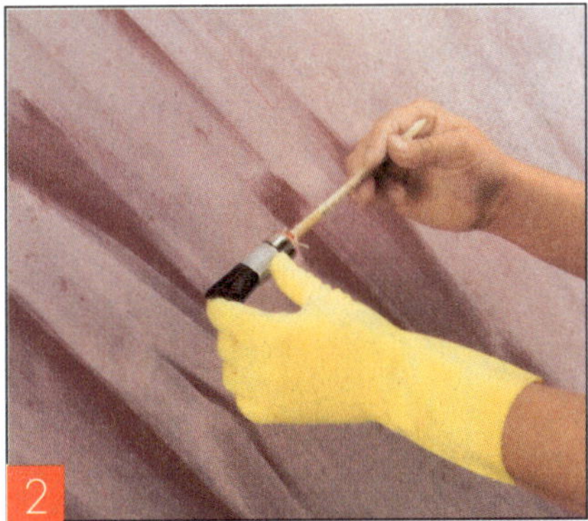

2 *Dann die Streifen mit einem Baumwolltuch etwas verwischen, mit Terpentin beträufeln und wieder verwischen. Diesen Arbeitsgang wiederholen Sie, ...*

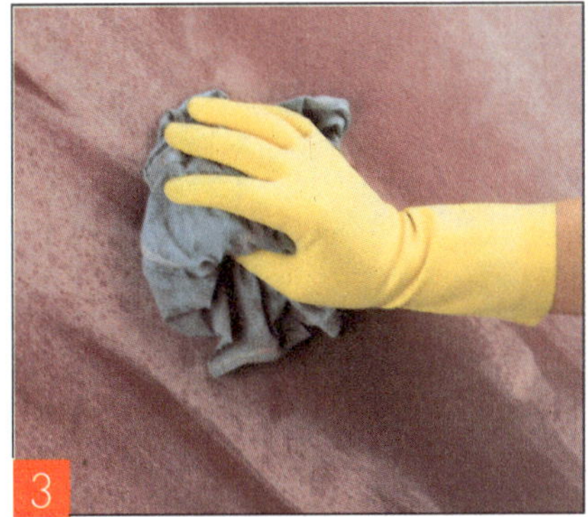

3 *... bis die Lasur sich als ein unregelmäßiger, streifiger Nebel auf der Fläche verteilt hat. Dabei ruhig auch immer wieder neue Lasurstreifen auftragen*

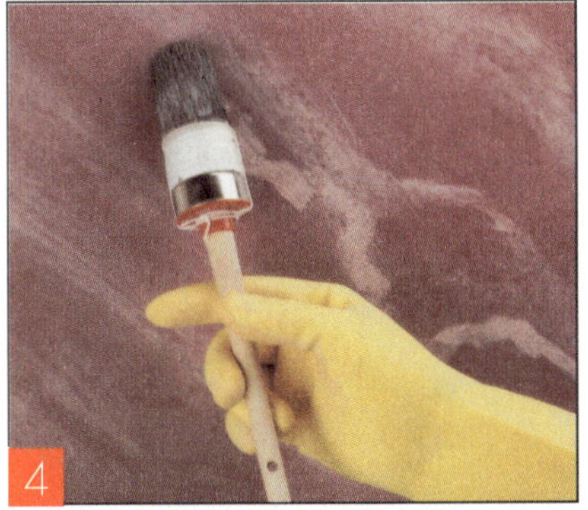

4 *Danach zeichnen Sie mit dem Ringpinsel einige unregelmäßig gebrochene Streifen ein, zum Teil – wie oben zu sehen – mit „Augen". Dann mit ...*

5 *... einem 2-mm-Borstenpinsel feine Adern aufmalen. Zum Schluß nochmals Terpentin aufspritzen. Nach dem Trocknen wird das Ganze lackiert*

### Hier das Rezept für unsere Speziallasur

Die Grundsubstanz der zum Marmorieren erforderlichen Lasur besteht je zur Hälfte aus Leinöl und Terpentin (bzw. Terpentinersatz). Da sie sehr ergiebig ist, brauchen Sie in der Regel nur ein kleines Döschen oder Glas anzumischen. Dazu gibt man einen Spritzer eines Sikkativs (Trockenhilfe) und rührt dann Trockenfarbe ein, bis sich der gewünschte Farbton einstellt (für unsere Wand haben wir oxydrotes und weißes Farbpulver gemischt). Damit die Farbe nicht läuft, können Sie zum Schluß noch etwas Kreidepulver zugeben. Die einzelnen Materialien erhalten Sie im Fachhandel für Maler- oder Künstlerbedarf.

## Wand mit Patina

*Für den Klosterputz-Effekt braucht man nur etwas Quarzsand in die Dispersionsfarbe einzurühren*

*Sie trägt scheinbar die Spuren vergangener Jahrhunderte: Dabei wurde unsere Wand gerade erst fertiggestellt*

Aus neu mach alt: Bei unserem nächsten Beispiel haben wir einen angewitterten Klosterputz imitiert. Eine solche Wand paßt ganz sicher nicht in jede gute Stube, aber man kann mit Ihr zum Beispiel eine rustikale Kellerbar zaubern oder in einer modern gestalteten Wohnung Kontraste setzen. Die Klosterputzoptik erzielen Sie, indem Sie ganz normaler Dispersionsfarbe so viel Quarzsand zugeben, daß sie eine dickflüssige, sämige Konsistenz hat. Diese Mischung tragen Sie dann mit einem Flächenstreicher (Quast) in leichten Kreisbewegungen kreuz und quer auf, bis sich das gewünschte Oberflächenbild ergibt. Nun können Sie der Fläche mit einer ganz einfachen Lasur die entsprechende „Patina" verleihen. Sie besteht aus dem auf Seite 10 gezeigten Transparentüberzug, der mit einem passenden Erdton leicht abgetönt wurde. Wie stark der Patinaeffekt hervortreten soll, ist Geschmackssache. Ebenso natürlich die Farbausläufer, die wir bei unserer Musterwand bewußt belassen haben. Haben Sie zuviel des Guten getan, können Sie die Lasur mit etwas Wasser auch wieder abwaschen.

1 *Unser Putz-Imitat besteht aus einfacher Dispersionsfarbe und etwas Quarzsand. Sie wird in Kreisbewegungen etwas unregelmäßig verteilt*

2 *Die Lasur haben wir aus dem Transparentüberzug (Seite 10) und einer Abtönfarbe hergestellt. Auch sie wird mit dem Quast verstrichen*

## Effektfarben und -lasuren

Dekorativ gestaltete Wände sind nicht nur mit handwerklichen Malertechniken herzustellen: Es gibt im Fachhandel auch eine Reihe von Effekt-Farben, die durch eine spezielle Rezeptur gewissermaßen von ganz alleine interessante Muster erzeugen. Zwei dieser Systeme haben wir rechts abgebildet.

Das obere Produkt ist eine transparente Wandfarbe mit farbigen Chips, die einfach auf einen weißen oder abgetönten Dispersions-Farbanstrich aufgerollt werden kann. Zwei oder mehrere Schichten mit verschiedenfarbigen Chips verstärken dabei den Effekt.

Das unten gezeigte Zweikomponenten-System besteht aus einer Grundfarbe für den Erstanstrich und einer speziellen Effektfarbe, die aufgerollt und anschließend mit einem sogenannten „Flapper" bearbeitet wird. Die sich ergebende Farbstruktur ähnelt dem Muster, das man bei der Wickeltechnik erzielt.

Zum Schluß kann man durch einen speziellen Transparentanstrich Glanzgrad und Oberflächenschutz erhöhen.

*Farbige Chips in einer glasklaren Acrylbeschichtung: Mit dieser Effektfarbe lassen sich einfarbige Wandflächen beleben*

*Das Zweifarben-System „Duette" bietet eine ganze Reihe optimal aufeinander abgestimmter Strukturbilder*

## Die Tupftechnik

Säule und Wand mit Tupfen. Die Säule ist übrigens ein einfaches Abwasserrohr

*Fürs Tupfen oder Stupfen braucht man nur Farbe und einen Naturschwamm*

Neben dem Spachteln und Wickeln gehört auch das Tupfen zu den traditionellen Malertechniken, die zur Zeit eine regelrechte Renaissance erleben. Die schönsten Oberflächenbilder erzielt man mit Naturschwämmen. Solche Schwämme sind zwar nicht ganz billig, dafür aber auch äußerst strapazierfähig und viele Male verwendbar: Die Anschaffung lohnt sich also. Das Tupfen oder Stupfen ist recht einfach und auch für den ungeübten Laien problemlos beherrschbar. Achten Sie darauf, daß Sie die überschüssige Farbe nach dem Aufnehmen gut abtupfen. Wenn Sie mit zuviel Farbe auf der Wand arbeiten, bilden sich leicht häßliche Kleckse, die kaum noch zu korrigieren sind. Falls Sie mehrere Farben auftupfen wollen, empfiehlt es sich, mit dem kräftigsten Ton zu beginnen, weil Sie dann kleine Fehler noch übertupfen können. Drücken Sie den Schwamm nur ganz leicht auf und achten Sie darauf, daß Sie nicht auf der Wand verrutschen. Die Säule, die übrigens aus einem ganz gewöhnlichen Kunststoff-Abwasserrohr mit betoniertem Fuß besteht, haben wir nach der Tupfarbeit noch mit dem bereits mehrfach vorgestellten Transparentüberzug versehen: So erzielt man einen zarten Seidenglanz, was vor allem bei sehr glatten Untergründen gut aussieht. Das Tupfen eignet sich auch für Rauhfaser- und Prägetapeten.

*Die Farbe nimmt man am besten von einem Stück Papier oder Pappe auf. Bevor Sie auf der Wand arbeiten, muß der Schwamm jeweils gut abgetupft ...*

*... werden. Beim Stupfen sollten Sie den Schwamm ständig etwas verdrehen und auch nicht in Längs- oder Querreihen arbeiten*

## Muster auf der Walz

Zur kreativen Wandgestaltung gibt es nicht nur Effektfarben, sondern auch Spezialwerkzeuge wie dieses „Roll-Art"-Auftragsgerät mit auswechselbaren Musterwalzen. Zahlreiche Muster und Bildmotive stehen zur Wahl. Das Auftragsgerät wird einfach mit Farbe befüllt (hier mit einem wasserverdünnbaren Acryl-Lack), dann setzen Sie die Farbgebungswalze und die jeweilige Musterwalze ein, und schon geht's los. Die verschiedenen Strukturen können flächendeckend oder nur in abgeklebten Teilbereichen aufgerollt werden. Ebenso können Sie Möbel oder sogar Stoffe passend zum Wandmuster gestalten. Besondere Effekte erzielt man auch durch den leicht versetzten Auftrag einer zweiten Farbe.

*Etwas Übung vorausgesetzt, können Sie mit einer solchen Musterwalze auch große Flächen im Handumdrehen gestalten*

## Die Wischtechnik

*Auch für dieses Verfahren kann man einen Naturschwamm benutzen*

Eine recht flott von der Hand gehende und deshalb auch für größere Flächen geeignete Technik ist das Wischen mit einem Naturschwamm: Allerdings braucht man hierfür etwas Geschick und ein gutes Auge: Allzuschnell werden sonst beim Auftragen aus den zarten Linien unschöne Bögen. Streichen Sie locker aus der Schulter, drücken sie den Schwamm gleichmäßig auf und wischen Sie keine zu langen Streifen. Ganz entscheidend fürs Gelingen ist bei dieser Technik auch die Einstellung der Farbe: Sie sollte mit viel Wasser verdünnt werden. Auch hier müssen Sie den Schwamm nach dem Aufnehmen der Farbe sorgfältig ausstreichen (am besten geht das auf einem großen Stück Papier oder Pappe). Farbkleckse oder sonstige Fehler lassen sich nur schwer wieder „ausbügeln". Ganz nach Geschmack und Zeit können Sie eine oder auch mehrere Farben auftragen. Bei unserer Beispielwand haben wir ein helles Grün und und einen mittleren Grauton gewählt. Aber auch stärker kontrastierende Farbkombinationen sehen gut aus. Neben dem von uns eingesetzten Naturschwamm kann man zum Wischen auch einen Quast oder Flächenstreicher verwenden. Damit ergibt sich allerdings ein deutlich groberes Oberflächenbild. Auch diese Technik eignet sich gut zur nachträglichen Gestaltung einfarbig gestrichener Rauhfaser- oder Prägetapeten. □

*In der Wischtechnik gestaltete Wände passen zu modernen wie traditionellen Möbeln*

1

*Die sehr wässrig eingestellte Farbe wird in Streifen aufgewischt: Je nach Wunsch können Sie senkrecht, waagerecht oder auch diagonal über die ...*

2

*... Fläche streichen. Dabei darf der vorher gut ausgestrichene Schwamm nur ganz leicht und vor allem gleichmäßig angedrückt werden*

## Schichtarbeit mit Rolle

Die hier gezeigte Technik ist auch für Ungeübte kein Problem; und Sie benötigen nichts als eine Schaumstoffrolle. Unsere recht „wilde" Beispielwand wurde durch die Überlagerung dreier stark kontrastierender Farben – rot, orange, hellgrau – gestaltet. Man kann in gleicher Technik jedoch auch sehr harmonisch und edel wirkende Strukturen erzielen, wenn man – zumindest für die beiden letzten Schichten – nahe beieinander liegende Farbtöne wählt und das Muster am Ende mit einem Glanzüberzug versieht. Probieren Sie es doch einfach mal aus. Dieses Verfahren eignet sich übrigens auch zur Gestaltung von Rauhfaser- und Prägetapeten.

*Überraschend einfach – einfach überraschend: In drei versetzten Schichten wurden kleine Rechtecke aufgerollt*

# Altbauwohnung renovieren

## Umwelt-freundlich abbeizen

*as Vorherfoto zeigt, in wel-em Zustand sich die Tür rher befand, und im Detail . . .*

Dieses hochherrschaftliche Türprachtstück mußte man ganz einfach erhalten. Es steckte eine gehörige Portion Arbeit dahinter, aber wie zu sehen ist, hat sich der Aufwand gelohnt.

Die neue Generation der Abbeizer besteht aus Produkten, die dem ständig wachsenden Umweltbewußtsein der Käufer entgegenkommt. Auch hier ist die Anwendung denkbar einfach: Das gelartige Mittel gut umrühren und mit einem Pinsel satt auftragen. Da es keine agressiven Chemikalien enthält, wirkt es langsamer als herkömmliche Produkte. Die Einwirkungszeit richtet sich nach den zu lösenden Lacken und beträgt je nach deren Zusammensetzung zwei bis acht Stunden. Danach können Sie die gelösten Farbschichten mit dem Spachtel abtragen. Wenn nötig, müssen Sie diesen Vorgang wiederholen. Anschließend die behandelten Holzteile mit klarem Wasser gründlich abwaschen.

Nach dem Durchtrocknen der behandelten Türen und natürlich auch der Rahmen füllen oder glätten Sie Unebenheiten mit Holz- oder Universalspachtel.

Sollten einige Profilleisten fehlen oder stark beschädigt sein, können Sie sie sorgfältig durch neue ersetzen. Abgebrochene Ecken oder Kanten innerhalb der Profile kann man mit Reparaturspachtel nachmodellieren.

Bevor Sie nun die Grundierung für den neuen Anstrich auftragen, müssen Sie die abgebeizten Türen und Rahmen noch fein schleifen. □

*. sehen Sie, daß die Rückseite gar mit Pappe vernagelt war*

1 *Den Abbeizer gut umrühren und mit einem Flachpinsel satt auftragen*

2 *Nach sechs bis acht Stunden Einwirkzeit läßt sich die alte Farbe mit dem Spachtel abtragen*

*Erneut aufgetragen, löst der Abbeizer die restlichen Farbrückstände*

4 *Eine Ziehklinge ist zum Farbablösen in den unterschiedlichen Profilen sehr hilfreich*

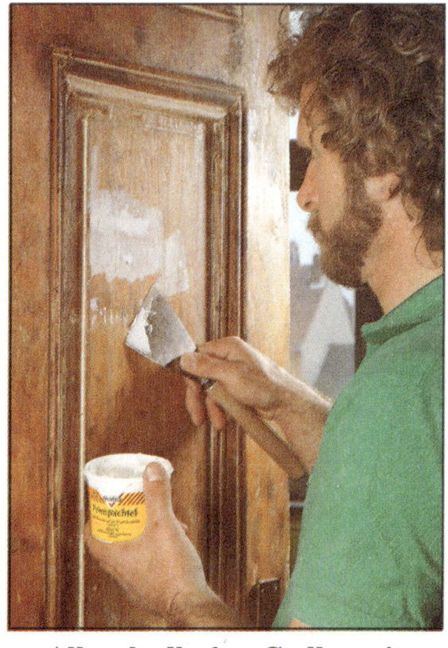

5 *Alle schadhaften Stellen mit Spachtelmasse ausbessern*

# Pinsel & Farbroller

*Damit bei Ihren Farbkompositionen keine Mißtöne aufkommen, stellen wir Ihnen das komplette Streichorchester vor: Vom Ringpinsel, der hierzulande immer noch die erste Geige spielt, bis zum flächendeckenden Farbroller*

## Borsten (Besteckung)

Die Borste hat die Aufgabe, Farbe möglichst gleichmäßig an den zu beschichtenden Gegenstand abzugeben. Neben der Schweinsborste, die sich durch ihren nierenförmigen und konisch zulaufenden Schaft sowie ihrem gesplißten Ende (Fahne) seit jeher bestens bewährt hat, kommen heute auch unterschiedliche Kunstfasern zum Einsatz

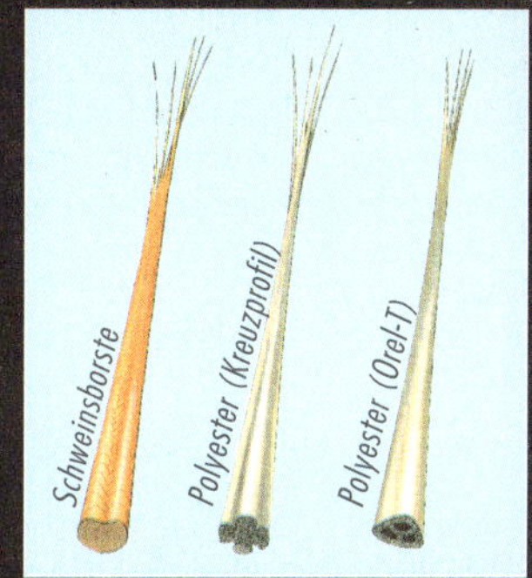


Wie Schweinsborsten verfügen hochwertige Polyesterfasern über profilierte und konisch zulaufende Schäfte

## ...ohlraum

...diesem „Vorrats-...er" wird Farbe ...schengespeichert

## ...orken

...tzhalter für ... Hohlraum. ... Ringpin-...n meist aus ...k, sonst ... Holz oder ... Pappe

## Vorband

Der Korken, der bei Qualitäts-Ringpinseln den Hohlraum zur Farblagerung schafft, treibt die Borsten auseinander. Um dem entgegenzuwirken, wird meist ein Faden bis kurz über die Höhe des Korkens gewickelt. Besonders langborstige, hochwertige Pinsel haben einen oder zwei Knoten in diesem Vorband. So kann es bei Verschleiß der Borsten teilweise abgetrennt werden. Natürlich muß man dann auch den Korken entsprechend kürzen

Bei guten Ringpinseln läßt sich das Vorband (aus Hanffaden, Metall oder Kunststoff) stufenweise entfernen

## Zwinge

Die Zwinge umschließt die sogenannte Vulkanisationsmasse, in der die Pinselborsten vergossen sind. Traditionell besteht die Zwinge aus Blech, das sich ohne weitere Behandlung (2) jedoch als ziemlich rostanfällig erweist. Um die Haltbarkeit der Zwinge und damit auch des Pinsels zu erhöhen, verwendet man entweder nichtrostende Materialien wie Kunststoff (1) oder Edelstahl (4), oder man vernickelt bzw. vermessingt das Zwingenblech (3)

Entscheidend für die Rostanfälligkeit einer Zwinge ist ihr Material bzw. die Oberflächenbehandlung

## Stiel

Die Form des Griffs richtet sich nach der Art des Pinsels: ein wendiger Rundstiel für den Ringpinsel, ein griffiger Profilstiel für den Flachpinsel

Ein Pinsel hat ja fast schon etwas Unanständiges. Nicht nur, daß es sich bei den Borsten meist um eine ausgemachte Schweinerei handelt – nämlich um das Haar dieses häuslichen Nutztiers. Zu allem Überfluß wurzelt der Begriff Pinsel auch noch im lateinischen „Peniculus" und damit in Bereichen, über die des Sängers Höflichkeit beflissen schweigt. Trotz alledem werden Pinsel natürlich nicht unterm Ladentisch gehandelt. Im Gegenteil: Zu Abertausenden gehen sie über die Theke, um unsere Welt ein Stückchen bunter zu gestalten. Dieser Bericht handelt von den Arbeitern dieses Metiers, den Malerpinseln.

## TECHNIK

Wichtigster Bestandteil eines jeden Pinsels ist die Borste. Sie sollte im wesentlichen steif, aber elastisch sein und das Auftragsmaterial gut halten können. Alles Eigenschaften, die Schweinehaare von Natur aus mitbringen. Wie die Haare aller Säugetiere bestehen Schweinsborsten aus dem widerstandsfähigen Naturstoff Keratin. Ihr nierenförmiger Querschnitt verleiht ihnen eine ausgezeichnete Elastizität. Der Schaft verläuft konisch und endet in drei bis vier einzelnen Fasern. Diese sogenannte Fahne ermöglicht eine gleichmäßige Verschlichtung

# Technik-Lexikon

des Farbauftrags. Und nicht zuletzt sorgt die feinschuppige Oberfläche dafür, daß die Farbe gut anhaftet.
Natürlich gleicht auch im Falle der Schweinsborste kein Haar dem anderen, so daß es hier wesentliche Qualitätsunterschiede gibt. Zum Beispiel eignen sich Borsten freilebender Schweine für die Pinselherstellung ganz besonders gut, weil sie steifer und widerstandsfähiger sind als die Haare ihrer arrestierten Artgenossen. Auch sind in allen industrialisierten Ländern die Schweine so gezüchtet worden, daß sie immer weniger Borste abwerfen. So kommen heute die meisten (ca. 90%)

*Breite Auftragsarbeiter: Fußboden-Streichbürste zum Aufbringen von Siegellacken und Ausgleichsmassen*

*Strichzieher, Rotmarder-Schlepper, Borst-Gussow-Pinsel und Co.: Feinpinsel für den Kunstmaler*

*Halten sich nicht bei Haarspaltereien auf: Billigprodukte mit Schaumstoffzungen als Streichmedium*

## PINSEL

und besten Borsten aus China. Nun sind Naturstoffe in ihrer unberechenbaren Verfügbarkeit für den Hersteller eines Massenprodukts immer ein wenig suspekt. Hinzu kommt, daß Schweinsborsten in Wasser ein wenig aufquellen, was mit dem Aufkommen der wasserverdünnbaren Farben und Lacke zu Problemen

**TIP Worauf man beim Kauf eines Pinsels achten sollte**

Prüfen Sie, ob die Borsten gleichmäßig geformt sind und sich elastisch, aber nicht weich anfühlen. Die Enden dürfen sich nur leicht spreizen, wenn man den Pinsel in die Handfläche drückt. Die unsaubere Verarbeitung von Zwinge und Vorband sind Alarmzeichen!
Erfahrene Malermeister fahren ihren Pinsel regelrecht ein. Das ist natürlich nur bei hochwertigen Pinseln sinnvoll, die nach Gebrauch sorgfältig gereinigt und gepflegt werden. Dazu gehört vor allen Dingen, daß man sie nicht auf den Borsten stehend aufbewahrt. **TIP**

## Haar um Haar: Borsten unter der Lupe

*Schwarze Chinaborsten: Sie stammen meist aus dem Erzeugergebiet Tientsin in China. Borsten aus dieser Gegend gelten als besonders hochwertig*

*Weiße Chinaborsten: Steife Naturborste mit guten Streicheigenschaften. Wird aus optischen Gründen oft noch gebleicht*

*Graue Chinaborsten: Wie das schwarze und graue Schweinshaar eine ausgezeichnete Borste für Pinsel*

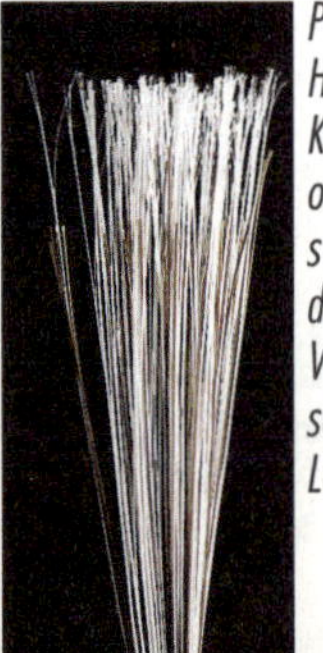

*Polyesterfasern: Hochwertige Kunststoffaser, oft konisch geschliffen. Besonders geeignet zur Verarbeitung wasserverdünnbarer Lacke und Farben*

*Polyamid (Nylon, Hitzebes und säur Faser. W Deckenb häufig b mischt o alleine v*

# Streichorchester in großer Besetzung

**Ringpinsel**
Zum Lackieren von glatten und kantigen Flächen mittlerer Größe (z.B. Türen und Fenster), für Korrosionsschutzanstriche usw.
1 Naturborste
2 Nylonfaser (Abbeiz-Ringpinsel)
3 Polyesterfaser
4 Ovalpinsel
5 Französischer Lackier-Ringpinsel: für exakte Beschneidearbeiten (Exakter Ab- oder Anschluß von Farbflächen)

**Flachpinsel**
Für das Aufbringen von Lacken und Lasuren auf größere Flächen
6 Naturborste
7 Nylonfaser (Abbeiz-Flachpinsel)
8 Polyesterfaser

**Winkelpinsel (Heizkörperpinsel)**
Zum Lackieren schwer zugänglicher Flächen (Nischen in Räumen und an Fassaden, Heizkörper, Maschinen usw.)
9 schwarze Chinaborste
10 Polyesterfaser
11 Chinaborste

**Plattpinsel (Strichzieher)**
Für Linier- und Dekorarbeiten
12 schwarze Chinaborste

**Flächenstreicher u. Deckenbürsten**
Zur Beschichtung großer Flächen: Grundierungen, Imprägnierungen, Makulaturanstriche, Betonlasuren usw., die nicht mit der Farbrolle ausgeführt werden können

**Flächenstreicher:**
13 Chinaborste; Kunststoffassung; metallfrei (Beizvertreiber)
14 Chinaborste

**Deckenbürsten:**
15 helle Chinaborste (Kleisterbürste)
16 schwarze Chinaborste
17 graue Chinaborste
18 Naturfaser (Abbeiz- und Kalkbürste)

**Sonstige Pinsel**
19 Leimpinsel
20 Fensterpinsel
21 Malerabstäuber

*Silverprenborsten: Preiswerte, lösungsmittelbeständige PP-Faser. Auch zum Auftragen von Tiefgrund und ähnlichen Materialien geeignet*

*Polymexborsten (Myhalon): Polyesterbasierter Nachfolger der PVC-Faser. Einsatz bei preiswerten Pinseln und Bürsten. Nicht lösungsmittelfest*

*PVC-Borsten: Nicht mehr hoffähig, da bei Verbrennung Dioxin freigesetzt wird. Früher bei billigen Deckenbürsten verwendet. Nicht lösungsmittelfest*

*Naturfaser (Fiber): Gegen aggressive Mittel (Tiefgrund u.ä.) beständige pflanzliche Faser. Einsatz bei preiswerten Abbeiz- und Kalkbürsten*

# Technik-Lexikon

führt. Es hat daher nicht an Versuchen gefehlt, synthetischen Ersatz für das Schweinehaar zu entwickeln. Neben preiswerten Alternativen wie Fasern aus PVC oder Polyamid wurden auch hochwertige Kunstborsten geschaffen, die in Form und Aufbau dem natürlichen Vorbild sehr nahe kommen (Silvertrip von Storch, Orel-T von Wistoba). Für „Wegwerfpinsel" ist dieser Aufwand sicher etwas übertrieben, aber auch bei einfacheren Kunstborstenpinseln für Malerarbeiten sollte man darauf achten, daß die Enden der Fasern geschlitzt sind.

*Wandstreicher: Bei dem Streichssystem „Pinty" sorgt eine Kissen mit Mohairauflage für bunte Ergebnisse*

## ROLLER

Wenn es darum geht, größere Flächen zu beschichten, wird man meist zum Farbroller greifen. Die Geschichte dieses relativ einfachen, aber äußerst wirkungsvollen Werkzeugs beginnt in den dreißiger Jahren, als finnische Maler herausfanden, daß eine Textilwalze viel Farbe aufnehmen kann, die sie beim Abrollen auf einer Fläche wieder gleichmäßig verteilt.
Aus diesen Anfängen entwickelte sich im Laufe der Zeit die Lammfellrolle, die dann Anfang der fünfziger Jahre auch in Deutschland fabrikmäßig hergestellt wurde. Obwohl inzwischen eine Vielzahl anderer Bezüge auf

*Streichkissen der Firma Lehnartz: Hier versuchen sich Fiberfasern am gleichmäßigen Farbauftrag*

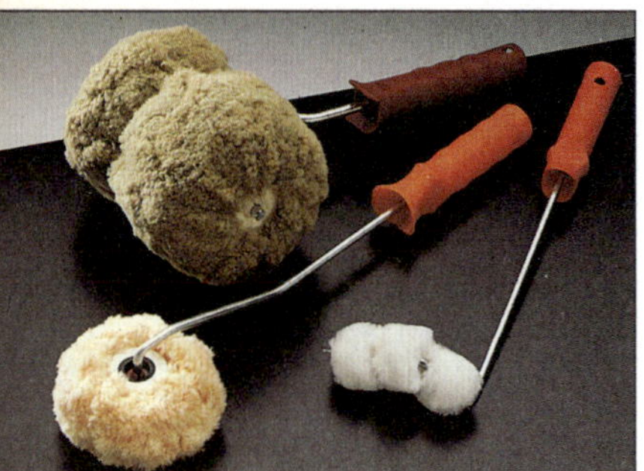

*Roller für spezielle Fälle: Zum Streichen von gewelltem Material, von Ecken, Rohren und Rundungen*

*Farbroller mit eingebautem Vorratstank und einstellbarer Farbzufuhr: „Roll-Rocket" von Lehnartz*

*Kunst von der Rolle: Für das Auftragsgerät „Roll-Art" von Storch gibt´s über 20 Musterrollen*

## Das paßt: Farben, Lacke, Pinsel

| Anstrichmittel | Eigenschaften | Pinselborste | Pinsel reinigen |
|---|---|---|---|
| **Acryl-Lacke** | wasserlöslich (wasserverdünnbar); erkennbar am blauen Umweltengel | Polyester-borsten (Kunststoff-borsten) | gut ausstreichen (auf Zeitungspapier) und dann in Wasser ausspülen |
| **Alkydharz-Lacke Alkydharz-Lasuren** | stark lösemittelhaltig; sehr strapazierfähig | Naturborsten | Gut ausstreichen und dann in Testbenzin, Terpentin oder Pinselreiniger (Hautkontakt vermeiden!) durchwalken |
| **Nitro-Zellulose-Lacke** | Für stark strapazierte Holzoberfläche | Naturborsten | Gut ausstreichen und in Nitro-Verdünnung (Hautkontakt vermeiden!) durchwalken |
| **Beizen** | wasserbasiert | Polyesterborsten (Kunststoffborsten) | Gut ausstreichen und dann in Wasser ausspülen |
| **Dispersions-farbe** | wasserlöslich | Naturborsten, Farbroller | Gut ausstreichen und dann in Wasser ausspülen |

*Schutzblech für saubere Kanten: Mit dem Fensterroller erübrigt sich das Abkleben von Flächen*

*Der Fensterpinsel von Wistoba: Durch die dreieckige Form werden Beschneidearbeiten erleichtert*

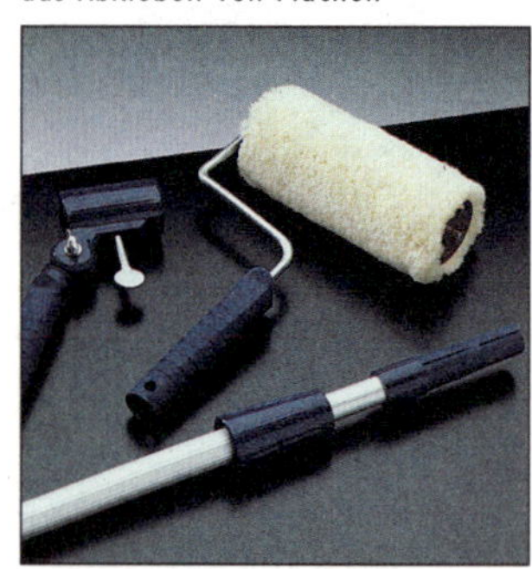

*Für Farbrollen, die hoch hinaus müssen: Stufenlos verstellbarer Teleskopstab und Winkelaufsatz*

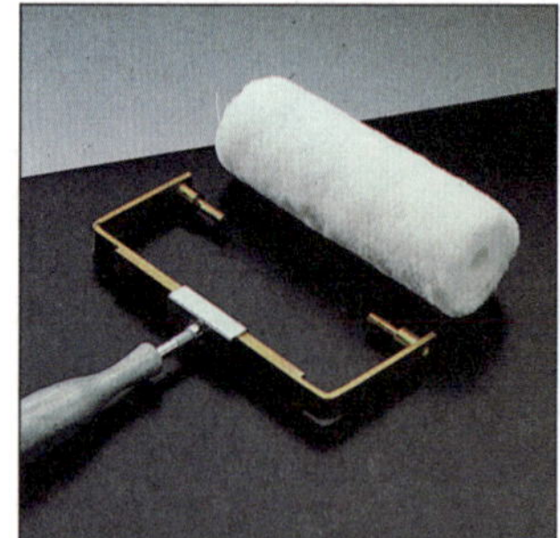

*Spurverbreiterung nach Maß: Der zweischenklige Rollerbügel paßt sich unterschiedlichen Farbwalzen an*

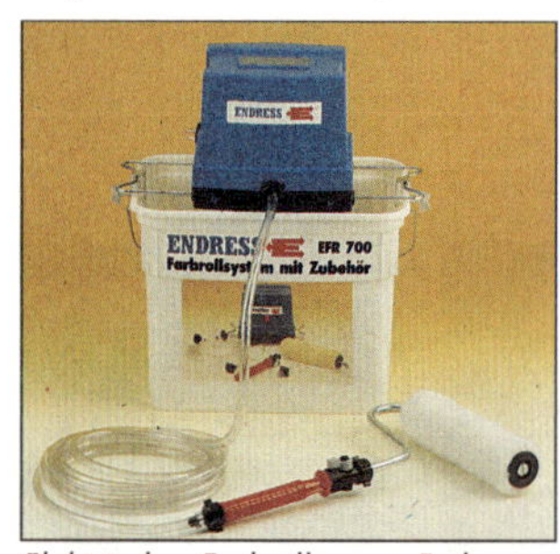


*Elektrischer Farbroller von Endress: Das Aggregat wird einfach auf den jeweiligen Farbeimer gesetzt*

*Wagner hat auch den Pinsel elektrifiziert: Die tragbare, batteriebetriebene Pumpe sorgt für Farbnachschub*

**TIP**

**Rolle im Frischhaltebeutel**

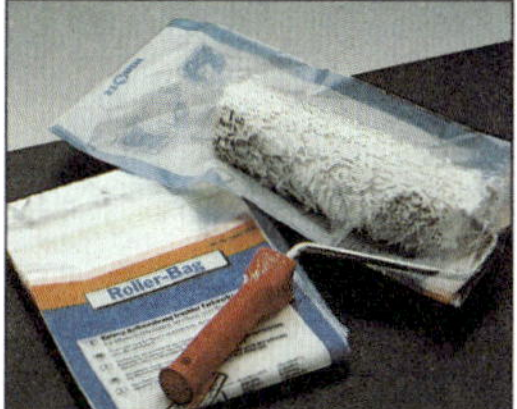

Wenn Sie die Anstricharbeiten für kurze Zeit (etwa für einen Tag) unterbrechen, sollten Sie sich und der Umwelt die wasserintensive Farbrollenreinigung ersparen. Die Rolle einfach in einen Plastikbeutel stecken und diesen möglichst dicht verschließen. Sogar bis zu mehreren Wochen bleibt das Arbeitsgerät frisch, wenn Sie es komplett in einen Beutel einpacken. **TIP**

## Merino Lammfell

*Naturprodukt. Bester Bezug für Spitzenfarbroller. Sehr hohe Quadratmeterleistung*

## Girpaint Multicolor

*Polyamid-Webware (Perlon). Hohe Quadratmeterleistung. Lösungsmittelbeständig*

## Girpaint Blaufaden

*Wie Girpaint Multicolor, aber niedrigere Florhöhe*

## Malaflor

*Webware, verbessertes Perlonmaterial. Ansprechende Quadratmeterleistung*

## Malaplüsch

*Polyester-Wirkware. Sehr saugfähig. Wie alle vorgenannten Bezüge für wasserlösliche Farben im Innen- und Außenbereich sehr gut geeignet*

## Moltopren fein

*Polyesterschaum mit feiner Porung. Zum Beschichten, Versiegeln und problemlosen Lackieren*

## Moltopren mittel

*Polyesterschaum mit mittlerer Porung. Zum Strukturieren von Lack- und Spachtelmassen bestens geeignet*

## Moltopren grob

*Polyesterschaum mit grober Porung. Dieser meistverkaufte Strukturroller eignet sich sehr gut für rustikale Wandstrukturen*

## Moltopren gebrannt

*Polyesterschaum mit gebrannter Porung. Beim Aufbringen von Rollputz und Spachtelmasse ergibt sich eine Erbslochstruktur*

## Mohair

*Ziegenhaar. Borstenähnliche, lösungsmittelfeste Oberfläche. Zum blasenfreien Lackieren (auch von PE-Harz)*

## Velour

*Wollplüsch. Ähnlich wie Mohair, jedoch nicht für die Polyesterharz-Verarbeitung geeignet*

*Pumpe mit langer Leitung: Elektrische Farbroller erleichtern zwar das Auftragen der Farbe, erfordern aber hinterher meist eine langwierige Reinigung*

den Markt kamen, gilt das Lammfell nach wie vor als erste Wahl für hochwertige Farbroller. Es erreicht Spitzenwerte im Farbaufnahme- und Farbhaltevermögen und hinterläßt auf der Fläche eine äußerst feine Struktur. Andererseits benötigt dieses anspruchsvolle und doch relativ empfindliche Naturprodukt besonders sorgfältige Pflege. Strapazierfähiger erweisen sich Bezüge aus Perlon oder Nylon, die ebenfalls sehr gute Streicheigenschaften bieten. Allerdings stellt sich auch hier wie bei den Pinseln die Frage, ob man als Gelegenheitsanwender zu den hochwertigen Anstreichwerkzeugen greifen muß. Angesichts des hohen Wasserverbrauchs bei der Reinigung sollte man vielleicht auch einmal (billige) Einwegroller benutzen.

# Farben & Lacke

*Eine bunte Umgebung ist nicht nur eine Sache des Gemüts, sondern oft auch technische Notwendigkeit: Anstriche schützen Bauteile vor Sonne, Wind, Regen und anderen zerstörerischen Elementen. Mit welchen Mitteln und Rezepten sie ihren Aufgaben allerdings am besten gerecht werden, darüber streiten sich die Geister*

Lacke sind ins Gerede gekommen. In Zeiten, in denen immer offensichtlicher wird, daß der hemmungslose Raubbau an der Natur am Schluß auch die Lebensgrundlage des Menschen in Frage stellt, sind es vor allem die Lösemittel im Lack, die dem umweltbewußten Anwender Kopfschmerzen bereiten.

Diese Substanzen, die bei konventionellen Anstrichmitteln einen Anteil von 50 bis über 70 Prozent ausmachen, verduften im wahrsten Sinne des Wortes während und nach der Anwendung in die Atmosphäre, wo sie wesentlich zum Treibhauseffekt beitragen. Leider lassen sich organische Lösemittel aber nicht ohne weiteres aus Lacken und Farben verbannen. Schließlich verhindern sie, daß die Filmbildner vorzeitig eine Verbindung mit den Pigmenten eingehen.

Es liegt aber nahe, statt der problematischen Kohlenstoffverbindungen einen harmloseren Stoff als Lösemittel einzusetzen: Wasser.

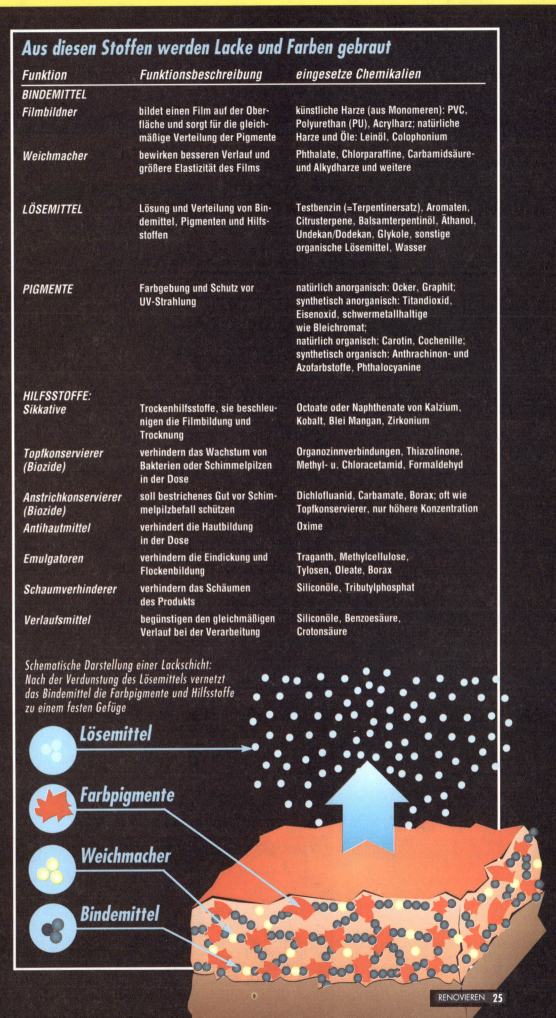

## Aus diesen Stoffen werden Lacke und Farben gebraut

| Funktion | Funktionsbeschreibung | eingesetze Chemikalien |
|---|---|---|
| BINDEMITTEL | | |
| Filmbildner | bildet einen Film auf der Oberfläche und sorgt für die gleichmäßige Verteilung der Pigmente | künstliche Harze (aus Monomeren): PVC, Polyurethan (PU), Acrylharz; natürliche Harze und Öle: Leinöl, Colophonium |
| Weichmacher | bewirken besseren Verlauf und größere Elastizität des Films | Phthalate, Chlorparaffine, Carbamidsäure- und Alkydharze und weitere |
| LÖSEMITTEL | Lösung und Verteilung von Bindemittel, Pigmenten und Hilfsstoffen | Testbenzin (=Terpentinersatz), Aromaten, Citrusterpene, Balsamterpentinöl, Äthanol, Undekan/Dodekan, Glykole, sonstige organische Lösemittel, Wasser |
| PIGMENTE | Farbgebung und Schutz vor UV-Strahlung | natürlich anorganisch: Ocker, Graphit; synthetisch anorganisch: Titandioxid, Eisenoxid, schwermetallhaltige wie Bleichromat; natürlich organisch: Carotin, Cochenille; synthetisch organisch: Anthrachinon- und Azofarbstoffe, Phthalocyanine |
| HILFSSTOFFE: | | |
| Sikkative | Trockenhilfsstoffe, sie beschleunigen die Filmbildung und Trocknung | Octoate oder Naphthenate von Kalzium, Kobalt, Blei Mangan, Zirkonium |
| Topfkonservierer (Biozide) | verhindern das Wachstum von Bakterien oder Schimmelpilzen in der Dose | Organozinnverbindungen, Thiazolinone, Methyl- u. Chloracetamid, Formaldehyd |
| Anstrichkonservierer (Biozide) | soll bestrichenes Gut vor Schimmelpilzbefall schützen | Dichlofluanid, Carbamate, Borax; oft wie Topfkonservierer, nur höhere Konzentration |
| Antihautmittel | verhindert die Hautbildung in der Dose | Oxime |
| Emulgatoren | verhindern die Eindickung und Flockenbildung | Traganth, Methylcellulose, Tylosen, Oleate, Borax |
| Schaumverhinderer | verhindern das Schäumen des Produkts | Siliconöle, Tributylphosphat |
| Verlaufsmittel | begünstigen den gleichmäßigen Verlauf bei der Verarbeitung | Siliconöle, Benzoesäure, Crotonsäure |



Schematische Darstellung einer Lackschicht: Nach der Verdunstung des Lösemittels vernetzt das Bindemittel die Farbpigmente und Hilfsstoffe zu einem festen Gefüge

So einleuchtend dieser Gedanke auch ist, so schwierig ist seine Umsetzung. Schließlich wird von Farben und Lacken in der Regel gefordert, daß sie im Endzustand eben nicht wasserlöslich sind. Den Ausweg aus diesem Dilemma brachten Emulgatoren. Das sind Zusatzstoffe, die die Wasserlöslichkeit der an sich wasserfesten Bindemittel übergangsweise ermöglichen. Dieser Kunstgriff funktioniert inzwischen so gut, daß sich der Gebrauchswert von „Wasserlacken" kaum noch von dem der konventionellen Anstrichmittel unterscheidet. Lediglich in den Verlaufseigenschaften und der Haftung auf rohem Holz müssen kleine Abstriche gemacht werden, da die Filmbildner hier als größere Bausteine vorliegen und damit nicht so tief in kleinste Poren eindringen können. Mit dem Fortfall organischer Lösemittel ist bei

**TIP**

### Farbe auf Pump

Lacke in Spraydosen vereinfachen Auftrags-Arbeiten ungemein: Man erspart sich das lästige Hantieren mit Pinsel oder Lackrolle und vor allen Dingen die Verunstaltung der frisch gestrichenen Fläche durch ausgefallene Borsten. Doch das Lackieren auf die bequeme Tour hat auch seine Nachteile: Mit dem Sprühnebel gelangt das gesamte Spektrum der Lackbestandteile in die Atemluft und gefährdet auf diesem Wege Ihre Gesundheit. Darüber hinaus belastet ein großer Teil des Lacknebels auch die Umwelt

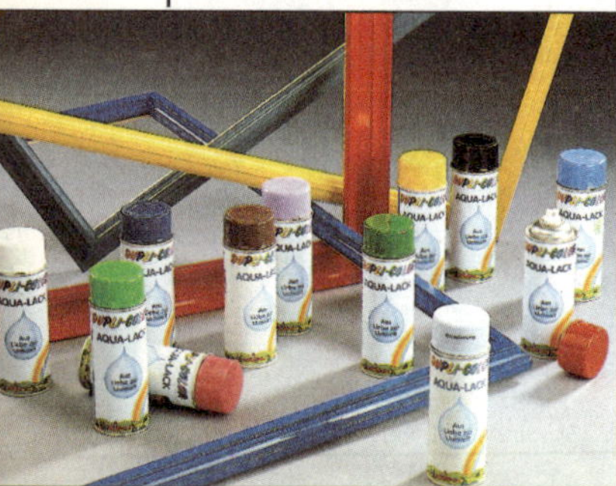

*Wenn schon Lackspray, dann sollten Sie einen wasserbasierten und FCKW-freien Typ wählen!* **TIP**

## Konventionelle Lacke

Mit konventionellen Lacken sind hier jene Anstrichmittel gemeint, die einen hohen Anteil an organischen Lösemitteln enthalten. Diese Stoffe stehen nicht nur im Verdacht, die Gesundheit zu gefährden, sondern belasten vor allem in hohem Maße die Umwelt: Die Lösemittel verdampfen während und nach der Anwendung in die Atmosphäre, wo sie unter UV-Einstrahlung in umweltgefährdende Zwischenprodukte zerlegt werden. Immerhin gelangten Anfang der achtziger Jahre alljährlich etwa 350000 bis 500 000 t organische Lösemittel aus Farben und Lacken in die Umwelt.

*Bei Lacken mit hohem Lösemittelanteil liegen die Bestandteile als kleinste Moleküle vor. Daraus resultieren die guten Verlaufseigenschaften dieser Lacke*

*Pigmente: Hier kommen unterschiedliche Stoffe zum Einsatz. Höchst bedenklich sind die früher üblichen Zink- und Bleichromate*

*Hilfsstoffe: Manche Lacke enthalten Biozide als Anstrichkonservierer. Zumindest für Innenräume sollte man auf diese Lacke verzichten*

*Lösemittel: Hohe Konzentrationen an organischen Lösemitteln belasten Umwelt und Gesundheit*

*Bindemittel: Neben synthetischen Harzen als Filmbildner zählen hierzu ggf. auch Weichmacher*

*Konsequent ökologisch: Die Firma Auro liefert diese Natur-Wandfarbe in einem Mehrwegbehälter. Die Rückgabe des Eimers wird mit 6 Mark vergütet*

## Naturfarben

Zunehmendes Umweltbewußtsein und – zuweilen nicht unbegründetes – Mißtrauen in die Produkte der chemischen Großindustrie haben den Herstellern von Naturharzlacken und -farben einen regelrechten Boom beschert. Deren Produkte greifen meist auf Rezepturen aus der Zeit vor der industriellen Lackherstellung zurück. Als Filmbildner und Weichmacher kommen dabei natürliche Harze und Öle zum Einsatz. Diese Stoffe benötigen ebenfalls einen hohen Gehalt an Lösemitteln. Die sind zwar hier natürlichen Ursprungs (Balsamterpentinöl, Zitrusschalenöle) und daher nicht umweltschädigend, dafür aber mitunter gesundheitsbelastend

# Wasserverdünnbare Lacke

Nachdem immer offensichtlicher wurde, daß der hohe Gehalt an Lösemitteln aus ökologischer und gesundheitlicher Sicht nicht befriedigend ist, entwickelte die Industrie Lacke, die weitestgehend ohne organische Lösemittel auskommen. Wie bei den konventionellen Rezepturen besteht das Bindemittel auch hier aus Kunststoffen. Nur sind sie diesmal nicht echt gelöst, sondern zu größeren Bausteinen zusammengefaßt, die wiederum in Wasser fein verteilt (dispergiert) sind. Aufgrund dieser grundlegende Technik spricht man hier auch von Dispersionslacken.

*In wasserverdünnbaren Lacken sind die Filmbildner nicht gelöst. Sie liegen als gröbere Bausteine vor, die durch Emulgatoren wasserlöslich gehalten werden*

*Pigmente. Bei Dispersionslacken kommen die gleichen Pigmente zum Einsatz, die auch bei lösemittelhaltigen Anstrichmitteln für Farbe sorgen*

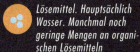

*Hilfsstoffe. Da Mikroorganismen im wässrigen Milieu besonders gut gedeihen, sind hier kleine Mengen an Biozid erforderlich*

*Lösemittel. Hauptsächlich Wasser. Manchmal noch geringe Mengen an organischen Lösemitteln*

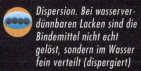

*Dispersion. Bei wasserverdünnbaren Lacken sind die Bindemittel nicht echt gelöst, sondern im Wasser fein verteilt (dispergiert)*

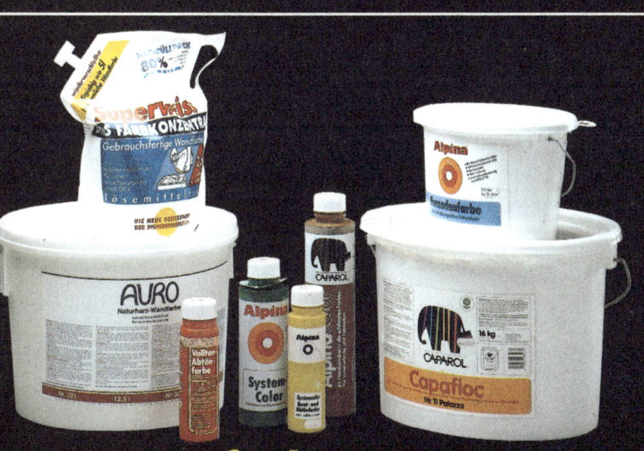

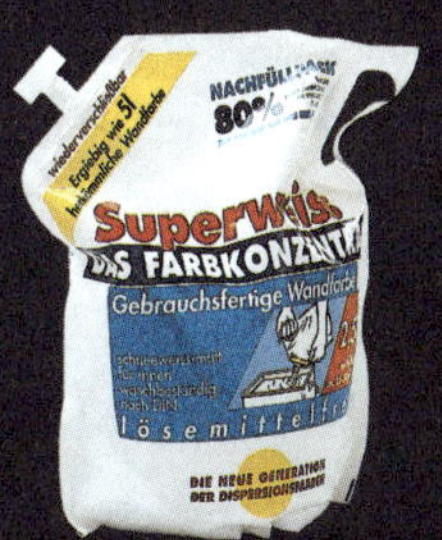

*Eine Reduzierung des Verpackungsmülls verspricht sich die Firma Ostendorf durch ihr neues Farbkonzentrat, das es gebrauchsfertig im Nachfüll-Beutel gibt*

# Dispersionsfarben

Fassaden und Innenräume werden heute meist mit Dispersionsfarben „behandelt". Wie bei den Wasserlacken besteht auch hier das Bindemittel aus Kunststoffdispersionen. Je nach Einsatzgebiet werden dabei unterschiedliche Rezepturen verwendet. So sollten Bindemittel für den Innenbereich in erster Linie ein hohes Pigmentbindevermögen und eine hohe Filmhärte aufweisen. Kunststoffdispersionen für Außenfarben müssen UV- und wetterbeständig sowie hart und elastisch zugleich sein. Generell können Außenfarben (dazu gehören auch Abtönfarben) für den Innenbereich eingesetzt werden. Innenfarben eignen sich aber niemals für Außenwände.

## Was Sie sonst noch über Farben wissen sollten

**Beizen**
Farbstofflösungen, die die Holzfasern anfärben oder chemische Lösungen, die Farbreaktionen auf dem Holz bewirken. In beiden Fällen bleibt die Holzstruktur sichtbar.

**Farben**
Anstrichstoffe mit viel Pigmenten und wenig Bindemittel

**Lacke**
Anstrichstoffe mit wenig (bzw. keinen) Pigmenten und viel Bindemittel. Man unterscheidet zwischen Klarlack (weder lösliche Farbstoffe noch Pigmente), Transparentlack (lösliche Farbstoffe, keine Pigmente) und Lackfarbe (lösliche Farbstoffe und Pigmente).

**Lasuren**
Anstrichmittel mit Lasurpigmenten. Das sind Farbmittel, die den Untergrund nicht abdecken, sondern durchscheinen lassen.

**Leimfarbe**
Sie besteht aus Leim als Bindemittel. Da Leim auch nach der Trocknung wasserlöslich ist, können Leimfarben später wieder abgewaschen werden.

**Titandioxid**
Gebräuchlichstes Pigment für weiße Farbe. Bei seiner Herstellung fällt hochgiftige Dünnsäure an. Während und nach der Anwendung hingegen ist Titandioxid unproblematisch.

**Umweltzeichen**
Lacke mit dem Umweltzeichen („blauer Engel") enthalten weniger als 10% Lösemittel, keine erbgutverändernden Stoffe oder besonders problematische Biozide und Topfkonservierer. Bei der Vergabe des Zeichens werden allerdings mögliche Umweltbelastungen bei der Rohstoffgewinnung und der Produktion nicht berücksichtigt. Wandfarben, die von vornherein keine Lösemittel enthalten, werden nicht ausgezeichnet.

# Technik-Lexikon

## TIP Pinsel für Dispersionslacke

Der Trend ist eindeutig: Die Zukunft der Anstrichmittel liegt im Wasser. Zumindest im Heimwerkerbereich, wo Verfahren wie Pulverbeschichtung usw. nicht realisierbar sind, werden Wasserlacke auf Dauer Rezepturen mit hohen Lösemittelgehalten verdrängen. So bekömmlich Wasser aber nun für die Umwelt ist, so schwer verdaulich ist es für die verwendeten Pinsel: Naturborsten quellen bei längerem Gebrauch auf. Aus diesem Grunde wurden spezielle Pinsel mit profilierten Polyesterborsten entwickelt, die den guten Eigenschaften von Naturborsten in nichts nachstehen.

den Dispersionslacken zwar der eigentliche Umweltsünder aus dem Farbeimer verbannt, doch immer noch tummeln sich hier einige hundert Erzeugnisse petrochemischer Herkunft. Und solche Stoffe sind konsequenten Ökologen von vornherein ein Dorn im Auge. So erleben zur Zeit Naturfarben, die auf petrochemische Erzeugnisse ganz verzichten, einen regelrechten Boom. Allerdings sind auch diese Produkte nicht ganz frei von Problemstoffen. □

## Effektlacke

*Wie wärs mit Kupfer- oder Hammerschlageffekt? Spezielle Pigmente und Füllstoffe sorgen bei Effektlacken für mehr Wirkung*

## Anwendungen mit Farbe

*Eine gute Oberfläche erhält man, wenn man den Lack mit einer Moltoprenrolle aufbringt und ihn dann mit einem Pinsel verschlichtet*

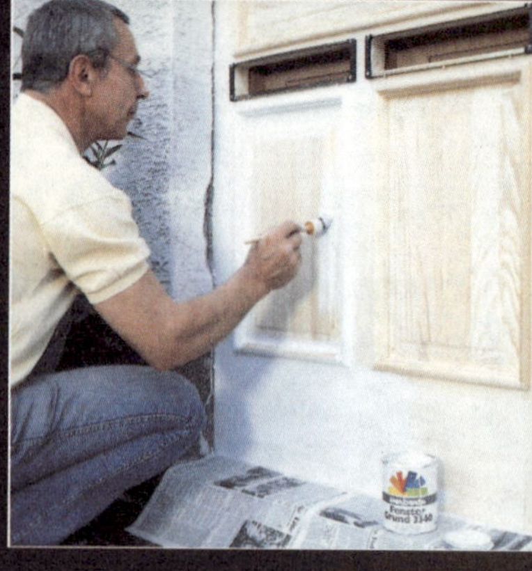

*Die Basis für eine perfekte Lackoberfläche bildet der Auftrag einer Grundierung. Dieses Mittel schließt die Poren und bildet eine Haftbrücke zu den Deckanstrichen*

*Für die Versiegelung von Holzfußböden stehen heute strapazierfähige Lacke auf Wasserbasis zur Verfügung. Hauptvorteile: weniger umweltbelastend und geruchsneutral*

Neben seinen schützenden Aufgaben bildet Lack auch den glänzenden Abschluß jeder Oberfläche. Damit er in dieser Hinsicht seine volle Pracht entfalten kann, muß der Lackaufbau mit höchster Sorgfalt erfolgen. Daß die Untergründe trocken, staub- und fettfrei sein sollten, versteht sich von selbst. Abstehende Fasern im Lack von Massivholzflächen können vermieden werden, indem man die Fläche vorher mit einem Pinsel anfeuchtet und anschließend abschleift. Glatte Lackoberflächen erreicht man durch mehrmaliges Spachteln (jeweils dünne Schichten!).

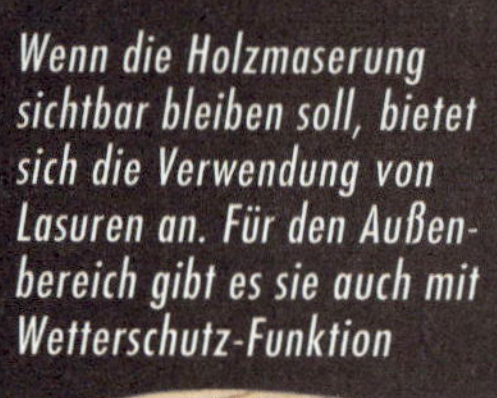

*Wenn die Holzmaserung sichtbar bleiben soll, bietet sich die Verwendung von Lasuren an. Für den Außenbereich gibt es sie auch mit Wetterschutz-Funktion*

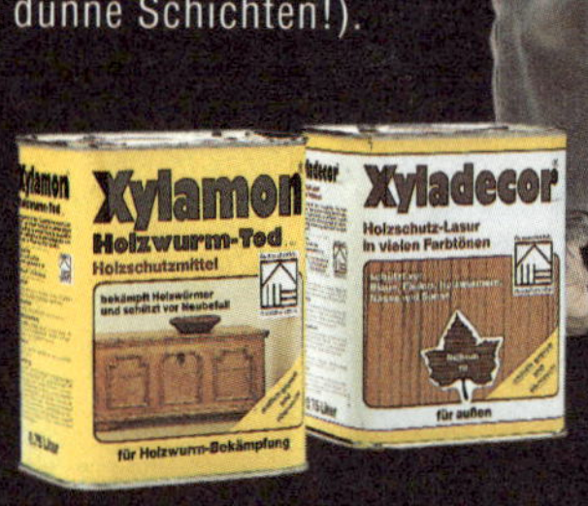

*Schwamm drüber: Nicht nur Pinsel, Farbrollen und Spritzpistolen sorgen für bunte Ergebnisse. Wer extravagante Dekore schätzt, sollte mit einem Schwamm einmal die Marmoriertechnik versuchen*

# Tapezieren

Das Tapezieren ist die Heimwerker-Domäne schlechthin. Fast jeder hat es schon einmal gemacht. Ob nun perfekt oder mehr schlecht als recht – das hängt nicht von individueller Geschicklichkeit ab. Entscheidend sind eine fachgerechte Vorbereitung des Untergrunds und die Beherrschung einiger Grundtechniken

**Werkzeugliste:**
*Auf dem oberen Bild haben wir eine Grundausstattung an Werkzeugen zusammengestellt, die für die meisten Tapezier-Arbeiten (ohne eventuelle Untergrund-Vorbereitung) ausreicht:* ***1*** *Quast zum Einkleistern,* ***2*** *Tapeziertisch,* ***3*** *Tapeziermesser (Haumesser),* ***4*** *Tapetenschere,* ***5*** *Cutter,* ***6*** *Bleistift,* ***7*** *konischer Nahtroller,* ***8*** *Andrückspachtel,* ***9*** *Moosgummiwalze,* ***10*** *Lot (mit fabiger Schnur),* ***11*** *Tapezierschiene,* ***12*** *Tapezierbürste,* ***13*** *Zollstock,* ***14*** *Leiter.*
*Rechts sehen Sie Arbeitsgeräte, die zwar nicht unbedingt erforderlich sind, die jedoch das Tapezieren wesentlich erleichtern können:* ***15*** *Zuschneider mit Rollenhalter,* ***16*** *Spezialtapetenschneider,* ***17*** *Schneidlineal,* ***18*** *Kanten-Schneideschiene,* ***19*** *Kleistermaschine*

## 1. Tapetenkauf

**Der Einsatzort hat Einfluß auf die Tapetenwahl**

Nur ausgesprochene Liebhaber weiß gestrichener Rauhfaser dürften angesichts der Muster- und Farbenvielfalt beim Tapetenkauf nicht in Entscheidungsnotstand geraten. Neben gestalterischen Grundregeln (s. S. 46) kann allerdings schon der künftige Einsatzort die Auswahl stark einschränken. In Bereichen, wo die Wände stärker beansprucht werden – ob in Flur oder Kinderzimmer, Bad oder Küche – sollte man entsprechend strapazierfähige Tapeten wählen. Hinweise dazu finden Sie in Symbolen verschlüsselt auf den Tapetenverpackungen (1.1).

**Was Qualtitätssymbole aussagen**

Wichtig zu wissen: ‚wasserbeständig' heißt hier z. B. lediglich, daß frische Kleisterflecken mit einem feuchten Schwamm entfernt werden können. Erst waschbeständige Tapeten vertragen die Reinigung mit einem feuchten Schwamm, während hochwaschbeständige Produkte sogar den Zusatz milder Reinigungsmittel erlauben. Vinyltapeten erfüllen meist die Forderung nach Hochwasch- bis Scheuerbeständigkeit. Struktur-Vinyltapeten weisen darüber hinaus aufgrund ihrer geschäumten Reliefoberfläche eine gute Stoßfestigkeit auf. Wenn eine Wand täglich längere Zeit der Sonne ausgesetzt ist, empfehlen sich gut lichtbeständige Tapeten. Als ‚ausreichend' lichtbeständig deklarierte Tapeten neigen bei längerer Sonneneinwirkung zum Vergilben.

Achten Sie vor allem bei hochwertigen Mustertapeten darauf, daß alle Rollen identische Fertigungsnummern tragen, um Farbdifferenzen auszuschließen.

**Berechnung des Mengenbedarfs**

Die Verarbeitungshinweise können unter Umständen wichtig sein für die Berechnung des Mengenbedarfs. Bei versetztem Ansatz (1.2.1) müssen Sie nämlich von vornherein Verschnitt mit einrechnen. Auf der sicheren Seite liegen Sie, wenn Sie bei Mustertapeten mit normalem Rollenmaß 0,53 m x 10,05 m (bei Rauhfaser: 0,53 m x 33 m) den Rollenbedarf nach der Faustformel *Raumumfang x Raumhöhe : 5* kalkulieren, ohne Fenster und Türen abzurechnen.

Komplizierter wird's bei abweichenden Maßen, wie man sie z. B. bei Gras- oder Korktapeten

### Symbole zur Qualität 1.1

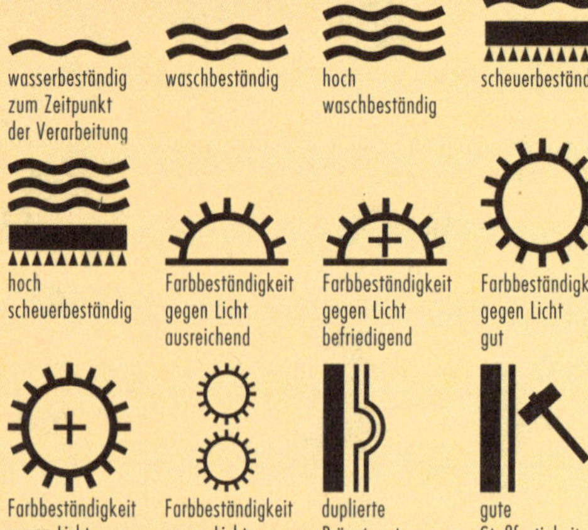


### Symbole zur Verarbeitung 1.2

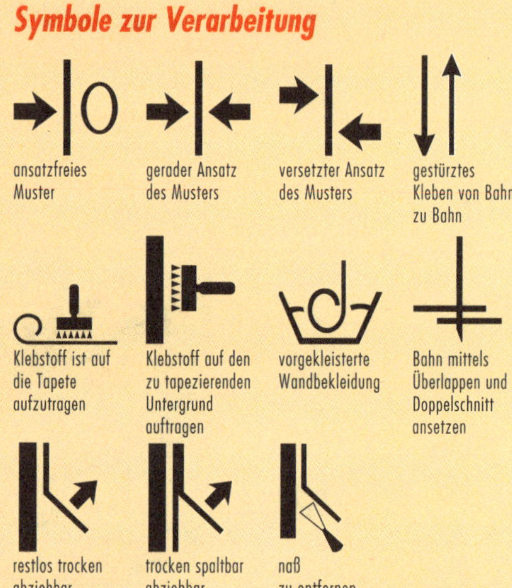


***Tapeten-Steckbrief:*** *Diese europaweit geltenden Qualitätsymbole finden Sie teilweise auf den Produktverpackungen wieder. Sie geben Hinweise auf Eigenschaften und Verarbeitung der jeweiligen Tapete.*

1.2.1

***Versetzter Musteransatz:*** *Von Bahn zu Bahn verschiebt sich das Muster um die Hälfte des Rapports. Die Länge des Rapports, also einer Mustersequenz, ist neben dem entsprechenden Symbol in cm angegeben*

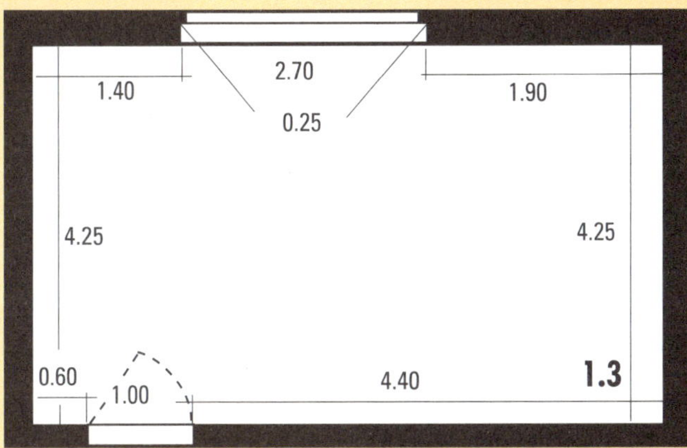


***Anzahl der Bahnen berechnen:** Die Länge der Wandflächen ohne Fenster und Türen, aber mit Fensterlaibung beträgt hier 17,30 m. Durch die Bahnbreite von 0,53 m dividiert ergeben sich 33 Tapetenbahnen*

(oft 0,92 m x 5,50 m) findet. Hier sollten Sie die Anzahl der Bahnen genau berechnen, die sich je nach Raumhöhe aus einer Rolle schneiden lassen (1.3). Das macht sich auch bei sehr teuren, hochwertigen Tapeten bezahlt.

**Berechnung der Tapetenbahnen**

## 2. Untergründe vorbereiten

Eine gute Vorbereitung der Wände ist beim Tapezieren der halbe Erfolg. Bei hochwertigen und glatten Wandbekleidungen kann eine perfekte Untergrundarbeit sogar mehr Zeit in Anspruch nehmen als das Tapezieren selbst. Generell gilt: Die Wände müssen

**Tapezier-Untergründe vorbereiten**

**2.0**

| Untergrund | Maßnahme |
|---|---|
| alte Tapeten | Einweichen und Ablösen, evtl. vorher aufrauhen, darunterliegenden Putz vorkleistern (1 Packung normales Kleisterpulver auf 10 Liter Wasser) |
| Leimfarben | mit Wasser und Tapetenlöser abwaschen, danach lösemittelfreier Tiefgrund |
| Dispersionsfarbe | ausreichend fest: übertapezieren<br>nicht fest: mit Wasser einweichen und aufquellen lassen, abspachteln, danach: lösemittelfreier Tiefgrund |
| Öl-/Lackfarben | anschleifen oder mit wasserverdünntem Lackanlauger abwaschen, danach: Rollenmakulatur kleben |
| Löcher, Risse | lose Teile entfernen, mit Füllspachtel (evtl. mit Gewebeband) ausfüllen, glätten, Ränder nachschleifen |
| größere Putz-Unbebenheiten | großflächig Füllspachtel mit der Glättkelle auftragen, nach dem Trocknen abschleifen |
| sandende Putze | mit Tiefgrund-Anstrich festigen |
| rauhe Putze | Streichmakulatur (nicht unter Vinyl- und Strukturvinyltapeten) oder Untertapete zum Füllen der Poren |
| Gipskarton | lösemittelfreier Tiefgrund |
| Rost-/Wasserflecken | absperren mit Isolier-Grundierung oder Fensterlack |
| Schimmel (wg. mangelnder Lüftung) | mit Anti-Schimmel-Spray entfernen, wärmedämmende Untertapete (Styropor) mit Hartschaumkleber kleben (auf Untergrund mit Zahnspachtel auftragen), darüber Rollenmakulatur, Alternative: Untertapete mit Kartonoberfläche |

**Welcher Kleister für welche Tapetenart?** **3.0**

**Die Wahl des richtigen Kleisters**

| Tapetenart | Kleister |
|---|---|
| Papiertapeten | Tapetenkleister (Ansatzverhältnis je nach Tapetengewicht) |
| Rauhfaser, Präge- und Duplex-Prägetapeten | Spezialkleister (Ansatz i. d. R.: 1 Packung auf 4 Liter Wasser) |
| Korktapeten | Tapetenkleister/Spezialkleister |
| Kettfadentapeten, einfache Gewebetapeten | Spezialkleister, evtl. + 20% Dispersionskleber oder Textiltapeten-Kleber |
| Hochwertige Gewebetapeten | Dispersionskleber (oft Wandauftrag des Klebers) |
| Vinyltapeten | Spezialkleister (+ 20% Dispersionskleber in Feuchträumen) |
| Strukturvinyl-, Dekorprofiltapeten | Spezialkleister + 20% Dispersionskleber oder Strukturvinyltapeten-Kleber |
| Rollenmakulatur, spaltbare Rollenmakulatur | Tapetenkleister + 10% Dispersionskleber<br>Spezialkleister + 20% Dispersionskleber |

**Saugfähigkeit des Untergrunds**

trocken, sauber, glatt, trag- und saugfähig sein. Letzteres läßt sich einfach prüfen: Benetzen Sie die Wand mit Wasser. Perlt es ab, liegt eine zu geringe, bei starker Dunkelfärbung eine zu hohe Saugfähigkeit vor. Im ersten Fall ist das Kleben einer Rollenmakulatur erforderlich; im zweiten kann Vorkleistern (Mengenverhältnis s. Kleisterpackungen) Abhilfe schaffen. Die Tragfähigkeit von alten Anstrichen kontrollieren Sie, indem Sie die Farbe mit einem Messer mehrfach einritzen und dann ein Klebeband fest aufdrücken. Lösen sich beim ruckartigen Abreißen Farbreste, muß der Anstrich entfernt werden. Die Tragfähigkeit von Putzen läßt sich mit dem Daumennagel überprüfen. Hinterläßt dieser einen starken Abdruck, muß die Wand mit Tiefgrund gefestigt werden. Welche Behandlung im einzelnen nötig ist, finden Sie in Tabelle 2. Sie können sich übrigens den nächsten Tapetenwechsel erleichtern, wenn Sie die Wand vor dem Tapezieren mit Wechselgrund streichen. Die Tapeten lassen sich dann später mühelos abziehen. Den gleichen Effekt erzielen Sie mit ‚restlos trocken abziehbaren' bzw. ‚spaltbar abziehbaren' Tapeten. Bei den letztgenannten bleibt nach dem Abziehen die untere Schicht als Makulatur auf der Wand zurück.

**Tragfähigkeit der Wand prüfen**

**Jetzt schon an den nächsten Tapetenwechsel denken**

## 3. Der richtige Kleister

**Die Kleisterwahl ist abhängig von der Tapetenart**

Den Kleister wählt man abhängig von der zu verarbeitenden Tapete (Tabelle 3). In der Mehrzahl der Fälle reichen normaler oder Spezialkleister völlig aus. Diese pulverförmigen Produkte erhalten ihre Gebrauchseigenschaften erst in Verbindung mit Wasser. Wichtig für die Klebkraft: die Einhaltung des auf der Verpackung angegebenen Ansatzverhältnisses und klumpenfreies Einschlagen in kaltes Wasser. Nach etwa 30 Minuten ist der Kleister gebrauchsfertig. Bei einigen Tapetenarten – wie Struktur- oder Textiltapeten – ist der Zusatz von gebrauchsfertigem Dispersionskleber erforderlich, oder man nimmt spezielle Kleisterpulver, die für diese Anwendung ausgewiesen sind.
Den Kleister trägt man meist auf die Rückseite (Wandauftrag ist die Ausnahme, z. B. bei breiten

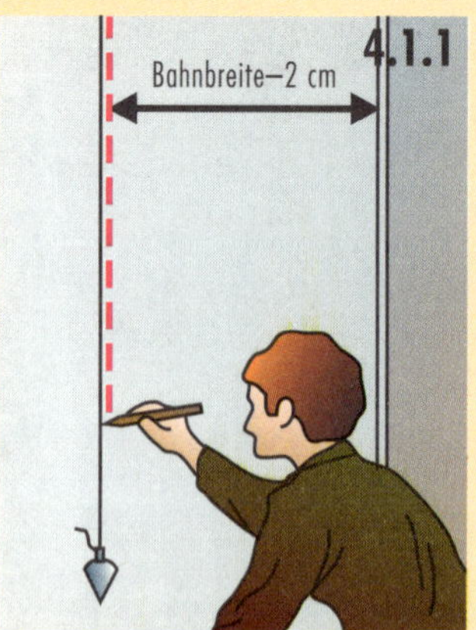

***So beginnt man:*** *Die erste Bahn stets ausloten und ihren Verlauf markieren. Dann die Tapete mit Überstand zur Decke an dieser Linie ausrichten und von der Mitte zu den Seiten hin andrücken*

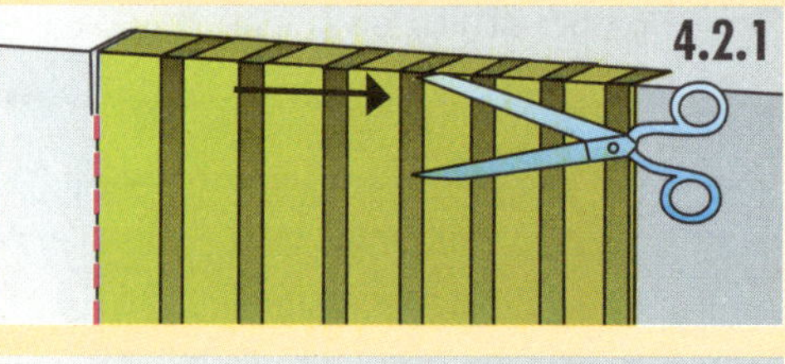


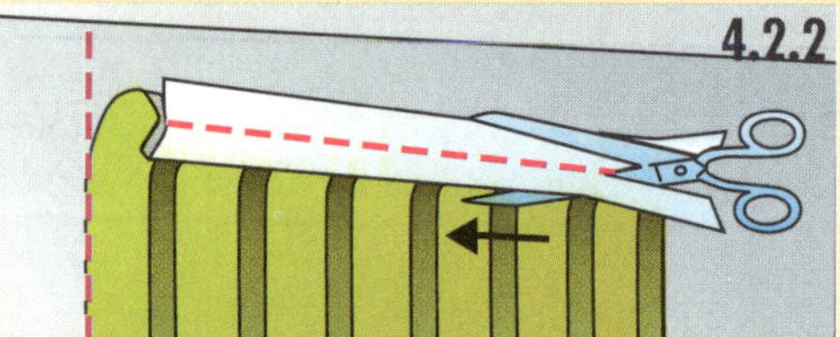


***Exakte Abschlüsse:*** *Schnittlinie durchdrücken, Tapete abziehen und entlang der Markierung abschneiden. Die umgeknickte Kante verhindert Kleisterflecken an der Decke*

***Praktisches Hilfsmittel:*** *Mit dem Cutterkant lassen sich Tapeten sehr exakt ablängen. Den hinteren Schenkel gerade anlegen und die Tapete entlang dem vorderen mit dem Cutter durchtrennen*

**Außenkanten:** *Tapeten werden etwa 1 bis 2 cm um Außenkanten herumgeklebt. Dort setzt man eine neue Bahn an (4.3.1). Gleiches gilt für Fensterlaibungen, wo man die Tapete im oberen Eckbereich einschneidet*

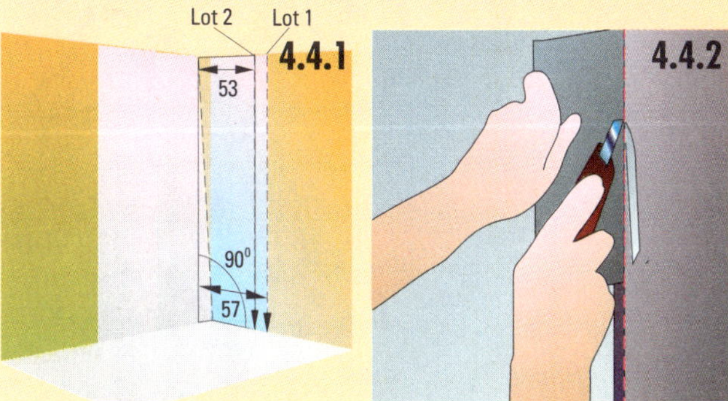


**Nach krummen Innenecken** *muß die nächste Bahn neu ausgelotet werden. Die größte Abweichung im unteren Eckbereich ist der Bezugspunkt für die Lotlinie (Lot 2). Oben schneidet man den Überstand mit dem Cutter ab*

**Hindernisse auf der Wand:** *Rohre tapeziert man mit einem separaten Streifen. Bei einem Zählerkasten (4.5.2), der nicht überklebt wird, die Bahn über Kreuz einschneiden und dann die Ränder vorsichtig anpassen*

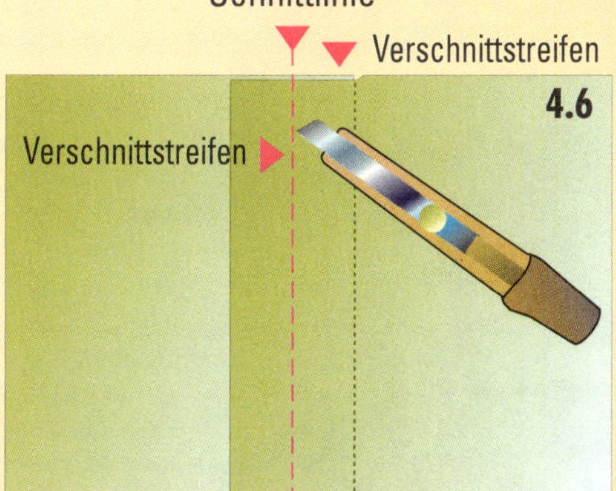


**Doppelnahtschnitt:** *Überlappende Tapetenränder kann man mit einem durchgehenden Schnitt sauber auf Stoß setzen. Eine Technik, die beim Über-Eck-Kleben von dickeren Tapeten unentbehrlich ist*

Textiltapeten) der zugeschnittenen Tapetenbahnen satt, aber gleichmäßig mit dem Quast auf. Achten Sie darauf, daß auch die Ränder genügend Kleister abbekommen. Dann legt man die Bahn zum Weichen (je nach Herstellerangabe, meist ca. 10 bis 15 min.) zusammen: Das eine Ende schlägt man zu 1/3, das andere zu 2/3 um. Wichtig ist, daß Kante auf Kante liegt, damit die Ränder nicht austrocknen. Kleistern Sie nur so viele Bahnen ein, wie Sie innerhalb von 10 bis 15 Minuten verarbeiten können, und achten Sie auf gleichlange Weichzeiten.

**Tapeten einkleistern und weichen lassen**

## 4. Tapeziertechniken

Damit die Tapeten richtig trocknen, sollte Zugluft beim Arbeiten vermieden und eine Raumtemperatur zwischen 18 und 20 °C eingehalten werden. Beginnen Sie an einer Innenecke und tapezieren Sie von dort in Richtung des Lichteinfalls. Als erstes wird der Verlauf der Tapetenbahn ausgelotet. Da die Tapete 1 bis 2 cm um die Ecken herumgeklebt wird, markiert man ihren Verlauf im Abstand der Bahnbreite minus 2 cm von der Innenecke entfernt mit einem Bleistift (4.1). Dann kann's losgehen. Das zu einem Drittel umgeschlagene Ende der eingeweichten Tapete wird aufgefaltet und mit etwa 3 cm Überstand zur Decke an der Lotlinie ausgerichtet (4.2). Sitzt sie richtig, streicht man die Bahn mit einer weichen Bürste von oben nach unten und von der Mitte zu den Seiten glatt (4.3). Das untere Ende der Bahn auseinanderfalten und ebenso verfahren. Bei Gewebetapeten empfiehlt es sich, zum Andrücken eine weiche Moosgummirolle zu nehmen, damit keine Fäden aus der Textiloberfläche herausgezogen werden. Prägetapeten drückt man mit einer ganz weichen Tapezierbürste oder einer Lammfellrolle an, um das Reliefmuster nicht zu schädigen. Aus dem gleichen Grund verzichtet man hier auch auf den Einsatz des Nahtrollers, mit dem man bei glatten und Rauhfaser-Tapeten anschließend die Ränder andrückt. Wischen Sie herausquellenden Kleister sofort ab. Wenn Sie die Überstände an Decke und Fußleiste oder Boden abgeschnitten haben (4.2.1 bis 4.2.3), wird die nächste Bahn auf Stoß an die vorherige gesetzt. Bei

**Wichtig: Ausgeglichene Temperatur und keine Zugluft**

**Ausloten der ersten Bahn**

**Das Andrückwerkzeug wählt man abhängig von der Tapete**

**Nach Ecken beginnt man immer mit einer neuen Bahn**

Mustertapeten dabei noch einmal den Rapport kontrollieren und bei gestürzt zu klebenden Tapeten daran denken, daß jede zweite Bahn ‚auf den Kopf' gestellt wird. So geht es dann weiter, bis Sie die nächste Innen- oder Außenecke erreichen. Hier klebt man stets nur 1 bis 2 cm um die Ecke herum – das gilt für Fensterlaibungen (4.3.2) genauso wie z. B. für den Übergang von einer Schräge zum Drempel. Auf der nächsten Wand beginnt man dann mit einer neu ausgeloteten Bahn (4.3.1), die bis in die Ecke hinein geklebt wird. Dünnere Tapeten dürfen dabei den Eckstreifen der vorherigen überlappen. Ist die Ecke krumm, schneidet man überstehende Ränder einfach mit Cutter und Tapezierspachtel ab (4.4.1 und 4.4.2). Die überlappenden Ränder glatter Vinyltapeten sollten Sie mit Dispersionskleber aus der Tube nachkleben. Bei dickeren Tapeten (Textil-/Strukturvinyltapeten) hingegen werden die Ecken auf Stoß gearbeitet. Und das geht so: Man klebt sie 8 bis 10 cm um die Ecke herum, setzt die neue Bahn etwa 5 cm überlappend an und trennt beide Tapeten mit dem sogenannten Doppelnahtschnitt (4.6). Wenn die Verschnittstreifen entfernt und die Ränder wieder angedrückt sind, liegen beide Bahnen sauber auf Stoß.

**Doppelnahtschnitt**

## 5. Tapeten und Raumwirkung

Tapeten können Räume verändern. Damit sie dies auch in einem positiven Sinne tun, sollte man einige Grundsätze der Raumgestaltung beachten. So wirken große Muster in kleinen oder verwinkelten Räumen fast immer erdrückend, während große und glatte Wandflächen auch großzügige Rapports vertragen. Durch geschickte Farb- und Musterauswahl (5.1. bis 5.3) lassen sich ungünstige Raumproportionen sogar optisch korrigieren. Natürlich muß die Tapete auch mit der Einrichtung harmonieren. Eine Mustertapete, die starke Akzente setzt, verträgt sich nicht mit vollgestellten Räumen, sie verlangt nach eher spärlicher, aber ausgesuchter Möblierung, die auch farblich mit ihr korrespondiert. Die Tapetenhersteller bieten deshalb zu vielen Kollektionen auch passende Stoffe an.

**Tapeten können Raumproportionen verändern**

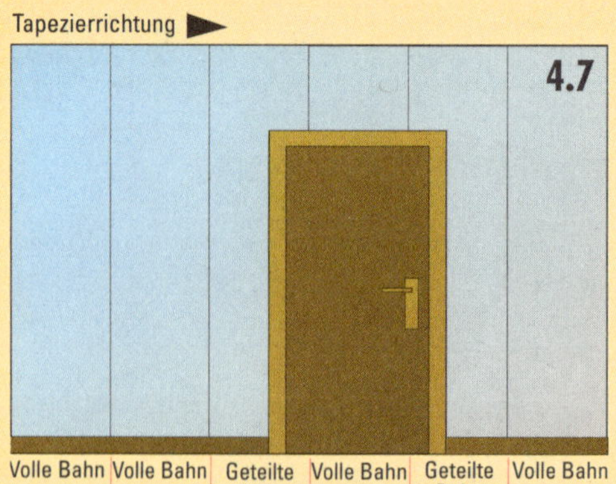


**Türöffnungen:** Volle Bahn oben ankleben und über der Tür seitlich einschneiden. Dann hier und entlang dem Längsrahmen sauber abschneiden

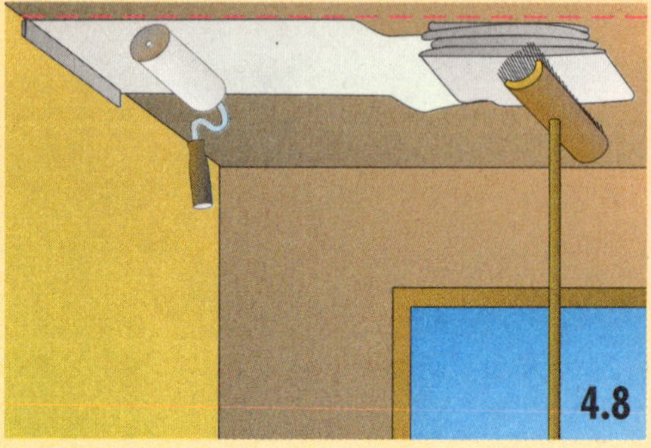


**Decke tapezieren:** Eine Arbeit für zwei. Einer richtet die Bahn an der Markierung aus, während der zweite die gefaltete Restbahn mit einem Besen hochhält

**Ein niedriger Raum** wirkt durch senkrechte Streifen höher. Die Decke sollte dabei weiß bleiben. Waagerechte Bordüren wären unvorteilhaft

**Mehr Tiefe** gewinnt ein Raum durch eine mittelblaue oder blaugrüne Wand. Diese Farben treten optisch zurück. Die Seitenwände bleiben hell

**Kleine Räume** sollten hell unifarben oder kleingemustert tapeziert werden. Alternativ bietet sich eine durchgehende großgemusterte Dekorwand an

# Das richtige Werkzeug für Klebe-Profis

Bevor Sie bei der nächsten Wohnungs-Renovierung die ersten Tapetenbahnen einkleistern, sollten Sie Ihre Werkzeugkiste einer gründlichen Überprüfung unterziehen. Was dem Handwerker selbstverständlich ist, muß auch für den Heimwerker gelten: gute Ergebnisse erzielt man nur mit gutem Werkzeug. Der wichtigste Helfer beim Tapezieren ist der zusammenklappbare Tisch. Eine standfeste Trittleiter darf natürlich auch nicht fehlen. Neben Eimern und Schüsseln brauchen Sie als Minimalausstattung noch Zollstock, Schere, Papiermesser, Quast und Tapezierbürste. Je nach Tapetenart kommen weitere Werkzeuge aus der im oberen Bild dargestellten Übersicht hinzu.
Mit der unten abgebildeten Kleistermaschine samt Zubehör stoßen Sie bereits in die Luxusklasse der Tapezierhilfen vor. Sie ermöglicht ein besonders schnelles Verarbeiten der Bahnen bei gleichmäßigem Kleisterauftrag.

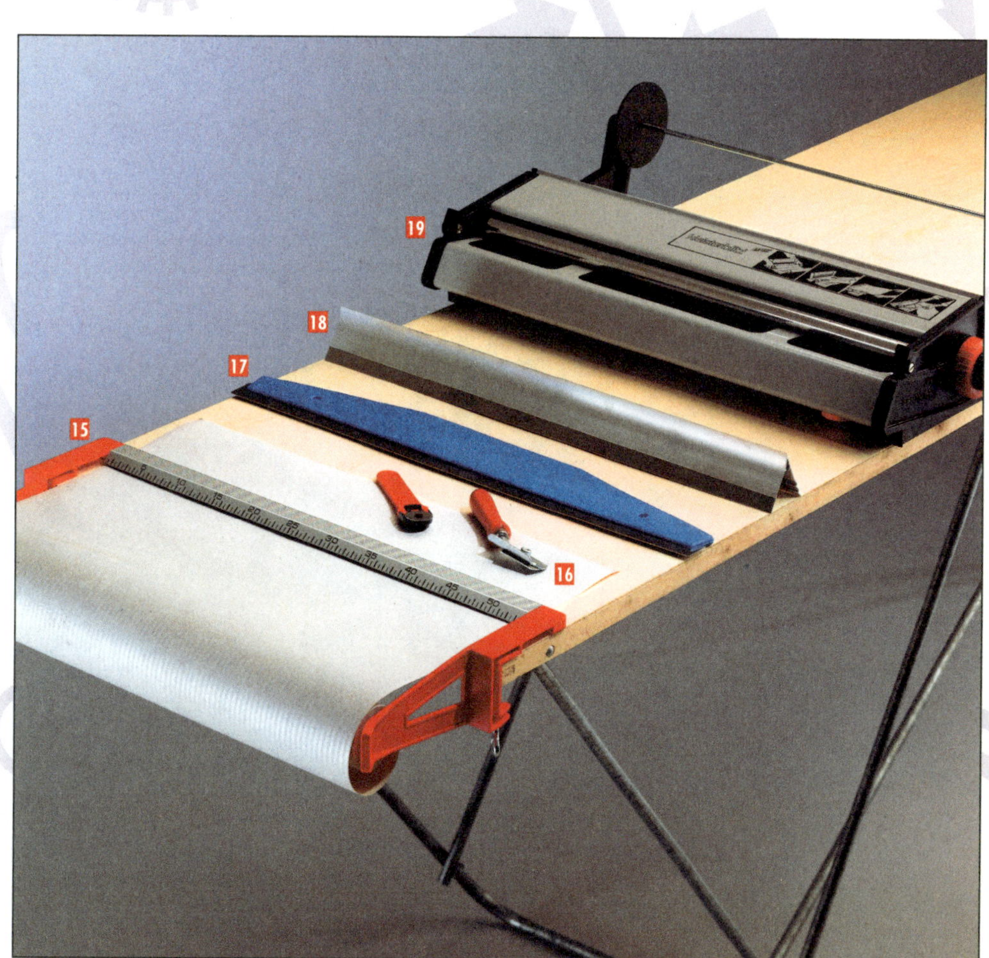


*Alle hier vorgestellten Tapezierwerkzeuge finden Sie im Bau- und Heimwerkermarkt. Tapeziertische und Kleistermaschinen kann man bei auf Werkzeugvermietung spezialisierten Anbietern auch tageweise ausleihen.*

1 *Kleisterbürste (Quast)*
2 *Tapeziertisch*
3 *Tapeziermesser*
4 *Tapetenschere*
5 *Papiermesser*
6 *Bleistift*
7 *Nahtroller*
8 *Andrückspachtel*
9 *Moosgummiwalze*
10 *Lot*
11 *Tapezierschiene*
12 *Tapezierbürste*
13 *Zollstock*
14 *Leiter*
15 *Rollenhalter*
16 *Tapetenschneider*
17 *Schneidlineal*
18 *Kantenschneider*
19 *Kleistermaschine*

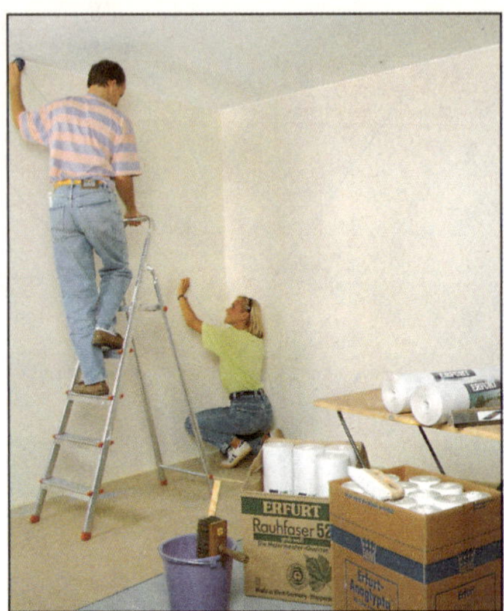


1 Wichtig ist vor allem eine sorgfältige Planung des geometrischen Musters. Dieses wird dann mittels Schnurschlag auf die einzelnen Wandflächen übertragen

2 Man beginnt mit den großen Flächen. Die Rauhfaserbahnen (Erfurt) enden mit kantengeradem Beschnitt an der Markierung für den umlaufenden Fries

3 In den Schrägen erfolgt der Beschnitt mit einem scharfen Cuttermesser, das man an einer Tapeten-Trennschiene (Lux) entlangführt. Kartonstreifen unterlegen

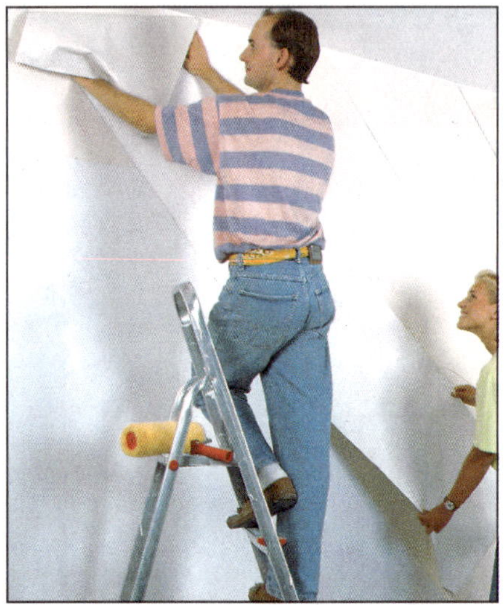

4 Nun geht's ans Kleben der Diagonalen und Friese, die kantengenau eingepaßt werden. Darauf achten, daß sich die langen, feuchten Bahnen nicht verziehen

5 Jede Bahn exakt an die Rauhfaserkante anlegen und sorgfältig mit einer weichen, unbenutzten Lammfellwalze andrücken. Dies stellt sicher, daß die Prägung beim Andrücken nicht ‚eingeebnet' wird

6 Die ebenfalls diagonal laufenden Rauhfaserstreifen in gleicher Weise verkleben. Auch hier mit der Lammfellwalze arbeiten, damit die angrenzende Anaglypta-Prägetapete keinen Schaden nimmt. Zum Andrücken der Nahtstöße ist der langborstige, weiche Tapetenwischer ideal

Der fertige Raum beweist es: Die Mühe hat sich gelohnt!

# Mit FARBEN und TAPETEN gestalten

Diese außergewöhnliche Eckgestaltung mit dem markanten Winkelmotiv in einer Raumecke lebt nicht nur von den spannungsvollen Diagonalen, sondern vor allem von der Kombination unterschiedlicher Tapetenstrukturen. In unserem Beispiel sind die großen Wandflächen mit markant strukturierter Rauhfaser tapeziert, während die Winkelbänder und der umlaufende Friesstreifen unter der Decke mit einer Prägetapete im Fischgrätmuster gestaltet wurden. Eine unterschiedliche Farbgebung mit glänzendem Acryllack in hellem Rosé und einem leuchtenden, leicht pastelligen Violett als Akzentfarbe betont die Wirkung. Die verschiedenen Strukturen werden dabei durch den Glanz des Anstrichs effektvoll hervorgehoben. Erscheint eine solche Gestaltung auf den ersten Blick auch recht aufwendig, so ist sie dennoch erstaunlich einfach zu verwirklichen, wie unsere Bildfolge beweist.

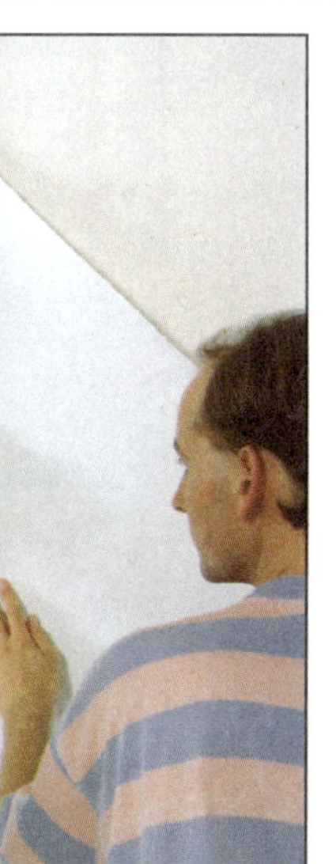

7 Erst nach dem Trocknen kann man mit Tesakrepp abkleben. Beim Lackieren wird mit einer Moltoprenrolle zunächst der helle Farbton aufgetragen. Stets von der Abklebung in die Fläche rollen, ...

8 ... nie umgekehrt, sonst könnte Lack unter das Klebeband gelangen! Der Anstrich muß wiederum gut durchtrocknen, bevor erneut abgeklebt werden kann. Erst dann die zweite, dunklere Farbe aufrollen

# Mit roter Farbe um die Ecke

1 *Auch hier Rauhfaser kleben, dann die Dreieckskontur mittels Schnurschlag auf die Wände übertragen. Die Dreiecksfläche nach Lotschlag mit Anaglypta tapezieren*

2 *Der Tapetenstoß zwischen Rauhfaser und Prägetapete wird zunächst überlappend ausgeführt, wobei – wie man hier sieht – die Strukturtapete die Rauhfaser überlappen muß*

3 *Beim anschließenden doppelten Nahtschnitt schützt ein untergelegter dünner Karton den Putz. Das Cutter-Messer läßt sich an der Tapeten-Schiene sicher entlangführen*

4 *Sind beide Bahnen durchtrennt, wird der Schnitt aufgeklappt, damit man Karton und Restabschnitte entfernen kann. Den Nahtstoß mit dem Tapetenwischer wieder andrücken*

Unser zweites Beispiel setzt ebenfalls einen markanten Eckakzent. Es bezieht zugleich aber auch die Wohnungstür in die spannungsvolle Flächengliederung mit ein. Auch hier wird die interessante Wirkung sowohl durch unterschiedliche Farbgebung als auch durch verschiedene Flächenstrukturen erreicht. So wurde für die von der Decke in den Raum springende Dreiecksfläche eine Prägetapete mit ruhiger Flechtmuster-Struktur gewählt, die einen starken Kontrast zur Körnigkeit der Rauhfaser auf den übrigen Wandflächen bildet. In einem der nächsten Hefte finden experimentierfreudige Renovierer übrigens zwei weitere farbenfrohe Gestaltungsvorschläge, die etwas aus dem Rahmen fallen. □

5 *Mit dem Abkleben der Trennlinie am besten bis zum nächsten Tag warten und dann zunächst die Rauhfaserflächen mit mattweißer Alpina Umwelt-Cremefarbe (lösemittel- und emissionsfrei!) rollen*

6 *Nach dem Trocknen geht's ans Abkleben der Grenzlinie. Hierfür stark gekrepptes Klebeband verwenden! Nach gründlichem Anreiben wird dann die große Dreiecksfläche mit Acryllack gestrichen. Durch seinen Glanz bringt er die Tapetenstruktur besonders wirkungsvoll zur Geltung*

7 *Beginnt der Anstrich anzuziehen, sollten Sie die Abklebung so entfernen: Unter leicht seitlicher Drehung im spitzen Winkel nach hinten abziehen. So leistet das Klebeband den geringsten Widerstand*

8 *In unserem Fall läuft die große Dreiecksfläche zum Teil über die Zimmertür hinweg. Dieser Farbaufteilung entsprechend wird das Türblatt ebenfalls abgeklebt und dann mit Capacryl-Lack gerollt*

# Bunter Drachen für das Kinderzimmer

Zwei sehr ungewöhnliche Gestaltungs-Ideen, die aus dem Rahmen fallen, haben wir Ihnen bereits vorgestellt; hier ist eine weitere interessante Variante. Sie sehen ein in sich geschlossenes Motiv, das sich in Struktur und Farbe von der übrigen Wandfläche abhebt. Dabei erweisen sich selbst geometrisch einfache Gebilde wie ein auf die Spitze gestelltes Quadrat als sehr wirkungsvoll. Auch hier wird zunächst die Flächenaufteilung an der Wand markiert. Bei kleineren Motiven kann der Schnurschlag beim Anzeichnen durch eine Leiste oder Schiene ersetzt werden. Wie es

**1** *Sind die Konturen markiert, zunächst die umgebende Fläche mit Rauhfaser tapezieren. Spezialkleister dafür verwenden, die Tapete mit der Bürste andrücken*

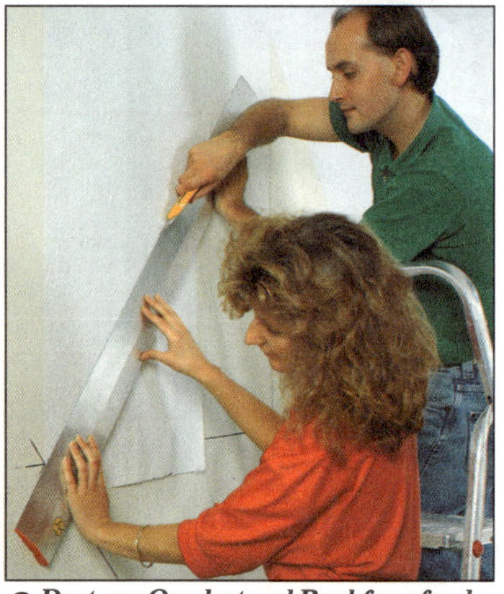

**2** *Dort, wo Quadrat und Rauhfaserfond zusammentreffen, ist ein exakter Bahnbeschnitt erforderlich. Das Cuttermesser an der Aluschiene entlangführen*

**3** *Anschließend wird die Quadratfläche mit Prägetapete im Tropfenmuster be klebt. Sie hebt sich schön von der Rauhfaser-Struktur der umgebenden Fläche a*

*Eine lustige Idee, die bestimmt nicht nur Kindern gefällt. Lassen Sie die größeren ruhig beim Bemalen helfen*

anschließend weitergeht, zeigen die Arbeitsfotos unten. Diese Art der Wandgestaltung verträgt durchaus auch eine Dekoration mit Bildern, setzt diese sogar gekonnt in Szene, wie das Foto oben beweist. Bei näherem Betrachten läßt sich dann auch der ganze Reiz des Farb- und Strukturenspiels erkennen.

Mit etwas Phantasie kann man eine solche Tapetenintarsie auch raffiniert weiterentwickeln. Zum Beispiel zu einem pfiffigen Kinderzimmer-Schmuck wie auf dem großen Foto. Drachenschweif und Eckquasten lassen das gemalte Motiv zur lustigen dreidimensionalen Wanddekoration werden. □

**4** ***Der Anschluß zur Rauhfaser gelingt wiederum mit dem Cuttermesser, wobei ein unterlegter, dünner Kartonstreifen den Putz vor der Klingenspitze schützt***

**5** ***Quadratfläche mit Folie abdecken und abkleben. Das Umfeld mit Acryl-Seidenglanzlack sorgfältig streichen; der Auftrag erfolgt mit der Kunststoffwalze***

**6** ***Nach dem Trocknen und erneuten Abkleben können Sie das Quadrat farbig gestalten. Das leuchtende Türkis hebt sich dominant vom hellgelben Umfeld ab***

# Tapeten-Rahmen bringen Struktur in die Wand

Auch wer nicht unbedingt für das Moderne schwärmt, kann mit ein bißchen Aufwand sehr wirkungsvolle und interessante Raumeffekte zaubern. So lassen sich zum Beispiel die Wandflächen mit flachen Rahmen aus aufgesetzten Gipskarton-Streifen gliedern. Diese ‚Spiegeltechnik' hat eine lange Tradition und wurde angewandt, als man noch keine Tapeten mit passendem Musteranschluß für eine Flächendekoration ohne Ansätze kannte.

Auch hier muß der praktischen Ausführung eine gründliche Planung vorausgehen. Das heißt, die Wände, die gestaltet werden sollen, teilt man erst in gleichmäßige Rahmenflächen auf. Wie das gemacht wird – und selbstverständlich auch die weiteren Arbeitsschritte – zeigt die Bildfolge rechts.

Das Ergebnis – zu sehen im Foto unten – läßt die ‚Spiegelwirkung' deutlich werden. Durch den Anstrich mit leuchtendem türkisfarbenen Lack kommt die Prägestruktur der Tapete im Spiel von Licht und Schatten hervorragend zur Geltung. Sie bildet einen lebhaften Kontrast zu den hellen Dekorrahmen. □

***Tapetenrahmen – eine klassische Variante. Durch den lebhaften Farbkontrast wird die Wirkung unterstrichen***

Die gleichgroßen Rahmenflächen auf der Wand markieren. Dann die 12,5 mm dicken Gipskartonstreifen mit der Handkreissäge kantengerade uschneiden. Unentbehrlich ist ein Gerät mit Staubabsaugung, die den beim ägen anfallenden Schmutz bereits ‚im Entstehen' wirkungsvoll abfängt

2 Zur Montage der Streifen müssen zunächst die nötigen Bohrungen der gewählten Dübelgröße entsprechend eingebracht werden. Die Befestigung der Streifen erfolgt im Durchsteckverfahren mit . . .

3 . . . Nagel- oder Nylondübeln. Sie werden mit der Schraube in die Bohrung ngeführt und mit dem Hammer bündig ngeschlagen. Ausreichend versenken!

4 Sind alle Streifen befestigt, geht es ans Verspachteln von Schraubstellen und Stößen. So oft spachteln und schleifen, bis eine einheitliche Fläche erzielt ist

5 Ein Anstrich mit lösemittelfreiem Tiefgrund bereitet die Rahmen für die folgende Lackierung mit farbigem Acryllack vor. Wir wählten einen Chinaseidenton

6 Ist die Lackierung gut ▲ durchgetrocknet, können ie ‚Spiegelflächen' mit einer rägetapete beklebt werden

7 Bevor sie lackiert werden kann, muß sie gut durchtrocknen; alle Kanten sollten sorgfältig abgeklebt werden ▶

12
13
10
4
11
14
6
7
9
8

# Tapeten

**Sie können Räume optisch vergrößern, exklusives Ambiente oder behagliche Stimmung schaffen: Erst durch Tapeten werden Wohnungen wirklich heimelig. Wir zeigen die Fülle der Wandkleider**

Tapeten nennt man Wandbekleidungen aus einem Papier- oder Vlies-Träger und einer behandelten Oberfläche. Diese kann geprägt, mit Farben, Kunststoffen, Metallen oder Naturstoffen wie Kork und Gras bedruckt, beschichtet oder kaschiert (beklebt) sein. Tapeten werden mit Kleister oder Kleber an Wänden oder Decken fixiert. Restlos oder spaltbar trocken abziehbare Tapeten setzen sich immer mehr durch. Spaltbare hinterlassen eine Papierschicht, die den neuen Tapeten eine gute Grundlage bietet. Ein rückseitig aufgedruckter Rapport erleichtert die Anbringung. Tapeten sollten wegen des guten Raumklimas wasserdampfdurchlässig sein; für die Umwelt- und Gesundheitsverträglichkeit bürgt das RAL-Zeichen. Die meisten Tapeten führen Symbole, die über Eigenschaften und Verarbeitung informieren. Das Deutsche Tapeteninstitut, Postfach 500252, 60423 Frankfurt, sendet Ihnen für 2 Mark eine Broschüre mit vielen Tips.

1 *Rauhfaser: Zwei Papierschichten mit eingestreuten Holzspänen verschiedenster Form und Körnung (Erfurt, Rasch)*

2 *Makulatur: Gut deckende Papierbahnen für den Untergrund; auch flüssig erhältlich*

3 *Textiltapeten sind als Kettfaden- oder aufwendigere Gewebe-Tapeten zu haben (Obi)*

4 *Prägetapeten: Papiertapeten zum Überstreichen; z. T. besonders plastisch durch Baumwollfasern (Erfurt, Rasch)*

5 *Papiertapeten: Ein- oder zweischichtig; in zahllosen Dessins bedruckt und oft gaufriert, d. h. fein geprägt (Forbo, Rasch)*

6 *Flachvinyl-Tapete: PVC auf Papiergrund; manche erhalten metallischen Glanz durch eine spezielle Beschichtung (Rasch)*

7 *Velourstapeten: Samtartige, edle Muster aus aufgeflockten Fasern auf Flachvinyl (Forbo)*

8 *Flach- bzw. Glattvinyl-Tapeten: Oft leicht gaufriert, meist wasch- oder gar scheuerbeständig, recht robust (Forbo)*

9 *Struktur-Vinyl-Tapeten: Expandiertes PVC auf Papier; reliefartige, profilierte Oberflächen (Marburg, P + S, Rasch)*

10 *Faservlies-Struktur-Tapeten: Geschäumtes PVC auf Vlies aus Zellstoff- und Synthesefasern (AS Creation, Marburg, Mohr)*

11 *Profilvinyltapete: PVC auf Papier; auch sehr flach und glatt erhältlich, hochwaschbeständig, strapazierfähig (Marburg)*

12 *Glasfasergewebe: Nichtquellend, schwer bzw. nicht brennbar, extrem robust (Caparol)*

13 *Korktapeten: Korkeichenplättchen auf kleblackiertem Papier in Sonderformaten (Bauhaus)*

14 *Bordüren*

*In nur drei Tagen wurde aus einem einfachen Zimmerchen ein gemütlicher u*

Von Anfang an war das Eßzimmer der gesellige Mittelpunkt des Hauses. Was dem kleinen Raum fehlte, war eigentlich nur noch eine etwas gemütlichere Atmosphäre. Weil die Frau des Hauses, die die Neugestaltung in Angriff nehmen wollte, berufstätig war und außerdem wenig Erfahrung im Heimwerken hatte, sollten zeitlicher und handwerklicher Aufwand möglichst gering gehalten werden. So haben wir nur Material eingesetzt, das auch für den Laien problemlos zu verarbeiten ist. Basis der Neugestaltung war ein Naturprodukt auf Baumwollbasis, das sich schnell und einfach auf fast jeden vorhandenen Decken- und Wanduntergrund bringen läßt (in unserem Fall konnten sogar die Tapeten auf den etwas schiefen Wänden bleiben). Bei weniger haftfähigen Untergründen empfiehlt sich der Auftrag einer speziellen Grundierung. Dunkle Flächen sollten darüber hinaus mit einem Sperrgrund vorbehandelt werden. Die ursprünglich aus Japan stammende Wandbeschichtung wird vom deutschen Hersteller ausschließlich unter Verwendung von natürlichen Grundstoffen produziert. Sie wird mit Wasser

# VERWANDLUNG

*Auch schiefe Wände, wie man sie in Altbauten häufig antrifft, können mit unserem Wandbelag auf Baumwollbasis bekleidet werden*

**1** *Die Baumwollmischung wird einfach mit Wasser angerührt, kräftig durchgeknetet und schon kann´s losgehen*

**2** *Tragen Sie das Material mit einer Glättkelle auf. Manche Untergründe müssen vorbehandelt werden. Fragen Sie den Fachmann*

**3** *Auch Anschlußbereiche sind kein Problem. Geht trotzdem etwas daneben, einfach mit dem Finger aufnehmen*

*ativer Raum*

angerührt und und mit einer Glättkelle aufgetragen. Die facettenreich schimmernde, weiche Oberfläche ist sehr leicht zu pflegen: Mechanische Beschädigungen etwa können einfach mit Blumenspritze und Spachtel ausgebessert werden. Der Trocknungsprozeß, der durch den hohen Wasseranteil der Mischung einige Tage dauern kann, läßt sich – falls nötig – durch Aufstellen eines Heißluftgebläses beschleunigen.

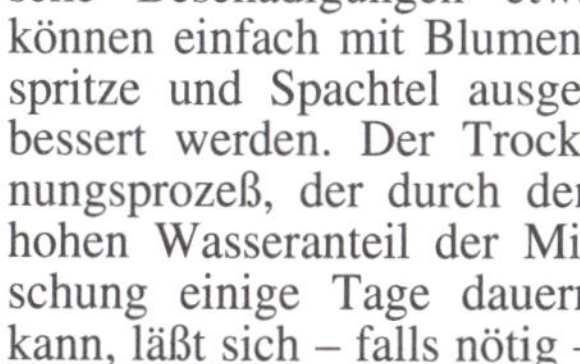

**4** *Saubere Außenkanten erreichen Sie, indem Sie den Belag an beiden Seiten parallel mit Kelle und Glättkelle abziehen*

**5** *Auch an der Decke haftet das Baumwollmaterial sofort. Beim Auftragen entsteht weder Schmutz noch Abfall*

# Wände im neuen Kleid

**Fast jeder hat es schon selbst versucht. Und wäre nicht ständig irgendetwas im Wege gewesen – tapezieren könnte so einfach sein. Wie man Ecken, Kanten und andere „bahn(unter)brechende" Problemstellen meistert, wollen wir Ihnen – neben vielem anderen – auf den folgenden Seiten zeigen. Regel Nummer eins: Papier ist geduldig!**

Als die Gebrüder Montgolfier an einem sonnigen Septembertag Anno 1785 mit ihrem neuentwickelten Heißluftballon abhoben, bestand die gerade erfundene Tapete ihre erste Bewährungsprobe. Die Ballonhaut war nämlich nicht aus Stoff, sondern aus bemalten Tapetenbahnen zusammengefügt.

Von diesem ersten Höhenflug bis zur industriellen Fertigung und damit zur allgemeinen Verbreitung des papiernen Wandbelags vergingen allerdings noch knapp hundert Jahre. Immer neue und verfeinerte Techniken der Herstellung, des Drucks, der Prägung und Kaschierung ließen die Tapete allmählich zur vielseitigsten und beliebtesten Wandbekleidung werden.

Großen Anteil an der im wahrsten Sinne flächendeckenden Rolle, die sie heute spielt, hatte aber auch die einfache Verarbeitung: Über 70% aller Tapeten werden in Eigenregie an die Wand gebracht – mit mehr oder minder großem Erfolg. Meistens finden sich zwischen Theorie und Praxis zahlreiche unverrückbare Hindernisse, die bald den Wunsch aufkeimen lassen, daß die sogenannten „eigenen vier Wände" gefälligst wirklich nur aus ebendiesen bestehen sollten.

Aber selbst wenn man weiß, wie man Fensternische, Heizung, Steckdose & Co erfolgreich zu Leibe rückt, ist man noch nicht gefeit vor dem Kardinalfehler des Gelegenheitstapezierers: Der nämlich heißt Ungeduld. Dabei gibt es kaum etwas geduldigeres als eine gut durchgeweichte Tapetenbahn. Das gilt gerade auch für das Tapezieren der

*Allen Tücken zum Trotz: Wenn es um Raumgestaltung geht, läßt sich kaum ein so rasches und umfassendes Erfolgserlebnis erzielen wie durch den sprichwörtlichen „Tapetenwechsel". Tapeten und Bordüre in unserem Beispielzimmer stammen übrigens von Rasch (Kollektion „Studio")*

## Alte Tapeten lösen

1 *Manche Tapeten sind trocken (spaltbar) abzuziehen. Wenn nicht, geht man am besten so vor: Mit der Nagelwalze wird die Oberfläche zunächst ...*

2 *... perforiert. Dann näßt man die Tapetenbahnen gründlich ein. Das geht mit dem Schwamm oder auch – wie hier zu sehen – mit einer Gartenspritze*

3 *Bei hartnäckig haftenden oder mit Spezialkleistern geklebten Tapeten kann die Zugabe von Tapetenlöser ins Einweichwasser wahre Wunder bewirken*

4 *Gut durchfeuchtet, läßt sich fast jede Tapete bahnenweise abziehen. Hin und wieder muß man ihr allerdings mit einem Spachtel auf den Weg helfen*

Voll im Trend: Sockel als Gestaltungselement. Tapete: Salubra „Royal Symphony"

**TIP** **Vorsicht bei alten Farbanstrichen**

Grundsätzlich sind Dispersionsfarben ein guter Tapeziergrund. Trotzdem sollte man die Haftfähigkeit mittels Gitterschnitt und Klebeband prüfen: Ist nach dem Abziehen keine oder kaum Farbe auf dem Band, findet auch die Tapete Halt. Leimfarben, die man daran erkennt, daß sie beim Anfeuchten dunkler werden und aufquellen, muß man in jedem Fall mit Quast oder Schwamm abwaschen. Das geht leichter, wenn Sie etwas Tapetenlöser ins Wasser geben. **TIP**

Decke (siehe Titelfoto auf Seite 48). Bis eine Bahn optimal an die vorhergehende stößt, muß sie mitunter mehrmals abgelöst und wieder angesetzt werden. Hilfreich ist in jedem Fall das Einkleistern der zu tapezierenden Wand- und Deckenbereiche. So läßt sich die Tapete gut auf dem Untergrund bewegen. Unsere beiden Tapezierer haben sich das Kleben der langen Deckenbahnen dadurch erleichtert, daß sie die zugeschnittene Tapete zunächst ziehharmonikaförmig gefaltet und auf einen Besen gelegt haben: So läßt sie sich

*Rechts: AS Creation, „Design"; links: Laura Ashley, Infinity"*

## Spachteln

*Tapeten zeigen häufig jede „Macke" des Untergrundes: Deshalb alle Löcher und Unebenheiten sorgfältig mit Füll- und Flächenspachtel glätten*

## Rißsanierung

*Bei arbeitenden Rissen reicht bloßes Verspachteln nicht mehr aus. Entfernen Sie zunächst loses Material. Dann den Riß mit Spachtelmasse füllen*

*Nach dem Aushärten der Spachtelmasse wird als Bett für das Rißband ein elastischer Kleber aufgebracht. Geeignet ist z. B. der hier eingesetzte ...*

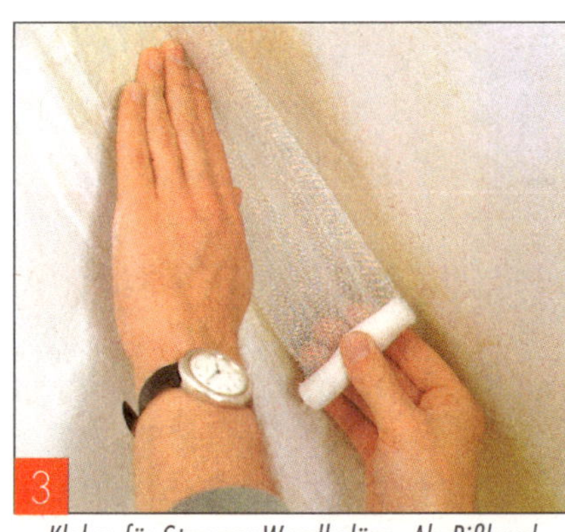


*... Kleber für Styropor-Wandbeläge. Als Rißband kann man eine normale Mullbinde einsetzen. Sie soll die Rißenden um einige Zentimeter überlappen*

Die Tapete als raumverbindendes Element (Salubra „Royal Symphony")

**TIP**

### Grundierung bei kreidenden Putzen

Kreidende oder sandende Putze sowie Gipskartonplatten sollten Sie mit einem Tiefgrund behandeln. Bei besonders stark sandenden Putzen kann es erforderlich sein, nach dem Trocknen der Grundierung noch einmal nachzuspachteln. In diesem Fall die Spachtelstellen nach dem Überschleifen erneut grundieren.

**TIP**

abschnittweise sauber ansetzen. Wie Sie die restlichen Problemfälle beim Tapezieren fachgerecht bewältigen, zeigen die Fotos auf den folgenden Seiten.

### Tips für den Tapetenkauf

Vor dem Schritt zur Tat steht zunächst einmal die Qual der Wahl: Wenn Sie nicht zu den absoluten Tapetenmuffeln gehören, die beim Wort Wandbekleidung immer nur „Rauhfaser" verstehen (womit wirklich nichts gegen diese robuste und dauerhafte Tapetenart gesagt sein soll!), müssen Sie sich wohl oder übel durch das riesige Angebot an Arten, Qualitäten, Farben und Dekoren hindurcharbeiten, das die Tapetenindustrie bereithält. Natürlich sollte die Tapete zunächst einmal der Beanspruchung gewachsen sein. Für stark strapazierte Räume wie etwa Küche oder Kinderzimmer empfiehlt sich

Rechts: Laura Ashley, Kollektion „Albert"; links: Salubra, „Pareta"

Anschließend trägt man mit dem Pinsel noch einmal Kleber auf, damit wirklich eine vollflächige Einbettung der Rißbinde garantiert ist

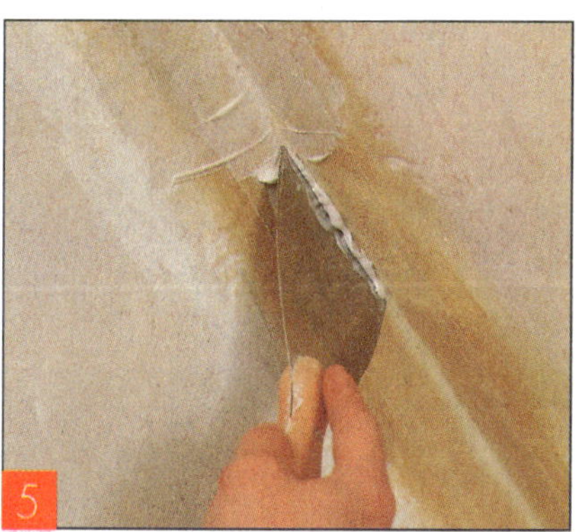


Damit der sanierte Riß sich nicht später als Unebenheit durch die Tapete abzeichnet, wird der ganze Bereich zum Schluß großflächig verspachtelt

## Makulatur

Um einen einheitlich saugfähigen und glatten Untergrund zu erreichen, kann man nach dem Verspachteln Streichmakulatur einsetzen

Noch besser ist hier natürlich eine Untertapete, die sogenannte Rollenmakulatur, deren Einsatz sich vor allem bei hochwertigen Tapeten lohnt

## Schiefe Wandecke

1 Vor allem bei schiefen Wänden wichtig: Mittels Lot oder Wasserwaage beidseits der Ecke eine vertikale Anlegelinie markieren. Den Abstand zur ...

2 ... Ecke bei der ersten Bahn so wählen, daß sie eine knappe Handbreit überläuft. Dann wird die Tapete am Lotschlag angesetzt und festgewalzt

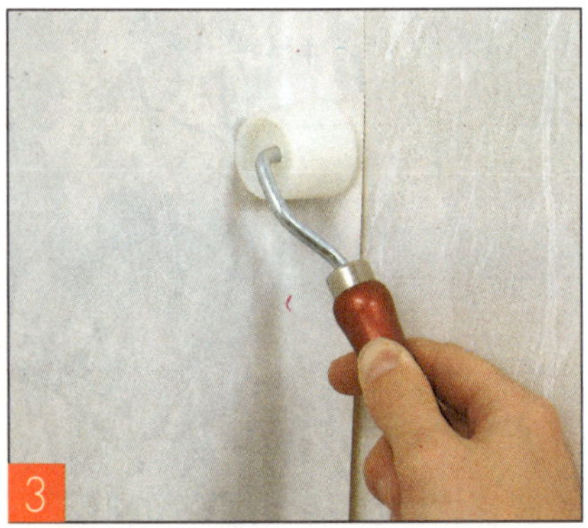

3 Der Bahnüberlauf muß auf der angrenzenden Wand sorgfältig angedrückt werden. Das geht besonders gut mit einem konischen Nahtroller

4 Als nächstes setzen Sie – wieder nach Lotschlag – die Anschlußbahn so an, daß sie den um die Ecke geklebten Teil in voller Wandhöhe überlappt

5 Einer der wichtigsten, nicht ganz einfachen Kniffe beim Tapezieren ist der nun folgende Doppelnahtschnitt: Mit einem scharfen, an einer Schiene ...

6 ... geführten Cutter beide Bahnen im Überlappungsbereich mittig durchtrennen. Jetzt den Schnitt aufklappen und den unteren Tapetenstreifen entfernen

7 Nach dem Anwalzen bleibt eine nahezu unsichtbare Naht. Unschöne Übergänge entstehen allerdings mitunter bei ausgeprägten geometrischen Mustern

## Fensternische

1 Zum Standardprogramm zählen auch die Fensternischen. Die angrenzende Bahn wird zunächst in Höhe von Fenstersturz und -bank waagerecht ...

2 ... eingeschnitten und einige Zentimeter um die Ecke geklebt. Dann den Paßstreifen für die Fensterlaibung zuschneiden und auf Stoß ansetzen

3 Analog verfahren Sie am Fenstersturz. Auch hier klebt man die Bahn um die Kante herum. Bei nicht zu tiefen Stürzen kann die Tapete auch direkt ...

4 ... bis zum Fensteranschluß geklebt werden. Ansonsten muß auch hier wieder ein Paßstreifen zugeschnitten und auf Stoß eingesetzt werden

Strapazierfähig, abwaschbar und besonders stoßfest: überstreichbare Glasgewebetapete (Caparol)

Alternative zur Rauhfaser: Die überstreichbare Prägetapete auf Altpapierbasis (Erfurt, „Anaglypta")

Besonders effektvoll: Metalltapeten. Die Verarbeitung ist allerdings nicht ganz einfach (Salubra)

Die Profilierung wird bei der Strukturvinyltapete durch Kunststoffauftrag erzielt (Marburg)

Glattvinyltapeten sind aufgrund ihrer Kunststoffoberseite hochwasch- bis scheuerbeständig (Rasch)

Die in einem Spezial-Verfahren gefertigten Duplex-Prägetapeten sind besonders standfest (Salubra)

Die Prägetapete muß mit Vorsicht geklebt werden, damit die Profilierung erhalten bleibt (Marburg)

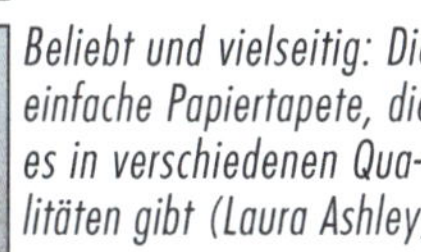
Beliebt und vielseitig: Die einfache Papiertapete, die es in verschiedenen Qualitäten gibt (Laura Ashley)

eine robuste, abwaschbare Tapete, die im Schlafzimmer nicht unbedingt erorderlich sein wird (siehe hierzu auch die Übersicht Qualitätssymbole auf Seite 56). Mindestens ebenso wichtig sind gestalterische Aspekte; Zuallererst sollten Sie darauf achten, daß Ihre neue Tapete zur Einrichtung paßt: Hier kann es nützlich sein, Farb- und Stoffmuster aus dem jeweiligen Zimmer mit ins Tapetengeschäft zu nehmen. Durch die Wahl der richtigen Tapete können Sie darüber hinaus auch

Eine Strukturvinyltapete der Firma Marburg (Kollektion Suprofil Original)

## Fußleiste

Um an den Fußleisten einen sauberen Abschluß zu erhalten, bieten sich zwei Zuschnitt-Methoden an: Zum einen kann man den Überstand gegen die ...

... Kante eines Tapezierlineals abreißen. Zum andern kann man den Fußleistenbeschnitt auch mit einem scharfen Cutter durchführen

## Türrahmen

Zunächst die Tapete über die Zarge laufend ansetzen und am oberen Ende einschneiden, so daß die Bahn im Wandbereich angedrückt werden kann

Dann reißt man den Überstand über eine gerade, scharfe Kante weg: Dabei fasert das Papier leicht aus und schmiegt sich dem Untergrund perfekt an

## Heizung

Auch Heizkörper sind kein unüberwindliches Hindernis: Die Tapetenbahnen bis zur Höhe der Wandhalterungen längs einschneiden und dann hinter ...

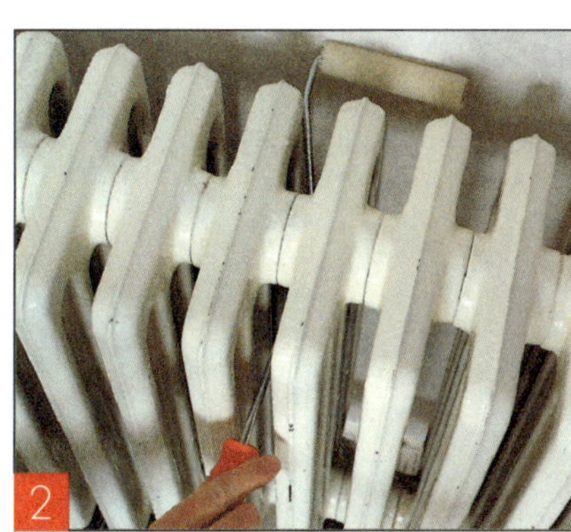
... dem Heizkörper durchführen. Das Andrücken erfolgt mittels einer schmalen Walze, die sich zwischen den Heizungsrippen durchführen läßt

## Deckenbeschnitt

Auch beim Deckenbeschnitt gibt es mehrere Methoden. Zum einen kann man mit dem Scherenrücken die Knicklinie Wand/Decke markieren, die ...

... Tapete etwas abziehen und entlang des Knicks beschneiden. Zum andern kann man den Überstand aber auch gegen das Tapetenlineal abreißen

Raum für Kreativität: Gestalten mit Bordüren und Leisten (Laura Ashley, „Lyme Regis“ & „Autumn Leaves“)

**TIP Tapetenbroschüre**

Wer an Tapeten interessiert ist, findet in der soeben erschienenen Broschüre des Deutschen Tapeten-Instituts viele Informationen und Anregungen zum Gestalten mit Tapeten. Es werden Tapezierbeispiele gezeigt und gestalterische Tips rund um die Tapete gegeben. Darüberhinaus enthält die Broschüre viele hilfreiche Tips vom Einkauf bis zur Verarbeitung.

Gegen Voreinsendung von DM 3.- in Briefmarken kann die farbige 40-seitige DIN A4-Broschüre beim Deutschen Tapeten-Institut, 60423 Frankfurt, Postfach 500252, bestellt werden.

**TIP**

die Proportionen des Raums günstig beeinflussen. So erscheint zum Beispiel ein niedriges Zimmer höher, wenn Sie es mit einer längsgestreiften Tapeten bekleiden. Umgekehrt wirkt ein hoher Raum niedriger, wenn man sich für ein waagerecht ausgerichtetes Muster entscheidet (auch mit dem Einsatz von Bordüren kann man diesen Effekt erzielen) oder die Decke dunkler tapeziert. Kleine Räume gewinnen optisch an Größe, wenn Sie helle Tapeten mit kleinen Mustern verwenden.

### So berechnen Sie Ihren Bedarf an Tapetenrollen

Falls Ihre neue Tapete als „Eurorolle“ geliefert wird (also 53 cm breit und etwa 1005 cm lang), gibt es eine recht einfache Formel zur Bedarfsberechnung: Raumumfang mal Raumhöhe geteilt durch fünf

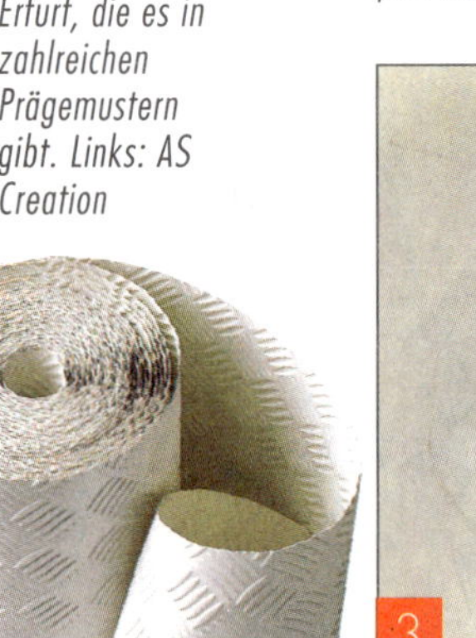

Unten rechts: Die Anaglypta von Erfurt, die es in zahlreichen Prägemustern gibt. Links: AS Creation

3 Wem das Abreißen nicht unbedingt liegt, der kann natürlich auch wieder einen scharfen Cutter oder ein Tapetenmesser einsetzen

## Steckdosen

1 Der Beschnitt um Steckdosen und Schalter gelingt selten mit der gewünschten Sauberkeit. Besser ist folgender Weg: Nach dem Herausdrehen der ...

2 ... Sicherung entfernt man die Abdeckung und tapeziert die Bahn über die Dose hinweg. Durch ein paar kräftige Stöße mit der Tapezierbürste läßt ...

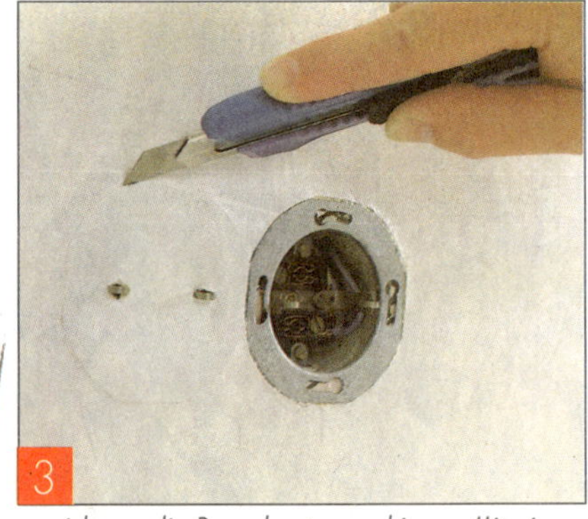

3 ... sich nun die Dosenkontur markieren. Mit einem scharfen Cutter können Sie dann die Dose freischneiden und die Abdeckung wieder montieren

# Bordüren: Werkzeugübersicht

Mit Bordüren lassen sich recht einfach gestalterische Akzente setzen. Sie brauchen:

1. eine Wasserwaage
2. eine Moosgummiwalze
3. einen Zollstock
4. einen Bleistift
5. ein scharfes Tapetenmesser
6. eine Tapetenschere
7. Spezialkleber für Bordüren
8. eine Lammfellrolle
9. Spezialkleister
10. einen Nahtroller

## Borte auf Tapete

1 Nachdem Sie sich entschieden haben, in welcher Höhe die Bordüre angebracht werden soll, markieren Sie mit der Wasserwaage die obere Kante

2 Nun wird die Bordüre zugeschnitten. Der Spezialkleber kann mit einer Lammfellrolle aufgetragen werden. Dann etwas weichen lassen

3 Setzen Sie den Bordürenstreifen entlang der waagerechten Hilfslinie an. Dann mit Walze und Nahtroller festdrücken. Austretenden Kleber mit einem Tuch entfernen. (Tapete & Bordüre: Rasch, „Bambino"). Übrigens: Sie können Ihre Bordüre natürlich auch aus einer normalen Tapete herausschneiden

## Gehrungen

1 Am besten schneiden Sie mit einem Cutter die aneinanderstoßenden Streifen zunächst trocken auf Gehrung. Das geht sehr gut auf einer Glasplatte

2 Stellt sich beim Kleben heraus, daß die Ecke nicht ganz rechtwinklig ist, können Sie mit einem Doppelnahtschnitt einen exakten Stoß erzielen

## Symbole zur Qualität

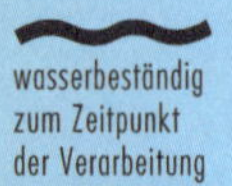
wasserbeständig zum Zeitpunkt der Verarbeitung

waschbeständig

hoch waschbeständig

scheuerbeständig

hoch scheuerbeständig

Farbbeständigkeit gegen Licht ausreichend

Farbbeständigkeit gegen Licht befriedigend

Farbbeständigkeit gegen Licht gut

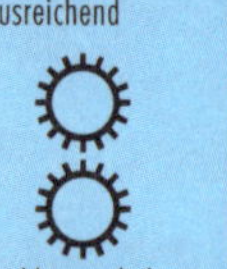
Farbbeständigkeit gegen Licht sehr gut

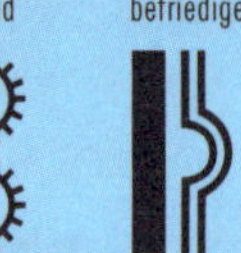
Farbbeständigkeit gegen Licht ausgezeichnet

duplierte Prägetapete

gute Stoßfestigkeit

## Symbole zur Verarbeitung

ansatzfreies Muster

gerader Ansatz des Muster

versetzter Ansatz des Musters

gestürztes Kleben von Bahn zu Bahn

Klebstoff ist auf die Tapete aufzutragen

Klebstoff auf den zu tapezierenden Untergrund auftragen

vorgekleisterte Wandbekleidung

Bahn mittels Überlappen und Doppelschnitt ansetzen

restlos trocken abziehbar

trocken spaltbar abziehbar

naß zu entfernen

ergibt die benötigte Rollenzahl. Bei komplexen Raumformen oder bei teuren Tapeten sollten Sie allerdings Ihr Zimmer genau vermessen.

*Frech und eigenwillig: Rasch, Kollektion „Art & Design"*

*Wichtig im Nahtbereich ist das sorgfältige Andrücken mit einem Nahtroller (Tapete & Bordüre: Rasch, Kollektion „Splendid")*

## Borte auf Struktur

*Vor allem bei Strukturtapeten empfiehlt es sich, die Untergrundtapete der Bordürenbreite entsprechend auszuschneiden. Dabei ist natürlich ...*

*... besonders exaktes Arbeiten erforderlich. Das Herauslösen des Streifens kann unter Umständen durch Anfeuchten erleichtert werden. Auch die ...*

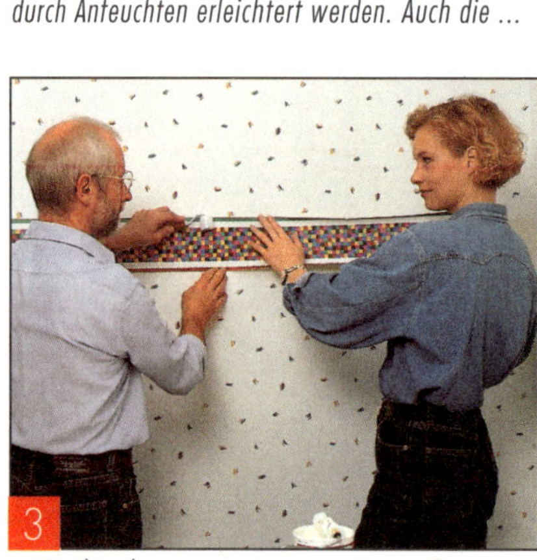

*... Bordüre kann man etwas vornässen. Zum Schluß wird der zugeschnittene Streifen exakt eingepaßt (T. & B.: Rasch, „Rendezvous")*

## Ausbesserungen

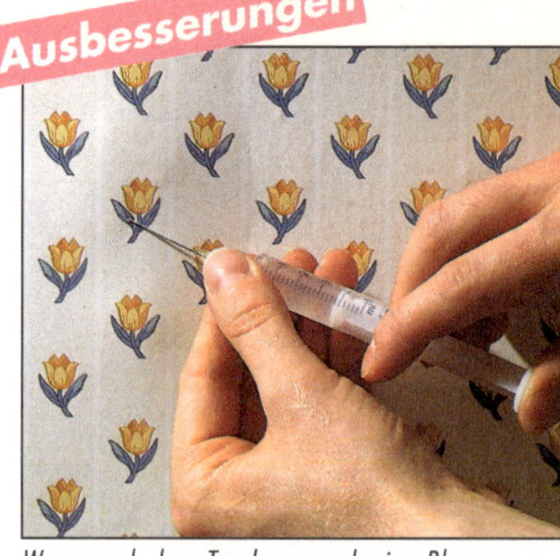
*Wenn nach dem Trocknen noch eine Blase zu sehen ist, hilft ein Injektion mit verdünntem Kleister. Die Einwegspritze erhalten Sie in der Apotheke*

*Schäden an Profiltapeten: Flickstück einkleistern und auflegen. Dann beide Tapetenschichten rundum durchtrennen und das untere Stück herauslösen*

*Bei glatten Tapeten klebt man den Flicken einfach auf. Kleistern Sie einen passenden Abschnitt ein und lösen Sie dann das benötigte Stück ...*

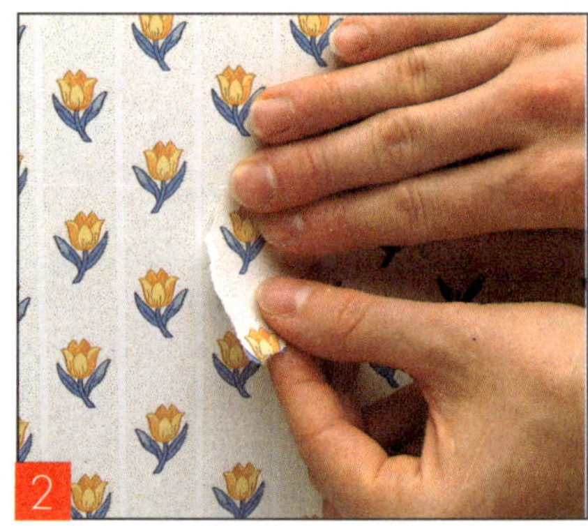

*... heraus, indem Sie den wegfallenden Teil nach unten abreißen. So ergibt sich ein ausgefaserter Rand, der nach dem Trocken kaum noch sichtbar ist*

Kapitel 2

# Bodenbeläge

**Ob Holz, Kunststoff, Kork oder Keramik: Dank spezialisierter Waren-Sortimente und neu entwickelter Verlegetechniken läßt sich heute nahezu jeder Bodenbelag auch vom Heimwerker verarbeiten. Auf den nächsten Seiten lesen Sie, wie es geht**

## INHALT

## Arten-Vielfalt

*Aus dem breiten Spektrum der verschiedenartigen Holzbodenbeläge stellen wir Ihnen die gängigsten vor. Lesen Sie hier, worin sie sich unterscheiden und wo ihre starken und schwachen Seiten liegen*

Moderne Holzbeläge sind robust und halten einiges an Beanspruchung aus. Nässe und scheuernden, feinkörnigen Sand mögen sie allerdings nicht. Letzteres gilt auch für die sehr abriebfesten Oberflächen von Laminat und Echtholzböden. Darum sollten Sie in Naß- und Eingangsbereichen lieber einen anderen Belag wählen. Die Reinigung mit einem gut ausgewrungenen feuchten Lappen vertragen sie allerdings problemlos. Von Zeit zu Zeit empfiehlt sich eine Behandlung mit speziellen Pflege- und Reinigungsmitteln

**1** *Massives Mosaikparkett (für vollflächiges Verkleben)* **2** *Mehrschicht-Parkett (Design: Landhausdiele)* **3** *Laminat* **4** *Laminat mit Buche-Dekor* **5** *Laminat mit blauem Holzdekor* **6** *Laminat (Marmor-Dekor)* **7** *Korkparkett* **8** *Mehrschichtiges 2-Stab-Tafelparkett* **9** *Mehrschichtparkett (Hevea, 3-Stab-Schiffsbodenmuster)* **10** *Massivholzdielen, fertig oberflächenbehandelt mit Öl/Wachs* **11** *Laminat (farbiges Holzdekor)* **12** *massive Hobeldiele, unbehandelt* **13** *Mehrschicht-Parkett Ahorn (3-Stab-Schiffsbodenmuster)* **14** *Mehrschichtparkett Eiche (3-Stab-Schiffsbodenmuster)* **15** *Laminat, Terrazzo-Design* **16** *Massivholzdiele, mit Wachs fertig oberflächenbehandelt*

# Fertigparkett

Nomen est omen – größter gemeinsamer Nenner aller Fertigparkette ist die werkseits fertig behandelte Oberfläche. Entweder mit herkömmlicher Lackversiegelung oder Öl und/oder Wachs **Aufbau:** Die meisten handelsüblichen Fertigparkette sind Mehrschicht-Elemente. Durch diesen Aufbau erreicht man eine höhere Formstabilität – wobei jeder Hersteller sein spezielles Fertigungs-Know-how einbringt. Die meisten Parkette sind dreischichtig aufgebaut, manche setzen sich aber auch aus mehr Lagen zusammen. Das links im Querschnitt dargestellte Parkett zeigt beispielhaft das Aufbau-Prinzip: Kernstück ist eine Mittellage aus „Rifts", eine Holzschicht mit stehenden Jahresringen, die sehr belastbar ist. Als unteren Gegenzug verwendet man meist ein Weichholz-Furnier mit quer zur Mittelschicht verlaufender Faserrichtung. Bei der oberen Nutzschicht zählen – neben der Optik – Holzqualität, Dicke und Oberflächenbehandlung. **Vorteil:** Ab Nutzschichtdicken von 3 bis 4 mm läßt sich ein Parkett mehrmals abschleifen. Bei der Neuversiegelung hat man die Wahl zwischen einer konventionellen Behandlung z. B. mit Wasserlacken oder Öl und/oder Wachs. Letzteres erfordert intensivere Pflege, bietet aber den Vorteil, daß sich Schäden partiell wegschleifen und nachwachsen lassen (s. unten links). **Nachteil:** Der Vorteil der Langlebigkeit geht mit dem Nachteil einer höheren Materialdicke einher. Daher scheidet Parkett bei der Renovierung manchmal aus. **Besonderheit:** Die bis ca. 10 mm dicken tafelförmigen Mosaik-Massivparkette werden vollflächig verklebt. Landhausdielen (s. rechts) ab ca. 21 mm können auch auf Lagerhölzern verschraubt werden.

# Furnierte Böden:

Die Böden mit echtholzfurnierter Oberfläche sind noch relativ neu auf dem Markt. Man kann sie als einen Kompromiß zwischen Parkett und Laminat bezeichnen. **Aufbau:** Die dielenförmigen Platten sind dreischichtig aufgebaut. Eine Trägerplatte aus Holzwerkstoff, meist aus HDF, bildet die druckfeste Mittelschicht. Ein Furnier aus Echtholz dient als sichtbare Auflage, die durch eine harte und abriebfeste Versiegelung geschützt ist. Als unterer Gegenzug kommt z. B. Kiefernfurnier oder Kraftpapier zum Einsatz. **Vorteil:** Die Oberfläche hat die Ausstrahlung eines echten Parketts. Echtholzböden sind aufgrund geringer Plattenhöhen von 7 bis 8 mm der ideale Renovierungsbelag. **Nachteil:** Die Furnierschicht kann nicht – wie beim Parkett – nachgeschliffen werden. **Besonderheit:** Einige Hersteller bieten Reparatursets zum Ausbessern kleinerer Kratzer in der Versiegelung an. Zur Reinigung und Pflege sollten Sie – wie bei Parkett und Laminat – Spezialreiniger verwenden (Bild rechts).

# Massivholzdielen:

Hier unterscheidet man zwischen Hobeldielen und den neueren Landhausdielen. **Aufbau:** Hobeldielen sind massive, mit Nut und Feder versehene Bretter meist aus Nadelholz mit unbehandelter Oberfläche; Dicken: ca. 19 bis 35 mm. Landhausdielen können massiv oder mehrschichtig aufgebaut sein, mit herkömmlich versiegelten oder Wachs/Öl-Oberflächen; Dikken: ca. 14 mm (schwimmende Verlegung) bis 22 mm (auf Lagerhölzern). **Vorteil:** Ideal auf Holzbalkendecken beim Dachgeschoßausbau und als Estrich-Ersatz auf Betondecken (selbsttragend auf Lagerhölzern, s. Bild oben), Hobeldielen: preiswert, gut geeignet für Öl/Wachs-Behandlung (Bild unten). **Nachteil:** hohe Konstruktionen aufgrund der Materialdicke, leichte Fugenbildung bei Klimaschwankungen. **Besonderheit:** Massivholzdielen werden in der Regel durch die untere Nutwange entweder mit Holzspanplatten oder quer ausgelegten Lagerhölzern (ab 22 mm Dielendicke) verschraubt oder genagelt. Sie dürfen dann aber nicht an Nut und Feder verleimt werden.

# Laminat:

Als Laminat-Dekore werden vorrangig Holz-, aber auch Steinreproduktionen eingesetzt. **Aufbau:** Ein Laminat besteht aus mehreren Schichten. Trägermaterial ist eine druckfeste Holzfaserplatte aus MDF (mitteldichte Holzfaser), HDF (hochverdichtete Holzfaser) oder Spanplatte, die auf der Oberseite mit einer robusten Melaminharz-Beschichtung versehen ist. Sie schützt das darunterliegende Dekorpapier. Ein Laminat-Gegenzug an der Unterseite dient als Spannungsausgleich. **Vorteil:** Durch geringe Aufbauhöhen (ca. 8 mm) ideal bei der Renovierung. Unempfindlichkeit gegen Zigarettenglut, Chemikalien, Lichteinstrahlung. Die große Dekorvielfalt ermöglicht unkonventionelle Bodengestaltung. **Nachteil:** Laminat kann man nicht abschleifen. Leicht ‚unechte' Wirkung bei Holzdekoren, da die Reproduktionen absolut identisch sind. **Besonderheit:** Unterschiedliche Abriebfestigkeiten. Je nach Raum für private Nutzung ausreichend: 6000 bis 10 000 Umdrehungen.

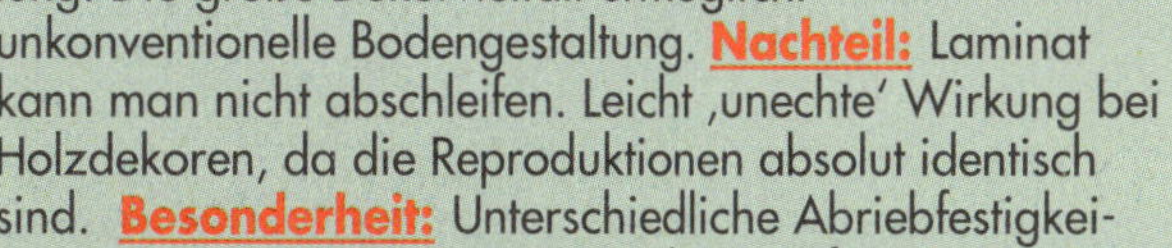

SCHIFFSBODEN E-1
DEKOR BIRKE GERÄUCHERT
HOLZREPRODUKTION
1285 X 195 X 8 mm
LAREDO

Parkett: Pardio Parkett-Studio, Möbel: Yellow, 50939 Köln, Tapete: Rauhfaser Erfurt, 42391 Wuppertal

**Parkettböden für Heimwerker**

# Nach klassischem Vorbild

*Früher war ein Parkettboden das Privileg von Königen und Fürsten. Heute kann jedermann den edlen Belag selbst verlegen. Wir zeigen, worauf es dabei ankommt*

Es gibt nicht viele Dinge, die mit dem Alter an Schönheit und Ausstrahlung gewinnen. Ein Parkett gehört jedoch zweifellos dazu. Das beweisen die bis zu 300 Jahre alten Tafel- und Intarsienböden, die man jetzt noch in vielen Schlössern bewundern kann. Damals standen sie für Reichtum und Adel. Heute ist ein Parkett-Fußboden für fast jedermann erschwinglich. Trotzdem hat er sich etwas vom früheren Nimbus bewahrt: Immer noch zählt er zu den edelsten Bodenbelägen.

Seit es fertig oberflächenbehandelte Parkette gibt, ist auch die Verarbeitung keine hohe Handwerkskunst mehr. Beim Fertigparkett hat man die traditionellen Parkettarten wie z. B. Stäbe, Riemen und Tafeln zu größeren rechteckigen oder quadratischen Einheiten zusammengefaßt und mit Nut und Feder versehen. Die gebräuchlichste und für den Heimwerker am besten geeignete Verarbeitungstechnik ist die schwimmende Verlegung, die wir auf den nächsten Seiten Schritt für Schritt beschreiben. Außerdem kann Fertigparkett auf Lagerhölzern vernagelt (siehe Zeichnung auf Seite 63) oder vollflächig am Boden verklebt werden. Letzteres ist bei Fertigparkett aber eher die Ausnahme. Der Unterboden muß dazu eine ausreichende Druck- und Haftungsfestigkeit besitzen und sehr eben sein.

Bei der schwimmenden Verlegung hingegen kann man kleine Unebenheiten mit einer dünnen Trittschall-Dämmschicht ausgleichen. Auch bei harten Böden ist sie erforderlich. Viele Parkett-Hersteller bieten geeignete Dämm-Materialien als Zubehör an. Stellen Sie bei Ihrem Unterboden größere Niveaudifferenzen fest, kommen Sie jedoch um den Einsatz von Ausgleichsmassen nicht herum.

Vor dem Verlegen sollte das Parkett mindestens 12 Stunden Gelegenheit haben, sich an das Raumklima seines zukünftigen Zuhauses zu gewöhnen. Bei Temperaturen von 18 bis 20 °C und einer Luftfeuchtigkeit von 50 bis 60 % fühlt es sich am wohlsten. Bei längslaufenden Mustern wie den Schiffsboden-Dielen, deren Verarbeitung wir auf Seite 63 zeigen, sollten die Reihen parallel zum natürlichen Lichteinfall liegen. So fallen die Fugen später kaum auf. Für ein harmonisches Gesamtbild ist außerdem wichtig, daß die

## Traditionelle Muster

*Würfelmuster mit Mosaikparkett*

*Stabparkett im Schiffsboden-Verband*

*Stabparkett im Würfelmuster*

*Stabparkett, im Fischgrät-Verband verlegt*

*Intarsienparkett*

Dielenreihen genau dem Verlauf der Wand folgen bzw. beim Fischgrätmuster diagonal zur Wand liegen. Dies entscheidet sich mit der Ausrichtung der ersten Reihe. Ist die Wand krumm, müssen die exakte Flucht mit Hilfe eines Abstandhalters auf dem Parkett markiert und die Dielen entsprechend zugeschnitten werden. Damit sich die an Nut und Feder verleimte Parkett-Bodenplatte seitlich ausdehnen kann, ist eine umlaufende Dehnungsfuge von 10 bis 15 mm bei der schwimmenden Verlegung äußerst wichtig. Gleich bei der ersten Reihe muß sie berücksichtigt und mit Distanzklötzchen gesichert werden. Gehen Sie beim Zusammenschlagen der eingeleimten Elemente mit viel Gefühl vor, arbeiten Sie von der Dielenmitte nach außen. Schiffsboden-Dielen werden endlos verlegt. Man beginnt die Reihen immer mit dem Reststück der vorherigen. So entsteht automatisch eine fugenversetzte Anordnung, und es fällt kaum Verschnitt an. Sind die ersten Reihen verlegt, sollten Sie den Leim über Nacht aushärten lassen. Am nächsten Tag haben Sie dann einen festen Anschlag, und die Arbeit geht schneller von der Hand.

## Unter der Parkett-Oberfläche

Dehnungsfuge
Parkett
trittschalldämmende Schicht
Estrich
Betondecke

*Ein ebener Untergrund ist der Idealfall – egal, ob es sich um den blanken Estrich oder z.B. um einen Fliesenbelag handelt: Hier ist nur eine dünne, elastische Zwischenschicht nötig. Materialien wie Rippenpappe, Kork oder Filz dämmen den Trittschall und gleichen kleine Unebenheiten aus.*

Dehnungsfuge
Parkett
Zwischenschicht (Pappe, Filz)
Abdeckplatte
Schüttung
Rieselschutz
alte Holzdielen
vorhandene Wärmedämmung
tragende Holzbalken

*Mehr Aufwand verlangt ein stark unebener Untergrund. In diesem Fall sind es alte, ausgetretene Dielen auf einer Holzbalkendecke. Eine Schüttung sorgt für den notwendigen Niveau-Ausgleich. Als Abdeckung eignen sich Holzweichfaserplatten. Bei Parkett unter 19 mm ist zusätzlich eine Spanplattenauflage nötig.*

## Ebene Untergründe

*Bei kleineren Unebenheiten und harten Böden braucht nur eine elastische Zwischenschicht verlegt zu werden. Die Stöße dürfen nicht überlappen*

*Niveau-Ausgleich in Naß-Bauweise mit selbstverlaufendem Fließspachtel: Dem ‚Verteilungsprozeß' muß man mit der Glättkelle ein wenig nachhelfen*

*Bei größeren Unebenheiten ist eine Trockenschüttung empfehlenswert. Das aufgeschüttete Material zieht man zwischen Spezialschienen ab. Zum ...*

*... gleichmäßigen Verdichten der Trockenschüttung eignen sich auf Stoß verlegte Holzweichfaserplatten. Keinesfalls direkt auf die Schüttung treten!*

## Grundvoraussetzung: eben, trocken, elastisch

Ob Sie einen ausreichend ebenen Verlegeuntergrund haben, stellen Sie am einfachsten mit einer Richtlatte fest. Bei kleineren Niveau-Toleranzen reicht eine etwa 2 mm starke Auflage aus Rippenpappe, Filz, Kork oder PE-Schaumfolie als Ausgleich. Auch bei harten Untergründen – z.B. auf Estrichen, Fliesen, Spanplatten oder Holzdielen – ist diese elastische Zwischenschicht erforderlich. Sie hat hier die Aufgabe, den Trittschall zu dämpfen. Idealer Verlegeuntergrund ist übrigens ein kurzfloriger, sauber verlegter Teppichboden. Weist Ihr Boden Unebenheiten von mehr als 4 mm auf einen Meter auf, reichen die erwähnten Dämmauflagen nicht mehr aus. Niveau-Unterschiede bis 10 mm egalisieren Sie am einfachsten mit selbstverlaufendem Fließspachtel. In ganz schweren Fällen ist das Aufbringen einer Trockenschüttung zu empfehlen. Wichtig ist auch, daß der Untergrund trocken ist. So sollten frische Estriche mindestens 4, besser noch 6 Wochen austrocknen, bevor ein Parkettboden verlegt wird.

**1** Richten Sie die erste Dielenreihe ohne Verleimung mit Hilfe einer Richtschnur in einer Flucht aus. Distanzklötzchen sichern die ...

**2** ... Dehnungsfuge zur Wand. Beim Einleimen der Nuten ist ein gleichmäßiger, ununterbrochener Auftrag wichtig. Denn der ...

**3** ... wasserfeste Leim soll die Fugen vor dem Eindringen von Feuchtigkeit schützen. Mit Hilfe eine Zulage schlägt man die Elemente ...

**4** ... in die Nut- und Feder-Verbindung. Herausquellender Leim läßt sich mit einem feuchten Schwamm leicht wegwischen. Beim ...

**5** ... Zuschneiden der Endstücke einer Reihe muß die Dehnungsfuge berücksichtigt werden. Mit dem Zugeisen setzt man die Diele ein

**6** Wie dieses Endstück läßt sich auch die letzte Reihe ohne großes Messen einpassen. Legen Sie die Diele bündig auf die vorletzte ...

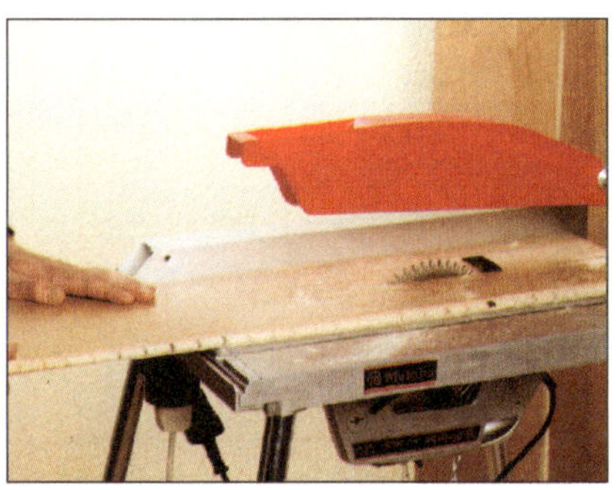

**7** ... Reihe und richten Sie ein weiteres Brett auf den erforderlichen Wandabstand aus. Die Diele entlang der Markierung zuschneiden

**8** Das eingeleimte Endstück wird mit leichten Hammerschlägen auf das Zugeisen eingesetzt. Bei komplizierteren Zuschnitten und ...

**9** ... Aussparungen – wie z.B. für Treppenstützen oder Heizkörperbefestigungen – hilft eine Schablone aus Pappe oder Papier

## Türzargen ablängen

Bei der Verlegung Ihres Parkettbodens treffen Sie zwangsläufig auf das Problem Türzarge. Hier haben Sie zwei Möglichkeiten. Die erste: Sie sägen eine entsprechende Aussparung in die Holzdiele. Dabei muß die Dehnungsfuge um die Zarge herumgeführt werden. Es bleibt also ein sichtbarer Spalt. Besser ist es, die Türzargen zu kürzen. Benutzen Sie zum Ablängen eine Feinsäge. Eine umgedrehte Diele dient als Abstandsmaß. Das Parkett-Element muß sich druckfrei unter die Zarge schieben lassen

## Parkettdielen vernageln

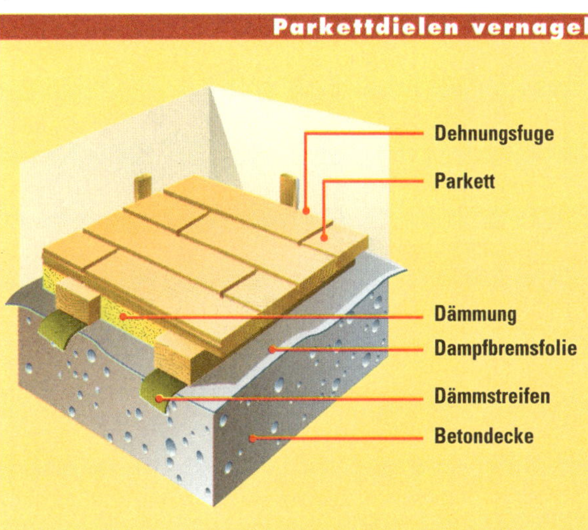


Parkettdielen ab 22 mm Stärke können auch von oben schräg durch die Feder mit Lagerhölzern vernagelt werden. Die Konstruktion ist direkt auf der Rohdecke aufgebaut. Deshalb darf die Dampfbremsfolie nicht vergessen werden, die sonst unterm Estrich liegt. Für guten Trittschallschutz unerläßlich: die Dämmstreifen unter den Lagerhölzern. Die Hölzer werden in Abständen zwischen 30 und 50 cm ausgelegt

Die große Auswahl, die der Fertigparkett-Markt heute bietet, läßt kaum einen Wunsch offen, macht aber angesichts des Preisspektrums von etwa 30 bis über 200 DM/m² die Auswahl nicht gerade einfach. Nicht nur das Design bestimmt den Preis. Formstabilität, Paßgenauigkeit und Nutzschichtdicke der Elemente spielen die entscheidendere Rolle. Generell haben mehrschichtige Parkettdielen Vorteile in puncto Formstabilität. Sie neigen weniger zu Schwund und Verwindungen als massive Elemente. Allerdings bietet sich Massivparkett in Stärken unter 10 mm an, wenn z. B. bei Renovierungen die Aufbauhöhe des Bodens begrenzt ist. Bei Mehrschicht-Parkett sollten Sie unbedingt auf die Stärke der Nutzschicht achten. Um sie mehrmals abschleifen zu können, muß sie mindestens 3 bis 4 mm dick sein. Als Nutzschicht eignen sich viele Hölzer unterschiedlicher Härte. Das in Deutschland meistverwendete Parkettholz, die Eiche, zeichnet sich durch besondere Eindruckfestigkeit aus. Ähnlich hart sind Esche und Buche. Aber auch Weichhölzer halten normalen Raumbelastungen sehr gut stand. Wichtiger für die Haltbarkeit ist die Versiegelung. Die meisten Fertigparkette sind heute mit abriebfesten, leicht zu pflegenden Lacken versiegelt. Zunehmend besinnt man sich allerdings wieder auf die klassischen Vorbilder, die ausschließlich mit Öl und Wachs behandelt wurden. Solch ein Oberflächenschutz hebt die Holzstruktur hervor, ist aber feuchtigkeitsempfindlich und verschleißt schneller. Einmal im Jahr sollte man das Holz nachwachsen. Übrigens, eine Behandlung mit Öl und Wachs bietet sich – neben wasserlöslichen Lacken – auch zur Neuversiegelung des Parketts nach einem Abschliff an. □

## Fischgrätmuster verlegen

Neben dem Schiffsboden- gehört der Fischgrätverband zu den Klassikern unter den Parkettmustern. Die kleineren Stäbe bringen es allerdings mit sich, daß man nicht so schnell an Boden gewinnt wie mit den auf der vorherigen Seite gezeigten, großformatigen Dielen. Zudem sind viele Zuschnitte erforderlich, da der Fischgrätverband diagonal zu den Raumachsen verlegt wird. Es gibt rechte und linke Stäbe. Sie sollten sie sortiert bereitlegen, bevor Sie mit der Arbeit beginnen.

**1** *Kappen Sie zunächst die Ecken der wandseitigen Stäbe im 45°-Winkel. Es erspart späteres Einpassen von Endstücken. Die Schmiege ...*

**2** *... erleichtert das Maßnehmen. Verleimen Sie im Wechsel rechte und linke Stäbe zu einer Doppelreihe aus 8 bis 10 Elementen*

**3** *Das fertige Anfangsstück wird nun in die Raumecke gelegt und ausgerichtet. Dehnungsfuge berücksichtigen! Dann verleimt man ...*

**4** *... jeweils reihenweise rechte und linke Stäbe. Für solche Paßstücke braucht man die Stichsäge. Sägen Sie die Bretter von unten zu, ...*

**5** *... um ein Aussplittern zu vermeiden. Jede Doppelreihe endet mit einem dreieckigen Paßstück. Setzen Sie es mit dem Zugeisen ein!*

## Saubere Übergänge und Abschlüsse

*Zum Überdecken der Dehnungsfugen an Übergängen zu anderen Belägen (links), an Wänden (Mitte) und Heizungsträgern gibt es eine große Auswahl an Produkten. Die meisten Parketthersteller bieten zum Bodenbelag passende Sockelleisten und Rosetten an. Ob die Sockelleisten direkt in der Wand verdübelt oder an Clips befestigt werden – in jedem Fall ist beim Zuschneiden eine Gehrungslade sehr empfehlenswert. Auch bei Übergangsschienen haben Sie die Qual der Wahl: Die Systeme bestehen in der Regel aus einem Basisprofil, das im Boden verdübelt wird, und einer Abdeckschiene, die man auf das untere Profil aufsteckt. Auch zum Überbrücken unterschiedlicher Einbauhöhen gibt es spezielle Schienensysteme.*

## Checkliste für den Kauf

Beim Kauf von Fertigparkett sollten Sie sich über Folgendes informieren:
Aufbau: Sind die Elemente mehrschichtig aufgebaut oder massiv?
Nutzschicht: Hier sind Holzart und vor allem die Dicke wichtig.
Paßgenauigkeit: Stecken Sie einige Muster-Dielen zusammen. Überprüfen Sie die Paßgenauigkeit der Nut- und Feder-Verbindung. Außerdem müssen die Oberkanten der Elemente bündig abschließen.
Oberflächenbehandlung: Mit Lacken versiegelt oder mit Öl und Wachs?
Verarbeitung: Für welche Verlegeart ist das Parkett geeignet?
Fußbodenheizung: Ist die Eignung für das Parkett bescheinigt?
Zubehör: Gibt es Sockelleisten und Rosetten im passenden Parkettdekor?
Verlege- und Pflegeanleitung: i.d.R. bei Qualitätsware selbstverständlich

## Parkett im Querschnitt

*Die meisten handelsüblichen Fertigparkette sind Mehrschicht-Elemente. Durch diesen Aufbau vermindert man die für Massivholz typische Eigenschaft zu Schwund und Verwindungen bei klimatischen Veränderungen. Die Parkett-Elemente erhalten eine höhere Formstabilität. Die hier im Querschnitt gezeigte Schiffsboden-Diele zeigt das Aufbau-Prinzip: Kernstück ist eine Mittellage aus „Rifts", eine Holzschicht mit stehenden Jahresringen, die sehr belastbar ist. Als unteren Gegenzug verwendet man meist ein Weichholz-Furnier mit quer zur Mittelschicht verlaufenden Faserrichtung. Bei der oberen Nutzschicht zählen – neben der Optik – Holzqualität, Dicke und Oberflächenbehandlung.*

## Schöne Räume mit Fertigparkett

# Gut sortierte Muster-Vielfalt

Der Variantenreichtum bei Parkettböden kommt nicht allein durch die Verwendung verschiedener Hölzer und Muster zustande. Jede Holzart unterteilt man darüber hinaus nach optischen Kriterien, sogenannten Sortierungen. Sie sind für Eiche genormt, werden aber auch auf andere Holzarten übertragen. ‚Eiche-Natur' setzt Splint- und rißfreie Oberflächen ohne auffallende Struktur- und Farbdifferenzen voraus. Bei ‚Eiche-Gestreift' hingegen ist ein fester Splint erlaubt, grobe Strukturunterschiede jedoch nicht. Erst die Sortierung ‚Eiche-Rustikal' ist charakterisiert durch betonte Farben, Äste und eine lebhafte Holzstruktur.

*Stark strukturiert: Parkett Räuchereiche ‚Rotterdam' im Flechtmuster (Kährs, 157 DM/m²)*

*Ruhig und unaufdringlich: 1-Stab-Schiffsboden Birke ‚London' (Kährs, 136 DM)*

*Elegant: Ahorn exquisit mit Dekostab (Haro, ca. 147 DM/m²)*

*Klassisch: Tafelboden Eiche (Pardio, ca. 128 DM/m²)*

3
3
3
1
3
2
1
1
1
3
2
1
4
1
1
1
1
4
1
1
1
1
6

# Laminate

*Als robuste Fußbodenbeläge, die man leicht selbst verlegen kann, werden Paneele aus Laminaten immer beliebter. Wir werfen hier einen Blick auf das reiche Angebot*

Laminate bestehen im wesentlichen aus vier Schichten: Den Kern bildet meist eine Platte aus Hochverdichteter Faser (HDF) – seltener Spanplatte –, die dem Paneel Härte und Zähigkeit verleiht. Darauf werden unter Druck und Hitzeeinwirkung eine Dekor- sowie eine Melaminharzschicht aufgepreßt. Das Harz sorgt für die Strapazierfähigkeit des Belags, der ja täglich mit Füßen getreten wird. Er hält Zigarettenglut, Pfennigabsätzen und Stuhlrollen stand; für Feuchträume sind Laminate allerdings nicht geeignet. Auf der Rückseite sind die Paneele zum Spannungsausgleich mit einer weiteren Harzschicht versehen (s. Foto rechts oben), damit sie sich nicht verziehen. Die Dekore werden aufgedruckt, weshalb den Gestaltungsmöglichkeiten kaum Grenzen gesetzt sind: Zahlreiche Holzreproduktionen, aber auch ‚Marmor' oder ‚Granit' sind ab etwa 50 Mark/m² zu haben. Soll es ein besonders robuster Belag sein, z. B. für Büros oder viel begangene Flure, müssen Sie schon um die 90 Mark anlegen. Die mit Nut und Feder ausgestatteten Laminatpaneele können Sie auf den meisten Untergründen leicht selbst verlegen. Dafür gibt es Zubehör wie Verlegewerkzeug, Sockelleisten und Reiniger.

**1** *Witex bietet unter den Namen ‚Floor', ‚Young' und ‚Project' Laminate für verschiedene Einsatzbereiche an: ‚Floor' ist die Kollektion für den gesamten Heimbereich. ‚Young' zeichnet sich aus durch auffälligere Farben und richtet sich eher an die jüngeren Anwender. Die neue Marke ‚Project' ist besonders strapazierfähig ausgeführt und eignet sich gut für Büros und andere Räume, in denen Böden hoch beansprucht werden. Die Paneele sind 8 x 194 x 1285 mm groß; der Kern besteht aus HDF.*

**2** *Auch Sibatex bietet Beläge für den Privat- und den gewerblichen Bereich an. Alle kommen in den Maßen 8,1 x 190 x 1290 mm: Homefloor ist als Belag für Wohnräume weniger robust als das für stark frequentierte Räume vorgesehene Novafloor, was sich natürlich auch im Preis ausdrückt.*

**3** *Der Bodenbelag Resofloor kommt vom Hersteller der bekannten Arbeitsplatten (Resopal). Durch die geringe Stärke (7,2 x 193 x 1205 mm) eignet er sich besonders zur nachträglichen Verlegung und Renovierung.*

**4** *Von C. E. Meyer kommt ‚Quick Step' mit einer Vielzahl von Dekoren; unser Foto zeigt z. B. Ahorn Lavendel, Buche und Merbau Schiffsboden. Die Maße sind 8 x 190 x 1200 mm.*

**5** *Tritty ist ebenfalls in zwei verschieden haltbaren Qualitäten erhältlich: Die Linie ‚100' für den privaten, die 300er hingegen für den Objekt-Bereich. Die Maße spiegeln es wieder; während die 100er Paneele 8 x 195 x 1282 mm messen, fallen die 300er dickfelliger aus: 9 x 190 x 1205 mm.*

**6** *Der schwedische Hersteller Perstorp verwendet als einziger für das Trägermaterial nicht hochverdichtete Faser, sondern eine praktisch formaldehydfreie Spanplatte (E 1). Auch hier gibt es zahlreiche Dekore in zwei Produktlinien: Sie heißen ‚Marvella' (für das Heim; hier mit dem Dekor Erle abgebildet) und ‚Pergo' (für die besonders starke Beanspruchung; hier Sommerbirke). Diese Paneele haben von allen hier gezeigten die geringste Stärke; ihre Maße betragen 7 x 200 x 1200 mm – das bedeutet weniger Aufwand beim Verlegen.*

LAMINAT

## Laminat-Dielen selbst verlegen

# Glänzend aufgelegt

*Strapazierfähig, leicht zu pflegen, preiswert – aber trotzdem mit dem gewissen Etwas: So stellten sich die Bewohner des Dachateliers den neuen Fußboden vor. Ein typischer Fall für Laminatbeläge!*

Vorher: Der alte Teppichboden hatte seine Glanzzeiten lange hinter sich

Die beiden neuen Mieter waren sich sofort einig: Der Teppichboden mußte raus! Ganz davon abgesehen, daß Möbel und Schuhsohlen früherer Bewohner unübersehbare Spuren hinterlassen hatten – in dem großzügig bis in die Spitze ausgebauten Dachatelier wirkte der dezent beigefarbene Textilbelag einfach langweilig. Daß er dann doch nicht sein weiteres Dasein auf der Müllkippe fristen mußte, verdankte er der Entscheidung der Bewohner, den 40 Quadratmeter großen Wohn- und Eßbereich mit einem Laminatboden aufzuwerten. Als feste und gleichzeitig elastische Schicht war der kurzflorige Teppichboden der ideale Verlege-Untergrund für Laminat-Dielen. Eine Kontrolle mit der Richtlatte ergab außerdem, daß der Boden absolut eben war.

Nicht überall finden sich diese idealen Voraussetzungen. Langflorige Teppichböden beispielsweise bringen nicht die nötige Festigkeit mit. Sie müssen entfernt werden. Bei harten Untergründen wie Stein- oder Keramikplatten braucht man eine dämmende Unterlage, die quer zu den Dielenreihen ausgelegt wird. Die Laminathersteller bieten dafür geeignete Materialien wie PE-Schaumfolien oder Korkplatten als Zubehör an. Diese Unterlagen verbessern nicht nur den Schutz gegen Wärmeverluste und Trittschall. Sie gleichen auch kleine Unebenheiten des Bodens aus. Größere Unterschiede

Distanzklötze: Gluske, 42279 Wuppertal; Möbel: Yellow-Möbel, 50939 Köln; Übergangsprofile: Carl Prinz GmbH & Co, 47574 Goch; Laminat: Kosche Profilummantelung GmbH, 53804 Much

*Wir zeigen, mit welcher Technik Sie verschiedenfarbige Laminatdielen nach eigenen Vorstellungen zu dekorativen Mustern zusammenfügen können*

# Die ersten Dielenreihen geben die Richtung vor

werden beigespachtelt oder je nach Bedarf mit einer Schüttung ausgeglichen. Wenn Sie Laminat direkt auf dem Estrich oder in nicht unterkellerten Räumen verlegen, muß unter der Dämmschicht eine Folie als Feuchtigkeitssperre ausgebreitet werden, die man an den Wänden einige Zentimeter hochführt. Laminat-Dielen sind empfindlich gegen Feuchtigkeit, weil sie auf einen Holzwerkstoff aufbauen.
Auch bei Temperaturschwankungen reagiert der Laminatboden wie Holz: Er ‚arbeitet', verändert also seine Dimensionen. Deshalb sollte das Material vor der Verarbeitung mindestens zwölf Stunden in dem

## Was ist Laminat ?

Eine Laminatdiele besteht aus mehreren Schichten. Trägermaterial ist eine druckfeste Holzfaserplatte (Spanplatte, MDF oder HDF), die auf der Oberseite mit einer robusten Melaminharz-Beschichtung versehen ist. Sie schützt das darunterliegende Dekorpapier. Ein Laminat-Gegenzug an der Unterseite dient als Spannungsausgleich.
Durch den mehrschichtigen Aufbau sind der Dekor-Vielfalt praktisch keine Grenzen gesetzt. Die Lauffläche zeichnet sich durch hohe Druck- und Verschleißfestigkeit aus. Sie ist unempfindlich gegen Zigarettenglut und leicht zu reinigen. Mit Aufbauhöhen von durchschnittlich 8 mm eignen sich Laminatdielen besonders zum nachträglichen Einbau. In Naßräumen sollte man allerdings auf sie verzichten. Wie alle Holzböden vertragen sie keine Feuchtigkeit. Ein Nachteil: Laminat kann man nicht abschleifen.

**1** *Sie sollten die ersten zwei Reihen entlang der Anschlagschiene komplett zusammenstecken, bevor Sie den Leim auf die obere Nutwange ...*

**2** *... satt auftragen. Benutzen Sie eine Zulage, um die Feder mit leichten Schlägen dicht in die Nut zu klopfen. Dabei muß der Leim ...*

**5** *... berücksichtigt werden. Die wandnahen Paßstücke lassen sich mit Hilfe eines solchen Zugeisens leicht in die Nuten einsetzen*

**6** *Die Dehnungsfuge muß um die Türzarge herumgeführt werden. Die Aussparung haben wir mit der Stichsäge zugeschnitten*

*Parallel zum Lichteinfall verlegt, entfalten Laminat-Dielen die schönste Wirkung im Raum*

3 … aus der Feder-/Nut-Verbindung herausquellen. Wischen Sie ihn sofort mit einem feuchten Tuch ab, ehe er abbinden kann

4 Mit der Kappsäge lassen sich die Endstücke einer Reihe exakt zuschneiden. Beim Maßnehmen muß die erforderliche Dehnungsfuge …

## Heizkörperfüße aussparen

So sind Aussparungen schnell gemacht. Sollte die vorletzte Diele nicht wie in unserem Fall genau vor der Heizkörperbefestigung oder dem Leitungsrohr enden, kann sie entsprechend gekürzt werden.

Da man dabei die Nut an der Stirnseite wegschneidet, muß sie hier neu eingefräst werden. Beim Stichwort „Farbig verlegen" (S. 18) zeigen wir, wie man dies mit dem Scheibennutfräser macht.

*Passen Sie die vorletzte Diele der Reihe ohne Verleimung ein, und reißen Sie den Ausschnitt an. Berücksichtigen Sie dabei die Dehnungsfuge!*

*Nehmen Sie die Diele heraus, und übertragen Sie die Markierung auf das Wandabschlußstück, das bereits auf das richtige Längenmaß zugeschnitten ist*

*Schneiden Sie die Markierung mit der Stichsäge aus. Dann werden die Dielen eingepaßt und an Nut und Feder miteinander verleimt*

**Drei wichtige Tips:**

### Anschlagschiene setzen

Mit Hilfe einer Anschlagschiene im Durchgang zum Nebenraum erleichtern Sie sich das exakte Ausrichten der ersten Dielenreihe. Eine Holzlatte wird so im Boden verdübelt, daß sie etwa 10 bis 15 mm in den Raum hineinragt. Richtet man die ersten beiden Dielen nach der Anschlagschiene aus, entsteht im weiteren Verlauf der ersten Reihe automatisch die erforderliche Dehnungsfuge zwischen den Laminatboden und der Wand.

### Mit Klebestreifen fixieren

Beim Zusammenfügen eingeleimter Nut-und-Feder-Bretter passiert es – vor allem bei längeren Dielen – häufig, daß die Feder an einer anderen Stelle wieder aus der Nut herausrutscht. Dies verhindern Sie, wenn Sie die frisch verleimten Dielen mit Paketklebeband fixieren. Es wird entfernt, sobald der Leim getrocknet ist.

### Abstand halten

Diese bunten Distanzklötzchen sind sehr hilfreich, wenn unregelmäßig breite Dehnungsfugen hergestellt werden müssen. Es gibt sie in verschiedenen Materialstärken, die farblich gekennzeichnet sind. So lassen sich vor allem bei unebenen Wänden gleiche Fugenbreiten genau einhalten. Außerdem sitzen die Klötzchen fester in der Fuge als die sonst verwendeten Holzkeile, die leichter herausrutschen.

## Rundum saubere Abschlüsse

Raum lagern, in dem es ausgelegt wird. Die idealen Verlegebedingungen herrschen bei Temperaturen von 18 bis 20 °C und einer Luftfeuchtigkeit von 50 bis 60%.
Bevor Sie mit der Verlegearbeit beginnen, müssen Sie die Breite der letzten Dielenreihe ausrechnen. Fällt sie aufgrund der Raummaße zu schmal aus, sollte man gleich die erste Reihe in der Breite kürzen, um damit einen Ausgleich zu erzielen. Bei der Berechnung müssen die erforderlichen Dehnungsfugen von 10 bis 15 mm an beiden Wänden berücksichtigen werden. Stecken Sie die Dielen der ersten Reihe komplett zusammen, bevor Sie sie verleimen. Für ein harmonisches Gesamtbild ist wichtig, daß die Reihen genau dem Verlauf der Wand folgen. Wenn die Wand nicht gerade ist, wird die exakte Flucht mit einem Abstandhalter auf der Laminatreihe markiert. Schneiden Sie dann die Dielen entsprechend dieser Markierung zu. Mit Hilfe von Holzkeilen oder Distanzklötzchen wird eine gleichmäßig breite Dehnungsfuge gesichert. Auch an Durchgängen zu Nachbarräumen ist eine Fuge erforderlich. Holzböden können von Raum zu Raum unterschiedliches Ausdehnungsverhalten zeigen. Eine Anschlagschiene in der Türöffnung hilft, auch hier die gleichmäßige Flucht einzuhalten.
Wenn die ersten beiden Reihen eingepaßt sind, werden die Dielen verleimt und mit Hammer und Zulage zusammengefügt. Nehmen Sie bei allen Endstücken ein Zugeisen zur Hilfe. Die neue Reihe beginnt man jeweils mit dem abgesägten letzten

**1** So gelingt ein exakter Wandabschluß: Die Diele umgekehrt auf die letzte Reihe legen und den Abstand mit einem Hilfspaneel markieren

**2** Die zugeschnittene und mit Leim versehene Diele wird wieder mit dem Zugeisen in die Nut-und-Federverbindung eingeschlagen

**3** Die Dehnungsfugen veschwinden unter Sockelleisten: Die Laminat-Profilleisten werden einfach auf die Clips gesteckt, die wir zuvor ...

**4** ... in der Wand verdübelt haben. Mit der Kappsäge gelingen exakte Gehrungszuschnitte, wobei die Dekorseite oben liegen sollte

**5** Eine Spezialschiene überbrückt den Niveauunterschied. Sie wird mit Zulage und Hammer in die vorgebohrten Löcher eingeschlagen

**6** Der erste Raum ist fast bezugsfertig – wenn da nicht die Stufe zum Balkon wäre, für die wir eine spezielle Lösung zeigen

### Was Sie beim Kauf von Laminat beachten sollten:

Das Preisspektrum bei Laminatböden reicht von unter 30 Mark bis weit über 100 Mark je Quadratmeter. Der Preis wird vor allem durch drei Kriterien bestimmt: Abriebfestigkeit, Trägermaterial und Dekor-Qualität. Die Abriebfestigkeit ermittelt man im sogenannten *Taber-Test* mittels rotierender Schleifscheiben. Das Testergebnis, der *Taber-Wert*, ist auf den Produktverpackungen aufgedruckt und gibt Auskunft, bei welcher Drehzahl eine bestimmte, definierte Beschädigung des Dekorpapiers im Test vorlag. Je nach Raumbelastung sind für private Nutzung Werte zwischen 3000 und 7000 Umdrehungen ausreichend.
Laminat auf Spanplattenbasis ist in der Regel am preiswertesten. Bei der Verlegung ist allerdings viel Sorgfalt geboten, weil Kanten und Federn leichter beschädigt werden können als bei festeren Materialien wie z. B. MDF. Werfen Sie auch einen kritischen Blick auf das Dekor. Ist der Druck exakt? Gibt es Farbunterschiede? Läuft das Dekor von Diele zu Diele harmonisch weiter? *Last, not least:* Kombinieren Sie nicht Produkte verschiedener Hersteller. Ein Komplettsystem garantiert die Verträglichkeit aller verwendeten Materialien.

Die Stufe mußte zunächst vom Teppichboden befreit werden

*Eine einfache, aber dennoch sichere und dekorative Lösung: Eine fertig zugeschnittene Platte aus Buchen-Leimholz dient hier als neue Trittstufe*

## Die Stufenlösung

Dielenstück. Das hat zwei Vorteile: Zum einen gibt es keinen Verschnitt, zum anderen können keine Stöße aufeinandertreffen. Der Versatz sollte mindestens 40 cm betragen. So erhöht sich die Stabilität des Bodens, und es ergibt sich ein harmonischer Musterverlauf.

Um zu verhindern, daß sich die frisch verleimten ersten Dielenreihen während der weiteren Arbeit unmerklich verziehen, sollten Sie nach dem Verlegen der ersten drei oder vier Reihen den Leim über Nacht aushärten lassen. Dann haben Sie am nächsten Tag einen festen Anschlag. Wenn Sie die Laminate zusätzlich mit einem Paketklebeband fixieren, können Sie sicher sein, daß keine Diele unbemerkt ‚aus der Reihe tanzt'.

Nach dem Verlegen der letzten Reihe werden die Dehnungsfugen an Wänden und Türdurchgängen mit Sockelleisten und Übergangsschienen verdeckt. Die Sockelleisten im passenden Dekor haben wir aus dem Zubehör-Programm des Laminat-Herstellers ausgewählt. Um den Niveau-Ausgleich zum Fliesenbelag der benachbarten Küche herzustellen, haben wir jedoch eine Spezialschiene verwendet, an der sich

**1** *Als ebener Untergrund für die spätere Laminat-Verkleidung werden Sperrholzplatten mit der Setzstufe verschraubt. Sie schließen bündig ...*

**2** *... mit der Trittstufe ab, die wir mit einer zugeschnittenen Buchen-Leimholzplatte verkleideten. Sie wird hier in die Waage gesetzt*

**3** *Um die Leimholzplatte unsichtbar verschrauben zu können, haben wir mit dem Forstner-Bohrer 15-mm-Löcher vorgebohrt, die dann ...*

**4** *... mit Holzstopfen verschlossen wurden. Als Verkleidung für die Trittstufe dienen auf Maß geschnittene Laminat-Dielen, die wir mit ...*

**5** *... Silikonkleber befestigt haben. Die Kanten wurden mit einer Winkelleiste abgedeckt, die es auch fertig im Baumarkt zu kaufen gibt*

**6** *Abschließend erhielt die Oberfläche unserer Leimholz-Stufe eine schützende, versiegelnde Schicht aus wasserlöslichem Klarlack*

# So bringen Sie Farbe ins Spiel

Der schmale Raum wirkte eher wie ein Durchgangszimmer

Dübel direkt befestigen und nach Bedarf verschieben lassen. Die Schiene wird einfach in die vorgebohrten Löcher gedrückt.
Nicht nur gestalterische, sondern auch handwerkliche Kreativität war beim Einsetzen des farbigen Laminats gefordert. Um unsere Muster-Idee zu verwirklichen, mußten wir kleinformatige Elemente aus den Dielen zuschneiden. Da die so bearbeiteten Laminate nicht mehr die notwendigen Nuten und Federn aufwiesen, mußten wir eine neue Verbindungsmöglichkeit schaffen. Mit Hilfe des hier gezeigten Befestigungsprinzips ist es uns gelungen, die farbigen Elemente nahtlos in den Laminatboden einzupassen.

Die blaue Intarsienarbeit machte das urspünglich geplante Eßzimmer ‚salon-fähig'.

**»Die Idee«**

*Neue Verbindungstechnik: Eine selbst zugeschnittenen Hilfsfeder aus Hartfasermaterial, die genau in die nachgefräste Nut paßt*

Um den Verschnitt in Grenzen zu halten, sollten Muster im Detail geplant sein. Es empfiehlt sich, in der Verlegeskizze die Raummaße aufzureißen und den Stand der Möbel zu berücksichtigen. Ein Farbdekor kann in einem leeren Raum eine ganz andere Wirkung entfalten als in einem eingerichteten. Ähnliches war auch in unserer Wohnung der Fall. Hatten sich Größe, Form und Stand des Farbmusters ursprünglich an der ovalen Form des Eßtisches orientiert, kam unser Paar nach dem Bezug der Wohnung zu der Ansicht, daß der blaue Belag dort zu wenig Wirkung entfaltet. So richtete man die Eßecke im Wohnzimmer ein, und setzte die farbigen Dielen mit einer kleinen, aber exklusiven Sitzgruppe ins rechte Licht. □

**1** *Beim Zuschnitt der farbigen Dekor-Elemente mußten wir die Nuten und Federn an den Stirnseiten der Laminatdielen kappen*

**2** *Mit einem Scheibennutfräser-Einsatz arbeiteten wir deshalb neue Nuten in unsere farbigen Paßstücke. Um bei der geringen ...*

**4** *Feder-Probe: Die eingefräste Nut muß genau zum Gegenstück passen, damit eine dauerhaft feste Verbindung gewährleistet ist*

**5** *Wenn alle Paßstücke bearbeitet sind, kann mit der ‚Intarsienarbeit' begonnen werden. Entsprechend dem Verlegeschema ...*

*Zu dem von uns verwendeten Laminatprogramm gehören sieben unterschiedliche Dekore sowie passende Abschluß- und Übergangsleisten. Die Preise reichen von ca. 32 bis 34 Mark pro Quadratmeter*

**3** *... Dielenstärke von 8 mm der Fräse eine sichere Führung zu geben, haben wir uns eines Parallelanschlags bedient*

**6** *... werden die farbigen Laminat-Dielen eingepaßt und verleimt – wie wir es auf den vorhergehenden Seiten beschrieben haben*

## Das Verlegeschema:

Ein detaillierter, maßstabsgerechter Muster-Entwurf erleichtert die Arbeit. Die Skizze zeigt alle Zuschnitte und die Anordnung der Stöße.

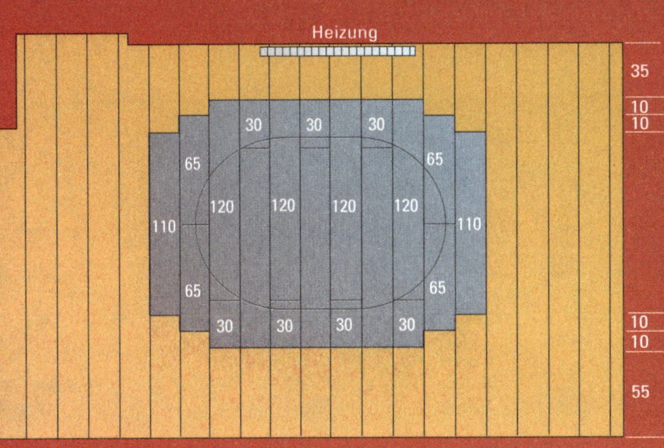


## Laminat bei Fußbodenheizung

Die meisten Laminate eignen sich durchaus auch auch als Bodenbelag über Fußbodenheizungen. Entsprechende Hinweise finden Sie auf den Produktverpackungen. Beim Verlegen sollten allerdings folgende Punkte beachtet werden:

- Handelt es sich um einen Neubau, muß die Trocknungszeit des Estrich abgewartet werden – also ca. sechs Wochen.
- Nehmen Sie anschließend die Heizung über drei Wochen in Betrieb. Heizen Sie in Schritten von 5 °C langsam auf und halten Sie die maximale Heizleistung drei Tage aufrecht. Senken Sie dann die Temperatur wieder in 5-°C-Schritten ab.
- Nicht nur bei Neubauten gilt: Ein bis zwei Tage vor Beginn der Verlegearbeiten sollten Sie die Heizung abschalten oder – bei niedrigen Außentemperaturen – so weit drosseln, daß die Oberflächentemperatur des Estrichs bei ungefähr 18 °C liegt.
- Nach dem Verlegen sollten Sie rund 24 Stunden warten, bis Sie die Heizungsanlage hochdrehen bzw. wieder in 5 °C-Schritten in Betrieb nehmen.
- Bei einer Oberflächentemperatur von 20 bis 22 °C und 50 bis 60% Luftfeuchtigkeit fühlen sich Laminatböden am wohlsten. Als maximale Oberflächentemperatur, der Laminate ausgesetzt werden sollten, gelten 26 °C.

## Mit Leim versiegeln

Ob Parkett, Holzdielen oder Laminat: Feuchtigkeit ist der ärgste Feind jedes Holzfußbodens. Deshalb müssen alle Fugen mit wasserfestem Leim sorgfältig versiegelt werden. Sparsamkeit ist hier fehl am Platze. Der Leim muß lückenlos aufgetragen werden.

*Die Nut wird in einem gleichmäßigen, ununterbrochenen Strang satt eingeleimt*

*Tragen Sie dann den Leim auf das Gegenstück – die obere Nutwange der Feder – ebenfalls lückenlos auf*

*Klopfen Sie Nut und Feder mit Hilfe einer Zulage zusammen. Dabei muß der Leim aus der Fuge quellen*

*Wischen Sie den ausgetretenen Leim mit einem feuchten Schwamm oder Tuch ab, bevor er abbindet*

**Fußbodensanierung mit Korkplatten**

# Von Grund auf neu

*Altbauten halten immer Überraschungen bereit: Was als bloßer Austausch des Bodenbelags geplant war, endete mit einer Komplettsanierung*

Die neuen Mieter der Altbauwohnung hatten sich die Küchenrenovierung ganz einfach vorgestellt: Der alte PVC-Belag sollte raus, neue Korkplatten rein. Ein Korkboden sollte es sein, weil er erstens gut aussieht und zweitens die geringe Plattenstärke einen problemlosen Austausch versprach. Es kam anders: Der alte, vollflächig verklebte Belag weigerte sich, den geordneten Rückzug anzutreten. Reststücke hafteten hartnäckig an dem darunterliegenden Spanplattenboden, der sich obendrein wegen starker Unebenheiten für eine Korkauflage als ungeeignet entpuppte. Deshalb entfernten wir auch diese Schicht. Zutage trat eine Holzbalkendecke mit Schlackenfüllung. Nachdem die alten Ausgleichslatten herausgerissen waren, konnten wir mit dem Neuaufbau beginnen. Mit Latten und Distanzhölzern wurden zunächst die alten

*Mit diesen Produkten haben wir gearbeitet. Die Hersteller von Korkbelägen führen in der Regel auch die passenden Kleber und Versiegelungslacke in ihrem Programm. Es empfiehlt sich, solche aufeinander abgestimmte Materialien zu verwenden*

## Gute Untergrund-Arbeit ist nötig

Lassen sich kleine Unebenheiten im Unt grund bei Belägen wie Parkett oder Lam nat noch problemlos mit dünnen, elastischen Materialien ausgleichen, so sieht d bei Kork anders aus. So würden sich z. B nicht bündig abschließende Oberkanten von Spanplatten bei den von uns verwen deten 4 mm dünnen Korkplatten durchdrücken. Solche Kanten müssen entwede glattgespachtelt oder abgeschliffen werd

## Holzdecke nivellieren

**1** *Der alte PVC-Belag war vollflächig mit einer Lage Spanplatten verklebt. Wegen starker Unebenheiten und hartnäckig …*

**2** *… haftender Kleber-Reste erwies sich dieser Untergrund für Kork als völlig ungeeignet und mußte entfernt werden*

**3** *Auch die alten Ausgleichslatten auf den tragenden Holzbalken erfüllten ihre Funktion nur ungenügend. Wir mußten sie …*

**4** *… durch neue ersetzen. Mit Hilfe von Distanzbrettchen, Richtlatte und Wasserwaage wurde die Holzdecke neu nivelliert*

## Spanplatten-Unterboden

**5** *Der neue Unterboden wurde aus Holzspan-Verlegeplatten gebaut. Eine Führungsschiene erleichtert den exakten Zuschnitt*

**6** *Die Verlegeplatten sind mit Nut und Feder ausgestattet. Den Holzleim in einem gleichmäßigen Strang in die Nuten geben*

**7** *Die eingeleimten Spanplatten werden dann fugenversetzt zur vorherigen Reihe verlegt und mit den Holzbalken …*

**8** *… verschraubt. Man nimmt dazu Schrauben mit selbstschneidendem Gewinde. Die Schraubenköpfe müssen versenkt werden*

**Kontakt:** Korkboden: Ipocork, Carl Ed. Meyer, 27751 Delmenhorst; Küche: Wellpac Vertriebs GmbH, 32130 Enger, Möbel: Yellow-Möbel, 50939 Köln

ntsaugende Untergründe sollte man flächig etwa 2 mm dick spachteln. Auf asphalt- oder Anhydrid-Estriche trifft immer zu. Bei nicht gespachtelten ichen oder nicht ganz sauberen, staub-en Spanplatten sollten Sie eine Grundie-g auftragen, damit die Haftung des Kle-verbessert wird. Um eine gute Haftung ewährleisten, müssen Kork-Untergrün-ußerdem fest, trocken, riß- und fettfrei . Trotz seiner wärmedämmenden nschaften eignet sich der von uns ver-dete Korkboden bis zu 6 mm Stärke ı auf Böden mit Fußbodenheizungen. sollten Sie genau die Verlege-Emp-ungen der Hersteller beachten.

Holzsparren auf eine Höhe gebracht. Als Rohboden dienten 22 mm dicke Spanplatten (V 100), die an Nut und Feder wasserfest verleimt und mit den Sparren verschraubt wurden. Auf diesem ebenen Untergrund konnten wir dann die Korkplatten direkt verlegen. Da die Wände in unserer Küche nicht gerade verliefen, haben wir zunächst die zweite Reihe parallel zur Raumachse ausgelegt. Die Zuschnitte für die erste Reihe waren anhand dieser Fluchtlinie dann leicht zu ermitteln (siehe Bilder 1 und 2). Die Korkplatten wurden vollflächig mit einem speziellen Kontaktkleber fixiert, den man auf Platte und Untergrund aufträgt.

Da die Oberflächen unserer Korkplatten nicht vorbehandelt waren, mußten wir sie selbst versiegeln. Der Wasserlack, den wir dazu verwendet haben, mußte dreimal aufgetragen werden. Sie sollten sich die Zeit nehmen, die ersten beiden Lackschichten nach dem Trocknen leicht anschleifen (120er oder 150er Körnung). So erzielt man eine bessere Haftung der einzelnen Lackaufträge, die Versiegelung hält länger. Und die gute Haltbarkeit der Versiegelung hat – neben der richtigen Pflege – entscheidenden Einfluß auf die Lebensdauer eines Korkbodens. □

## Kork braucht Pflege

Ein Korkboden vermag so einiges zu schlucken. Gehgeräusche beispielsweise. Auch Fußtritte von oben dankt er dem Verursacher mit Nachgiebigkeit, während er Kälte von unten abfängt. Man spürt es, wenn man barfuß über den Naturbelag läuft: Kork wirkt nicht nur warm, er ist es auch. Allerdings verlangt er als Gegenleistung pflegliche Behandlung, vor allem in den ersten zehn Tagen nach der Versiegelung. Je mehr Sie ihn anfangs schonen (nur trocken reinigen), desto höher seine Lebenserwartung. Danach können Sie den Boden mit einem gut ausgewrungenen Lappen auch feucht wischen. Um zu vermeiden, daß die Versiegelung schnell versprödet, sollte man die Reinigungsmittel verwenden, die der Hersteller empfiehlt. Und schützen Sie Ihren Korkboden vor Stuhlrollen, z. B. mit einer Fußmatte!

Sie brauchen (für die Korkverlegung): Rollbandmaß, Schlagschnur, Richtlatte, Cutter, Gummihammer, Veloursrolle, Schleifklotz, Schleifpapier (120er oder 150er Körnung)

Sie zahlen: Korkplatten ‚Cork Floor' pro m² ca. 39 DM, Korkkleber pro m² ca. 5,50 DM, Wasserlack (für dreimalige Versiegelung) pro m² ca. 4,60 DM

Sie sparen: ca. 40 DM/m² für den Verleger

## Korkplatten verlegen

**1** Wir haben zuerst die zweite Reihe parallel zur Raumachse verlegt. So lassen sich die Zuschnitte für die erste gut ermitteln

**2** Eine Platte bündig auf die zweite Reihe legen und eine weitere auf den Wandabstand ausrichten. Platte mit dem Cutter ...

**3** ... zuschneiden. Der Kleber braucht nach dem Aufstreichen etwas Zeit zum Anziehen. Man sollte deshalb mehrere ...

**4** ... Platten – und die entsprechende Untergrundfläche – auf einmal mit Kleber versehen und sie dann nacheinander ...

**5** ... mit dem Gummihammer anklopfen. Die Platten müssen auf Stoß liegen, allerdings nicht zu dicht aneinandergedrückt

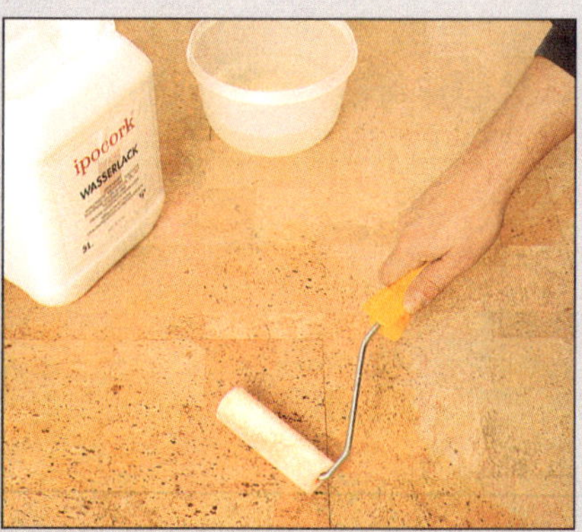


**6** Nach etwa 24 Stunden kann der Versiegelungslack mit einer Velourswalze aufgetragen werden. Lack aushärten lassen und ...

**7** ... leicht anschleifen. Den Staub sorgfältig absaugen. Vor der Endversiegelung noch einmal lackieren und wieder anschleifen

**8** Sechs Stunden nach der Versiegelung ist der Boden begehbar. Eine Übergangsschiene überbrückt die Fuge zum Dielenboden

# Holzlamellenboden

## Eine Idee der Amerikaner: der Fertigholzboden aus verleimten Kiefernlamellen

Holz ist in Amerika der Baustoff Nummer eins. Neben massiven Balken und Brettern verwendet man dort aber auch eine Vielzahl von Holzwerkstoffen, die aus Fasern, Spänen oder Lamellen verleimt werden. Grundlage des hier vorgestellten Fertigholzbodens ist die sogenannte OSB-Platte, ein für verschiedenste Bereiche des Innenausbaus verwendbarer Werkstoff aus dreischichtig kreuzweise verleimten Kiefernlamellen. Er vereint ein umweltfreundliches Herstellungsverfahren mit sehr guten statischen Eigenschaften und einer interessanten Oberflächenstruktur.
Wenn Sie's bunt mögen: Der Hersteller bietet dieses Produkt auch in fünf verschiedenen, miteinander kombinierbaren Farben an.

Eine Alternative zu Bodenbelägen aus gewachsenem Holz stellt die dreischichtig verleimte Lamellen-Platte aus Amerika dar

### So »schwimmt« Parkett

Spezialschaumstoff

Wellpappe

Vorhandener Teppichboden

*Schwimmend verlegte Holzböden benötigen eine Unterlage, die leichte Unebenheiten ausgleicht. Ein vorhandener, kurzfloriger Teppichboden erfüllt den gleichen Zweck.*

1 Material und Verlegewerkzeug: Mit Hammer, Nageleisen, Zulage, Leim, Stichsäge und Bleistift kommen Sie problemlos zurecht

2 Vor allem bei großen Räumen sinnvoll: Den Plattenverlauf bei jeder Reihe mittels Schnurschlag kontrollieren

3 So werden Paßstücke im Randbereich angerissen: Ein Brett bündig auf das vorletzte legen, dann ein weiteres bis an die Wand schieben

4 Exakte Ausklinkungen lassen sich am besten herstellen, indem man eine Pappschablone anfertigt und die Form aufs Brett überträgt

# Bodenbeläge

*Sie müssen gar nicht auf dem Teppich bleiben! Es gibt eine Menge attraktive Alternativen zur Auslegeware, die gut aussehen und bequem zu begehen sind*

Obwohl wir ihn tagtäglich mit Füßen treten, muß er immer gut zu uns sein: Der Boden bzw. sein Belag soll durch ausreichende Elastizität unsere Gehwerkzeuge, speziell die Gelenke schonen, keine schädlichen Stoffe enthalten oder gar ausströmen, natürlich gut aussehen und leicht mit umweltfreundlichen Mitteln zu reinigen sein. Für diese Anforderungen bieten zahlreiche Hersteller die unterschiedlichsten Lösungen an. Wir geben einen Überblick über Bodenbeläge: Synthetische wie Polyvinylchlorid, Poly-Olefine und Kautschuk, natürliche wie Linoleum und Kork. (Ab Seite 82 sehen Sie, wie einfach und schnell Fliesen und Bahnen zu verlegen sind.)

1 Kork: Mit Polyurethan oder Kardolharz (aus Cashew-Nuß-Öl) gebundene Korkeichenrinde wird zu einem elastischen Material verpreßt. Homogene Platten (3,2-8 mm stark, 300 x 300 bis 300 x 600 mm groß) oder Fertigparkett mit Nut und Feder (9 mm stark, 900 x 190 mm) auf MDF-Träger sind lieferbar (C. E. Meyer; Ipocork)

2 Linoleum: Dieser Klassiker, eine Mischung aus Leinöl (erzeugt den typischen Geruch), Harzen, Holz- und Korkmehl sowie Farbpigmenten auf einem Jutefaser-Träger, gewinnt im Zeichen der Ökologie mit modernen Dessins wieder an Boden. Fliesen 50 x 50 oder Bahnen von 200 cm Breite in Stärken zwischen 2 und 4 mm sind erhältlich (DLW; Forbo)

3 Polyvinylchlorid (PVC): In Stärken von 1,5-3 mm als Bahnenware mit Breiten zwischen 200 und 400 cm zu haben. Mit Zwischen- und Unterschicht aus PVC-Schaum (Febolit) ...

4 ... und hier mit rückseitigem Polyestervlies (debolon). Bahnenware hat stets eine weichfedernde Schaumschicht, die ...

5 ... Fliesen (1,5-2 mm stark, 30 x 30 o. 50 x 50 cm groß) sind homogenes PVC (DLW; Alphacan)

6 Poly-Olefine: PVC-freie Kunststoff-Bodenbeläge erobern seit einigen Jahren immer mehr Terrain. Dieser hier, bei dem der Kunststoff hochverdichteten Quarzsand bindet, ist als Fliese in der Größe 30 x 30 cm und 2 mm Stärke zu bekommen (DLW)

7 Synthetisch hergestellter Kautschuk: Genoppt wie der aus Schulen und Flughäfen bekannte Belag, aber auch glatt als Fliesen- (50 x 50 bis 100 x 100 cm) oder Bahnenware (183 cm breit) zu erwerben. Die Stärke dieses homogenen, sehr robusten Kunststoff-Materials liegt zwischen 2,6 und 4 mm (DLW; Alphacan Omniplast)

4
3
2
7
1

# Nach eigenem Muster

*Ein farbiger Bodenbelag ganz nach Ihrem individuellen Entwurf? Wir zeigen, wie's gemacht wird*

Es ist noch kein Muster vom Himmel gefallen: Am Anfang des Wegs zu unserem selbstentworfenen Bodenbelag stand eine detailgenaue Grundrißskizze. Diese haben wir mehrfach kopiert, um – unter Zuhilfenahme von Buntstiften – verschiedene Muster und Farben ausprobieren zu können. Vielleicht besitzen Sie ja auch einen Computer mit Zeichenprogramm, der Ihnen beim Entwerfen hilft. Schließlich entschieden wir uns für einen farbenfrohen Entwurf auf der Grundlage einfacher geometrischer Formen: Er schien uns am ehesten geeignet, den

## Untergrundarbeit

Bevor Sie Ihre gestalterischen Ambitionen in die Tat umsetzen können, stehen in vielen Fällen zunächst einmal ganz profane Bodenarbeiten an. Damit Sie dauerhaft Freude am neuen Belag haben, muß der Untergrund nämlich in jedem Fall absolut eben und rißfrei sein. In unserem Fall mußten vorhandene Kleber- oder Belagreste entfernt werden. Danach haben wir einen Tiefgrund aufgetragen und die Unebenheiten anschließend mit einer Spachtelmasse ausgeglichen. Auch hier sollten Sie nach dem Trocknen noch einmal Tiefgrund aufbringen.

2

1

**1** *Nach der selbstentworfenen Musterskizze haben wir zunächst die einzelnen geometrischen Figuren ausgeschnitten. Zum Anzeichnen ...*

**2** *... sollten Sie Pappschablonen oder bereits ausgeschnittene Musterstücke verwenden. Geschnitten wird mit Stahllineal und Cutter*

**3** *Berechnen Sie dabei die Wandstücke ruhig mit etwas Übermaß. Dann die Zuschnitte mit Klebeband zu einzelnen Matten zusammensetzen*

## EIN GUTER SCHNITT

Von Ihrer Sorgfalt hängt es ab, wie edel Ihr Belag später aussieht: Legen Sie die Bahnen zum Schneiden auf eine feste und ebene Unterlage. Zeichnen Sie sehr exakt an. Halten Sie das Messer keinesfalls schräg, damit möglichst keine sichtbaren Fugen entstehen. Auch bei kleinen Patzern sollten Sie lieber noch einmal ein neues Teil ausschneiden.
Der wichtigste Tip zum Schluß: Wechseln Sie häufig die Klinge! Beim Zuschneiden von Kunststoff werden die Messer ziemlich schnell stumpf.

# Treiben Sie es doch einfach mal richtig bunt!

kleinen, unscheinbaren Windfang in einen außergewöhnlichen Blickfang zu verwandeln. Bei größeren Räumen brauchen Sie natürlich nicht die gesamte Bodenfläche in unserer kleinteiligen Puzzle-Technik auszulegen. Hier kann man aber durch geschickt eingepaßte Musterbereiche innerhalb eines einheitlichen Belags höchst interessante Effekte erzielen. Bei der Auswahl der Beläge sollten Sie darauf achten, daß sie in Dicke und Materialzusammensetzung übereinstimmen: Am besten verwenden Sie jeweils nur Beläge des gleichen Herstellerprogramms.

Nach Entwurf und Mengenberechnung kommt die Zuschnittarbeit: Kleine Musterteile sollten Sie einzeln nach Schablone herstellen. Zwischendurch immer wieder zusammensetzen und die Paßgenauigkeit prüfen. Größere Teilstücke könnn Sie auch zunächst mit etwas Übermaß zuschneiden und dann mittels Doppelschnitt (vgl. Fotofolge „Bahnen ansetzen“ auf S. 87) genau einpassen.

**PFLEGE**

Grundsätzlich sind PVC-Bodenbeläge sehr robust und einfach zu pflegen. Allerdings sollten Sie möglichst gleich nach dem Verlegen und dann in regelmäßigen Abständen mit einem speziellen Pflegemittel behandelt werden. Ansonsten reicht feuchtes Wischen in der Regel völlig aus. Stark verschmutzte Böden können Sie mit einem Grundreinigunger säubern (auch danach Pflegemittel einsetzen).
Auf keinen Fall sollten Sie Scheuermittel, Schmierseife oder Bohnerwachs verwenden.

**4** *Nun legen Sie die einzelnen Matten aus und überprüfen die Paßgenauigkeit; gegebenenfalls nachschneiden.*

**5** *Die Paßstücke für Nischen, Ecken und Kanten schneiden Sie am besten direkt am Verlegeort zu. Wie das am besten geht, zeigen …*

**6** *… wir auf den folgenden Seiten. Nun wird Schritt für Schritt der Kleber aufgezogen. Nach der Ablüftzeit die Teilstücke einlegen*

*Zum Schluß sollten Sie alle Nahtstellen kaltverschweißen, damit sich die Musterteile nicht ablösen und kein Schmutz in die Nähte dringen kann (vgl. dazu auch die Fotos 3 und 4 auf Seite 17)*

# PVC-Böden verlegen

*PVC-Beläge sind vielseitig einsetzbar, langlebig und vor allem unschlagbar preiswert. Wir zeigen, wie man sie richtig verarbeitet*

Einige Zeit schien es, als hätten PVC-Bodenbeläge kaum noch Zukunft. Dank verbesserter Recycling-Möglichkeiten, neuer, moderner Designs und aufgrund ihres günstigen Preises erleben sie derzeit eine Renaissance. Ein weiterer Vorzug ist die einfache, heimwerkerfreundliche Verarbeitung. Was Sie dabei beachten sollten, zeigen wir auf diesen Seiten.

Ein wichtiger Tip vorweg: Bevor Sie loslegen, sollten Sie Ihrem Belag mindestens einen Tag Zeit zum Akklimatisieren geben: Stellen Sie ihn dazu am besten in den normal beheizten Verlegeraum. Danach schneiden Sie den Belag grob (mit 2-5 cm Übermaß) zu und legen ihn aus. Als nächstes schneiden Sie dann alle Ecken V-förmig ein (vgl. S. 86, Foto links oben).

Auf Seite 86 stellen wir Ihnen drei Zuschnitt-Techniken vor: Die erste empfiehlt sich bei einfachen Raumsituationen und dünnen, gut durchtrennbaren Belägen oder auch dann, wenn eine breite Fußleiste später eventuelle Fehlstellen überdeckt. Die zweite Technik ermöglicht eine sehr genaue Anpassung ans Wandprofil. Sie ist allerdings etwas aufwendiger. Achten Sie vor allem beim Zurückziehen darauf, die Bahn nicht seitlich zu verschieben. Vor dem Anzeichnen sollten Sie den Belag beschweren, damit er nicht verrutscht. Das Anfertigen einer Pappschablone (Technik 3) ist immer dann zu empfehlen, wenn Sie kleine, verwinkelte Räume auslegen wollen: Mit Hilfe der Schablone können Sie den Boden in einem größeren Raum unbeengt maßschneidern. Das vollflächige Verkleben oder Fixieren ist in der Regel nur bei größeren Räumen (über

*Hier wird eine breite Bahn flächendeckend ausgelegt: Richten Sie sie so aus, daß sie parallel zu den Raumachsen liegt und rundum etwa 5 cm übersteht*

## Verlegeplan

Bevor Sie beginnen, sollten Sie eine maßstäbliche Grundrißzeichnung anfertigen: Mit ihrer Hilfe können Sie die Lage der Bahnen so planen, daß der Verschnitt möglichst gering bleibt und daß Stückelungen sowie Nähte in stark frequentierten Bereichen (z. B. Türen) vermieden werden. Entscheidend bei der Berechnung des Bedarfs und der am besten geeigneten Bahnenbreite sind dabei die jeweils längsten Raummaße (vorhandene Nischen eingerechnet).

## Verlegetechnik 1

Zunächst in den Ecken einschneiden. Dann die Belagsränder mit einem Hammerrücken andrücken und mit dem Cutter zuschneiden

## Scharfe Sachen

Ein gutes Teppichmesser sollten Sie sich schon gönnen, wenn Sie elastische Bodenbeläge verlegen wollen. Es sollte sicher in der Hand liegen und einen werkzeuglosen Klingenwechsel ermöglichen. Sehr komfortabel ist das rechts unten abgebildete Doppelmesser, bei dem Sie Haken- und Trapezklinge gleichzeitig zur Hand haben. Ebenso empfehlenswert ist der oben gezeigte Cutter mit Randstreifen-Schneideanschlag (vgl. auch Kasten unten).

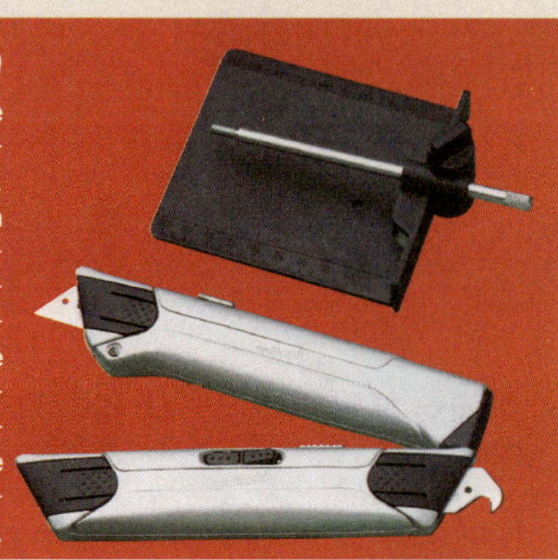

## Verlegetechnik 2

**1** Bahn mit Übermaß auslegen. Bahnenrand auf dem Untergrund markieren. Dann von der Wand aus ein Hilfsmaß (z. B. 20 cm) auf …

**2** … dem Belag anzeichnen. Jetzt die Bahn parallel entlang der Seitenmarkierung zurückschieben, bis sie plan liegt. Nun zeichnen …

**3** … Sie die 20 cm an (= späterer Wandanschluß). Mit einem selbstgebauten Parallelanreißer können Sie als nächstes von …

**4** … dieser Markierung aus das Wandprofil exakt übertragen. Das Foto oben zeigt, wie man Nischenkanten anzeichnet

**5** So können Sie jetzt den Belag paßgenau zuschneiden und entlang der Seitenmarkierung in die endgültige Position vorziehen

## Verlegetechnik 3

**1** Bei kleinen Räumen kann man den Boden mit Packpapier auslegen und mittels Parallelanreißer das Wandprofil aufzeichnen. Dann in …

**2** … einem größeren Raum die so entstandene Schablone auf den Belag legen und mittels Parallelanreißer die Markierung abfahren

### GELUNGENER ANSCHLAG

Eigentlich ist der in diesem Teppichmesserset enthaltene Anschlag zum Schneiden schmaler Streifen (z. B. für Fußleisten) gedacht. Allerdings können Sie mit seiner Hilfe Ihr Messer auch zum „Parallelschneider" umbauen: So sparen Sie bei dünnen, einfach zu durchtrennenden Belägen den bei Verlegetechnik 2 gezeigten Arbeitsschritt des Anzeichnens (vgl. Foto 4):

Bauen Sie das Set so zusammen, daß die Schneidplatte – wie auf dem Foto zu sehen – nach außen zeigt. Nun können Sie die Klinge auf den festgelegten Wandabstand einstellen und Ihren Belag exakt parallel zur Wand zuschneiden.

20 m²) erforderlich. Meist reicht die Fixierung mit speziellem, doppelseitigem Verlegeband in den Rand- und Nahtbereichen völlig aus. In jedem Fall sollten Sie jedoch alle Nähte des fertigen Belags kaltverschweißen, um das Eindringen von Wasser oder Schmutz zu verhindern. □

**Bodenbelag:** Forbo Novillon, Walter-Kolb-Str. 5-7, 60594 Frankfurt/Main; **Fixier- und Klebemittel:** Beiersdorf (Tesa), Unnastr. 48, 20253 Hamburg; **Cutter:** Wolfcraft, Löhstr. 18, 56745 Weibern; **Abschluß- und Übergangsschienen:** Döllken, Beisenstr. 50, 46954 Gladbeck.

## Spezialschnitte

**1** Heizungsrohre, Standrohre für Treppen etc.: Bahn bis zur nächstliegenden Wand aufschneiden, Rohrprofil exakt anzeichnen

**2** Profilierungen: die Kontur abschnittsweise parallel übertragen. Bei ‚schiefen Winkeln' Anfangs- und Endpunkt anzeichnen und verbinden

## Bahnen ansetzen

**1** Legen Sie die Bahnen überlappend aus. Dabei Rapport und Musterverlauf beachten! Im Überlappungsbereich ein Stahllineal unterlegen

**2** Dann durchtrennen Sie mit dem sogenannten Doppelschnitt beide Bahnen gleichzeitig. Nach dem Entfernen von Schneidunterlage und …

**3** … Reststreifen die Naht mit Klebeband fixieren. Soll später der gesamte Belag verklebt werden, einseitiges Klebeband verwenden

## Abschluß & Übergang

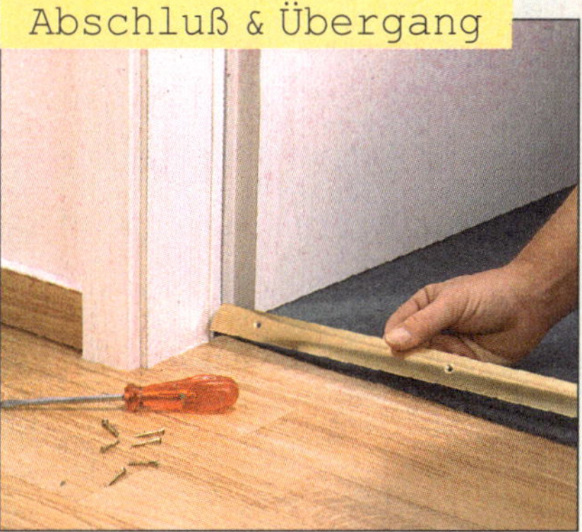

**1** Überall da, wo der Belag offen endet bzw. an einen anderen Belag stößt, ist der Einsatz einer solchen Übergangsschiene empfehlenswert

**2** Die dazu erforderlichen Profile gibt es in den verschiedensten Größen und Ausführungen, unter anderem auch für Treppenkanten

## Fußleiste

**1** Zum passenden Wandabschluß sind für PVC-Beläge und Teppichböden Fußleisten erhältlich, auf die ein Streifen des Belags …

**2** … aufgeklebt werden kann. Beim Zuschneiden ist die links gezeigte Streifenschneide-Einrichtung hilfreich

## Untergründe ausgleichen

Auch geringfügige Unebenheiten im Untergrund sollten Sie vor dem Verlegen von Kunststoffböden ausgleichen. Alte Dielen können Sie mit sogenannten Fußbodenverlegeplatten egalisieren: Diese Nut-und-Feder-Elemente werden einfach fest mit dem Holzboden verschraubt (siehe Foto 1). Anschließend verspachteln und mit Tiefgrund behandeln.
Unebene Beton- oder Estrichböden lassen sich mit einer selbstverlaufenden Ausgleichsmasse glätten (Foto 2). Auch hier muß nach dem Aushärten der Masse grundiert werden.

## Kleben & Fixieren

**1 Flüssigfixierung:** *Wasserlöslicher Dispersionskleber; der fixierte Belag bleibt wiederaufnahmbar*

**2 Flüssigkleber:** *Für hochbelastete, dauerhafte Verklebung von Bodenbelägen aller Art*

**3 Verlegenetz:** *beidseitig klebende, wiederaufnehmbare Rollenware. Der Untergrund bleibt unbeschädigt*

**4 Verlegeband:** *doppelseitiges Klebeband zur Rand- und Stoßverklebung; z. T. rückstandsfrei ablösbar*

**5 Kaltschweißmittel:** *zur Verklebung (polymeren Vernetzung) der Nähte in PVC-Belägen*

**1** *Verlegenetz auf den Untergrund kleben. Dann den Belag aufbringen und zuschneiden. Zum Schluß die obere Schutzfolie entfernen*

**2** *Fixierungen und Kleber vollflächig mit einem Zahnspachtel aufgeziehen. Geklebte Beläge immer mit einem Reibeholz fest anreiben*

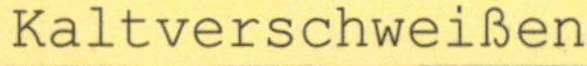

## Kaltverschweißen

**1** *Alle Nähte sollten kaltverschweißt werden. Dabei geht man am besten so vor: Klebeband aufbringen und vorsichtig entlang der Naht ...*

**2** *... aufschneiden. Nun die Nadelspitze der Schweißmittelflasche langsam über den Nahtschnitt führen. Dann das Klebeband entfernen*

## Reparatur

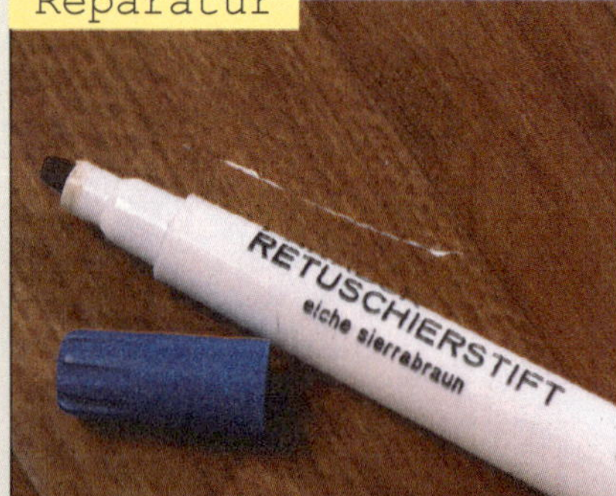


**1** *Kleine Beschädigungen der Oberfläche können Sie mit einem passenden Filzstift retuschieren. Anschließend werden sie mit ...*

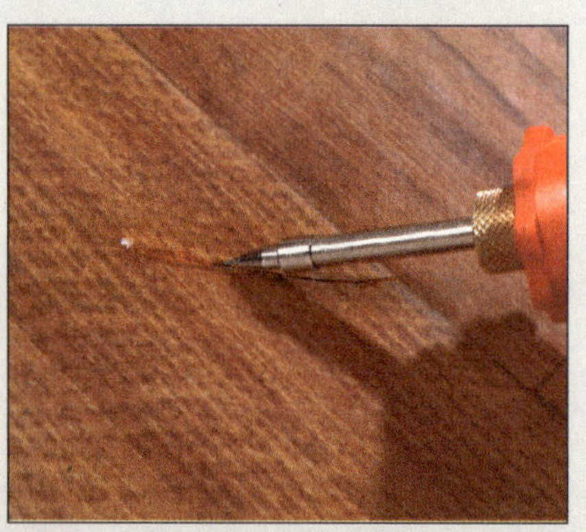

**2** *... Kaltschweißmittel versiegelt. Zur Behandlung tiefergehender oder flächiger Schäden verwendet man pastöse Kaltschweißmittel*

## Kunststoff-fliesen legen

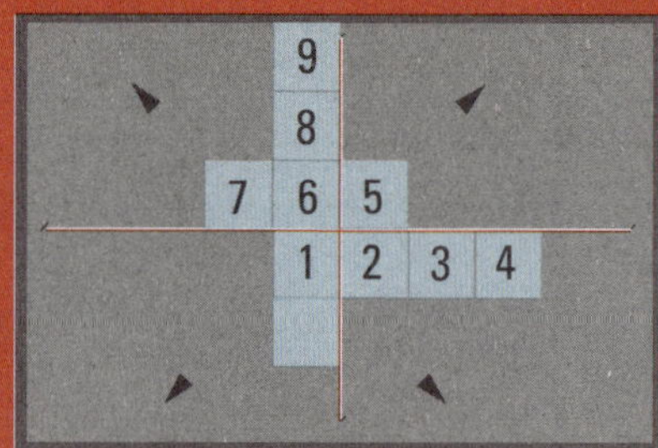


*Parallelverlegung: Nach Schnurschlag die Platten in der gezeigten Reihenfolge verlegen*

*Diagonalverlegung: Auch hier gleichmäßig entlang der Raumachsen vorarbeiten*

Gleich ob parallel oder diagonal – Ausgangspunkt der Verlegearbeiten ist in jedem Fall ein Schnurschlag über beide Raumachsen. Zuvor sollten Sie (bei komplexen Raumflächen) einen Verlegeplan erstellen, um die günstigste Position der Schnüre zu ermitteln. So vermeiden Sie schmale Randstreifen Die Schnüre spannt man am besten mittels Stahlstiften. Bei der Plattenverlegung wird der Kleber abschnittsweise aufgezogen. Nach der Ablüftzeit des Klebers richten Sie zunächst die erste Platte exakt aus, legen dann die zweite an und drücken beide Platten ins Kleberbett. Zum Schluß anreiben. Beim Ansetzen der folgenden Platten vor dem vollflächigen Andrücken immer zuerst die berührenden Kanten mit dem Daumen anreiben. So vermeiden Sie Stippnähte und Hohlstellen.

*Randzuschnitt: Eine Platte auf die zuletzt verlegte legen, darauf eine weitere an der Wand ausrichten. Dann den Randstreifen anzeichnen*

# Verlegeplatten aus Massivholz

Für den besonders rationellen Innenausbau gibt es jetzt ein neues Material, das die Vorzüge großformatiger Spanplatten mit den Eigenschaften echten Massivholzes verbindet. Die sogenannten Drei-Schicht-Verlegeplatten werden im Format 250 x 50 cm angeboten und besitzen ein umlaufendes Nut- und Feder-Profil. Sie sind für Wandverkleidungen und als Bodenbelag geeignet. Drei Holzarten stehen zur Auswahl: Fichte, Kiefer und kräftig gemaserte Lärche.
Auf Holzbalken nagelt oder schraubt man die freitragenden Platten verdeckt durch die Feder. Auf glatten Untergründen ist eine schwimmende Verlegung möglich.

Drei kreuzverleimte Massivholzschichten verleihen dem Material absolute Formstabilität. Für die Wandbekleidung gibt's die 19 bzw. 22 mm dicken Platten auch mit gefaster Kante

1 Die aus drei Schichten verleimten Platten lassen sich schwimmend verlegen. Wie bei Fertigparkett wird wasserfester Leim in die Nut gegeben

2 Beim Zusammentreiben der Platten eine Zulage benutzen. Für die Oberflächenbehandlung können Sie Öle, Wachse, Lasuren oder Lack einsetzen

1
2
3
4
5
6
7
8
9
10
11
12
13
14
15
16

# Fußleisten

Fuß-, Parkett- und Sockelleisten sind ausgesprochene Lückenfüller: Vor allem Holzböden arbeiten auch nach dem Verlegen und benötigen dafür eine Dehnungsfuge. Den entstehenden Spalt kaschieren diese Leisten. Viele eignen sich außerdem zur Aufnahme von Kabeln und Rohren. Schauen Sie doch mal rein!

1. *Lackierte Kiefern- bzw. Fichtenholz-Fußleiste mit rückseitigen Nuten für Befestigungen (Brügmann)*
2. *Profilleiste aus Furnier auf MDF – vorrätig sind u. a. die Furniere Eiche, Buche, Mahagoni (Kosche)*
3. *Parkett-Sockelleiste aus Massivholz mit Edelholzfurnier; z. B. Mahagoni, Esche, Ahorn (Döllken)*
4. *Sockelleiste mit Karnies (Kombination von Stab und Hohlkehle) aus Fichtenholz (Brügmann)*
5. *Vollholz-Parkettleiste; erhältlich u. a. Versionen aus Ahorn, Eiche, Erle, Esche, Ramin (Brügmann)*
6. *Parkett-Sockelleiste aus Fichtenholz mit Edelholzfurnier; 40 mm hoch und 22 mm dick (Brügmann)*
7. *Diese Steckfußleiste aus furnierummanteltem MDF wird – rückseitig – unsichtbar befestigt (Kosche)*
8. *Die Sockelleiste aus MDF mit Kork-Furnier ist der passende Rahmen für Kork-Parkett (Kosche)*
9. *Winkelleiste aus Limba mit Kiefer-Furnier; zur Abdeckung bei Paneelwänden u. ä. (Döllken)*
10. *Profilabschlußleisten aus Massivholz können nach Wunsch mit Lack o. ä. veredelt werden (Kosche)*
11. *Diese PVC-Sockelleiste besteht aus dem aufsteckbaren Deckprofil und ...*
12. *... dem in ebenso vielen Farben erhältlichen Trägerprofil (Döllken)*
13. *Einfache Fußleiste aus Tannenholz (hier mit Eichenfurnier): 13 mm dick, 60 mm hoch (Osmo)*
14. *Diese Holzleiste im Großvater-Stil (115 mm hoch, 19 mm stark) bietet sogar Raum für Kabel (Kosche)*
15. *MDF-Fußleiste mit Nuten zur Clip-Befestigung, von Dekorfolie (Graphit bzw. Granit) ummantelt (Osmo)*
16. *Folienumwickelte Steck-Sockelleiste aus MDF mit zweifarbigem Dekor fürs edle Ambiente (Kosche)*
17. *Rustikale Fußleiste aus astigem Fichtenholz, zur Montage mit Clips rückseitig profiliert (Osmo)*
18. *Fußleiste aus MDF mit bedrucktem, porig strukturiertem Kunststoffmantel in Holz-Optik (Kosche)*
19. *Farbige PVC-Klemmsockelleisten werden auf Clips fixiert und besitzen eine Kabelklemme (Döllken)*
20. *Die Rohrverkleidungsleiste kann starke Kabelstränge oder auch Heizungsrohre aufnehmen (Osmo)*
21. *Parkettleiste aus furniertem MDF (z. B. Eiche oder Kirschbaum); 10 mm hoch und 32 mm stark (Kosche)*
22. *In dieser Rohrverkleidungsleiste finden zwei bis zu 28 mm dicke Rohre separat Platz (Osmo)*
23. *Installationsleiste aus Buchenholz mit zwei rückseitigen Nuten (Lüghausen)*
24. *Renovierungs-Sockelleiste mit Selbstklebeband für Teppichstreifen (Döllken)*

# Kabel in der Fußleiste

**Fußleisten haben in erster Linie dekorative Aufgaben. Doch man kann sie auch nutzen, um störende Kabel zu verbergen**

Fast jeder Bodenbelag wird mit einer Fußleiste zur Wand hin abgeschlossen, weil so ein sauberer Übergang entsteht und die bei Dielen- und Parkettbelägen notwendigen Dehnungsfugen abgedeckt werden.
Seitdem im Durchschnittshaushalt immer mehr Geräte der Unterhaltungselektronik und Telekommunikation benutzt werden, ergibt sich eine weitere Möglichkeit, Fußleisten sinnvoll einzusetzen. Wohin nämlich mit den vielen Lautsprecher-, Antennen- und Telefonkabeln?
Die sauberste Methode, solche Leitungen zu verlegen, wäre natürlich unter Putz. Aber die Standorte der angesprochenen Geräte werden mitunter verändert, so daß hier eine flexible Leitungsführung gefragt ist. Ideal ist also die Verlegung innerhalb der Fußleiste. Sie kann bei Bedarf mit wenigen Handgriffen gelöst werden, um die eingebetteten Schwachstromkabel an anderer Stelle anzuschließen.
Seit einigen Jahren bieten verschiedene Hersteller leicht zu montierende Fußleisten mit integrierten Kabelkanälen an. Wir zeigen Ihnen hier eine kleine Übersicht des aktuellen Marktangebotes.

1 Für diese Sockelleisten von Parador bietet der Hersteller einen Clip an, der viel Platz zur Verlegung von Kabeln bietet. Die Leisten werden hier nur aufgesteckt

2 Platz für schmale Leitungen bleibt hinter diesem Kunststoff-Profil von Praktikus. Die Teppichstreifen werden mit doppelseitigem Klebeband an der Schiene befestigt

3 Obwohl gar nicht für diesen Zweck entwickelt, bietet diese zweiteilige Klemmleiste von Praktikus zumindest für flache Lautsprecherkabel ausreichenden Platz

4 Diese Furnierleiste von Rüsch klebt auf einem Profil aus Kunststoff, das auf den MDF-Träger gesteckt wird. Das Profil bietet Platz für mehrere Kabel und ist leicht abnehmbar

**5** Parador bietet das aus Foto 1 bekannte System auch als schmalere Version mit einfachem Clip an, der jedoch nur Platz für flache Kabel bietet und keine Erweiterungen zuläßt

**6** Zur sicheren Befestigung von Ecken und Gehrungen eignet sich das System der Firma Osmo. Raum für Kabel erhält man durch Fräsen einer rückseitigen Falz

**7** Platz für Koaxial-Kabel findet sich zwischen Träger und Leiste im Kabelkanal-System von Praktikus. Das Raumangebot reicht aus, um weitere Leitungen einzuziehen

**8** Selbst anfertigen kann man eine Sockelleiste mit Kabelkanal, indem man das Holzprofil mit einem rückseitig eingefrästen Falz versieht

Kunststoff-Profile gibt es in den verschiedensten Dekoren. Ecken können mit Paßstücken ausgeführt werden

Hier die einsteckbaren Paßstücke, um Innen- und Außenecken sowie Enden sauber auszuführen.

**1** Außenecke
**2** Innenecke
**3** Endstück

Der Kunde hat die Wahl zwischen unterschiedlichen Materialien, die sich dem Boden- bzw. Wandbelag anpassen. Unterschiede gibt es auch in der Größe der Kabeldurchführungen.

Bei der Planung der Kabelkanäle sollten Sie damit rechnen, daß nach einiger Zeit vielleicht noch neue Geräte hinzukommen und damit Raum für weitere Leitungen benötigt wird. Kalkulieren Sie das Platzangebot hinter der Leiste also nicht zu knapp. Das Anbringen der hier gezeigten Leisten ist nahezu narrensicher. Ebenso leicht lassen sie sich demontieren, um weitere Kabel nachzuziehen oder Reparaturen durchzuführen.

Das Verlegen von Leitungen mit Netzspannung in der Fußleiste allerdings ist tabu! Überlassen Sie solche Arbeiten besser einem Elektriker, der die einschlägigen Vorschriften kennt und beachtet.

## Wenn schon auf der Leiste verlegen, dann richtig

*Wenn ein Kabel über der Fußleiste sichtbar an der Wand verlegt werden muß – bei Stein- oder Keramiksockeln beispielsweise – können Sie ein schmales Kunststoffprofil einsetzen, das die Leitung zumindest ein wenig kaschiert. Wer über eine stationäre Fräseinrichtung verfügt, kann auch eine farblich passende Viertelstableiste mit einem Schlitz versehen und zur Leitungsführung auf der Fußleistenkante an die Wand kleben.*

**Parkett ausbessern**

# Wie ausgewechselt

*Kleine Reparaturen an Ihrem Parkettboden können Sie mit etwas Know-how und wenig Aufwand selbst ausführen*

Ein kleiner Wasserschaden hatte einige Dielen in unserem Parkett dazu gebracht, den Aufstand zu proben. Das war um so ärgerlicher, als ausgerechnet die werkseitig hergestellten Leimfugen aufgingen und nicht die selbst verleimten Stöße. Es handelte sich also offenbar um einen Fabrikationsfehler. Der Schaden konnte jedoch mit ein paar Restdielen schnell behoben werden, die man für eben solche Fälle stets aufheben sollte.

Für Reparaturzwecke darf an den Ersatzstücken die Feder nur an einer Seite – am besten an der längsten – vorhanden sein. Nur so ist es möglich, die Diele in die Aussparung einzuführen und einen gewissen Halt zu erreichen. Vor der endgültigen Verlegung sollten Sie das Ersatzteil einmal trocken einschieben. Falls es dann nicht absolut eben aufliegt oder die Höhendifferenz zum Restparkett zu groß ist, können Sie es nochmals herausnehmen und z. B. mit kleinen Furnierstreifen unterlegen. Dann wird der wasserfeste Leim am besten oben auf die Feder gegeben, denn so quillt er später beim Festklopfen des Paßstückes aus der Fuge heraus und versiegelt sie. Hat der Leim abgebunden (Überschuß abwischen), gleichen Sie Unebenheiten mit einem Schleifklotz und feinem Schleifpapier an. Die geschliffenen Flächen mit Lack und einem Pinsel versiegeln.

Noch ein Pflegetip zum Schluß: Um solche Schäden von vornherein zu vermeiden, verzichten Sie darauf, den Boden tropfnaß zu wischen. Ein feuchter Putzlappen tut es hier auch.

*Ein undichter Pflanzenkübel war für den Schaden verantwortlich, von dem nach dem Eingriff nichts mehr zu sehen war*

**Kratzspuren beseitigen**

## Kein guter Eindruck

Mit ein paar einfachen Hilfsmitteln können Sie das angekratzte Image Ihres Parketts aufpolieren. Schellack oder Wachs wird zum Schmelzen gebracht und flüssig auf die Schadstelle geträufelt. Anschließend schleift und lackiert man den Bereich. An weniger auffälligen Stellen genügt auch Holzkitt. Er wird mit dem Stechbeitel aufgetragen und ebenfalls geschliffen und lackiert.

*Wenn kleine Kratzer herausgeschliffen wurden, muß die Oberfläche mit Parkettlack wieder versiegelt werden*

*An sichtbaren Stellen verwenden Sie Schellack- oder Wachsstangen, für verdeckte Schäden genügt Holzkitt*

*Druckstellen kann man mit einem heißen Bügeleisen so bearbeiten, daß der Übergang nicht mehr auffällt*

**Dielenboden abschleifen**

# Auftragsarbeiten

*Kaum war der Lack ab, beeindruckten die alten Dielen durch ihre natürliche, schöne Holzstruktur. Wir haben die Verjüngungskur für Sie dokumentiert*

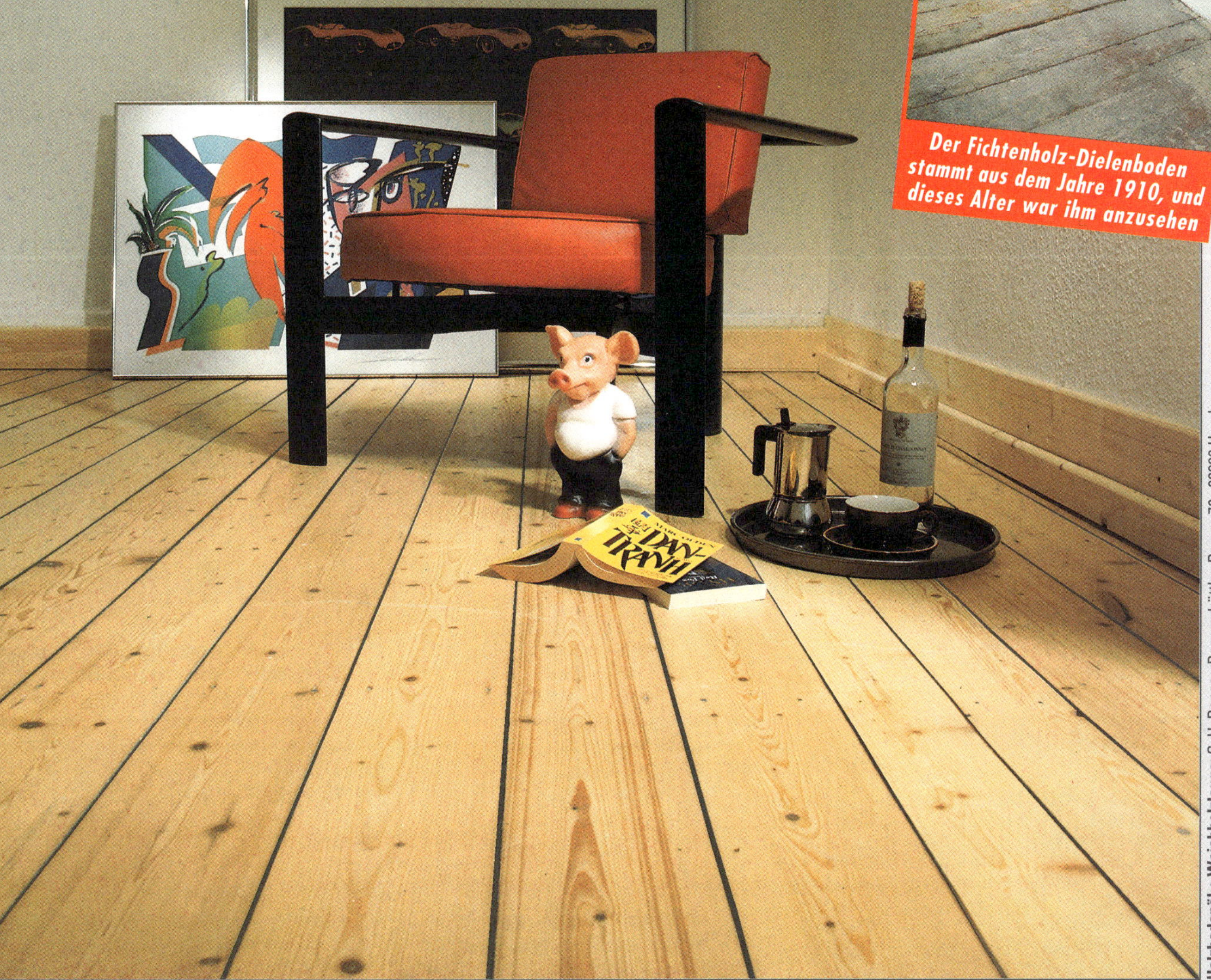

**Der Fichtenholz-Dielenboden stammt aus dem Jahre 1910, und dieses Alter war ihm anzusehen**

**Holzbodenöl + Weichholzlauge:** C. H. Bosse, Poppenbüttler Bogen 70, 22399 Hamburg
**Möbel + Accessoires:** Yellow Möbel, 50939 Köln

Nicht daß Generationen von Bewohnern unseren Dielenboden nur ‚mit Füßen getreten' hätten. Im Gegenteil, man hatte im Laufe von 80 Jahren wortwörtlich Schichtarbeit geleistet, um ihn mit Hilfe von deckenden Anstrichen vor den Unbilden eines Fußboden-Lebens zu schützen – mit dem Ergebnis, daß die schöne Fichtenholzstruktur vollständig von dicken Lagen Lack verdeckt wurde. Das Holz sollte nun beim Renovieren wieder zum Vorschein gebracht werden.

Für dieses harte Stück Arbeit benötigten wir einige Maschinen, die nicht unbedingt jeder Heimwerker im Hobbykeller hat: nämlich eine Walzenschleifmaschine und eine Tellerschleifmaschine nebst Zubehör wie Hülsenschleifpapier, Rundschleifpapier, Schleifgitter und Polierpads in verschiedenen Körnungen und Dimensionen. Die Geräte können Sie im Baumarkt oder im Fachhandel für Heimwerkerbedarf ausleihen. Dort finden Sie auch das erforderliche Schleifmaterial (Preise siehe Kasten auf der übernächsten Seite). Ein Wort sollte man noch zur Handhabung der Geräte verlieren. Der Teller der Rundschleifmaschine rotiert zwar mit geringer

**1** Um die Schleifgeräte nicht zu beschädigen, müssen zuerst alle Nägel mit einem Senkstift mindestens 8 mm versenkt werden

**2** Mit der Walzenschleifmaschine und einem 24er Schleifband beginnen Sie, den Boden in diagonaler Richtung abzuschleifen

**3** Zum Ausgleich der Unebenheiten an Rändern und Fugen nimmt man am besten einen Bandschleifer mit 24er Schleifband

**6** Mischen Sie die Weichholzlauge in einem Eimer gut durch, bevor Sie sie mit einer Malerrolle satt auf dem Boden verteilen

**7** Wechseln Sie die Rolle, um den Boden zu ölen. Die Ölschicht sollte satt aufgetragen werden und zirka 10 Minuten einziehen

**8** Rollen Sie matte Stellen so oft nach, bis der ganze Boden glänzt. Anschließend den Überschuß mit dem Wischer abziehen

Drehzahl. Das Gerät neigt aber aufgrund seines hohen Gewichts und des damit verbundenen Anpreßdrucks dazu, den Bediener in die Rotation miteinzubeziehen. Schalten Sie deshalb das Gerät immer in der Mitte des Raumes ein, damit Sie genügend Platz haben, es unter Kontrolle zu bringen. Übertriebener Krafteinsatz bei der Handhabung ist ebenso unnötig wie gefährlich, weil Sie den Anpreßdruck nur erhöhen. Richtig ist es, den Griff der Maschine so weit wie möglich herunterzuklappen (größere Hebelwirkung), zu arretieren und das Gerät durch leichtes Anheben und Absenken des Griffes zu lenken. Die Walzenschleifmaschine ist wesentlich einfacher zu bedienen. Lediglich die Vorschubgeschwindigkeit müssen Sie der Holzart anpassen. Bei den Weichhölzern (z. B. Fichte) dürfen Sie das Gerät nicht zu langsam über die Fläche schieben, sonst wird der Materialabtrag pro Schleifgang zu groß.

Vor dem ersten Schleifgang sind noch einige Vorarbeiten durchzuführen. Zunächst muß der Raum natürlich leergeräumt werden. Sämtliche Fußleisten sind zu entfernen (auf herausstehende Nägel achten!), eventuelle andere Renovierungsarbeiten wie Streichen oder Tapezieren sollten vorher abgeschlossen sein. Das Schleifen selbst erfolgt dann in mindestens drei Gängen mit Schleifpapier der Körnungen 24, 36 und 60. Die Schleifrichtung der ersten zwei Gänge läuft diagonal zum Dielenverlauf, um Kanten und

## Stehen Sie auf der richtigen Seite?

Bekanntermaßen hat Holz die unangenehme Eigenschaft zu „arbeiten“. Im Klartext heißt das nichts anderes, als daß die Holzfeuchte sich durch Wasserdampfdiffusion der Luftfeuchtigkeit der jeweiligen Umgebung anpaßt. Die damit zwangsläufig einhergehende Volumenveränderung wird als „Schwinden“ un „Quellen“ bezeichnet. Bei Holzfußböde in Wohnräumen kann man immer davo ausgehen, daß nicht ausreichend getrock netes Holz Feuchtigkeit abgibt, als schwindet. Daraus können auch für da Renovieren eines Dielenbodens Probl

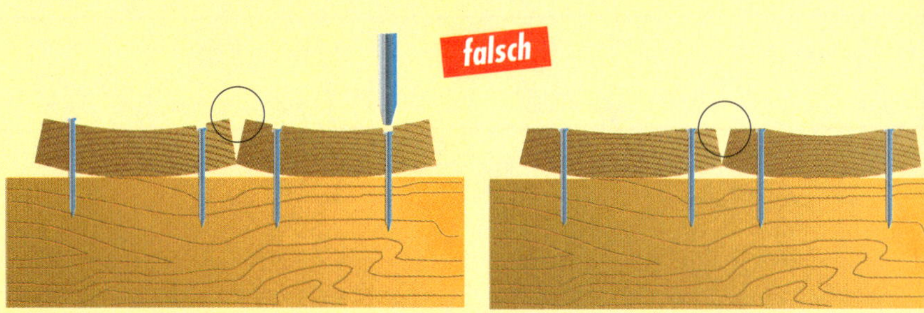


Die durch das Schwinden entstehende Fuge wird auch durch intensives Abschleifen nicht geschlossen

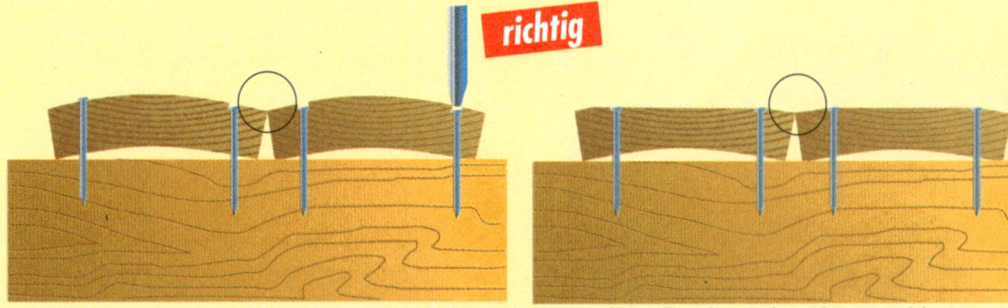


Die Herzseite des Brettes liegt oben, so bleibt auch beim Schwinden des Holzes die Fuge klein

**4** *Die Schleifgitter haften allein am Teller der Rundschleifmaschine. Zum Wechseln nur die Fahrrollen nach unten klappen*

**5** *Mit gleichmäßig kreisenden Bewegungen wird der Boden nun zwischengeschliffen. Gehen Sie sehr vorsichtig bis an den Rand*

**9** *Nach dem dritten Ölen kommt wieder die Rundschleifmaschine zum Einsatz, diesmal allerdings mit einem Polierpad*

**10** *Der Arbeitsablauf ist der gleiche wie beim Schleifen. Für eine gute Oberfläche müssen Sie lange und vor allem sorgfältig polieren*

ntstehen. Werfen sich die Bretter nach , so bilden sich an den sich öffnenden n gefährliche Stolperfallen. Im Exfall werden die Nägel so weit herausgen, daß die Dielen über die Wölbung er Unterseite regelrecht „rollen". Wird Boden nun abgeschliffen, so bleiben in Brettmitte „Schüsseln" bestehen, d. h. relativ große Fläche ist vom Schleifang unberührt. Hier könnte man natürso lange schleifen, bis die Schüsseln chwinden, aber das führt meist zu einer eringen Materialdicke der Dielen geran den Kanten. Ein Austausch wäre hier beste. Anders dagegen ein Holzboden, lem sich die Bretter nach unten werfen. Fugen sind kleiner und bleiben auch dem Schleifen klein. Die Nägel behalweitgehend ihre volle Einschlagtiefe, die abgeschliffene Fläche ist erheblich er. Zu groß darf aber auch hier der Malabtrag nicht sein, denn sonst öffnen die Fugen (siehe Grafik) und die Diele in der Mitte zu dünn. Der kleine Be, der durch das Schleifgerät nicht ert wird, kann mit einem Hand-Bandeifer nachbearbeitet werden. Ob ein t sich beim Schwinden nach oben oder unten wirft, erkennt man durch den auf der Jahresringe auf der Hirnseite: Kanten des Holzes bewegen sich immer sogenannten Herz (Stammitte) weg, alb gehört das Herz beim Verlegen auf Oberseite des Bodens (Grafik „richtig").

Unebenheiten auszugleichen. Der letzte Gang wird dann parallel zu den Dielen und in Richtung des Lichteinfalls geschliffen. Vor dem Feinschliff mit der Tellerschleifmaschine und den Schleifgittern (Körnung 80, 100 und 150) werden die Nischen und Ecken per Hand oder Bandschleifer nachgearbeitet. Sind alle Schleifarbeiten abgeschlossen, müssen Sie den Boden gründlich absaugen und können erst dann die Weichholzlauge auftragen. Während deren Trocknung bildet sich auf der Holzoberfläche eine feine kalkige Schicht, die Sie vor dem Ölen ebenfalls absaugen müssen. Ölen Sie dann den Boden mindestens dreimal und massieren Sie das Öl ca. 15 Minuten nach dem Auftrag mit den Polierpads gut ein. 6-12 Stunden Trockenzeit (je nach Raumtemperatur) sollten zwischen den Arbeitsgängen liegen.

**Sie brauchen:** Walzen- und Tellerschleifmaschine, Bandschleifer, Schleifmaterial, Polierpads, Weichholzlauge, Holzbodenöl, Malerrolle, Gummiwischer

**Sie zahlen:** Gerätemiete für Walzen- und Rundschleifmaschine: 30-40 Mark Grundgebühr plus 60-80 Mark Tagesmiete pro Gerät; Schleifmaterial: ca. 200 Mark; Polierpads: ca. 40 Mark; Lauge und Öl: um 7 Mark/m$^2$ (je nach Gebindegröße)

**Sie sparen:** Ca. 40-50 Mark/m$^2$ Lohnkosten für den Handwerker

## Austausch von Dielen

Morsche oder gerissene Holzdielen sollten Sie komplett austauschen. Für unseren Fichtenholzboden verwendeten wir als Ersatz sogenannte Balkonbretter in einer Stärke von 25 mm. Ein einheitliches Schleifbild erzielt man, wenn die Diele nach dem Grobschliff mit der Walzenschleifmaschine, aber vor dem ersten Zwischenschliff mit der Rundschleifmaschine ausgetauscht wird. Achten Sie darauf, daß Sie die Dielen mit der Herzseite (siehe gelber Kasten) nach oben vernageln. Nachdem der Boden gelaugt und geölt wurde, kann man kaum noch Unterschiede feststellen.

*Die alten Dielen hebeln Sie am besten mit einem Nageleisen oder Hammer aus. Zum Ansetzen vorher aufschneiden oder bohren*

*Die Ersatzdielen mit einem Fuchsschwanz ablängen. Beachten Sie das Fugenbild des Bodens; eventuell die Brettbreite anpassen*

*Mit zwei Stauchkopfnägeln pro Brett und Balken werden die Dielen befestigt. Bei zu großen Höhendifferenzen Keile unterlegen*

# Fleißiger Helfer

**Die aufreibende Arbeit des Abschleifens alter Anstriche kann man heute glücklicherweise einer Maschine überlassen. Wir stellen Ihnen das Arbeitstier unter den Schleifgeräten etwas näher vor. Im Fachhandel und bei Werkzeugverleihern können Sie die Parkettschleifmaschine mieten**

Schleifarbeiten mit dem falschen Werkzeug geraten sehr leicht zur Tortur für den Heimwerker. Holen Sie sich zum Auffrischen Ihres Dielenbodens also besser gleich ein Profi-Gerät. Zwei Ausführungen stehen bei Parkettschleifmaschinen zur Auswahl: die kräftig zupackende Walzenschleifmaschine mit besonders hoher Abtragsleistung und die weniger aggressive Tellerschleifmaschine mit einer rotierenden Schleifscheibe. Die hier vorgestellte Ausführung mit Walze ist bei dicken Altanstrichen und größeren Unebenheiten des Bodens zu empfehlen. Der Verbrauch an Schleifpapier ist recht hoch.

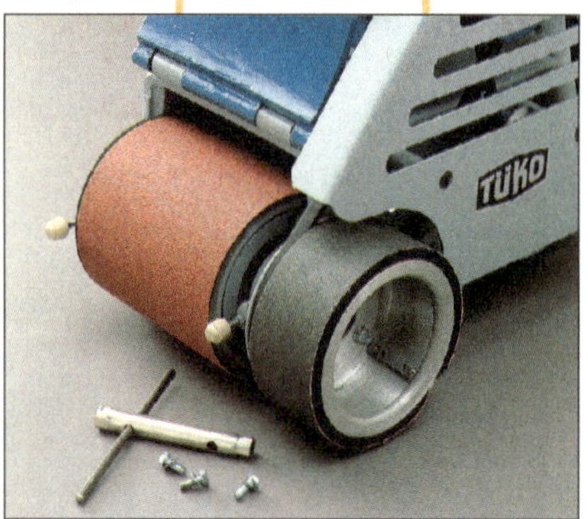


1 Die Parkettschleifmaschine kann man mit einem zusätzlichen Schleifrad ausrüsten, um den Randbereich des Bodens zu erreichen

2 Sorgen Sie für einen ausreichenden Vorrat an Schleifpapier. Bei Dielen mit dicken Altanstrichen schmiert das Korn sehr schnell zu

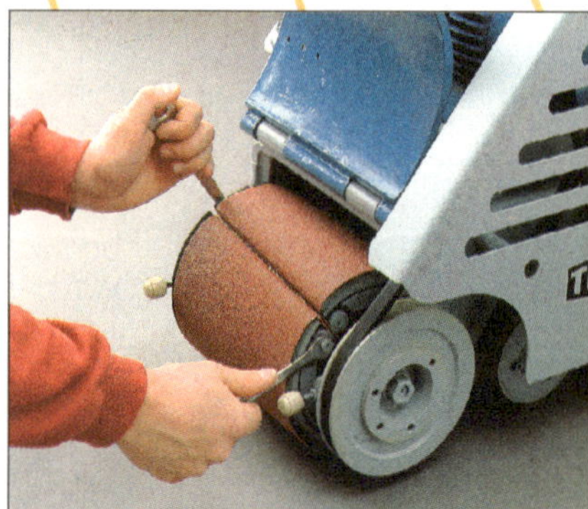

3 Das Schleifblatt wird erst um die Walze herumgelegt und dann in der Klemmspalte festgespannt. Achten Sie auf festen Sitz

4 Mit der justierbaren Abstandsrolle halten Sie die Schleifmaschine beim Arbeiten im Randbereich auf ausreichender Distanz zur Wand

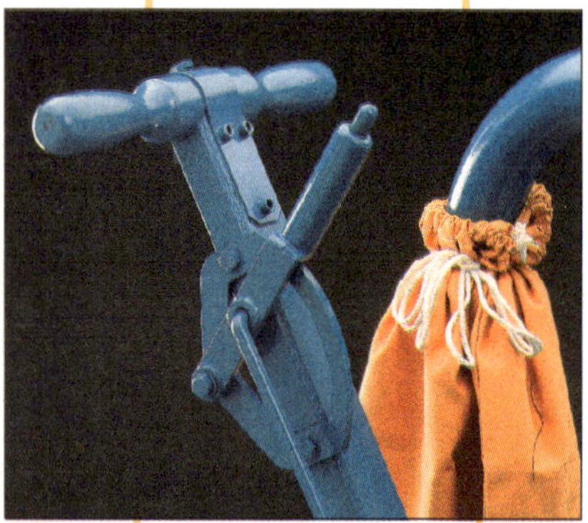

5 Zunächst bringt man die Maschine in die richtige Position. Dann wird die rotierende Walze mit dem Auslösehebel abgesenkt

Der große Staubsack fängt automatisch abgesaugtes Schleifmehl auf. Dennoch sollte man beim Arbeiten mit der Parkettschleifmaschine nach Möglichkeit zusätzlich eine Feinstaubmaske tragen

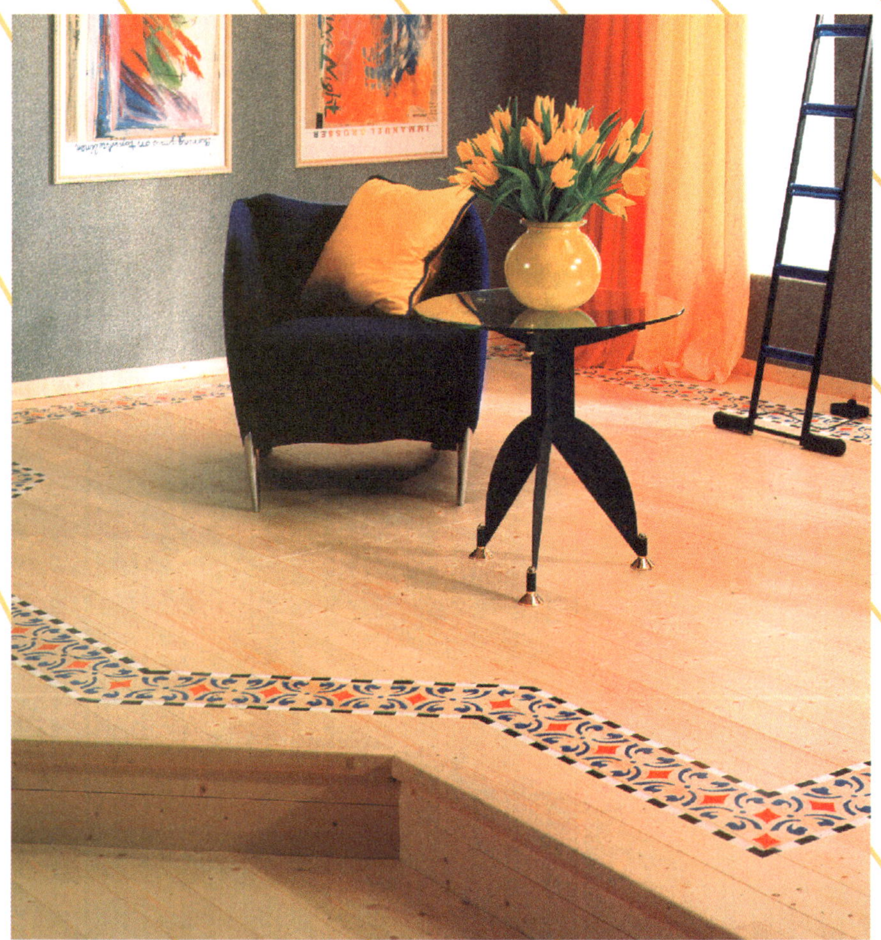

# Farbspiele auf Dielen

## Mit selbstgefertigten Schablonen arbeiten

Farbig angelegte Bordüren verleihen einem Holzboden einen ganz eigenwilligen Charme. Ob rustikal, angelehnt an die traditionelle Bauernmalerei, oder modern á la Piet Mondrian – die Gestaltungsmöglichkeiten sind so vielfältig wie die Kunstformen. Die Arbeitstechnik zur Herstellung der attraktiven Farbtupfer ist gar nicht schwierig. Die Farben werden stets auf die erste Versiegelungsschicht auftragen. Sind die Verzierungen durchgetrocknet, folgt die zweite Lackschicht.
Haben Sie die Schablonen entworfen, muß etwas Rechenarbeit geleistet werden, damit das Muster auch ‚aufgeht'. Für die Ecken müssen Sie sich passende Übergänge ausdenken. Das Markieren der Anlegelinie für die Schablonen erfolgt am besten mit einer Schlagschnur.

1 *Die zuvor auf Transparentpapier aufgezeichneten Linien werden mit einem Kopierrädchen nachgefahren. Anschließend das Papier ...*

2 *... auf einen lackierten Schablonierkarton kleben und die Konturen durch aufgestäubtes Kohle- oder Kreidepulver übertragen*

3 *Die Kartonoberfläche wird dann mit Sprühlack versiegelt, ehe man die Schablone auf eine Glasplatte legt und das Muster ausschneidet*

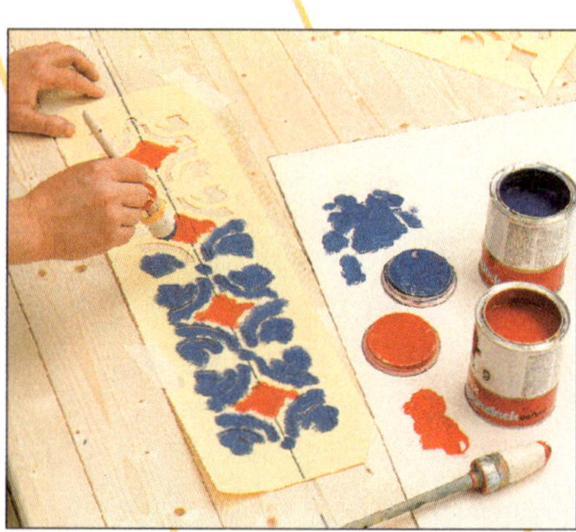

4 *Beim Schablonieren beginnt man am Mittelpunkt der Anlegelinie. Die Farbe gut abstreifen und mit tupfenden Bewegungen auftragen*

5 *Für die Ecken der Bordüren müssen spezielle Übergangsmuster entworfen werden. Hier die Schablone für eine 45°-Ecke*

6 *Der Rahmen für das Bordürenmuster wurde hier ebenfalls schabloniert. Man kann aber auch einen durchgehenden Streifen abkleben*

1 *Ein schlichte Bordüre in Verbindung mit klaren Linien macht den Reiz dieses Teppichs aus*

## Teppiche selbst gestalten

# Bekennen Sie Farbe

*Ob Rot, ob Grün, ob Schwarz – hier können Sie frei wählen. Und garantiert auch dazu stehen*

Teppiche haben meist ihren Preis und sind mitunter auch nicht in den gewünschten Abmessungen zu haben. Da hilft nur eins: selbst kreativ werden – mit Sprühlack und Schablone. Man kann fast alle Teppichbodenreste mit einer festen Grundstruktur verwenden. Besonders gut eignen sich dafür Veloursteppiche, die meist fest gewebt sind. Verwenden Sie jedoch auf keinen Fall hochflorige Ware, denn diese saugt zuviel Farbe auf. Wählt man einen hellen Uni-Ton, läßt das beim Gestalten alle Möglichkeiten offen.

Es kann zwar passieren, daß die Faser-Enden verkleben und die Teppichoberfläche hart wird – aber nur dann, wenn zuviel Farbe aufgetragen wird. Man darf nur soviel Lack aufsprühen, daß er gerade deckt! Wenn Sie ihn richtig dosieren, verändert sich die Oberfläche kaum. Deshalb sollte man zuerst ein kleines

2 Kontrastwirkung: Strenges Schachbrettmuster und weiche Linien erzeugen Spannung

3 Die großzügige Anordnung der Kreisbögen vermittelt Weite und Geräumigkeit

4 Der holländische Künstler Piet Mondrian stand Pate für dieses klar gegliederte Motiv

5 Das verspielte stilisierte Rosenmotiv dürfte romantisch Veranlagte ansprechen

**1** Die Schablone für die Begrenzungslinien wird aus einer 17,5 x 100 cm großen Pappe gefertigt. Diese teilt man in 2,5 cm große ...

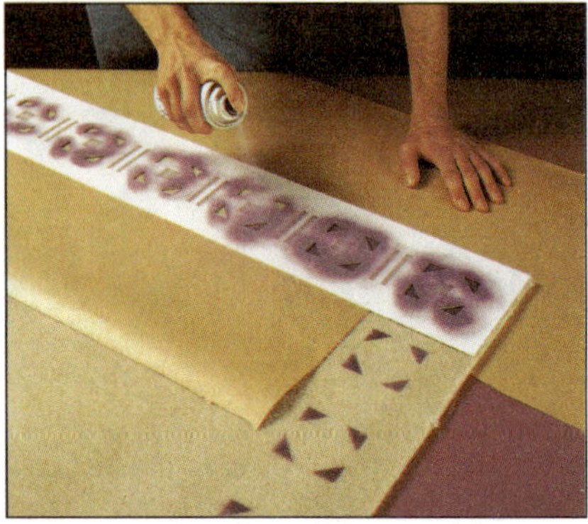

**2** ... Rasterkästchen auf. Dann wird das Muster (Zeichnungen Seite 103) übertragen und ausgeschnitten. Teppichklebeband auf der ...

**3** ... Schablonenrückseite befestigen. Bei zwei- oder mehrfarbigen Motiven muß man mit Klebeband abdecken: zunächst die ...

Probestück anfertigen, bevor eine große Fläche in Angriff genommen wird.
Selbstverständlich können Sie das ‚Kunstwerk' betreten und auch absaugen. Doch dürfen Sie an seine Strapazierfähigkeit keinesfalls solche Ansprüche stellen wie an die eines werkseitig eingefärbten Stückes!
Wer sich's zutraut, kann durchaus frei gestalten; für Einsteiger empfiehlt sich jedoch die Arbeit mit Schablonen. Die gibt es fertig zu kaufen, oder man macht sie aus 0,5 mm dickem Karton selbst. Entscheiden Sie sich für eines der abgebildeten Motive, brauchen Sie nur die entsprechende Zeichnungsvorlage zu vergrößern, auf Pappe zu über-

## Die Schablone wird mit Doppelklebeband auf dem Teppich befestigt

tragen und mit dem Teppichmesser auszuschneiden. Ein Doppelklebeband auf der Schablonen-Unterseite dient zum Befestigen der Vorlage auf dem Teppich. Die Haftfähigkeit bleibt auch bei mehrfachem Gebrauch erhalten.
Zum Lackieren verwendeten wir Acryllack aus der Sprühdose, doch können Sie auch die meisten anderen Lacke nehmen – egal ob matt oder glänzend. Sie sollten allerdings davon ausgehen, daß die Farben auf dem Teppich später dunkler erscheinen als bei der Anwendung auf glatten Oberflächen. Deshalb am besten einen Ton heller wählen. Man kann auch Farben mischen: Sprüht man z. B. erst einen hellen Ton, dann eine dünne Schicht einer dunkleren Farbe auf, lassen sich interessante Effekte erzielen. Nur zu: Bekennen Sie Farbe!

**4** ... Quadrate und die vertikalen Doppelstreifen. Dann geht's ans Sprühen: Ein- bis zweimal auf den Sprühknopf drücken genügt. Klebestreifen abziehen und Dreieckfelder abdekken. An den Rändern 2,5 cm breite Klebestreifen befestigen, in der Mitte ein 1 cm breites Band

**5** Den mittleren Bereich und den Rand des Teppichs mit Zeitungspapier oder Folie abdecken, dann die Streifen sprühen

**6** Lassen Sie die Farbe gut trocknen, ziehen Sie dann Papier und Klebeband ab, schon kommt das Teppichmuster zum Vorschein

## 1 Orientalische Anmutung

*Zum Übertragen des Motivs werden zunächst 2,5 cm große Rasterkästchen auf Karton gezeichnet*

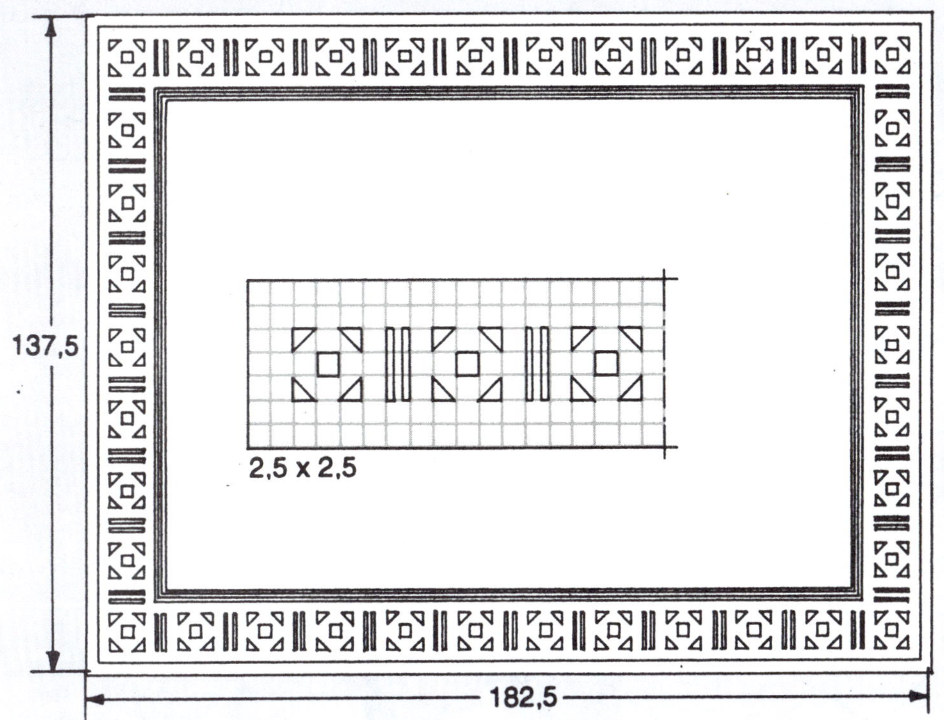


**DAS SOLLTEN SIE BEACHTEN**

Wenn Sie Streifen- oder Karomotive aufbringen oder größere Flächen mit Sprühlack einfärben wollen, decken Sie die restlichen Teppichpartien gut mit Zeitungspapier oder Folie ab. Die feinen Farbpartikel können sich in großem Umkreis absetzen. Sorgen Sie für eine gute Belüftung und verwenden Sie beim Sprühvorgang auf jeden Fall eine Staubschutzmaske! Tip: Wer sich an den Schnittkanten der Teppichbodenstücke stört, kann diese in Teppichfachgeschäften einfassen lassen. Das ‚Ketteln' kostet rund fünf Mark pro laufenden Meter.

## 2 Kontrast: Schachbrettmuster und weiche Linien

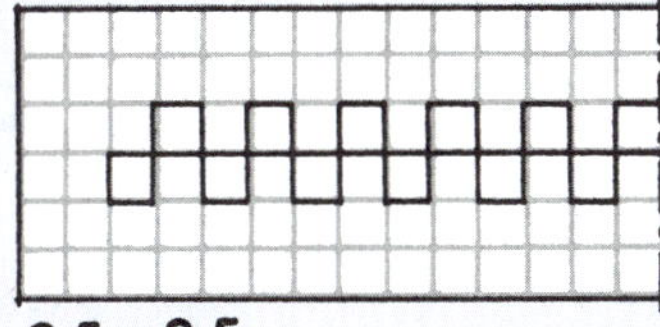


*Die Schablone für das Schachbrettmuster schneidet man aus einem 15 x 1.00 cm großen Stück Pappe zu*

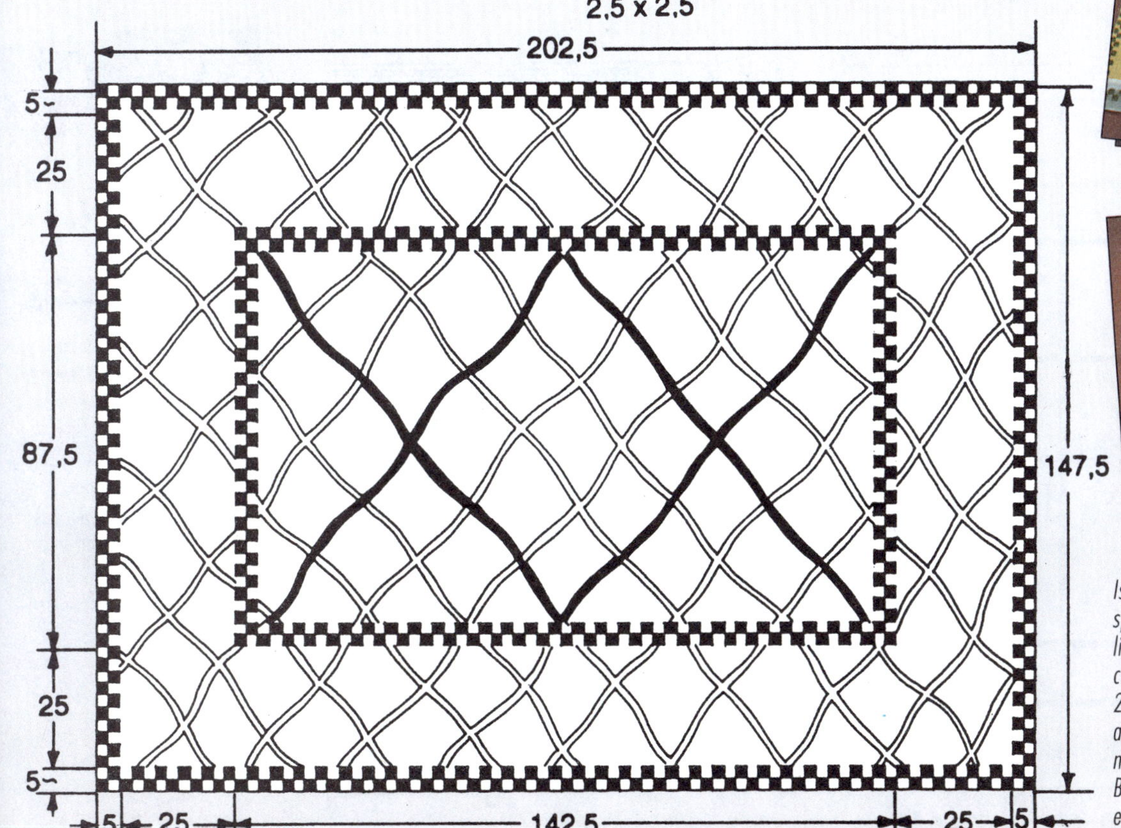

*Ist das Schachbrettmuster aufgesprüht, klebt man die Begrenzungslinien ab und teilt die Teppichfläche nach der Zeichnungsvorlage in 2 cm große geschwungene Rauten auf. Beginnen Sie mit den schwarz markierten Linien in der Mitte. Beim Sprühen der gelben und blauen Fläche mit Folie abkleben*

## 3 Mit Kreisbögen und Farbflächen

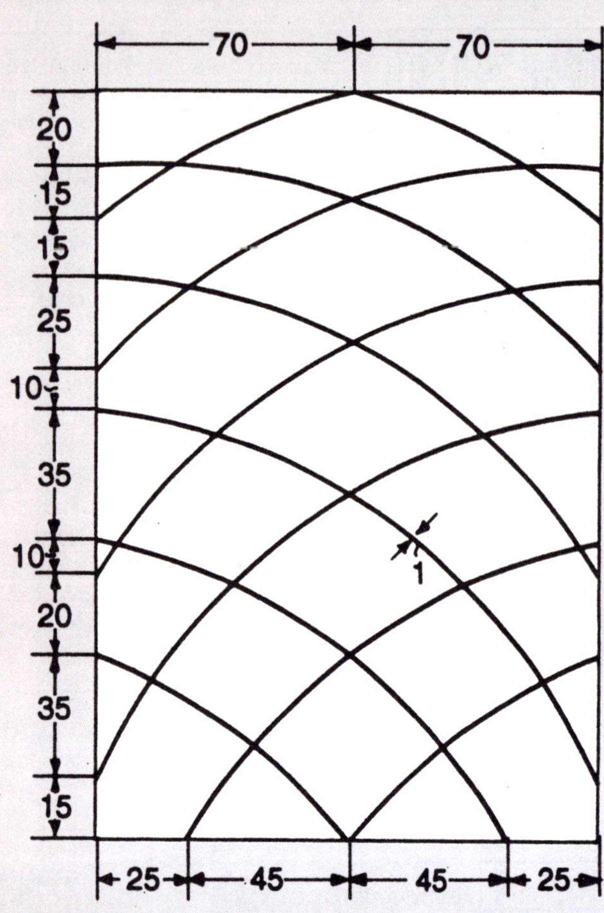


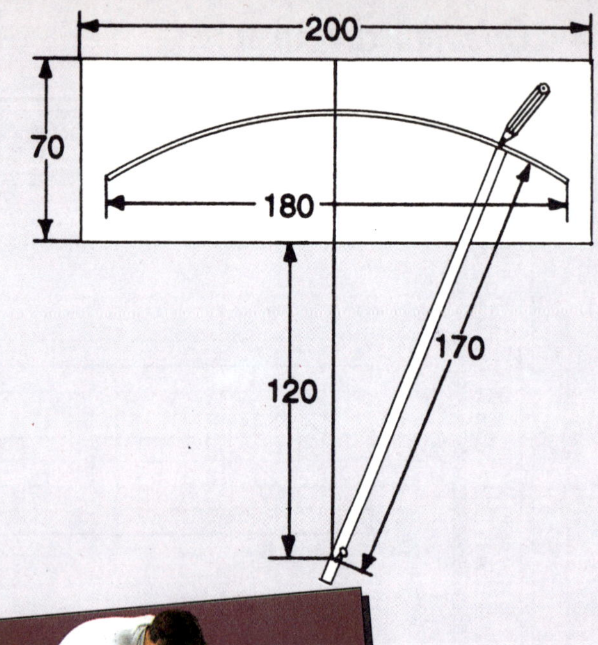

*Für die Schablone zwei 70 x 100 cm große Pappen zusammenkleben. Verwenden Sie eine Leiste als Zirkel und zeichnen Sie im Abstand von 1 cm zwei Bögen. Den Zwischenraum mit dem Teppichmesser herausschneiden. Motiv in Schwarz aufsprühen*

## 4 Frei nach Mondrian

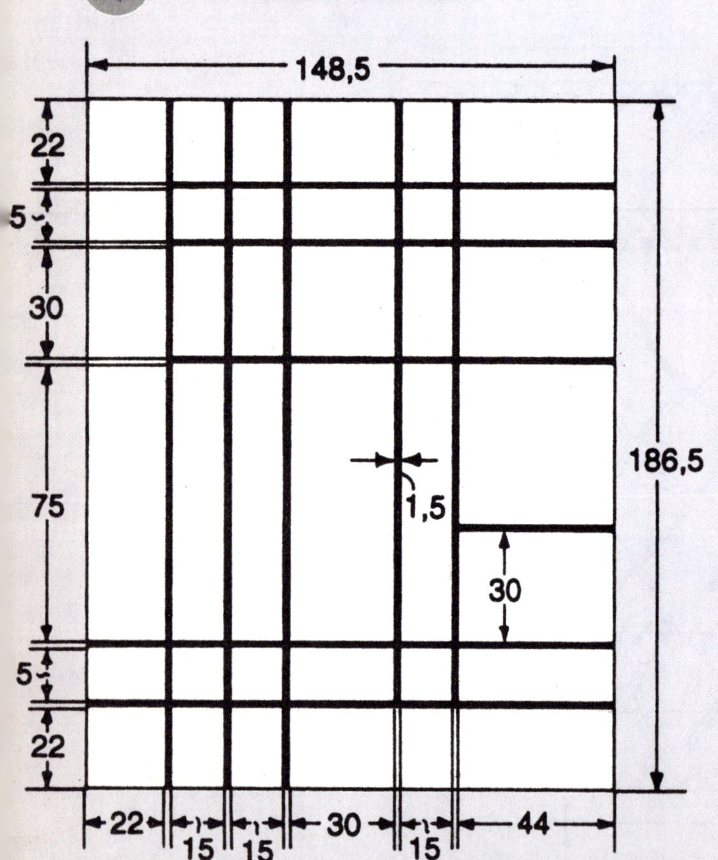


## 5 Stilisiertes Rosenmotiv

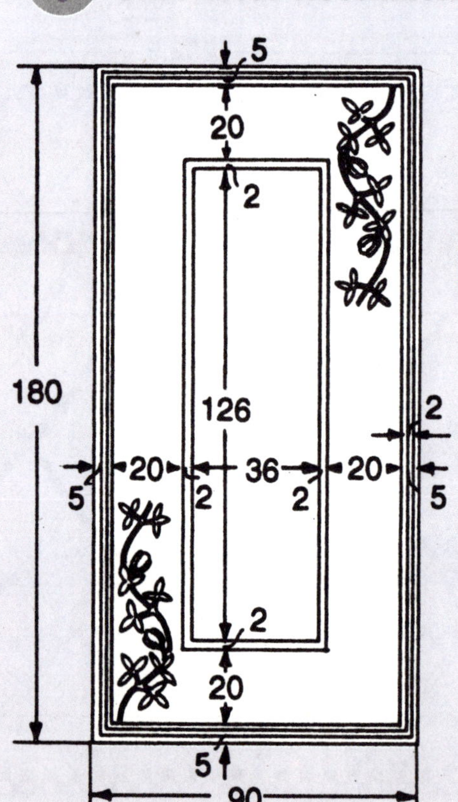

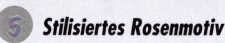

*In diesem Fall wird eine gekaufte Schablone mit einem Klebestreifen am Rand fixiert. Die Größe des Teppichs sollte möglichst so bemessen sein, daß das Motiv ‚aufgeht'. Beim Sprühen die äußere Begrenzung und die mittleren Felder abkleben*

# Fliesen legen

*Mit Hilfe der sogenannten Dünnbett-Technik gelingt dem Heimwerker das Verlegen von Wand- und Bodenfliesen ebenso präzise und sauber wie dem Profi. Allerdings – bei jeder handwerklichen Disziplin steht am Anfang die graue Theorie, die wir Ihnen auf den nächsten Seiten näherbringen möchten*

Fliesen bearbeiten

Dünnbett-Verfahren

Abschlüsse

Verfugen

## 1. Materialien und Güteanforderungen

**Die Herstellung keramischer Plattenbeläge**

Im Bauwesen zählt man die keramischen Fliesen zur Gruppe der künstlich hergestellten mineralischen Platten für Wand- und Bodenbeläge (1.1). Der Ausgangs-Rohstoff für gebrannte baukeramische Erzeugnisse ist Ton. Unter Zugabe von Quarz und Feldspat bzw. auch mineralischen Zuschlagstoffen wird er entweder als Trockenpreßmasse zu keramischen Fliesen und Mosaiken (Feinkeramik) oder als plastische Masse mit höherem Wassergehalt ‚stranggepreßt' zu Spalt- oder Bodenklinkerplatten (Grobkeramik) geformt. Durch das Brennen bei Temperaturen zwischen 900 und 1200 °C erreichen die getrockneten, glasierten oder unglasierten Rohlinge dann ihre endgültigen Gebrauchseigenschaften und Gütemerkmale.

**Gütekriterien sind in Normen festgelegt**

Die wesentlichen Kriterien bei Keramikbelägen sind Wasseraufnahmefähigkeit und Beanspruchbarkeit der Oberfläche. Die europäische Norm EN 87 unterteilt keramische Fliesen und Platten nach ihrem Wasseraufnahme-Vermögen in vier Gruppen (Tabelle 1.3). Für jede Untergruppe existiert wiederum eine spezielle Qualitätsnorm (EN ...), die in der Regel auf den Produktverpackungen angegeben ist. Entspricht ein Fliesensortiment exakt der Norm-Anforderung, wird es als „1. Sorte" ausgewiesen und ist mit einer roten Farbmarkierung gekennzeichnet. Wenn nur eine der zahlreichen Güteanforderungen nicht erfüllt ist, wird die Ware als „2. Sorte" oder „Mindersorte" mit einer blauen Farbmarkierung in den Handel gebracht.

**Für den Außenbereich: Fliesen mit niedriger Wasseraufnahme**

Frostbeständig und damit für den Außenbereich geeignet sind nur Fliesen und Platten der Gruppe I (Wasseraufnahme von höchstens 3 Massen-%). Auch Fliesen, die z. B. unter überdachten Balkonen vor Niederschlägen geschützt sind, müssen entweder nach EN 121 (bei stranggepreßten Erzeugnissen) oder EN 176 (Steinzeug) hergestellt sein. In Innenräumen, vor allem in Bädern, werden oft Fliesen eingesetzt, die zwar eine höhere Wasseraufnahme haben, deren Oberfläche aber mit einer Glasur überzogen ist – was den Vorteil einer problemlosen Pflege bietet.

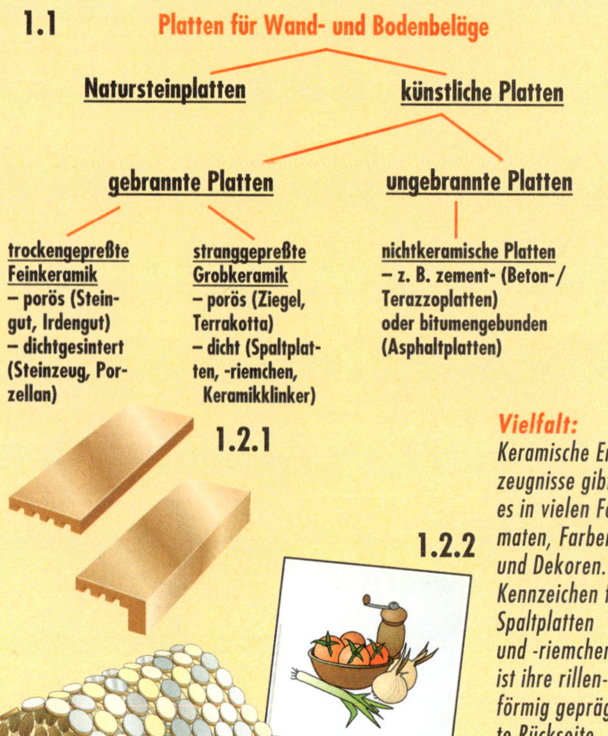


*Vielfalt:* Keramische Erzeugnisse gibt es in vielen Formaten, Farben und Dekoren. Kennzeichen für Spaltplatten und -riemchen ist ihre rillenförmig geprägte Rückseite (1.2.1). Bei Flächen unter 90 cm² spricht man von Mosaik (1.2.3)

**1.3**

| Formgebung | Wasseraufnahme E in Massen-% | | | |
|---|---|---|---|---|
| | Gruppe I E ≤ 3% | Gruppe II a E > 3% ≤ 6% | Gruppe II b E > 6% ≤ 10% | Gruppe III E > 10% |
| A) stranggepreßte Erzeugnisse | A I EN 121 | A II a EN 186 | A II b EN 187 | A III EN 188 |
| B) trockengepreßte Erzeugnisse | B I EN 176 Steinzeug | B II a EN 177 | B II b EN 178 | B III – EN 159 Stein- und Irdengut |

*Einteilung keramischer Fliesen und Platten nach DIN EN 87:* Grobkeramische (A) und feinkeramische (B) Erzeugnisse werden nach ihrer Fähigkeit, Wasser aufzunehmen, in Gruppen unterteilt. Deren jeweilige Qualitätsanforderungen sind in unterschiedlichen Normen geregelt

**1.4**

- **Abrieb 1** Reine Wandfliesen
- **Abrieb 2** Wand- und Bodenfliesen im privat genutzten Bad (leichte Beanspruchung: Hausschuhe, barfuß, wenig Schmutz)
- **Abrieb 3** Bodenfliesen im gesamten Wohnbereich mit mittlerer Beanspruchung, außer Küche, Diele, Terrasse
- **Abrieb 4** Bodenfliese für stärkere Beanspruchung (z. B. Küche, Diele, Terrasse)
- – neu – **Abrieb 5** Bodenfliese für stärkste Beanspruchung, z. B. in öffentlichen Bauten

*Beanspruchungsklassen für glasierte Fliesen:* Die Verwendung von Fliesen der Gruppe 5 ist im Privatbereich nicht erforderlich

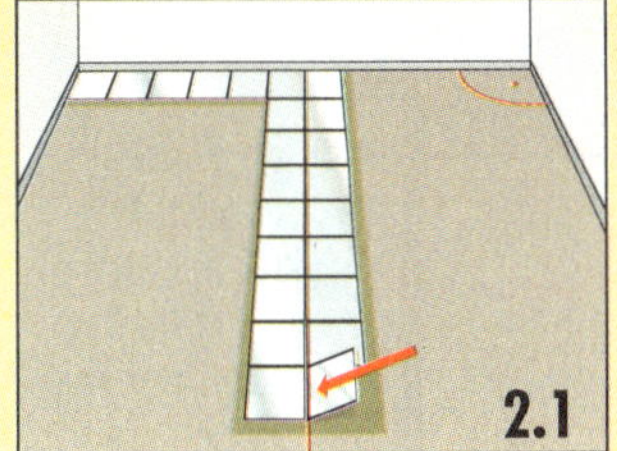


**Rechteckige Räume:** *Auf einer Wand-Parallele mit einer Fuge oder mittig gelegten Fliesen beginnen*

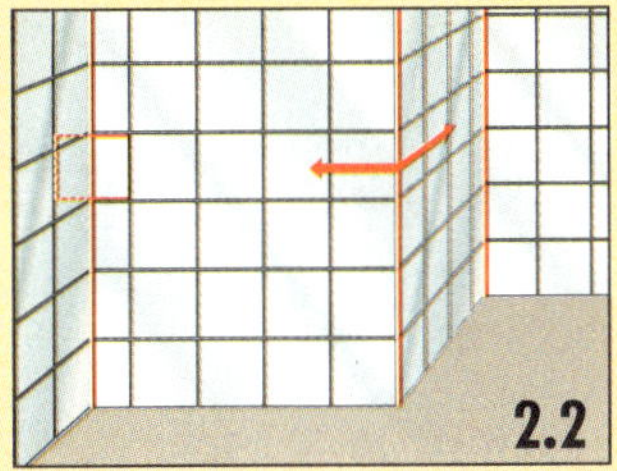


**Ecken und Kanten:** *Außenkanten mit ganzen Fliesen ausbilden. Anschnitte kommen in die Ecken*

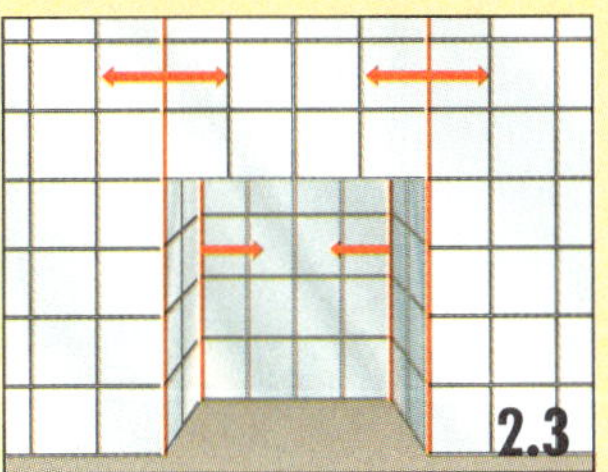


**Nischen:** *Entweder gleichbreite Anschnitte außen oder eine Anschnittreihe symmetisch auf Mitte setzen*

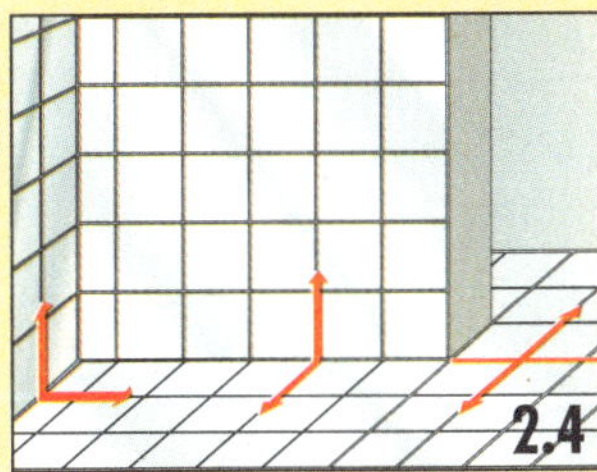


**Fugenverlauf:** *Bei gleichgroßen Fliesen auf durchgehenden Fugenverlauf an Wand und Boden achten*

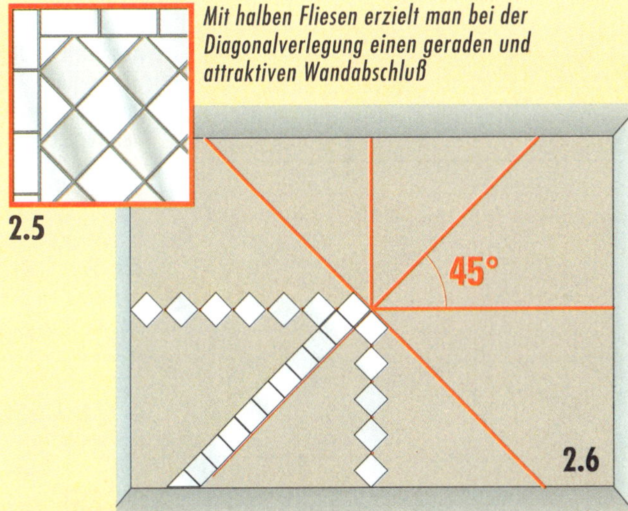


*Mit halben Fliesen erzielt man bei der Diagonalverlegung einen geraden und attraktiven Wandabschluß*

**Diagonalverlegung:** *Längs- und Querachse des Raumes ermitteln und dazwischen Linien im 45°-Winkel markieren, an denen man eine Plattenreihe gerade anlegt. Auf Längs- und Querachse Fliesen diagonal anordnen*

**Fliesenschneidemaschine:** *Gerade Schnitte gelingen mit diesem Gerät am besten. Es läßt sich auf das gewünschte Maß einstellen und ritzt die Oberfläche der Fliese an, die man dann über eine Kante bricht*

Stein- oder Irdengutfliesen, die durch einen feinkörnigen, porösen hellen bzw. farbigen Scherben gekennzeichnet sind, gibt es z. B. nur in glasierter Ausführung. Während unglasierte keramische Erzeugnisse ‚von Haus aus' eine harte und auch rutschsichere Oberfläche mitbringen, ist das bei glasierter Ware nicht automatisch der Fall. Darum klassifiziert man glasierte Fliesen hinsichtlich ihrer Abriebfestigkeit in fünf Beanspruchungsgruppen (1.4), die als Richtschnur bei der Fliesenauswahl dienen sollten.

**Glasierte Fliesen sind in Abriebgruppen klassifiziert**

## 2. Flächen einteilen

Schon vor dem Kauf sollten Sie in etwa eine Vorstellung haben, wie Sie Ihre Traum-Fliesen auf der Wand- oder Bodenfläche anordnen möchten, damit Sie den Bedarf kalkulieren können. Zur groben Berechnung dient die folgende Faustformel:

*Quadratmetermenge*
*+ 5% Verschnitt*
*(10% bei Diagonalverlegung)*
*+ 5% Reserve*

**So kalkulieren Sie Ihren Fliesenbedarf**

Eine geflieste Fläche wirkt nur dann attraktiv, wenn das Zusammenspiel von Fliesen und Fugen harmoniert. Symmetrie ist hierbei das Maß der Dinge. Um die optimale Einteilung zu ermitteln, sollten Sie vor dem Kleben einige Fliesenreihen trocken auslegen. Beachten Sie dabei die folgenden Regeln: Anschnitte sollten möglichst nicht schmaler ausfallen als eine halbe Fliesenbreite und an den Rändern der Boden- bzw. Wandfläche liegen. Bei einem rechtwinkligen Raum beginnen Sie mit dem Auslegen entlang einer parallel zu den Wänden gespannten Richtschnur in der Mitte des Raumes (2.1). Sind die Wände nicht rechtwinklig, verbinden Sie die Richtschnur mit den jeweiligen Mittelpunkten der Kopfwände. Dann links und rechts dieser Linie zwei Fliesenreihen locker auslegen und exakt im rechten Winkel dazu eine Querreihe. Berücksichtigen Sie dabei die erforderliche Fugenbreite. Beim Fliesen von Wänden sollten Sie eventuelle Anschnitte nie an Außenkanten, sondern in den Ecken ausführen (2.2). Dekorativ wirkt bei quadratischen Bodenfliesen eine diagonale Anordnung (2.6, 2.6).

**Grundregeln für eine optisch harmonische Einteilung**

**Anschnitte sollten nie an Außenkanten liegen**

**Diagonale Fliesen-Einteilung**

Die erforderlichen Dreieckszuschnitte an den Rändern sind dabei gleich: Es paßt immer eine halbe, diagonal geschnittene Fliese in die Lücke.

## 3. Fliesen bearbeiten

**Beim Bearbeiten von Fliesen sind ein paar Spezialwerkzeuge nötig**

Mit geeigneten Werkzeugen bringen Sie das vermeintlich harte Keramikmaterial problemlos in die erforderliche Form. Gerade Schnitte lassen sich am besten mit einer Fliesenschneidemaschine ausführen (3.1). Die Fliese wird angeritzt und dann über eine Kante gebrochen. Für die in letzter Zeit immer beliebter werdenden Natursteinfliesen, z. B. aus Granit, eignen sich Naßschneider besser (gibt's in Baumärkten). Stärkere Fliesen trennt man nach dem Anritzen mit vorsichtigen Schlägen eines Fliesenhammers auf die Rückseite. Das gleiche Werkzeug braucht man, um mit dem Fliesenlochgerät Aussparungen z. B. für Installationen zu schlagen (3.2). Alternativ kann man dazu die Papageienzange verwenden, mit der sich auch seitliche Aussparungen sauber ‚ausknabbern' lassen (3.3). Bei etwas Erfahrung lassen sich mit dem Winkelschleifer, bestückt mit einer Diamanttrennscheibe, ebenfalls sehr präzise Schnitte ausführen.

**Auch der Winkelschleifer eignet sich für präzise Schnitte**

## 4. Untergründe

Grundsätzlich können Fliesen auf fast jedem Untergrund im Dünnbett-Verfahren (s. Kapitel 6) verlegt werden. Ob es sich um Estriche, Beton, Holzdielen, Spanplatten oder alte Fliesen handelt – Voraussetzung ist jedoch immer ein ebener, tragfähiger Untergrund, der keine durchgehenden Risse aufweist. Außerdem muß er frei sein von Stoffen, die die Haftung des Klebers beeinträchtigen, wie Fett, Staub, Ausblühungen und andere lose Bestandteile. Alte Anstriche müssen entfernt, Unebenheiten verspachtelt oder mit selbstverlaufender Spachtelmasse ausgeglichen werden. Auch stark saugende Untergründe können die Haftung des Klebers herabsetzen. Um auf Nummer Sicher zu gehen, sollten Sie vor dem Fliesen immer eine Grundierung (Tiefgrund) aufbringen. Naßbereiche

**Fliesen brauchen ebene, tragfähige und saubere Untergründe**

*Fliesenlochgerät:* Wenn die Fliese eingespannt ist, schlägt man in die Mitte des Rings mit dem Fliesenhammer eine kleine Öffnung. Diese dann mit dem Hammer oder einer Fliesenzange erweitern

*Fliesenzange:* Man bezeichnet sie wegen ihrer Form auch als Papageienzange. Mit ihr lassen sich Löcher und seitliche Aussparungen vorsichtig ‚ausknabbern' oder Kanten nach dem Anritzen ausbrechen

*Naßraum abdichten:* Auf dem Markt gibt es hierzu spezielle Abdicht-Anstriche, die man mehrmals aufträgt. Über Bewegungsfugen bettet man nach dem ersten Vorstrich ein Abdichtband ein

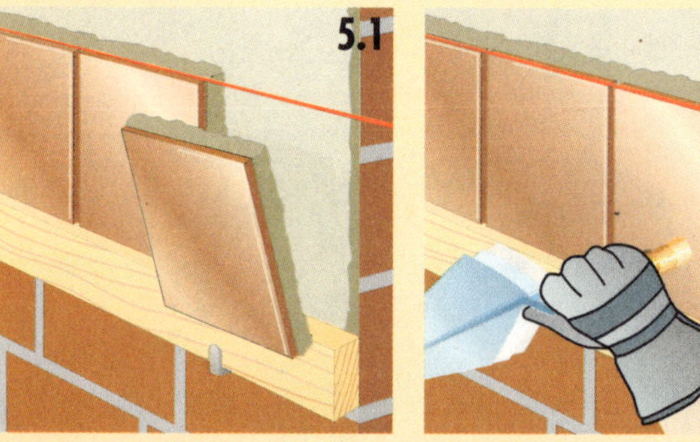


*Dickbett-Verfahren:* Die Fliesen werden mit einer ca. 15 mm dicken Mörtelschicht auf der Rückseite schräg an die Wand gesetzt und dann mit leichten Schlägen planeben in ihre endgültige Lage geklopft

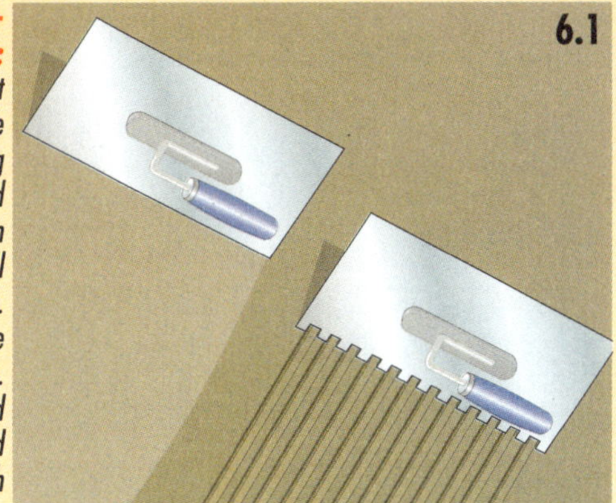

*Floating-Verfahren:* Den Kleber mit der Glättkelle gleichmäßig aufziehen und mit dem Zahnspachtel durchkämmen. Wählen Sie eine Blockzahnung. Dabei sind Zahntiefe und -breite identisch

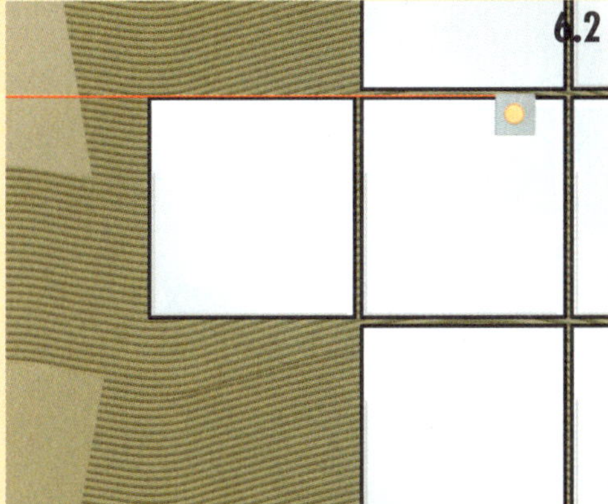

*Fliesenreihen ausrichten:* Die Eckenschnur ist ein praktisches Hilfsmittel zur exakten Ausrichtung der Fliesenreihen. Zwischen zwei bereits verklebten Fliesen markiert sie die Oberkante der Fliesenreihe

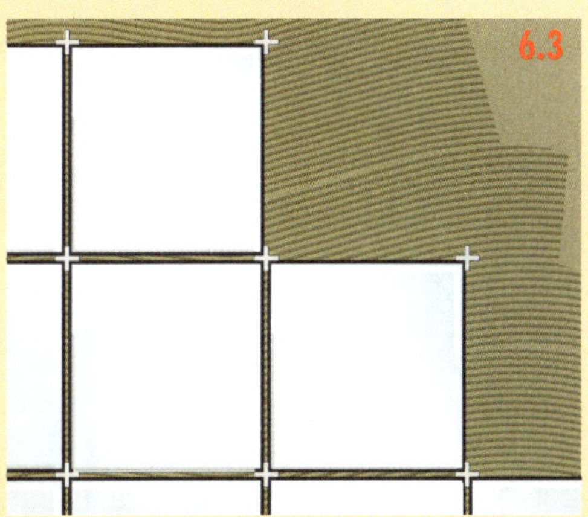

*Fugenkreuze:* Sie sorgen für gleichmäßige Abstände und werden später mit verfugt. Bei Bodenfliesen möglichst nicht verwenden, da diese wegen der hohen Brenntemperaturen Maßtoleranzen haben können

**6.4**

| Fliesen und Platten | | Fugenbreite (mm) |
|---|---|---|
| Feinkeramische Fliesen | bis 150 mm | etwa 2 |
| mit einer Seitenlänge | über 150 mm | von 2 bis 8 |
| Grobkeramische Spaltplatten, Bodenklinker | | von 4 bis 10 |
| Keramische Verblendplatten mit einer Seitenlänge | über 300 mm | min.10 |

*Fugenbreiten wählt man in Abhängigkeit von Größe und Material der Fliese oder Platte*

**6.5**

| Kantenlängen der Bekleidungsstoffe (mm) | Zahntiefe der Kammspachtel (mm) |
|---|---|
| bis 50 | 3 |
| über 50 bis 108 | 4 |
| über 108 bis 200 | 6 |
| über 200 | 8 |

*Die Zahntiefe des Spachtels wählt man abhängig vom Fliesenformat*

im Bad erfordern zusätzlich eine wasserdichte Absperrung. Im Baumarkt gibt es dafür spezielle Abdichtanstrich-Systeme (4.).

**Naßbereiche brauchen eine wasserdichte Absperrung**

Alte Dielenböden sollten zusätzlich verschraubt werden, um Bewegungen weitestgehend einzuschränken. Dann hat man zwei Möglichkeiten: Man verschraubt an Nut und Feder verleimte Spanplatten V 100 (mindestens 22 mm dick) mit dem Untergrund. Dabei 15 mm Abstand zu den Wänden lassen. Oder man arbeitet mit Fließspachtel, in den ein Gewebevlies eingebettet wird, das für besseren Spannungsausgleich sorgt. Die Dielen sollte man aber vorher eben abschleifen und grundieren.

**Alte Holzdielen als Fliesen-Untergrund**

Fliesen-Untergründe im Freien brauchen neben einer feuchtigkeitssperrenden Abdichtung auch ein Gefälle, damit Regenwasser abfließen kann.

## 5. Dickbett-Verfahren

Früher hat man Fliesen ausschließlich in einem ca. 15 mm dicken Mörtelbett angesetzt (5.1 und 5.2). Diese Methode hat den Vorteil, daß Unebenheiten des Untergrunds direkt beim Kleben ausgeglichen werden können. Sie erfordert aber wesentlich höhere handwerkliche Fertigkeiten. Das Fliesen ist deshalb erst zu einer Heimwerker-Domäne geworden, seit es Produkte gibt, die dünnere Kleberschichten erlauben.

**Das Dickbett-Verfahren ist für Heimwerker wenig geeignet**

## 6. Dünnbett-Verfahren

Kleber und Mörtel, die sich für das Dünnbettverfahren eignen, basieren auf verschiedenen chemischen Wirkungsprinzipien. Richten Sie sich bei der Auswahl nach den Anwendungshinweisen auf den Produktverpackungen. So gibt es Kleber, die nur für innen oder nur für Wände geeignet sind, sowie wasserfeste und frostbeständige.

**Kleber und Mörtel für die Fliesenverlegung im Dünnbett**

Von ihren stofflichen Eigenschaften nach der Anwendung her unterscheidet man die normal erhärtenden Kleber von den flexibel bleibenden Elastikklebern. Letztere können Spannungen des Untergrunds in gewissem Umfang auffangen. Sie sollten sie grundsätzlich beim Fliesen kritscher Untergründe, z. B. bei Holzböden und über Fußbodenheizungen, einsetzen. Zum Kleben geschliffener Natursteinfliesen gibt es Spezialkleber,

**Flexible Kleber bei kritischen Untergründen**

**Die verschiedenen Dünnbett-Klebeverfahren**

da normale Kleber und Mörtel leicht Verfärbungen im Randbereich des Belags verursachen.
Je nach Kleberauftrag unterscheidet man beim Dünnbettverfahren das Floating- (Kleber auf Untergrund), das Buttering- (Kleber auf Fliese) und das kombinierte, das sogenannte Buttering-Floating-Verfahren (Kleber auf Untergrund und Fliese). Letzteres wendet man im Außenbereich an, da sich durch das beidseitige Auftragen des Klebers Hohlräume vermeiden lassen, in denen sich Wasser sammeln könnte. Die Buttering-Technik bietet sich bei der rückseitig stark profilierten Grobkeramik an.

**Bei Innenfliesen dominiert die 'Floating'-Technik**

Fliesen in Innenräumen verlegt man jedoch in der Regel im Floating-Verfahren. Man zieht eine dünne Kleberschicht auf den Untergrund und kämmt sie mit dem Zahnspachtel durch (6.1). Tragen Sie nur soviel Kleber auf, wie Sie innerhalb von 15 Minuten verarbeiten können. Die Fliesen werden schräg zur Kämmung in das Kleberbett eingelegt und kräftig angedrückt (6.2 und 6.3).

## 7. Fugen und Abschlüsse

**Fliesen mit Mörtel verfugen**

Die Fugen eines Fliesenbelags sind auch Gestaltungselement. Entsprechend werden Fugenmassen in verschiedenen Farbnuancen angeboten. Bauphysikalische Kriterien für die Auswahl sind Fugenbreite und Einsatzort. So gibt es für Verfugungen in Außen- und Naßbereichen spezielle flexible Produkte. Etwa 5 Stunden nach dem Fliesenlegen kann man mit dem Einschlämmen des mit Wasser angerührten Fugenmörtels beginnen (7.5). Wichtig: Wo verschiedene Materialien und/oder Bauteile zusammentreffen, z. B. am Übergang von Wand- zu Bodenfliesen, muß dauerelastisch mit Silikon-Dichtmasse verfugt werden (7.6). Hier muß die Fuge nämlich Bauwerksbewegungen ausgleichen können. Vorhandene Bewegungsfugen im Untergrund müssen auch im Fliesenbelag übernommen werden. Zum Abdecken gibt es spezielle Profile, mit denen sie sich optisch ansprechend überbrücken lassen (7.2). Übrigens: Fliesenflächen im Freien müssen etwa alle 20 m² durch Dehnungsfugen getrennt werden.

**Bewegungsfugen muß man dauerelastisch ausführen**

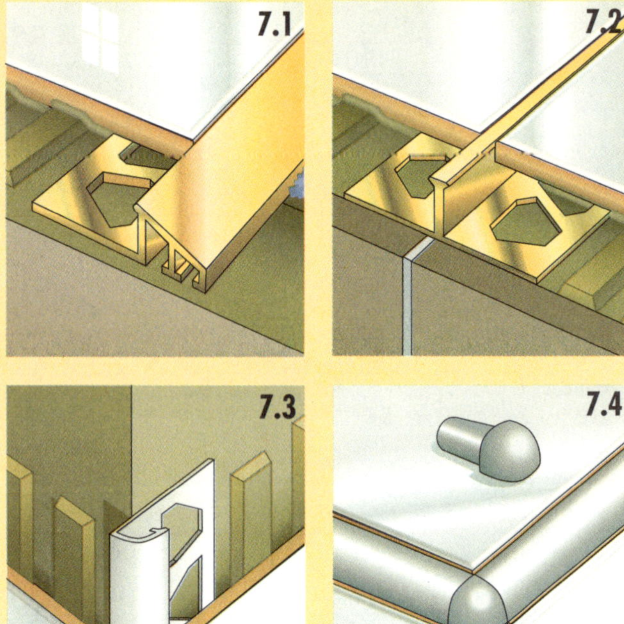


*Saubere Abschlüsse und Übergänge: Mit Fliesenprofilen lassen sich nicht nur Außenkanten (7.3 und 7.4) sauber ausbilden. Auch Höhendifferenzen zu angrenzenden Belägen (7.1) oder Dehnungsfugen (7.2) können technisch einfach und optisch elegant überbrückt werden*

*Verfugen: Die sämige Fugenmasse diagonal zum Fugenverlauf mit einem Gummiwischer bis zur Fliesenoberkante einschlämmen. Überschüssige Masse abziehen, Reste mit dem Schwamm naß entfernen*

*Bewegungsfugen: Wo unterschiedliche Bauteile oder Materialien aufeinandertreffen, muß dauerelastisch mit Silikon-Dichtmasse verfugt werden. Die Fugen sollten mindestens 8 mm tief und breit sein*

# Grundkurs Boden-Fliesen verlegen

*Wir zeigen, was Sie bei Auswahl und Verarbeitung beachten müssen*

Fliesen galten schon immer als der ideale Bodenbelag für alle besonders strapazierten Flächen in Fluren, Treppenhäusern und Küchen. Mit Einführung der Fußbodenheizung haben keramische Beläge dann mehr und mehr auch den Wohnbereich erobert. Im Gegensatz zu Holz oder Teppich geben sie die Wärme des Heizestrichs relativ verzögerungsfrei an den Raum ab.

Noch nie war das Fliesen-Angebot so breit gefächert und attraktiv. Es reicht vom rustikalen Tonscherben bis hin zur eleganten Marmornachbildung. Was Sie fürs Selbstverlegen wissen müssen, zeigt Ihnen unser Grundkurs.

# Treppenstufen – kein Problem

Beim hier vorgestellten Beispielfall führen zwei Treppenstufen in den zu fliesenden Raum. Die attraktivste Lösung: Man integriert die Treppe in den neuen Bodenbelag. Besonders elegant wirken geflieste Stufen, wenn man spezielle Formfliesen mit angearbeiteter Kante für die Trittflächen verwendet.
Bei Treppen werden die Auftritte stets zuerst belegt. Beim Kantenüberstand müssen Sie die Dicke des Belags an der Stirnseite mit berücksichtigen. Wichtig bei Aufteilung der Verlegeflächen: Vermeiden Sie schmale Paßstreifen im direkten Blickfeld.

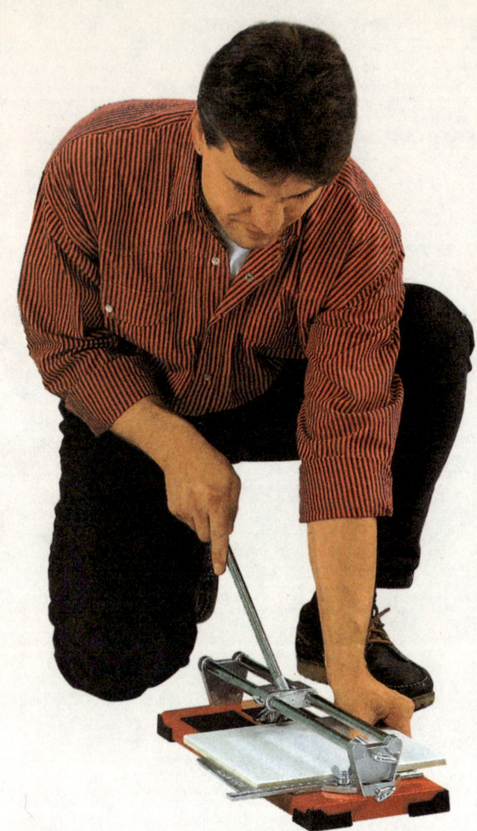

1 Die Trittflächen der Treppenstufen bestehen aus ungeschnittenen Formfliesen. Für die Stirnkanten müssen etwa 10 cm breite Streifen vorbereitet werden

4 Mit der Hartmetallscheibe des Winkelschleifers wird das Paßstück exakt zugeschnitten. Tragen Sie bei dieser Arbeit unbedingt Handschuhe und Schutzbrille

5 Ein überzeugendes Ergebnis. Passend zu den Treppenfliesen gibt es in diesem Programm auch spezielle Sockelstücke für den Abschluß an der Wand

## Kleberkunde

Universell: Klebemörtel auf Zementbasis

*Für die meisten Fliesenarbeiten verwendet man Klebemörtel auf Zementbasis. Er wird nach Herstellerangabe mit Wasser angemischt. Für Problem-Untergründe (Trockenestrich, Heizestrich etc.) gibt's vergütete Mischungen, die flexibel aushärten. Nur für Wandbeläge geeignet sind gebrauchsfertige Dispersionskleber.*

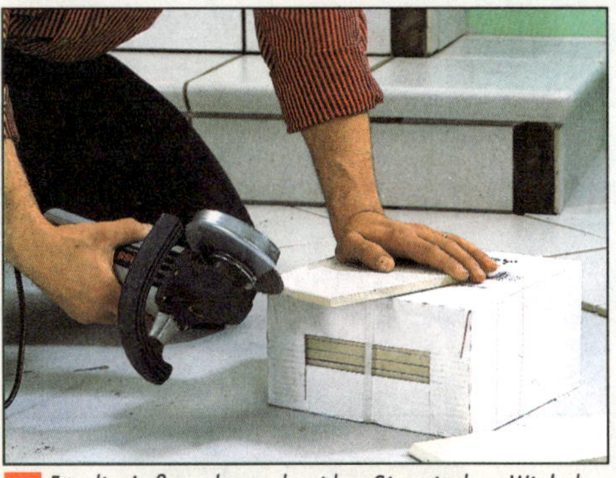

2 Für die Außenecken schneiden Sie mit dem Winkelschleifer sogenannte Jollies mit abgeschrägten Kanten zu. Damit lassen sich saubere Gehrungen kleben

3 Im Bereich der Türzarge werden winkelförmige Paßstücke benötigt. Man mißt die Breite der Schenkel aus und überträgt sie mit dem Bleistift auf die Fliese

## Treppenabschluß-Profile für Fliesen ohne Formkante

*Spezielle Formfliesen für Treppenauftritte gibt es meist nur in den Programmen der großen Markenhersteller. Wollen Sie eine ganz normale Bodenfliese als Treppenbelag verwenden, können Sie sich mit solchen trittsicheren Abschluß-Profilen (Schlüter) behelfen. Sie werden einfach ins frische Kleberbett gedrückt und besitzen Führungsnuten zum exakten Ansetzen der senkrechten Fliesen. Die hier gezeigte relativ breite Ausführung ist vor allem für stark beanspruchte Treppen gedacht. Den Kunststoff-Auftritt können Sie bei Bedarf auswechseln.*

Die strapazierfähige Kunststoffkante

# Werkzeuge im Überblick

1 *Kelle zum Mischen und Verteilen des Mörtels*
2 *Zahnspachtel zum „Aufkämmen" des Klebers*
3 *Gummiwischer*
4 *Schwamm*
5 *Fliesenbrechzange*
6 *Spitzhammer und Meißel zum Behauen von Fliesen*
7 *Fliesenschneid- und Brechzange; einfacher Fliesenschneider*
8 *Fliesenschneidapparat mit Anschlag und Brecheinrichtung*
9 *Kreisschneidevorsatz für die Bohrmaschine*
10 *Fliesenbehau-Apparat mit verstellbarem Winkelanschlag*
11 *Lochapparat*
12 *Fliesensägebogen*
13 *Winkelschleifer*
14 *Fliesenleger-Ecken*
15 *Schnur mit Einschlagstiften*
16 *Fliesenleger-Kreuze*
17 *Wasserwaage*
18 *Kartuschenpistole*

Wichtig: Das Hartmetallrädchen des Fliesenschneiders muß sich bei Bedarf auswechseln lassen

## Fliese auf Fliese kleben

**Alte Fliesenbeläge müssen vor dem Aufbringen eines neuen Belags nicht unbedingt durch mühsames Abstemmen entfernt werden. Wenn die Erhöhung des Bodenniveaus keine Probleme bringt, reinigen und entfetten Sie die alten Fliesen gründlich und kleben den neuen Belag direkt darauf. Der gewählte Kleber sollte laut Herstellerangabe aber ausdrücklich für die Fliese-auf-Fliese-Renovierung geeignet sein.**

## Fliesen mit Flüssigkunststoff beschichten

Das benötigte Material und Werkzeug: Mit der Schaumstoffwalze wird die Beschichtung aufgerollt

Nach dem Reinigen und Grundieren werden zunächst die Fugen mit dem Pinsel vorgestrichen, dann wird die Fläche beschichtet

*Soll ein in die Jahre gekommener Fliesenbelag mit unmodern gewordenem Dekor oder starken Abnutzungserscheinungen im Laufbereich optisch aufgefrischt werden? Mit einem speziellen Flüssigkunststoff (Coeramik von Coelan) verhelfen Sie dem alten Belag im Nu zu neuem Glanz. Die Beschichtung ist sowohl für Wand- als auch für Bodenfliesen geeignet. Der Auftrag der einzelnen Komponenten ist nicht schwieriger als das Verstreichen von Lackfarbe. Insgesamt 15 verschiedene Farbtöne stehen zur Verfügung. Wenn das Material durchgehärtet ist, erreicht die Oberfläche die Abriebklasse 4 von Fliesen und ist damit für jeden Boden geeignet. Ein Quadratmeter Wandbeschichtung kostet etwa 30-35 Mark, beim Boden müssen Sie mit rund 40 Mark rechnen.*

# Regeln der Verlege-Praxis

Nachdem wir mit dem Verfliesen der Treppenstufen schon eine relativ schwierige Hürde gemeistert haben geht es nun an den Boden. Zunächst teilt man die Fläche durch zwei im rechten Winkel zueinander trocken ausgelegte Fliesenreihen auf. Die meist unvermeidlichen Schnitte werden so gelegt, daß sie am wenigsten ins Auge fallen. Wo bereits Wandfliesen geklebt sind, nehmen Sie im Hauptblickfeld deren Fugenverlauf am Boden wieder auf. Unbedingt beachten: Dehnungsfugen im Estrich dürfen auf keinen Fall überklebt werden.

Steht die Aufteilung der Verlegefläche fest, werden die beiden Verlegeachsen durch Schnüre gekennzeichnet. Um die Achsen exakt rechtwinklig auszurichten, mißt man vom Schnittpunkt an einem Schnurschenkel 120 cm, am anderen 160 cm ab. Sind beide Punkte dann exakt eine Zollstocklänge voneinander entfernt, bilden die Schnüre einen rechten Winkel.

Auf unseren Fotos zeigen wir das Beispiel einer diagonalen Verlegung. Hier müssen die beiden Verlegeachsen entsprechend gedreht werden.

1 Ausgangspunkt der Aufteilung ist hier der Treppenansatz. Eine diagonal getrennte Fliese liegt genau mittig vor der ersten Stufe

2 Der Fliesenkleber wird abschnittweise zunächst glatt aufgezogen und dann auf gleichmäßige Schichtstärke durchgekämmt

3 Nun die Fliesen ins Kleberbett legen, ausrichten und leicht andrücken. Als Abstandhalter können Sie Kunststoffkreuze verwenden

4 Die Kontrolle der frisch verlegten Abschnitte mit Wasserwaage und Richtlatte erspart Ihnen späteren Ärger über verlaufende Fugen

5 Nach etwa 24 Stunden kann der Belag verfugt werden. Arbeiten Sie wieder abschnittweise, da die Fugenmasse sehr schnell hart wird

6 Sobald der Fugenmörtel leicht angezogen hat, muß die Fläche mit dem Schwamm und reichlich Wasser sorgfältig gereinigt werden

7 Um die Sockelfliesen auszurichten, legt man unter die Stöße kleine Pappstreifen. So entsteht eine gleichmäßig breite Dehnungsfuge

8 Für die dauerelastische Versiegelung klebt man die Randfuge ab und spritzt sie mit Silikon aus. Mit Spülmittel glattstreichen

# Fliesen auf Holz

## *Auch auf alten Dielenböden können Sie Fliesen verlegen. Mit flexibel aushärtendem Kleber kein Problem*

Massive Dielen sind im Wohnbereich zwar ein attraktiver Bodenbelag, in der Küche jedoch können sich abgenutzte Holzbeläge als ausgesprochen unpraktisch erweisen. Ein solcher Boden läßt sich nur schwer reinigen und pflegen. Fliesen wären hier wesentlich angenehmer. Doch wie verlegt man den keramischen Belag auf dem federnden Untergrund? Wenn sich die alten Bretter nicht zu stark durchbiegen (maximal 60 cm Balkenabstand), trägt man einfach flexiblen Fließspachtel von Ceresit auf (mindestens 6 mm dick). Anschließend können die Fliesen mit flexiblem Fliesenkleber auf dem so vorbereiteten Untergrund verklebt werden. Ist der Dielenboden nicht stabil genug, schrauben Sie 10 mm dicke Span-Verlegeplatten auf und kleben dann mit flexiblem Mörtel den keramischen Belag auf. Wichtig: Auch der Fugenmörtel muß flexibel aushärten.

*Die alten Dielen sind unter einem attraktiven und pflegeleichten Fliesenbelag verschwunden*

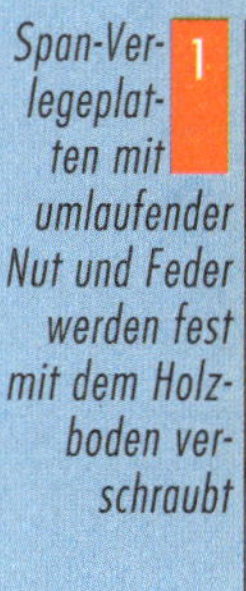

1 *Span-Verlegeplatten mit umlaufender Nut und Feder werden fest mit dem Holzboden verschraubt*

2 *Lösemittelfreie Grundierung sorgt dafür, daß der Kleber gut auf den Platten haftet*

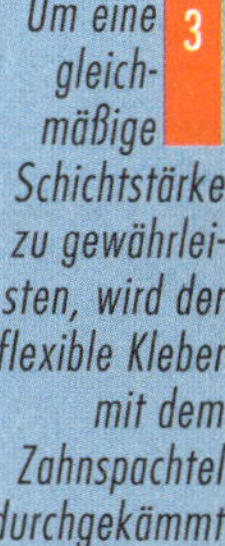

3 *Um eine gleichmäßige Schichtstärke zu gewährleisten, wird der flexible Kleber mit dem Zahnspachtel durchgekämmt*

4 *Reste des Fugenmörtels lassen sich mit einem feuchten Schwamm gut abwischen*

# Fliesen legen mit System

## So glätten Sie unebene Untergründe vor dem Verkleben im Dünnbett

*Wenn Sie einen alten Fliesenbelag entfernen, bleiben Kleberreste zurück. Vor dem Neuverlegen ist eine gründliche ‚Bodenkosmetik' erforderlich*

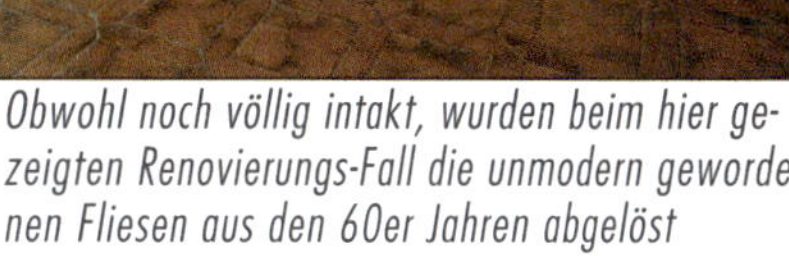

*Obwohl noch völlig intakt, wurden beim hier gezeigten Renovierungs-Fall die unmodern gewordenen Fliesen aus den 60er Jahren abgelöst*

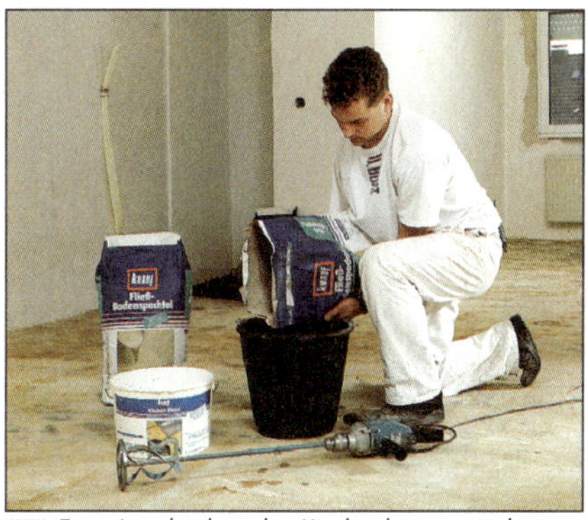

**1** *Zum Ausgleichen der Unebenheiten wird ein selbstverlaufender Fließspachtel angemischt. Vorher den Boden mit Grundierung behandeln*

**2** *Die dünnflüssige Masse kann Niveautoleranzen bis etwa 10 mm ausgleichen. Sie wird beim Ausgießen zunächst grob verteilt*

Mit Hilfe der sogenannten Dünnbett-Technik gelingt es auch dem Heimwerker, Bodenfliesen ebenso sauber und präzise zu verlegen wie ein Profi. Allerdings muß man schon ein paar Tricks und Kniffe kennen – besonders, wenn es sich um so große Flächen handelt wie in dem hier gezeigten Fall. Weil das Dekor der vorhandenen Fliesen unmodern geworden war, entschloß man sich zur Komplett-Erneuerung des Bodenbelags.

Also wurden die Platten abgestemmt. Zurück blieb eine ziemlich ramponierte Fläche. Mit einer selbstverlaufenden Ausgleichsmasse mußte der Estrich wieder geglättet werden. Die maximale Schichtdicke beträgt bei Fließspachtel etwa 10 mm. Sind größere Niveau-Unterschiede auszugleichen, kann man die Masse mit Quarzsand versetzen (1 Teil Sand auf 2 Teile Spachtelmasse). Diese „abgemagerte“ Mischung läßt sich bis zu 20 mm dick auftragen.

Nachdem der Untergrund vorbereitet war, konnte es ans Neuverfliesen gehen. Je größer die Fläche, desto schwieriger ist es für den Ungeübten, ein gleichmäßiges Fugenbild zu erzielen. Der professionelle Fliesenleger geht hier so vor: Zuerst spannt er mittig und parallel zu einer Längswand eine Richtschnur, an der die erste Fliesenreihe ausgerichtet wird. In unserem Fall verlief diese Anfangsreihe sogar durch zwei Räume.

Im nächsten Schritt muß man eine zweite Fliesenreihe im rechten Winkel zur ersten anlegen, so daß sich ein großes T bildet. Wie aber legt man in diesen Dimensionen einen rechten Winkel an? Ganz einfach: mit Hilfe zweier Zollstöcke und dem Satz des Pythagoras. Sie messen an der Seite der Fliesenreihe 160 cm ab, und legen dann zwei Zollstöcke so aus, daß der eine im rechten Winkel vom Eckpunkt wegzeigt und der andere (ausgeklappt) den Meßpunkt mit der 120-cm-Markierung des ersten Zollstocks verbindet. Sie haben dann ein rechtwinkliges Dreieck mit 120, 160 und 200 cm Schenkellänge. Nun kann die zweite Fliesenreihe gelegt werden. Das gleichmäßige Verfüllen der Flächen erfolgt dann abschnittweise.

**3** *Ganz selbständig verläuft die Masse allerdings nicht. Mit einer Glättkelle müssen Sie den Fließspachtel abschnittweise verziehen*

**4** *Auf dem gespachtelten Untergrund verlegt man die neuen Fliesen zu einem überdimensionalen T – quer durch den gesamten Raum*

**5** *Ausgehend von den als Maßvorgabe dienenden Plattenreihen wird die Fläche Stück für Stück mit Kleber beschichtet und verfliest*

**6** *Mit der hier gezeigten Verlegetechnik gelingt es auch bei großen Flächen, durchgehend einen gleichmäßigen Fugenabstand zu erzielen*

**7** *Paßstücke für den Wandanschluß werden mit der Fliesenschneidemaschine hergestellt: erst anritzen, dann mit Hilfe des Hebels brechen*

*Die angeritzte Platte läßt sich auch durch leichte Schläge mit dem Fliesenhammer trennen*

# Treppe neu verfliesen

## Verlege-Techniken für unebene Problem-Untergründe

### DICKBETT-TECHNIK

Bevor es die modernen Klebemörtel gab, wurden Fliesen mit dicken Mörtelbatzen direkt ans unverputzte Mauerwerk oder auf den rohen Betonboden gesetzt. Was sich bei dieser Technik an Vorarbeiten einsparen läßt, muß durch Geschick und Sorgfalt beim Ausrichten der Fliesen wettgemacht werden.
Im hier gezeigten Fall galt es, eine Betontreppe neu zu verfliesen, deren alter Fliesenbelag abgeschlagen worden war. Bei der Dickbetttechnik bildet der Mörtel Ausgleichsschicht und Kleber in einem. Da die Flächen der Stufen nicht sehr groß sind, gelingt es auch dem geschickten Heimwerker, die Platten mit Hilfe der Wasserwaage genau auszurichen.

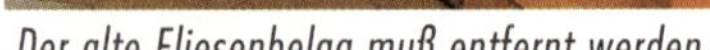

*Der alte Fliesenbelag muß entfernt werden*

**1** *Der Untergrund wird sorgfältig abgefegt und dann mit einer dünnen Mörtelschicht (normaler Klebemörtel) als Haftbrücke versehen*

**2** *Eine im Sandbett ausgerichtete Latte dient als provisorische Auflage für die senkrechte Fliesenreihe der ersten Stufe*

*Hier die Treppe nach dem Abschlagen des Belags*

**3** *Damit die Fliese auf dem relativ nassen Zementmörtel nicht „schwimmt", wird sie vorab mit reinem Zement überpudert*

**4** *Der plastisch angemischte Zementmörtel (1 Teil Zement auf 4-6 Teile Sand mittlerer Körnung) wird etwa 2 cm dick aufgezogen*

5 Die Fliese setzt man von unten nach oben an, drückt mit der Wasserwaage nach und klopft mit dem Stiel der Kelle, bis sie exakt fluchtet

6 Warten Sie nun, bis der Mörtel der senkrechten Fliesen angezogen hat. Dann die Trittfläche mit erdfeuchtem Mörtel abziehen

7 Anschließend wird die Mörtelschicht mit Hilfe der Kelle verdichtet und sorgfältig geglättet. Zuletzt mit der Wasserwaage kontrollieren

8 Nun geben Sie ein wenig Wasser auf den noch erdfeuchten Mörtel. So entsteht eine äußerst haftfähige Zementschlämme

9 Mit der Kelle zieht man die Trittfläche der Treppenstufe ein letztes Mal ab, ehe die auf Maß geschnittenen Fliesen aufgelegt werden

10 Die Platten der Trittstufe werden aufgelegt und durch leichte Schläge mit dem Gummihammer ins feuchte Mörtelbett gedrückt

## DÜNNBETT-TECHNIK

Für den Heimwerker ist das Fliesenlegen mit Hilfe der Dünnbett-Technik in der Regel einfacher zu bewerkstelligen als das klassische Dickbett-Verfahren. Man benötigt allerdings einen völlig ebenen Untergrund, weil Höhendifferenzen beim Verkleben der Fliesen kaum noch ausgeglichen werden können. Eine Treppe aus unebenem Rohbeton muß daher vorab sorgfältig gespachtelt werden. Dazu können Sie den Kleber benutzen, mit dem Sie anschließend auch die Fliesen verlegen. Besonders gut läßt sich kunststoffvergüteter Klebemörtel verarbeiten.

1 Ist der Rohbeton durch eine Ausgleichsschicht geglättet, kann man den Kleber aufziehen und mit der Zahnkelle gleichmäßig durchkämmen

2 Die Fliesen werden aufgelegt und mit dem Gummihammer leicht angeklopft. Hier das Abmessen des Paßstücks für den Wandanschluß

3 Das Maß des Paßstücks wird auf die Fliese übertragen. Dann mit der Schneidemaschine entlang der Linie anritzen und brechen

4 Zur Wand muß eine Fuge von etwa 10 mm bleiben. Hier wird zuletzt ein Sockel aus 70 mm breiten Fliesenstreifen angebracht

5 Bevor der Klebemörtel anzieht, sollten Sie den Fliesenbelag mit der Wasserwaage überprüfen und letzte Unebenheiten ausgleichen

*Außentreppe fliesen*

# Starker Auftritt

Mit einem neuen Fliesenbelag wird die alte Außentreppe zum Prunkstück des Hauses. Das können wir belegen!

vorher

Die Betontreppe vor dem Haus war alt und grau geworden. Die Stufen hatte man über Jahre hinweg immer nur getreten, und so nahmen im Laufe der Zeit mehr und mehr Bestandteile reißaus. Einladend wirkte dieser Betonklotz nur noch auf Moos, von einer ausreichenden Sicherheit konnte keine Rede sein. Also mußte etwas getan werden. Wir fanden eine dauerhafte Lösung, die wenig Aufwand bei der Verarbeitung und bei den späteren Pflegemaßnahmen erforderte: Die Treppe wurde verfliest.

Im Außenbereich sollten Sie darauf achten, daß Sie oberflächenrauhe Steinzeugfliesen verwenden. Die sind wegen ihrer hohen Dichte und der damit verbundenen geringen Wasseraufnahme frostsicher und platzen im Winter nicht auf. Durch ihre rauhe Trittfläche sind sie auch im nassen Zustand rutschfest. Als günstiges Format bieten sich Platten der Größe 30 mal 30 cm an: Damit können Sie die Trittstufen durch nur eine Fliesenreihe abdecken. Der Untergrund muß absolut eben sein und sollte ein leichtes Gefälle nach vorn aufweisen. So kann das Wasser nicht auf den Stufen stehenbleiben und sich in Ruhe einen Weg durch die Fugen suchen. Zu groß darf das Gefälle aber nicht sein, damit sich die Treppe noch bequem begehen läßt.

Die Ausgleichsschicht besteht aus einem ganz normalen Zementmörtel. Drei Teile Sand und ein Teil Zement werden mit

**1** Mit einem Hochdruckreiniger werden zunächst sämtliche Verunreinigungen wie Lehm, Moos und Staub gründlich entfernt

**2** Alte Mörtelreste entfernen Sie mit Hammer und Meißel. Eventuelle Risse werden aufgeschlagen und mit frischem Mörtel verfüllt

**3** Für das Abziehen der Ausgleichsschicht befestigen Sie eine gehobelte Latte so, daß Sie mindestens 1 cm Schichtdicke erhalten

**5** Machen Sie immer nur soviel Mörtel auf einmal an, daß Ihnen genügend Zeit für das sorgfältige Einbringen und Abziehen bleibt

**6** Die Fläche wird mit einem leichten Gefälle nach vorne abgezogen. Entfernen Sie die Latten noch vor dem Abbinden des Mörtels

**7** Den Fliesenkleber können Sie wahlweise auf die ganze Stufe, oder (für Ungeübte zu empfehlen) auf die einzelnen Fliesen auftragen

**8** Die Paßstücke werden mit einer (geliehenen) Naßschneidemaschine genau zugeschnitten. Zeichnen Sie zuerst alle Fliesen an und schneiden Sie dann alle nacheinander. Das spart viel Zeit und unnötige Lauferei

**9** Drücken Sie die Fliesen gut an, damit sie nicht kippen. Für eine gleichmäßige Fugenbreite sorgen selbst hergestellte Holzstreifen

**10** Wir entschieden uns dazu, die Ecken der ersten Stufe abzurunden. Das geht mit schmalen Fliesenstreifen. Nachteil: viele Fugen

**4** Zur besseren Haftung zwischen Ausgleichsschicht und Treppe wird auf jede Stufe ein sogenannter Betonbinder aufgetragen

### Fliesen verfugen

## Lückenfüller

Im Außenbereich ist es besonders wichtig, die Fliesen sorgfältig zu verfugen. Auf jeden Fall muß auf Dauer zuverlässig verhindert werden, daß das Regenwasser unter die Platten gelangen kann. Da sich bei Frost das Volumen des Wassers um ca. 10% vergrößert, würden die Fliesen durch den entstehenden Druck platzen oder von der Treppe regelrecht ‚abgesprengt'. Sie müssen aber mit dem Verfugen solange warten, bis der Mörtel vollständig abgebunden hat und genügend Festigkeit aufweist. Das dauert in der Regel mehrere Tage. Erst dann sollten Sie die Fläche betreten und Ihrer Arbeit einen würdigen Abschluß geben.

Die Fugenmasse wird mit einem Fugengummi diagonal aufgezogen

Waschen Sie überschüssige Masse mit einem feuchten Schwamm weg, bevor sie anzieht

Mit dem neuen Belag wirkt die Treppe nicht nur einladender, sie ist auch sicherer zu begehen

etwas Wasser so angemacht, daß der Mörtel sich gut verteilen und abziehen läßt. Die Verschalungen an der Stufenvorderseite lassen sich gut mit Schrauben und Dübeln oder mit Stahlnägeln befestigen. Denken Sie daran, genügend Luft zwischen der Unterkante des Schalmaterials und der darunterliegenden Stufe für deren Ausgleichsschicht zu lassen. Bevor Sie die Fliesen auf den abgebundenen Mörtel kleben, sollten Sie sie erst einmal trocken auslegen. Zeichnen Sie die Schnitte an den Fliesen an und schneiden Sie sie dann in einem Durchgang an der Naßschneidemaschine zu. Durch diesen Ablauf sparen Sie lange Wege und viel Zeit fürs Messen: Sie brauchen die Maschine dann nur für einen Tag auszuleihen. Eine gleichmäßige Fugenbreite erreichen Sie, wenn Sie ein paar selbst hergestellte Holzstreifen von 4-5 mm Stärke als Distanzhalter verwenden, und sie nach dem Kleben der Fliesen sofort wieder herausziehen. Das Ergebnis kann sich wirklich sehen lassen. □

**Antrittstufe gestalten**

# Alles reine Formsache

Die erste Stufe einer Treppe, die sogenannte Antrittstufe, wird bei vielen Treppen seitlich über den Gesamtgrundriß hinausgezogen, um sie auch von den Seiten zugänglich zu machen. Die so entstehenden ‚Stummel' bieten natürlich jede Menge Gestaltungsspielraum. Die Grafiken zeigen Ihnen in der Draufsicht einige Lösungen. Die Treppenstufe in die richtige Form zu bringen, bevor man sie fliest, ist mit etwas Zementmörtel bzw. Hammer und Meißel kein Problem.

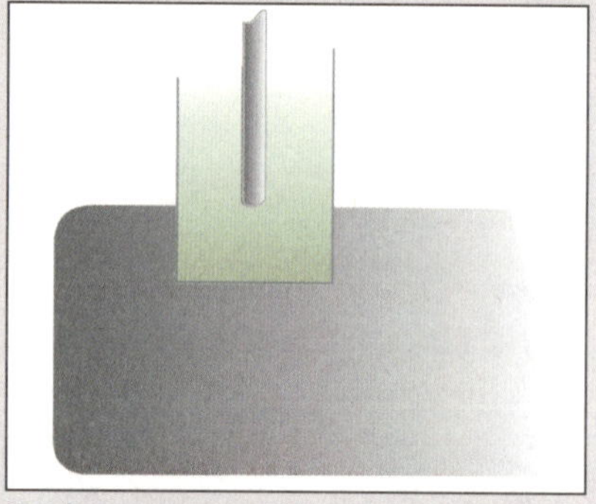

Bei dieser Lösung werden die Ecken mit sehr schmal zugeschnittenen Riemchen abgerundet

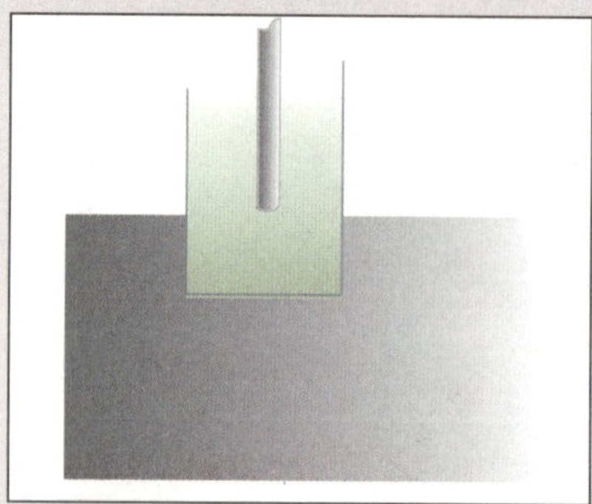

Die gängigste Alternative. Die Vorteile sind der geringe Verschnitt und die einfache Ausführung

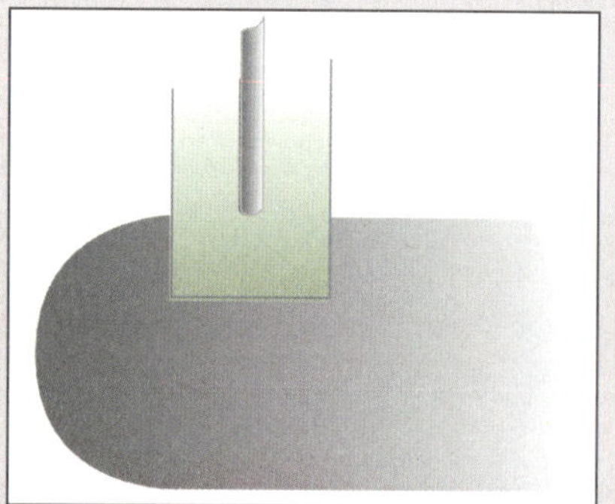

Die halbrunde Variante bedarf einer Vielzahl schmaler Fliesen und sorgfältiger Ausführung

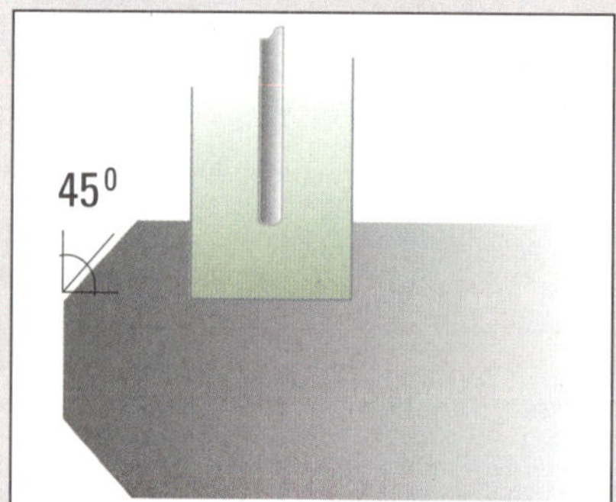


Diese Form ist ein guter Kompromiß zwischen Arbeitsaufwand und ansprechender Optik

## Freie Auswahl:

Die optische Wirkung eines Treppenaufgangs ist natürlich erheblich von der Farbgestaltung der verlegten Fliesen abhängig. Nur zwei unterschiedliche Farben reichen schon aus, um eine Vielzahl von Mustern auf die Stufen zaubern zu können, wie die Grafiken zeigen. Alles, was Sie brauchen, ist eine Naßschneidemaschine, die man sich für einen Tag mieten kann. Generell sind Ihrer Fantasie natürlich keine Grenzen gesetzt. Wenn Sie aber nur ganze, unterschiedlich gefärbte Platten verarbeiten, z. B. zu einem Schachbrettmuster, oder die Platten diagonal halbieren, können Sie Aufwand, Zeit und Verschnitt sehr gering halten.

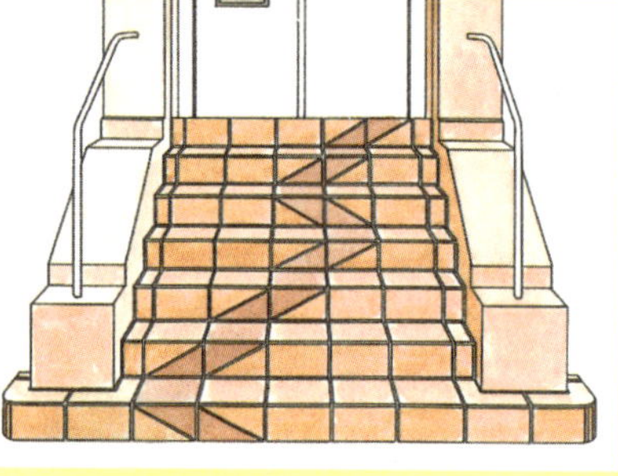

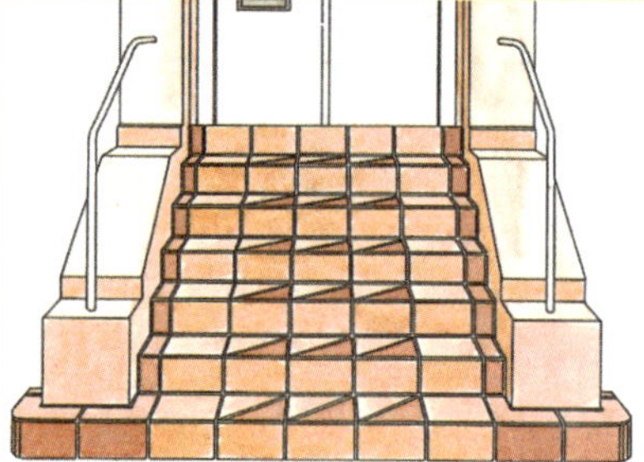

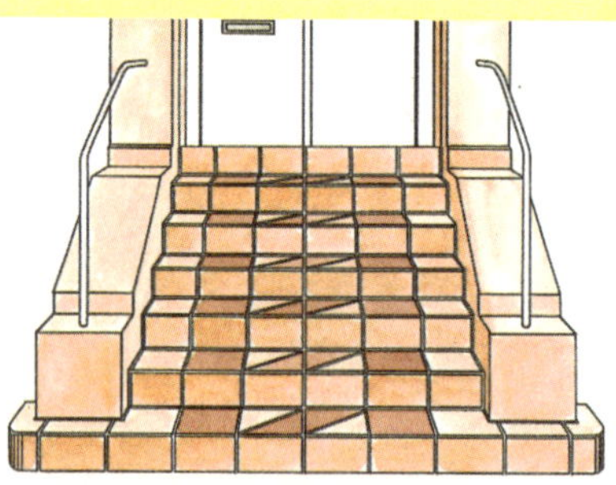

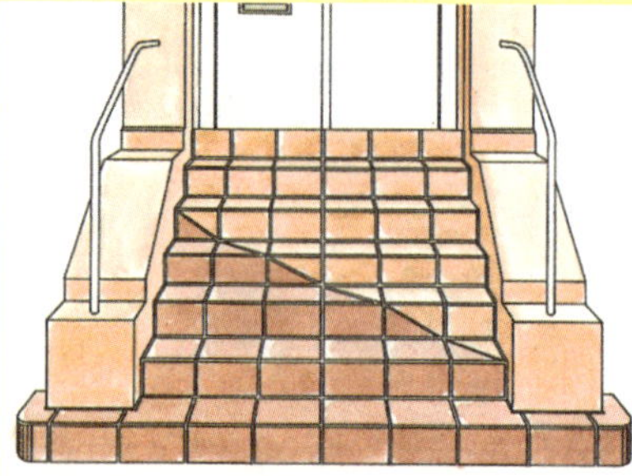

Wer es gerne bunt treibt, kann natürlich auch mehr als die hier gezeigten zwei Farben verwenden. Ob bei Ihnen ein gezackter Blitz über die Treppe läuft oder Sie einfach nur die Lauffläche absetzen wollen: Alles ist machbar

**Fliesen legen**

# Auslegungssache

*Was beim Kauf und beim Verlegen von Fliesen und Platten zu beachten ist, erfahren Sie hier*

Fliesen als Bodenbelag haben sich schon seit langem im Wohnbereich etabliert. Das verdanken sie neben ihrer enormen Stapazierfähigkeit auch der Gestaltungsvielfalt, die sie aufgrund ihrer Formen, Farben und Verlegemuster bieten. Dennoch gibt es einige grundlegende Kriterien, die es bei der Auswahl der Fliesen zu beachten gilt.

Nach ihrer Oberflächenhärte werden keramische Fliesen in vier Beanspruchungsgruppen eingeteilt. Für Bodenbeläge sollten Sie immer auf Fliesen der Gruppen III und IV (mittlere und hohe Belastbarkeit) zurückgreifen. Der höhere Kaufpreis macht sich durch die längere

## Untergrund vorbereiten

**1** Der alte Fliesenbelag war nicht nur unansehnlich, sondern auch noch uneben geworden; die Wasserwaage beweist es

**2** Mit Hammer und Meißel lösen Sie den alten Belag vom Untergrund. Dabei unbedingt Schutzbrille und Handschuhe tragen!

**3** Auf den sauberen Estrich wird nun ein Tiefgrund satt aufgebracht. Beachten Sie dessen Trocknungszeit von 12 Stunden

**4** Den Fließspachtel sollte man mit Bohrmaschine und Rührquirl anmachen. Beachten Sie auf jeden Fall das Mischungsverhältnis

**5** Nach einer Reifezeit von ca. 3 Minuten und nochmaligem Durchmischen gießen Sie die Spachtelmasse auf den Boden

**6** Dort muß sie mit einem Gummiwischer oder Glätter verteilt und geglättet werden. 2-3 Tage bis zum Verfliesen warten

## Formate beachten!

Wie Sie rechts sehen, eignen sich durchaus auch Holzböden als Unterlage für Fliesen. Jedoch sollte man hier ein besonderes Augenmerk auf die Fliesenformate legen – je größer die Abmessungen sind, desto empfindlicher reagiert die Keramik auf Bewegungen des Untergrunds – im Extremfall bricht sie durch.
Fachleute gehen heute davon aus, daß man auf Holz-Untergründen lediglich Fliesen bis zu einer Kantenlänge von 20 x 20 cm verlegen sollte. Vorsichtigere Stimmen raten sogar dazu, Maße von 15 x 15 cm nicht zu überschreiten. Dem steht jedoch am Markt ein Trend zu großen Fliesenformaten entgegen. Bevor Sie sich also an die Vorbereitung des Untergrundes machen, sollten Sie zunächst klären, ob Ihre Wunschfliesen tatsächlich in kleinen bis mittleren Formaten erhältlich sind. Ist dies nicht der Fall, wäre entweder auf einen anderen Belag auszuweichen, oder man bereitet den Untergrund mit einem dickeren Trocken-Estrich aus Gipsplatten vor – eine technisch sehr hochwertige, dafür aber auch recht aufwendige Lösung.

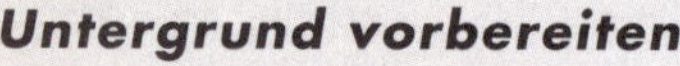
**Untergrund vorbereiten**

## Voraussetzung: eben und glatt

„Wie man sich bettet, so liegt man", sagt der Volksmund, und das gilt im übertragenen Sinne auch für Fliesen. Die Behandlung des Untergrundes gehört zu den wichtigsten und fehlerträchtigsten Arbeiten. Grundsätzlich müssen alle Untergründe trokken, sauber und fettfrei sein.
Alte und schlecht haftende Anstriche und Tapeten sollten entfernt werden. Ferner ist es wichtig, daß alle stark saugenden Bauteile wie z. B. Estriche, Putze, Betonböden, aber auch Holzdielen, Span- und Gipskartonplatten, vor dem Verfliesen mit einem Tiefgrund behandelt werden. Der verhindert, daß diese Untergründe dem Kleber das zum Abbinden notwendige Wasser zu schnell entziehen. Kleinere Unebenheiten und Löcher in der Oberfläche müssen Sie mit Reparaturmörtel ausbessern, für größere benötigen Sie einen Fließspachtel, der möglichst ganzflächig aufgetragen wird.

*Lose und knarrende Dielen wieder fest verschrauben; Schrauben eventuell austauschen*

*Nach dem Ausspachteln und Grundieren des Dielenbodens den Fließspachtel aufbringen*

*Fliesen auf Fliesen kleben – mit einem Kunststoff-Dispersionskleber kein Problem*

*Bei relativ ebenen Holzböden werden wasserfeste Spanplatten ausgelegt und verschraubt*

## Um keine Lösung verlegen

Auch ein Holzfußboden ist als Untergrund für einen Fliesenbelag durchaus geeignet. Wichtigste Voraussetzung dabei ist, daß er auch unter Belastung schwingungsarm bleibt. Das erreichen Sie, wenn Sie die Verschraubungen der einzelnen Dielen nachziehen oder erneuern oder den Dielenboden komplett mit 22 mm starken, wasserfesten Spanverlegeplatten auslegen. Die werden in Nut und Feder miteinander verleimt und dann auf den Deckenbalken verschraubt. So ersparen Sie sich das aufwendige Ausspachteln und Ausgleichen der Verlegefläche.
Ebenso viel Arbeit sparen Sie, wenn Sie Fliesen direkt auf einen schon gefliesten Untergrund kleben. Die Fläche muß nur absolut fettfrei sein, am besten reinigen Sie sie vorher mit einem Scheuermittel. Als Kleber eignen sich auch die flexiblen Fliesenkleber.

*Das Glasfaservlies ist in Rollen unter dem Namen „Gittex" in Baumärkten erhältlich*

*Nach dem Ausrollen (10 cm Überlappung) wird der Kleber wie gehabt aufgetragen*

## Wenn der Estrich Risse hat

Risse im Estrich sind ein sicheres Zeichen dafür, daß da etwas in Bewegung ist. Sie entstehen, weil der Estrich nur einen verschwindend geringen Anteil der Spannungen aufnehmen kann, die durch unterschiedliche Wärmedehnungen entstehen. In solchen Fällen spachtelt man ganzflächig ein Glasfaservlies (Gittex) in den flexiblen Fliesenkleber ein, das diese Spannungen aufnehmen kann. Diese Methode ist besonders gut für Heizestriche geeignet.

## Fliesen verlegen

**1** Mischen Sie den Kleber mit einem Rührquirl in der niedertourig laufenden Bohrmaschine zu einer homogenen Masse an

**2** Mit einem Zahnspachtel wird der Kleber gleichmäßig aufgetragen. Die Rillen dienen zur Höhenkorrektur der Fliesen

**3** Die Fliesen werden ausgelegt und leicht ins Kleberbett gedrückt. Die weißen Fliesenkreuze sorgen für gleiche Abstände

**4** Die diagonal halbierten Platten können Sie auch am Ende der Verlegearbeiten und nach der Abbindezeit einfügen

**5** Das Verkleben der Sockelleiste erfolgt am Ende. Die Fliesenkreuze dienen als Auflager. Immer wieder die Flucht kontrollieren

Das von uns gewählte Verlegemuster. Wir haben in der Ecke angefangen, die bei Eintritt in den Raum sofort im Blickfeld liegt und in den unauffälligeren Ecken die Fliesen gestückelt

Der klassische Beginn. Entlang der eingemessenen Raumachse wird die erste Fliesenreihe gelegt. Das verleiht dem Belag die Symmetrie für eine angenehme Optik

Lebensdauer bezahlt. Fliesen werden weiterhin nach erster, zweiter und dritter Sortierung unterschieden. Die beiden letzten Sortierungen sind aufgrund ihrer Farb- bzw. Maßabweichungen oder Fehlbrände deutlich billiger. Wer auf Perfektion verzichtet, kann hier viel Geld sparen. Auf alle Kartons sollte die gleiche Brandnummer gedruckt sein. So ist gesichert, daß die Farbunterschiede der Fliesen nur minimal sind. Wenn Sie beim Verlegen die Platten abwechselnd aus jedem Karton nehmen, fallen auch die feinsten Farbdifferenzen nicht mehr auf. □

Sie brauchen: Bohrmaschine, Rührquirl, Gummiwischer, Zahnkelle, Wasserwaage, Fliesenschneidegerät, Auspreßpistole

Sie zahlen: Fliesen: ca. 10 bis 70 Mark/m²; Fließspachtel, Flexkleber und Fugenmasse: ca. 15 bis 20 Mark/m²

Sie sparen: Bei Selbstbau 40-50 Mark/m² Lohnkosten für den Fliesenleger

Dehnungsfugen des Untergrundes müssen im Fliesenbelag berücksichtigt werden

## Dehnungsfugen ...

... im Estrich oder Betonboden dürfen Sie nicht überfliesen. Vielmehr müssen sie auf den Fliesenbelag übertragen werden. Vor dem Verfugen wird die Dehnungsfuge mit einer dauerelastischen Dichtungsmasse (Silikon) ausgespritzt. In tiefe Fugen wird vorher ein PE-Rundprofil eingelegt.

## Fliesen verfugen

**1** Die Fugenmasse wird diagonal zu den Platten eingeschlämmt. Wichtig: Flexibler Fliesenkleber braucht flexible Fugenmasse

**2** Die groben Reste werden mit einem Gummiwischer entfernt, danach die Fliesen mit einem feuchten Schwamm gereinigt

# Fliesen neu beschichten

**Viel Arbeitsaufwand und Schmutz kann man sich ersparen, wenn man alte Fliesenbeläge nicht herausreißt, sondern ganz einfach neu beschichtet**

Einer optischen Auffrischung von Wand- und Bodenbelägen aus Fliesen steht deren beharrliche Weigerung entgegen, Farbe anzunehmen. Um dem unmodern gewordenen Bad also ein neues Aussehen zu verpassen, bleibt kaum eine Alternative, als die alten Fliesen herauszureißen oder sie mit neuen zu überkleben. Beides ist mit viel Schmutz und noch mehr Arbeit verbunden.

Seit einiger Zeit gibt es jedoch hochwertige Beschichtungssyteme, mit denen man glasierten Flächen ohne den genannten Aufwand zu einem neuen Gesicht verhelfen kann. Das von uns verwendete System erreicht nach der Abbindezeit von 24 Stunden eine Oberflächenhärte, die der höchsten Beanspruchungsgruppe (IV) bei Fliesen entspricht. In diese Gruppe gehören laut Untersuchungs- und Beratungsinstitut für Wand- und Bodenbeläge „glasierte keramische Bodenbeläge, die bei stärkerer Begehungsfrequenz ... in Bezug auf die Verschmutzungs- und Belastungsfähigkeit intensiver beansprucht werden. Beispiele für solche Bereiche sind Eingänge, Verkaufs- und Wirtschaftsräume, Büros u. ä.“

Um eine derart strapazierfähige Oberfläche zu erzielen, muß die Beschichtung in mehreren Stufen erfolgen. Farbschicht und Versiegelung werden in diesem Fall getrennt aufgebracht. Zur Erhöhung der Belastbarkeit sollte man beide Schichten jeweils zweimal auftragen. Zwischen den einzelnen Schritten ist eine ausreichend lange Trocknungszeit zu berücksichtigen.

1 Demontieren Sie vor Beginn der Anstricharbeiten zunächst alle wandnahen oder im Wege stehenden Armaturen, Schränke etc.

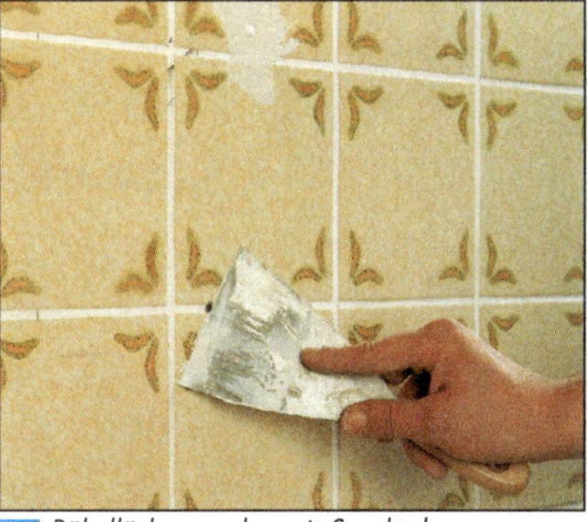

2 Dübellöcher werden mit Spachtelmasse verschlossen. Grobe Verschmutzungen mit einem Spachtel oder mit Stahlwolle entfernen

3 Schmutz und Fettreste mit dem Grundreiniger entfernen. Gleichmäßig auf die Fliesen sprühen und mit sauberem Tuch abreiben

4 Nach dem Trocknen des Reinigers (etwa 15-20 Minuten) wird auch der Haftgrund mit einem sauberen Tuch dünn aufgetragen

5 Nun geht's an die Beschichtung: Mit einem Pinsel streicht man erst die Fugen mit der Farbe ein. Gehen Sie dabei segmentweise vor

6 Die übrige Fläche muß mittels der beigelegten Schaumstoff-Farbrolle beschichtet werden, solange der Fugenvoranstrich noch feucht ist

7 Nachdem die Fliesen ein zweites Mal gestrichen wurden, kann man die selbstklebenden Fugenstreifen fixieren. Zuerst waagerecht, ...

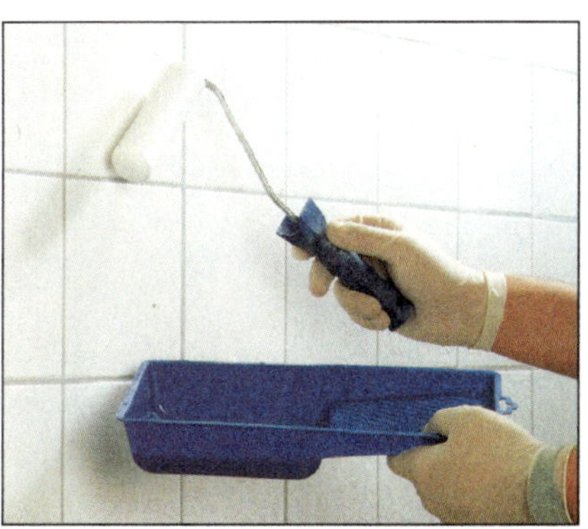

8 ... dann senkrecht. Zum Schluß wird die Fläche mit dem transparenten Speziallack versiegelt, wahlweise seidenmatt oder glänzend

## Strapazierfähige Neubeschichtung mit System

1 Farbe: Zur Zeit ist das Beschichtungs-System in den fünf gängigsten Sanitärfarben erhältlich (Cremeweiß, Reinweiß, Manhattan, Crocus und Bahamabeige)

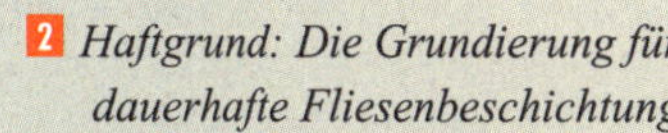

2 Haftgrund: Die Grundierung für dauerhafte Fliesenbeschichtung

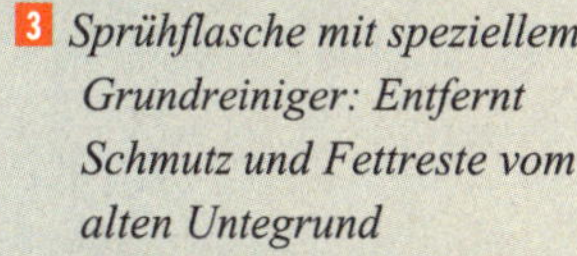

3 Sprühflasche mit speziellem Grundreiniger: Entfernt Schmutz und Fettreste vom alten Untegrund

4 Versiegelung: Die transparente Schutzschicht bildet eine äußerst strapazierfähige Haut

5 Fugenstreifen: Hebt die überstrichenen Fugen optisch wieder hervor. In verschiedenen Farbtönen lieferbar

6 Farbrolle: Zum Auftragen von Farbe und Versiegelungslack

Bei der Verarbeitung von Farben und Versiegelung unbedingt Handschuhe tragen! Das Material ist extrem haftfähig und schwer zu entfernen. Silikonfugen müssen vor Beginn der Arbeiten entfernt werden; anschließend neu abdichten. Ein sauberes und glattes Ergebnis gewährleisten gleichmäßiger Rollendruck und Materialauftrag. Beim letzten Arbeitsgang nur von oben nach unten rollen.

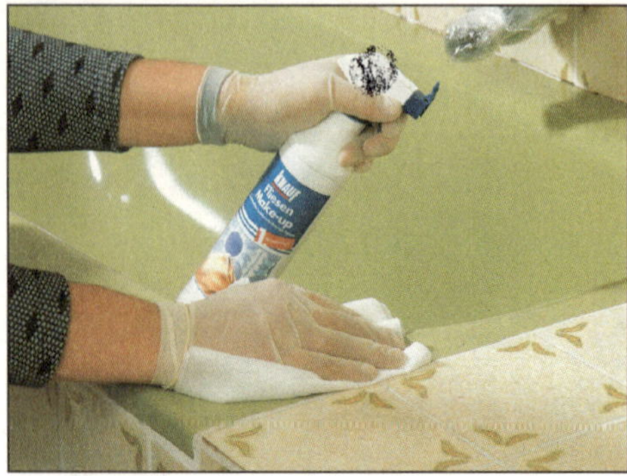

9 *Das Beschichtungssystem eignet sich auch zur optischen Auffrischung von Badewannen und Waschbecken. Eine gründliche Reinigung bildet ...*

10 *... auch hier die Grundlage für eine dauerhafte Beschichtung. Glasierte Flächen sind anschließend mit einem feinen Schmirgelpapier abzuschleifen*

11 *Wie gehabt wird dann Systembaustein Nr. 2, nämlich der Haftgrund, aufgetragen. Er sorgt für eine sichere Verbindung der Beschichtung mit dem ...*

12 *... Untergrund. Es folgt der zweimalige Farbauftrag (dazwischen 6-12 Stunden trocknen lassen). Nach etwa 12 Stunden die Versiegelung aufbringen*

Soll die Beschichtung dauerhaft halten, muß der Untergrund entsprechend vorbereitet werden. Daher gehören neben der Farbe und dem Versiegelungslack auch ein Grundreiniger und ein Haftgrund zum System.
Achten Sie beim Beschichten darauf, mit gleichmäßigem Rollendruck immer die gleiche Menge Farbe aufzutragen, da sonst keine völlig glatten Flächen erreicht werden. Mit dem gleichen System können Sie übrigens nicht nur Fliesen, sondern auch Badewannen, Waschtische, Heizkörper und Toiletten (diese nur von außen) neu beschichten. Bei der Verarbeitung der Produkte sollten Sie unbedingt Handschuhe tragen. Das Material haftet so stark auf der Haut, daß eine Reinigung der Hände mit üblichen Lösemitteln nicht möglich ist.
Sorgen Sie auch für eine gute Durchlüftung während der Verabeitungs- und Trocknungszeit. Verhindern Sie aber, daß sich Insekten auf dem noch frischen Belag niederlassen und festkleben.

*Die Beschichtung des Fußbodens erfolgt auf die gleiche Weise wie der Wandanstrich. Für höchste Belastbarkeit auf alle Fälle zwei Versiegelungschichten auftragen und 12-24 Stunden durchtrocknen lassen*

Kapitel 3

# Trockenausbau

**Gipskarton, Ständerwerk, Trocken-Estriche und -Schüttungen eröffnen dem Heimwerker Zugang zum gesamten Spektrum des Innnenausbaus – bis vor wenigen Jahren noch durch die angewendeten Naßbauverfahren eine reine Profi-Domäne**

## INHALT

# Trockener Innenausbau

**Teil 1:**
**Wandbekleidungen und Trennwände**

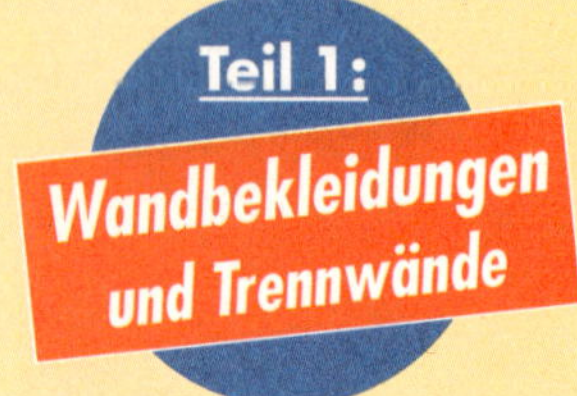

*Unkompliziert, vielseitig, sauber und schnell: Die gängigen Trockenbau-Techniken sind wie geschaffen für den Heimwerker. Ob Wandbekleidungen, Trennwände, Decken-Verkleidungen oder Fußböden – für alles gibt es eine Trockenbau-Lösung*

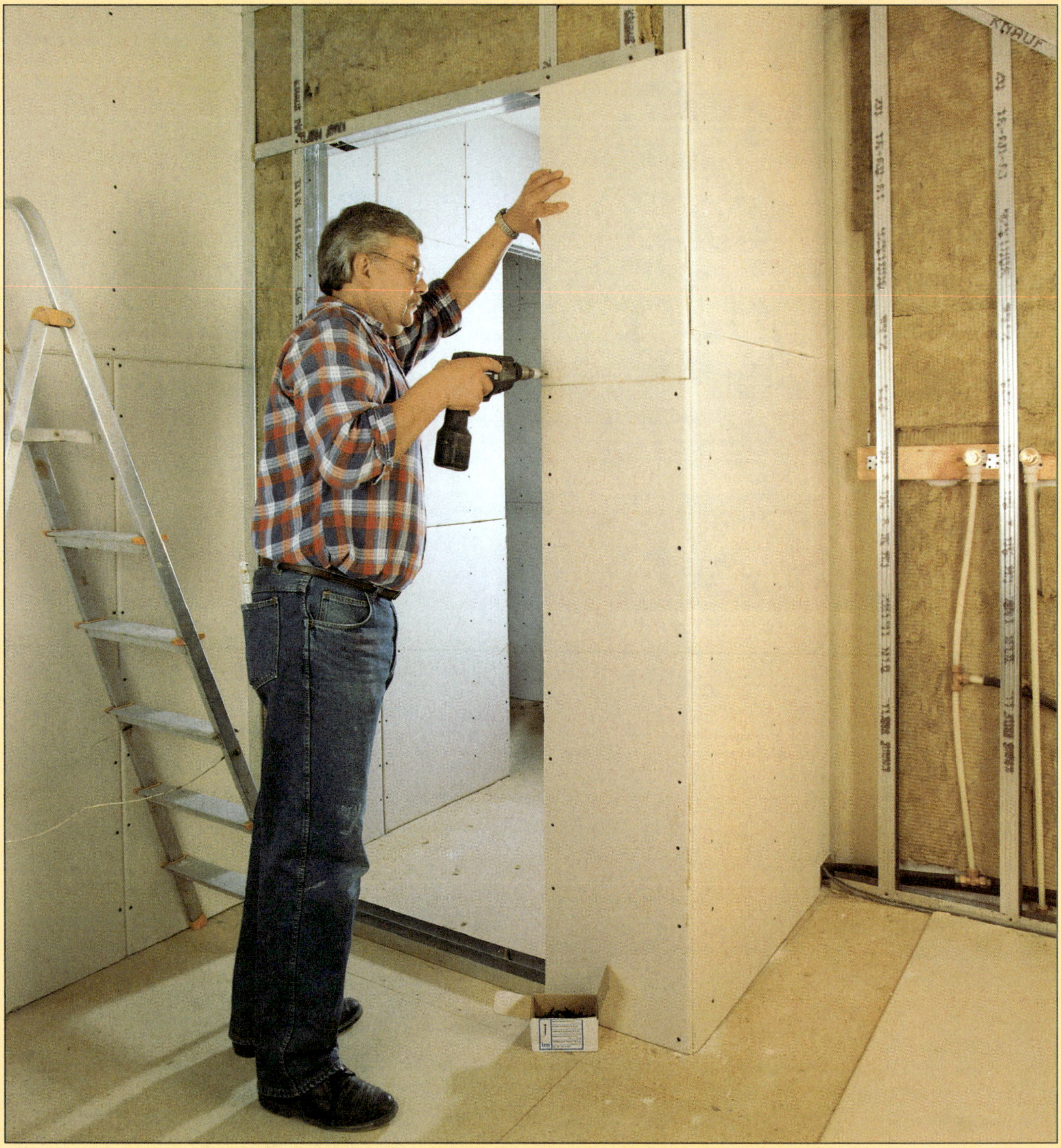

# Trockener Innenausbau

'Trocken' heißt die beliebte Ausbaumethode deshalb, weil die Baustoffe weitgehend ohne Wasserzusätze zu verarbeiten sind. Ständerwerke ersetzen das Mauerwerk, Gipskartonplatten den Naßputz und verdichtete, mit Platten abgedeckte Schüttungen den Mörtelestrich.

## 1. Wichtiger Baustoff: Gipskartonplatten

**Einfache Verarbeitung**

Ohne den Einsatz von Gipskartonplatten – auch Gipsbauplatten genannt – ist der trockene Innenausbau undenkbar. Sie bilden den festen, glatten Untergrund, den man für Anstriche, Tapeten, Fliesen und andere Bekleidungsmaterialien braucht. Sie sind preiswert und leicht zu bearbeiten (Bilder 1.1 bis 1.4). Durch die abgerundeten Seitenkanten lassen sich die Plattenstöße mit Spachtelmasse, evtl. unter Verwendung von Fugenband, leicht glätten. Die Stirnseiten müssen Sie selbst etwas anfasen. Die mit Spezialkarton ummantelten Gipsplatten haben bei richtiger Verarbeitung eine hohe schall- und feuerhemmende Wirkung, die man durch doppellagige Beplankung weiter verbessern kann. Einen erhöhten Brandschutz bieten auch die speziellen Gipskarton-Feuerschutzplatten.

**Schutz vor Schall, Feuer und Wärmeverlusten**

Als Verbundplatten mit einer rückseitigen Auflage aus Polystyrol-Hartschaum oder Mineralwolle mit aufkaschierter Dampfbremse sind Gipsbauplatten auch zur Verbesserung des Wärmeschutzes gut geeignet. Gipskartonplatten gibt es in Dicken von 6,5 mm bis 25 mm und in verschiedenen Standardformaten.

**Formate**

Die Mindestdicke für Trennwand-Beplankungen ist 12,5 mm, übliche Heimwerker-Formate sind 90 x 125 cm, 60 x 250 cm, eventuell 125 x 250 cm.

## 2. Wandbekleidung auf Holzlattung

Möchten Sie den Schallschutz einer gemauerten Trennwand verbessern? Oder den Wärmeschutz der Außenwand? Vielleicht planen Sie ja einen Kellerausbau und wissen nicht, wie Sie die rissigen Wände kaschieren sollen. All diese Fälle können sie 'trocken' lösen. Die erste Möglichkeit: Sie verschrauben Gipsbauplatten mit einer Unterkonstruktion aus

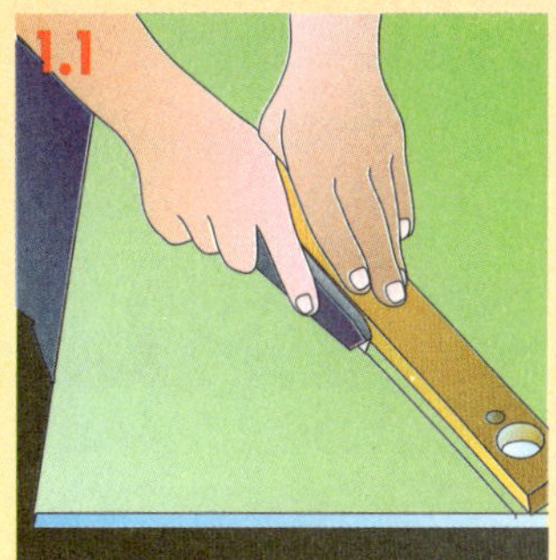

**Gipskartonplatten bearbeiten:** Bei einfachen Platten reißt man die Kartonoberfläche mit dem Cutter an, bricht das Stück vorsichtig ab ...

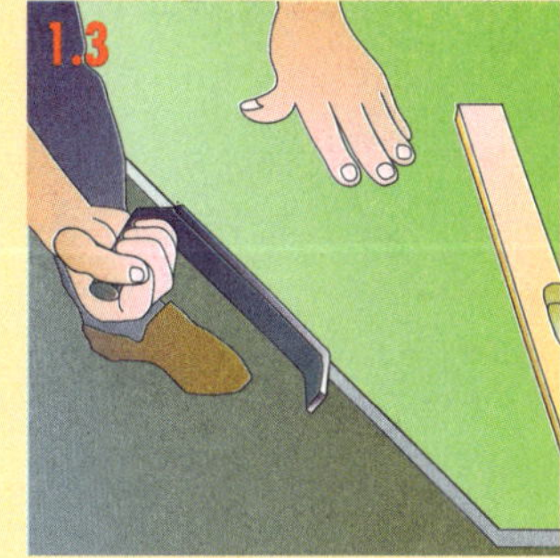


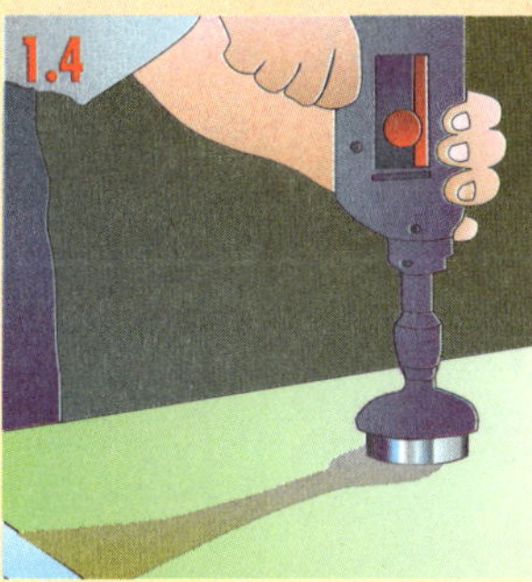


... und glättet die Schnittkante mit einem Spezialhobel. Durchgänge für Installationen spart man mit einer Loch- oder Stichsäge aus

**Fugen verspachteln:** Die Fugen zwischen den Gipskartonplatten werden verspachtelt, damit man eine glatte Oberfläche erhält

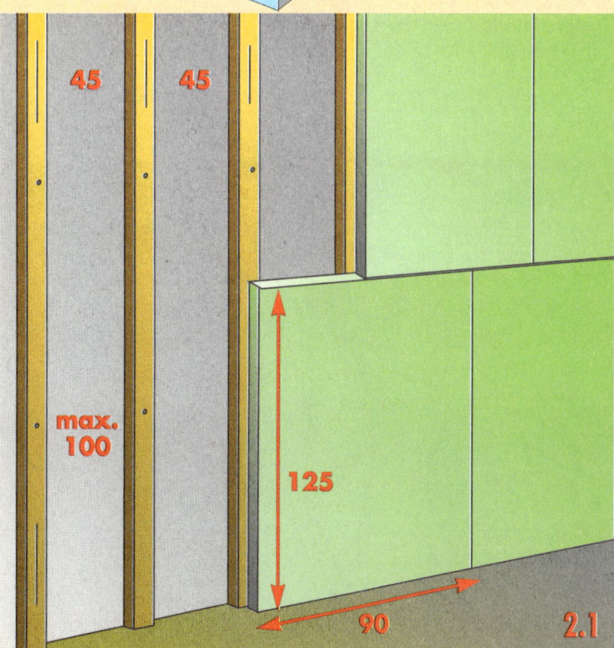


**Wandbekleidung auf senkrechter Lattung:** Achsabstand der Holzlatten gleich halbe Plattenbreite. Schraubenabstand nicht mehr als 1m

**Gedämmte Wand:** *Mineralwolle in den Lattenzwischenräumen erhöht den Schall- und Wärmeschutz. Bei Außenwänden gehört unbedingt eine Dampfbremse (PE-Folie) vor die Dämmung*

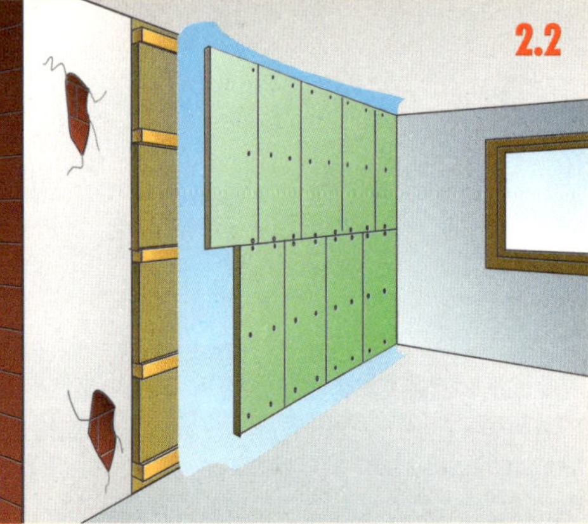


**Trockenputz-Verfahren:** *Ansetzgips wird in 30 bis 40 cm großen Abständen batzenweise auf die Plattenrückseite aufgetragen. Zirka 5 cm Abstand zur Plattenkante einhalten*

**Platten an der Wand verkleben:** *Mit Gummihammer und Richtlatte bringt man die dichtgestoßenen Platten in eine Flucht. Holzkeile sichern die Fuge zum Boden hin*

**Freistehende Vorsatzschale mit Profil-Elementen** *Das Metallständerwerk ist nicht an der Wand, sondern in Boden und Decke verankert. Die Konstruktion läßt sich auch aus Holz bauen*

Dachlatten, die in der Massivwand verdübelt wird (max. Dübelabstand: 1 m). Bei Hölzern der Stärke 40 x 60 mm setzt man 45er Dübel ein, bei 30 x 50 mm reichen 35er Dübel zur Verankerung im Mauerwerk. Lattenabstände und -anordnung richten sich nach Format, Größe und Verlegerichtung der Bauplatten. Die Abstände dürfen aber nicht zu groß (bis max. 62,5 cm) gewählt werden, damit es genügend Befestigungspunkte für die biegsamen Bauplatten gibt. Bei der fugenversetzten Verlegung der gängigen 90-x-125-cm-Platte (Bild 2.1) entspricht der Achsabstand der Latten der halben Plattenbreite, so daß die Plattenstöße immer auf der Unterkonstruktion liegen und mit ihr verschraubt werden können (max. Schraubenabstand: 25 cm). Gipskartonplatten, deren Länge der normalen Raumhöhe von 250 cm entspricht, verschraubt man sinnvollerweise hochkant, oft auf einer waagerechten Lattung (Abstände ca. 60 cm).

**Lattenstärke: 30 x 50 mm oder 40 x 60 mm**

**2 x Plattendicke = Einschraubtiefe in Holzlattung**

## 3. Trockenputz

Auf ein tragfähiges Mauerwerk können Sie die Gipsbauplatten auch direkt mit Gips-Ansetzbinder aufkleben. Man spricht vom Trockenputzverfahren. Die mit Kleberbatzen versehene Platte (Bild 3.1) wird an die Wand gedrückt und mit Hilfe von Gummihammer und Richtlatte lot- und fluchtgerecht ausgerichtet. Schneiden Sie die Platten so zu, daß am Boden eine Fuge von ca. 10 mm und zur Decke hin ein 5 mm breiter Spalt für die Belüftung verbleibt. Denken Sie auch an die nötigen Aussparungen für Elektroinstallationen. Wenn es sich um eine Außenwand handelt, sollten Sie zur Verbesserung des Wärmeschutzes Verbundplatten mit aufkaschierter Dampfbremse, z. B. aus Alufolie, wählen.

**Bei Innendämmung von Außenwänden – Dampfbremse nicht vergessen!**

## 4. Freistehende Vorsatzschale

Eine freistehende Vorsatzschale bietet sich bei sehr unebenen Wänden an oder wenn Installationen durch den Wandhohlraum geführt werden sollen. Man verdübelt ein Holz- oder Metallständerwerk in Decke und Boden. Eine Vorsatzschale wird genauso

**Die Vorsatzschale ist in Decke und Boden verdübelt**

# Trockener Innenausbau

**Ständerwerk aus Holz**

gebaut wie ein Trennwand-Ständerwerk (s. unten „Trennwand"). Soll das Ständerwerk aus Holz gebaut werden, wählt man für den umlaufenden Rahmen meist 60-x-60-mm-Kanthölzer, für die Ständer 60-x-40-mm-Dachlatten. Die Verbindungen stellt man mit Metallwinkeln her. Immer häufiger greift aber auch der Heimwerker beim Bau von Vorsatzschalen und Trennwänden auf fertige Metallprofile zurück.

## 5. Metallprofile für Trennwände

**Übliche Rahmen- und Ständerprofile**

Sie bieten den Vorteil eines schnellen, unkomplizierten Aufbaus. Beim Bau einer einfachen Trennwand (oder Vorsatzschale) kommen Sie in der Regel mit zwei verschiedenen Profil-Elementen aus: den UW- und CW-Profilen (Bild 5.1). Bei den ersteren handelt es sich um die Rahmenprofile, die in Boden und Decke verdübelt werden. Die CW-Elemente nennt man auch Ständerprofile. Sie werden, meist im Achsabstand von 62,5 cm, senkrecht in die UW-Profile eingestellt und mit ihnen verschraubt. Sie sind mit vorgestanzten Aussparungen versehen, durch die Installationsleitungen geführt werden können (Bild 5.1.1).

**Sturzprofil für den Türeinbau**

Soll eine Tür in eine Trennwand eingebaut werden, braucht man zusätzlich ein Türsturzprofil (Bild 5.2). Es wird einfach über die CW-Profile geschoben und mit Klebeband in der richtigen Höhe fixiert. Die CW-Profile, die den rechten und linken Türpfosten bilden, stabilisiert man übrigens durch ein eingelegtes, in Decke und Boden mit Stahlwinkeln verschraubtes Kantholz. Die Verwendung von LW-Profilen ist bei Wandabzweigungen sinnvoll (Bild 5.3).

**Profil-Maße**

Die gängigen Profilbreiten 50, 75 und 100 mm ermöglichen Wanddicken von 75 bis 125 mm (Vorder- und Rückseite mit 12,5 mm-Gipskartonbeplankung).

## 6. Trennwand-Aufbau

Zunächst wird der Wandverlauf auf dem Fußboden mit Schnurschlag ermittelt und angezeichnet. Markieren Sie jetzt schon eventuelle Türöffnungen. Mit Wasserwaage und Richtscheit überträgt man den Wandverlauf auf Wände und Decke. Vor dem Verdübeln der UW-Profile klebt

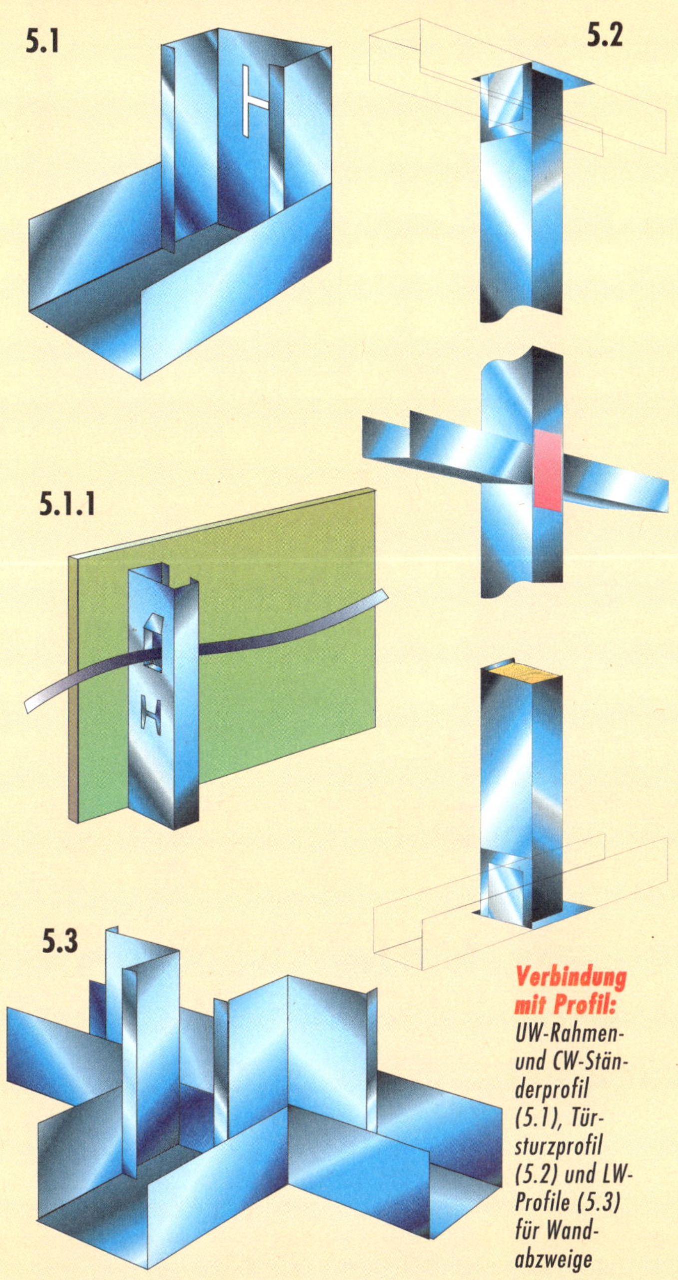


***Verbindung mit Profil:*** *UW-Rahmen- und CW-Ständerprofil (5.1), Türsturzprofil (5.2) und LW-Profile (5.3) für Wandabzweige*

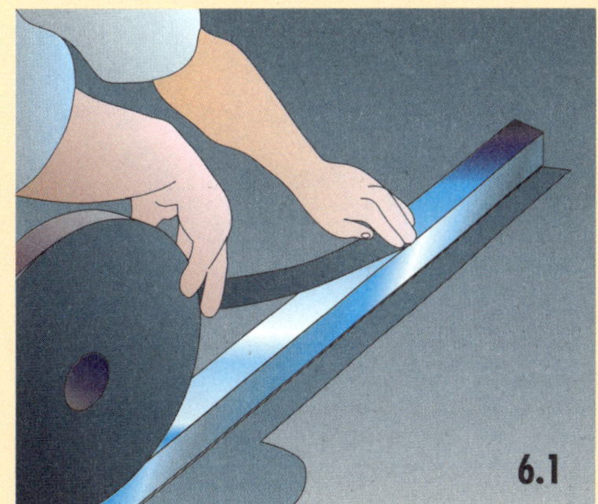


***Dichtung gegen Schall:*** *Bevor die Rahmenprofile der Trennwand in Boden, Decke und Wänden verdübelt werden, klebt man ein Dichtungsband auf die Rückseiten der Metallprofile*

**Rahmenprofile befestigen:** Die Befestigung in Decke, Wänden und Boden erfolgt mit Drehstiftdübeln. Je Profil mindestens 3 Dübel, maximaler Dübelabstand: 1 m

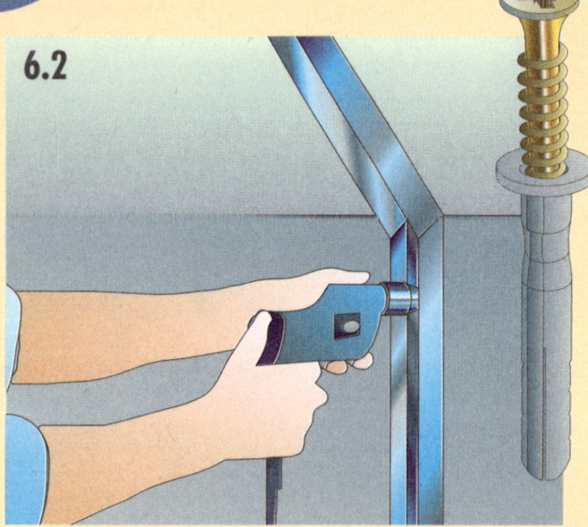


**Element-Befestigung:** Schnellbauschrauben dienen zur Befestigung der Ständerprofile und der Gipskartonplatten

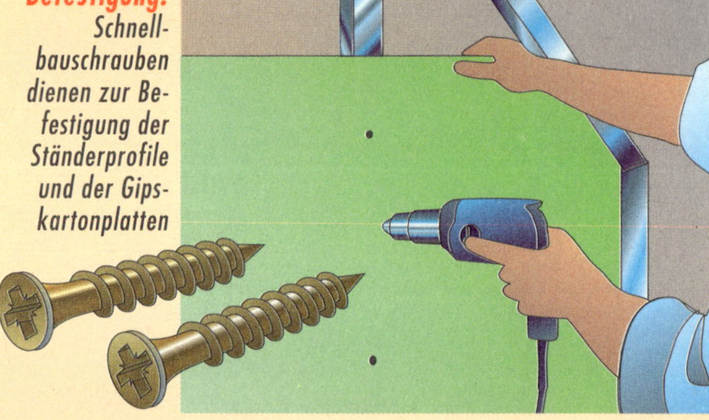


**Trennwand dämmen:** Bestmöglichen Schallschutz erzielt man, wenn der Hohlraum zwischen der Beplankung komplett mit Dämmstoff ausgefüllt wird

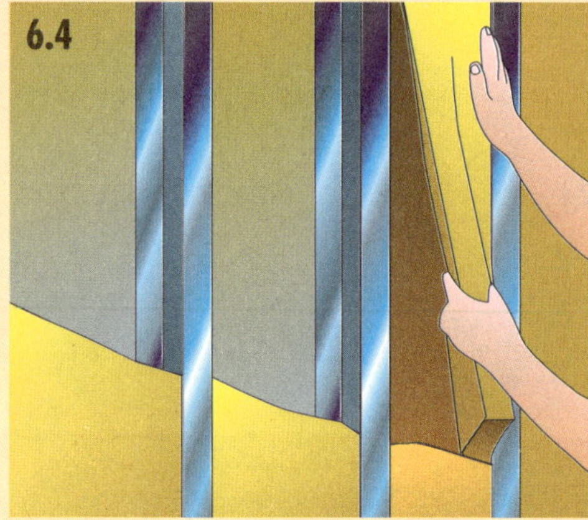


**Wandabzweigung:** Wandabzweigungen, die mit Hilfe zweier LW-Profile hergestellt werden, verhalten sich schalltechnisch am günstigsten

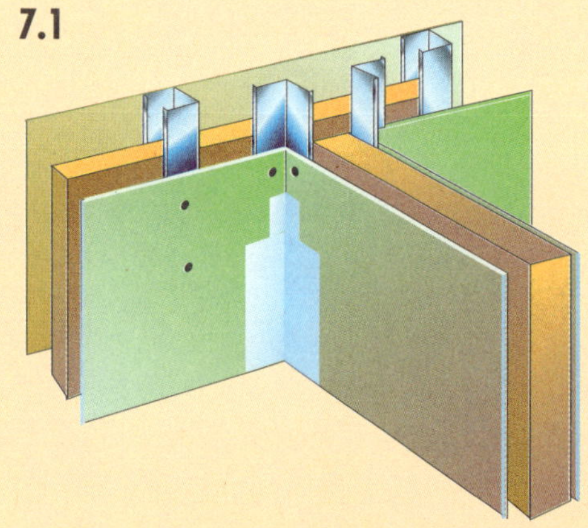


man ein Dichtungsband auf ihre Rückseite (Bild 6.1). Es hat schalldämmende Funktion. Alternativ können Sie auch Mineralwolle-Streifen dazwischenlegen. Die seitlichen Rahmen baut man aus CW-Profilen, die in der Wand verdübelt werden. Als Befestigung für alle Rahmenprofile dienen Drehstiftdübel (6 x 35 mm), die man in Abständen von maximal 100 cm einschlägt. Dann stellt man die CW-Ständerprofile senkrecht in die UW-Profile ein, richtet sie auf den erforderlichen Abstand (meist 62,5 cm) aus und verschraubt sie mit den Rahmen-Elementen. Sowohl zum Verschrauben der Profile als auch zur Befestigung der Gipskartonplatten verwendet man Schnellbauschrauben (Bild 6.2). Weil ihre Spitze wie ein Bohrer geformt ist, vermögen sie sich durch das Metall der Profile hindurchzuschrauben. Am besten geht das mit speziellen Schnellbauschraubern, die mit hohen Drehzahlen arbeiten. Mit normalen Akkuschraubern kommt man aber auch zum Erfolg. Sie müssen allerdings darauf achten, daß Sie die Schrauben nicht zu tief in die Beplankung eindrehen. Der Schraubenkopf muß bündig mit der Kartonoberfläche der Platten abschließen. Wie die Plattenstöße wird er später verspachtelt. Übrigens, damit sich die Schnellbauschrauben mit dem Gips chemisch vertragen, sind sie phosphorisiert – was man an der schwarzen Oberfläche erkennt.

Wenn eine Seite des Ständerwerks fertig beplankt ist, füllt man die Hohlräume zwischen den Profilen mit Dämmstoff – vornehmlich aus Gründen des Schallschutzes. Als Dämmstoff bietet sich Mineralwolle an, da dieses Material sehr gute bauakustische Eigenschaften hat. Außerdem ist es nicht brennbar und verbessert so den vorbeugenden Brandschutz. Es gibt Mineralwolle-Dämmstoffe, deren Formate exakt auf die Ständerwerk-Dimensionen zugeschnitten sind.

## 7. Anschlüsse

Wie gut eine leichte Trennwand den Schall aus Nachbarräumen zurückhält, hängt auch von fachgerechten Anschlüssen ab. Es reicht nicht, die Wandfläche gut zu dämmen. Der Schall sucht sich

**Trennwände müssen rundum abgedichtet werden**

**Befestigung der Rahmenprofile**

**Schnellbauschrauben sparen Zeit**

**Trennwand-Hohlräume brauchen eine Dämmung**

**Fachgerechte Übergänge halten den Schall zurück**

# Trockener Innenausbau

**Durchgehende Bauteile möglichst vermeiden**

seinen Weg auch über gemeinsame Bauteile – wie z. B. einen durchgehenden Fußboden, auf dem die Trennwand steht, oder gemeinsame Decken oder Seitenwände. Beim nachträglichen Ausbau muß man meist mit den baulichen Gegebenheiten leben. Wo es aber technisch machbar ist, sollte man Bauteile möglichst ‚entkoppeln'. Bild 7.1 zeigt beispielsweise eine Wandabzweigung, die akustisch wesentlich wirkungsvoller ist als ein Anschluß, der an eine durchlaufende Beplankung angesetzt würde. Eine Trennwand, die auf der Rohdecke aufgebaut ist (Bild 7.3), bietet den besten Schutz vor Trittschallübertragung. Wie auf der Zeichnung zu erkennen ist, hat auch der schwimmende Estrich durch einen aufgestellten Dämmstreifen keinen direkten Kontakt zur Trennwand (Trokkenestriche werden wir im 2. Teil des „Trockenbau-Grundwissens" vorstellen). Nicht unbedingt akustisch, aber ausführungstechnisch relevant ist der in Zeichnung 7.2 gezeigte Inneneckanschluß. Mit Hilfe eines LW-Profils kommen Sie hier unkompliziert um die Ecke. Im Eckbereich setzt die rechte Bauplatte direkt am LW-Profil an, die linke stößt stumpf auf die Plattenkante der rechten. Die Ecke mit Fugenband und -füller spachteln.

**Mit LW-Profilen um die Ecke**

## 8. Spezielle Trennwände

Mit Metallprofil-Elementen und Gipskartonplatten läßt sich aber noch wesentlich mehr machen als nur leichte Trennwände. Im Sanitärbereich ermöglichen sie eine vorher nie gekannte Variabilität z. B. bei der Gestaltung von Badezimmern. Zu- und Abwasserleitungen führt man dabei durch die Hohlräume eines Ständerwerks, das vor der Massivwand (Vorwand-Installation) steht oder in den Raum hineingebaut sein kann. Spezielle Befestigungs- und Stabilisierungselemente sorgen dafür, daß auch schwere Sanitärgegenstände wie Handwaschbecken oder Hänge-WC sicher installiert werden können. Um bei geringer Wanddicke den größtmöglichen Hohlraum – und damit Platz für die Installationen – zu erhalten, nimmt man zum Aufbau von Installationswänden oft die dünnen CW-50-Profile. Es gibt eine Reihe von

**Installationswände und Vorwand-Installation**

**Wandecken:** Mit Hilfe eines LW-Profils lassen sich Wandecken am unkompliziertesten ausbilden. Das LW-Profil schraubt man – wie die CW-Ständerprofile – einfach am unteren und oberen Rahmen

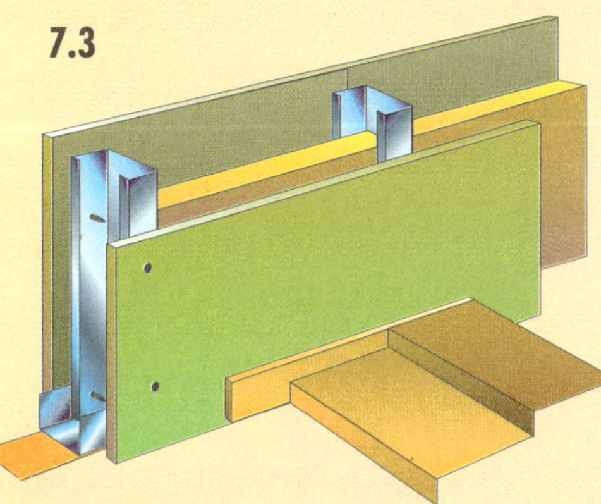


**Anschluß am Boden:** Den besten Trittschallschutz zwischen zwei Räumen erreicht man, wenn die Trennwand bis zur Rohdecke reicht. Beide Räume haben so eine eigene Bodenplatte

**Installationswände:** Metallständerwände eignen sich hervorragend zur Verlegung von Sanitär-Installationen über Putz. Die Elemente werden meist als System angeboten

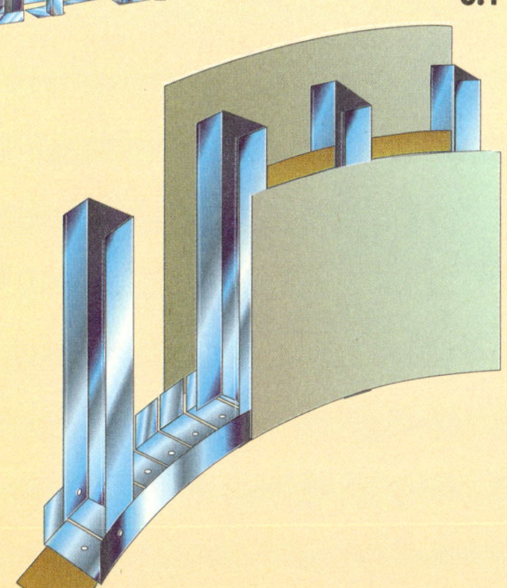

**Geschwungene Wände:** Mit geschlitzten Rahmenprofilen lassen sich auch gebogene Trennwände in Trockenbauweise errichten

Teil 1:

**Wandbekleidungen und Trennwände**

**Gipskarton biegen:** *Mit der Nagelwalze perforiert man die Oberseite der Gipskartonplatte. Dann wird sie gründlich gewässert, über eine Schablone gebogen und dort fixiert, bis sie trocken ist*

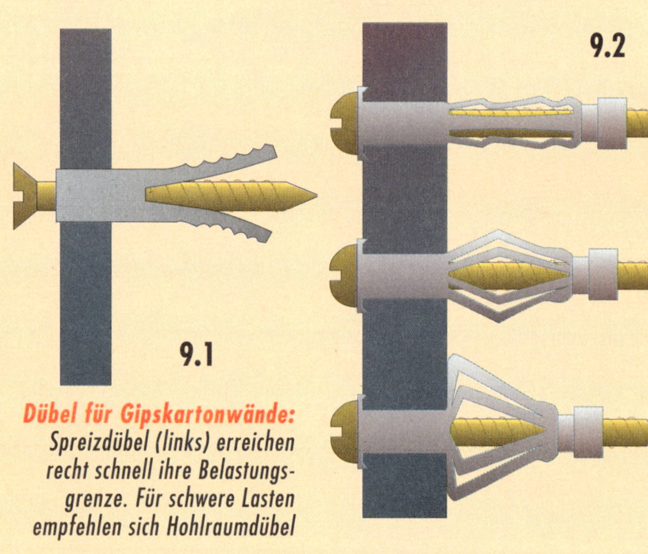


**Dübel für Gipskartonwände:** *Spreizdübel (links) erreichen recht schnell ihre Belastungsgrenze. Für schwere Lasten empfehlen sich Hohlraumdübel*

**Spreizdübel (Beplankungsdicke 12,5 mm)**

| Lasttiefe (cm) | Dübel ∅ mm | zulässige Belastung (kg) | |
|---|---|---|---|
| | | pro Dübel | pro m Wand |
| 10 | 6 (Schraube 5 x 35 mm) | 25 | 75 |
| 20 | | 20 | 70 |
| 30 | | 15 | 60 |

**Hohlraumdübel (Beplankung: 12,5 mm/2x 12,5 mm)**

| Lasttiefe (cm) | zulässige Belastung (kg) | |
|---|---|---|
| | pro Dübel | pro m Wand |
| 10 | 50/100 | 75/110 |
| 20 | 45/85 | 70/100 |
| 30 | 35/60 | 60/95 |
| 40 | 30/50 | 50/85 |

Herstellern, meist aus dem Sanitärbereich, die solche Installationssysteme komplett anbieten.

**Geschwungene Wände in Trockenbauweise**

Mit Gipskartonplatten und Profil-Elementen ist auch der Bau von geschwungenen Wänden relativ einfach zu bewerkstelligen. Beispielsweise mit werkseits gebogenen oder eingeschlitzten UW-Profilen. Allerdings braucht man eine im gleichen Radius gebogene Beplankung. Aber auch das ist mit Gipskarton möglich. Sie müssen dazu jedoch eine Schablone aus Holz oder Gipsplatten mit dem entsprechenden Biegeradius bauen (Bild 8.2.1). Die Platten werden naß gebogen. Damit ausreichend Nässe in den Gipskern eindringen kann, müssen Sie vorher die Kartonoberfläche durchlässig machen. Am besten geht das mit einer Nagelwalze (Bild 8.2.2). Achten Sie darauf, daß die Rückseite trocken bleibt. Dann wird die Platte über die Schablone gebogen und in dem beabsichtigten Radius mit Paketklebeband so lange fixiert, bis sie getrocknet ist.

**Gipskartonplatten naß biegen**

## 9. Befestigungen

Trennwände in Trockenbauweise haben immer noch mit dem hartnäckigen Vorurteil zu kämpfen, keine ausreichende Tragfähigkeit zu besitzen. Oft beruht die Einschätzung auf Erfahrungen, die man mit einer falschen Befestigungstechnik gemacht hat. Welcher Dübel der richtige ist, hängt von Gewicht und Form des anzubringenden Gegenstands und der Dicke der Beplankung ab. So reichen zum Befestigen leichter, flächiger Lasten bis 15 kg einfache Bilderhaken. Etwas mehr Gewicht und bis zu 30 cm vor die Wandebene hinausragende Gegenstände halten Spreizdübel aus (Bild 9.1 und Tabelle). Besser sind jedoch Hohlraumdübel z. B. aus Metall. Ein einzelner trägt bei nur einlagiger Beplankung bis zu 50 kg (Bild 2.2 und Tabelle). Eine preiswertere Alternative dazu sind Universaldübel, auch Mehrzweckdübel genannt. Sie bestehen aus Kunststoff und verknoten sich beim Eindrehen der Schraube hinter der Wand. Ideal ist, wenn Sie vorher wissen, wo schwere Lasten hängen sollen. Holzbohlen, Span- oder spezielle Montageplatten, die man zwischen den Ständern verschraubt, bieten die besten Voraussetzungen für ‚bombenfesten' Halt. □

**Die Dübelwahl richtet sich auch nach Beplankungsdicke und Lasten-Form**

**Montageplatten hinter der Beplankung halten am besten**

# Trockener Innenausbau

**Teil 2:**
**Decken und Fußböden**

Stufenweise abgehängte Decke

Deckenverkleidung mit Paneelen

Trockenschüttung abziehen

Trockenboden verleimen

# Trockener Innenausbau

Es gibt verschiedene Gründe, Deckenflächen zu verkleiden. Im Neubau ersetzt eine Unterdecke aus Gipsbauplatten das Verputzen. Man erhält schnell einen glatten, tapezierfähigen Untergrund, ohne Trocknungszeiten abwarten zu müssen. Oft ist der Wunsch nach einer attraktiveren Raumgestaltung ausschlaggebend. Wer seine Decke nicht einfach nur tapezieren will, findet heute eine Fülle an Verkleidungsmaterialien, von schallschluckenden Kassetten-Elementen über holzfurnierte Paneele bis hin zur Massivholzdecke. Bei hohen Altbauräumen wirkt sich eine abgehängte, gedämmte Deckenkonstruktion nicht nur positiv auf die Heizkostenabrechnung aus, sie vermindert ebenso die Schallübertragung zur darüberliegenden Wohnung.

**1.1 Ebene Decke verkleiden:** Die Verkleidung kann direkt mit den in der Decke verdübelten Latten verschraubt werden. Die Stöße der schmalen Plattenseiten liegen mittig auf den Latten

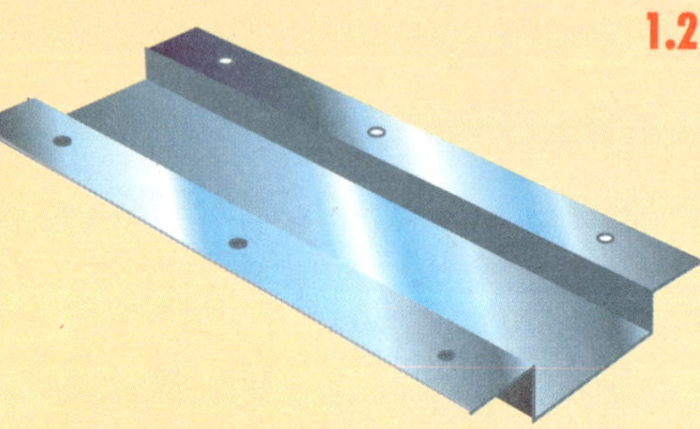

**1.2 Hut-Deckenprofile:** Statt Holzlatten können Sie bei ebenen Decken auch diese Metallprofile verwenden

## 1. Verkleidung von ebenen Decken

**Unterkonstruktion aus Holz oder Metallprofilen**

Bei ebenen Decken hat die Unterkonstruktion lediglich die Aufgabe, eine sichere Befestigungsmöglichkeit für die Verkleidung zu bieten. Als Unterkonstruktion sind Holzlatten mit den Querschnitten 60 x 40 mm oder 50 x 30 mm üblich. Als Alternative kommen auch Hut-Deckenprofile (1.2) aus Metall in Frage. Damit den Bewohnern nicht eines Tages – im wahrsten Sinne des Wortes – die Decke auf den Kopf fällt, ist eine sichere Verankerung der Unterlattung äußerst wichtig. In öffentlichen Gebäuden sind deshalb Metalldübel zwingend vorgeschrieben. Insbesondere aus Gründen des Brandschutzes: Kunststoffdübel würden bereits bei vergleichsweise geringer Hitzeentwicklung weich werden und den Halt in der Decke verlieren.

**Sichere Verankerung in der Decke**

Zur Sicherheit sollten Sie deshalb bei Massivdecken ebenfalls Metallverankerungen (Schrauben-∅: 6 mm) verwenden. In Holzbalkendecken findet die Lattung mit langen Holzschrauben (∅ 5 mm, Länge = 2 x Lattendicke) ausreichend Halt. Bei Massiv- wie bei Holzbalkendecken sollten die Befestigungspunkte nicht weiter als 90 cm auseinanderliegen.

Die Lattenabstände bemessen sich nach den Formaten der Verkleidungs-Elemente. Bei quadratischen Kassetten sollte der Achsanstand der Lattung der hal-

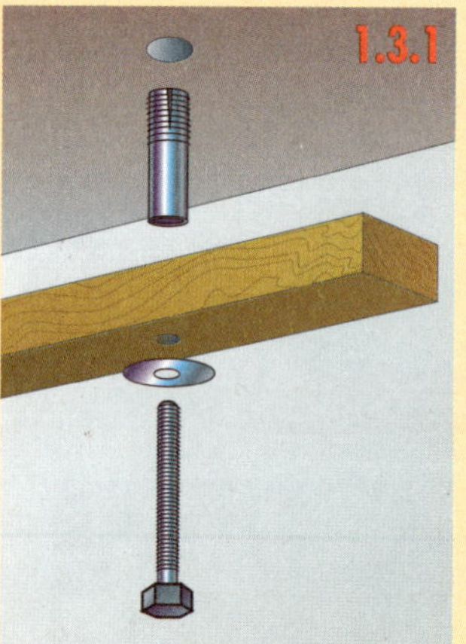

**Deckenverankerung:** Die Latten sollten mit Metalldübeln in Massivdecken befestigt werden (Schrauben-∅: 6 mm). Für Holzbalkendecken nimmt man lange Holzschrauben (Schraubenlänge = Lattendicke x 2)

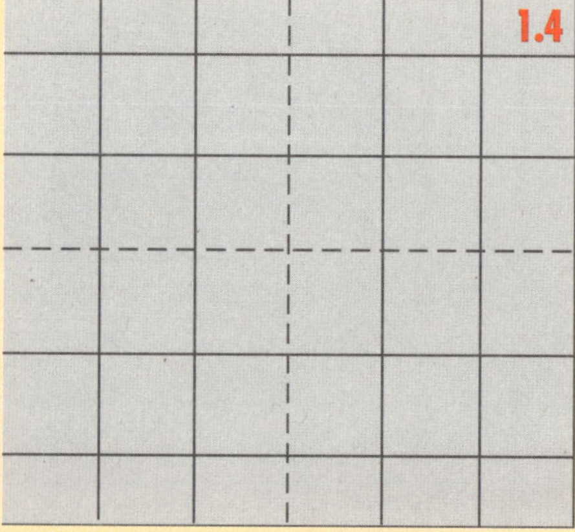

**1.4 Verlegeschema für quadratische Kassetten:** Man verlegt vom Mittelpunkt der Decke aus. Sie ermitteln diesen, indem Sie die Mitte jeder Wand markieren und die gegenüberliegenden Punkte mit einer Schnur (Strichlinie) verbinden

**Teil 2:**

# Decken und Fußböden

***Latten- und Befestigungs abstände:*** *Grundlatten-Befestigung: x = 100 cm, Abstand der Traglatten: z = 50 cm, Abstand der Grundlatten: y = abhängig vom Traglatten-Querschnitt*

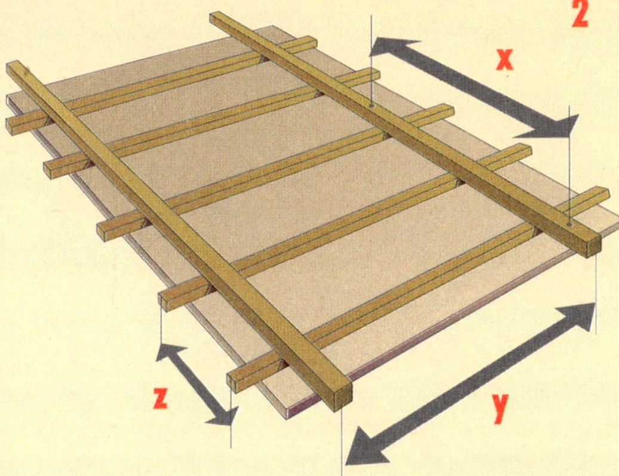


***Ausrichten:*** *Durch Unterlegen von Distanzstücken werden Decken-Unebenheiten ausgeglichen*

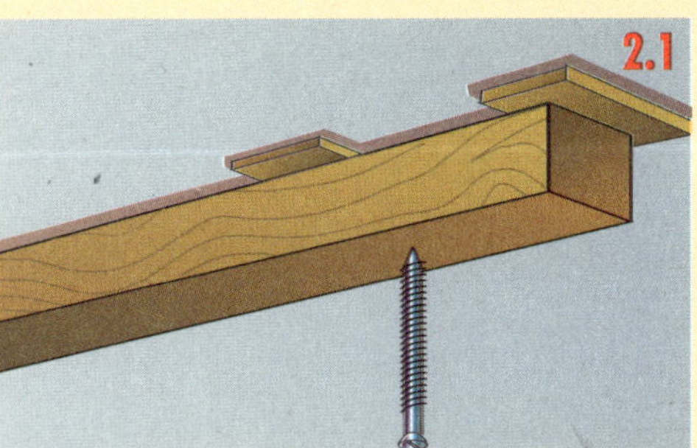


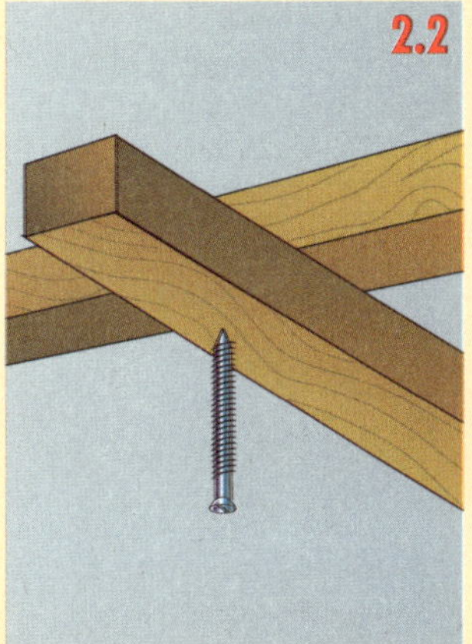


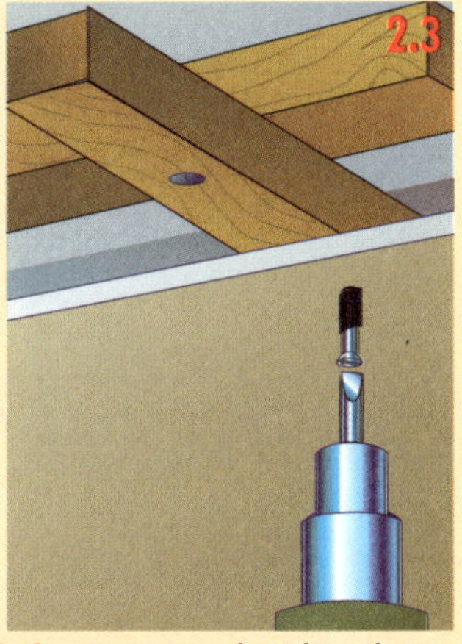


***Traglatten und Gipsbauplatten befestigen:*** *Grund- und Traglatten können mit Holzschrauben verbunden werden. Zum Befestigen von Gipskartonplatten nimmt man die gipsverträglichen Schnellbauschrauben*

***Schneller Ausgleich bei Dachschrägen:*** *Die Metall-Direktabhänger ersetzen hier eine Ausgleichs-Konstruktion aus Grund- und Traglattung. Der Vorteil: kurze Montagezeiten*

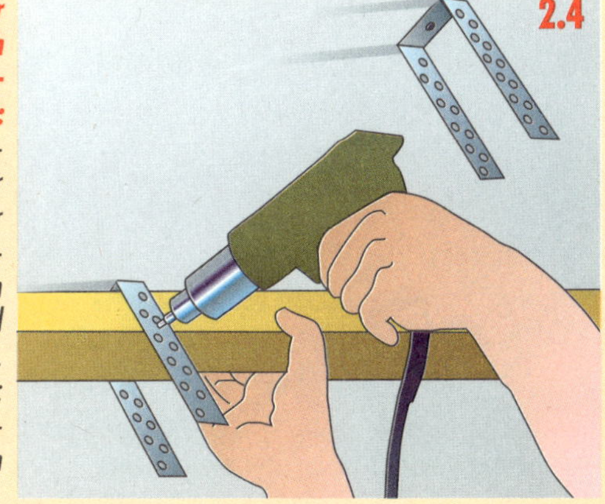


ben Seitenlänge (bei kleinen Formaten: ganze Seitenlänge) der Elemente entsprechen, damit die Plattenstöße mittig auf den Latten liegen und gut befestigt werden können. Gipskartonplatten verlegt man in der Regel quer zur Unterlattung. Diese muß den Seitenkanten des biegsamen Verkleidungsmaterials genügend Befestigungspunkte bieten. Deshalb sollten die Latten nicht weiter als 50 cm auseinanderliegen. Die Platten werden alle 20 cm mit Schnellbauschrauben an der Lattung befestigt.

## 2. Unebenheiten der Decke ausgleichen

Der Ausgleich von Unebenheiten in der Decke ist mit Hilfe von Grund- und Traglattung recht einfach zu schaffen. Zunächst befestigen Sie die Grundlattung an der Decke. Die Schrauben jedoch noch nicht festdrehen. Dann richtet man die Grundlatten mit der Wasserwaage durch Unterlegen von Distanzstücken aus (Bild 2.1). Den Abstand der Grundlatten wählt man abhängig vom Querschnitt der Traglatten (bei 50 x 30 mm: 85 cm, bei 60 x 40 mm: 100 cm Abstand). Trag- und Grundlatten werden an ihren Kreuzungspunkten mit 55 mm langen Holz- oder Schnellbauschrauben verbunden. Die äußeren Traglatten ordnet man im Abstand von ca. 2 cm zu den Wänden an. Kontrollieren Sie noch einmal die Ausrichtung der Unterlattung, bevor Sie die Gipskartonplatten mit Schnellbauschrauben an ihr befestigen (Bild 2.3). Schraubenabstand: 20 cm. Achten Sie auf fugenversetzte Verlegung.

Wenn Ihre neue Unterdecke aus Nut- und-Feder-Elementen bestehen soll, bietet sich die Verwendung von Paneel-Befestigungsclips an, die in den Traglatten verschraubt werden.

Insbesondere zum Ausgleich von Unebenheiten in der Dachschräge sind die sogenannten Direktabhänger (Bild 2.4) eine gute Alternative zur eben beschriebenen Ausgleichslattung. Man verschraubt sie oberhalb der Dampfbremsfolie in den Sparren. Dann legt man die Traglatten ein, richtet sie mit der Wasserwaage aus

**Die Beplankung muß genügend Befestigungspunkte finden**

**Der Grundlatten-Abstand hängt ab vom Traglatten-Querschnitt**

**Die Lattung wird mit Distanzhölzern waagerecht ausgerichtet**

**Direktabhänger erlauben schnelles Arbeiten**

# Trockener Innenausbau

**Metall-Abhänger lassen sich gut justieren**

**CD-Profile dienen als Grund- und Trag-Elemente**

**Ein Aufriß der Unterkonstruktion bewahrt vor Montagefehlern**

und verschraubt sie seitlich durch die gelochten Profilschenkel. Die Überstände der Abhänger biegt man zum Schluß seitlich ab.

## 3. Metallprofile für abgehängte Decken

Man kann eine Decke mit Hilfe von Holzlatten oder speziellen Metall-Elementen abhängen. Eine exakte Höhenjustierung ist jedoch mit Metall-Abhängern wesentlich einfacher zu bewerkstelligen. Es gibt sie für Metall- und Holz-Unterkonstruktionen. Gängig sind Abhängedrähte mit rechtwinklig abgebogener Befestigungsöse (Bild 3.1.1), die in ankerförmige Abhänger eingeschoben und mit einer Spannfeder justiert werden können (Bild 3.3.1). Sehr montagefreundlich sind auch die sogenannten Nonius-Abhänger (Bilder 3.3.2 und 4). Sie bestehen aus zwei ineinanderliegenden, gelochten U-Profilen, das eine in 10er-, das andere in 9er-Loch-Einteilung. Beide Teile werden mit einem Splint verbunden und erlauben sehr präzise Höhenjustierungen. Die Befestigung erfolgt wie bei einfach verkleideten Decken mit Metalldübeln bzw. Holzschrauben (Bilder 3.1.1 und 3.1.2). Bei Metall-Unterkonstruktionen setzt man als Grund- und Tragelemente die sogenannten CD-Profile ein. Die Verbindungsmöglichkeiten sind vielfältig. Als Beispiel zeigen wir eine Verbindung von CD-Grund- und Tragprofilen mit einem Winkelanker (Bild 3.2.1). Die CD-Elemente lassen sich durch eingeschobene, U-förmige Profilverbinder beliebig verlängern. Zur Befestigung der Gipsbauplatten-Unterdecke verwendet man Schnellbauschrauben (Bild 3.2.2).

## 4. Die Technik des Abhängens

Als erstes sollten Sie den Aufbau der Unterkonstruktion auf einer Skizze maßstäblich aufreißen. Um eine statische Ausgewogenheit der Konstruktion sicherzustellen, geht man dabei von der Deckenmitte aus (wie bei Bild 1.4). Der Achsabstand der 60-x-40-mm-Grundlatten sollte 85 cm (bei Traglatten: 50 x 30 mm) bzw. 100 cm (bei Traglatten: 60 x 40)

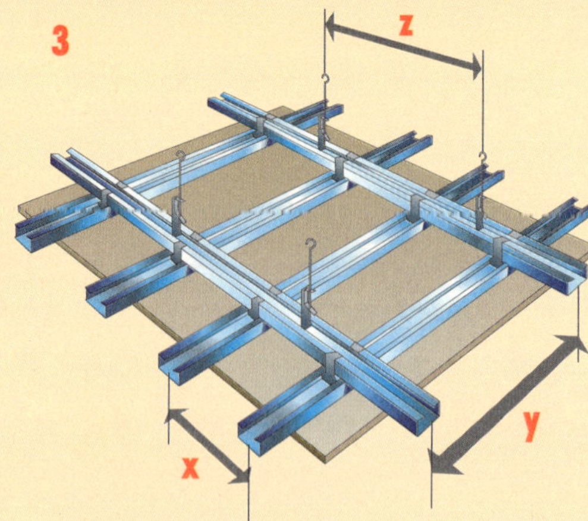


**Profil- und Befestigungs-Abstände:** Abhänger-Befestigung: z = 90 cm; Achsabstand CD-Grundprofil: y = 100 cm; Achsabstand CD-Tragprofile: x= 50 cm (bei 12,5 cm Gipsbauplatte)

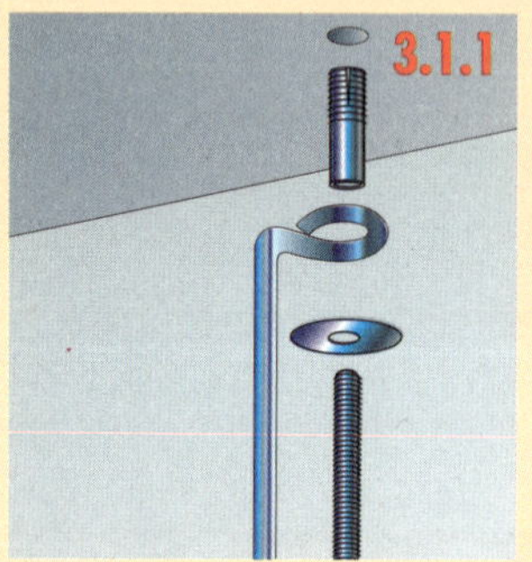


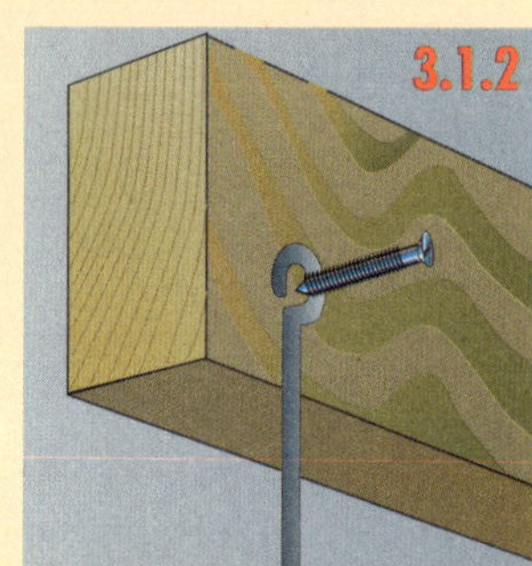


**Befestigung an der Decke:** Durch die umgebogene Öse wird der Draht mit Metalldübeln in Massivdecken verankert. Bei seitlicher Befestigung an Holzbalkendecken: 5 cm Abstand zur Unterkante einhalten!

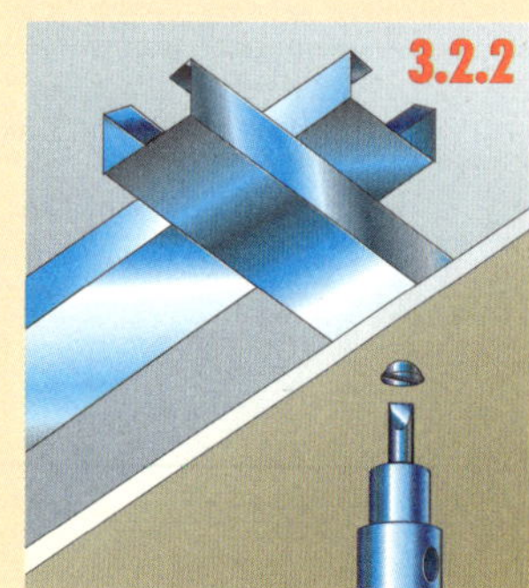


**CD-Deckenprofile:** Ein Winkelanker sorgt für feste Verbindung zwischen Grund- und Tragprofil (links). Die Befestigung der Gipskarton-Beplankung erfolgt mit phosphorbeschichteten Schnellbauschrauben

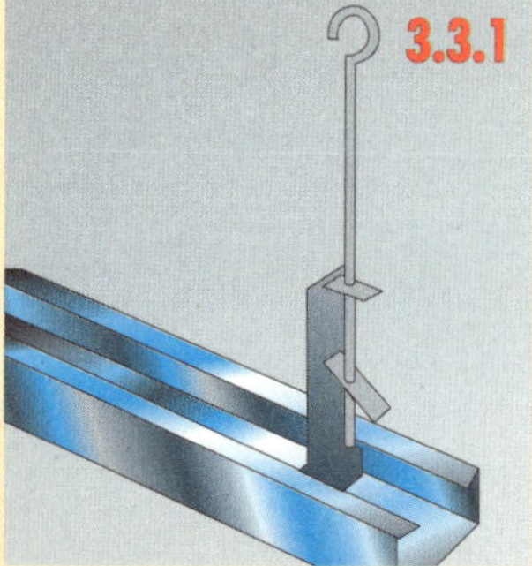


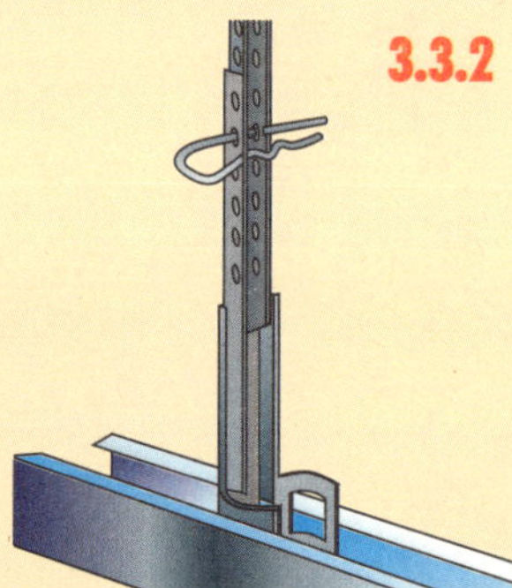


**Gebräuchliche Abhängesysteme:** Den Abhängedraht (links), der in ein Ankerprofil mit Spannfeder eingeschoben wird, gibt es in Längen zwischen 9,5 cm und 1 m. Rechts: Nonius-Abhänger für CD-Profile

**Teil 2:**

**Decken und Fußböden**

***Holzunterlattung mit Nonius-Abhängern:*** *Die unteren Teile der Nonius-Abhänger verschraubt man wechselweise rechts und links mit den hochkant anzuordnenden Grundlatten*

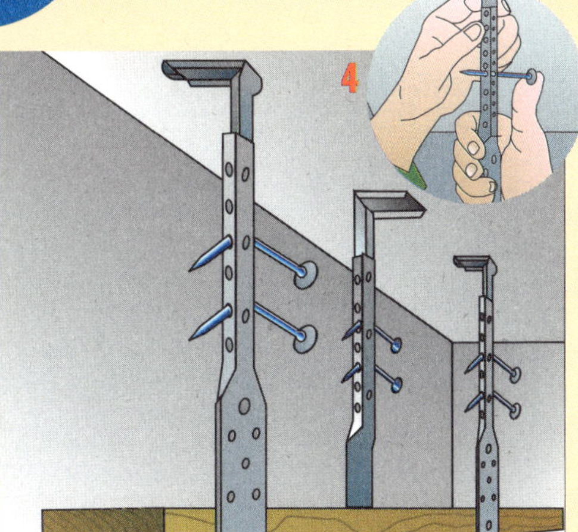


***Abziehlehren ausrichten:*** *Schüttmaterial dammförmig anhäufen und Höhe der Ausgleichsschicht mit den Abziehlehren festlegen*

***Schüttung abziehen:*** *Das zwischen den Abziehlehren aufgeschüttete Material wird mit einer geraden Latte abgezogen*

***Abschnittsweise arbeiten:*** *So werden immer abwechselnd längs und quer die einzelnen Abschnitte aufgeschüttet und abgezogen*

betragen. Setzen Sie die äußeren Latten im Abstand von 2 bis 3 cm zur Wand. Mittels Schnurschlag überträgt man den Grundlattenverlauf dann an die Decke. Von diesen Linien ausgehend markiert man alle 100 cm die Befestigungspunkte, und zwar abwechselnd rechts und links 2 cm neben dieser Linie. Der Grund: Um ein Abkippen zu verhindern, verschraubt man die Abhänger im Wechsel links und rechts mit den Grundlatten (Bild 4). Befestigen Sie die Noniusoberteile an der Decke und die Unterteile im gleichen Abstand an den Grundlatten. Erst dann werden die Profile zusammengesteckt und durch Umstecken der Splinte in die Waage gebracht. Dann verschraubt man die Traglatten wie bereits gezeigt.

Die Decke muß aus Schallschutzgründen freischwingend sein. Das bedeutet: Die Beplankung darf die Wände nicht berühren. Wenn der Schall- und gleichzeitig der Wärmeschutz weiter verbessert werden sollen, verlegt man durch die Lattung hindurch Mineralwolle-Bahnen oder -Platten im Deckenhohlraum. Das Dämmaterial muß enggestoßen verlegt und an den Wänden etwas hochgeführt werden. Wenn die darüberliegenden Räume nicht beheizt sind, ist eine Dampfbremse nötig. Man tackert sie entweder von unten an die Lattung oder befestigt sie – bei Metallkonstruktionen – mit Doppelklebeband.

## 5. Fußböden in Trockenbauweise

Stark unebene Fußböden, wie man sie in Altbauten oft vorfindet, sind für Belagsmaterialien wie Fliesen oder Parkett ungeeignet. Auch für dieses Problem gibt es eine „Ausgleichs"-Lösung in Trockenbauweise: Mit einer Trockenschüttung läßt sich nicht nur der Untergrund genau nivellieren, auch Installationsleitungen, die über dem Boden verlaufen, können mit einer Schüttung aus vulkanischem Perlitgestein einfach abgedeckt werden.

Handelt es sich beim Untergrund um eine Rohdecke, muß unter der Schüttung zunächst eine PE-Folie als Dampfbremse ausgelegt und an den Rändern hochgeführt

**Ein Abkippen der Holzlatten muß vermieden werden**

**Die Unterdecke darf keinen Kontakt zur Wand haben**

**In manchen Fällen ist eine Dampfbremse an der Decke nötig**

**Installationen werden durch die Schüttung unsichtbar**

# Trockener Innenausbau

**Die Schüttung wird abschnittsweise abgezogen**

**Die Schüttung muß gleichmäßig verdichtet werden**

**Schwimmender Trockenestrich auf Rohdecken**

werden. Bei alten Holzdielen mit offenen Fugen ist ein Rieselschutz z. B. in Form von Bitumenpappe erforderlich. Entlang der Wände sollten dann noch Dämmrandstreifen zur Vermeidung von Trittschallübertragungen aufgestellt werden. Die Trockenschüttung bringt man etappenweise auf (Bild 5.3). Dazu werden als erstes zwei Dämme aufgeschüttet (Bild 5.1), deren Höhe man mit Abziehlehren auf das endgültige Niveau ausrichtet. Dann füllt man den Raum zwischen den Lehren mit der Trockenschüttung auf und zieht das körnige Material mit einer geraden Latte ab (Bild 5.2). Die Schüttung muß so hoch aufgebracht werden, daß die höchste Stelle des Bodens mindestens 2 cm bedeckt ist. Beachten Sie unbedingt, daß das locker aufgeschüttete Material keinesfalls direkt betreten werden darf. Das gleichmäßige Verdichten erfolgt durch Begehen der anschließend fugenversetzt verlegten Holzfaserweichplatten (Bild 5.4). Darauf kann dann ein stabiler Boden aus Holzspanplatten verlegt werden. Diese sollten mindestens 22 mm stark sein. Man verlegt sie schwimmend, an Nut und Feder verleimt. Dehnungsfuge zur Wand mit Holzkeilen sichern! Eine Alternative ist ein Trockenboden aus zwei vollflächig miteinander verklebten Gipsfaserplatten. In beiden Fällen erhalten Sie einen ebenen, festen Untergrund, der für Fliesen (Bild 5.5.) genauso geeignet ist wie für einen Teppichboden. Unter schwimmend verlegten Parkett- und Laminatböden (Bild 5.6) ist eine trittschalldämmende Zwischenschicht, z. B. Korkbahnen, nötig. Ein trockener Fußbodenaufbau kann auch die Alternative zu einem Naßestrich sein. Man spricht vom schwimmenden Trockenestrich. Der Aufbau besteht aus einer Lage dichtgestoßener Trittschalldämmplatten, auf dem ein Trockenboden – wie oben beschrieben – verlegt wird. Wichtig: die schalltechnische Entkopplung zur Wand durch aufgestellte Dämmstreifen und die feuchtigkeitssperrende Dampfbremsfolie auf der Rohdecke. Noch eine ‚trockene' Lösung für den Neubau: Holzdielen ab einer Dicke von 22 mm können auch mit Lagerhölzern vernagelt werden, die direkt auf der Rohdecke ausgelegt werden (Bild 5.7).

***Abdeckplatten verlegen:*** *Auf der lockeren Schüttung Abdeckplatten verlegt. Die Schüttung darf nicht direkt betreten, sondern nur durch das Begehen der Platten verdichtet werden.*

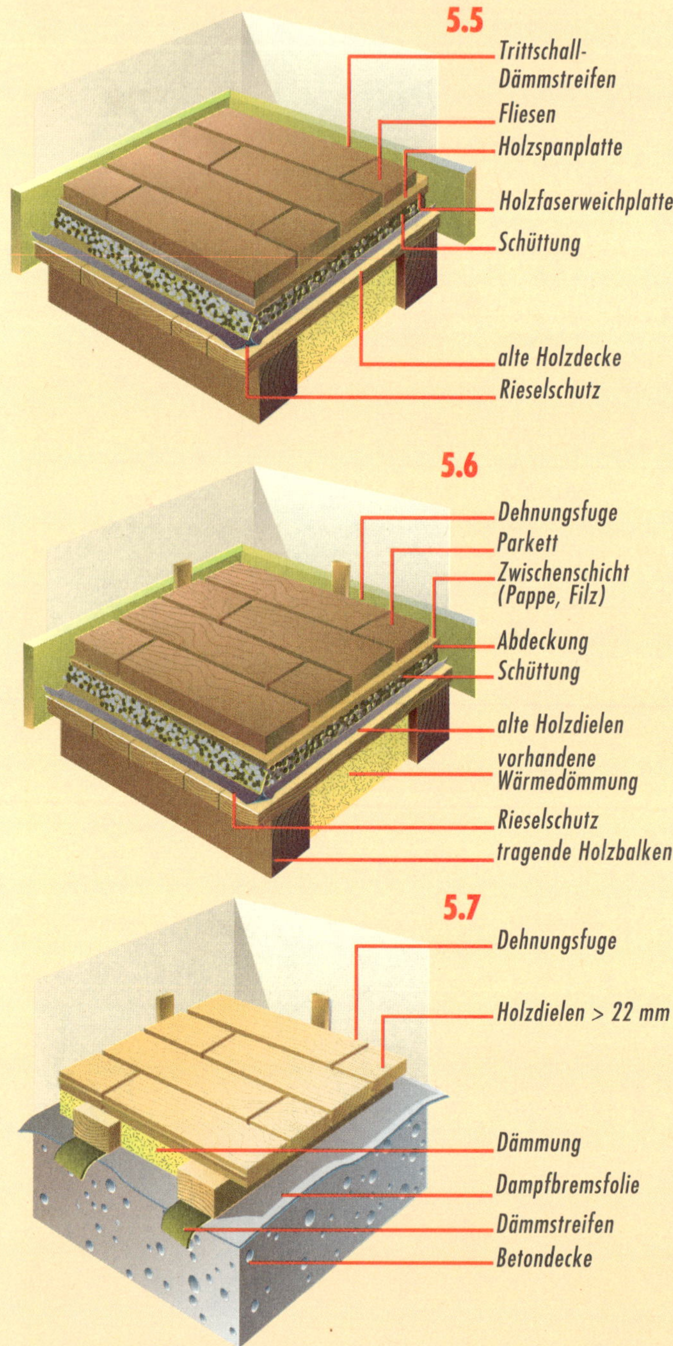

# Biegetechnik für Gipskarton

## So entstehen gewölbte Wände

Auch wenn Gipskartonplatten auf Anhieb einen eher steifen Eindruck machen: Mit der richtigen Technik können Sie die Platten problemlos biegen, um gewölbte Decken oder Wände herzustellen. Im hier vorgestellten Fall war in Trockenbauweise das Treppenhaus für eine Spindeltreppe zu bauen. Wir zeigen, wie die Platten in die gewünschte Form gebracht wurden.
Alles was Sie an Hilfsmitteln brauchen, ist eine Nagelwalze, etwas Wasser und eine Rolle Klebeband. Nicht zu vergessen die Schablone, mit der Sie den Radius der Biegung bestimmen. Als kleinste Biegeradien empfiehlt der Hersteller für die 12,5 mm dicke Gipskartonplatte ca. 1000 mm und für die 9-mm-Platte rund 500 mm.
Biegefähig gemacht werden die Platten, indem man ihre Oberfläche auf der zu stauchenden Seite mit der Nadelwalze perforiert und gründlich wässert. Ist der Gips gleichmäßig durchfeuchtet, kann die Platte über die Schablone gelegt werden. Dann fixieren Sie die Biegung mit Paketklebeband. Nach dem Trocknen lassen sich die so geformten Elemente auf dem Ständerwerk verschrauben.

*Die vorgebogenen Platten werden mit der gewölbten Ständerwand verschraubt*

1 Auf dem Boden wird hier die runde Wandung der vorgesehenen Spindeltreppe angezeichnet

2 Die zu stauchende Plattenseite müssen Sie mit der Nadelwalze sorgfältig perforieren

3 Durch reichlich aufgestrichenes Wasser macht man die vorher steife Gipskartonpatte geschmeidig und biegsam

4 Mit Hilfe der ebenfalls aus Gipskarton gefertigten Schablone wird die durchfeuchtete Platte in die gewünschte Form gebracht

5 Während die gebogenen Elemente trocknen, können Sie die Schienen des Ständerwerks einschneiden und biegen

6 Hier werden bereits die senkrechten Ständer aufgestellt, die das Halbrund um die geplante Treppe bilden

7 Ist das Ständerwerk verschraubt, legt man außen die erste Lage der gebogenen Platten an.

8 Die vorher an der Decke befestigte 25mm-Platte wird hier exakt dem Verlauf der Rundung folgend abgesägt

9 Mineralfaserplatten als Ausfachung sorgen für ausreichende Schalldämmung des Wandaufbaus

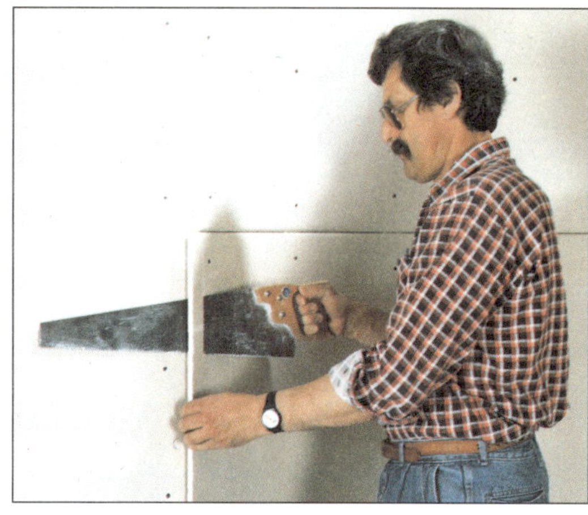

10 Nun sind auch schon die Platten der Wandinnenseite befestigt. Die seitlichen Überstände sägt man mit dem Fuchsschwanz ab

11 Das übliche Verspachteln der Plattenstöße. Auch die Schraublöcher mit Fugenmasse füllen

12 Eckenschoner schützen die Kanten der Leichtbauwand. Zuletzt geht's ans Tapezieren

Ins vorbereitete Treppenhaus wird nun die Spindeltreppe eingebaut

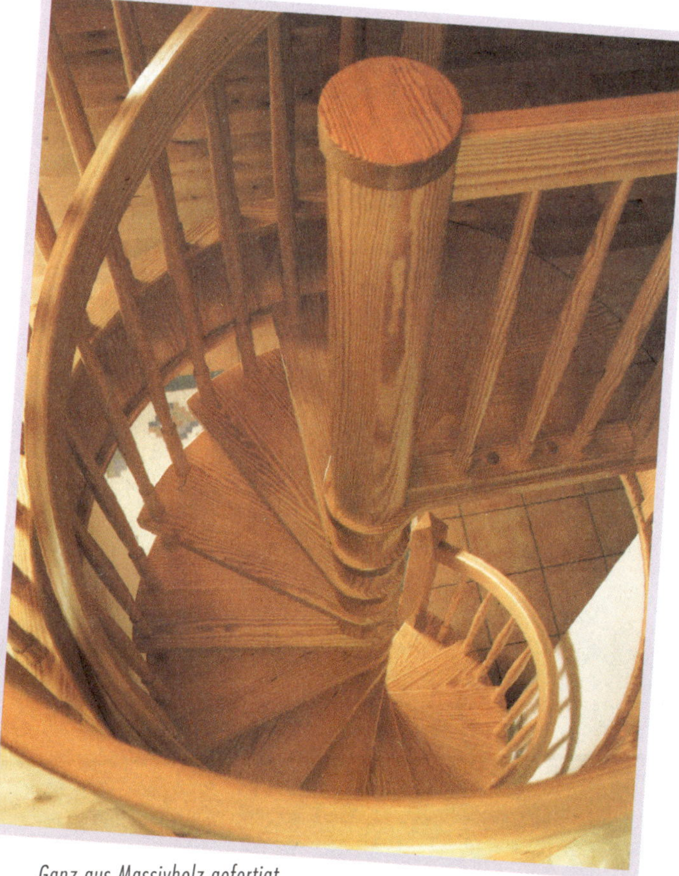

Ganz aus Massivholz gefertigt, stellt die Treppe ein handwerkliches Meisterstück dar

## Enge Biegeradien herstellen

Der Biegeradius, der sich mittels Wässerung erreichen läßt, ist natürlich begrenzt. Für besonders enge Radien empfiehlt sich ein anderes Verfahren: Die Parallelschlitzung mit Oberfräse oder Kreissäge. Die eng geschlitzten Platten macht man zunächst durch Biegen elastisch. Dann werden sie auf eine Schablone gelegt. Nach dem sorgfältigen Ausblasen spachteln Sie die Schlitze gründlich mit Gips aus. Nach dem Abbinden gegebenenfalls auch die Sichtseite mit Spachtelmasse abrunden. Zusätzliche Stabilität erreicht man durch Aufkleben einer zweiten Platte. Mit dieser Methode können auch unregelmäßige Schweifungen hergestellt werden.

Die Anwendungsbereiche der Biegetechniken sind beim kreativen Innenausbau sehr vielfältig. Haben Sie einfach Mut zur runden Form.

Marktübersicht

# Gipsbauplatten

*Gipskarton- und Gipsfaserplatten sind beim Dachausbau oder nachträglichen Ziehen von Zwischenwänden einfach unschlagbar: Sie sind sauber, schnell und für viele Zwecke zu verwenden*

Ganz im Gegensatz zu Wohnraum ist Gips praktisch unbegrenzt verfügbar und für wenig Geld zu haben. Weil Gips außerdem leicht zu verarbeiten und frei von Schadstoffen ist, wundert es nicht, daß dieser Baustoff in Form von Gipskarton- und Gipsfaser-Platten immer häufiger beim Innen- und Dachausbau eingesetzt wird. Die Platten sind in jedem Baumarkt für ein paar Mark zu haben; bei ihrem Einsatz wird keine Feuchtigkeit ins Bauwerk eingebracht, wie es beim Verputzen üblich ist, so daß die bisher nötigen langen Trockenzeiten entfallen.

## Trockenausbau spart Zeit, Geld und Mühe

Chemisch gesehen handelt es sich bei Gips um Calciumsulfat mit 2 Wassermolekülen; er kann als natürlich vorkommendes Mineral im Bergbau gewonnen werden. Große Mengen fallen auch bei der Rauchgas-Entschwefelung von Kraftwerken an – Gips wird nicht knapp. Zu seinen Vorzügen gehört, daß er Feuchtigkeit und in gewissem Maße auch Schadstoffe puffert (s. Seite 167 „Gipsplatten und ihr Zuschnitt“). Die in vielen Formen erhältlichen

## Gipsplatten und ihr Zuschnitt

Gipsplatten bestehen aus Gips zwischen verstärkenden Kartonschichten (Gipskartonplatten) oder aber aus Gips, der mit Zellulosefasern armiert wird (Gipsfaserplatten). Sie können mit üblichem Werkzeug wie Messer, Säge und Bohrer bearbeitet werden. Die Platten bilden glatte Untergründe, auf denen man schnell weiterarbeiten kann. Zur Fugen-Abdeckung wird nur wenig Gips benötigt. Das Material wirkt wärmedämmend und kann durch das gute Wasseraufnahmevermögen Feuchtigkeitsschwankungen ausgleichen. Darüber hinaus ist es unbrennbar und bei ausreichender Dicke feuerhemmend. Diese Platten sind also der fast ideale Heimwerker-Baustoff.

*Die Platte wird zunächst auf der Kartonseite mit einem Messer tief eingeschnitten, dann wird der Gipskern über einer Kante gebrochen*

*Ausklinkungen können mit der Stichsäge vorgenommen werden. Steckdosen-Durchgänge schaffen Sie mit einem Lochsägeaufsatz*

## Stabile Unterkonstruktionen

Das Verputzen mit Mörtel bringt viel Feuchtigkeit ins Bauwerk, weshalb lange Trockenzeiten nötig sind. Bei Heimwerkern erfreut sich der saubere Trockenausbau daher steigender Beliebtheit. Bei geeigneten Untergründen wie z. B. Betonmauern und anderen eben Flächen können die Platten einfach mit Ansetzbinder fixiert werden. Sonst wird eine Unterkonstruktion benötigt. Metallständerwerke sind dabei im Gegensatz zu Holzlatten immer gerade; sie ersetzen zunehmend die früher beim Aufbau von Zwischen- oder Abseitenwänden (Drempel) üblichen Holzkonstruktionen. Die für fast jeden Zweck angebotenen Systemteile sind extrem leicht und durch die Profilierung dennoch hinreichend stabil.

*Die einfachste Befestigung von Gipsplatten: mit Ansetzbinder auf festen und trockenen, aber vor allem ebenen Untergründen*

*Auch Holz-Unterkonstruktionen werden verwendet. Ihr Nachteil: Wasseraufnahme oder -abgabe läßt Holz quellen oder schwinden*

*Metallständerwerke werden als System für jeden Zweck angeboten: Es gibt z. B. Türzargen, Träger für Sanitärinstallation und Deckenabhänger*

*Im Anschnitt sieht man, daß die Gipsfaserplatte aus einem homogenen Gemisch von Gips und Zellulosefasern besteht*

**TIP** **Gipsplatten alleine einsetzen**

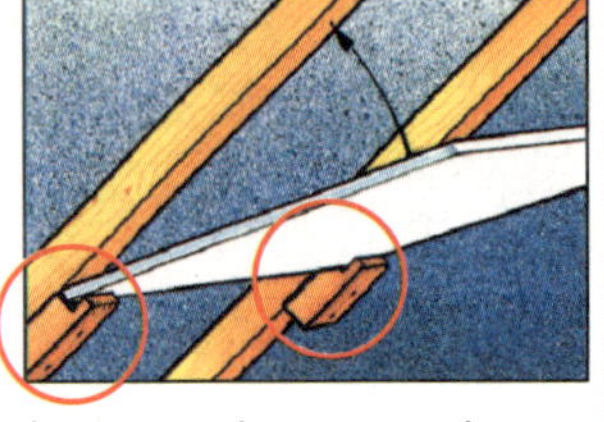

Mit diesem Hilfsmittel können Sie Gipsplatten – z. B. beim Dachausbau – auch ohne Helfer montieren: In die Stirnseite eines kurzen Stücks Dachlatte wird ein Falz von 10 x 10 mm gesägt. Dann bohrt man in diese Zulage ein Loch von 4 mm Durchmesser. Die Konstruktion ist zweimal anzufertigen. Die Halterung schraubt man in der gewünschten Höhe unters Dach. Nun kann die Gipsplatte eingesetzt und an der Oberkante festgeschraubt werden, ohne daß sie abrutscht. Ist die Platte fest, entfernt man die Halterung und schraubt sie an passender Stelle für die nächste Platte wieder an. **TIP**

Platten sind leicht zu transportieren und mit gebräuchlichen Werkzeugen wie Säge, Hammer, Bohrer und Messer zu bearbeiten. Die abgeflachten Kanten einiger Gipskartonplatten erleichtern das Verspachteln. Spezielle Ausführungen für viele Zwecke runden das reichhaltige Angebot ab: Da gibt es Einmann-Platten für den einfachen Transport, extradünne Platten für Rundbogendecken und andere geschwungene Formen, besonders dicke für den schnellen Bau von Zwischenwänden und solche mit Imprägnierung für den Einsatz in Bädern und anderen Feuchträumen. Neuerdings werden auch Gipskarton-Paneele mit Reliefprägungen für die Gestaltung von Wohnräumen angeboten. Weitere wertvolle Informationen finden Sie in dem Band „Bauen mit Gips“ von Karlheinz Volkart (erhältlich beim Bundesverband der Gips- und Gipsbauplattenindustrie e. V., Birkenweg 13, 64295 Darmstadt, 06151/314310)

*Mit Kreissäge oder Oberfräse können Sie Gipskartonplatten so auf Gehrung schneiden, daß die äußere Kartonschicht heil bleibt, und Formteile – zum Beispiel für Türstürze – herstellen*

## Gestaltungsmöglichkeiten

*Rundbögen lassen sich einfach gestalten: Die Platte wird mit der Nagelwalze perforiert, gut durchfeuchtet und über einer Schablone in Form gebracht*



## Die Oberfläche: lackieren, rollen, streichen oder fliesen?

Die Fugen zwischen
Gipsplatten müssen in
jedem Fall verspachte
werden – ob die Platt
nun mit Gipsbatzen d
rekt auf die Wand ge-
klebt oder auf einer
Holz- bzw. Metall-Unt
konstruktion angebrac
wurden. Besondere B
wehrungen (Papier-
oder Glasfaser-Gewel
streifen) sind meist nic
nötig, da die fürs Ver-
spachteln vorgesehen
Fugenfüller durch spe
elle Zusätze schon ge
nug Zug- und Bie-
gespannung aufnehm
können. Sie müssen
aber immer die Fuger
abschleifen, um einer
völlig ebenen Unter-
grund zu erhalten (1).
Bei dieser Tätigkeit fa
len große Mengen se
feinen Staubes an – e
Schwingschleifer mit
wirksamer Staubabs
gung schont Ihre Lung
dabei ganz erheblich
Nach dem Schleifen
aufgetragener Tiefen-
grund bindet den ver-
bliebenen Staub, vers
gelt die Oberfläche u
dient als Haftbrücke b
der weiteren Wandge
staltung (2). So behan
delte Decken und Wä
de können in vielfältig
Weise bearbeitet wer
den: Man kann sie zu
Beispiel tapezieren,
rollen (3) oder sogar
lackieren – dazu sollt
Sie allerdings immer
vollflächig verspachte
um einen gleichmäßig
saugenden Untergrun
zu erhalten. Ebensog
ist es möglich, Gipspl
ten zu verfliesen (4) –
Bädern oder anderen
Feuchträumen ist es
dann natürlich auch r
sam, gegen Feuchtigk
besonders imprägnie
Platten zu verwenden

# Gipsplatten auf einen Blick

| Handelsbezeichnung | Dicke in mm | Breite in mm | Längen in mm | Merkmale / Eignung |
|---|---|---|---|---|
| **Standard- und Einmann-Platten zum Ausbau von Decke und Wand:** | | | | |
| Gipskarton-Bauplatten B (GKB) | 9,5-18 | 600-1250 | 1500-3200 | Gipskartonplatten dieser Kategorie eignen sich vor allem zum einfachen Bekleiden von Wänden und zur Deckenverkleidung. Für wenig beanspruchte Konstruktionen können 9,5 mm Dicke ausreichen. Das Maß 100 x 150 cm gilt (bis 12,5 mm Dicke) als ideale Einmannplatte. Bei höheren Ansprüchen an Schall- und Wärmedämmung empfehlen sich Dicken über 12,5 mm und Metallständerwerke. Plattenlängen ab 2400 mm eignen sich besonders gut zum nahtlosen Bau und Bekleiden von Wänden |
| Gipsfaserplatten | 10-18 | 1000-1245 | 1500-3000 | Gipsfaserplatten sind ca. 50% schwerer und etwas härter als Gipskarton; sie sind schalldämmend sowie universell als Innenausbau-, Feuchtraum- und auch Feuerschutzplatten verwendbar. Sie können mit speziellem Fugenkleber fest verbunden werden |
| **Imprägniert für Einsatz in Bädern, Küchen, Duschräumen und Saunen:** | | | | |
| Gipskarton-Bauplatten imprägniert (GKBi)<br>Gipsk.-B. feuers. imp. (GKFi) | 12,5-15<br>12,5-15 | 1250<br>1250 | 2000-3000<br>2000-3000 | Gipskern und Karton dieser Platten sind mit Kunstharz u. a. Zusätzen gegen Feuchtigkeitsaufnahme geschützt; sie können außerdem feuerhemmend sein |
| **Durch Zusätze (Glasseidenrovings) im Gipskern und Vergütung der Kartonschicht feuerhemmend ausgestattet:** | | | | |
| Gipskartonplatten Feuerschutz (GKF) | 12,5-18 | 625-1250 | 2000-3000 | Glasfaserarmierte Platten dieser Kategorie sind vor allem dort einzusetzen, wo erhöhte Anforderungen an den Brandschutz bestehen; also z. B. beim Dachausbau und in der Umgebung von Kaminen |
| GKF | 20-25 | 600 | 2000-3000 | für Bekleidungen im Dachausbau, schalldämmende Riegel- oder Ständer- sowie nichttragende Innenwände |
| **Besondere Massivbau- und profilierte Paneel-Elemente für dekorativen Einsatz:** | | | | |
| Massivbau-Elemente | 20-25 | 600-625 | 2000-3000 | Für Leichtbau-Wände zwischen Wohnräumen: gute Schalldämmung, feuerhemmend und durch den massiven Charakter für größere Traglasten geeignet |
| Strukturierte Dekorations-Paneele | 15 | 120, 400 und 1200 | 800-1600 | Gipskartonplatten, die durch ein spezielles Bearbeitungsverfahren Reliefprägungen mit Profilen und Füllungen bekommen; zur dekorativen Gestaltung von Wänden und Decken in Innenräumen |
| **Besonders dünne Platten für spezielle Formen wie Rundungen:** | | | | |
| flexible Giupsplatten | 6 | 900, 1200 | 3000, 2400 | Leicht formbare Gipskartonplatten zur Gestaltung gebogener Decken, geschwungener Wände u. ä. |

Die Tabelle enthält in gedrängter Form Informationen zu Art und Eignung bzw. hauptsächlichem Einsatzbereich von Gipsbauplatten; sie beruht auf Angaben der Hersteller. Die Kategorien überschneiden sich zum Teil: Alle gegen Feuchtigkeit imprägnierten Platten z. B. sind unter „Imprägniert" aufgeführt – einige Platten, darunter die Gispfaserplatten (Ausbauplatten) sind nichtsdestotrotz sowohl zum Feuerschutz geeignet als auch gegen Feuchtigkeit imprägniert. Zum Begriff „Einmannplatte": 1 Quadratmeter einer 10 mm dicken Gipskartonplatte wiegt etwa 9 kg; die Einmannplatte mit 100 x 150 wiegt also bei 10 mm Dicke ca. 14, bei 12,5 mm Dicke hingegen ca. 17 kg. Ob man eine 15 mm dicke Platte mit 100 x 150 cm Größe und einem Gewicht von ca. 21 kg noch alleine transportieren kann, hängt von den jeweiligen Körperkräften ab.

## Dübel in Gipsplatten:

Mit Gipsplatten lassen sich leicht und schnell Wände und Decken verkleiden, an denen z. B. Bilder mit Haken direkt befestigt werden können. Bei größeren Lasten – über 5 kg – empfehlen sich Mehrzweck-Dübel aus Kunststoff oder Hohlraum-Dübel aus Metall.

*Mehrzweckdübel aus Kunststoff verknoten sich hinter der Platte. Metalldübel sind leicht zu setzen und erzielen die höchsten Haltewerte*

# Fachwerkwand

**Fachwerkwände werden mit Gipskartonplatten originalgetreu wiederhergestellt**

U-förmige Ständerwerk-Profile werden hier an die Fachwerkbalken geschraubt, um die Beplankung zu tragen

Daß Gipskartonplatten als Beplankung für in Leichtbauweise erstellte Ständerwände eingesetzt werden, haben wir in diesem Buch schon verschiedentlich gezeigt. Hier nun ein Beispiel dafür, daß die vielseitigen Ausbauplatten auch für die Restaurierung alter Fachwerkwände eingesetzt werden können.

Um die Statik der betagten Balken zu verstärken, wurden hier zunächst U-Profile an die Innenwangen der Balken geschraubt. Dieses Trägerwerk erhielt dann eine Beplankung aus 15 mm dicken Platten. Die Gefache hatte man zuvor mit Mineralfaser-Dämmplatten gefüllt. Um eine zu den unregelmäßigen Balken passende Oberfläche zu erzielen, wurden die Platten zuletzt mit einem rustikalen Gips-Kalk-Putz beschichtet. Der frische Putz erhielt eine Kellenstruktur, die wir anschließend mit dem Quast geglättet haben.

Die so wiederhergestellte Fachwerkwand ist nun wesentlich leichter als mit der ursprünglichen Ausmauerung, bietet schalltechnisch aber nahezu die gleichen Werte.

1 Ein auf die Unterseite des U-Profils geklebtes elastisches Band sorgt für die schalltechnische Entkopplung der Ausfachung

2 Die 75 mm breiten Schienen werden nun mit Schnellbauschrauben an den Innenwangen der Balken befestigt

3 Alle größeren Gefache erhalten zur Aussteifung der Konstruktion zusätz liche senkrechte Ständer

4 Mineralfaserplatten werden als Schalldämmung in die Hohlräume der Gefache geschoben

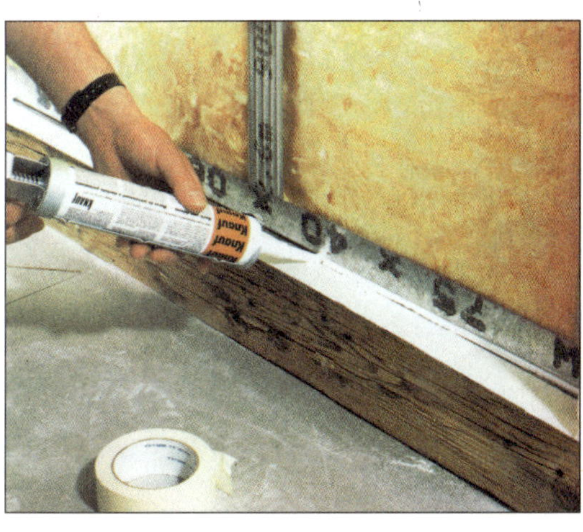


5 Hohlräume zwischen den unebenen Balken und den U-Profilen spritzt man mit Trennwandkitt aus

6 Die Umrisse der Platten für die Beplankung der Gefache werden mit dem Messer angeritzt

7 Nun die 15 mm dicken Platten über eine Kante knicken und den Karton auf der Gegenseite dann mit dem Messer durchtrennen

8 Mit der Raspel bearbeitet man die Kanten, bis die Platte exakt in das vorgesehene Gefach hineinpaßt

9 Die Füllung aus Gipskarton wird eingefügt und mit Schnellbauschrauben an den U-Profilen befestigt

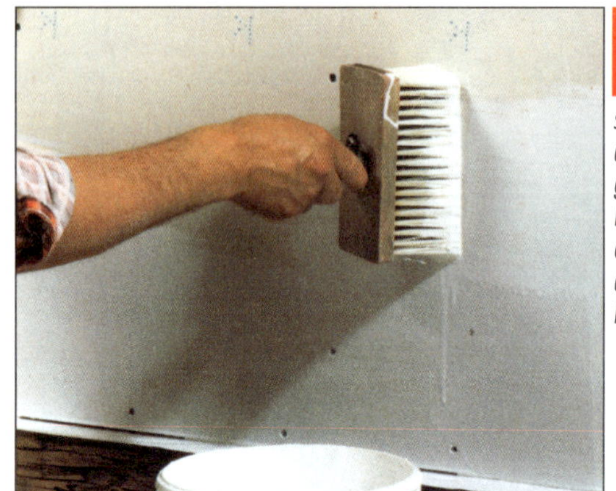

10 Ein Anstrich mit Tiefgrund sorgt dafür, daß der vorgesehene Putzauftrag optimal auf der Platte haftet

11 Den Gips-Kalk-Putz zieht man nun mit der Glättkelle etwa 10-15 mm dick auf die Beplankungen der einzelnen Gefache auf

13 Wenn der Putz leicht angezogen hat, wird er mit dem feuchten Quast geglättet. So entsteht eine Oberfläche, die den alten Vorbildern sehr ähnelt

12 Nachdem eine gleichmäßige Schichtstärke aufgetragen ist, strukturiert man die Oberfläche durch leichte Kellenschläge

# Rundbögen aus Gipskarton

Am Beispiel einer gewölbten Decke wollen wir Ihnen hier zeigen, wie vielseitig sich der Baustoff Gipskarton einsetzen läßt. Alles, was Sie brauchen, um gebogene Platten in Serie herzustellen, sind eine Nagelwalze, Wasser, Klebeband und natürlich die entsprechend vorbereitete Schablone. Sie wird ebenfalls aus Gipskarton hergestellt.
Als kleinstmögliche Biegeradien empfiehlt der Hersteller für die 12,5 mm dicke Platte ca. 1000 mm, für die 9-mm-Platte rund 500 mm. Unsere Fotos und Zeichnungen zeigen den Aufbau der erforderlichen Schablone in allen Schritten.
Um die Platten für die geplante Runddecke biegefähig zu machen, wird die zu stauchende Seite mit der Nagelwalze perforiert und gewässert. Dann legt man sie über die Schablone und fixiert sie, bis sie wieder durchgetrocknet ist.

**1** *Die konstruktiven Details der Gipskarton-Schablone zeigt die Zeichnung rechts oben. Zuerst werden die Umrisse der Bögen aufgezeichnet*

**2** *Sind die Bögen ausgeschnitten, schraubt man Dachlatten an, an denen wiederum die beiden Distanzplatten befestigt werden können*

**3** *Mit Hilfe der Nagelwalze muß die Kartonoberfläche an den zu stauchenden Seiten der Platten gründlich perforiert werden*

**4** *Anschließend wässern Sie die durchlöcherte Seite gründlich. Die Unterseite muß trocken bleiben, damit sie beim Biegen nicht reißt*

**5** *Nun die gewässerte Platte über die Schablone legen und die Stirnseiten mit Metallklammern an den Lattenverstrebungen befestigen*

**6** *In der gewünschten Biegeform wird die Platte mit Paketklebeband fixiert und zum Trocknen von der Schablone heruntergenommen*

## Da die gebogenen Platten wieder etwas zurückfedern, wird der Biegeradius der Schablone grundsätzlich etwas enger gewählt, als tatsächlich benötigt

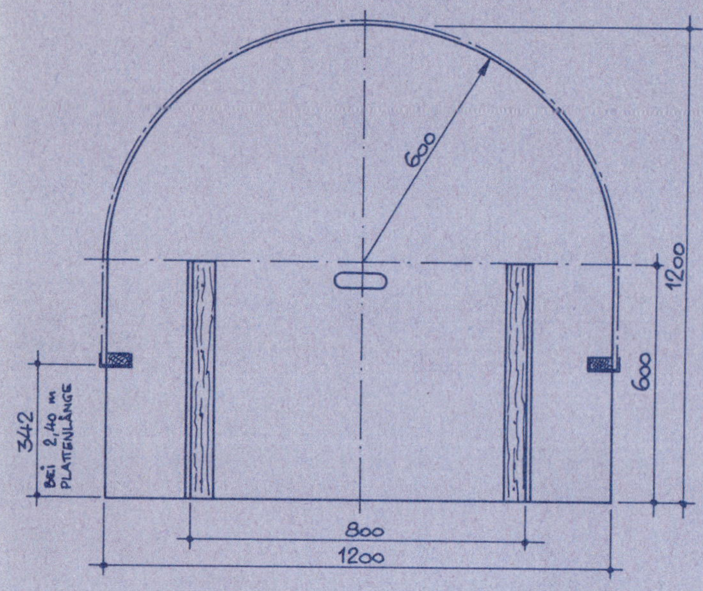


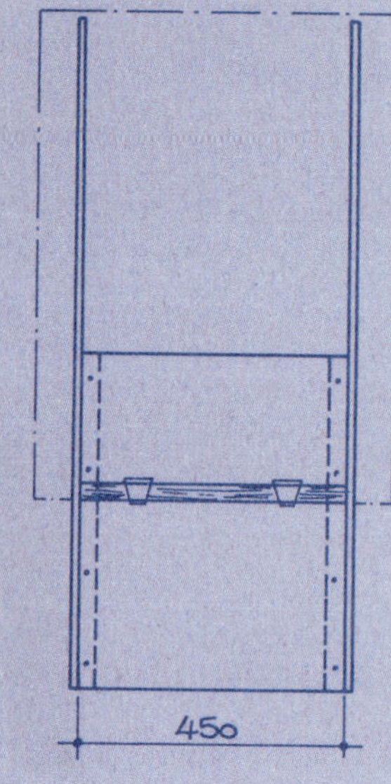


Die Biegeschablone besteht aus zwei seitlichen Bögen, die entsprechend der gewünschten Form aus Gipskartonplatten ausgeschnitten werden. Vier an den Innenseiten angeschraubte Dachlatten bilden die Befestigungspunkte für die beiden Distanzplatten. Zwei zwischen den Bögen eingesetzte Leisten dienen zum Festklammern der zum Biegen aufgelegten Platten

**7** Die Decke wird an einer Metall-Unterkonstruktion befestigt. Das seitliche U-Profil verschraubt man schräg durch seine Innenkante

**8** Die in die U-Profile gesteckten Bogenprofile werden hier mit Hilfe sogenannter Direktabhänger an den Deckenbalken befestigt

**9** Mit einer langen Richtlatte prüft man vor dem Verschrauben, ob die Bogenteile in einer Flucht liegen. Die Direktabhänger umbiegen

**10** So zeigt sich die fertiggestellte Metallunterkonstruktion im Detail. Die längs verlaufenden Tragprofile hängen an speziellen Ankerwinkeln

**11** Der Aufbau unserer abgehängten Rundbogendecke im Überblick: Die Metall-Unterkonstruktion ist bei geringem Gewicht sehr stabil

**12** Beim Anschrauben der Platten hilft eine selbstgebaute Stütze. Zuletzt werden die Plattenstöße und die Schraublöcher gespachtelt

Kapitel 4

# Verputzen

**Neben der technischen Funktion, die ein Putz hat – Schutz der Wand und Feuchte-Regulierung –, kann man ihn auch zu dekorativen Zwecken einsetzen. Wir zeigen die Vielfalt der möglichen Anwendungen und Putz-Techniken**

## INHALT

**Innenputz aufbringen**

# Ein dicker Auftrag

*Haben Sie eine Wand zu sanieren? Verpassen Sie ihr eine ›Abreibung‹!*

Verputzen ist eine Arbeit, für die einiges an handwerklichem Geschick und Fingerspitzengefühl erforderlich ist. Aber nicht in jedem Fall muß ein Fachmann her. Bei kleineren Objekten wie in unserem Beispiel kann der versierte Heimwerker sich das durchaus auch mal selbst zutrauen. Ein wichtiger Faktor ist die Auswahl des richtigen Putzes. Am geeignetsten für Innenräume (außer Feuchträumen) ist ein Gipsputz. Zum einen ist er anorganisch und damit unanfällig gegen Pilze, zum anderen reguliert er die Luftfeuchtigkeit und sorgt so für ein angenehmes Raumklima. An Werkzeug benötigen Sie eine Maurer- und eine Glättkelle, eine Richtlatte und einen Mörtelkübel. Gutes Gelingen!

Bei kleinen Flächen wird der Putz mit der Kelle aufgezogen. Beginnen Sie damit am oberen Ende der Wand

1 Nach dem Aufziehen des Putzes wird mit einer Richtlatte die Putzfläche sowohl waagerecht als auch senkrecht abgezogen, ...

2 ... wobei ein seitlich angenageltes Brett als Putzlehre dient. Fehlstellen werden sofort mit Mörtel aufgefüllt und abgezogen

3 Mit einem feuchten Schwammbrett wird abgerieben. Streifen Sie es nach dem Eintauchen ab, damit es keine Schlieren zieht

4 Für eine glatte Oberfläche sorgt das Abziehen mit einer Glättkelle. Hat der Putz schon sehr angezogen, hilft es, die Kelle anzufeuchten

# Verputzen

*Die Fertigkeit, Wände zu verputzen, wird niemand auf Anhieb aus dem Handgelenk beherrschen. Einige Übung ist dazu schon nötig. Vorher sollten Sie sich aber ein wenig mit der ›grauen Theorie‹ beschäftigen, die wir Ihnen auf den nächsten Seiten näherbringen möchten*

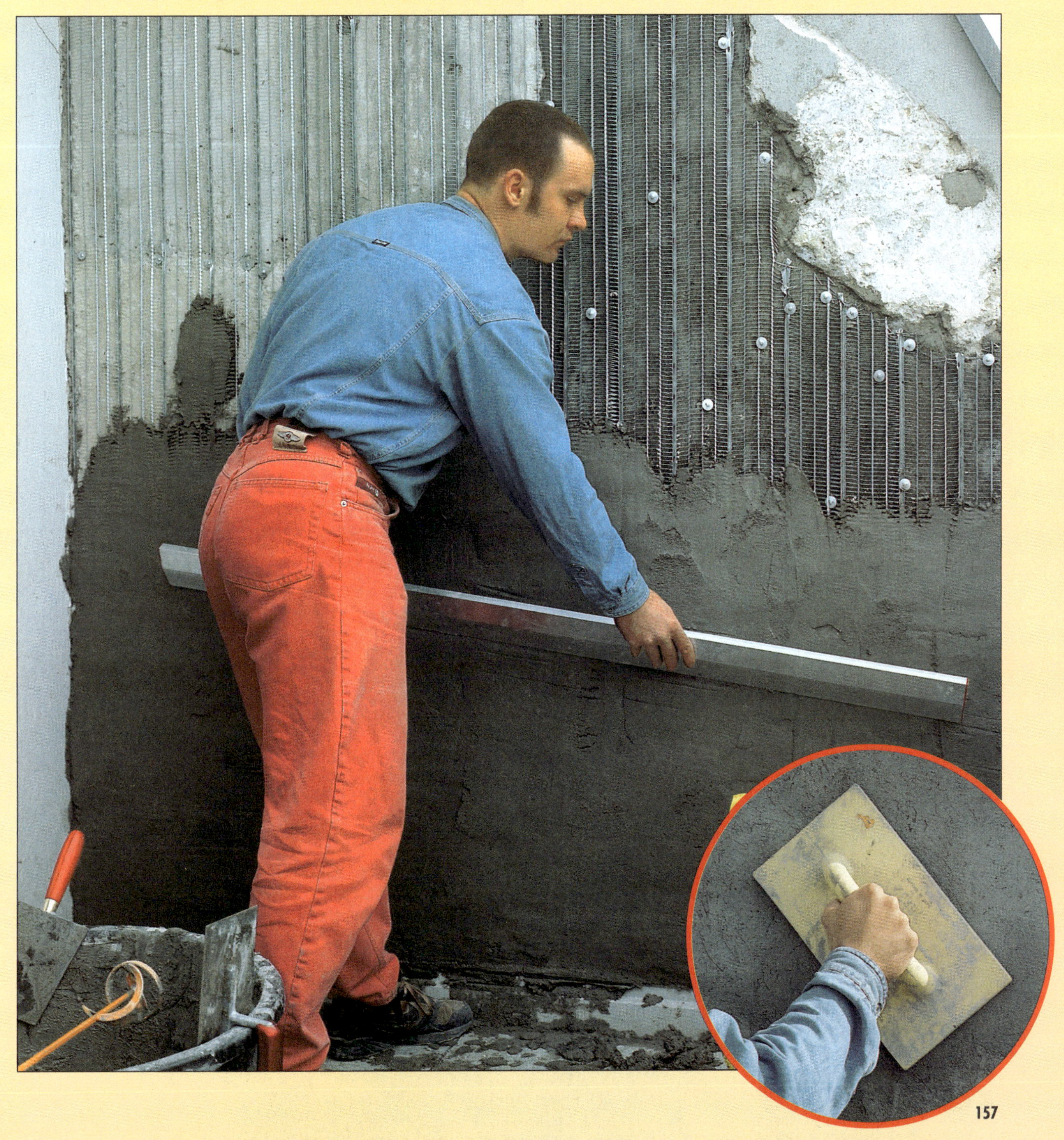

# Verputzen

## 1. Was ein Putz leisten muß

**Innenputze sollten feuchtigkeitsregulierende Wirkung haben**

Je nach Einsatzort erfüllen Putze höchst unterschiedliche Aufgaben. In Innenräumen dienen sie in erster Linie dazu, ebene und glatte Untergründe für Anstriche, Tapeten und andere Beläge herzustellen. Gleichzeitig sollte ein Innenraumputz feuchtigkeitsregulierend wirken: Er muß in einem gewissen Umfang Feuchtigkeit in Form von Wasserdampf aufnehmen und wieder abgeben können. Noch vielseitigere Aufgaben nimmt der Außenputz wahr. Die wichtigste: Er muß verhindern, daß das Mauerwerk durchfeuchtet wird. Die Folge wäre nicht nur eine verminderte Wärmedämmfähigkeit der Außenwand; bei Frost drohte sogar eine Zerstörung der Mauersteine. Der Außenputz muß deshalb in der Lage sein, Wasserdampfmoleküle aus dem Rauminneren nach außen durchzulassen, aber gleichzeitig den Regen an der Außenseite abzuweisen. Damit nicht genug: Er muß ausreichend elastisch sein, um Spannungen durch extreme Temperaturwechsel und Setzungen des Mauerwerks ohne Rißbildung oder Abblätterung ausgleichen zu können. Und *last not least* dient der Außenputz natürlich auch zur Verschönerung eines Gebäudes.

**Außenputze müssen elastisch sein und vor Regen und Sonne schützen**

## 2. Putzarten und wo man sie einsetzt

**Mineralische Putzmörtel**

Man unterscheidet bei Putzen zwei große Hauptgruppen: die mineralischen und die Kunststoff-Putze. Erstere bestehen aus Sand und mineralischen Bindemitteln – Zement, Kalk, Gips oder Abmischungen dieser Stoffe –, die sich unter Zugabe von Wasser chemisch verbinden. Durch den Einsatz der verschiedenen Bindemittel können Putzmörtel exakt auf jede Beanspruchung zugeschnitten werden.
Nach ihren Eigenschaften unterteilt man die mineralischen Putzmörtel in fünf Gruppen (Tabelle 2.1): Die gut feuchtigkeitsregulierenden Kalkmörtel (P I) eignen sich vor allem für Innenputze. Größere Festigkeit bei gleichzeitig guter Dehnfähigkeit zeichnen die Kalkzement-Mörtel (P II) aus,

**Stark beansprucht:** *Der Außenputz muß die Wände vor Nässe, Hitze und Frost schützen, aber durchlässig sein für Wasserdampf von innen*

### 2.1. Putzmörtel

| Mörtelgruppe | Mörtelart | Sand | Bindemittel |
|---|---|---|---|
| P I a | Luftkalkmörtel | 3-4 | 1 Kalkhydrat |
| b | Wasserkalkmörtel | 3-4 | 1 Kalkhydrat |
| c | Mörtel mit hydraulischem Kalk | 3-4 | 1 hydraulischer Kalk |
| P II a | Mörtel mit hochhydraul. Kalk oder Putz- und Mauerbinder | 3-4 | 1 hochhydraulischer Kalk oder 1 Putz- und Mauerbinder |
| b | Kalk-Zement-mörtel | 9-11 | 2 Kalkhydrat + 1 Zement |
| P III a | Zementmörtel mit Kalkhydrat-Zusatz | 7-8 | 2 Zement + 0,5 Kalkhydrat |
| b | Zementmörtel | 3-4 | 1 Zement |
| P IV a | Gipsmörtel | — | Stuckgips oder Gipsputz |
| b | Gipssandmörtel | 1-3 | 1 Stuckgips oder Gipsputz |
| c | Gipskalkmörtel | 3-4 | 1 Kalkhydrat + 0,5 bis 1 Stuckgips oder 1 bis 2 Putzgips |
| d | Kalkgipsmörtel | 3-4 | 1 Kalkhydrat + 0,1 bis 0,2 Stuckgips oder 0,2 bis 0,5 Putzgips |
| P V a | Anhydritmörtel | 1,5-2,5 | 1 Anhydritbinder |
| b | Anhydritkalk-mörtel | 12 | 1,5 Kalkhydrat + 3 Anhydritbinder |

**Mörtelgruppen für mineralische Putze:** *Die Tabelle gibt die Mischungsverhältnisse von Sand zu Bindemitteln in Raumteilen an*

### 2.2. Beschichtungsstoff-Typen für Kunstharzputze

| Beschichtungsstoff-Typ | für Kunstharzputz als |
|---|---|
| P Org 1 | Außen- und Innenputze |
| P Org 2 | Innenputz |

**Kunstharzputze:** *Für die grundsätzlich werkseits fertig gemischten Kunstharzputze gibt es nur die zwei Klassifizierungen P Org 1 und 2*

## Anwendungsgebiete der verschiedenen Putzarten

a) für Außenputze, b) für Innenputze **2.3**

| Putzanwendung | Unterputz | Oberputz |
|---|---|---|
| a) bei üblicher Beanspruchung | P I, P II | P I, P II, P Org 1 |
| wasserabweisend | P I c, P II | P I c, P II, P Org 1 |
| Keller-Außenwandputz | P III | P III |
| Außensockel | P III | P III, P Org 1 |
| b) bei geringer Beanspruchung | P I a oder b, P II, P IV | P I a oder b, P IV d |
| Übliche Beanspruchung | P I c, P II, P III P IV a,b oder c P V | P I c, P II, P IV a, b oder c, P V, P Org 1 P Org 2, P III |
| Bad, Duschbereich | P II, P III | |

*Putzsysteme: Die Tabelle gibt an, welche Putzarten für innen oder außen geeignet und wie sie miteinander kombinierbar sind*

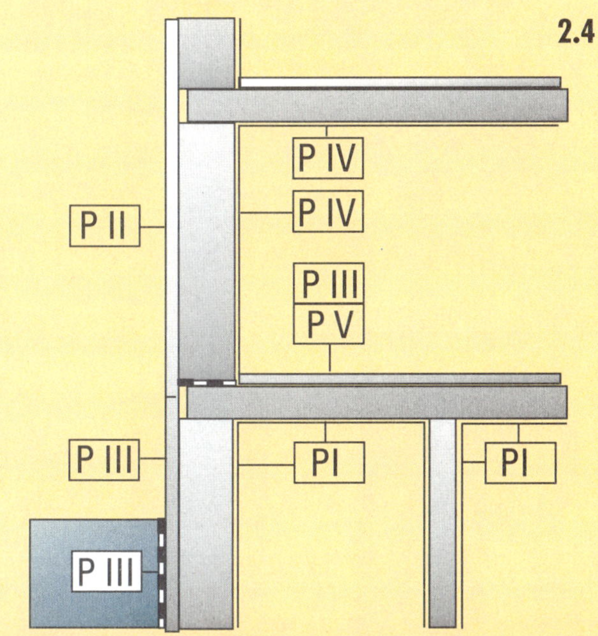


*Anwendung von Putzmörtelgruppen: Die Querschnittszeichnung eines Hauses zeigt, wo welche mineralischen Putze zum Einsatz kommen*

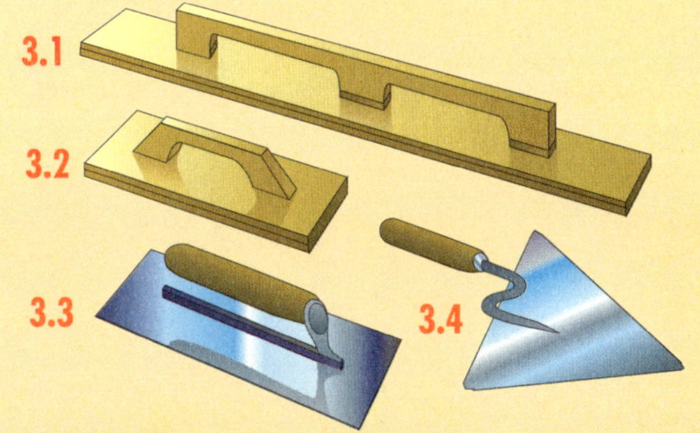


*Unabdingbar beim Verputzen: Die Kelle (3.4) zum Anwerfen des Mörtels, die Kartätsche (3.1) zum großflächigen Abziehen, die Traufel (3.3) zum Aufziehen und ein Reibebrett (3.2) zum Glätten des Putzes*

die man als Außenputze einsetzt. Der wenig elastische, aber sehr feste Zementmörtel (P III) hingegen verkraftet auch die starken Feuchtebelastungen im Sockel- und Kellerbereich des Hauses. Die gut atmungsfähigen Gipsmörtel (P IV) verwendet man ausschließlich als Innenputze mit Ausnahme von Feuchträumen. Anhydritmörtel (P V) haben ähnliche Eigenschaften wie Gipsmörtel, werden aber meist für Estriche eingesetzt (Bild 2.4).

**Putzmörtel sind nach ihren Eigenschaften klassifiziert**

Mineralische Putzmörtel können Sie selbst anmischen. Unkomplizierter zu handhaben, aber etwas teurer sind trockene Fertigmischungen, die in jeder Mörtelgruppe angeboten werden.

Kunstharzputze werden mit organischen Bindemitteln hergestellt und ausschließlich als gebrauchsfertige Putze angeboten. Sie sind auch für den Anfänger relativ einfach zu verarbeiten und eignen sich hervorragend zur dekorativen Gestaltung von Innen- und Außenwänden. Da sie nur dünn aufgetragen werden, setzen sie einen ebenen Untergrund voraus. Kunststoffputze unterteilt man in Beschichtungsstoff-Typen für innen und außen (Tabelle 2.2).

**Kunstharzputze basieren auf organischen Bindemitteln**

Während in Innenräumen oft auch einlagig (Schichtdicke ca. 1 cm) verputzt wird, sind außen immer mindestens zwei Putzschichten notwendig. Die erforderliche Putzdicke von ca. 2 cm läßt sich nämlich nicht in einem Arbeitsgang auftragen. Der frische Putz würde abrutschen. Der Außenputz bildet darum immer ein System aus einzelnen Putzschichten, deren Festigkeit von außen nach innen zunehmen sollte. Aus Tabelle 2.3 können Sie ersehen, welche Putzarten und -gruppen bei welcher Anwendung in einem Putzsystem kombinierbar sind.

**Putz-Systeme für innen und außen**

## 3. Putzwerkzeuge

Zum Verputzen brauchen Sie einige Spezialwerkzeuge, die sich vielleicht noch nicht in Ihrem Bestand befinden. Es handelt sich um die Werkzeuge, die Sie zum Aufbringen (3.3 und 3.4), Abziehen (3.1) und Durchreiben (3.2) des Putzes benötigen. Achten Sie beim Verarbeiten von Kunststoffputzen darauf, nur Edelstahlkellen und -glätter mit dem Aufdruck „rostfrei“ zu verwenden.

**Spezialwerkzeuge zum Verputzen**

# Verputzen

Nicht im Bild zu sehen, aber ebenfalls erforderlich sind Mörtelkübel und ein Rührquirl für die Bohrmaschine zum Durchmischen bzw. Aufrühren von Putzmörteln und Fertigputzen.

**Spritz-Bewurf:** Für Laien empfiehlt sich die Rückhand-Technik: Der Putz wird von unten nach oben mit einer leichten, aber schnellen Drehung aus dem Handgelenk angeworfen.

## 4. Putzarbeiten sind wetterabhängig

**Putzarbeiten nur bei trockenem, stabilem Wetter über +10 °C**

Führen Sie nie Putzarbeiten bei Temperaturen unter +5 °C durch. Ideal ist trockenes Wetter bei Temperaturen über +10 °C. Allerdings darf der Putz auch nicht zu schnell abtrocknen. Direkte Sonneneinstrahlung und starker Wind oder dauernde Zugluft sind darum unbedingt zu vermeiden. Kunstharz-Außenputze sollten Sie nur bei stabiler, trockener Wetterlage verarbeiten. Ein nach Stunden einsetzender Regen kann Kunstharzputze wieder anlösen und abspülen. Achten Sie auch darauf, daß Trockenmörtel und Bindemittel vor Feuchtigkeit geschützt sind. Sie beginnen sonst sofort zu erhärten.

**Risse und Schlitze überbrücken:** Hohlräume oder Übergänge zwischen unterschiedlichen Putzgründen werden üblicherweise mit Rippenstreckmetallen überspannt und dann verputzt

## 4. Ein haftfähiger Putzgrund

**Grund-Voraussetzung: staubfrei, sauber und fest**

Eine der wichtigsten Voraussetzung für das Gelingen Ihrer Arbeit ist eine gute Putz-Haftung auf dem Untergrund. Grundsätzlich muß der Putzgrund staubfrei und sauber sein. Lose Teile entfernen. Bei Neubauten sollten Sie kontrollieren, ob Schalöl-Rückstände vorhanden sind. Bespritzen Sie dazu die Wand mit Wasser. Wenn es abperlt, müssen Sie die ölige Substanz mit Wasser und Spülmittelzusatz entfernen. Ein guter Putzgrund sind rauhe Oberflächen mit mittlerer Saugfähigkeit wie Bimsbeton oder Porenziegel. Zu stark saugende Untergründe, z. B. Porenbeton, sollten Sie mit Wasser vornässen oder mit einem Haftanstrich (nach Angaben des Putzherstellers, in der Regel eine Kunststoffdispersion) versehen. Bei schwach saugenden, glatten Oberflächen, z. B. Beton oder Kalksandstein, muß man die Haftung mit Hilfe eines Spritzbewurfs verbessern. Hierzu 1 Teil Zement und 2 Teile Sand mischen und mit Wasser und Haft-Emulsion anmachen. Der Spritzbewurf muß eine sämige Konsistenz haben. Er wird dünn und

**Ein Spritzbewurf verbessert die Putzhaftung**

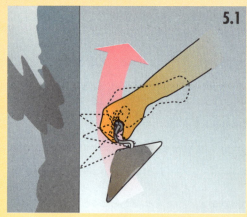

**Mörtel-Putzleisten:** Beim Erstellen der Mörtelleisten orientiert man sich an Richtschnur und Lot. Sie zeigen Dicke und Flucht des Auftrags an

**Putzleisten abziehen:** Die angeworfenen Mörtelbatzen zieht man mit Richtlatte und Wasserwaage seitlich ab. Die an der Decke gespannte Fluchtschnur gibt die richtige Putzdicke vor

**Putzhilfen an Fenstern und Türen:** *Hier dienen in den Laibungen befestigte gerade Bretter als Putzleisten. Sie müssen in einer Flucht mit den Mörtelputzleisten sein*

**Für gerade Ecken:** *Vor allem im Innenbereich bietet sich die Verwendung von Eckschutzleisten aus Metall an. Sie werden lotrecht mit Schnellmontagezement – bei Gipsputzen mit Gipsmörtel – befestigt*

**Putzprofile aus Metall:** *Heimwerkerfreundliche Alternative zu den Putzhilfen aus Mörtel sind Metallputzprofile. Man befestigt sie lotrecht in batzenförmig aufgebrachtem Putzmörtel*

**Schneller Auftrag:** *Besser und schneller als mit der Hand läßt sich ein Putz maschinell aufbringen. Solche Maschinen können in großen Baumärkten in der Regel ausgeliehen werden*

vollflächig mit der Kelle an die Wand geworfen (Bild 5.1), eine Technik, die geübt sein will. Durch die rauhe, warzenförmige Oberfläche des Spritzbewurfs vergrößert sich die Haftfläche zum Unterputz. Außerdem wird ein eventuell unregelmäßiges Wegschlagen des Wassers in den Untergrund vermieden.

Stahl- oder Holzelemente, auf denen selbst ein Spritzbewurf nicht hält, sowie Mauerschlitze müssen mit einem Putzträger überspannt werden. Meist setzt man dazu sog. Rippenstreckmetalle (Bild 5.2) ein, die mit Nägeln in der Wand befestigt werden. Der Putzträger wird vorab verputzt. Mörtel auftragen, durch das Gitterwerk drücken und dann gleich rauh abziehen. Über Nacht trocknen lassen, bevor Sie den Unterputz aufbringen.

**Putzträger zum Überbrücken**

## 6. Lot- und fluchtgerechter Unterputz

Mit dem Unterputz bildet man bereits die lot- und fluchtgerechte spätere Putzoberfläche aus. Das gelingt selbst dem Profi nicht aus dem Handgelenk. Man braucht dazu sog. Putzleisten oder Putzlehren, zwischen denen der Putz gerade abgezogen wird. Putzleisten können Sie mit Mörtelstreifen oder Metallputzprofilen herstellen. In beiden Fällen müssen Sie zunächst die exakte Flucht der Wand mit einer Richtschnur festlegen (Bild 6.1). Die Flucht in der Vertikalen mit einem Hängelot oder Richtscheit und Wasserwaage kontrollieren.

**Die Richtschnur zeigt die Flucht der Wand an**

Die Mörtelputzlehren werden – wie der Spritzbewurf – in ausreichender Dicke batzenweise angeworfen, geglättet und dann seitlich mit Richtlatte und Wasserwaage lotrecht abgezogen (Bild 6.2). Wenn der Mörtel etwas Wasser abgegeben hat, reibt man die Oberfläche mit einem Holzbrett ab. Bilden sich beim Abreiben Schlieren, ist der richtige Zeitpunkt noch nicht erreicht. Bei zu spätem Abreiben bilden sich Rillen in der Oberfläche. Dann müssen Sie den Putz etwas nachnässen. Am nächsten Tag kann dann der Unterputz zwischen den Lehren angeworfen und mit Kartätsche oder Richtscheit abgezogen werden. Zum Erstellen der Putzlehren verwendet man übrigens den gleichen Mörtel wie für den Unterputz.

**Putzleisten aus Mörtel**

**Der richtige Zeitpunkt zum Abreiben des Putzes**

# Verputzen

**Heimwerkerfreundlich: Putzleisten aus Metallprofilen**

Heimwerkerfreundliche Alternative zu den Mörtellehren sind Putzprofile aus Metall (6.5). Man richtet sie in Mörtelbatzen (gleicher Mörtel wie Unterputz) lot- und fluchtgerecht an der Wand aus. Beim Verputzen von Außenecken ist der Einsatz von Eckschutzschienen sinnvoll (6.4). Wenn bei größeren Flächen ein Anwerfen des Putzes erforderlich ist, empfiehlt sich übrigens auch für Heimwerker die Verwendung einer Putzmaschine (Bild 6.6). In größeren Baumärkten kann man sie meist ausleihen.

## 7. Oberputze – innen und außen

**Putze für Innenräume**

Innenräume werden heute vielfach mit einlagigen Fertigputzen – meist auf Gips- oder Kalkgipsbasis – verputzt. Sie können in einem Arbeitsgang etwa 10 mm dick aufgetragen und geglättet werden. Bei zweilagigem Auftrag reicht ein 1 bis 2 mm dicker Feinputz, um einen geeigneten Untergrund für Tapeten oder Anstriche herzustellen. Er wird mit dem Glätter aufgespachtelt, geglättet und anschließend mit einem angefeuchteten Schwammbrett abgerieben.

**Strukturierbare Oberputze für innen und außen**

Als strukturierbare Oberputze für innen und außen eignen sich mineralische und Kunstharzputze gleichermaßen. Es gibt sie als fertige Trockenmischungen (mineralische Putze) oder gebrauchsfertig im Eimer (Kunstharzputze). Sie enthalten meist Zuschlagkörner in unterschiedlichen Größen, etwa zwischen 2 und 5 mm. Nach dem Aufspachteln zieht man sie mit steilgestelltem Glätter auf Korngröße ab. Durch gleichmäßiges Abreiben mit dem Kunststoff-Reibebrett (kreisförmig oder gerade) erhält die Putzoberfläche ihre dekorative Struktur (7.1 und 7.2). Wenn Sie den Putz nach eigenen Vorstellungen strukturieren möchten (7.3 bis 7.5), sollte der Putzauftrag etwas dicker als die Korngröße sein. Es gibt dafür aber auch die sog. Roll- oder Strukturputze ohne Korn.
Noch ein Tip zum Schluß: Tragen Sie immer nur so viel Putz auf, wie Sie innerhalb der Trocknungszeit glätten oder strukturieren können. Zusammenhängende Flächen sollten Sie ohne längere Unterbrechungen Teilstück für Teilstück naß in naß verputzen. □

7.1 **Aufziehen des Putzes:** Oberputze, z. B. Reibe-, Kunstharz- oder Gipsputze, werden meist aufgespachtelt und dann mit dem Glätter auf gleiche Schichtdicke oder in Kornstärke abgezogen

**Putze abreiben:** Seine endgültige Oberflächenstruktur erhält der Putz durch das Abreiben – je nach Putzart mit dem Holzreibebrett, dem Schwammbrett oder einem Kunststoffglätter

**Dekorative Strukturen:** Kunstharzputze lassen sich nach dem Glätten auf vielfältige Weise dekorativ strukturieren, z. B. mit speziellen Struktur- (7.3) oder einfachen Tapetenrollen

**Musterhaft:** Auch Quast (7.4), Traufel (7.5) oder Zahnspachtel können zum Strukturieren dienen. Tragen Sie aber in jedem Fall nur so viel Putz auf, wie Sie innerhalb der Abbindezeit bearbeiten können

# Putz

**Daß auch ein Mineralputz ohne Probleme vom Laien zu verarbeiten ist, zeigen wir hier. Neuerdings können Sie ihn sogar vorab einfärben**

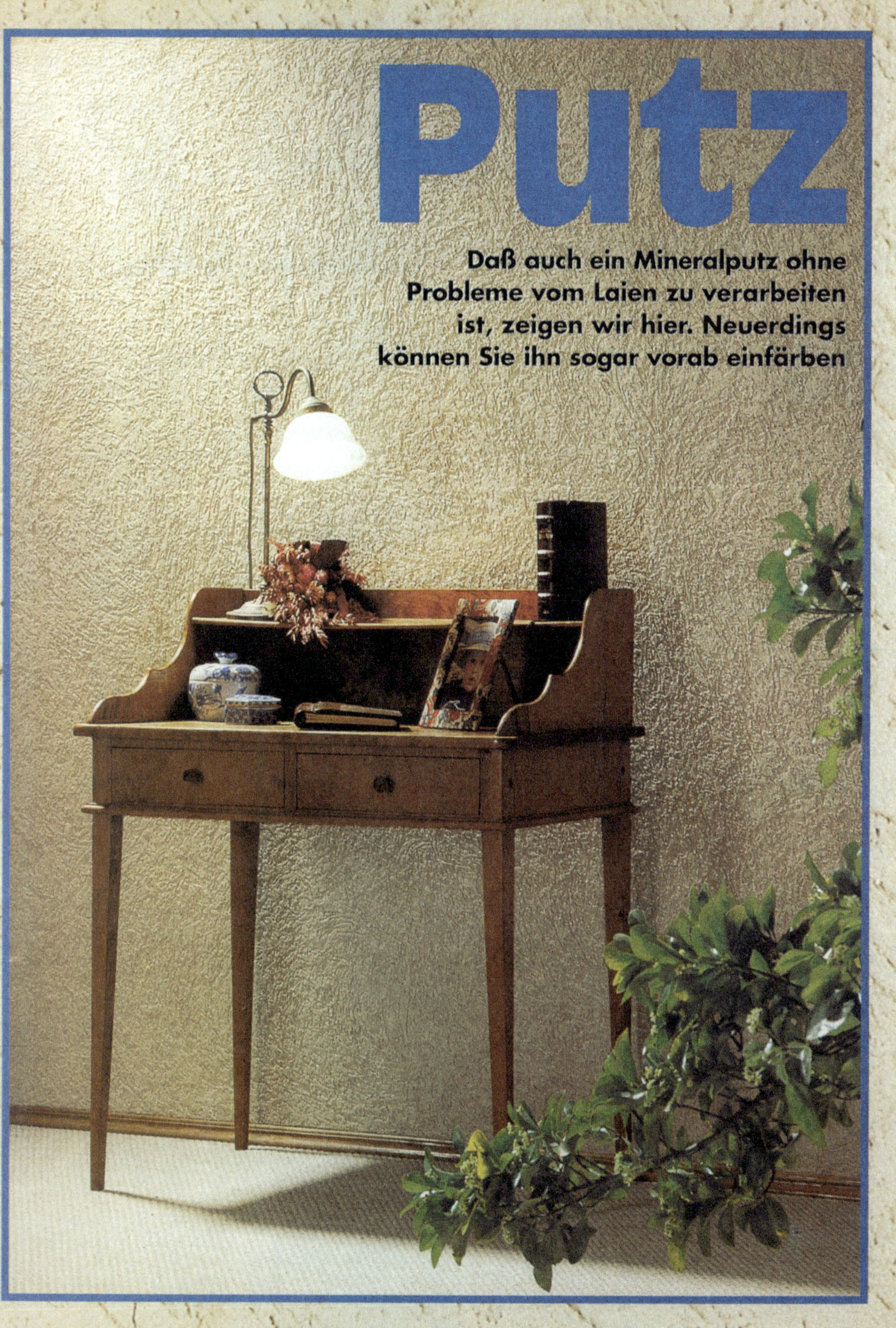

*Die Grundierung, die bei dem von uns verwendeten Mineralputzsystem einfach mit Wasser und Farbpulver angemischt wird, dient als Haftbrücke ...*

*... und soll zugleich den Untergrund homogen einfärben. Man trägt sie gleichmäßig satt mit einem Pinsel, einer Bürste oder der Lammfellrolle auf*

*Schon kann es losgehen: Putz und Farbpulver werden einfach in Wasser eingerührt und zu einer relativ steifen, knollenfreien Masse angemischt*

Es muß ja nicht immer Tapete sein: Machen Sie statt dessen doch mal richtig Putz. Unzählige Oberflächenvarianten lassen Ihrer Kreativität eine Menge Freiraum. Und das Aufziehen ist einfacher, als Sie vielleicht denken. Vor allem, wenn Sie – wie hier zu sehen – einen einlagigen Dünnschichtputz einsetzen. Großer Beliebtheit erfreuen sich in diesem Marktsegment die Kunstharzputze: Ihr unbestreitbarer Vorteil ist, daß sie bereits verarbeitungsfertig eingestellt sind, während die auf traditionellen Bindemitteln (Gips oder wie beim hier eingesetzten Produkt Kalk) basierenden Mineralputze in der Regel noch mit Wasser angerührt werden müssen. Wer aber diese zusätzliche Mühe nicht scheut, der ist mit einem Mineralputz unter Umständen besser bedient: Er läßt sich nämlich ebenso einfach verarbeiten und sorgt durch seine natürlichen Bestandteile und die hohe Diffusionsfähigkeit für baubiologisch einwandfreie Verhältnisse. Bei dem auf diesen Seiten gezeigten Putzsystem kommt ein weiterer Vorteil hinzu: Es kann mit Hilfe eines speziellen Farbpulvers schon beim Anmischen eingefärbt werden. Das spart nicht nur den Arbeitsgang des Farbanstrichs, es verhindert auch unschöne weiße Stellen, wenn Sie versehentlich mal etwas stärker auf den Putz gehauen haben. Zur Wahl stehen Reibeputze mit verschiedenen Korngrößen und ein Strukturputz (Rollputz), der glatt aufgezogen und dann mit jedem nur erdenklichen Werkzeug strukturiert werden kann. Die Untergrundvorbehandlung erfolgt mit einer zum System gehörenden Putzgrundierung: Sie dient als Haftbrücke, gewährleistet einen einheitlichen Untergrund (auch sie wird bereits beim Anmischen eingefärbt) und sorgt durch eine feine Körnung dafür, daß auch auf glatten Oberflächen (wie zum Beispiel Gipskarton oder Beton) das Strukturkorn beim Abreiben einwandfrei „rollt". Lediglich bei absandenden Untergründen ist zusätzlich noch ein Tiefengrund nötig. □

*Hier sehen Sie einige Farbtöne und Oberflächenstrukturen, die sich mit dem verwendeten Putzsystem herstellen lassen. Der Reibeputz kann senkrecht (2), waagerecht (8), kreisförmig (7) oder diagonal über Kreuz (6) abgerieben werden. Eine Alternative zum Reibeputz ist der Rollputz, der in punkto Oberflächenstrukturierung Ihrer Kreativität kaum Grenzen setzt. So können Sie ihm zum Beispiel mit einem runden Pinsel zu Leibe rücken (1). Man kann ihn jedoch ebenso mit einer Kelle (3) oder den Fingern (4) bearbeiten, oder aber Sie benutzen eine spezielle Strukturwalze (5).*

*Mit der Edelstahl-Glättkelle trägt man nun den Putz von unten nach oben auf und zieht ihn anschließend mit der steilgestellten Kelle auf Kornstärke ab*

## Putzflächen problemlos renovieren

Ein häufiges Argument gegen die Verwendung von dekorativen Oberputzen im Innenbereich lautet, er lasse sich im Vergleich zur Tapete nur schwer wieder entfernen. Aber keine Angst: Auch mit der verputzten Wand sind Sie nicht für alle Ewigkeit festgelegt: Zum einen gibt es Putze, die sich mit einem Spachtel und etwas Wasser auch noch nach Jahren wieder entfernen lassen. Zum andern kann man zumindest mineralische Putze auch mit einem dünn aufgezogenen Gipsputz abdecken: Darauf können Sie dann ganz nach Laune tapezieren, streichen oder auch wieder neu verputzen. Noch einfacher ist die Sache, wenn Sie nur die im Lauf der Jahre mit Staub und Schmutz zugesetzte Putzoberfläche renovieren wollen oder wenn Ihnen die Farbe Ihres Putzes nicht mehr gefällt: Die meisten Putze lassen sich ohne Probleme streichen. Für mineralische Oberputze sollten Sie allerdings auch eine mineralische Farbe (also zum Beipiel eine Silikatfarbe) wählen. Bei dem hier eingesetzten System kann man zum Überstreichen auch einfach die passend abgetönte Grundierung verwenden.

*Reibeputze werden je nach gewünschter Struktur mit einem Kunststoff-Reibebrett bearbeitet: Die Körnung sorgt für das entsprechende Oberflächenbild*

## Tips zum Thema

| | |
|---|---|
| **Werkzeug** | Alle Geräte wie Kellen, Rührstäbe und Reibebretter sollten in jedem Fall aus rostfreiem Stahl oder Kunststoff bestehen, um Rostbildung und damit häßliche Flecken auf der Putzoberfläche zu verhindern. |
| **Abglätten** | Hervorstehende Putzgrate lassen sich im leicht angetrockneten Zustand mit einem Spachtel oder einem feuchten Schwamm entfernen, so daß Sie sich später an den harten Spitzen nicht verletzen. |
| **Ecke & Kante** | Innenecken mit einem schmalen Klebeband abdecken: Nach dem Verputzen das Band abziehen und die Ecke mit eingefärbtem Putzgrund streichen. Außenkanten von beiden Seiten beiputzen und mit der Kelle abglätten. Eventuell Eckschutzprofile unterlegen. |

Ob klassisch einfarbig (links) oder zweifarbig in geometrischem Muster: Putz bietet viele Gestaltungsmöglichkeiten

**Wandgestaltung einmal anders**

# Machen Sie Putz!

*Fast jeder richtige Heimwerker hat schon einmal tapeziert. Vor dem Verputzen aber schrecken viele zurück. Dabei ist es ganz einfach*

*Alles im Eimer: Die meisten Mineralputze muß man nur noch mit Wasser anrühren. Hilfreich ist dabei ein Rührstab*

## Putzhilfe: Das brauchen Sie

Was Sie an Material und Werkzeug benötigen, hängt zum einen von der Art des Putzes und der zu behandelnden Fläche ab, zum andern von den jeweiligen Herstellerempfehlungen. Hier sehen Sie einige grundsätzliche Komponenten, die man zur Überarbeitung eines bestehenden Altputzes braucht. Nicht im Bild, aber in jedem Fall erforderlich: Ein Putzgrund (vgl. Foto 1).

1. *Mineralputz. Er wird im Eimer oder im Sack angeboten*
2. *Abtönfarbe: Sie erspart nachträgliches Anstreichen*
3. *Tiefengrund: Zum Verfestigen von Altputzen*
4. *Strukturwalze: Werkzeug zur Oberflächengestaltung*
5. *Glättkelle: Zum Aufziehen und Abreiben*
6. *Maurerkelle: Zum Aufrühren und Entnehmen*

Ob mit der Glättkelle oder sogar einfach mit der Rolle aufgetragen: Ein dekorativer Oberputz macht Ihre Wände lebendig. Dank der sehr verarbeitungsfreundlichen Putzsysteme, die heute angeboten werden, müssen Sie dazu ganz gewiß kein begnadeter Künstler sein. Bei diesen Wandbeschichtungen, mit denen wir uns hier ausschließlich beschäftigen, handelt es sich nämlich um einlagige Dünnschichtputze, die sich ähnlich einfach auf die Wand bringen lassen wie Dispersionsfarbe. Wir haben

### Vorarbeiten

*Die Putzgrundierung dient als Haftbrücke. Zugleich wird der Untergrund gleichmäßig eingefärbt*

*Das zuvor entworfene und auf die Wandgröße abgestimmte Muster wird nun mit Hilfe kleiner …*

*… Holzleisten auf die Wand gebracht. Die Leisten können Sie dabei einfach mit einem geeigneten …*

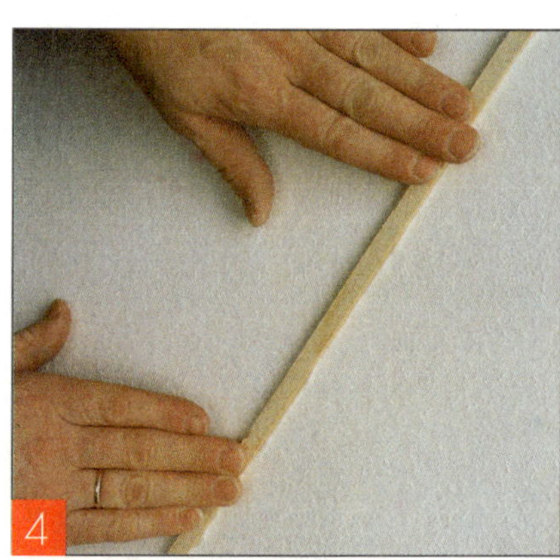


*… Kleber befestigen. Wir haben hier mit Silikon aus der Kartusche gearbeitet*

**TIP Ecken und Kanten**

Solange man auf der ebenen Wandfläche arbeitet, ist Verputzen wirklich kinderleicht. Schwierig wird es erst an Innen- und Außenecken. Bei ersteren kann es unter Umständen nützlich sein, vor dem Verputzen ein schmales Klebeband aufzubringen. Nach dem Verputzen zieht man es ab und streicht die Ecke mit der eingefärbten Grundierung. Außenkanten werden zuerst von beiden Seiten beigeputzt und dann mit der Kelle etwas abgeglättet („gebrochen"). Je nach Raumsituation und Putzuntergrund kann es hier auch sinnvoll sein, vor dem Verputzen spezielle Eckenschutzprofile zu unterlegen. **TIP**

## Mineralputz oder Kunstharzputz?

Mineralputze müssen mit Wasser angerührt werden, Kunstharzputze nicht

Wer seine Wände mit einem dekorativen Innenputz verschönern will, hat zunächst die Qual der Wahl. Im Handel werden nämlich zwei grundsätzlich verschiedene Arten von Dekor- oder Edelputzen angeboten: Mineralputze, die neben mineralischen Zuschlagstoffen meist Kalkhydrat und Zement als Bindemittel enthalten, und Kunstharzputze, die ähnlich wie Dispersionsfarben aufgebaut sind und synthetische Bindemittel enthalten. Für alle, die möglichst natürliche Baustoffe verwenden wollen, ist die Entscheidung hier schon gefallen. Wo aber liegen darüber hinaus die Vor- und Nachteile der beiden Beschichtungsstoffe?

- Augenfällig ist zunächst einmal der erhebliche Preisunterschied: Kunstharzputze sind normalerweise etwa doppelt so teuer wie Mineralputze.
- Andererseits werden Kunstharzputze gebrauchsfertig im Eimer angeboten und müssen nur noch auf die Wand gebracht werden, während man Mineralputze zuvor mit Wasser anrühren muß. Ob das allein aber den höheren Preis rechtfertigt?
- Bei der Verarbeitung – also beim Auftragen, Abziehen und Strukturieren – und bei der Trocken- bzw. Abbindezeit lassen sich keine nennenswerten Unterschiede feststellen.
- Beide sind meist für innen wie außen geeignet.
- Beide sind diffusionsoffen, wobei Mineralputze in der Regel sogar eine bessere Wasserdampfdurchlässigkeit besitzen.
- Lediglich bei arbeitenden Untergründen (zum Beispiel Spanplatten) oder bei rißgefährdeten Wänden ist man mit Kunstharzputzen besser bedient, da diese auch nach dem Austrocknen flexibel bleiben.

Alles in allem kann man also festhalten, daß Kunststoffputze trotz des wesentlich höheren Preises keine wirklich entscheidenden Vorteile gegenüber Mineralputzen bieten.

*Ausnahmen bestätigen die Regel: Diesen kunststofffreien Putz gibt es gebrauchsfertig im Eimer*

**erputzen: Beispiel 1**

5 *Der Putz wird nun mit Wasser angerührt. Bei dem hier gewählten System kann man ihn schon jetzt ...*

6 *... durch Zugabe eines speziellen Farbpulvers nach den eigenen Vorstellungen abtönen*

7 *Als nächstes werden die einzelnen Felder mit den zuvor festgelegten Farben verputzt*

8 *Nach dem Aufziehen erfolgt das Strukturieren: Hier haben wir eine Erbslochwalze eingesetzt*

9 *Damit ist die Putzarbeit bereits abgeschlossen: Die Hilfsleisten sollten eine Ebene mit der Putzfläche ...*

10 *... bilden. Zum Schluß haben wir die passend eingefärbten Zierleisten mit Stiften befestigt*

*Die gleiche Wand, aber eine völlig andere Raumwirkung*

versucht, aus dem nahezu unbegrenzten Spektrum der Gestaltungsmöglichkeiten eine besonders interessante Variante für Sie auszuwählen: Mit dem auf diesen Seiten gezeigten Verfahren können Sie Ihren Wänden mittels Farbe und Form ein völlig neues Gesicht verleihen. Wie Sie die geometrischen Wandbilder

**TIP Werkzeug und Wand: Achtung Rost!**

Achten Sie darauf, daß alle Werkzeuge, die direkt mit dem Putz in Berührung kommen, aus rostfreiem Material bestehen; verwenden Sie nur Rührstäbe, Kellen, Glätter und Reibebretter aus Edelstahl oder Kunststoff, um häßliche Flecken auf der Putzoberfläche zu vermeiden. Nicht selten zeichnen sich auch auf der Wand Rostflecken ab: Wenn beispielsweise der Grundputz an mit Streckmetall verkleideten Schlitzen zu dünn aufgetragen wurde. Solche Stellen sollte man vor dem Putzauftrag mit einer wasserundurchlässigen Lackschicht versiegeln. **TIP**

**Verputzen: Beispiel 2**

*Beliebte Variante: Der sogenannte Münchener Rauh- oder Reibeputz*

*Reibeputz wird nach dem Aufbringen mit der steil gestellten Glättkelle auf Kornstärke abgezogen*

*Danach bekommt er eine Abreibung: Je nach gewünschter Struktur waagerecht, senkrecht, über ...*

*... Kreuz oder auch in kreisenden Bewegungen. Zum Schluß wieder die Zierleisten anbringen*

## Auch das geht: Intarsien in Putz

Anders als die bisher gezeigten Putze wird Kratzputz nicht auf Kornstärke abgezogen: Er benötigt eine bestimmte Schichtdicke, wodurch die Auftragsarbeit hier nicht ganz so leicht von der Hand geht. Dafür lassen sich aber auch besondere Effekte erzielen: Anders als bei einer nachträglich aufgebrachten Wandmalerei besteht bei unserer Intasienarbeit eine geringere Beschädigungsgefahr, weil der Putz hier durchgehend eingefärbt ist.

1 Die Schablonen aus 13-mm-Spanplatte auf die Wand nageln

2 Dann wird der angerührte Kratzputz auf die verbleibende Fläche ...

3 ... aufgetragen. Nach dem Abziehen die Schablonen entfernen

4 Von den Rändern aus füllt man die offenen Flächen mit farbigem ...

5 ... Putz. Grundputz und Intarsien müssen die gleiche Schichtdicke ...

6 ... aufweisen. Nach dem Abbinden mit dem Nagelbrett strukturieren

## Damit Ihr Putz auch hält ...

| Putzuntergründe | Vorarbeiten |
|---|---|
| Strukturtapeten, z.B. Rauhfaser | restlos entfernen, Tapetenkleister abwaschen |
| Textiltapeten | restlos entfernen, Tapentenkleister abwaschen |
| frischer Gips-, Kalk- und Zementputz | trocknen lassen und reinigen |
| alte Putze (Gips-, Kalk- und Zementputze) | lose Teile entfernen und gründlich reinigen. Tiefengrund auftragen |
| Gipskartonplatten | reinigen, evtl. mit einem Absperrgrund vorbehandeln |
| Gipshaltige Füll- und Ausgleichsmassen, Vollgipsplatten | trocknen lassen und reinigen |
| Mauerwerk aus Kalksandstein, Ziegel, Gasbeton u.ä. | Unterputz mit Gips-Kalk-/Zementputz aufbringen |
| Beton | Löcher mit Füllspachtel schließen. Größere Unebenheiten mit Unterputzen ausgleichen |
| Kreidende, tragfähige, wasserbeständige Öl-, Lack- oder Dispersionsanstriche | aufrauhen und reinigen |
| Leimfarbenanstriche, Makulatur | restlos entfernen, eventuelle Rückstände gründlich abwaschen |
| Imprägnierungen (vorher Versuch ratsam) | aufrauhen und reinigen |
| Holzuntergründe wie z. B. Sperrholz | entstauben und wegen möglicher Lignin-Ausblutungen mit einem Absperrgrund vorbehandeln. Plattenstöße verspachteln, Armierungsgewebe einlegen und reinigen |

In der obenstehenden Tabelle haben wir die wichtigsten bauüblichen Untergründe berücksichtigt, die für die Beschichtung mit Dekorputzen geeignet sind. Alle aufgeführten Untergründe müssen nach den Vorarbeiten mit der zum jeweiligen Putzsystem gehörenden Grundierung gestrichen werden.

Nach dem An- oder Aufrühren kann der Putz direkt aus dem Eimer verarbeitet werden

herstellen, zeigen unsere Fotos in einzelnen Schritten.
Zur farbigen Gestaltung gibt es grundsätzlich zwei Möglichkeiten: Entweder man streicht den Putz nachträglich oder man färbt ihn bereits vor dem Verarbeiten ein. Die zweite Möglichkcit crspart nicht nur einen lästigen Arbeitsschritt: Bei einem durchgefärbten Putz fallen darüber hinaus auch kleine Beschädigungen nicht weiter auf. Während man Kunstharzputze einfach durch Zugabe handelsüblicher Abtönfarben einfärben kann, sollte man bei mineralischen Putzen die Empfehlungen des Herstellers beachten. Bei dem in unserem ersten Beispiel vorgestellten Putzsystem ist die Sache ganz einfach: Zum Programm gehört hier ein Abtönpulver in verschiedenen

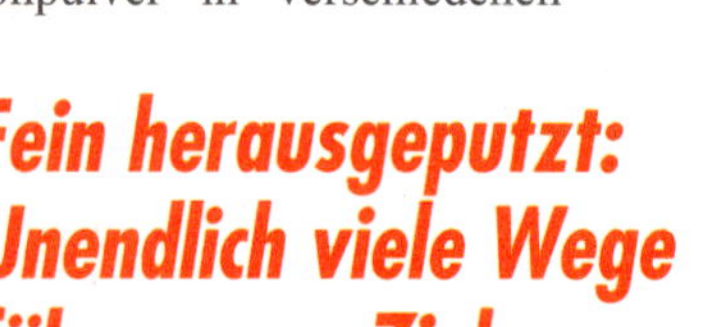

## Fein herausgeputzt: Unendlich viele Wege führen zum Ziel

Roll- und Kellenputze werden nach dem Auftrag strukturiert, Reibeputze bearbeitet man mit einem Brett

Eine weit verbreitete Technik ist der sogenante Kellenstrich. Er erfordert eine ruhige Hand

Mit einem Schwammbrett lassen sich außergewöhnliche Strukturen erzielen. Ausprobieren erlaubt!

Noch einmal Kellenstrich: Wie Sie sehen, kann man mit demselben Werkzeug verschiedene Effekte erzielen

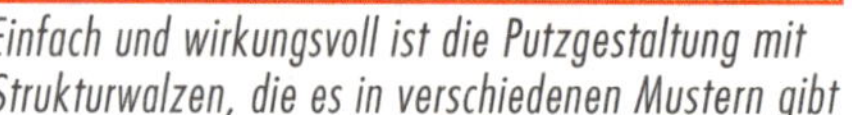

Einfach und wirkungsvoll ist die Putzgestaltung mit Strukturwalzen, die es in verschiedenen Mustern gibt

Auch die unterschiedlichsten Pinsel – hier ein Flächenstreicher – lassen sich hervorragend zur Strukturierung

Unter Hobbyputzern wie unter Profis gleichermaßen beliebt ist die sogenannte Erbslochwalze

Ein interessantes Oberflächenbild können Sie durch Kämmen mit der Zahnkelle erzielen

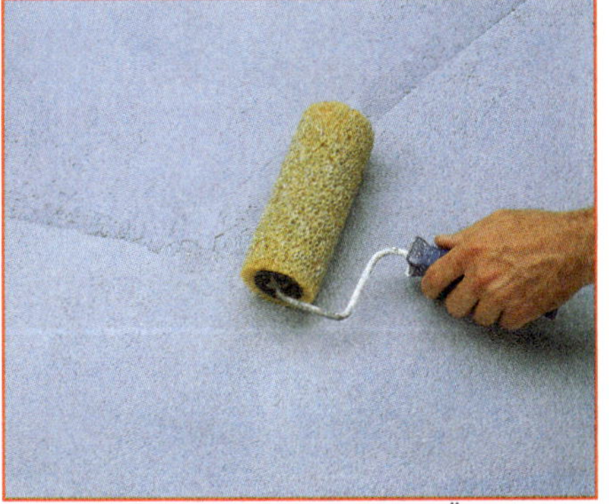

Mit Erbslochwalzen kann man – etwas Übung vorausgesetzt – ganz verschiedene Strukturen herstellen

Auch ein Reibeputz läßt durch die frei wählbare Abreibrichtung Raum für Ihren Gestaltungswillen

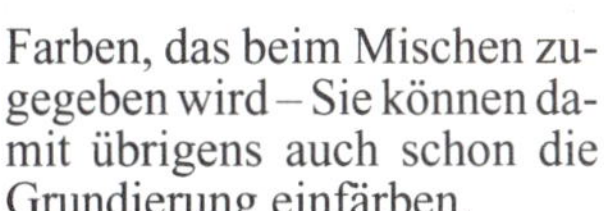

Farben, das beim Mischen zugegeben wird – Sie können damit übrigens auch schon die Grundierung einfärben.
Wer sich für Putz als Wandbelag entscheidet, kann aber nicht nur zwischen Kunstharz- und Mineralputzen wählen (Kasten S. 169), sondern auch zwischen Reibeputz und Roll- bzw. Kellenputzen. Reibeputz besitzt ein meist 2–3 mm dickes Strukturkorn. Nach dem Auftragen ziehen Sie ihn einfach mit der steil gestellten Kelle auf Kornstärke ab. Danach wird man ihn normalerweise mit einem Kunststoff-Reibebrett strukturieren – Sie können aber auch hier zu ganz anderen Strukturwerkzeugen greifen. Die freie Strukturierung ist allerdings mehr die Domäne der Roll- und Kellenputze, die eine wesentlich feinere Körnung besitzen. Auch sie werden in der Regel mit der Glättkelle aufgezogen (Rollputze lassen sich zum Teil auch

## Oberflächliches Arbeiten erwünscht: Hier beginnt die Kunst

von Roll- und Kellenputzen zweckentfremden. Auch hier sollte man zuvor ein wenig probieren

Eine Möglichkeit von vielen: Hier wird der Reibeputz in kreisförmigen Bewegungen abgerieben

*Ob mit oder ohne Zierleiste: „Kassetten" sorgen für ein interessantes Wandbild*

einfach mit einer Lammfellrolle aufstreichen). Einige Beispiele für die anschließende Oberflächengestaltung zeigen die Fotos auf den Seiten 172f. Die Zahl verwendbarer Strukturwerkzeuge und der damit herzustellenden Muster geht gegen unendlich. Am besten probieren Sie auf einem

**TIP Renovieren: Neue Farbe für den Putz**

Falls Ihr Putz sich nach Jahren etwas mit Staub und Schmutz zugesetzt haben sollte oder wenn Sie sich einfach an der Farbe sattgesehen haben: Die meisten Putze lassen sich problemlos überstreichen. Während Sie bei Kunststoffputzen mit einer ganz normalen Abtönfarbe arbeiten können, sollte man mineralische Dekorputze eher mit einer mineralischen Farbe überstreichen. **TIP**

## Verputzen: Beispiel 3

*Mehrfarbiges Verputzen ohne Hilfsleisten erfordert Geduld und eine ruhige Hand. Die Kassettenfelder ...*

*... haben wir mit Hilfe von Klebeband auf der Wand markiert. Nach dem Auftrag das Band ...*

*... abziehen und den Putz strukturieren. Hier haben wir dazu einen feuchten Schwamm eingesetzt*

*Nichts für Unerfahrene: Beim Verputzen des Randbereiches ist äußerste Vorsicht geboten*

Stück Gipskarton oder ähnlichem ein paar Alternativen aus, bevor Sie dann ernsthaft ans Werk gehen.

Auch wenn Sie zur Miete wohnen oder Angst haben, sich mit Ihrer Wandbeschichtung für alle Zeiten festzulegen, brauchen Sie nicht auf Putz zu verzichten. Es gibt Kunststoffputze, die sich auch nach Jahren mit Wasser und Spachtel wieder entfernen lassen: Fragen Sie bei den Herstellern oder im Fachhandel nach. Mineralputze kann man auch mit einem dünn aufgezogenen Gipsputz überdecken: Darauf können Sie dann ganz nach Laune wieder tapezieren, streichen oder auch neu verputzen.

*Zwei Arbeitsschritte, ein Werkzeug: Zum Aufbringen und Abziehen des mehr oder weniger gekörnten Putzes verwendet man eine solche Glättkelle*

*Andere Farbe, andere Struktur: Diese Oberfläche erzielt man durch plattes Aufdrücken und ...*

*... Wegziehen des Glätters. Wem das nicht gefällt, der kann zum Beispiel einen Rundpinsel benutzen*

## Putze für Innenräume

# Perfekt herausgeputzt

*Ob dekorativ strukturiert oder glatt und eben – Innenwände können Sie mit ein wenig Übung auch selbst verputzen. Wie es geht und welche Putze in Frage kommen, zeigen wir auf diesen Seiten*

Das Verputzen gehört zu den Arbeiten, an die sich nicht jeder Heimwerker spontan herantraut. Zugegeben, es erfordert ein wenig Übung, z. B. mit einem Feinputz eine ebene, glatte Innenwandfläche herzustellen. Mit modernen, verarbeitungsfreundlichen Materialien und einigen Hilfsmitteln, wie Schienen und Profilen, ist das Verputzen heute aber wesentlich einfacher als früher.

Ob die Mühe von Erfolg gekrönt wird, darüber bestimmt als erstes die richtige Vorbereitung des Putz-Untergrundes. Ideal sind feste, rauhe Wände mit mittlerer Saugfähigkeit wie Bimsbeton oder Porenziegel. Stark saugende Untergründe, z. B. Porenbeton, müssen vorgenäßt oder mit einen Haftanstrich (nach Angabe des Putzherstellers) versehen werden. Bei glatten und ebenen Porenbetonwänden bietet sich darüber hinaus auch ein seit kurzem auf dem Markt erhältlicher Spezialputz auf Gipsbasis an. Er wird wie ein feiner Oberputz nur ca. 4 mm dick aufgezogen (s. Fotos S. 178). Auf schwach saugenden und glatten Oberflächen wie Beton war früher immer eine Haftbrücke in Form eines sämigen Spritzbewurfs nötig. Diese Technik erfordert jedoch einiges an Übung und ist deshalb eher etwas für den Profi. In vielen Fällen kann heute allerdings auf einen Spritzbewurf verzichtet werden. So gibt es z.B. für glatt verschalten Beton spezielle Zement-Haftbrükken, die sich wie Fliesenkleber aufziehen lassen.

Putzmörtel

Reibeputze

Unter der rustikalen Gips-Kalk-Putzschicht verbirgt sich ein gedämmtes, mit Gipskartonplatten beplanktes Metallständerwerk

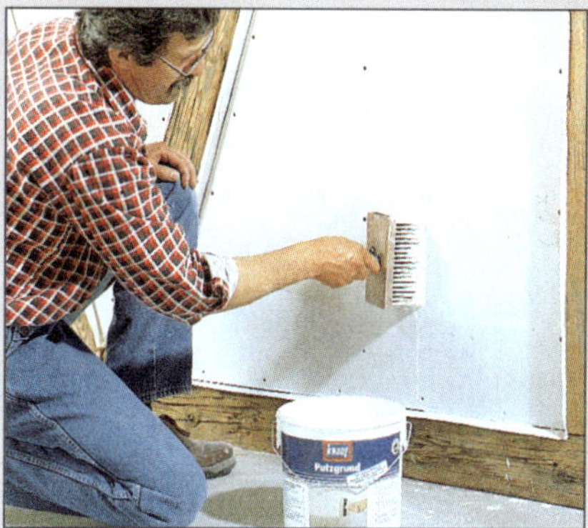

**1** Zunächst muß die Putzhaftung der Gipskartonplatten mit einem Tiefgrund-Anstrich verbessert werden. Nach Ablauf der ...

**2** ... Trocknungszeit wird ein Gips-Kalk-Putz mit der Glättkelle etwa 10 bis 12 mm dick auf die Beplankung gespachtelt

**3** Wenn überall im Gefach eine gleichmäßige Schichtstärke erreicht ist, wird die Putzoberfläche mit leichten Kellenschlägen strukturiert

**4** Der Putz muß leicht angezogen haben, bevor er mit einem feuchten Quast geglättet wird und dadurch seine rustikale Oberfläche erhält

## Struktur- und Rollputze

# Spezial-Gipsputz für Porenbeton

Ist die richtige Haft- und Saugfähigkeit des Untergrundes hergestellt, wird ein Gips- oder Gipskalkputz aufgezogen (nur in Naßräumen ist ein Kalkzement- oder Zementputz erforderlich). Diese in Innenräumen gebräuchlichen Putze, die es in Baumärkten als trockene Mörtelmischungen gibt, lassen sich gut verarbeiten und haben ausgezeichnete feuchtigkeitsregulierende Eigenschaften. Sie werden in einem Arbeitsgang etwa 10 mm dick aufgetragen, gerade abgezogen (s. Kasten rechts oben) und – wenn sie leicht angezogen haben – mit dem Holzreibebrett abgerieben. Damit haben Sie dann schon die Unterlage geschaffen für Tapeten, Fliesen oder einen einlagigen Dekorputz. Auch ein 1 bis 2 mm dünner Oberputz aus Gips bietet sich als abschließende, glatte Oberfläche an. Er wird verarbeitet wie der Porenbetonputz auf dieser Seite. Übrigens: Daß auch ein einlagiger Gipskalkputz nicht immer glatt

*Speziell für stark saugende Porenbeton-Untergründe gibt es einen leicht zu verarbeitenden Gipsputz, bei dem Auftragsstärken von ca. 2-4 mm ausreichen*

**1** *Wegen der geringen Putzdicke müssen zunächst alle kleinen Unebenheiten, vor allem Kleberreste, von der Wand gerieben werden*

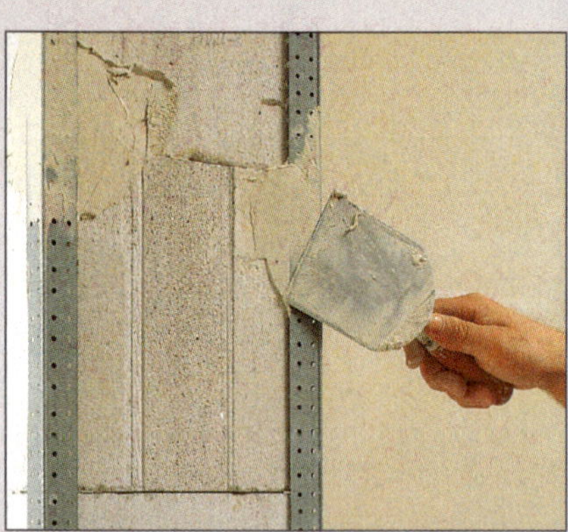

**2** *Außenkanten überdeckt man mit Putz-Eckschienen, die lot- und fluchtgerecht jeweils an drei Punkten mit Gipsputz befestigt werden*

**3** *An Türen und Fenstern verwendet der Profi meist Putzleisten aus Holz. Bretter werden lotrecht so in der Laibung fixiert, daß ihre ...*

**4** *... lange Kante die Putz-Schichtdicke vorgibt. Danach kann's losgehen. Der Gipsputz wird mit einer breiten Glättkelle von unten ...*

**5** *... nach oben auf die Wand gezogen und vorgeglättet. Dabei zieht man die Glättkelle halbkreisförmig in verschiedenen Richtungen ...*

**6** *... über die Putz-Oberfläche. Stahlträger wie dieser Deckenträger benötigen vorab einen Haftbrücken-Anstrich (z. B. ‚Beto-Kontakt')*

**7** *Spalten oder Mauerrisse überbrückt man mit einem Armierungsgewebe, das in den frischen Putz eingelegt wird. Wenn der Putz etwas ...*

**8** *... angezogen hat, wird er unter leichtem Nachnässen mit dem Schwammbrett abgerieben und noch einmal mit der Kelle geglättet*

# Arbeiten mit Putz-Profilen

Bei Putzdicken von ca. 10 mm, wie sie in Innenräumen üblich sind, braucht selbst der Profi geeignete Hilfsmittel, damit größere Wandflächen sich nicht in eine ‚Berg- und-Tal-Landschaft' verwandeln. Der Trick: Man zieht den Putz zwischen zwei Lehren auf, die die Schichtdicke vorgeben. Früher hat man diese Lehren aus Mörtelstreifen hergestellt, die in regelmäßigen Abständen lotrecht auf die Wand aufgebracht und glatt abgezogen wurden. Heute verwendet man statt dessen meist Putzprofile aus verzinktem Stahlblech, Aluminium oder Edelstahl. Für ein paar Mark sind sie auch in Baumärkten erhältlich. Putzprofile setzt man in Gips an (außer in Feuchträumen, wo man statt dessen Ansetzmörtel verwendet). Bei Kunstharzputzen grundsätzlich nur Putzprofile aus rostfreiem Edelstahl oder Aluminium einsetzen.

**1** Putzprofile werden im Abstand von etwa 1 m in einem durchgehenden Gipsputz-Streifen angesetzt. Er wird mit Kelle und Traufel ...

**2** ... aufgezogen und geglättet. Das Putzprofil bis zum Wandwiderstand eindrücken und exakt lotrecht ausrichten. An den Rändern ...

**3** ... herausquellenden Putz glattstreichen, bevor man mit einem nassen Schwamm eventuelle Putzreste von der Profilnase wischt

**4** Den mit dem Glätter aufgezogenen Putz zieht man dann mit einer Latte ab, die rechts und links über die Profile geführt wird

# Dekorative Reibeputze:

Sowohl die Dicke als auch die Oberflächenstruktur eines Reibeputzes werden durch die Größe der enthaltenen Zuschlagkörner bestimmt. Diese sind meist zwischen 2 und 5 mm dick. Reibeputze werden aufgespachtelt und dann mit schräggestelltem Glätter auf Korngröße abgezogen, so daß sich automatisch eine gleichmäßige Schichtdicke ergibt. Dann reibt man sie in noch frischem Zustand mit einem Holzreibebrett oder einem Kunststoffglätter – je nach gewünschter Struktur – in einer Richtung, kreuz und quer oder kreisend ab. Reibeputze gibt es auf mineralischer wie auf Kunststoff-Basis. Bekannter Vertreter mineralischer Reibeputze ist z. B. der Münchner Rauhputz. Kunstharz-Reibeputze werden grundsätzlich verarbeitungsfertig im Eimer angeboten.

Der gut aufgerührte Reibeputz wird mit der Kelle entnommen und mit leicht schräggestelltem Glätter ...

... aufgespachtelt. Teilflächen dann unter leichtem Druck und wieder mit schräggstelltem Glätter auf Korngröße abziehen

Anschließend reibt man Kunstharzputze mit einem Kunststoffglätter, mineralische mit einem Holzreibebrett durch

# Gestalten mit Strukturputzen

sein muß, um gut auszusehen, zeigt die originalgetreu restaurierte Fachwerkwand auf unserer ersten Seite.
Besonders einfach zu verarbeiten sind die einlagigen, dünnen Dekorputze. Hier unterschiedet man sogenannte Reibeputze, die mineralisch oder kunststoffgebunden sein können und auf verschiedene Korngrößen abgezogen werden, und die feineren Roll- oder Stukturputze, die man nach Lust und Laune strukturieren kann – wie die Bilder auf dieser Seite beweisen.

Kontakte:
Gebr. Knauf: 97346 Iphofen, ✆ 09323/31-0; Sakret: 65205 Wiesbaden, ✆ 06122/9138-0; Quickmix: 49090 Osnabrück, ✆ 0541/601-01

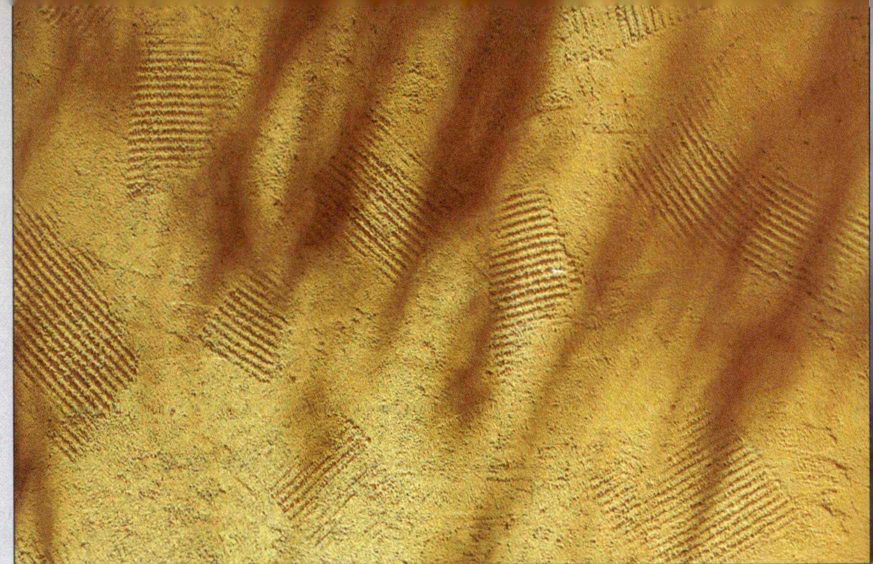

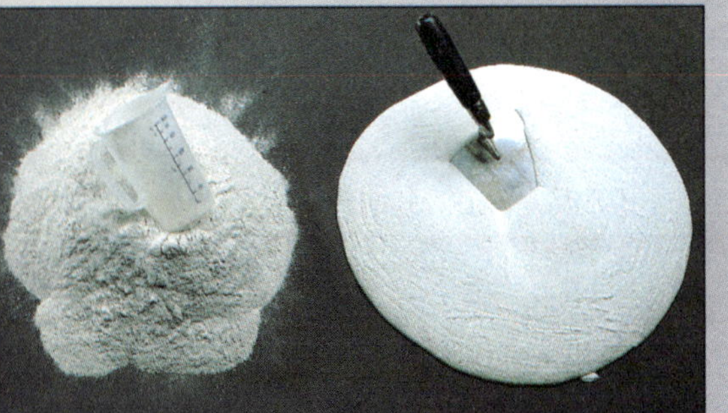

## Mineralputz oder Kunstharzputze?

*Kunststoffputze werden gebrauchsfertig im Eimer, die preiswerteren mineralischen Dekorputze in der Regel als Trockenmischung verkauft. Kaum Unterschiede gibt's in puncto Verarbeitungseigenschaften und Diffusionsverhalten. Nur bei arbeitenden Untergründen hat der elastischere Kunstharzputz Vorteile.*

1 *Als Haftbrücke wird zunächst eine auf den Strukturputz abgestimmte Grundierung aufgerollt, die auch einen farblich einheitlichen ...*

2 *... Untergrund gewährleistet. Die feinkörnigen Strukturputze zieht man mit der Glättkelle, die sog. Rollputze auch mit einer Rolle ...*

3 *... auf, bevor man ihnen die gewünschte Struktur gibt. Hier dient ein Zahnspachtel als Formgeber. Kunststoffputze können Sie mit ...*

4 *... abgetönter Dispersionsfarbe überstreichen. Sie können Kunstharzputze auch durch Zugabe von Abtönfarbe vor dem Auftragen einfärben*

## Beim Strukturieren ist Phantasie gefragt

*Neben speziellen Strukturwalzen (Bild rechts) sind eine Vielzahl anderer Hilfsmittel denkbar, mit denen Sie Ihre Putzoberfläche dekorativ gestalten können. Bei der Verwendung von Kellen und Zahnspachteln in Verbindung mit Kunststoffputzen sollten Sie aber unbedingt auf rostfreie Edelstahlprodukte zurückgreifen. Wenn Sie ein feines, gleichmäßiges Bild bevorzugen, ist die sogenannte Erbslochwalze eine gute Wahl (2. Bild v. links)*

Kapitel 5

# Ausbau mit Profilholz und Leisten

**Daß man mit Holz mehr anstellen kann, als Wand- und Deckenflächen einheitlich zu vekleiden, wird spätestens dann klar, wenn Farbe ins Spiel kommt. Auf den nächsten Seiten erhalten Sie jede Menge Anregungen und Gestaltungstips**

## INHALT

# Wände gestalten

## Neuer Trend: Paneel-Wände als Kunstwerk

Schluß mit der Eintönigkeit beim Bekleiden der heimischen vier Wände! Mit hochwertigen Design-Paneelen aus edlen Materialien lassen sich ganz neue Wohn-Ideen umsetzen. Wir zeigen Beispiele dafür, wie Sie Ihre Wände mit Paneelen zu Kunstwerken machen.
Im ersten Beispiel wird ein raumdominierendes Wandbild hergestellt. Eine solche „schräge“ Idee muß mit äußerst sparsamer Möblierung einhergehen damit die Wirkung des Paneel-Kunstwerks nicht untergeht. Wichtig bei der Planung: Fertigen Sie unbedingt einige maßgenaue Skizzen, ehe Sie sich für eine Lösung entscheiden.

*Vor Baubeginn wird der Verlauf der schrägen Paneel-Elemente exakt angerissen*

1 *Im rechten Winkel zur Neigung der Paneele werden die Latten der Unterkonstruktion angedübelt. Abstand untereinander: 50-60 cm*

2 *Nun schneiden Sie die Paneele zu (von der Rückseite arbeiten). Mit einer Schmiege läßt sich die Schräge ganz exakt übetragen*

3 *Wenn das erste Brett mit Anfangskrallen befestigt ist, setzt man von der anderen Seite normale Krallen in die Paneel-Nut ein*

4 *Als nächstes wird die Feder eingelegt. Dann können Sie die weiteren nach Montageplan vorgesehenen Elemente befestigen*

**5** *Die hierverwendeten Paneele sind in drei verschiedenen Breiten (118, 197 und 295 mm) erhältlich und lassen sich beliebig kombinieren*

**6** *Zum Zuschneider der Abschlußleiste ist eine Gehrungslade erforderlich. De Schnitt vorhe mit einem scharfen Messer anritzen*

**7** *Die vorbereiteten Abschlußprofile werden einfach mittels spezieller Clips auf die Paneelkanten gesteckt.*

**8** *Als Halterungen für die Regalböden haben wir sogenannte Tablarträger durch das Paneel hindurch im Mauerwerk verdübelt*

**9** *Die Böden aus aufgedoppelten MDF-Platten (13 mm dick) herstellen. Eingeleimte Distanzleisten schaffen die Schlitze für die Tablarträger*

Bevor Sie die erste Latte anschrauben, sollten Sie den Entwurf Ihrer Wahl in Originalgröße an der Wand aufreißen. Erst wenn Sie ganz sicher sind, daß die Proportionen stimmen, wird die Unterkonstruktion angedübelt. Die Latten immer im rechten Winkel zur Verlegerichtung befestigen. Dabei einen Abstand von 50-60 cm nicht überschreiten. Überall, wo Stoßfugen auftreten, muß gesondert hinterfüttert werden.

# Licht und Schatten

## Paneelwand mit Halogenstrahlern

Beim zweiten Gestaltungsbeispiel wurde wiederum nur eine Teilfläche der Wand verkleidet. Mitten im Raum entstand eine auf Abstand montierte Paneelfläche, an deren Stirnseiten Halogenstrahler für eine indirekte Beleuchtung des Raums sorgen. Die Vertäfelung in Wurzelholz-Design wurde durch rote Carrés aus dem Paneel-Programm aufgelockert.
Im Sockelbereich taucht wieder die rote Farbe der Carrés auf. Damit wird zugleich der Übergang zu den ebenfalls roten Fußleisten geschaffen.
Damit die seitlichen, mit Strahlern bestückten Paneele bei Bedarf wieder gelöst werden können, haben wir sie nicht mit Krallen, sondern mit Magnetschnäppern befestigt.

*Fünf Halogenstrahler an jeder Seite der 10 cm tiefen Paneel-Konstruktion sorgen für stimmungsvolle Beleuchtung*

1 *Der zurückgesetzte Sockel besteht aus einem auf Maß geschnittenen Paneelelement und sechs Distanzbrettchen*

2 *Hier werden die Umrisse der Paneelwand angerissen. Im Hintergrund die vorbereiteten Elemente der Unterkonstruktion*

3 *Die Distanzbrettchen der Lattung werden durch Holzdreicke stabilisiert. Angedübelte Stuhlwinkel fixieren die Konstruktion*

4 Die je fünf Öffnungen für die Halogen-Einbauleuchten lassen sich mit der Lochsäge herstellen.

5 Vor der Montage der Paneelwand wird die Elektro-Installation von einem Fachmann verdrahtet

6 Die seitlichen Abdeckungen und die ersten Paneelbretter werden mit Magnetschnäppern befestigt

7 Das Anbringen der restlichen Paneele erfolgt dann mit den üblichen Krallen

selbst ist der Mann

8 Zuletzt kommt auch die rechte Lichtleiste in die vorbereitete Magnethalterung. So stellt der Austausch defekter Leuchten kein Problem dar

## Profile, Federn und Beschläge

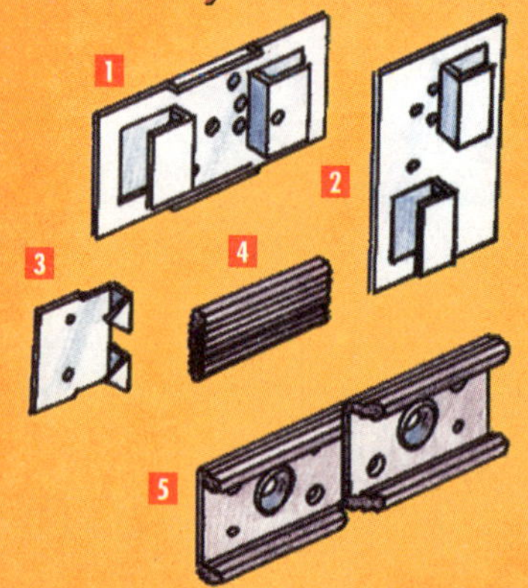



Beim Anbringen der rundum genuteten Paneele kommen verschiedene Beschläge und Hilfsmittel zum Einsatz: Zur Befestigung in der Raumecke dient dieAnfangskralle 3. Weitere Paneele werden dann mit den Fugenkrallen 1 und 2 befestigt und verbunden. Die Clips 4 und 5 erlauben die schraubenlose Befestigung der Dekorleisten A bis G.

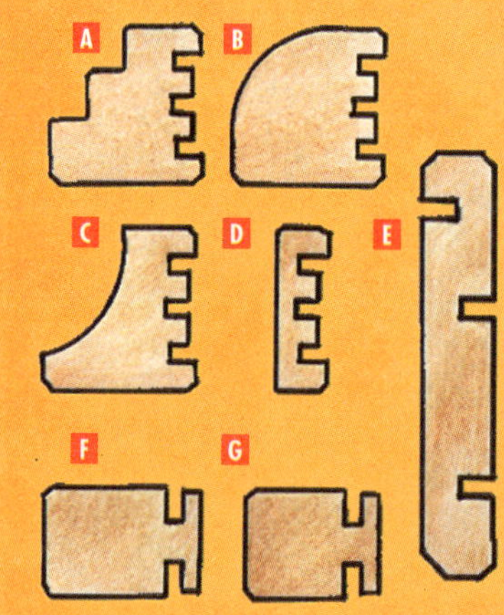

Zierfedern verschiedener Breite

Die Abschlußleisten A bis D, können mit einer Basisleiste E kombiniert werden. Mit den Zwischenleisten G und F lassen sich Akzente setzen.

# Räume gliedern

## Vom Sockel bis zur Türumrahmung

Früher wurden halbhohe Wandvertäfelungen sowie Umrahmungen von Türen und Durchgängen sehr häufig als Gestaltungsmittel der Innenarchitektur benutzt.
Daß man beides auch mit modernen Paneelen und ohne großen Aufwand realisieren kann, beweist das letzte Beispiel. Die Unterkonstruktion für die beiden Säulen rechts und links der Tür war aus ein paar Latten schnell zusammengezimmert. Der entstehende Hohlraum kann noch für zwei kleine Wandschränke genutzt werden.
Die entstehenden Außenecken sind für das Paneelsystem kein Problem: Hier werden rechtwinklige Faltleisten in die Nuten gesteckt. Wir haben für die Ecken den Ton der Wandvertäfelung gewählt.

1 Die Skelette für die Säulen wurden aus Latten gebaut. Man dübelt sie rechts und links neben der Tür an die Wand

2 Wer den konstruktiven Aufwand nicht scheut, kann eine Seite des Gerüstes zur Schranktür machen, um den Innenraum der Säule zu nutzen

3 Die waagerecht angebrachten Wandpaneele werden oben mit einer Dekorleiste abgedeckt

4 Zur Befestigung der Fußleiste dienen verdeckt angeschraubte Halteclips

5 Rund um die Füße der Säulen müssen die Leisten exakt auf Gehrung geschnitten werden

## Lösungen aus dem Baukasten

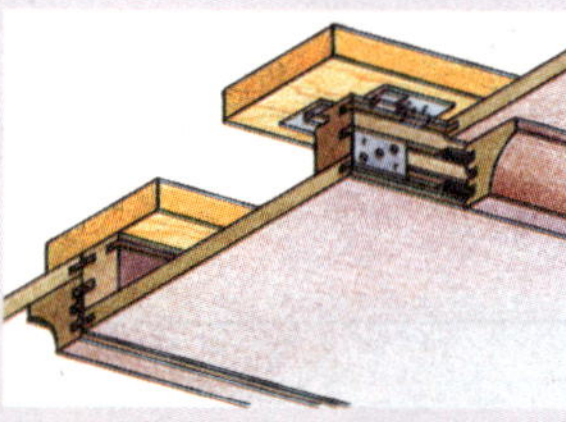

Zur Herstellung von Zierbalken bei Deckenvertäfelungen gibt es die hier gezeigte Konstruktionsleiste mit doppelter Nut und Feder

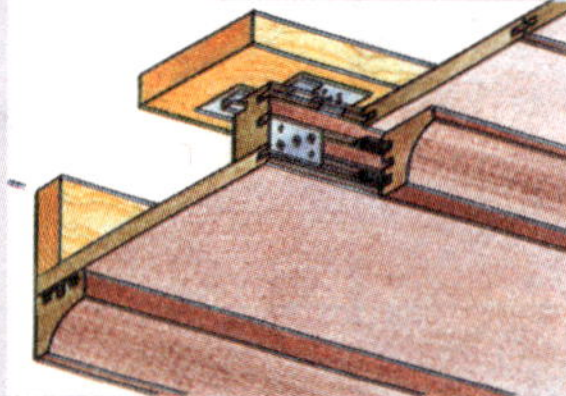

Mit der gleichen Leiste läßt sich auch ein sauberer Randabschluß herstellen. Zur Abdeckung von Sockeln ist sie ebensogut geeignet

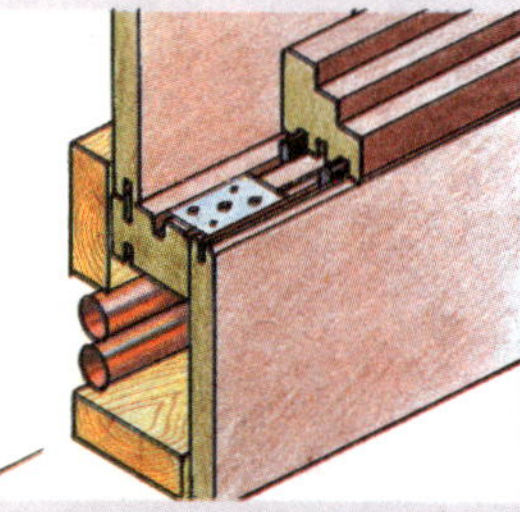

So kann beispielsweise ein Kanal für Heizungsrohre, nachträglich verlegte Kabel oder sonstige Installationsleitungen entstehen

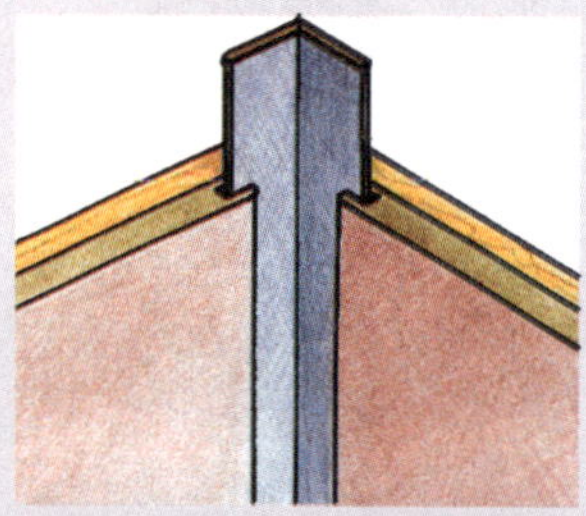

In jedem beliebigen Winkel können Sie Ihre Paneelverkleidungen auch um die Ecke führen. Die Faltleiste paßt sich der Außenecke an

*Die Problemfälle beim Verarbeiten von Paneelen entstehen meist an den Abschlüssen, Übergängen, Ecken und Kanten. Doch durch das gut aufeinander abgestimmte Zubehör an Verbindungsbeschlägen, Funktions- und Dekorleisten lassen sich bei dem hier vorgestellten Paneelsystem auch anspruchsvolle Konstruktionen problemlos realisieren. Einige Beispiele zeigen die Zeichnungen links.*
*Man kann Zierbalken bei Deckenvertäfelungen herstellen, Heizungsrohre elegant verkleiden und Außenecken dekorativ mit Winkelleisten gestalten. Besonders viele Möglichkeiten werden beim Decken-, Sockel- und Bodenabschluß geboten. Beim Zuschneiden der Abschlußleisten ist stets besondere Sorgfalt geboten, da die Dekoroberfläche leicht ausreißt. Am besten den Sägeschnitt vorritzen.*

## Montage-Tip für den Innenausbau

Wo es darum geht, Leisten, Friese oder sonstige Dekor-Elemente an Wand bzw. Decke zu befestigen, kann nicht immer mit Nagel- oder Dübelverbindungen gearbeitet werden. In solchen Problemfällen kann der pastöse Kleber „Pattex Montage“ aus der Dosier-Kartusche für festen Halt sorgen. Trotz hoher Anfangshaftung kann der Sitz des zu montierenden Teiles noch einige Minuten lang korrigiert werden. Materialspannungen gleicht der flexible Kleber aus.

# So kommt Farbe aufs Holz

**Wand- und Deckenverkleidungen aus Holz wurden früher meist nur klar lackiert oder gewachst. Heute liegen farbig gestaltete Holzoberflächen im Trend**

Auf Anhieb erscheint die Palette der Anstrichstoffe, mit denen Sie Farbe aufs Holz bringen, ziemlich unübersichtlich. Auch die von den Herstellern verwendete Terminologie ist zum Teil recht verwirrend.

Man kann die Anstrichstoffe am besten von ihrer Wirkung her beschreiben. So erzielt man durch Beizen farbige Holzoberflächen, deren Struktur vollständig erhalten bleibt. Daneben gibt's Beschichtungen, die nicht nur Farbe aufbringen, sondern gleichzeitig einen mehr oder weniger starken Film bilden. Hier reicht die Palette von transparenten Lasuren mit geringer Filmbildung bis hin zu Lacken mit hohem Festkörperanteil, unter denen die Holzstruktur gänzlich verdeckt wird.

## WACHSEN

1 *Die Holzoberfläche muß vor dem Wachsauftrag sauber und trocken sein. Bei Bedarf mit mittlerer Körnung leicht anschleifen*

2 *Anschließend trägt man das Dekorwachs unverdünnt mit einem breiten Flachpinsel auf. Danach etwa zwölf Stunden trocknen lassen*

3 *Um besonders hochwertige Oberflächen zu erzielen, wird vor dem zweiten Anstrich mit 240er Körnung zwischengeschliffen*

4 *Zuletzt erfolgt der deckende Wachsauftrag. Nach weiteren 12 Stunden können die Bretter an Wand oder Decke verarbeitet werden*

Neben den Eigenschaften sind es die Inhaltsstoffe, nach denen man Holzanstriche unterscheidet. Der Hauptbestandteil kann beispielsweise Wachs sein.
Die Oberflächenbehandlung von Holz mit natürlichen Wachsen hat eine lange Tradition. Reines Bienenwachs etwa wird seit jeher für nicht beanspruchte Möbeloberflächen eingesetzt. Für widerstandsfähigere Beschichtungen verwendet man Carnaubawachs aus Wachspalmen, mineralische Erdwachse und moderne synthetische Wachse. Die heute im Innenausbau üblichen Dekorwachse werden mit pflanzlichen Ölen angemischt. Nach dem Trocknen bilden sie eine wischfeste Beschichtung.

*Sogar Dielenböden können mit hochwertigen Dekorwachsen beschichtet werden. An der Decke gliedern farbige Abstufungen die Fläche (rechts)*

## DECKENDER ANSTRICH

Während Holzverkleidungen in trockenen Innenräumen nur eine veredelnde Oberflächenbehandlung benötigen, beispielsweise durch Wachse oder Lasuren, sollte man in Feuchträumen wie der Küche und vor allem dem Badezimmer besser deckende Anstriche wählen. Hier bieten sich sogenannte Dickschicht-Lasuren oder auch deckende Acryl-Lacke an.
Während farbige Dünnschicht-Lasuren keinen oder nur einen sehr dünnen Film auf der Holzoberfläche bilden, haben Dickschicht-Lasuren einen deutlich höheren Festkörpergehalt und ergeben Filmdicken, die einer Lackierung nahezu gleichkommen. Für die farbige Gestaltung innen verbauter Hölzer, die einen zusätzlichen Schutz vor Spritzwasser und Feuchtigkeitsaufnahme benötigen, bietet sich natürlich in erster Linie die breite Palette der in allen gängigen Tönen erhältlichen deckenden Acryl-Lacke an.
Der Erst-Anstrich sollte vor der Montage erfolgen. Dabei die Schnittkanten gut einlassen, da hier am ehesten Feuchtigkeit aufgenommen wird. Auch die Rückseiten müssen sorgfältig gestrichen werden. Profilbretter im Nut- und Federbereich allerdings nur sehr dünn vorbehandeln, damit sie sich gut zusammenfügen lassen.

*Weißer Acryl-Lack schützt die Profilbretter sicher gegen die Feuchtigkeitsbelastung im Bad*

**1** *Der erste allseitige Lackauftrag erfolgt vor dem Einbau der bereits auf die erforderliche Länge zugeschnittenen Profilbretter*

**2** *Beim Schlußanstrich der an der Decke montierten Bretter müssen Sie den Flachpinsel stets in Längsrichtung führen*

# DISPERSIONSFARBEN

Als Dispersion bezeichnet man die sehr feine Verteilung von nicht löslichen Teilchen in einer Flüssigkeit, ohne daß sich diese entmischen und absetzen. Wir kennen diesen Begriff in erster Linie von den wasserhaltigen Dispersionsfarben, die für Wand- und Deckenanstriche im Innenbereich verwendet werden. Diese Anstriche können auf Putz, Mauerwerk, Beton, Gipskarton, Tapeten und natürlich auch Holz aufgetragen werden. Mit den in vielen Abstufungen erhältlichen Dispersions-Abtönfarben lassen sich alle gewünschten Farben problemlos anmischen.

Holzverkleidungen kann man mit Dispersionsfarben deckend streichen. Sehr attraktiv wirkt die Oberfläche aber auch, wenn man die Farbe aufbringt und dann mit einem Lappen so abreibt, daß die Struktur der Maserung wieder weitgehend zum Vorschein kommt.

Anstriche müssen jedoch nicht vollflächig erfolgen. So können einzelne werkseitig vorbehandelte Paneele angeschliffen und mit unterschiedlich abgetönter Dispersionsfarbe gestrichen werden. So läßt sich eine großflächige weiße Deckenverkleidung durch farblich zu der Einrichtung passende Elemente auflockern und gliedern (rechts).

1 Mit den im Bau- und Heimwerkermarkt erhältlichen Dispersions-Abtönungen lassen sich alle gewünschten Farben leicht anmischen

2 Werden besonders kräftige Farben gewünscht, tragen Sie die Abtönung ganz einfach unverdünnt auf die Verkleidungsbretter auf

3 Wirkt wie eine gebürstete Oberfläche: Durch Abreiben mit einem Lappen kommt die Struktur der Holzmaserung wieder zum Vorschein

4 Dünn mit einem Lappen aufgeriebene Dispersionsfarbe läßt die Struktur der Paneelbretter wie unter einer Lasur erscheinen

## HOLZÖLE

### Mit Leinöl selbst gemischt

*Lasuren und Ölfarben, wie sie vor der Erfindung der modernen Nitro- und Kunstharzlacke allgemein üblich waren, werden heute nur noch von Naturfarbenherstellern angeboten. Mit ein wenig Experimentierfreude können Sie solche Anstrichstoffe auch selbst anmischen. Geben Sie Farbpigmente Ihrer Wahl. (im Malerbedarf kaufen) ganz einfach in Leinölfirnis.*

# Profilholz farbig gestalten

**Der schönste Baustoff für die Raumgestaltung ist Holz. Mit ein wenig Mut zu Form und Farbe machen Sie aus bisher tristen Wänden regelrechte Kunstwerke**

Die Verkleidung der Giebelwand in unserer Beispielwohnung wurde mit Massivholzprofilen einmal nicht nach der althergebrachten Methode senkrecht montiert. Statt dessen dominiert eine an der linken Dachschräge orientierte Linienführung Hier wurden 25 mm dicke Profilbretter angebracht und im unteren Bereich mit schmaleren, senkrecht befestigten Hölzern kombiniert. Unterbrochen wird das Ganze durch einen metallunterlegten Winkel. Der Heizkörper, der sich nicht versetzen ließ, wird von einer Lattenkonstruktion verdeckt, deren Rippen sich ebenfalls an der Dachschräge ausrichten. Einen besonderen Akzent setzt die runde Form einer nach eigenem Entwurf gestalteten Lampe, die ein Elektromeister angefertigt hat. Die verschieden strukturierten und gegeneinander abgegrenzten

1 Verwenden Sie Rahmendübel zur Durchsteck-Montage. Dann können Sie durch die Latten direkt ins Mauerwerk bohren

2 Der Dübel mit vorgesteckter Schraube wird durch leichte Hammerschläge bündig eingetrieben. Dann die Schraube mit einigen Umdrehungen anziehen

3 So präsentiert sich die entsprechend dem Verlegemuster angebrachte Unterkonstruktion. Die Latten laufen immer quer zur Verlegerichtung der Bretter

4 Zuerst werden die schrägen Bretter angebracht. Rechts oben sorgt ein aufgeschraubtes Edelstahlblech für den optischen Abschluß

5 Der Linie des Blechs folgend, wird der Ausschnitt am schrägen Brett mit einer Schmiege angerissen und dann vorgeritzt, damit der ...

6 ... Sägeschnitt nicht ausreißt. Führen Sie das Blatt der Sichsäge im Abfallholz direkt neben der Ritzlinie. Ohne Pendelhub arbeiten

7 Die senkrechten Massivholzprofile sind schmaler und außerdem nur 19 mm dick. Deshalb muß die Unterkonstruktion vor ihrer Befestigung um 6 mm aufgefüttert werden. Man hält die Bretter einzeln an, markiert die gewünschte Länge mit einem Bleistiftstrich und durchtrennt sie mit der Stichsäge

8 Beim Ablängen der Profilbretter wird von der linken Seite gesägt, damit der Schnitt auf der Sichtseite eine saubere Kante erhält

9 Die Befestigungsklammer erst ins Holz drücken und festnageln, wenn die Feder des Bretts vollständig in die Nut getrieben ist

10 Die Kanten der Segmente werden mit Winkelleisten abgedeckt, so daß die Schnittflächen nicht mehr sichtbar sind. Mit Hilfe ...

11 ... der Sägelade lassen sich exakte 45°-Gehrungen zuschneiden. Die Raminholzleisten erst nach dem Ablängen und Schleifen ...

12 ... beizen, damit auch die Schnittkanten eingefärbt werden. Gut antrocknen lassen und dann mit Senkkopfstiften aufnageln

13 Beide Kanten mit je einer Leiste abdecken, damit sich ein sauberer Übergang ergibt. Beim Zuschnitt unterschiedliche Längen beachten

14 Die Kanthölzer für die Heizkörperverkleidung werden auf 45° zugeschnitten. Alu-T-Profile sollen die Hölzer verwindungssteif machen

15 In die Rückseiten der Streben fräsen Sie 15 mm tiefe Schlitze, in die sich die stabilisierenden Aluprofile einschieben lassen

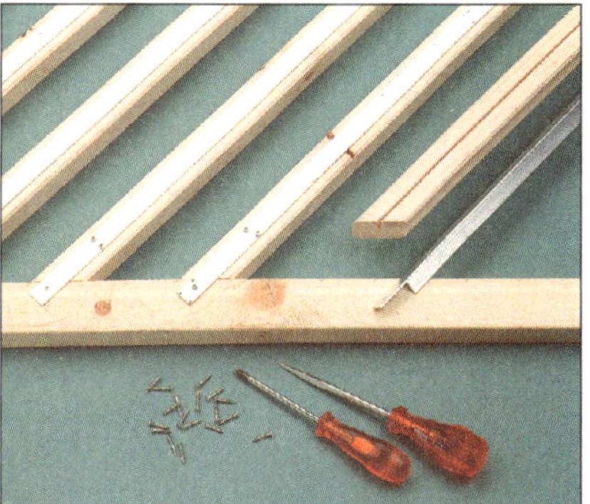

16 An den Enden werden die Profile abgeflacht, um die überstehenden Laschen mit den Rahmenhölzern verschrauben zu können

17 Um den Thermostatregler des Heizkörpers erreichen zu können, versieht man das Verkleidungsgitter noch mit einem Griffloch

18 Weil das Gitter bei Bedarf abnehmbar sein muß, befestigen Sie es seitlich mit leicht lösbaren Schrauben an der Wand

Zuletzt wird die vom Elektriker montierte Wandlampe mit ihrer Abdeckung aus Acrylglas versehen

farbigen Flächen wirken wie eine überdimensionale Grafik. Rundum sorgt eine Schattenfuge für einen sauberen Abschluß der Holzverkleidung.

Eingefräste Alu-Profile stabilisieren das Heizungsgitter gegen Verwinden. Es ist mit zwei lösbaren Schrauben befestigt, so daß man es zur Heizkörperentlüftung leicht abnehmen kann.

Gebeizt werden die Bretter für die verschiedenen Wandbereiche vor der Verarbeitung. Nach der Montage erhält die gesamte Holzfläche dann einen schützenden Überzug aus wasserfestem Edelwachs. Die Beiztöne und die natürliche Maserung werden dadurch hervorgehoben. Die Wachsbehandlung schützt die Bretter überdies auch vor dem Quellen, Schwinden oder Reißen, hervorgerufen durch wechselnde Raumtemperaturen.

Wenn Sie auch in Ihrer Wohnung eine oder mehrere Wände farbig mit Holz gestalten wollen, erleichtern sorgfältig ausgeführte Skizzen die Planung. Bedenken Sie auch, daß die Einrichtung sich der Struktur und Farbgestaltung der Wände anpassen muß, sonst geht der erwünschte optische Reize verloren.

# Spielparadies

## *unterm Sternenhimmel*

Eine tiefblau gestrichene Holzdecke mit farbigen Sternen, hinter denen sich Halogenstrahler verbergen; phantasievolle Wandverkleidungen mit integrierter Mal- und Magnettafel; ein freundliches Rieseninsekt mit langen Fühlern und Kulleraugen, das aus der Wand hervorlugt: Hier ist durch kreative Verkleidung von Decke und Wand mit Massivholzprofilen ein Spielparadies entstanden, das alle Kinder begeistert

# Gestalten mit Holz

*Die hohen Altbauwände wurden in kindgerechter Höhe mit einer abgestuften und gegliederten Holzverkleidung versehen. Den Entwurf haben die Kinder mitgestaltet*

*Einen Teil der stuckverzierten Decke haben wir abgehängt und mit einem beleuchteten Sternenhimmel aus Profilbrettern versehen*

Nichts ist so schwierig, wie Kinderzimmer zu gestalten und einzurichten. Der Bereich, in dem die Kleinen leben, spielen, sich entwickeln, darf nicht von nüchterner Zweckmäßigkeit bestimmt sein. Viel mehr noch als für Erwachsene ist Wohnen für Kinder auch tägliches Erleben. Sie brauchen in ihrer direkten Umgebung kreative Anregungen und vor allem vielfältige Möglichkeiten, der eigenen Phantasie Ausdruck zu verleihen.

Im hier vorgestellten Beispiel war ein Kinderzimmer in einem geräumigen Altbau mit hohen Decken einzurichten. Der Riesenvorteil der heute so begehrten Wohnungen in betagten Gemäuern: Die Grundrisse sind meist sehr großzügig geschnitten. Doch es geht ja nicht allein um das reine Platzangebot. Ob man dem Nachwuchs ein in erster Linie zweckmäßiges Kinderzimmer einrichtet oder ihm ein Spielparadies schafft – dazwischen liegt ein himmelweiter Unterschied.

Ideal für die kindgerechte Raumgestaltung sind Decken- und Wandverkleidungen aus Holz – natürlich aus massiven Profilen, die sich gut sägen und bei Bedarf auch farbig behandeln lassen. Der Entwurf für unser Spielparadies ist gemeinsam mit den Kindern entwickelt worden, die sich anschließend in dem

Bären: Sigikid

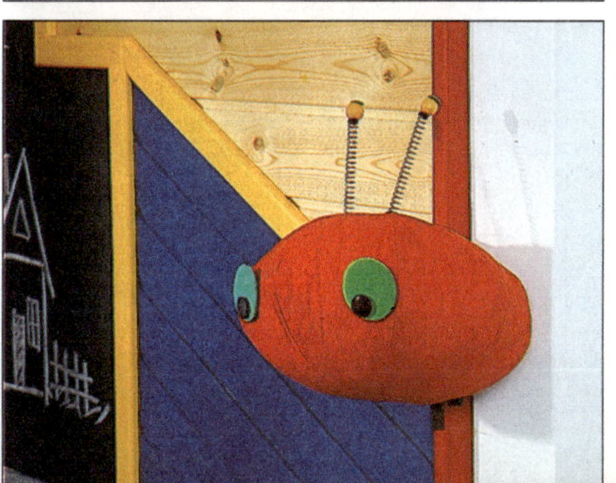

*An der Stirnwand ist eine Magnettafel in die Verkleidung integriert. Der ideale Platz für Lernspiele mit Zahlen und Buchstaben. Auf der rechten Wand gibt's eine Maltafel und daneben einen etwas ungewöhnlichen Zimmergenossen – ein freundliches Phantasiewesen, das seinen Kopf hervorstreckt*

*So sah der Raum vorher aus. Reichlich Platz unter der hohen Decke, doch viel zu trist und eintönig für ein echtes Kinderzimmer zum Wohlfühlen*

Zimmer zu Hause fühlen sollten. Das dominierende Material ist ein Kiefer-Rundprofil in 121 mm Breite. Für die Decke und die farbigen Wandsegmente wurde ein Standard-Profil aus Fichtenholz gewählt. Daneben braucht man für jede Holzverkleidung gehobelte Latten als Unterkonstruktion. Winkelleisten aus Fichte dienen hier als Abschlußrahmen für die einzelnen Felder der gegliederten Wandverkleidung. Nachdem wir eine maßstabsgerechte Zeichnung der geplanten Holzverkleidung angelegt hatten, ging es an die praktische Umsetzung. Für die Decke mußte zunächst eine Unterkonstruktion aus Kanthölzern hergestellt werden. Ein umlaufendes Stuckprofil im Winkel zwischen Wand und Decke machte eine Abhängung um gut 30 cm erforderlich. Der so entstandene Hohlraum konnte zum Einbau der Halogenstrahler und der dazu notwendigen Verdrahtung genutzt werden.

Die Massivholzprofile aus Fichte wurden vor der Verarbeitung mit umweltfreundlichem und leicht aufzubringendem wasserverdünnbarem Acryllack blau gestrichen. Für die Wandverkleidung mußte gemäß Entwurf eine Lattenunterkonstruktion angedübelt werden, an der sich die Bretter der einzelnen Felder befestigen ließen.

Nicht immer ist es ratsam, die Lattung für die gesamte Verkleidung komplett vorzubereiten, um dann die Profile in einem Zug anzubringen. Die Verkleidungsbretter weisen mitunter geringe Maßtoleranzen auf, die sich schnell zu Zentimetern addieren

*Die stuckverzierte Althausdecke sollte zur Hälfte mit farbigen Brettern verkleidet werden. Um die Stuckprofile in den Winkeln unversehrt zu lassen, wurde die Decke mit einer Kantholzkonstruktion abgehängt. In die darauf befestigten Massivholzprofile konnten Halogenstrahler eingelassen werden. Die Abdeckung durch farbige Holzsterne ließ eine reizvolle indirekte Beleuchtung entstehen*

*Dicke Putzschichten auf Altbauwänden stellen Problemuntergründe dar. Hier mit Universaldübeln arbeiten, die in nahezu jedem Baustoff für festen Halt sorgen*

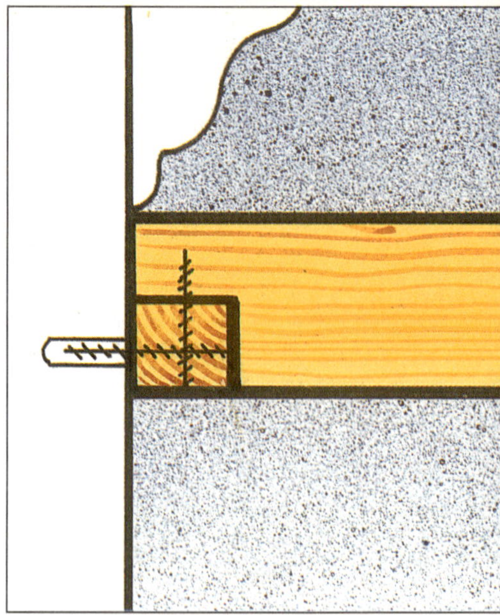

*Die Unterkonstruktion der abgehängten Decke: Auf ein umlaufendes Lagerholz werden ausgeklinkte Kanthölzer aufgelegt und verschraubt*

*Die blau gestrichenen Bretter sind zur Hälfte angebracht. Wichtig: Die alte Stuckverzierung bleibt durch die Abhängung unversehrt*

*Die exakt vorbereitete Zeichnung gibt die Positio nen der Lattung für die Holzverkleidung an. Ma reißt sie Hilfe der Wasserwaage auf der Wand a*

*In die Holzverkleidung schneidet man mit der Lochsäge Aussparungen für das Halogenlicht*

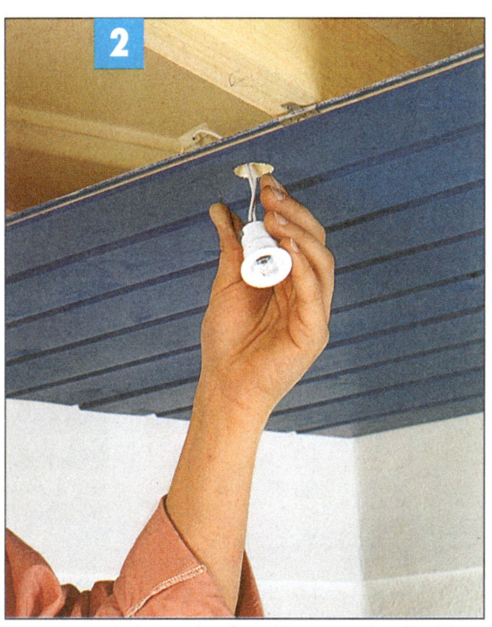

*Die Verkabelung der Strahler wird im Hohlraum über den Massivholz-Profilen untergebracht. Die Lampen einsetzen und verdrahten*

*Nun die weiteren Verkleidungsbretter der Decke mit Befestigungsklammern an die Unterkonstruktion nageln*

*Eine Rückwand aus Hartfaser stabilisiert die Sterne. Alu-Röhrchen von 40 mm Länge erlauben die Montage auf Distanz*

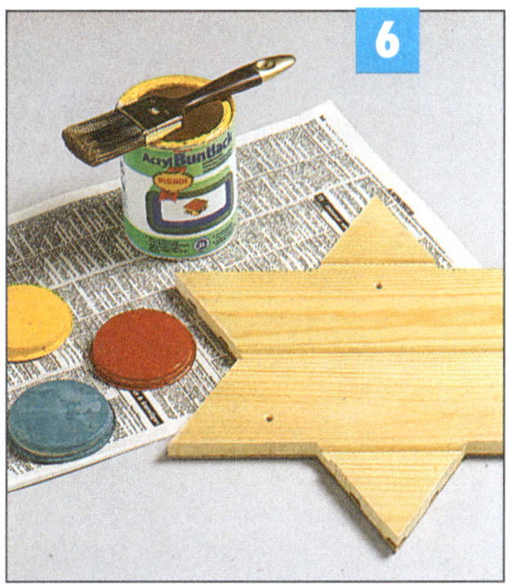

*Die Sichtseite der Sterne farbig streichen, die Rückseite zur Reflexion des Halogenlichts mit Alufolie bekleben*

*Die 70 mm langen Befestigungsschrauben durch die Distanzhalter schieben und dann die Holzsterne anschrauben*

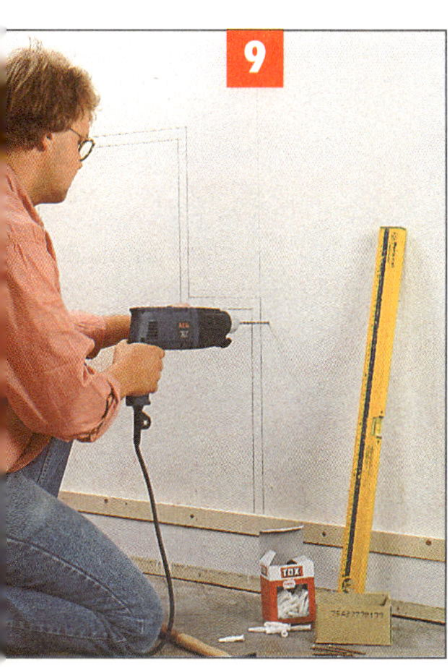

*Die Befestigungspunkte durch die bereits vorgebohrte Latte an der Wand markieren und dann die Dübellöcher herstellen*

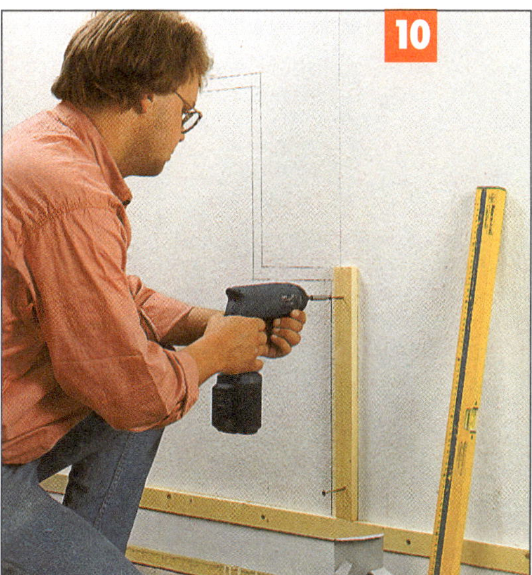

*Sind die 8-mm-Universaldübel eingesteckt, hält man die Latte an und dreht die 60 mm langen Befestigungsschrauben ein*

# Gestalten mit Holz

*Neben den im Naturton belassenen Kiefer-Profilen werden Teile der Holzverkleidung mit Acryllack deckend in Dunkelblau, Türkis, Rot und Gelb gestrichen*

können. Bei größeren Feldern bereitet man daher die Unterkonstruktion Stück für Stück vor, um sicherzugehen, daß das letzte Brett dann auch jeweils genau mit der Unterlattung abschließt.

Die farbigen Profile wurden wie bei der Decke vor dem Anbringen gestrichen. Nur so ist man sicher, daß im Bereich der eingeschobenen Feder nicht durch Nachtrocknen des Holzes später eine helle Blitzkante entsteht. Farben für Holzverkleidungen im Kinderzimmer sollten selbstverständlich ungiftig und speichelfest sein. Ein weiterer Sicherheitsaspekt ist das Vermeiden vorstehender Ecken und Kanten, an denen Kinder sich verletzen könnten. □

*Das Befestigen von Profilbrettern – der Holzfachmann spricht von Massivholz-Profilen – stellt den routinierten Heimwerker nicht vor Probleme. Man arbeitet mit Klammern, die in die Nuten der Bretter greifen und auf die Lattung genagelt werden. Für die hier gewünschte Gliederung mußte jedes einzelne Brett genau auf Maß zugeschnitten werden*

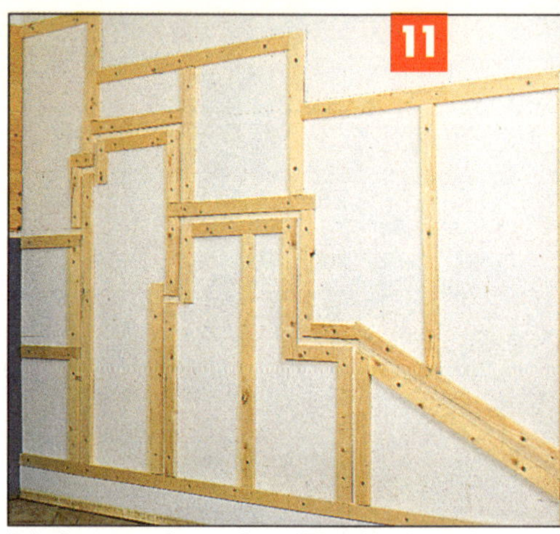


*Die Lattung der rechten Wand ist komplett vorbereitet. In der Mitte das Feld für die Maltafel. Rechts und links sind Farbflächen vorgesehen*

*Hier wird ein Segment mit waagerechten Kiefer-Profilen verkleidet. Die Feder der sauber abgelä ten Bretter jeweils vorsichtig in die Nut stecken*

*Die beiden Tafeln, die farbigen Abschlußleisten und die massiven Halbsäulen auf dem Türrahmen setzen zusätzliche Akzente. Di Säulen gibt's als fertige Teile im Holzfachhandel, die darüber befestigten Halbkugeln wurden auf der Drechselbank hergestellt*

*Für die Magnettafel erst eine Spanplatte anschrauben, auf der dann ein 2 mm starkes Blech mit Kontaktkleber befestigt wird. Zum Schluß noch selbstklebende gelbe Folie aufziehen*

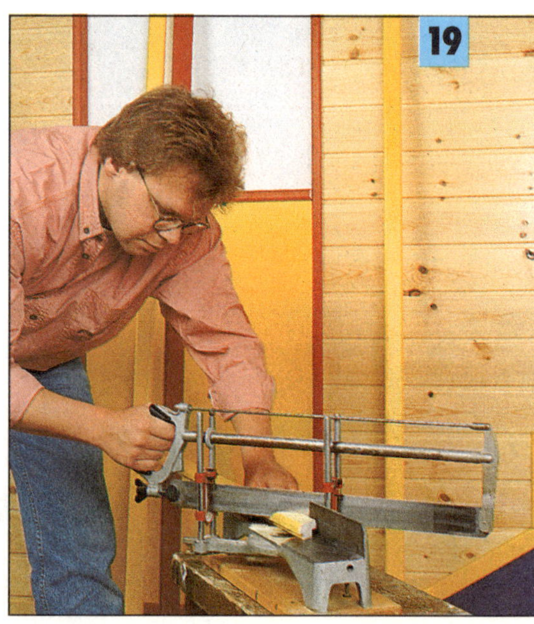


*Gelb und rot lackierte Winkel-Leisten bilden die Abschlüsse der einzelnen Fel der innerhalb der Fläche. Man schneide sie mit einer präzisen Gehrungssäge zu*

Der Winkel der schräg abzulängenden Bretter des blauen Feldes rechts unten wird mit der Schmiege abgenommen und übertragen

Man reißt die Sägelinie stets auf der Rückseite des Bretts an. Trennt die Stichsäge das Holz von links, zeigt die Vorderseite einen sauberen Schnitt

·filbrettklammern dienen zur Befestigung ˚ der Latten-Unterkonstruktion. Die Klam- ·rn fest auf die untere Nutwange stecken

Ein spezielles Nagelgerät verhindert, daß man beim Einschlagen der Stifte die Brettkante mit dem Hammer beschädigt

Die Maltafel der rechten Wand besteht aus einer mit grünem Tafellack gestrichenen Spanplatte

·rkisfarbige 10 cm breite ·lbsäulen aus Holz bilden · Abschluß am Türfutter

Doppelseitiges Klebeband fixiert die aus Hartholz gedrechselten Halbkugeln über den Türsäulen

Mit Massivholzprofilen und viel Phantasie ist ein herrliches Spielparadies entstanden

# Akzente für Möbel und Wände

Dekorative Leisten bieten viele Möglichkeiten zur kreativen Gestaltung, wenn es um Wände, Decken oder Möbel geht. Wir zeigen Ihnen, was der Markt bietet und was Sie daraus machen können

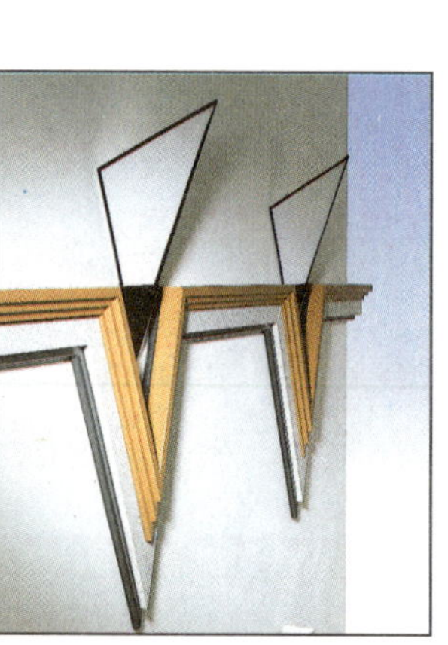

*links und oben: Ein dreiteiliges Steckleistensystem für Freunde der Kombination (Osmo)*

*Alternative zum Umleimer: Dekor-Kante aus massivem Holz (Döllken)*

Eindrucksvolle Effekte bei wenig Aufwand – unter diesem Motto könnte unser Beitrag zum Thema dekorative Profilleisten stehen. Gefragt ist beim Umgang mit Dekorleisten weniger handwerkliches Geschick als vielmehr Phantasie und die Bereitschaft, auch einmal etwas Außergewöhnliches auszuprobieren. Anregungen dafür sollen Ihnen vor allem die Raumgestaltungen auf den folgenden Seiten geben. Daß die Hersteller sich bemühen, Ihrer Kreativität mit einer großen Vielfalt an verschiedenen Profilen und Leistensystemen zu Seite zu stehen, beweist die Marktübersicht auf S. 205. Besonders interessant sind hier die mit hochwertigen Kunststoffolien ummantelten Leisten (MDF oder Massivholz) in interessanten Dekoren vom blauen Vogelaugenahorn bis hin zu poppigen Sprenkelmustern in aktuellen Farbtönen.

*Farbe & Form: Verschiedene Profile im Zusammenspiel (Osmo)*

*Perfekte Raumgestaltung: Ein System aus kombinierbaren Profilen macht's möglich (Osmo)*

*Stuck? – Nein, diese täuschend echten Imitationen bestehen aus Hartschaum (Dekoflair)*

*Mit dieser flexiblen Kunststoffkante kriegen Sie jede Kurve (Döllken)*

*Blumensäule mit bunten Leisten: einfach, aber effektvoll (1001 Lüghausen)*

## Zimmer im Rahmen

Vielfältig einsetzbar sind auch die zwei- und dreiteiligen Leistensysteme, die aus Basisleiste und Zierprofilen bestehen. Sie bieten die Möglichkeit einer verdeckten Montage und lassen durch unzählige Kombinationsmöglichkeiten wirklich individuelle Lösungen zu. Selbstverständlich kann man die Zierprofile auch ohne Basisleiste verwenden.

### Räume gestalten: Mut zum Besonderen

Wie man mit Tapeten, Farben und den passenden dekorativen Leisten einen Raum in den richtigen Rahmen setzen kann, zeigen die Fotos rechts: Ein dreifaches Leistenband gliedert den Übergang von der Wand zur Decke. Der Wechsel zwischen Rauhfaser- und Fischgrät-Prägetapete und die Farbgebung bildet ein zusätzliches Dekor-Merkmal. Ebenso einfach wie effektvoll ist unsere Eckgestaltung mit

1 Den Übergang Wand/Decke soll hier ein dreifaches Leistenband gliedern. Eine Schlagschnur vereinfacht das Markieren der Einbauhöhe

2 Auf der Gehrungslade schneidet man nun die Leisten auf Maß. Achtung: Nicht immer stehen Wände exakt im rechten Winkel. Nötigenfalls mit ...

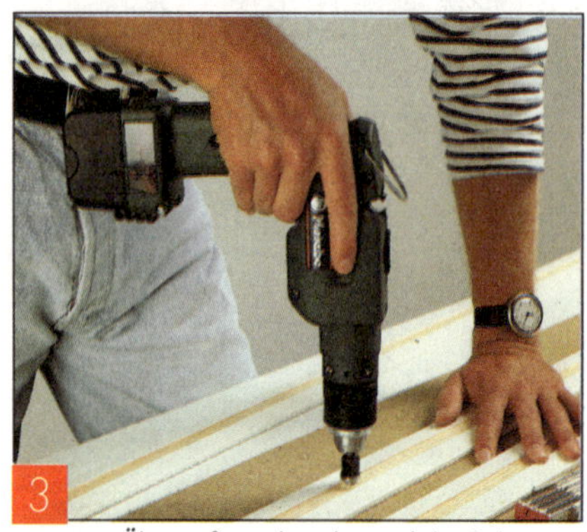

3 ... etwas Übermaß zuschneiden und die Gehrung mit dem Schleifklotz anpassen. Bei der Verwendung von Nageldübeln mit einem Holzsenker ...

4 ... Platz für den Dübelkragen schaffen. Dann die Leiste anhalten und mit einem Universalbohrer das Loch direkt durch die Leiste in die Wand bohren

**TIP**

### Das brauchen Sie zum Umgang mit Leisten

Für einfache Zuschnitte und 45°-Gehrungen genügen Gehrungslade und Feinsäge. Komfortabler ist natürlich eine Gehrungssäge, mit der man auch andere Winkel zuschneiden kann. Zum

Nacharbeiten der Schnittstellen empfiehlt sich ein Schleifklotz. Die Befestigung erfolgt mit Leim oder Kontaktkleber und Leistenstiften, die es auch farbig gibt. Bei mehrteiligen Leistensystemen kann die Basisleiste auch verdübelt oder verschraubt werden. Die Schraubenköpfe liegen dann unsichtbar unter der Deckleiste.

**TIP**

5 Nach dem Anbringen der Basisleisten wurde tapeziert und gestrichen: Die Verwendung unterschiedlicher Tapeten und Farben setzt weitere Akzente

6 Zum Schluß werden dann die sogenannten Designleisten eingeleimt. Der zweiteilige Aufbau hat den Vorteil, daß die Dübelstellen verdeckt sind

Ein Zimmer mit Stil. Das Halbrundprofil zwischen Wand und Decke wurde übrigens einfach mit Stahlstiften befestigt

Marktübersicht

# Kunterbunte Vielfalt

Was immer Sie mit Leisten gestalten wollen – Holzfachhandel und Baumärkte halten inzwischen ein reichhaltiges Programm bereit. Das Angebot reicht von den traditionellen Massivholzprofilen und „Schnitzleisten" über farbige und mit Dekorfolien ummantelte MDF-Leisten bis hin zu zwei- oder mehrteiligen Systemen, deren Komponenten sich beliebig kombinieren lassen. Neben den Holz- und MDF-Leisten erobern sich auch hochwertige Kunststoff- und Hartschaumprofile mehr und mehr Marktanteile.

*Raumgestaltung wie in früheren Zeiten: Diese überstreichbaren Hartschaumprofile machen's möglich. Zum Programm gehören auch Rosetten (Dekoflair)*

*Zum dekorativen Abschluß von Möbelkanten (16 und 19 mm) eignen sich diese Kunststoff- und Holzleisten. Auch Außenecken sind erhältlich (Döllken)*

*Folienummantelte MDF-Profile, zum Teil mit Einlegeleisten, die Schraub- oder Nagelstellen verdecken, für die unterschiedlichsten Anwendungen (Kosche)*

*Auch bei diesen folienummantelten Leisten sind zahlreiche Dekore von einfarbig über moderne Muster bis hin zur Wurzelholzoptik erhältlich (1001 Lüghausen)*

*Auf denkbar einfache Weise können Sie mit diesen Schnitzleisten Möbel aufwerten. Unzählige Formen und Profilierungen stehen zur Wahl (Jéwé)*

*Bei der Wand- und Deckenverkleidung mit Paneelen oder Profilbrettern bringen diese Einlege- und Abschlußleisten Farbe ins Spiel (Brügmann)*

*Bei diesem außergewöhnlichen Leistensystem kann man verschiedene Kranz- und Zierprofile auf eine Basisleiste stecken (Osmo)*

**Raum im rechten Licht**

indirekter Beleuchtung. Die angeschrägten Schnittkanten der Profilstäbe für die Wand wurden übrigens rot lackiert. Eine sehr unkonventionelle und dynamische Wandgestaltung sehen Sie auf Seite 207. Wer es lieber Ton in Ton und etwas gedeckter mag, findet eine Alternative auf Seite 11.

*Hier wurde eine Basisleiste mit überstreichbarem Folienmantel in zwei Farben lackiert. Die Befestigung erfolgt wieder mit Nageldübeln. Nach den ...*

*... Tapezier- und Streicharbeiten – drei unterschiedliche Tapeten für Wand, Deckenbordüre und Decke fanden Verwendung – haben wir ein ...*

*... Wandobjekt aus unregelmäßigen Leistenabschnitten angebracht. Für das Gegenstück, das frei auf dem Boden stehen sollte, wurde ein Korpus ...*

*... aus zwei in der entsprechenden Form zugesägten Spanplatten hergestellt und ebenfalls mit Leistenabschnitten versehen*

## Ein paar Tips zum Umgang mit Dekorleisten

Zum Zuschnitt und zur Befestigung von Dekorleisten ist grundsätzlich keine allzu große Werkstattausrüstung erforderlich. Was Sie brauchen, zeigt der Kasten auf Seite 204. Hilfreich können darüber hinaus Retuschiermittel sein (siehe unten). Ansonsten sollten Sie folgende Punkte beachten: Vor allem bei Tapeten mit ausgeprägter Struktur empfiehlt es sich, die Leisten vor dem Tapezieren anzubringen. Bei den auch in unseren Anwendungsbeispielen eingesetzten zweiteiligen Leistensystemen erleichtert man sich die „Maßarbeit", wenn man Basis- und Deckleiste gleich gemeinsam ablängt bzw. auf Gehrung schneidet. Müssen zwei Leisten in der Länge aneinandergestoßen werden, sollte man den Stoß als Gehrung ausarbeiten, so daß keine ins Auge fallende Fuge entsteht. Bei den meisten Leistenprogrammen gibt es leider keine Abschlußstücke. Ist ein offener Abschluß erforderlich, kann man zum Beispiel die Schnittkante durch eine farbige Lackierung

*Eine Leuchtstoffröhre, auf den aus Reflektionsgründen weiß gestrichenen Korpus geschraubt, sorgt für eine effektvolle indirekte Beleuchtung*

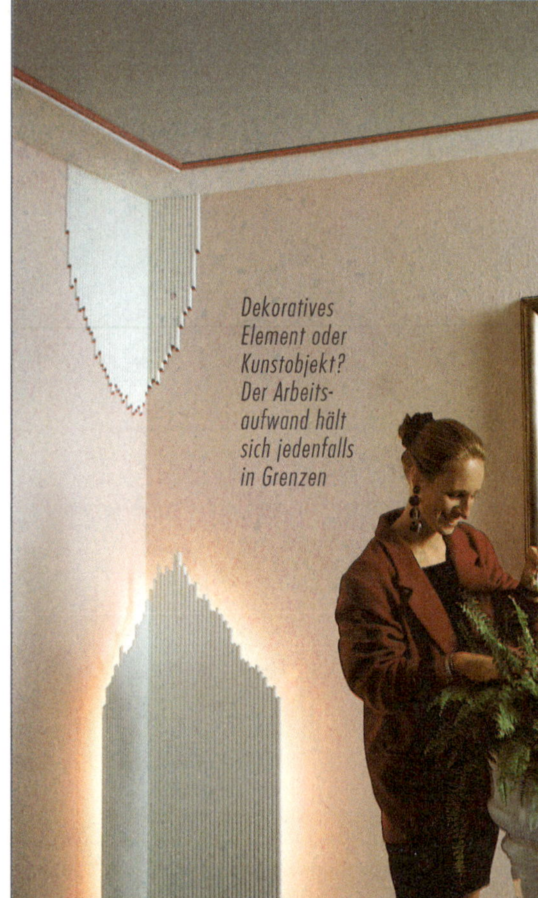

*Dekoratives Element oder Kunstobjekt? Der Arbeitsaufwand hält sich jedenfalls in Grenzen*

**TIP** **Make up für Leisten mit Schönheitsfehler**

Naturgemäß wirken sich gerade bei Dekorleisten auch kleine Patzer oder Beschädigungen besonders störend aus. Für solche Fälle gibt es Retuschierlacke (zum Anmischen oder flüssig), Retuschierwachs in Stangen und Filzstifte in verschiedenen Holztönen (im Zweifel immer einen etwas dunkleren Farbton wählen). In jedem Fall empfehlenswert ist das farbliche Angleichen der Schnittstellen: So fallen die meist helleren Kanten bei kleinen, nicht immer vermeidbaren Gehrungsfehlern nicht ins Auge.

**TIP**

bewußt betonen. Bie Leisten mit größerem Querschnitt ist auch die Herstellung eines Endstücks möglich (siehe Tip-Kasten auf Seite 208).

Die Montage von Basisleisten an Wand und Decke vereinfachen Nageldübel, die in Durchsteckmontage verarbeitet werden. Allerdings muß man hierzu eine Einsenkung für den Dübelkragen vornehmen. Zum Nageln von Leisten gibt es spezielle Leistenstifte mit kleinem Stauchkopf, die nach dem bündigen Einschlagen kaum noch sichtbar sind. Je nach Wandbaustoff empfehlen sich hier Stifte aus gehärtetem Stahl, die sich beim Einschlagen nicht verbiegen. Leistenstifte sind auch in verschiedenen Farben erhältlich. Wenn Sie mit dekorativen Leisten Möbel verschönern wollen, gibt es folgende Befestigungsalternativen: Kann der erforderliche Anpreßdruck aufgebracht werden, ist bei Leisten aus Holz oder Holzwerkstoffen natürlich Weißleim das Mittel der Wahl. Ansonsten können

## TIP „Rundherum" gestalten: Deko-Säulen

Nicht nur mit farbigen Leisten lassen sich bei Möbeln oder im Innenausbau auf einfache Art Akzente setzen. Auch diese Massivholzsäulen und -halbsäulen bieten mit etwas Phantasie eine

Unzahl von Einsatzmöglichkeiten. Die 250 cm langen Säulen, die auch eine „tragende Rolle" übernehmen können, gibt es in den Durchmessern 10, 14 und 18 cm. Zum Abschluß nach unten und oben sind Deko-Scheiben in verschiedenen Größen erhältlich. TIP

## Wand mit Pfeil

1 *Entlang dem Pfeil mußte man die zwei verschiedenen Tapeten stoßen. Die grob zugeschnittenen Bahnen wurden mittels Doppelnahtschnitt entlang ...*

2 *... der Pfeillinie exakt aneinandergesetzt. Der Clou an unserer Wandgestaltung ist der durch Ausreißen beider Tapeten entstehende Farbtupfer, der mit ...*

3 *... einem kleinen Pinsel in der Farbe der Deckenbordüre gestrichen wurde. Hierfür und für den roten Anstrich haben wir einen Lack verwendet*

4 *Hier sehen Sie im Detail noch einmal alle Komponenten unseres nicht ganz alltäglichen und sehr effektvollen Gestaltungsentwurfs*

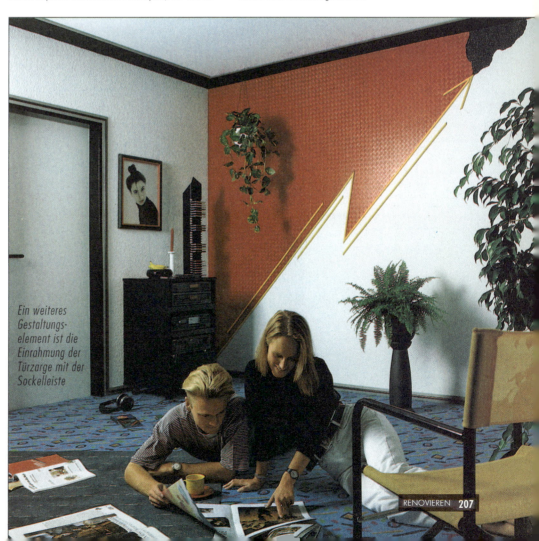

*Ein weiteres Gestaltungselement ist die Einrahmung der Türzarge mit der Sockelleiste*

## Zimmer mit Stuck

Sie auch Kontaktkleber einsetzen. Profile mit geringer Auflagefläche sollte man in jedem Fall zusätzlich mit kleinen Leistenstiften sichern.
Die Verarbeitung der „Stuck“-Profile (rechts) geht im großen und ganzen genauso vor sich. Allerdings werden sie mit Hilfe eines Spezialklebers angebracht. Falls erforderlich, kann man die Elemente zusätzlich mit Leistenstiften fixieren. Der Kleber fungiert zugleich auch als Spachtelmasse, um offene Fugen oder unsaubere Gehrungen abzudecken. Überschüssiger Kleber kann mit dem Finger, einem Japanspachtel oder auch einem nassen Schwamm entfernt werden. Besonders sorgfältig sollten Sie beim abschließenden Streichen zu Werke gehen. □

### TIP Sauberer Abschluß auf Gehrung

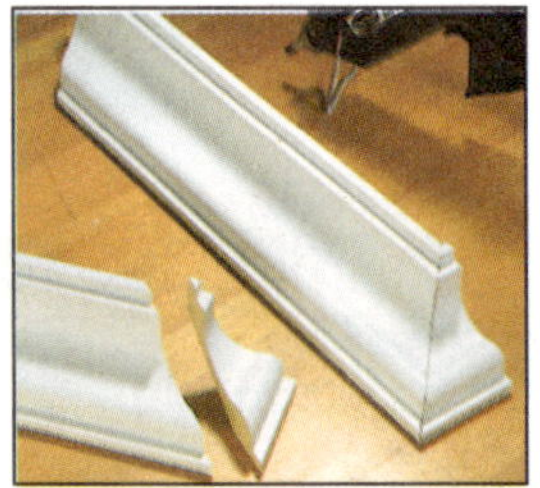

Das Foto oben verdeutlicht, wie man das Endstück für den richtigen Abschluß herstellt. Es wird nach dem Anbringen der Leiste – am besten mit Hilfe von Heißkleber – eingesetzt und genau angepaßt. Die Nahtstelle ist spätestens nach dem Anstrich mit Dispersionsfarbe nicht mehr zu sehen.

TIP

1 *Nach dem Zuschneiden werden die Hartschaumprofile auf der Rückseite dick mit einem speziellen, zum Programm gehörenden Kleber versehen*

2 *Dann klebt man die Dekorleisten auf und richtet sie gegebenenfalls an der zuvor mit Hilfe eines Schnurschlags markierten Linie aus*

3 *Einen sauberen Abschluß auch bei unebenen Untergründen erzielt man durch den Auftrag eines Kleberstreifens, der anschließend mit Hilfe ...*

4 *... eines Schwamms glattgezogen wird. Zum Schluß werden die Leisten sauber abgeklebt und mit Dispersionsfarbe gestrichen*

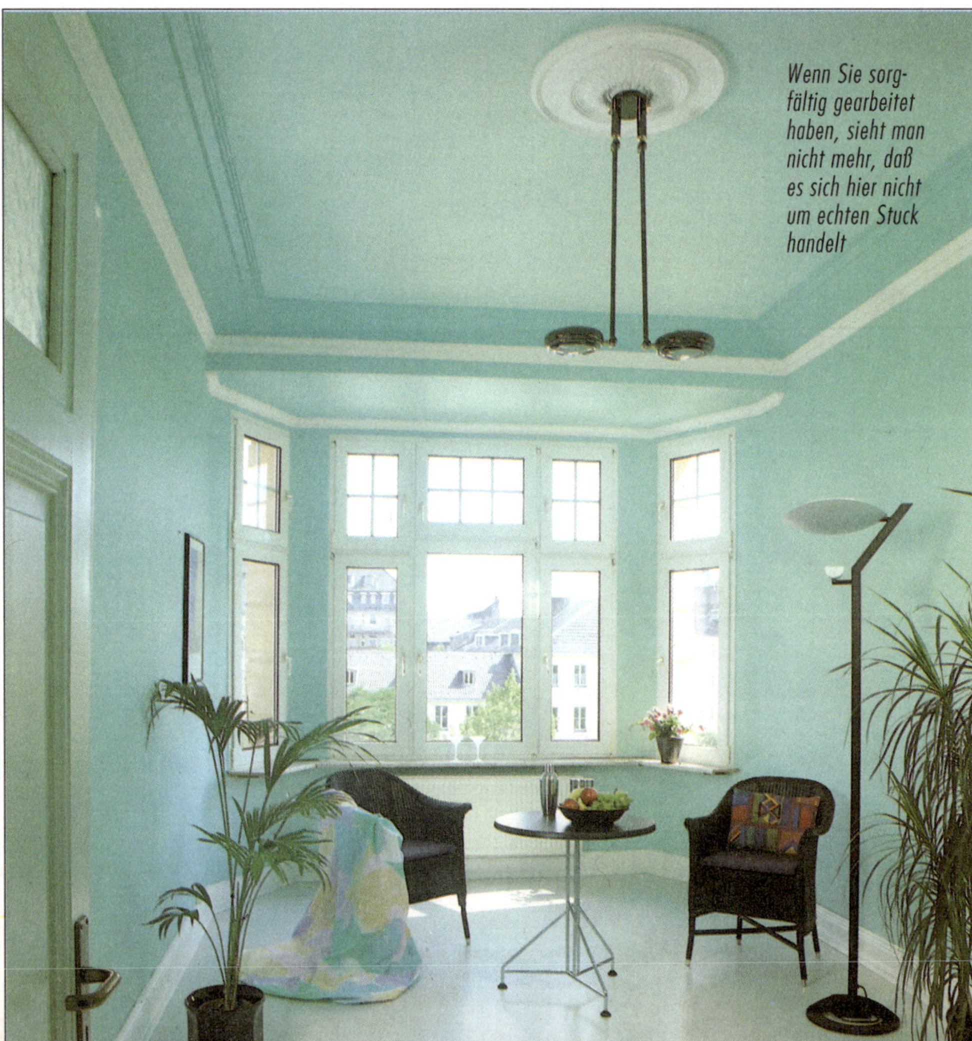

*Wenn Sie sorgfältig gearbeitet haben, sieht man nicht mehr, daß es sich hier nicht um echten Stuck handelt*

Kapitel 6

# Bau-Elemente montieren und warten

**Bei größeren Modernisierungsprojekten ist es mit Tapezieren und Anstreichen nicht getan. Hier müssen aus optischen und konstruktiven Gründen oft Fenster und Türen erneuert oder Zugänge zum neugestalteten Wohnraum geschaffen werden**

## INHALT

# Glastür einbauen

## Mehr Licht im Flur durch eine neue Ganzglastür mit weißem Holzrahmen

Aus den 50er und 60er Jahren stammende Innentüren sind in den meisten Fällen zwar noch voll funktionsfähig, passen jedoch bei einer umfassenden Renovierung der Wohnräume häufig nicht mehr so richtig ins Gesamtbild der Einrichtung.

Selbst wenn man die Türen neu lackiert, bleibt meist der Nachteil, daß die alten Rahmen noch nicht mit umlaufenden Gummidichtungen ausgestattet sind. Sie schlagen relativ laut zu, schließen nicht winddicht ab und besitzen nur eine mangelhafte Schalldämmung.

In unserem Fall kam hinzu, daß der Glaseinsatz der alten Tür den dahinterliegenden Flur nur spärlich erhellte. Ein ganz aus Glas bestehendes Türblatt sollte hier Abhilfe schaffen.

Der Ausbau der alten Tür beginnt mit dem Lösen des Zierbeschlags. Er ist in der Regel nur in das Futter gesteckt und durch ein paar versenkte Stifte fixiert. Über das Futter geklebte Tapeten müssen zunächst neben dem Holz mit einem scharfen Messer durchtrennt werden. Dann hebelt man den Zierbeschlag vorsichtig mit Stechbeitel und Kuhfuß ab. An der tapezierten Wand dabei eine Zulage benutzen, um Beschädigungen des Wandbelags zu vermeiden.

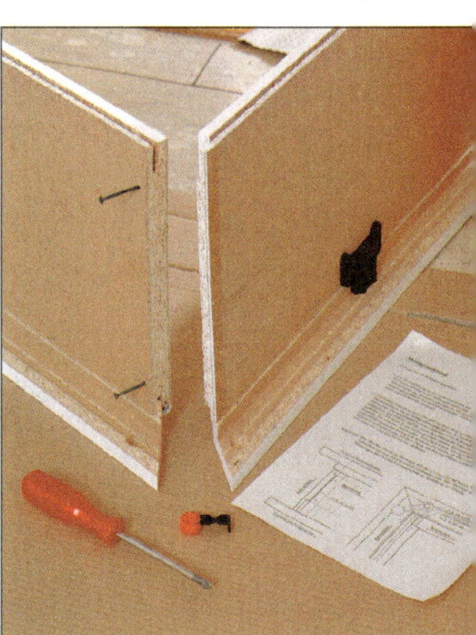

*Die Montageanleitung, die den zum Selbsteinbau vorbereiteten Teilen beiliegt, sollten Sie genauestens studieren und deren Vorgaben beachten.*

1 Ehe Sie die Zierbekleidung des alten Türfutters lösen, müssen Sie eventuell über das Holz geklebte Tapeten durchtrennen

2 Früher wurden die Türfutter meist auf mit dem Mauerwerk verbundene Lagerhölzer genagelt. Mit dem Kuhfuß vorsichtig abhebeln

3 Nun kann bereits das an den oberen Ecken verschraubte und verleimte Futter der neuen Tür in die Maueröffnung gestellt werden

4 Mit der Wasserwaage prüft man, ob das Querstück in der Waage liegt. Bei Bedarf das Futter an den Fußpunkten unterkeilen

5 Liegt das Futter auf der Anschlagseite an der Wand an und sind auch die senkrechten Teile genau ausgerichtet, werden die Ecken verkeilt

6 Um die Tür zur Kontrolle einhängen zu können, werden bereits jetzt die Bänder eingesetzt und mit dem Inbusschlüssel angezogen

7 Ein wenig Lagerfett, an die beiden Zapfen der Bänder gegeben, sorgt dafür, daß die Tür sich leicht einhängen und bewegen läßt

8 Ist die Tür zur Probe eingehängt, werden alle Funktionen überprüft, um gegebenenfalls noch eine Feinabstimmung vorzunehmen

9 Vor dem Verschäumen muß das Futter durch Spreizen fixiert werden. Hier ein Profigerät, mit dem man die Breite oben genau abmißt

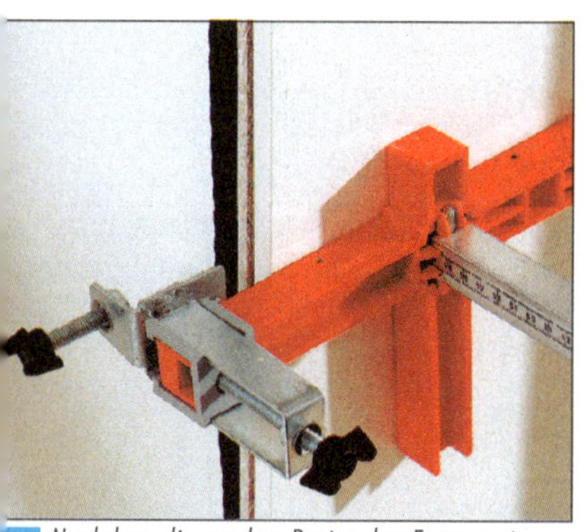

10 Nachdem die exakte Breite des Futters eingestellt ist, werden zwei Spreizen in der Mitte und am Fußpunkt des Futters eingesetzt

11 Die gezeigten Profi-Spreizen kann man sich beim Werkzeugverleih besorgen. Alternativ benutzen Sie exakt geschnittene Spreizlatten

12 Mit einem Streifen Pappe wird überprüft, ob an den Befestigungspunkten genügend Luft für den Montageschaum vorhanden ist

13 Nun kann mit dem Ausschäumen begonnen werden. Verwenden Sie nur Zwei-Komponenten-PU-Schäume, am besten ohne Treibmittel

14 Jeweils oben, in der Mitte und unten wird PU-Schaum in die Fuge gedrückt. Die Spreizen erst ausbauen, wenn der Schaum hart ist

15 Überstehender Schaum kann, nachdem das Material durchgehärtet ist, mit einem scharfen Messer sauber weggeschnitten werden

16 Um die Zierblende mit dem montierten Futter zu verbinden, wird ein feiner Streifen Weißleim in die Nut der Zarge gedrückt

17 Die Feder der vorbereiteten Zierblende kann nun in die Nut des Futters gesetzt werden. Überschüssigen Leim sofort abwischen

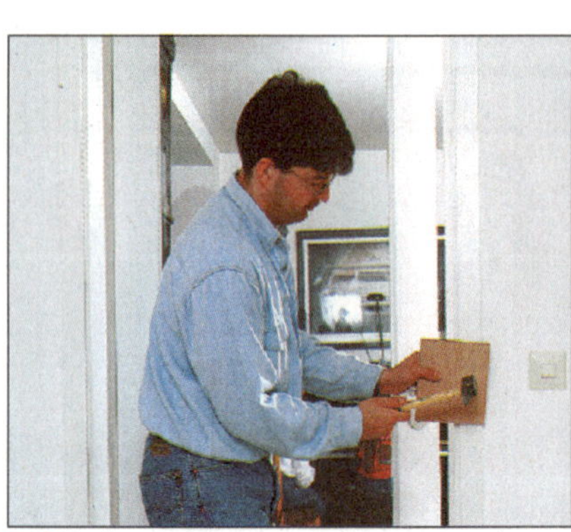

18 Die Zargenteile passen stramm ineinander. Meist muß man die Zierblende mit leichten Hammerschlägen (Zulage!) eintreiben

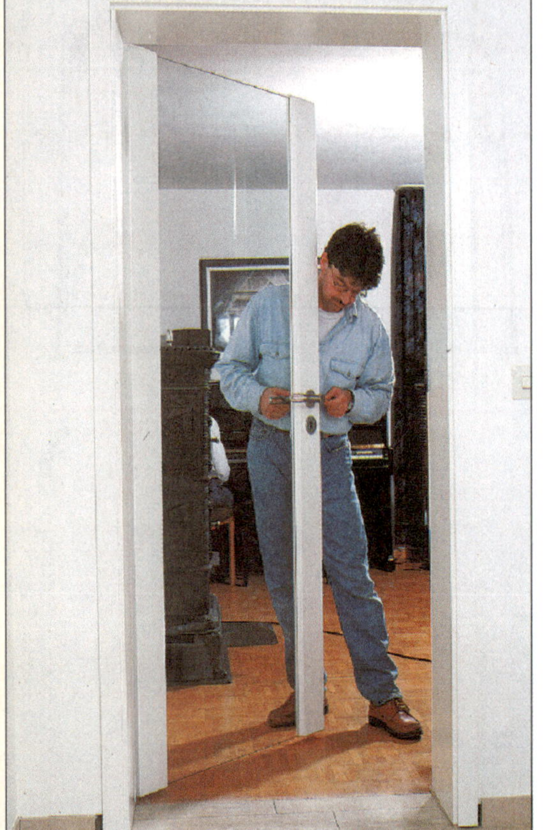

19 Zuletzt gilt es, die Beschläge der Glastür zu montieren und noch einmal die Schließfunktionen der Mechanik zu überprüfen

20 Um die Schraublöcher zur Befestigung der Schloßrosette anzureißen, wird die beiliegende Pappschablone auf den Dorn gesteckt

21 Sie benötigen einen 8,5-mm-Holzbohrer, um die Sacklöcher für die beiden Befestigungsnocken des Beschlags herzustellen

22 Nachdem das Kunststoff-Unterteil des Beschlags verschraubt ist, kann die Abdeckung der Schloßrosette aufgedrückt werden

Das Futter ist bei älteren Türen noch nicht eingeschäumt, sondern verkeilt und mit Lagerhölzern vernagelt. Auch hier wird der Hebelarm des Kuhfußes benötigt, um die Verkleidung zu lösen.

Nachdem lose Teile des Mauerwerks entfernt sind und die Tapete eventuell nachgebessert wurde, kann das Futter der neuen Tür eingebaut werden. Unsere Fotos zeigen die Montage in allen Schritten. Verwenden Sie auf das Ausrichten und Verkeilen besondere Sorgfalt.

Wichtig: Zargen, die auf Steinfußböden sitzen, müssen am unteren Abschluß sorgfältig mit Silikon gegen aufsteigende Feuchtigkeit abgedichtet werden.

# Fenstereinbau Schritt für Schritt

**Durch die Fenster verliert ein Haus häufig die meiste Wärme. Ihren Austausch kann ein Heimwerker leicht selbst vornehmen**

Bei der umfassenden Modernisierung eines in die Jahre gekommenen Hauses ist der Austausch der alten Fenster in vielen Fällen unumgänglich. Dennoch sollten Sie zunächst genau prüfen, ob die alten Rahmen nicht reparaturfähig und in punkto Wärmedämmung und Schallschutz nachrüstbar sind. Dies gilt insbesondere dann, wenn bei Stil-Fassaden die Fenster das Gesamtbild entscheidend mitprägen. Neue Fenster für ein Haus aus der Gründerzeit beispielsweise können nicht „von der Stange" gekauft werden. Wollen Sie eine stilgerechte Modernisierung durchführen, müssen die Fenster für viel Geld individuell angefertigt werden. Eine fachgerechte Überholung der Rahmen und ein Austausch der Verglasung kann dann die deutlich preiswertere Alternative sein.

Beim hier gezeigten Reihenhaus aus den 60er Jahren dagegen waren die alten Fenster ganz ohne Frage ein Fall für den Schutt-Container: billige Fichtenrahmen, verzogen, undicht und mit Einfachverglasung versehen. Die für den Ersatz vorgesehenen weißen Kunststoffenster konnten in Standardmaßen preiswert nach Liste bestellt werden. Wenn man die Montage dann noch in Eigenleistung durchführt, kommt der Komplett-Austausch gar nicht so teuer.

Zum Entfernen der alten Rahmen brauchen Sie neben Hammer, Meißel, Stecheisen und Kuhfuß auch eine Säge. Optimal ist ein Elektrofuchsschwanz, den Sie mit einem bereits ausgedienten Holzsägeblatt bestücken sollten. Beim Durchtrennen der Rahmenprofile kommt das Sägeblatt nämlich unweigerlich mit dem Mauerwerk in Berührung.

Sind die Maueröffnungen für den Einbau der neuen Fenster vorbereitet, werden die Flügel ausgehängt und die Rahmen zunächst probeweise angehalten. Sie müssen sich ohne Spannung einsetzen lassen. Gegebenenfalls das Mauerwerk und den Putz noch ein wenig nachstemmen, bis der Rahmen exakt ins Loch paßt.

1 Die alten Fensterrahmen sind ausgebaut, lose Putz- und Mörtelteile entfernt: Nun können die neuen Rahmen eingepaßt werden

2 Zuerst wird der Rahmen der Terrassentür in die Maueröffnung gestellt, sorgfältig ausgerichtet und dann mit Holzkeilen fixiert

3 Hier wird bereits der Rahmen des Fensters eingesetzt. An der Verbindungsfläche zur Tür legt man zuvor ein spezielles Dichtprofil ein

4 Ständig muß mit der Wasserwaage die Position des Rahmens überprüft und durch Verändern der Verkeilung korrigiert werden

In unserem Fall waren für die Küche des Hauses ein normales Dreh-/Kipp-Fenster und eine Fenstertür als Durchgang zur Terrrasse zu montieren. Zuerst wurde der Rahmen der Fenstertür eingebaut. Wichtig ist hier das Anpassen der Schwelle an den Bodenbelag. Auch bei Schlagregen darf kein Wasser von der Terrasse über die Schwelle gedrückt werden. Oben mußte der mit Rolladenführungen versehene Rahmen exakt unter den Schlitz des Rolladenkastens gesetzt werden. In der korrekten Position wurde er dann mit Holzkeilen fixiert. Anschließend konnte der Rahmen des Fensters angefügt werden.

Beim Ausrichten hieß es immer wieder, die Wasserwaage anlegen und die Verkeilung millimeterweise korrigieren, bis die Rahmen ganz exakt saßen und die Rolläden sich problemlos in die Führungen einfädeln ließen. Erst dann wurden die Profile durchbohrt, um sie mit langen Dübeln in der Wand zu verankern.

Nach einer Funktionsprüfung mit eingehängten Flügeln konnten die Fensterrahmen schließlich durch Montageschaum endgültig fixiert werden.

**TIP**

*Kunststoffenster si meist durch eine aufgeklebte Folie v Verkratzen bei der Montage geschützt. Entfernen Sie die F lie erst nach Abschl der Putzarbeiten.*

5 Sitzt der Rahmen korrekt, wird er oben und unten durchbohrt (Holzbohrer), um dann mit dem Steinbohrer die Dübellöcher herzustellen

6 Die Rahmen von Fenster und Terrassentür muß man durch zwei Schrauben miteinander verbinden. Dazu das Profil vorbohren

7 Nach dem Verdübeln müssen Sie die Flügel für eine Funktionsprüfung einhängen. Erst dann werden die Rahmen rundum verschäumt

8 Am nächsten Tag den überschüssigen Schaum wegschneiden und die Rahmen beiputzen. Nun kann man die Flügel endgültig einhängen

Der Blick von der Terrasse auf den Eingang zur Küche. Die Fugen zwischen Rolladenführungen und Klinkern wurden mit Silikon ausgespritzt

Nachdem man die Befestigungsschrauben gelöst hat, kann das alte Schloß ausgehebelt werden. Ein Restholz schützt die Tür vor Beschädigungen

Selten paßt der neue Schloßkasten auf Anhieb in die vorgegebene Aussparung. Auch im vorliegenden Fall muß man mit dem Stechbeitel ...

... ein wenig nachhelfen. Damit die ohnehin schon dünne Wandung bei der Bearbeitung nicht ausbricht, wird die entsprechende Stelle ...

... durch Schraubzwingen zusammengehalten. Neben der Erweiterung der Aussparung mußte hier auch noch der Stulpfalz angepaßt werden

Schloß auswechseln

# Verschluß-Sache

*Während Hausbesitzer die Kellertür meist als Ausgang zweiter Klasse ansehen, bietet sie ungebetenen Gästen oft genug erstklassige Einstiegsmöglichkeiten. Wir zeigen, wie man hier Zeitgenossen mit besitzübergreifender Tätigkeit einen passenden Riegel vorschiebt*

Ob es nun nicht mehr Stand der (Sicherheits-) Technik ist, klemmt, oder einfach nicht mehr gefällt: Es gibt viele Gründe, ein Schloß auszutauschen. Aber ebensoviele Dinge gibt es beim Austausch zu beachten. Soll das ganze Schloß ausgewechselt werden, kann zum Beispiel eine genaue Vermessung des alten Schlosses viel Arbeit ersparen. Wichtige Maße sind hier vor allem das Dornmaß und die Entfernung (siehe Kasten).

Auch wenn lediglich der Schließzylinder erneuert werden soll, muß man sich vor dem Kauf einige Gedanken machen. Die heute üblichen Profilzylinder sind in ihrer Form zwar genormt, doch gibt es sie in unterschiedlichen Längen. Dabei wird die Gesamtlänge bei Doppelzylindern (von beiden Seiten zu betätigen) immer in zwei Maßen angegeben, nämlich den Abständen von der (Bohrung für die) Stulpschraube bis zu den Außenkanten. Und das ist gut so. Denn häufig benötigt man asymmetrische Profilzylinder, die z. B. auf der einen Seite 40 mm und auf der anderen 27 mm lang sind.

*Die Bohrungen für den Schließbeschlag werden auf der Tür angerissen. Dabei hilft eine Schablone, die meist zu den Beschlägen mitgeliefert wird*

*Gemäß den Markierungen können dann die Löcher für die Befestigungsschrauben gebohrt werden. Da man Schloß und Beschlag in der Regel nach den ...*

*vorgegebenen Maßen (Entfernung und Dornmaß) wählt, sind die übrigen Bohrungen schon vorhanden bzw. müssen lediglich nachgearbeitet werden*

*Jetzt kann man den Schloßkasten an Ort und Stelle montieren. Die Verschraubungspunkte mit einem kleinen Bohrer vorbohren*

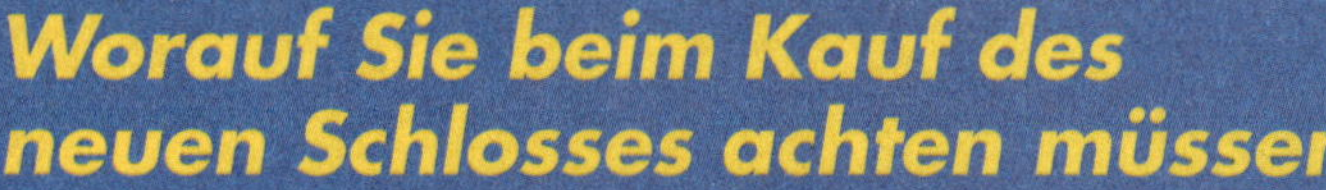

## Worauf Sie beim Kauf des neuen Schlosses achten müssen

Ein Schloß für Außentüren besteht aus dem Einsteckschloß, einem Profilzylinder, und einem (Schutz-)Beschlag. Zur richtigen Auswahl sind folgende Maße ausschlaggebend:

- Die **Kastenabmessungen** des Einsteckschlosses
- Das **Dornmaß** (Abstand von Mitte Drücker bis Außenkante Stulp). Meist 65 mm bei Außentüren (bei Innentüren 55 mm).
- Die **Entfernung** (Abstand von Mitte Vierkant bis Mitte Zylinderkern). Bei Außentüren meist 92 mm (Innentüren: 72 mm).
- Das Maß des **Nuß-Vierkants.** Bei Außentüren normalerweise 10 mm, bei Innentüren 8 mm.
- Die **Schlagrichtung** der Tür. Von der Seite aus betrachtet, auf der die Bänder sichtbar sind (also die Seite, nach der man die Tür öffnet), ergibt sich: Türbänder links = DIN Ls, Türbänder rechts = DIN Rs.
- Die **Länge des Profilzylinders.** Sie wird in zwei Maßen angegeben: Jeweils von der Stulpschraube aus gemessen zur Innen- und zur Außenkante des Zylinders.

Stulp

Falle

Schloßblech

Nuß

E

Dornmaß

*E = Entfernung Normalerweise beträgt die Entfernung 72 mm. Bei Außentüren auch oft 92 mm*

*Das Einsteckschloß ist heutzutage das Standardschloß für alle Türen im Haus. Es besteht aus dem Schloßkasten und dem Stulp*

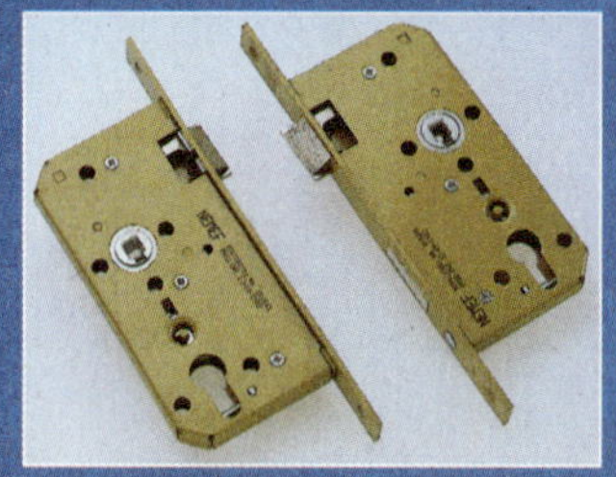

*Links herum oder rechts herum? Bei der Wahl eines neuen Einsteckschlosses spielen nicht nur das Dornmaß und die Entfernung eine wichtige Rolle, sondern auch die sogenannte „Schlagrichtung" der Tür*

### Schließzylinder

*Hierzulande sind Profilzylinder genormt. Während das Profil dabei festgeschrieben ist, können Baulänge und Funktion variieren. Die Länge richtet sich nach der Tür- und Beschlagdicke. Bei der Funktion unterscheidet man zwischen Normal- und Gefahrenfunktion*

Einsteckschloß: Dorma GmbH & Co. KG, Ennepetal; Schließzylinder: DOM Sicherheitstechnik, Brühl

## Selbstschließer

Was Versicherungen so lieben und Ganoven so hassen, ist den Hausbewohnern einfach nur lästig: das ordnungsgemäße Abschließen der Haustüre. Pfiffige Ingenieure haben nun ein Schloß entwickelt, daß sich selbsttätig verriegelt. Die Schlüsselfunktion übernimmt hier ein Mechanismus, der den Riegel vorschnellen läßt, sobald der Auslöseknopf im Stulp das Schließblech berührt. Entriegelt wird das Schloß über einen Schlüssel oder von innen durch einfache Betätigung des Drückers.

*Der Profilzylinder wird mit der Stulpschraube am Schloßkasten befestigt. Die entsprechenden Maße und Bohrungen sind genormt*

*Bevor man den Schutzbeschlag montiert, muß der Vierkantdorn in den unbeweglichen Türknauf des Außenschilds geschraubt werden*

*Der Schutzbeschlag kann nun mittels drei Schrauben, die man durch die Stahlschürze des Innenschilds steckt, befestigt werden*

*Zum Schluß schiebt man das Innenschild auf die Stahlschürze und den Türdrücker über den Vierkantdorn, wo er mit einer Schraube fixiert wird*

## Stiftarbeit: Funktion eines Schließzylinders

200 Pfund setzte der Engländer Bramah im Jahre 1784 für denjenigen aus, der sein soeben zum Patent angemeldetes „Sicherheitsschloß" ohne dazugehörigen Schlüssel öffnen konnte. Dabei handelte es sich um eine ebenso einfache wie geniale Konstruktion: In einem Metallzylinder waren federnde Sperrsegmente angeordnet, auf denen sich Rillen in unterschiedlicher Höhe befanden. Der dazugehörige Schlüssel verfügte über Schlitze und Aussparungen, die diese Segmente so verschoben, daß die Rillen auf einer Linie lagen. Und nur in diesem Zustand ließ sich der Riegel seitlich verschieben. 200 Jahre später hält das gleiche Konstruktionsprinzip Millionen von Räumen unter Verschluß. Allerdings sind in der Zwischenzeit aus den Sperrsegmenten Stahlstifte geworden. Auch wurde die Betätigung des Riegels und der Falle (über den Schließbart) in die Schließfunktion integriert. Darüber hinaus verbesserten zahlreiche Detailentwicklungen die Sicherheit vor gewaltsamer Manipulation des Schlosses – obwohl auch das Ur-Zylinderschloß des Mr. Bramah erst nach 65 Jahren geknackt wurde.



Handelsübliche Werte für den einzelnen Abstand sind 27, 31, 35, 40, 45 mm etc. (weiter in 5-mm-Schritten). Um die richtige Länge für den neuen Profilzylinder herauszufinden, müssen Sie also die Entfernung von der Stulpschraube zur jeweiligen Türaußenkante (einschließlich der Drückerschildstärke) messen. Hierbei ist übrigens zu beachten, daß der Schließzylinder an der Außenseite der Tür nicht mehr als 3 mm aus dem Beschlag herausragen darf. Nur so ist die nötige Sicherheit vor gewaltsamer Entfernung des Zylinders gewährleistet. Apropos: Bei Außentüren sollte man stets einen Schutzbeschlag montieren, der das VdS-Abzeichen (Verband der Sachversicherer e.V.) trägt. Doch zurück zum Zylinder: Hier ist auch zu überlegen, ob es ein Profilzylinder mit Normal- oder mit Gefahrenfunktion sein soll. Beim erstgenannten Typ ist die jeweils andere Zylinderseite gesperrt, wenn in einer Seite ein Schlüssel steckt. Dagegen kann ein Zylinder mit Gefahrenfunktion in jedem Falle von beiden Seiten betätigt werden.

Steht die Kantholz-Konstruktion der vorgesetzten Wandschale, können Sie die Laufschiene der Schiebetür anschrauben

# Alles Schiebung

**Türen, die beim Öffnen einfach in der Wand verschwinden, können Sie auch nachträglich installieren. Wir zeigen, wie's gemacht wird**

Speziell für den Heimwerker gibt es ein System, mit dem Sie hochwertige Schiebetüren selbst installieren können. Zu dem in Bau- und Heimwerkermärkten angebotenen Montage-Paket gehören die nötigen Beschläge, ein passendes Türblatt und wahlweise ein entsprechendes Futter.

Vor der Türöffnung muß zunächst eine zusätzliche Wandschale aufgebaut werden, die aus einem beplankten Holzgerüst besteht. Sie brauchen dafür gehobelte Kanthölzer, Winkelverbinder, Schrauben, Gipskartonplatten und Fugenmasse. Das erforderliche Werkzeug ist wohl in den meisten Haushalten vorhanden: Stichsäge, Schraubendreher, Wasserwaage und Spachtel.

Der Aufbau geht schnell von der Hand, da die Kanthölzer stumpf gegeneinander stoßen und nur

Die Einhängelaschen für die Laufrollen werden mit einem Abstand von 130 mm zur Außenkante des Türblatts befestigt

3 *Laufrollen und Türstopper kann man nun auf die Schiene schieben. Anschließend läßt sich das fertige Türblatt bereits einhängen*

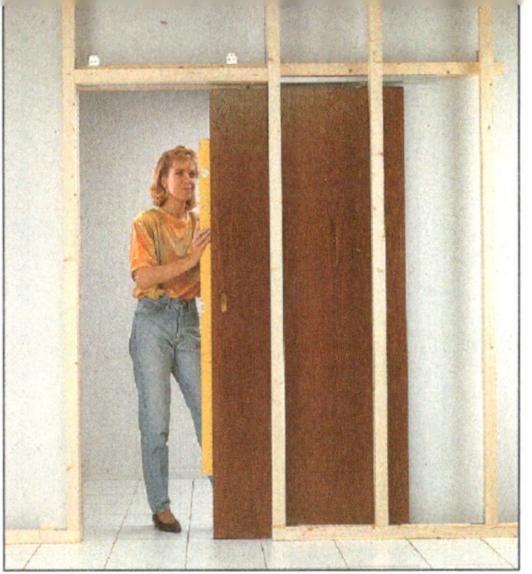

4 *Mit Hilfe der Einstellschrauben an den Laufrollen richten Sie das Türblatt zunächst in der Höhe aus und bringen es dann genau ins Lot*

5 *Eine Bodenführung sichert den richtigen Lauf der Tür. Wahlweise kann man ein passend erhältliches Türfutter einsetzen*

6 *Hier die noch unbeplankte Wandschale für eine zweiflügelige Schiebetür. Sie ist nach dem gleichen Prinzip konstruiert: Im Inneren der Schale muß sich ein Hohlraum ergeben, der die an der Laufschiene geführten Türblätter aufnimmt. In der Zeichnung unten sieht man den Aufbau der Konstruktion*

7 *Das Detail zeigt, wie Laufschiene und Türblatt umbaut werden müssen. Der Rahmen läßt sich wahlweise durch ein Futter verkleiden*

8 *Hier das Beplanken der Konstruktion. Das Kabel für den Lichtschalter wird durch eine vorbereitete Öffnung der Platte geführt*

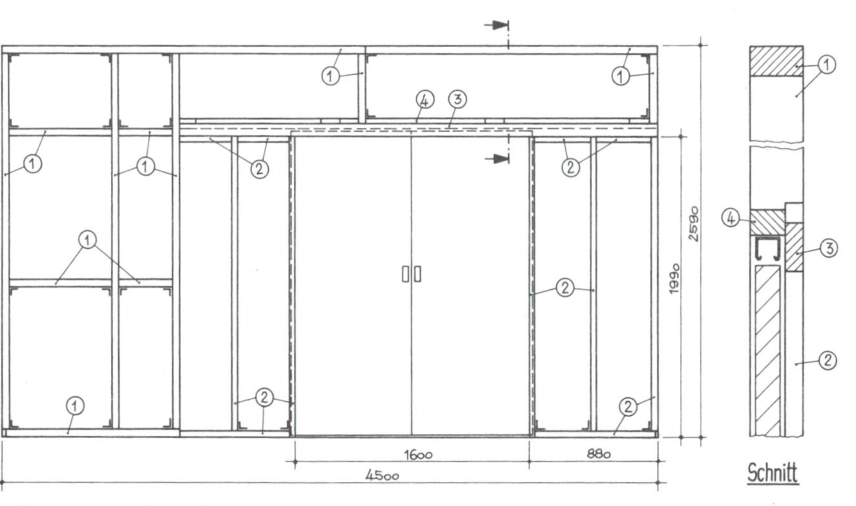


*Die benötigten Holzquerschnitte: ① 90 x 50 mm; ② 40 x 30 mm; ③ 80 x 30 mm; ④ 60 x 40 mm*

durch die angeschraubten Metallwinkel verbunden werden. Sind die Beschläge montiert, kann das zum Bausatz gehörende Türblatt eingehängt werden. Die vorgelagerte Wandschale läßt sich ganz nach Wunsch gestalten: tapezieren, verputzen oder mit Klinkerriemchen bekleben.

In der Vorsatzschale lassen sich problemlos Kabel für zusätzliche Steckdosen oder Lichtschalter verlegen. Achten Sie jedoch darauf, daß die Leitungen Abstand von beweglichen Elementen der Schiebetür halten. Ansonsten besteht die Gefahr, daß die Isolierung beschädigt wird.

# Äußerst anziehend

## Undichte Außentüren lassen Zugluft und auch Schmutz herein. Durch eine magnetische Dichtleiste läßt sich der Spalt unter dem Türblatt nachträglich verschließen

Sobald die kalte Jahreszeit beginnt und man die wohlige Wärme der eigenen vier Wände genießen will, machen sich undichte Fenster und Türen durch unangenehme Zugluft bemerkbar. Bei älteren Haus- und Wohnungsabschlußtüren läßt sich oft bequem eine ganze Zeitung durch den Spalt zwischen Blatt und Bodenbelag schieben. Auch wenn der Postbote diesen Schlitz vielleicht gerne zur direkten Zustellung nutzt, weht doch stets ein kaltes Lüftchen herein. Gleichzeitig entweicht die teuer aufgeheizte Raumluft nach außen. Provisorische Abhilfe schaffen dann vorgelegte Decken und Tücher. Oft genug werden diese Zugluftstopper aber zur gefährlichen Stolperfalle.

Die eleganteste Weise, eine Tür nachträglich abzudichten, stellt der Einbau einer Magnetschiene dar. Bei dem System, das wir für Sie entdeckt und getestet haben, wird ein Bodenprofil aus Alu aufgeschraubt oder eingelassen, in dem sich eine bewegliche magnetische Dichtleiste befindet. Unter dem Türblatt montiert man das Gegenstück: einen Magnetstreifen, der bei geschlossener Tür die Leiste aus dem Bodenprofil anzieht und so für einen dichten Abschluß sorgt. Wird die Tür geöffnet, fällt die magnetische Dichtleiste wieder in die Versenkung zurück: kein hinderlicher Bodenaufbau, keine unfallträchtige Stolperfalle

Wichtig ist, daß Türmagnetstreifen und Dichtleiste bei geschlossener Tür exakt übereinanderliegen. Denn durch eine findige Konstruktion wird die Magnetkraft erst dann wirksam, wenn sich die beiden Teile des Dichtsystems millimetergenau überdecken. In jeder anderen Position stoßen sie sich sogar gegenseitig ab. So ist sichergestellt, daß sich das Türblatt beim Schließen nicht verklemmen kann. Und beim Öffnen wird die dichtende Verbindung dann sofort wieder freigegeben.

Funktionsprüfung: Die magnetische Türdichtung klemmt ein eingelegtes Blatt Zeitungspapier so fest, daß es nicht mehr heraus-ge-zogen werden kann

1 Die alte Übergangsschiene zwischen Hausflur und Wohnung wird abgeschraubt. Kleberreste muß man mit dem Stechbeitel abstoßen

2 Die neue Dichtschiene wird ausgemessen und mit der Pucksäge abgelängt. Anschließend die Sägekanten mit der Feile glätten

3 Nachdem man drei Befestigungspunkte vorgebohrt hat, benutzt man das Profil als Schablone für die Bohrungen in der Schwelle

4 Ein Trick, um den Dübeln bei zu groß geratenen Bohrlöchern festen Halt zu geben: vor dem Einsetzen etwas Heißkleber einspritzen

### So funktioniert das Dicht-System

*Die schematische Darstellung macht die Funktionsweise des magnetischen Tür-Dichtsystems deutlich. Entscheidend ist die Sandwichbauweise: Sowohl der Türstreifen als auch die Dichtleiste bestehen aus insgesamt drei nebeneinanderliegenden Magnetstreifen mit jeweils entgegengesetzter Polung. So ist sichergestellt, daß sich die oberen und unteren Streifen nur dann anziehen, wenn sie sich genau überdecken. Schon bei der kleinsten Verschiebung geraten entgegegesetzte Felder übereinander und stoßen sich ab.*

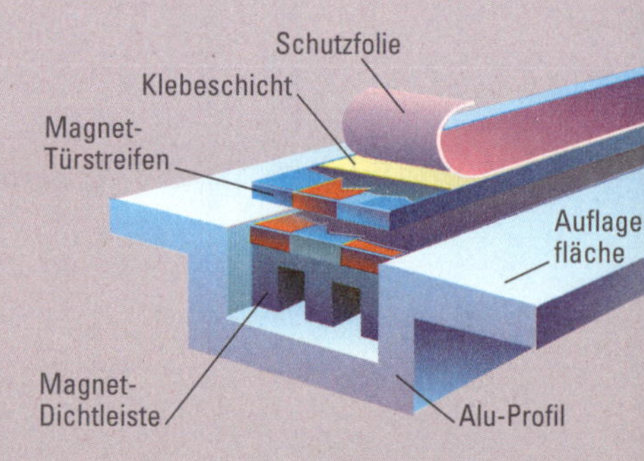


Die intelligente Lösung: Dichten mit Magnetkraft

**5** Nachdem der als Montagehilfe benutzte Heißkleber erkaltet ist, sitzen die drei 6-mm-Dübel bombenfest in ihren Bohrungen

**6** Bevor Sie das Alu-Profil auf die Türschwelle schrauben, sollten Sie die gesamte Montagefläche sorgfältig mit Silikon ausspritzen

**7** Damit keine Feuchtigkeit in die Stirnseiten des Parkettbelags dringen kann, werden auch die Auflagekanten mit Silikon versiegelt

**8** Nun können Sie das Profil ansetzen und verschrauben. Der Höhenunterschied zwischen Stein- und Parkettbelag wird damit überdeckt

**9** Um die Schiene fest in das Silikonbett zu drücken, müssen Sie mit dem Hammer und einem Schlagholz vorsichtig nachhelfen

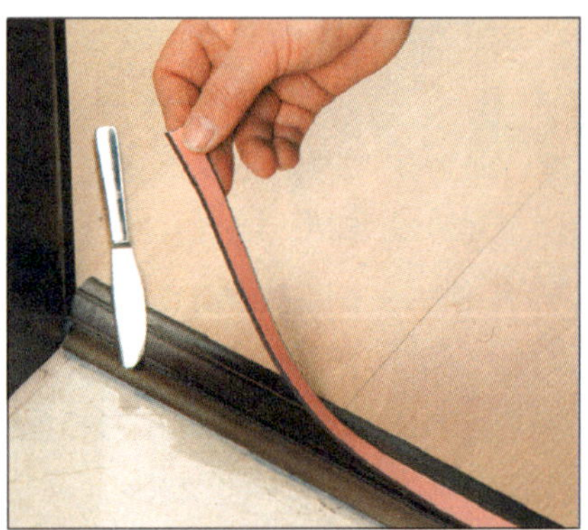

**10** Überschüssiges Silikon wird mit einem Messer sauber entfernt. Dann den Magnet-Türstreifen einlegen und die Schutzfolie abziehen

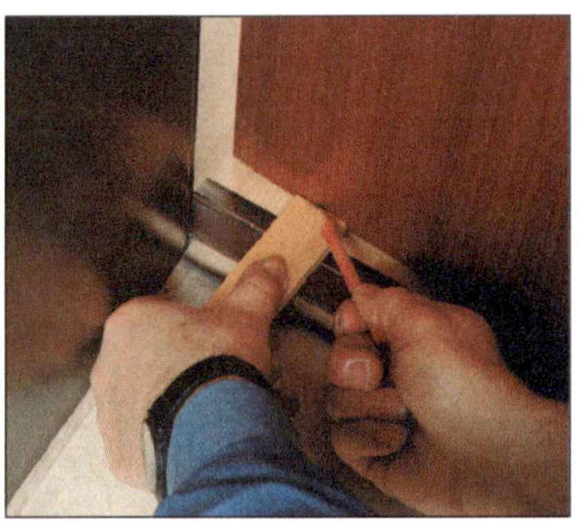

**11** Mit Hilfe eines 5 mm dicken Brettchens läßt sich nun die Unterkante des Türblatts parallel zur montierten Bodenleiste anreißen

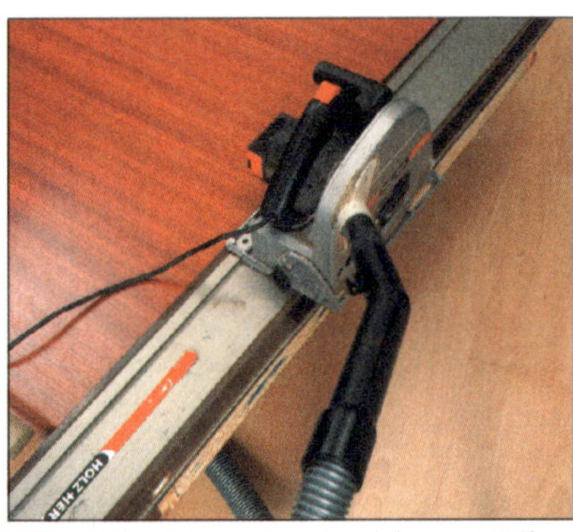

**12** Die Tür wird ausgehängt und dann mit Hilfe der Handkreissäge und einer Führungsschiene entlang der Markierung abgeschnitten

**13** Jetzt legen Sie den am Türblatt zu befestigenden Magnetstreifen auf die Magnetleiste und ziehen die Schutzfolie vorsichtig ab

*Durch die schnelle Trennung wird Reibung zwischen den dichtenden Flächen vermieden und der Verschleiß reduziert. Der Abstoßeffekt sorgt zudem dafür, daß die in die Schiene zurückschnellende Dichtleiste mit der verdrängten Luft auch feine Schmutzpartikel aus dem Profil herausdrückt.*
*Für unterschiedliche Gegebenheiten stehen verschiedene Profiltypen zur Verfügung: zum Einlassen in den Boden, zur Montage auf dem Bodenbelag und zur Überbrückung von Kanten zwischen Belägen ungleicher Höhe.*

**14** Bei geschlossener Tür können Sie den selbstklebenden Magnetstreifen mit dem vorher eingelegten Messer unten ans Türblatt drücken

**15** Zuletzt hängen Sie die Tür noch einmal aus und fixieren den Magnet-Türstreifen durch zusätzlich eingeschlagene kleine Nägel

**Selbstbau-Systeme**

# Schöner Abgang

*Moderne Systemtreppen gibt es in den verschiedensten Ausführungen. Wir zeigen den Aufbau von zwei typischen Konstruktionen*

Die Treppenbau-Kunst – noch bis vor wenigen Jahren ausschließlich dem Fachmann vorbehalten – nimmt immer einfachere Formen an: Dank Systemtreppen-Anbietern lassen sich Wangen-, Spindel- und Mittelholm-Treppen auch von Heimwerkern im Do-it-yourself-Verfahren montieren. Auf den folgenden Seiten zeigen wir den Aufbau einer attraktiven Mittelholmtreppe, die sich sowohl als Haupt wie auch als Nebentreppe eignet. Außerdem stellen wir Ihnen eine Wangentreppe vor (Seiten 228-229), die für knapp bemessene Raumverhältnisse geeignet ist. So

Den Komplett-Aufbau einer Wangentreppe sehen Sie auf den Seiten 228f.

Schick: Die Mittelholm-Konstruktion sowie die Geländer sind aus Stahl, die Trittstufen aus massiver Buche

## Mittelholm-Aufbau

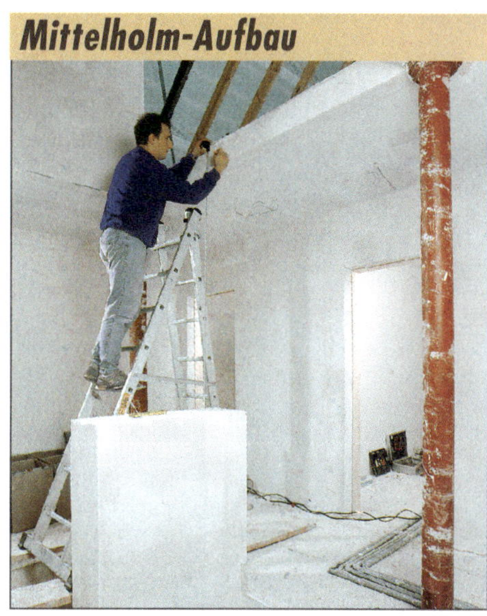

**1** *Sollte eine weitere Treppe nach unten führen, so muß das Treppenloch mit Dielen oder Brettern verschlossen werden. Auf dieser Konstruktion wird dann die mitgelieferte Arbeitsschablone ausgebreitet, die eine 1:1-Projektion der Treppe darstellt, die Sie aufbauen wollen. In unserem Beispiel mußten wir das Deckenelement anschweißen, da sich ...*

**2** *... am oberen Treppenausschnitt ein durchgehender Stahlträger befand. Für die Schweißarbeiten sollten Sie einen Schlosser bemühen. Er berechnete für seine Arbeit 70 Mark*

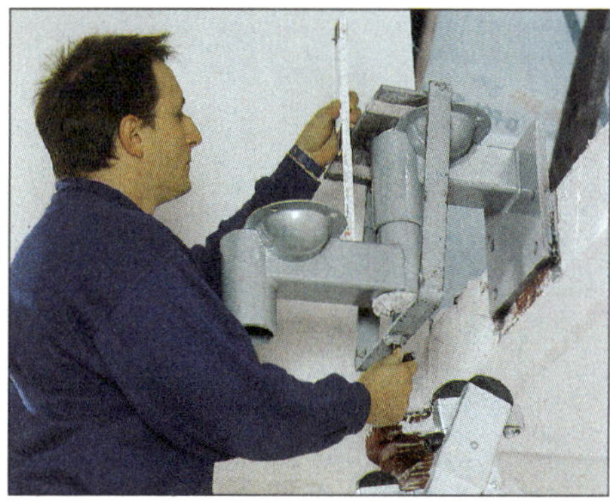

**3** *So stellen Sie die Tritthöhe ein. Eine entsprechende Lehre wird dem Selbstbauer leihweise zur Verfügung gestellt. Mit ihr lassen sich nun die Holme in rascher Folge einsetzen*

### Für jede Treppe die richtige Befestigung

Die Aufnahme für den ersten Mittelholm (bei Univ heißt dieses Teil „Deckenelement") muß mit besonders großer Sorgfalt angebracht werden, da genau an dieser Stelle hohe Kräfte beim Begehen der Treppe wirken. Die einfachste Art der Montage erfolgt mit Hilfe des Beton-Eingießankers. Er wird am oberen Treppenaustritt auf der Deckenschalung befestigt und dann mit dem Fließbeton vergossen. Die lotrechte Position des Decken-Elementes richten Sie mit Stellschrauben und Stahlkeilen ein (diese Hilfsmittel gehören zum Bausatz). Soll der Anschluß an eine Holzbalkendecke erfolgen, so muß die Konstruktion immer auch gegen Verdrehen ausgesteift werden. In unserem Fall wurde hierzu eine Anschweißplatte verwendet. Das Decken-Element haben wir zuerst angeheftet, dann sorgfältig ausgerichtet und schließlich am Stahlträger verschweißt.

# FERTIG-TREPPEN

## Der Mittelholm ist an einem Tag aufgebaut

**4** Die Montageschraube drehen Sie mit einem Drehmoment-Schlüssel (Schlüsselweite 30 mm) oder mit einem Elektroschlagschrauber fest

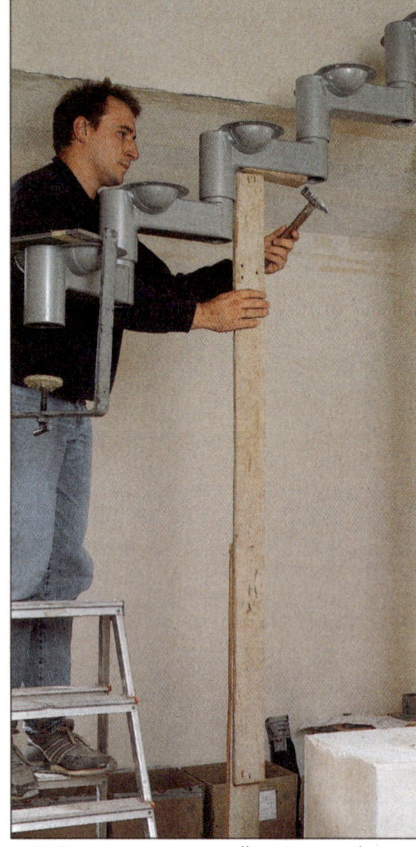

**5** Eine Montagestütze sollten Sie an jedem sechsten Holm anbringen. So verhindern Sie, daß die Konstruktion unter Spannung steht

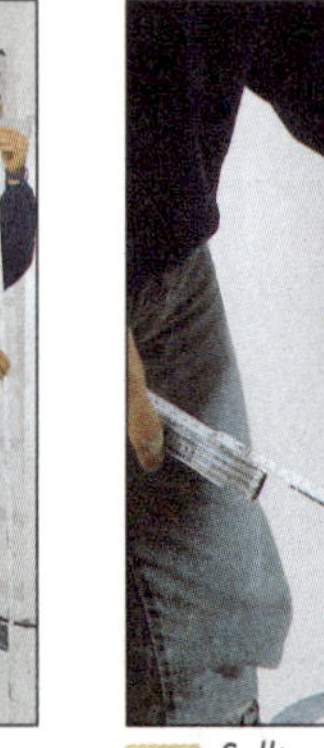

**6** Eine Zwischenüberprüfung ist ratsam. Ziehen Sie die schon montierten Trittstufen von der Geschoßhöhe ab und ermitteln den Restwert

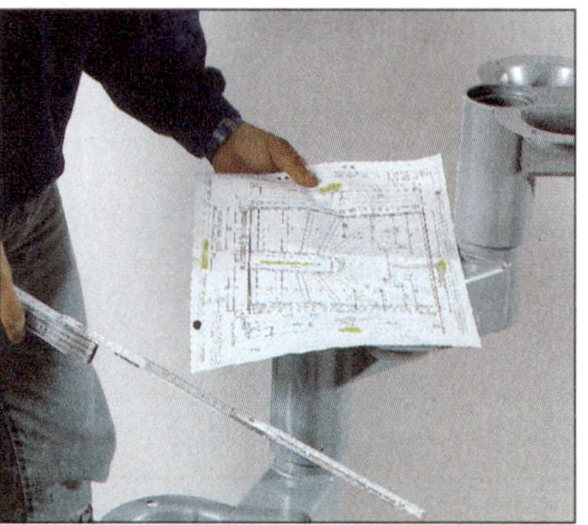

**7** Sollten noch keine Fußbodenbeläge vorhanden sein, so sind die Höhen von Fliesen/Parkett oder Teppich beim Aufmaß zu berücksichtigen

**8** Um dynamische Eigenschwingungen zu vermeiden, braucht der Holm einen Wandanker. Bohren Sie das Wandloch ca. 15 cm tief ein ...

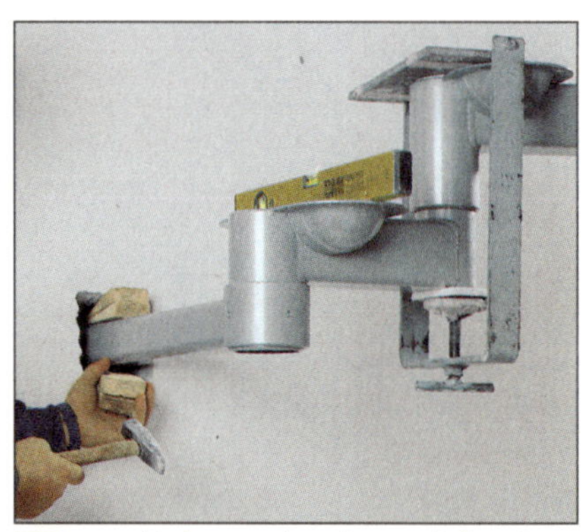

**9** ... und befestigen dann die mitgelieferte Querverbindung mit Keilen. Später füllen Sie das Bohrloch mit Mörtel oder Schnell-Zement aus

**10** Die Bodenplatte wird mit Spreizankern befestigt. Bei Gasbeton-Decken sind Reaktionsanker ratsam. Sie gehören nicht zum Lieferumfang

Damit die Edelholz-Stufen nicht während der Rohbauphase beschädigt werden, sind Baustufen empfehlenswert. Der Treppenbauer bietet sie im Verleih an

**Da kommt Farbe ins Haus**

Schaut man sich die Angebote der Treppenbauer an, so wird schnell klar: Neben den Klassikern aus Echtholz sind Treppen mit farbigen Geländern oder Edelstahl-Elementen die Renner. Wenn schon Farbe, dann sollte es aber eine RAL-Farbe sein, die Sie sich in jedem Lackhandel nachträglich anmischen lassen können. Gut ist es, wenn die Metall-Konstruktion eine pulverbeschichtete Oberfläche aufweist. Unschöne Schweißstellen und scharfe Grate gehören bei diesem Fertigungsverfahren der Vergangenheit an.

## Trittstufen anbringen

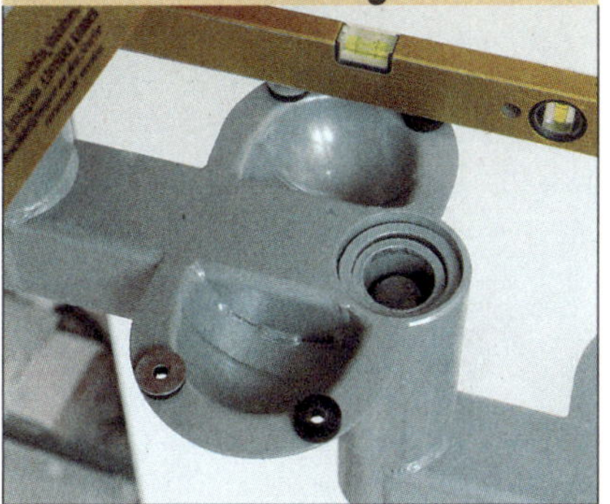

**1** *Zwischen Holm und Stufe werden Gummis zur Trittschalldämmung verwendet. Bei dieser Gelegenheit werden die Auflagepunkte überprüft*

**2** *Die Stufenseiten sollten zur leichteren Montage des Geländers lotrecht übereinanderstehen. Die Position läßt sich mit einer Wasserwaage prüfen*

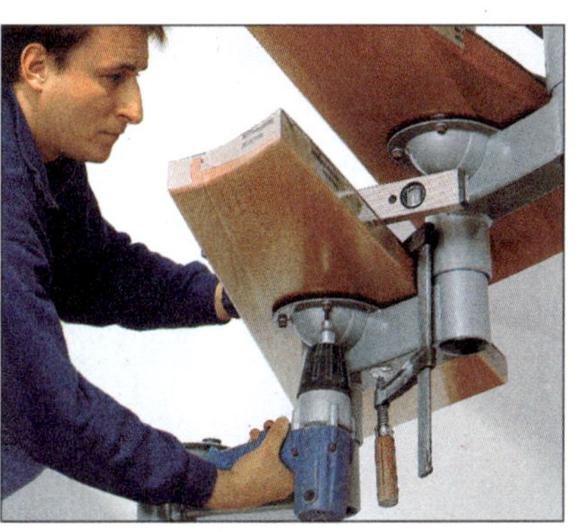

**3** *Dann werden die Trittstufen ausgemittelt und mit einer Schraubzwinge gegen Verrutschen gesichert. Mit vier Spezialschrauben sichern ...*

**4** *.. Sie die Trittstufen auf dem Holm. Die letzte Stufe müssen Sie vorbohren, da Sie am unteren Teil den Schlagschrauber nicht ansetzen können*

unterschiedlich die beiden Systeme zunächst auch scheinen, so sehr ähneln sich doch die Vorleistungen, die der Treppen-Interessent erbringen muß.
Ist das passende Treppen-Objekt gefunden, wird zuerst das Aufmaß erstellt. Natürlich kann man diesen Arbeitsschritt auch in Eigenregie erledigen. Doch schnell hat man sich vermessen oder gibt dem Treppenbauer falsche Bezugspunkte an. Daher sollte das Aufmaß auf jeden Fall ein Fachmann ausführen, zumal die Lohnkosten meist erstattet werden, wenn der Treppenauftrag erfolgt. Nach dem Maßnehmen dauert es zwischen vier und sechs Wochen, dann ist die System-Treppe gefertigt und wird per Spedition an den Kunden geliefert – der Aufbau kann beginnen. Vor dem Kauf der Treppe sollten Sie jedoch darauf achten, daß Sie alle für den Aufbau erforderlichen Spezialwerkzeuge mitbestellen. Bei der hier vorgestellten Mittelholmtreppe von Univ wird z. B. ein kräftiger Schlagschrauber benötigt. Mit ihm lassen sich die Systemteile schnell und einfach miteinander verbinden. Und auch die erforderliche Tritthöhen-Lehre, die für das millimetergenaue Ausrichten der Holme notwendig ist, hat bestimmt nicht jeder Heimwerker in seiner Werkstatt parat.
In der Regel berechnen die Treppen-Anbieter ein Geräte-Pfand, das bei Rückgabe der Werkzeuge erstattet wird. Der Aufbau der Mittelholm-Konstruktion ist problemlos, da sich die einzelnen Arbeitsschritte wiederholen. Zuerst wird die exakte Geschoßhöhe ermittel. Univ geht hier von der Oberkante des oberen Bodens und der Oberkante des unterer Bodens aus. Wird die Treppe wie in unserem Beispiel noch im Rohbau errichtet, müssen Sie die Estrichhöhe und den geplanten Fußbodenbelag in der Berechnung berücksichtigen. Die ermittelte Geschoßhöhe wird dann durch die Anzahl der Steigungen dividiert. In der Regel ergibt sich dabei ein Maß von 180 bis 185 Millimetern. Dieses Maß wird fortan mit Hilfe der Tritthöhen-Lehre eingestellt. Zu Ihrer Sicherheit sollten Sie die noch vorhandene Geschoßhöhe alle drei bis vier Holme kontrollieren (Foto 6).

## Der Selbstbau spart 1800 Mark Montagekosten

Ein kritischer Punkt kann die Befestigung der Bodenplatte sein. Zwar werden für diesen Arbeitsschritt am Mittelholm Spreizanker mitgeliefert, doch die Befestigungs-Elemente sind für eine Porenbeton-Decke, (Hebel oder Ytong), nicht zu gebrauchen. Wesentlich standfester sind da Reaktionsanker. Die Patrone wird ins vorgebohrte Loch eingelassen und reagiert dann mit dem umliegenden Material, wenn die Schraube angedreht wird.

## Geschoßbrüstung:

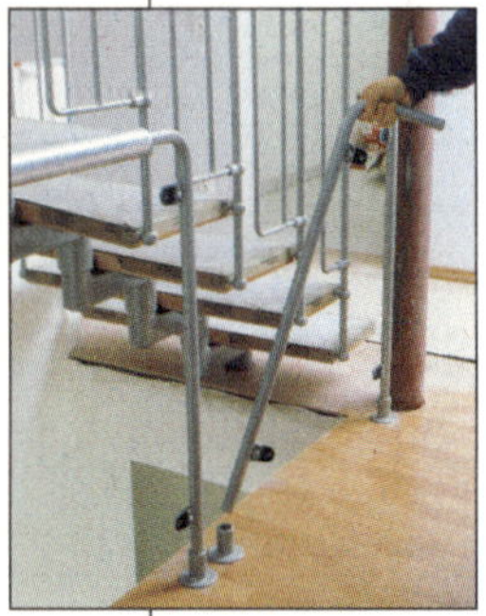

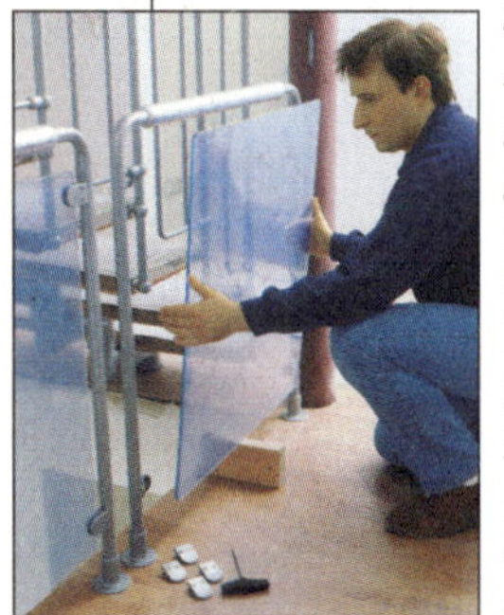

*Damit sich die Treppe auf der unteren Etage widerspiegelt, ließen wir auch die Geschoßbrüstung beim Treppen-Bauer fertigen. Das Podestgeländer besteht hierbei aus vier Teilen: zwei Geländern, einem Mittelstück sowie dem Einscheiben-Sicherheitsglas. Der Aufbau ist einfach: Zuerst werden die Halter für die beiden Bodenstücke angebracht. Mit Hilfe einer Wasserwaage und der einstellbaren Füße richten Sie die Grundkonstruktion aus und setzen dann die Füllungen aus Plexi- oder Echtglas ein. Glashalter erleichtern in diesem Fall die Montage. Bedenken sollten Sie: Plexiglas ist zwar im direkten Vergleich ca. 30 Prozent günstiger als Einscheiben-Sicherheitsglas. Sind aber Kinder im Haus, die mit ihrem Bobby-Car oder der Schaukel-Ente an die Brüstung stoßen, ist Echtglas ratsam; es ist kratzunempfindlicher und läßt sich einfacher pflegen*

## Treppengeländer anbringen

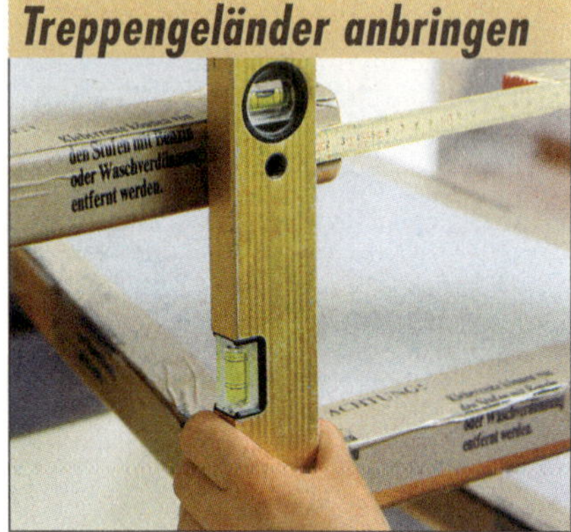

**1** Nachdem die Stufen auf dem Holm montiert sind, kommt das Geländer an die Reihe. Es wird an den massiven Trittstufen angebracht

**2** Bohren Sie die Trittstufen mit 30 mm seitlichem Abstand vor. Pro Steigung werden je zwei Geländer-Halter mit Stockschrauben ...

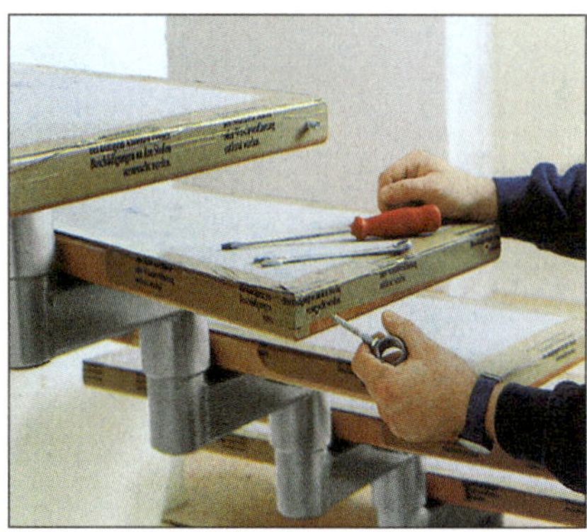

**3** ... eingelassen. Die Stockschrauben besitzen ein Holzgewinde für die Trittstufe und ein metrisches Gewinde für die Kugelaufnahme

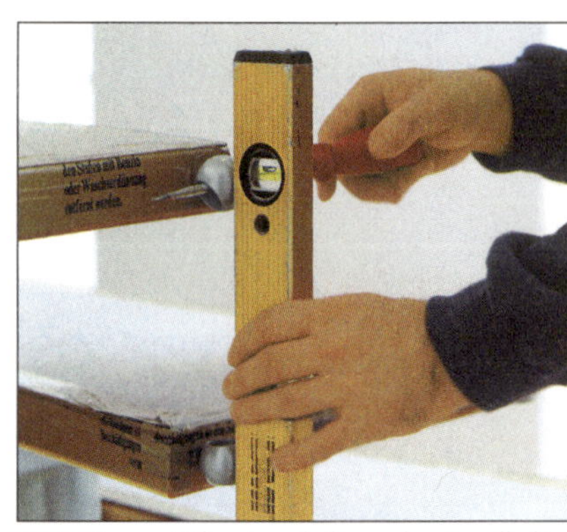

**4** Die zwei übereinanderliegenden Kugelhalter müssen lotrecht sitzen, damit sich das Treppengeländer ohne Probleme befestigen läßt

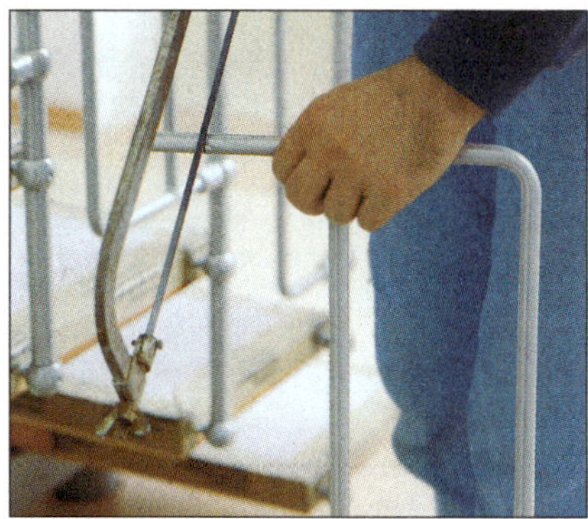

**5** Z-Füllungsteile als Kindersicherung: Die Öffnungen dürfen 120 mm nicht überschreiten. Mit einer Eisensäge lassen sich die Stäbe ...

**6** ... leicht ablängen. Beim Einsetzen der Stäbe sollten Sie darauf achten, das Sie mit der Geländerbrüstung auch die „Z-Halter" einbauen

# Schön, aber nicht teuer: Treppe und Geschoßbrüstung bilden eine klare Linie

Während der Rohbauphase kamen erst einmal Leihbaustufen zum Einsatz. Sie sind unbedingt ratsam, denn sperrige Heizkörper oder Badewannen lassen sich nur schwer über eine Leiter hieven. Die Mietkosten halten sich in Grenzen. Univ verlangt pro Tritt 18 Mark. Wer die Stufen wieder abgibt, erhält eine Gutschrift. Der Eigenaufbau einer Systemtreppe lohnt sich in jedem Fall. Rund 1800 Mark hat der Treppenbauer für die hier vorgestellte Treppe an Montagekosten veranschlagt. Die Mittelholm-Konstruktion samt 15 massiven Edelholz-Trittstufen aus 45 mm starker Buche kostet in der Standardausführung ca. 4800 Mark. In der Top-Ausführung, mit Aluminium-eloxierten Griffstücken, liegt die schmucke Geschoßtreppe bei 6500 Mark. Wer zusätzlich Einscheibensicherheitsglas als Geschoßbrüstung wählt, muß pro laufenden Meter 560 Mark berappen.

FERTIG-TREPPEN

# Markt-Übersicht

Besonders effektvolle Gestaltungsmöglichkeiten bieten sich, wenn Treppengeländer und Stufen farbig abgesetzt sind. Der Hersteller Columbus bietet die Vollholz-Treppe in verschiedenen Farben für 690 Mark pro Steigung an

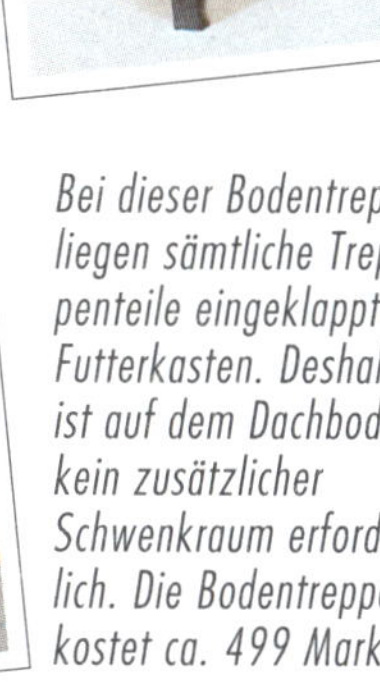

Bei dieser Bodentreppe liegen sämtliche Treppenteile eingeklappt im Futterkasten. Deshalb ist auf dem Dachboden kein zusätzlicher Schwenkraum erforderlich. Die Bodentreppe kostet ca. 499 Mark

Eine preiswerte Mittelholm-Treppe (ca. 4000 Mark) bietet Henke. Die Trittsufen sind aus Buche oder Kiefer. Im Bausatz ist neben allen Befestigungsteilen auch das einseitige Brüstungs-Gitter enthalten

**1** Eine elegante Mischung aus Metall und Holz bietet System-Treppenbauer Baveg aus München. Die neue Treppen-Serie heißt „BZT" und wird ausschließlich über den Fachhandel für ca. 9000 Mark (ohne Montage) vertrieben. Die Treppenstufen sind aus Edelholz und versiegelt. Das Geländer besteht aus Stahl und wird auf Kundenwunsch lackiert.
**2** Platz ist in der kleinsten Hütte: Nach diesem Motto wurde wohl die Raumspartreppe „Miniv 160" von Univ entwickelt. Die Tritthöhe ist universell einstellbar. Weitere Merkmale: die Trittstufen sind massiv und dreifach versiegelt. Die Kosten: ca. 3500 Mark.
**3** Preiswerte Mittelholm-Treppe (13 Stufen) von Henke mit einseitigem Holz-Geländer. Preis zirka 4700 Mark.
**4** Neu bei Univ: die Treppen-Variante mit 12 Volt-Strahlern. Die Lichttechnik verteuert jedoch den Bausatz: Rund 11 000 Mark müssen Sie hier veranschlagen

Kontakte:
Mittelholm-Treppe:
Univ System Bauteil GmbH, Postfach 140 327, 45443 Mühlheim an der Ruhr, ✆ 02 08 / 99 95 80.
Technische Informationen erteilt Herr Saß, ✆ 02 08 / 9 99 58 42
Wangentreppe:
Baveg GmbH & Co, Postfach 71 02 68, 81452 München, ✆ 089/78 40 41; Informationen erteilt Herr Bauer unter der gleichen Nummer.
Weitere renommierte Treppenbauer:
Columbus Treppen GmbH, Gutenbergstraße 21-23, 86356 Neusäss, ✆ 08 21 / 46 05 10.
Henke GmbH & Co Postfach 4024, 32302 Lübbecke, ✆ 0 57 41 / 9 00 40.
Roto Frank AG, Stuttgarter Straße 145-149, 70771 Leinfelden, ✆ 07 11 / 7 59 80.

FERTIG-TREPPEN

## Holz-Wangentreppe

# Maß-arbeit

*Industriell gefertigt – und doch individuell auf jede Einbausituation zugeschnitten: Diese Holz-Treppe bietet Schreinerqualität zum Heimwerkerpreis*

Die Situation findet sich in vielen tausend Fällen wieder: Der Dachboden sollte ausgebaut werden, erreichbar war er jedoch lediglich über eine wacklige Klapptreppe. Zwar wäre es möglich gewesen, in die vorhandene Öffnung eine jener Raumspartreppen einzubauen, die mit abwechselnd ausgeschnittenen Stufen den Aufstieg im beschwingten Sambaschritt erlauben, doch diese Lösung behagte dem Bauherrn nicht besonders. Eine breite Geschoßtreppe vom Schreiner war jedoch auf dem vorhandenen Raum nicht unterzubringen – von der Diele wäre nicht mehr viel übrig geblieben.

Die Lösung brachte die Kleintreppe MK-H des Münchner Treppenspezialisten Baveg. Das Modell zielt genau in die Lücke zwischen traditionellen Großtreppen und den allzu kompromißbehafteten „Hühnerleitern". Drei Grundtypen stehen in der Holzausführung zur Auswahl, dabei sind Stufenbreiten von 60, 70 oder 80 cm möglich. Standardmäßig wird die Treppe aus massiver Kiefer gebaut, für einen moderaten Aufpreis gibt es die Trittstufen jedoch auch in massiver Buche – und diese Investition lohnt sich wegen der deutlich besseren Haltbarkeit in den meisten Fällen. Ebenfalls möglich und sehr preiswert ist eine Trittstufen-Verlängerung um bis zu 10 cm.

Variante: Kleintreppe mit Trittstufen aus Kiefer

Nach Auftragserteilung nimmt zunächst ein Mitarbeiter des nächsten Baveg-Vertriebspartners vor Ort Maß. Dann dauert es etwa sechs Wochen, bis die Treppe fertig ist und geliefert wird. Schon bei der Anlieferung war der Bauherr angenehm überrascht: Die Einzelteile sind sehr präzise gefertigt, der Bausatz ist sorgfältig verpackt und verwechslungssicher beschriftet. Wangen und Geländer verlaufen im eleganten Schwung – ein Stück Schreinerqualität zum Heimwerkerpreis.

**1** *Zunächst wird die Wandwange aufgebockt. Die Nuten für die Trittstufen versieht man mit Silikonkleber – so verhindert man, daß die Treppe später knarrt*

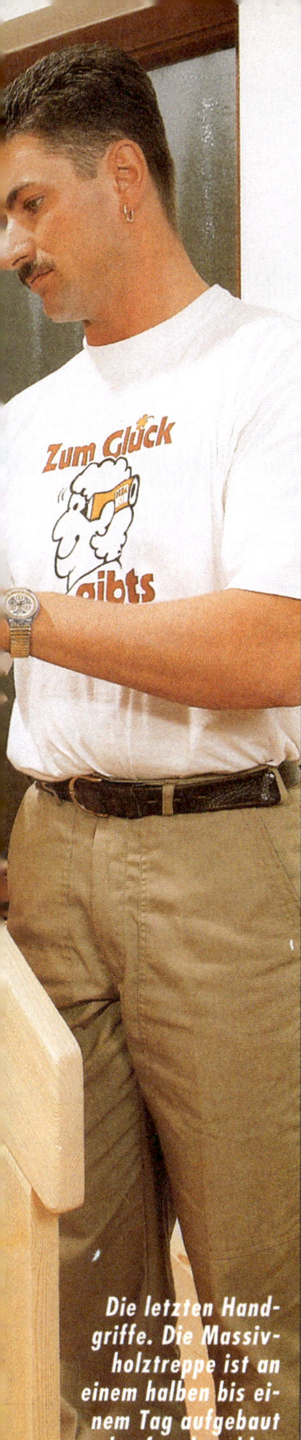


**Die letzten Handgriffe. Die Massivholztreppe ist an einem halben bis einem Tag aufgebaut und sofort begehbar**

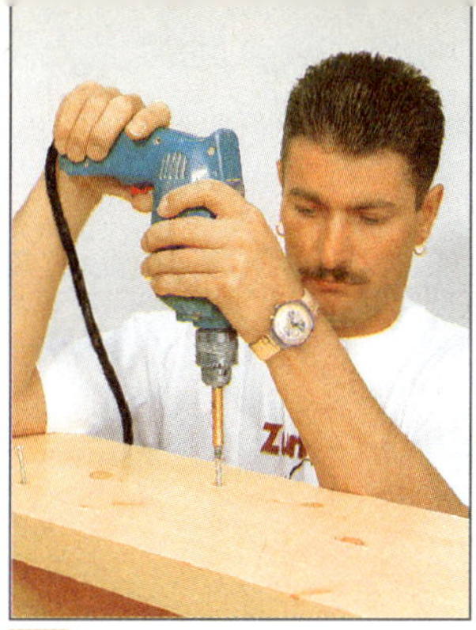

**3** Nun wird die Freiwange wieder mit Silikon versehen und auf die Stufenkanten gesteckt. Alle zwei Stufen wird verschraubt

**4** Das kurze Stück baut man ebenso zusammen und setzt es wieder mit Schrauben an die provisorisch positionierte Treppe

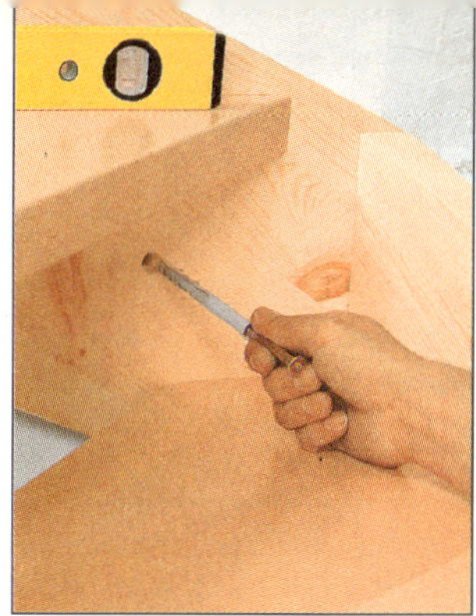

**5** Richten Sie nun die Treppe mit Hilfe der Wasserwaage genau aus und verdübeln sie durch die Wandwange mit dem Mauerwerk

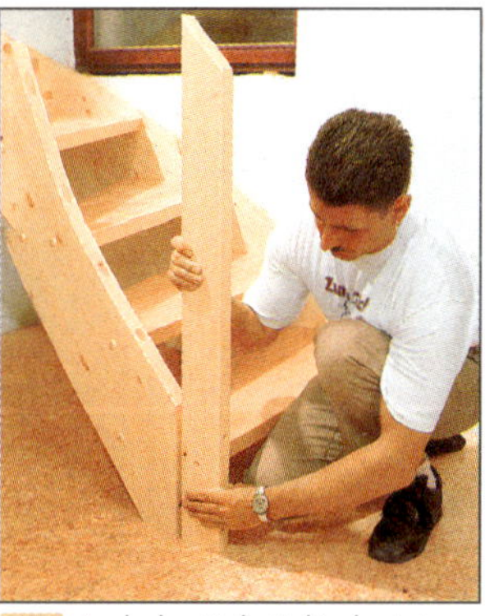

**6** Auch das Holz-Geländer ist ganz exakt vorgefertigt. Den unteren Pfosten verschrauben Sie an der Freiwange

**7** Nun setzt man nacheinander die Geländerstäbe in die vorgebohrten Löcher der Wange. Wieder sorgt Silikon für knarrfreien Sitz

**8** Die Handläufe aufstecken und miteinander sowie an den Pfosten verschrauben. Alle Schrauben werden mit Holzstopfen verdeckt

## Wenn Sie eine Treppe bauen wollen...

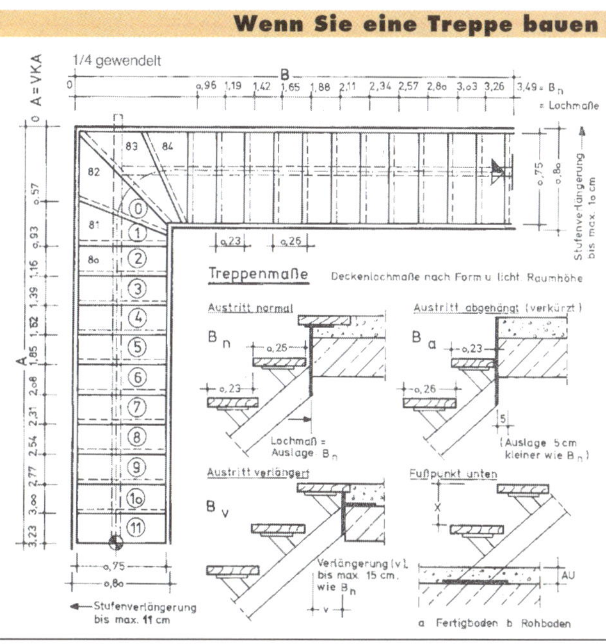


... erhalten Sie von Baveg umfangreiches Katalogmaterial und bei Bedarf auch für Ihren Architekten exakte Planungsunterlagen. Anhand der detaillierten Maßzeichnungen läßt sich für ein vorhandenes Treppenloch die passende Konstruktion auswählen – umgekehrt können Sie je nach Raumhöhe und Treppenmodell auch die erforderlichen Lochmaße ermitteln. Auf Wunsch bieten die meisten Baveg-Vertriebspartner auch das Ausstemmen des Treppenlochs an. Möchten Sie dies selbst erledigen, sollten Sie idealerweise Unterlagen über die Konstruktion der Decke zur Hand haben, beispielsweise den Verlauf von Bewehrungen oder Deckenbalken. In jedem Fall ist es ratsam, einen Statiker heranzuziehen, der das gewünschte Treppenloch berechnet.

**2** Setzen Sie die einzeln numerierten Stufen nacheinander in die Nuten und verschrauben sie von außen durch die Wange hindurch

Der Aufbau verläuft vollkommen problemlos: Nichts hakt oder klemmt, jedes Teil paßt genau dorthin, wo es hingehört. Das nötige Werkzeug dürfte in jedem gutsortierten Heimwerker-Haushalt vorhanden sein. Zum Aufrichten der nicht gerade leichten Treppe werden Sie einige Helfer benötigen. In unserem Fall wurde diese Arbeit sehr dadurch erleichtert, daß sich ein Balken über das Treppenloch legen ließ, an dem wir einen Flaschenzug befestigten. So ließ sich das schwere Bauteil recht gut handhaben. Sollten Sie übrigens mit der Montage wider Erwarten überhaupt nicht zurechtkommen, können Sie den örtlichen Vertriebspartner (natürlich gegen Bezahlung) zur Hilfe rufen. Dies wird nach unserem Eindruck für einen einigermaßen erfahrenen Heimwerker jedoch kaum nötig sein. Unser Fazit: Von A-Z ein durchweg gelungenes Produkt.

**Kontakte:**
Holztreppe: Baveg, Postfach 710268, 81452 München, ✆ 089/784041.
Anwendungstechnik: Kremer, Olpener Str. 793, 51109 Köln, ✆ 0221/843105

# Auf der Spindeltreppe nach oben

Nachdem Wände und Böden des Anbaus fertiggestellt waren sollte endlich die Bauleiter weichen, mittels der man bis dahin die Empore des ersten Stocks erklimmen mußte. Die kreisrunde Öffnung in der Betondecke hatte es jedem Betrachter bereits klargemacht: Hier war eine Spindeltreppe geplant.
Man hatte sich dabei für einen Bausatz entschieden, der von einem geübten Heimwerker problemlos montiert werden kann. Die Vorgaben des Herstellers müssen allerdings schon bei Planung und Vorbereitung gewissenhaft berücksichtigt werden. Nur dann wird die Treppe zentimetergenau den gegebenen Höhenunterschied zwischen den Geschossen überwinden. Für die meisten räumlichen Gegebenheiten findet man im Herstellerkatalog Treppen mit Standardmaßen, die genau passen. Ist dies nicht der Fall, wird die erforderliche Zwischenhöhe individuell berechnet. Dividieren Sie dazu die Geschoßhöhe (gemessen von Oberkante Deckenöffnung bis Fußboden) durch die Zahl der Steigungen (Stufenzahl plus 1). Gemessen wird dabei immer zur Oberkante der Stufe. Für bequem begehbare Treppen sollte die Steigung der Stufen nicht mehr als maximal 19 cm betragen.
Bei der Montage des gelieferten Bausatzes beginnt man mit dem Setzen des Standrohres, das die gesamte Last der Treppe trägt. Die Stufenträger werden dann einzeln von oben aufgeschoben und ausgerichtet. Sowohl die Metallteile als auch die Holzstufen sind ab Werk grundiert, benötigen also nur noch eine Oberflächen-Endbehandlung, ehe die Treppe endgültig benutzt werden kann.

*Hier werden bereits die Geländerstäbe auf die Stufen gesteckt*

*Zur Ermittlung der Steigung mißt man zunächst die Höhe von der Deckenoberkante bis hinunter zum Fußboden*

1 *So werden die Einzelteile der bestellten Spindeltreppe angeliefert: Jedes Teil separat verpackt, Metall- und Holzteile einmal grundiert*

2 *Sobald das Standrohr aufgestellt und ausgerichtet ist, beginnt man, die Stufenträger (mit Holzstufen) von oben aufzuschieben*

3 *Das Austrittselement muß mit der Oberkante des fertigen Fußbodens bündig abschließen. Mit zwei Wasserwaagen wird es ausgerichtet*

4 *Wenn sich das Austrittselement in der vorgesehenen Position befindet, bohren Sie Dübellöcher für die Befestigungswinkel*

5 Nun richtet man das Standrohr exakt lotrecht aus und verschraubt es mit dem Fundament

6 Nachdem die genaue Steigungshöhe ermittelt ist, werden die Stufen-Elemente – beginnend von oben – ausgerichtet

7 Zur endgültigen Höhensicherung durchbohren Sie das Standrohr und schlagen durch die Vorbohrung des Stufenträgers einen Stift ein

8 Beim Befestigen der Geländerstäbe und des Antrittstabes ist exaktes senkrechtes Ausrichten unerläßlich

9 Nun werden die Handlaufträger (ein T-Profil aus Aluminium) sowie An- und Austrittsprofil aufgesteckt

10 Zur Verbindung zwischen Geländerstäben und Handlaufträger dienen Blechschrauben

11 Das Brüstungsgeländer besteht wiederum aus einem Alu-T-Profil. Es wird auf dem Boden liegend ausgerichtet

12 Nachdem die Sockel der Geländerstäbe montiert sind, steckt man die Stäbe auf. Das Geländer ist komplett

# Fenster für die Schräge

**Soll zusätzlicher Wohnraum unter den Schrägen des Daches geschaffen werden, gilt es zunächst, für ausreichende Beleuchtung zu sorgen. Wir zeigen Schritt für Schritt, wie ein Dachflächenfenster eingebaut wird**

*Die Eindeckung ist bereits abgenommen. Nun muß der mittlere Sparren augewechselt werden, um Platz für den Fenstereinbau zu schaffen*

Um sich im ausgebauten Dachgeschoß wohl zu fühlen, braucht man Licht und Luft. Die Landesbauordnungen schreiben vor, daß die Fensterfläche dort ein Achtel bis ein Zehntel der Wohnfläche betragen soll. Ideal für den Heimwerker, weil leicht selbst einzubauen, sind Dachflächenfenster. Da die Sparren in der Regel aber mit Abständen von etwa 60 cm relativ eng stehen, muß eine sogenannte Auswechselung vorgenommen werden, um Platz für das Fenster zu schaffen.
Bevor Sie einen Sparren durchsägen, sollten Sie aber einen Statiker zu Rate ziehen. Am besten lassen Sie die Holzarbeiten von einem Zimmermann durchführen, der Ihnen die Öffnung dann so vorbereitet, daß der gewählte Fenstertyp genau hineinpaßt. Bei der Planung ist zu berücksichtigen, daß die Fensterlänge von der Dachneigung abhängt: Die Einbauhöhe sollte für eine bequeme Benutzung mindestens 185 cm, die Brüstungshöhe wenigestens 80 bis 110 cm betragen.
Das Einsetzen des Fensterrahmens in die vorbereitete Öffnung geht erstaunlich schnell vonstatten. Zunächst werden die Dachlatten bündig mit dem Sparrengeviert abgesägt. Die Unterspannbahn schlägt man nach außen um, tackert sie an und schneidet die Überstände ab. Dann wird der Rahmen des Fensters vorsichtig diagonal durch die Öffnung geschoben und auf die Lattung gelegt. Mit den bereits werkseitig angebrachten Laschen kann der ausgerichtete Rahmen an den Dachlatten befestigt werden. Dann folgen untere Bleischürze, Seitenbleche und die obere Abdeckung. Sind die Dachziegel bis an die Ränder des Fensters aufgelegt, geht es an der Innenseite weiter. Die Schrägen werden mit Gipskarton verkleidet. Dann setzt man das auf die individuellen Einbaumaße zugeschnittene Futter ein und sorgt so für eine saubere Verkleidung der Sparren. Wichtig: die sorgfältige Verklebung der Dampfsperre.

## Vollsparren-Dämmung

*Die vorhandene Sparrenhöhe sollten Sie vollständig zum Einbau von Dämmaterial nutzen. Wenn man auf die sonst übliche Hinterlüftung verzichtet (Warmdach-Konstruktion), muß die Raumseite der Dämmung aber dampfdicht durch eine Spezialfolie abgedeckt werden.*

1 Die am Holzrahmen befestigten Laschen werden mit den Sparren verschraubt. Die waagerechte Ausrichtung vorher kontrollieren

2 Die Unterspannbahn nun rundum an den Rahmen anlegen, festtackern und den Überstand bündig mit der Oberkante abtrennen

3 Nachdem Sie die untere Blechschürze angebracht haben, werden auch die seitlichen Bleche auf den Holzrahmen geschraubt

4 Durch aufgenagelte Laschen verbindet man die Bleche mit den Dachlatten. Ein Schaumgummi dient als Abdichtung unter den Ziegeln

5 Nun folgen die oberen Abdeckbleche des Rahmens. Die Schraubverbindungen später mit Silikon gegen Feuchtigkeit abdichten

6 Zuletzt wird auch das Querteil des Abdeckrahmens aufgelegt. Vertiefungen in den Blechen sorgen für eine sichere Ableitung des Wassers

7 Die Dachziegel können rundum wieder aufgelegt werden. Falls erforderlich, Paßstücke zuschneiden. Die Bleischürze wird angepaßt

8 Jetzt können Sie den Fensterflügel einhängen. Dabei zu zweit arbeiten. Einer faßt den Flügel unten, der andere oben, auf der Leiter stehend

9 Beim Innenausbau des Dachraumes wird die Beplankung mit Gipskartonplatten genau bündig bis an die Sparrenkante angebracht

10 Zum Anpassen des Universal-Futters benutzt man die Pappschablone, mit der sich die Schräge der oberen Laibung bestimmen läßt

11 Den Winkel zwischen Schräge und Drempel (meist 38 oder 45°) ermitteln Sie mit der Schmiege. Die Maße aufs Futter übertragen

12 Sind Überstände und Winkel der Querteile an den Seiten angerissen, können die Laibungen mit der Stichsäge zugeschnitten werden

13 Anschließend setzt man die Querteile dazwischen und verschraubt sie im vorher abgemessenen Winkel mit den Seitenteilen

14 Nun müssen noch die Überstände der Querteile mit dem Fuchsschwanz abgetrennt werden, um das Futter einbaufertig zu machen

15 Bevor Sie das Futter in die dafür vorgesehenen Nuten des Fensterrahmens schieben, wird rundum eine Folie als Dampfsperre eingelegt

16 Für die hier gewählte Futter-Variante ist ein Ergänzungsteil erforderlich, mit dem die Fensterbank im Drempel hergestellt wird

17 Das Ergänzungsteil ist eingepaßt. An der Vorderkante der Fensterbank verdeckt eine Holzleiste den Ritz zwischen Drempel und Futter

18 Ist das Futter an die Sparren geschraubt, nagelt man die Dampfsperre mit Kunststoffleisten auf den Vorderkanten des Futters fest

19 Zuletzt wird die Fuge auch an den Schrägen mit passend zugeschnittenen Leisten abgedeckt. Dann die überstehende Folie abtrennen

Kapitel 7

# Bäder renovieren und modernisieren

**Die Renovierung eines Badezimmers gerät für Heimwerker rasch zum Großeinsatz: Wenn schon, dann soll das Bad komplett, aus einem Guß erneuert werden. Wir zeigen Ihnen in diesem Kapitel deshalb vor allem schlüssige Gesamtkonzepte**

## INHALT

# Glanzleistung

Schokoladenbraune Fliesen aus der Wirtschaftswunder-Zeit, ein Waschbecken, das auch schon bessere Tage gesehen hat, und eine Wanne, in der die Emaille seit fünfzehn Jahren abgeplatzt ist. So sieht es meist noch aus im sechs Quadratmeter großen deutschen Einheitsbad. Die elegante Atmosphäre und funktionale Ausstattung der Wohnzeitschriften kommt meist nur in Träumen vor. Trotzdem lehnen acht von zehn Hausfrauen die Renovierung ihres Badezimmers kategorisch ab. Ihre Horrorvision heißt: Wochenlang kein warmes Bad, der Schuttcontainer versperrt den Eingang, und ein mürrisch dreinblickender Hausherr tritt staubige Trampelpfade durch das Treppenhaus. Kurzum: Ein Alptraum für die ganze Familie.

Schutt und Zeit, die bisher größten Hemmschwellen der Badsanierung, sind unter der sachkundigen Anleitung des Fachhandwerkers schnell vergessen. Der ‚Mach's Selbst Meisterservice Heizung und Bad' des Installateur- und Heizungsbaumeisters Holler geht hier einen beispielhaften

**So sehen viele Bäder aus: Eng und klein mit einfallsloser Raumaufteilung. Wie dem abzuhelfen ist, zeigen die folgenden Seiten**

Weg. Betreuung des Heimwerkers von der Planung bis zur Gewährleistung ist das oberste Prinzip des Krefelder Unternehmens. Zu Anfang erfragen die ‚Mach's Selbst-Experten' die Wünsche der Bauherren in Bezug auf Raumaufteilung und Ausstattung. Die werden in einen Grundriß und vor allem in

**Exakte Planung ist wie bei jeder umfangreichen Baumaßnahme wesentlich für ein Ergebnis, mit dem alle Beteiligten zufrieden sind. Damit der Bauherr die räumlichen Verhältnisse besser beurteilen kann, wird sein Bad-Grundriß in eine dreidimensionale Computerzeichnung umgesetzt**

**1**

**So sieht eine dreidimensionale Zeichnung aus. Bereits in der Planungsphase bekommt man einen realistischen Eindruck, wie das gewünschte Badezimmer später wirken wird. Man kann auf diese Weise die räumlichen Verhältnisse bereits im Vorfeld gut beurteilen und schließt negative Überraschungseffekte nahezu aus. So sollen beispielsweise die im Grundriß oben gelb markierten Wände neu eingezogen werden. Das Raumbild wird dadurch ganz entscheidend verändert. Vielen Bauherren fällt es schwer, sich die neue Situation konkret vorzustellen. Um so hilfreicher ist da eine ‚handfeste' Zeichnung wie diese hier**

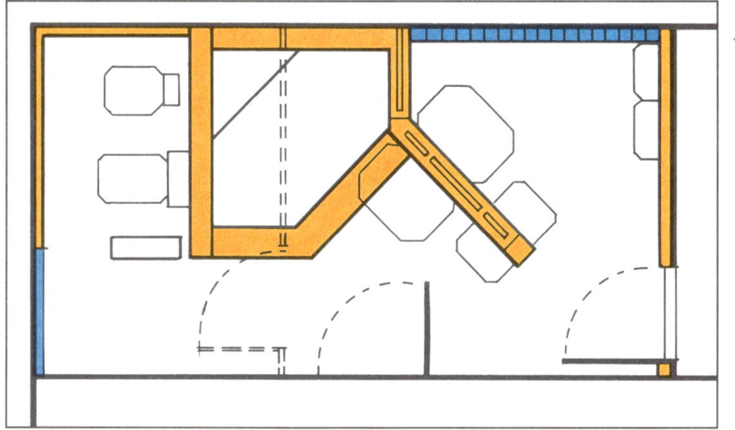

**2** In der Grundriß-zeichnung legt der Fachmann fest, welche Wände neu eingezogen und verkleidet werden müssen. Außerdem sind hier die Lage der wichtigsten Sanitär-Objekte und die Positionen der Heizkörper genau markiert. Deutlicher wird das in der dreidimensionalen Zeichnung unten links

wirklichkeitsnahe perspektivische Zeichnungen umgesetzt. Der Feinabstimmung folgt die Stückliste für die Materialbestellung. Ein detaillierter Zeitplan gibt Aufschluß über die ungefähre Dauer der ganzen Aktion.
Ist der Rohrnetzplan für die Installation von Wasserzu- und -ableitung sowie für die Verlegung der Heizkörper durchgesprochen, geht es an die Einweisung. Der Bauherr lernt den Umgang mit den Materialien sowie die Handhabung der notwendigen

**3** Die alten Fliesen behalten ihren Platz an der Wand; sie werden lediglich mit Gipskartonplatten verkleidet. Das geht wesentlich schneller und sauberer als das Abschlagen der Kacheln

**4** Die Fugen zwischen den einzelnen Trockenausbauplatten sollte man möglichst sorgfältig verspachteln. Das Anbringen der neuen Fliesen fällt dann später um so leichter

**5** Vor dem Einreißen der alten Wand wird auf den bereits teilweise eingezogenen Spanplattenboden die neue Gasbetonwand gesetzt. Das mindert später die Staubentwicklung

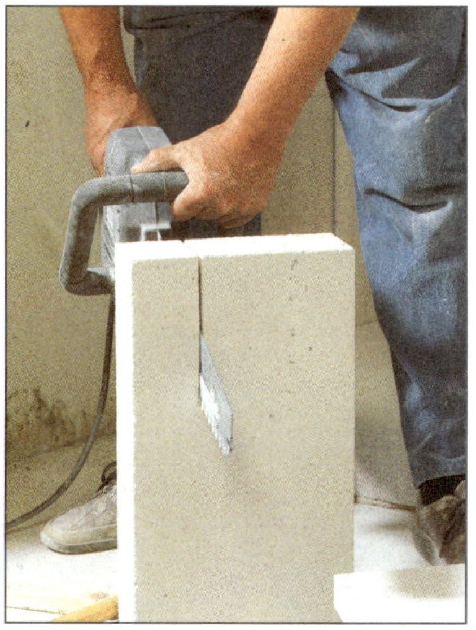

**6** Gasbeton läßt sich kinderleicht verarbeiten. Auf größeren Baustellen empfiehlt sich der Einsatz einer Bandsäge, für kleinere Projekte tut es auch ein Elektro-Fuchsschwanz

**7** Das Mauern selbst läuft immer nach demselben Schema ab: Zuerst den Stein mit dem Schleifbrett glätten, danach sorgfältig abfegen, damit der Mörtel später gut haften kann

**8** Den Spezial-Dünnbettmörtel portionsweise nach Vorschrift des Herstellers anrühren und dünn auftragen. Dann mit der Zahnung der Plansteinkelle millimetergenau abziehen

Werkzeuge und Geräte. Die intensive Betreuung zieht sich als roter Faden durch die gesamte Umbauphase. Das hilft, Fehler zu vermeiden oder sie direkt wieder auszubügeln.
Nun kann es endlich losgehen. Zuerst wird die leihweise zur Verfügung gestellte Fertig-dusche in der Besenkammer installiert. So braucht die Bauherren-Familie auch während der Bauphase nicht aufs Duschbad zu verzichten. Direkt nach dem Ausbau der alten Sanitärkörper und Armaturen beginnt die eigentliche Renovierung. Denn die vorhandenen Kacheln können bleiben, das Aufstemmen der Mauern ist überflüssig. Vor die alte Wand wird ein mit Gipskartonplatten verkleidetes Ständerwerk gesetzt, hinter dem später ein Großteil der Installation gänzlich unsichtbar verschwinden kann.
Ein wertvoller Hinweis: Vor dem Einreißen der alten Badezimmerwand wird auf den bereits teilweise eingezogenen Spanplattenboden die neue Wand aus Gasbeton-Leichtbausteinen gesetzt. Das verhindert beim Abriß der alten Badezimmerwand eine übermäßige Staubverteilung im ganzen Haus.
Die Wasserzuleitung sowie der Heizungsvor- und -rücklauf werden an das alte Netz über ein neuartiges Pressverbinder-System angeschlossen. Dadurch ist das für den Laien schwierige Löten überflüssig geworden. Mit Hilfe eines Preßwerkzeugs, das der Handwerksmeister oder ein Fachgeschäft dem Heimwerker ausleiht, werden die Verbinder dauerhaft fest auf das Edelstahlrohr gepreßt.Ebenso einfach fügt man die Guß-Abwasserrohre mit den Akorapid-Schellen zusammen.
Nach dem Einsetzen der Wanne in die aus Gasbetonsteinen geformte Nische und dem Einpassen des Handtuch-Heizkörpers ist die Rohbauphase abgeschlossen. Jetzt kann es an die Feinarbeit, sprich ans Gestalten gehen.
Erster Schritt auf diesem Weg ist das Verlegen der Fliesen. Auch hier gibt der betreuende Handwerker viele wichtige Tips. Zu Beginn wird geklärt,

**1 Präzisionsarbeit auch für Laien: Einfach und schnell geht das Ablängen des Rohres mit dem Rohrabschneider**

**2 Das Edelstahlrohr muß innen und außen sauber entgratet sein. Späne könnten sonst den Dichtungsring zerstören**

**5 ... vermeidet von vornherein eventuelle Undichtigkeiten und erspart dem Hobbywerker zeitraubendes Nacharbeiten**

**6 Die Verbindung wird doppelt verpreßt.So übersteht sie Drücke bis 16 bar und Temperaturen bis 95 Grad**

**7 Durch ein neuartiges Pressverbinder-System ist das für Laien oft schwierige Löten überflüssig geworden**

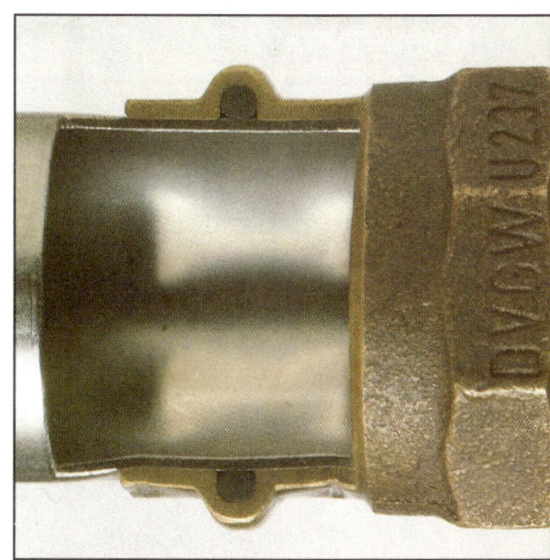

**8 Links/oben: Pressverbinder. Damit werden Wasserleitung und Heizungsvor-/Rücklauf ans alte Netz angeschlossen**

**3** **Das Rohr unter leichtem Drehen bis zumAnschlag in den Pressverbinder schieben. Sitz des Dichtungsringes prüfen!**

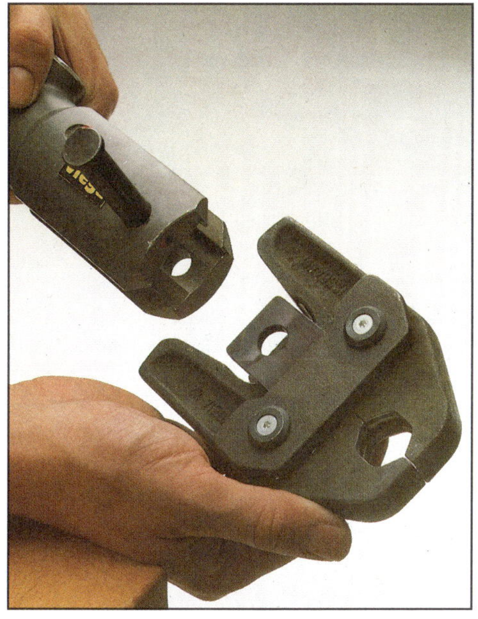

**4** **Entsprechend dem Rohrquerschnitt wird die passende Pressbacke aufgesetzt. Das exakte Ansetzen des Werkzeugs ...**

**9** **Äußerst wichtig ist es, den richtigen Sitz des Dichtungsringes zu überprüfen**

**10** **So werden die neuen Leitungen an das alte Kupferrohrnetz angeschlossen. Es ist kein Problem, an das spezielle Preßwerkzeug zu kommen, denn das läßt sich bei sehr vielen Fachhändlern für eine geringe Gebühr ausleihen. Uns wurde auf Anfrage eine Pauschale von 150 Mark für 30 Tage genannt. Jeder weitere Tag kostet dann 5 Mark**

wo die erste Fliese anzusetzen ist. An der Waschbeckenwand wird mittig vom Abflußrohr nach rechts oder links ins Eck gearbeitet. Dies hat optisch den großen Vorteil, daß die gesamte Sanitär-Einrichtung einer Wand in Symmetrie mit dem Fliesenbelag und dem Fugenbild harmonisch übereinstimmt.

Dann wird ermittelt, ob die rohen Wände mit Tiefgrund oder einer Kontaktschicht vorbehandelt werden müssen.

## Fittings in vielen Formen

Schraubverbinder

Winkelverschraubung

Bogen 90 Grad

Bogen 45 Grad

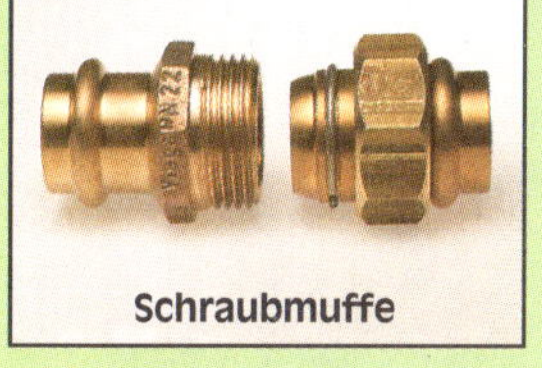

Schraubmuffe

T-Stück

Reduzierung

Wandanschluß

**Die Abbildungen oben zeigen die wichtigsten Fittings in der Übersicht**

Außerdem ist die Auswahl des richtigen Klebers wesentlich für eine lange Lebensdauer. Zum Schluß werden die Fugen mit einem passenden Farb-Mörtel ausgefüllt und die Übergänge zwischen verschiedenen Untergrund-Materialien dauerelastisch abgespritzt, da es hier sonst unweigerlich zu Rissen kommen würde. Achten Sie darauf, daß im Silikon pilzhemmende Wirkstoffe enthalten sind.
Flexible Schläuche bringen beim Anschließen der Armaturen große Erleichterung, denn das Biegen und Ablängen entfällt. Verwenden Sie jedoch nur Teile, die vom DVGW (Deutsche Vereinigung für Gas und Wasser) zugelassen sind. Die Schläuche dürfen – wie hinter der Wanne möglich – keinen direkten Kontakt mit Betonböden, Zement oder Gips haben.
Zwischen dem Wandaustritt der Wasserzuleitungen und den Armaturen ist stets ein Absperrventil anzubringen. Das erleichtert eventuell später nötige Reparaturen. Diese sogenannten Eckhähne gibt es beim Installateur ebenfalls im passenden Farbton. Wichtig: Eine farbige Oberfläche ist empfindlicher als Chrom, Messing oder Gold. Nur wenn sie pulverbeschichtet und nicht lackiert ist, bleibt sie auf Dauer ansehnlich.
Beim Anschluß von Waschtisch, WC, Bidet und Badewanne ist der Einbau von Geruchsverschlüssen zwingend vorgeschrieben. Sie sollen mit ihrer Sperrwasserfüllung das Entweichen von Gasen aus Entwässerungsleitungen verhindern. Der Geruchsverschluß in Röhrenform ist die einfachste Bauart und vom Kosten-/Nutzenverhältnis her anderen Lösungen vorzuziehen. Auch hier gibt es eine reichhaltige Farbauswahl.
WCs mit klassischem Spülkasten sind als gestaltendes Element nach wie vor ‚in'. Allerdings sollte man auf eine wassersparende Ausstattung achten. Moderne Toiletten-Becken benötigen nur noch sechs Liter Wasser als Spülmenge. Entsprechend sind die wandhängenden Behälter entweder so ausgerüstet, daß sie nur diese Menge Wasser aufnehmen, oder die innenliegende Mechanik läßt eine Umstellung von neun auf sechs Liter zu. Zudem sollte die Taste eine Spülstopp-Einrichtung für den kleinen Bedarf besitzen. Die Beratung durch den Handwerker macht sich hier bezahlt, denn durch Wassersparmaßnahmen in einem Vierpersonen-Haushalt kann die Jahresabrechnung durchaus um bis zu 400 Mark niedriger liegen.
Für Ablageflächen im Bad empfiehlt sich glattes, pflegeleichtes Material. Bewährt haben sich Natursteine wie Marmor, Basalt oder Granit. Nach einer Schablone schneidet sie der Fachhändler millimetergenau zu. Ausklinkungen sowie Kreisausschnitte sind

**1** Vor die alte Wand wird ein mit Gipskartonplatten verkleidetes Ständerwerk gesetzt, hinter dem später ein Großteil der Installation unsichtbar verschwindet

**5** Die Abflußrohre werden mit Akorapid-Schellen rasch und dicht verbunden. Sie gleichen auch Maßtoleranzen in den Rohren aus. Man schiebt die Schellen bis zum mittleren Distanzring auf die Rohrenden. Dann wird die Innensechskantschraube mit dem Sechskantschlüssel fest angezogen

**7** Mit der Reißverschluß-Rohrisolierung sind sämtliche Warmwasser- und Heizungsrohre dauerhaft gegen sonst unvermeidliche Wärmeverluste und gegen eine Schwitzwasserbildung geschützt

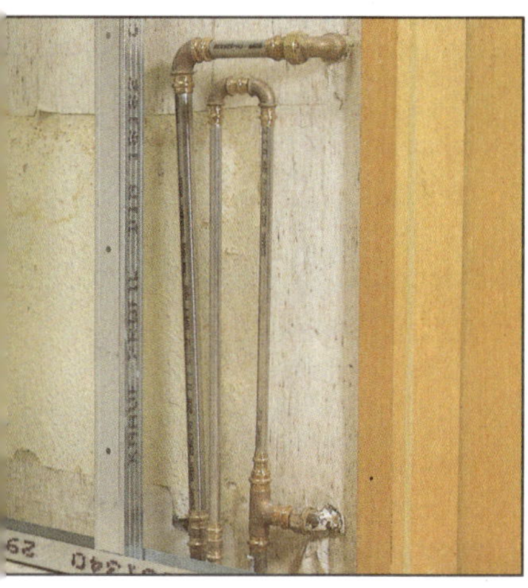

2 Der alte Heizkörperanschluß ist umgeklemmt und verschwindet hinter dem verkleideten Ständerwerk

3 Zwei Gewindestangen, fest in die Gasbetonsteine eingeklebt, nehmen später die Waschbecken auf

4 Die halbhohe Wand zwischen den Waschbecken ist hohl. Dort liegen die Wasserzu- und -ableitungen

Die Wannen-Nische ist zentraler Installationsbereich für die Wasser-zu- und -ableitung von WC, Bidet und Badewanne. Hier erfolgt auch der Anschluß an das alte Netz. Außerdem werden hier Vor- und Rücklauf für den Radiator unsichtbar entlanggeführt 6

8 Der funktionelle und formschöne Handtuch-Heizkörper wird in den dafür vorgesehenen Sockel sorgfältig eingepaßt, und die Anschlüsse werden festgelegt

Jetzt setzt man die Badewanne auf die vorher justierten und montierten Träger. Zum Anheben des schweren Teils benötigen Sie unbedingt einen Helfer 9

**Je nach Art wird der Untergrund vorbehandelt und die Fliesen werden mit einem entsprechenden Spezialkleber verlegt. Um ein schönes Bild zu bekommen, legt man die Bodenfliesen vorher aus. Bei dem hier gezeigten Muster beginnt man möglichst an einer langen, geraden Wand** (1)

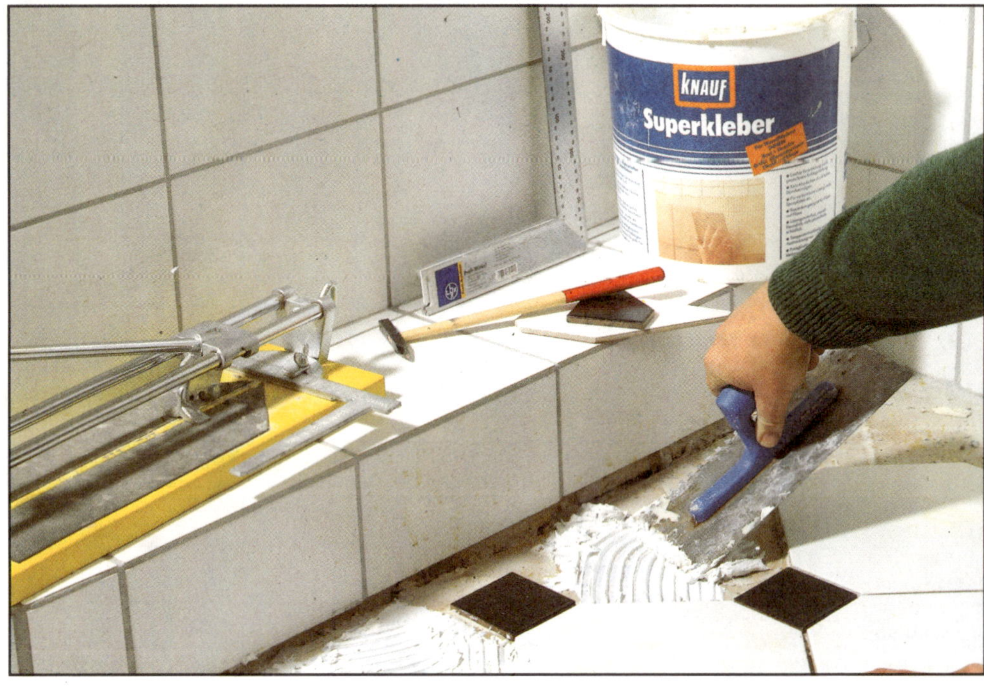


dabei ohne weiteres möglich. Nützliche Details sind kleine Ablageschränke neben dem Waschbecken, die passend zu anderen Teilen im Bad mit kleinen Spiegelflächen versehen sind. Sie sollten darauf achten, daß die im Bad verwendeten Möbel aus wasserfestem Material bestehen und nach Möglichkeit kratz- und säureunempfindlich sind, denn Shampoos, Seifen oder Kosmetika können durchaus solche Inhaltsstoffe besitzen. Bei ausreichendem Stauraum kann auf die konventionellen Spiegelschränke über dem Waschtisch verzichtet werden. Wir haben bei der Lösung mit den eingepaßten Leuchten zwei schwenkbare Wandspiegel mit Alu-Vierkantrohren verschraubt und diese an Stuhlwinkeln auf der Marmor-Ablage zwischen den Waschbecken und unter der Decke befestigt.
Der Handtuch-Heizkörper zwischen Spiegel und Wand hat sowohl Kontakte zu der übrigen Heizverteilung als auch einen zusätzlichen Elektroanschluß. Über eine Zeitschalt-Uhr mit eingebautem Thermostat können so in der Übergangszeit bei abgeschaltetem Kessel die Handtücher energiesparend getrocknet oder erwärmt werden.
Auch in der Decke finden sich Spiegelflächen als Stil-Element. Zwischen den Paneelen mit weißer Esche-Struktur sind lose Federn mit Spiegelfolie eingesetzt. So gewinnt der nur etwa zwei Meter hohe Raum optisch recht deutlich an Höhe. Einen ganz sauberen

(2) **Den Farb-Mörtel mit einer Rakel sehr sorgfältig in die Fugen einbringen. Anschließend muß er mit dem Schwamm diagonal von den Fliesen abgewaschen werden**

(3) **Die Übergänge zwischen verschiedenen Materialien, wie hier zwischen Wannenrand und Fliesen, muß man grundsätzlich mit dauerelastischem Silikon abspritzen**

Der besondere Tip:

## Für die Bauzeit eine Leih-Dusche

Auch während der Bauphase brauchten unsere Bauherren nicht aufs morgendliche Duschbad zu verzichten. Der beratende Installateur stellte ihnen eine Fertigdusche zur Verfügung. Sie wurde in einer Abstellkammer in nicht ganz zwei Stunden aufgestellt. Der Anschluß erfolgte über flexible Schläuche an das vorhandene Rohrnetz. Fertigduschen gibt es aber auch mit eingebautem Boiler, so daß eine unabhängige Warmwasser-Versorgung möglich ist. Bei Entsorgungsproblemen auch mit integrierter Pumpe zu haben.

Wenn dauerelastische Fugen, am Rand der Duschtasse beispielsweise, unansehnlich oder gar undicht geworden sind, ist schnelle Abhilfe dringend erforderlich. Die alte Fugenmasse muß zunächst sorgfältig entfernt werden. Am besten schneidet man sie mit einem scharfen Messer vollständig heraus. Dann säubern Sie Fliesenbelag und Duschtasse mit einem Haushaltsreiniger. Letzten Schmutz und etwaige Fettbeläge lassen sich mit Universalverdünnung entfernen. Auf dem so vorbereiteten Untergrund findet die neue Versiegelung optimale Haftung. Ist die Fuge breiter als 10 mm, wird sie mit Hinterfüllmaterial (Schaumstoffrundschnur oder Montageschaum) ausgefüllt. Dann kleben Sie den Fugenverlauf mit Kreppband ab und spritzen mit Fugendichtungsmasse gleichmäßig aus. Mit unverdünntem Spülmittel wird anschließend die Oberfläche benetzt. Überschüssiges Material können Sie beispielsweise mit einem Teelöffel abnehmen. Die Fuge ist wieder sauber und dicht

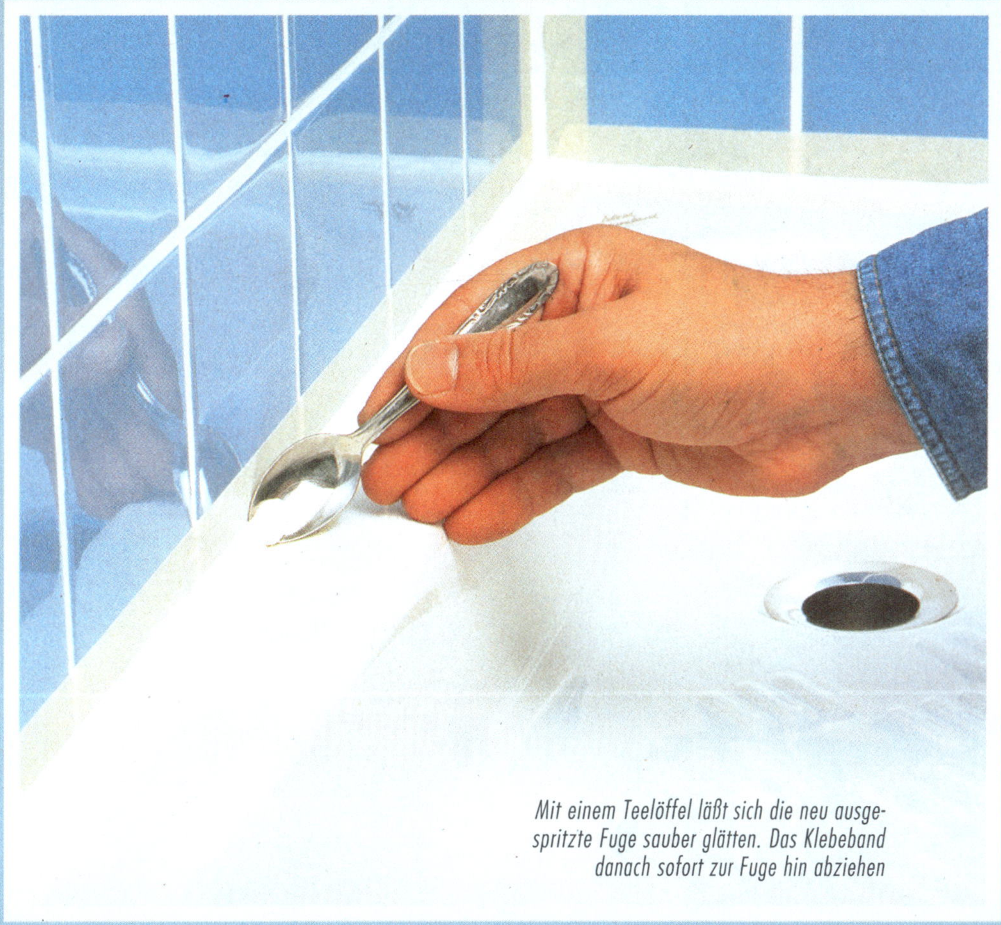

*Mit einem Teelöffel läßt sich die neu ausgespritzte Fuge sauber glätten. Das Klebeband danach sofort zur Fuge hin abziehen*

# Fugen erneuern

## So werden verschmutzte oder undichte Silikonfugen im Bad wieder wie neu

**1** *Erneuerungsbedürftige Fugenmasse schneidet man vollständig aus der Fuge heraus*

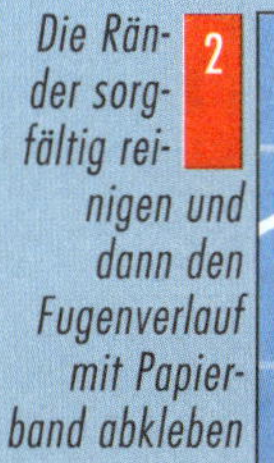

**2** *Die Ränder sorgfältig reinigen und dann den Fugenverlauf mit Papierband abkleben*

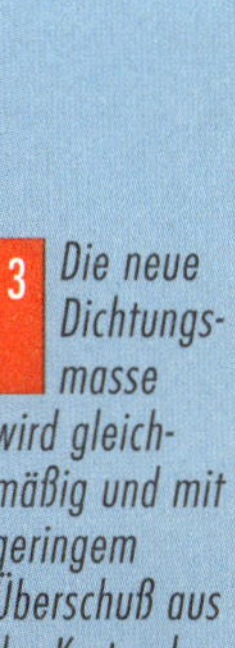

**3** *Die neue Dichtungsmasse wird gleichmäßig und mit geringem Überschuß aus der Kartusche aufgetragen*

1 Der Bidet-Anschluß ans Wassernetz erfolgt über Eckventile. Wichtig: Röhrengeruchsverschluß

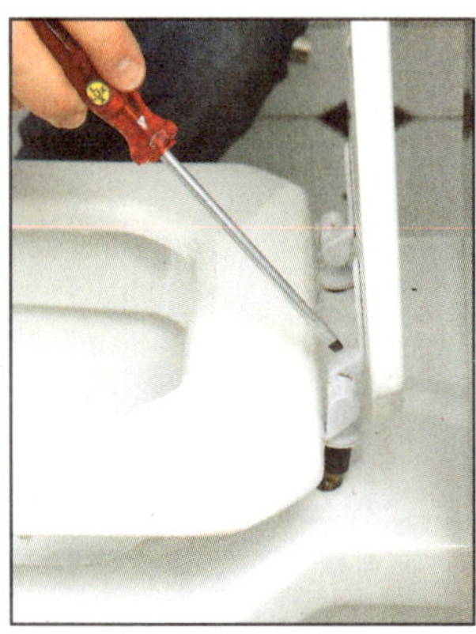

2 Toilettensitze und -deckel gehobener Qualität haben stabile Klemmvorrichtungen, die für dauerhaften Halt am WC-Becken sorgen. Hierfür lohnt es sich unbedingt, ein paar Mark mehr auszugeben

3 WCs mit klassischem Spülkasten sind als gestaltendes Element nach wie vor aktuell. Allerdings sollte man auf eine wassersparende Ausstattung achten. Moderne Toilettenbecken benötigen nur noch sechs Liter Wasser. Empfehlenswert ist eine Spülstopp-Einrichtung

7 In den Rand der Kunststoff-Badewanne setzt man mit Hilfe des Kreisschneiders präzise Löcher für die spätere Aufnahme der Armaturen

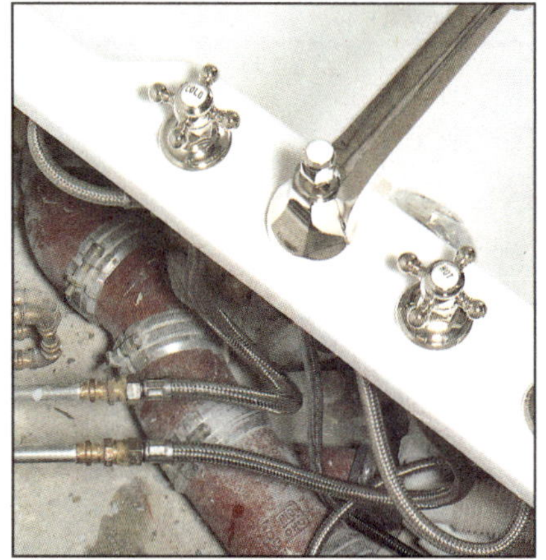

8 In der Ecke hinter der Wanne wurde eine Revisionsöffnung vorgesehen. Sie erleichtert den Zugang bei eventuell notwendigen Reparaturen

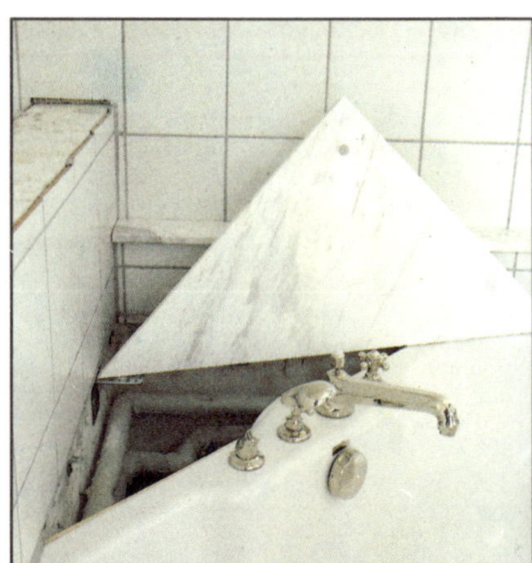

9 Die Marmorplatte mit Silikon dauerelastisch abspritzen. Das Rundloch in der Spitze erleichtert bei späteren Reparaturen das Herausnehmen

Seit dem Rohbau liegen die Gewindestangen zum Befestigen der Waschtische in der Wand. Zur kratzfreien Montage der Armaturen benötigt man Sanitär-Werkzeug

Die nostalgischen Armaturen besitzen ein modernes Innenleben

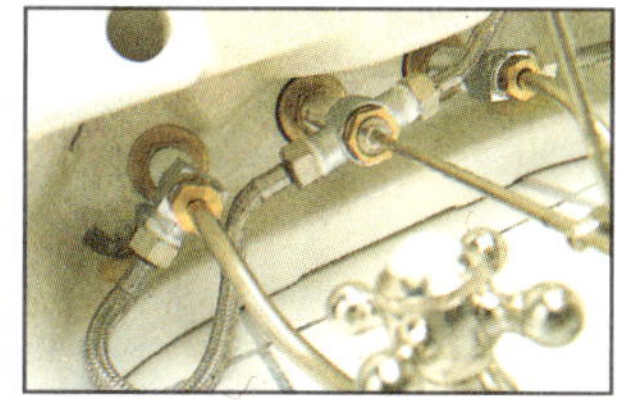

Unter dem Waschtisch: Die Anschlüsse an die Wasserleitungen erfolgen über Flex-Schläuche

Abschluß bilden die einfach aufzuklipsenden Profile.

Ob im Einklang mit der Keramik oder als pfiffiger Kontrast dazu: Sehr zahlreich sind die Dekorationsmöglichkeiten. So lassen sich mit Accessoires wie Badteppichen, Vorhängen und Frottierwaren die unterschiedlichsten Effekte erzielen: Sanfte Ton-in-Ton-Abstufungen oder auch fröhlich bunte Farbenspiele – erlaubt ist, was gefällt. Die Fotos auf den nächsten beiden Seiten geben Ihnen einen Eindruck davon, wie Sie mit sparsam eingesetzten Mitteln Blickfänge schaffen und dabei ein harmonisches Gesamtbild erzielen.

## Tip: Natursteine verarbeiten

Ob Sie wie hier Marmor oder ob Sie Granit verwenden: Oberflächen aus Naturstein haben ihren eigenen Reiz. Allerdings müssen Sie sich als Heimwerker auf das Anbringen fertig zugeschnittener Elemente beschränken, denn zur Bearbeitung von Stein sind Spezial-Geräte erforderlich, deren Anschaffung für Laien nicht lohnt. Ansprechpartner für Sie sind Steinmetze. Die übrige Einrichtung sollte zu diesem Zeitpunkt eingebaut sein, so daß Sie dem Fachmann für Zu- und Ausschnitte bereits millimetergenaue Maße nennen können.

## So wird Marmor fachgerecht verarbeitet

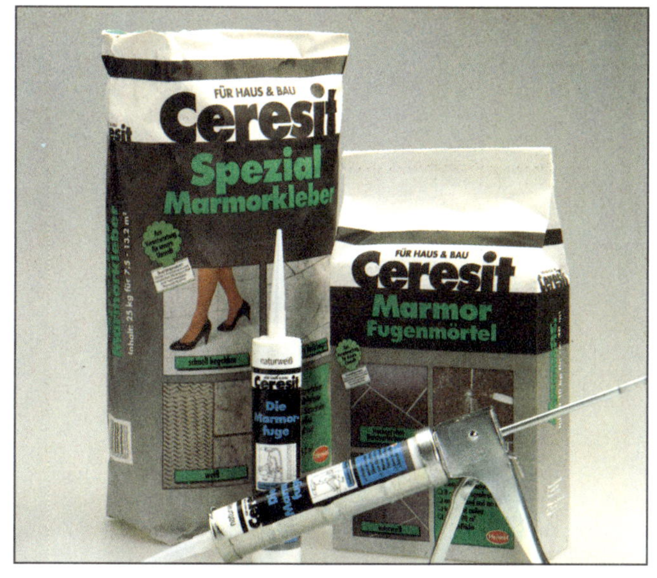


Für Ablageflächen im Bad hat sich Marmor bestens bewährt. Zum Verfugen und Verkleben gibt es ganz speziell dafür geeignete Werkstoffe im Fachhandel

Mit einem speziellen Kleber werden die verschiedenen Marmor-Ablageplatten aufgesetzt. Vorher an einer unsichtbaren Stelle prüfen, ...

... ob der Kleber durchscheint oder gar Flecken im Marmor hinterläßt. Sämtliche Randabschlüsse mit Silikon dauerelastisch ausspritzen

Hier ist Präzision gefragt: Nach dem Auflegen der Marmorplatte empfiehlt es sich, mit Hilfe einer Wasserwaage die Horizontale genau zu prüfen

1 Die Spiegelfedern haben eine Schutzfolie, die bei Transport und Montage Kratzer verhindert

2 Den Übergang zwischen Fliesenwand und Deckenpaneelen kaschieren die aufgesteckten Profile

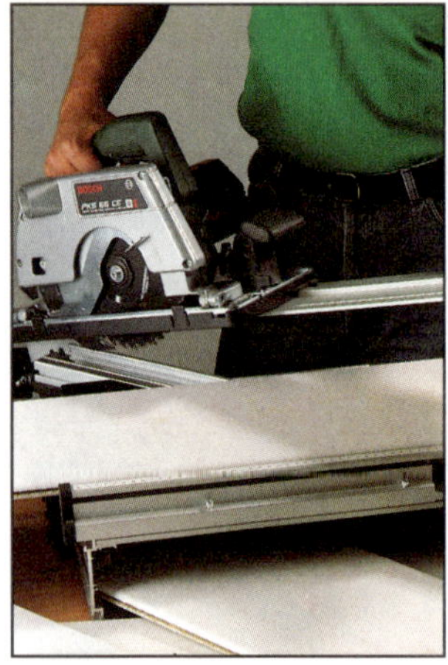

3 Die Paneelbretter werden mit der Handkreissäge auf einem Spezialtisch zugeschnitten

4 Die Federn zwischen den Paneelen sorgen für Spiegelflächen an der Decke. Wichtig: Hinterlüften!

**Mit sparsam eingesetzten und dennoch harmonisch aufeinander abgestimmten Accessoires schaffen Sie ein stimmiges Gesamtbild, das sich sehen lassen kann**

5 Die Schränke mit den Spiegelflächen hängen an schmalen Schienen neben den Waschtischen

6 Links: Durch die diagonal eingezogene Wand ist auf jeder Seite genügend Platz für ein Waschbecken, so daß man das Badezimmer bequem zu zweit nutzen kann

Oben: Es muß nicht immer ein Spiegelschrank sein. Hier wurden zwei Wandspiegel auf Aluminium-Vierkantrohre geschraubt und diese mit Stuhlwinkeln auf der Ablage befestigt

**Was sich im Entwurf als originelles Detail zeigte, erweist sich beim fertigen Bad als bestimmend für die Atmosphäre des ganzen Raums: Der Lichteinfall durch den Radiator neben der Spiegelwand**

7 Die Diagonale als Stilelement findet in der Badewanne ihre Fortsetzung. Genügend Ablageflächen drumherum – in diesem Fall aus edlem Marmor – sorgen für Großzügigkeit. Nützliches Detail sind kleine Ablageschränke neben dem Waschbecken. Achten Sie darauf, daß diese aus wasser-, kratz- und säurefestem Material bestehen

Aus einer schmucklosen Naßzelle entstand in Eigenleistung ein Traumbad nach Maß

# Traumbad im Altbau

## Ein bißchen Mut gehört dazu, eine solche Radikal-Sanierung anzupacken. Doch das Ergebnis lohnt die Mühe

Wie oft schon hatten die Besitzer des hier gezeigten Sanierungs-Objekts an einen Totalumbau des alten Bads gedacht. Doch die Kostenvoranschläge der Handwerker ließen das Projekt schier utopisch erscheinen. Also faßte man nach langem Hin und Her schließlich den Mut, auf Eigenleistung zu setzen.

Die Planung des Traumbads stand schon lange: Alle Sanitärobjekte, Wand- und Bodenbeläge sowie die alte Profilholzdecke sollten entfernt werden. Für den Boden und einen Teil der Wände waren großformatige weiße Fliesen vorgesehen. Die restlichen Flächen sollten mit Holz und Spiegeln verkleidet werden.

Um in dem relativ schmalen Raum mehr Platz zu schaffen, trennte man sich von der kaum benutzen Badewanne und plante statt dessen eine elegante Runddusche ein.

Alle Wasserleitungen und Abflußrohre mußten erneuert werden. Sie verschwanden hinter modernen Vorwand-Installationsmodulen.

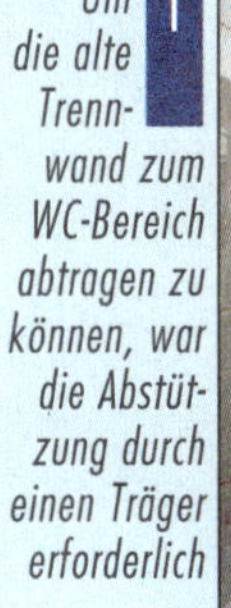
1 Um die alte Trennwand zum WC-Bereich abtragen zu können, war die Abstützung durch einen Träger erforderlich

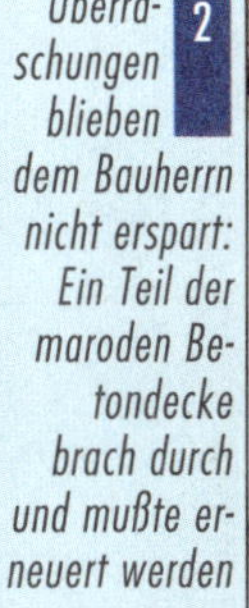
2 Überraschungen blieben dem Bauherrn nicht erspart: Ein Teil der maroden Betondecke brach durch und mußte erneuert werden

3 Nachdem die neuen Abflußrohre verlegt waren, ging es an die Montage der Vorwandinstallation. Hier werden die Bohrungen fürs WC-Modul gesetzt

4 Ist die Aufhängeschiene angedübelt, hängt man das Modul ein und justiert den Wandabstand an den Stellschrauben

5 Nach dem Anreißen und Bohren der Befestigungspunkte für die Elementfüße kann das Modul fest montiert werden

6 Auch die waagerechte Ausrichtung erfolgt über Stellschrauben. Nun können die Installationen eingebaut und die untere Abdeckung angeschraubt werden

## Fliesen legen

Die Bausubstanz des betagten Gemäuers hatte sich beim Ausbau der Sanitärobjekte und dem Verlegen der neuen Installationen als äußerst marode erwiesen. Große Teile des Bodens mußten durch eine armierte Betonplatte ersetzt werden. An den freigelegten Wänden waren Schlitze und Aufbrüche beizuputzen, um einen ebenen Untergrund für den Fliesenbelag zu schaffen.
Grundsätzlich kann man neue Fliesen einfach auf die alten Fliesen kleben. In unserem Fall jedoch hatte man diese Technik schon mehrfach nacheinander praktiziert. Also entschloß man sich, den wenig vertrauenerweckenden Schichtaufbau radikal zu entfernen. Nachdem die Wände von den alten Fliesen befreit waren, wurde die Fläche mit Glättspachtel egalisiert.
Zum Abdichten und Verkleben kam dann ein wasserdichter Spezialfliesenkleber zum Einsatz. Er wird in einem ersten Arbeitsgang vollflächig aufgezogen, um im Spritzwasserbereich der Dusche das Eindringen von Feuchtigkeit ins Mauerwerk zu verhindern. Ist diese Schicht durchgetrocknet, trägt man den gleichen Kleber noch einmal mit der Zahnkelle auf und setzt die Fliesen an. Anschließend wird der Belag verfugt.

Passend zu den weißen Grundfliesen, die hier verwendet wurden, gibt es auch interessante Dekore

## Holzdecke

Der schmale, langgestreckte Raum sollte durch die Gestaltung von Decke und Wänden breiter und großzügiger erscheinen. Nachdem die alte Trennwand zum WC-Bereich entfernt war, mußte eine Stahlstütze die Last des oben aufliegenden Mauerwerks tragen. Sie wurde mit schwarzem Granit verkleidet. Ein treppenförmiges, ebenfalls mit Granit abgesetztes Podest trennt nun die Dusche vom WC ab, ohne daß der Lichteinfall vom Fenster beeinträchtigt wird.
Die Gestaltung der Decke ist besonders wichtig für den Raumeindruck. Um den schmalen Schlauch breiter erscheinen zu lassen, wurde eine quer verbretterte Holzdecke geplant. Helles Holz sorgt für eine freundliche, warme Atmosphäre und harmoniert sehr gut mit Fliesenbelägen an Wand und Boden. Der Einsatz von Profilholz in Feuchträumen ist unproblematisch, wenn zwei wichtige Voraussetzungen erfüllt sind: Erstens muß die Holzober-

1 So sah das Bad nach Beendigung der Installationsarbeiten und dem Verfliesen der Wände aus. Nun ging es an die Holzverkleidung der Decke

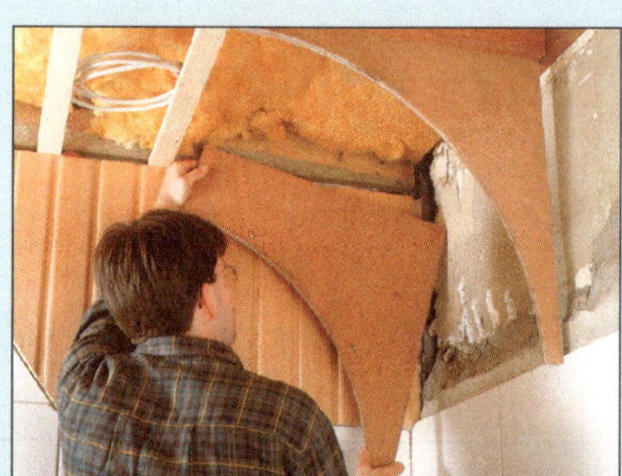

2 Rechts sollte ein halbrunder Deckenabschluß den Übergang zum Fliesenbelag schaffen. Dazu werden Schablonen aus Tischlerplatte eingebaut

3 Nach dem Ausrichten der Latten-Unterkonstruktion an der Decke und dem Beplanken des Wandanschlusses über der Dusche werden die Schablonen ausgerichtet

4 An den Deckenbalken finden die Schablonen den notwendigen Halt. Mit Richtlatte und Wasserwaage muß die exakte Ausrichtung überprüft werden

5 *Nun werden die passend abgelängten und mit einer Lasur behandelten Profilbretter befestigt. Rechts und links bleibt eine Schattenfuge von 10 mm*

6 *Beim Zusammenstecken von Nut und Feder mit einer Zulage und leichten Hammerschlägen arbeiten. In der Rundung werden die Bretter genagelt*

7 *Zum Einbau der in die Holzdecke integrierten Halogenspots werden mit der Lochsäge Kreisausschnitte von 60 mm Durchmesser hergestellt*

8 *Die Verkabelung und die Montage des Trafos sollten bereits vorher erfolgt sein. Die angeklemmten Leuchten werden bündig in die Löcher gedrückt*

fläche wasserabweisend behandelt werden, zweitens muß eine ausreichende Hinterlüftung der Holzverkleidung gewährleistet sein.
Mit einer offenporigen Lasur schützt man die Holzoberfläche, gibt ihr einen matten Glanz und sorgt gleichzeitig dafür, daß die Bretter kaum noch Feuchtigkeit aus der Luft aufnehmen. Man muß allerdings auch die Rückseiten und die Nuten der Profile sorgfältig behandeln.
Eine zweilagig als Lattung mit Konterlattung ausgeführte Unterkonstruktion stellt die ausreichende Hinterlüftung der Holzverkleidung sicher. In unserem Fall wären bei der Aufbaustärke der doppelten Lattung die Fenster nicht mehr zu öffnen gewesen. Daher wurde mit nur einer Lage gearbeitet. Allerdings erhielten die Latten in Abständen von 300 mm Ausklinkungen von 25 mm Breite und 15 mm Tiefe für den Luftaustausch. Bevor man das Profilholz verarbeitet, sollte man es einige Tage bei Raumtemperatur gelagert haben, um Risse und Verwindungen nach dem Anbringen zu vermeiden.

*Zuletzt geht's ans Verkleiden des geraden Deckenbereiches. Hier werden die kurzen Profilbretter mit Klammern an der Lattung befestigt*

1 Die Unterkonstruktion für Profilbretter und Spiegelflächen erfordert Maßarbeit. Ausklinkungen sorgen für die nötige Hinterlüftung

2 Hier werden mit Rahmendübeln zwei Lattenstücke für den schrägen Übergang von der Holzverkleidung zum Spiegel angebracht

## Holzwand

Die linke Wand unseres Traumbads erhielt hinter dem raumhohen Heizkörper einen Fliesenbelag, wurde ansonsten aber mit Holz und dekorativen Spiegeln bekleidet. Auch hier ist eine Unterkonstruktion aus Latten erforderlich. Sowohl die Profilbretter wie auch die Spiegelflächen benötigen zudem eine Hinterlüftung. Fehlt der Luftaustausch, werden die Spiegel mit der Zeit blind.

Falls man wie in unserem Beispiel ein besonderes Verlegemuster entworfen hat, sollte man die Positionen der Latten mit einem Filzstift genau auf der Wand markieren. Besondere Sorgfalt verlangt das Ausrichten der Unterkonstruktion. Die Latten nivelliert man mit Richtlatte und Wasserwaage, wobei man in der Regel zunächst den „Nullpunkt", das heißt die am weitesten vorstehende Stelle, ermittelt. Von hier aus gemessen, wird dann so lange unterkeilt, bis die gesamte Lattenkonstruktion exakt in einer Flucht liegt.

Zum Unterkeilen braucht man Holzstreifen verschiedener Dicke. Sperrholzreste lassen sich sehr gut verwenden. Besonders präzise arbeiten Sie mit speziell für diesen Zweck angebotenen Abstandsklötzen aus Kunststoff (Gluske). Es gibt sie in verschiedenen Stärken von 1 bis 5 mm, die sich durch die farbliche Kennzeichnung unterscheiden. Bei größeren Abständen kombiniert man die Klötzchen mit Sperrholzstreifen.

Nachdem die Profilbretter befestigt sind, wird der Glaser eingeschaltet. Er klebt die auf Maß geschnittenen Spiegel auf die Unterkonstruktion und verklotzt sie im Randbereich. Zuletzt werden die Abschlußleisten angebracht.

3 Vor dem Anziehen der Schrauben müssen Sie die Latten an jedem einzelnen Befestigungspunkt exakt ausrichten und unterkeilen

4 Beim Eindrehen der Schrauben stets die Wasserwaage anhalten. Zieht sich die Latte an di Wand, muß erneut unterkeilt werden

5 Die passend abgelängten Profilbretter bringt man mit speziellen Befestigungsklammern an, die auf die untere Nutwange gesteckt werden

6 Zum Befestigen der Klammern ist eine solche Nagelhilfe empfehlenswert. Sie verhindert di versehentliche Beschädigung der Kanten

7 Beim Ineinanderschieben von Nut und Feder ist Vorsicht geboten, weil die Holzoberfläche ja bereits behandelt worden ist

8 Falls erforderlich, wird das Brett mit Hilfe einer Zulage aus einem Reststück und leichten Hammerschlägen in die Nut getrieben

9 Wichtig in allen Feuchträumen: die Hinterlüftung der Wandverkleidung. Dazu werden die Latten in 30-cm-Abständen ausgeklinkt

10 Der Verlauf der Schräge im Übergangsbereich von der Holzverkleidung zur Spiegelfläche wird nun mit Hilfe der Schmiege angerissen

1 Die Profilbretter am besten von der Rückseite zuschneiden, damit die Sichtkante nicht ausreißt. Ansonsten den Schnitt vorher anritzen

12 Kunststoffklötze in verschiedenen Stärken erleichtern das genaue Ausrichten der Lattung. Die Klötze werden über die Schraube gesteckt

## Heizung mit Stil

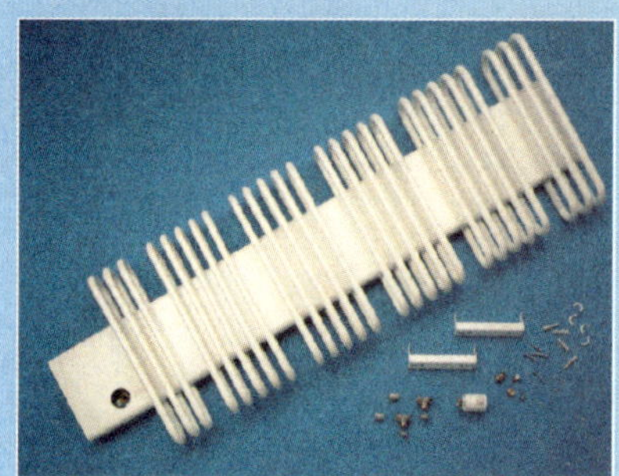

*Der ursprünglich neben der Tür plazierte Heizkörper wurde bei unserer Badrenovierung in die Mitte der linken Wand verlegt. Man entschied sich für eine fast raumhohe Ausführung, die durch attraktives Design zum Blickfang avanciert. Die bogenförmigen Heizrohre lassen sich zum Anwärmen bzw. Trocknen von Handtüchern und Wäschestücken verwenden. Die Heizfläche temperiert den Raum durch milde Strahlungswärme. Außerdem verdeckt sie die aus der Wand kommenden Rohre des Vor- und Rücklaufs. Ist kein Anschluß ans Netz der Zentralheizung möglich, können Sie den gleichen Heizkörper auch in einer Ausführung für den Elektrobetrieb bekommen.*

er Heizkörper ist montiert, und die Profilholzverbretterung ist angebracht. un kann der Glaser die verbleibenden Flächen mit Spiegeln verkleiden

So präsentiert sich die Wand zu guter Letzt. Durch die riesigen Spiegelfächen wirkt der schmale, langgestreckte Raum breiter und großzügiger

**Vorwandinstallation aus Holz**

# Auf dem Holzweg

Wer seine Wasserrohre im Bad möglichst preiswert verstecken will, fährt mit einer Vorwand aus Holz am besten

Waschbecken-Modul

WC-Modul

Dusch-Modul

600 Mark

1400 Mark

SMS

2200 Mark

JOMO

850 Mark

KNAUF

Baumärkte und Fachhandel bieten inzwischen verschiedenste Lösungen zur Vorwand-Installation an. Drei Beispiele haben wir oben abgebildet, weitere sehen Sie auf Seite 262f. Die von uns entwickelten Module können Sie selbst aus Holz bauen. Aufgrund ihres günstigen Preises dürfte diese Variante doppelt interessant sein.

Die Vorteile einer Holzkon-

## Das Holzständerwerk im Detail:

*Für unsere Holz-Unterkonstruktion verwendeten wir gehobelte Fichtenholzlatten der Dimensionen 40 x 40 und 40 x 60 mm. Die Skizze zeigt den grundsätzlichen Aufbau des Ständerwerks und die Benennung der Hölzer*

1. Bodenanschlußleiste (40 x 60 mm)
2. Wandanschlußleiste (40 x 40)
3. senkrechte Ständer (40 x 60)
4. Querriegel (40 x 60 mm)
5. Verbindungslaschen (Multiplex 18 mm)
6. oberer Querholm (40 x 60 mm)
7. Anschlagleiste (30 x 30) für die ....
8. ... Blenden (Multiplex 22 mm)

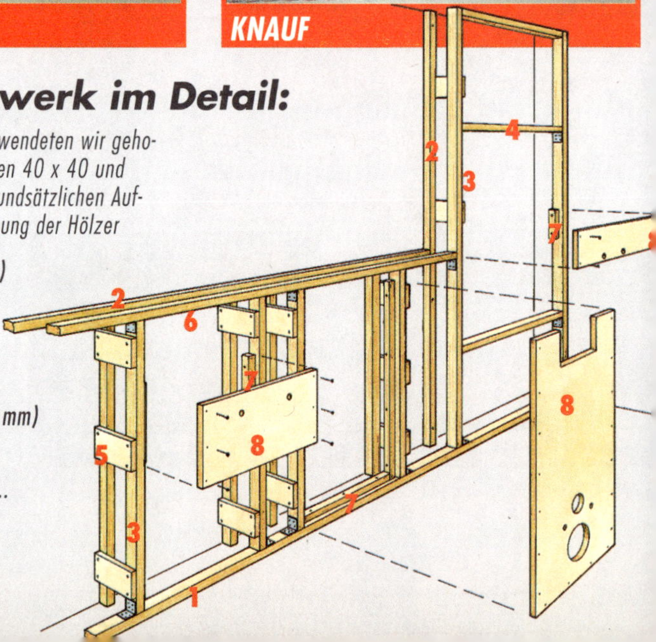

# Der Aufbau der Grundkonstruktion:

**1** Reißen Sie die Maße der Konstruktion an der Rückwand und dem Boden auf und bohren Sie die Dübellöcher zur Befestigung der Leisten. Drei Schrauben pro laufenden Meter Leisten genügen. Befestigen Sie in Gipskartonplatten, verwenden Sie Universaldübel

**2** Die senkrechten Ständer werden an der Bodenleiste mit einem verzinkten Metallwinkel und Spaxschrauben befestigt. Auch hier markieren Sie die genauen Abstände (maximal 62 cm) auf der Bodenleiste und schrauben dann den Winkel als Anschlag darauf fest

**3** Die Verbindungslaschen sorgen für die nötige Quersteifigkeit der Konstruktion und für gleiche Abstände zwischen den Senkrechten. Lassen sie die Laschen ca. 5 mm von der Vorderkante der Ständer zurückstehen, damit sie sich nicht in die Beplankung drücken

**4** Für die Toilettenbefestigung benötigten wir ein Lattenstück 40 x 60 mm und M12-Gewindestäbe aus dem Fachhandel. Der Lochabstand in der Leiste richtet sich nach den Bohrungen im WC. Die Kontermuttern müssen Sie komplett versenken

**5** Nun wird die Leiste waagerecht ausgerichtet und in der Rückwand verdübelt.

## Dusch-Modul:

Hinter der Duschvorwand verschwindet in unserem Beispiel das Fallrohr des Abflusses sowie die Warm- und Kaltwasserzuleitung. Die Querriegel sind notwendig, um später die Beplankung möglichst biegesteif zu halten

1000 - 1100

150

RICHTMASSE EINBAU DUSCHARMATUR

Beachten Sie unbedingt, daß sich das in der Grafik gezeigte Höhenmaß für die Durchlässe nicht auf die Oberkante des Fußbodens, sondern auf den Duschtassenboden bezieht

Die Winkel können Sie aus Flachverbindern selbst biegen. Die Biegemaße richten sich ...

... nach der Größe der Wandscheiben. Sind diese mit Schellen an den Winkeln befestigt ...

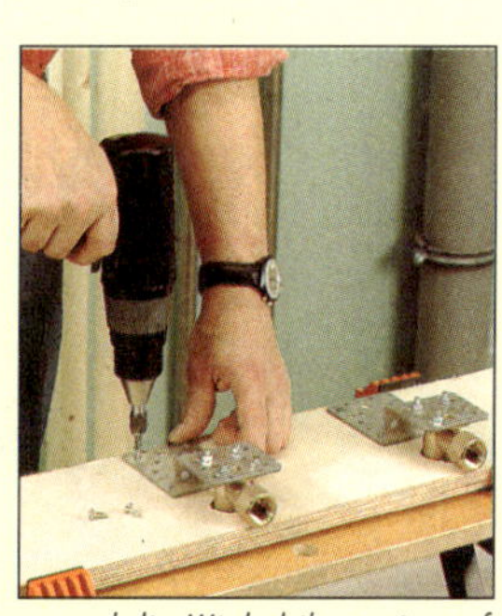

... und die Winkel ihrerseits auf der Platte verschraubt, müssen die Gewinde der Anschlüsse ...

... vorne am Durchlaß bündig abschließen. Dann wird die Platte am Anschlagholz festgeschraubt

## WC-Modul:

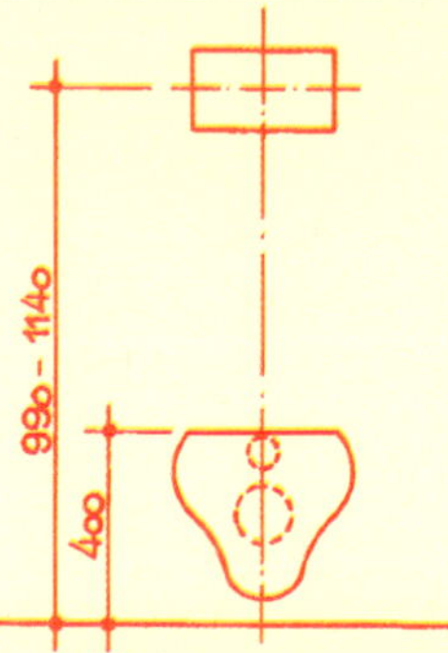


*Für ein hängendes WC beträgt das Einbaumaß 400 mm, gemessen von Oberkante Fußboden bis Oberkante Schüssel. Die Maße für die Durchlässe müssen Sie dann, von der Oberkante WC gemessen, auf die Multiplexplatte übertragen*

*Zunächst verschrauben Sie die Anschlaghölzer für die Multiplexplatten am Ständerwerk*

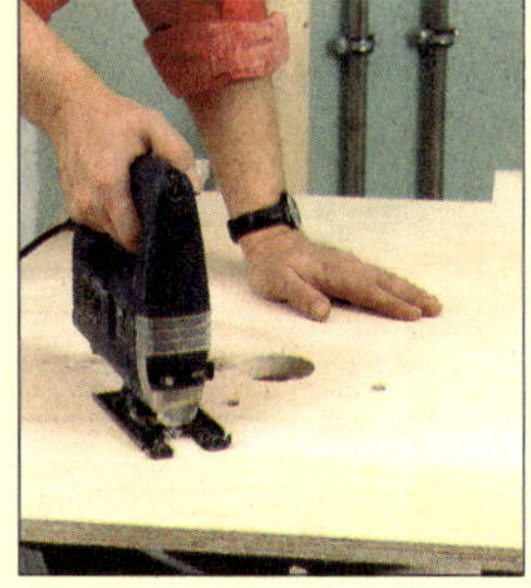

*Die Ausschnitte müssen Sie aussägen und bohren. Das Abflußrohr sollte 10 mm Spiel haben*

*Der Spülkasten und die Schellen für die Rohraufnahme werden auf der Rückseite verschraubt*

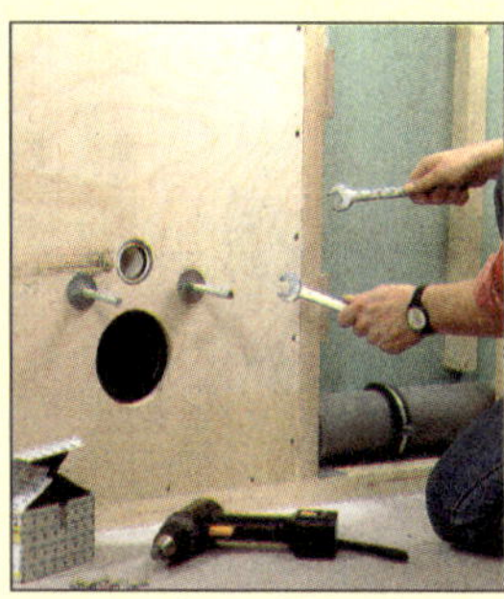

*Bevor Sie die Multiplexplatte anschrauben, müssen Sie zuerst den Wasserzulauf anschließen*

leichte Bearbeitbarkeit des Materials bis zur Tatsache, daß Holz in allen Variationen in jedem Baumarkt zu haben ist (was auf die fertigen Systeme nur bedingt zutrifft). Auf der Negativseite muß allerdings verbucht werden, daß jede noch so kleine Schraube für die Grundkonstruktion extra gekauft werden muß – eine exakte Planung vor Arbeitsbeginn ist also unabdingbar. Auch können Sie die einmal aufgebauten Module nicht nachträglich justieren, d. h. Sie müssen von Anfang an sehr sorgfältig arbeiten.

Trotz des höheren Materialaufwandes für das Ständerwerk ist die hölzerne Variante die preiswerteste des Quartetts. Das liegt daran, daß für die verwendeten gehobelten Dachlatten je nach Dimension zwischen 3 und 5 Mark pro laufenden Meter zu zahlen sind, die Anschlußprofile von Jomo z. B. aber mit ca. 30 Mark den Meter zu Buche schlagen. Einzig Knauf ist durch die Verwendung seiner C- und U-Profile für die Errichtung des reinen Ständerwerks billiger. Diesen Kostennachteil holt unser selbstgebauter Vorsatz jedoch spätestens dann auf, wenn es um die Befestigungselemente für die Installationen geht. Wir brauchten dazu nämlich lediglich 0,5 $m^2$ einer 18 mm starke Multiplex- Platte zum Preis von 63 Mark/$m^2$, während Knauf Traversen anbietet, die zwischen 100 (Traverse für Duscharmatur) und 195 Mark (WC- Tragständer mit Zubehör) kosten. Jomo und SMS arbeitet mit kompletten Modulen, die aber noch teurer sind. Falls Sie sich also den etwas aufwendigeren Aufbau der Holzkonstruktion zutrauen, eröffnet sich Ihnen dadurch ein nicht zu verachtendes Sparpotential. □

*So sieht unsere fertige, aber noch unve*

*Die Sperrholzflächen müssen mit einer speziellen Naßraumabdichtung oder einemEinlaßgrund gestrichen werden*

*Bevor Sie die Multiplexplatten anschrauben, sollten Sie die Frisch- und Abwasserleitungen anschließen und verlegen*

## Beplankung

Die Beplankung des Ständerwerks erfolgt mit imprägnierten Massivbauplatten. Für deren Befestigung sorgen sogenannte Universal-Schnellbauschrauben, die aufgrund ihrer Gewindegeometrie sowohl in Holz- als auch in

Im nächster Schritt würden nun die Fliesen verlegt werden

## Das brauchen Sie außerdem:

Um einen echten Kostenvergleich zu den sonst auf dem Markt erhältlichen kompletten Vorwandinstallationen zu haben, müssen wir natürlich auch die Aufwendungen für das Sanitärzubehör berücksichtigen. Für unsere Eigenentwicklung benötigten wir noch die folgenden Teile aus dem Fachhandel:
1 Spülkasten, 4 Wandscheiben, 2 WC-Befestigungen und 3 Schellen mit Gummiisolierung.
Dazu kommen aus dem Baumarkt noch die Verbindungswinkel, die Flachverbinder, eine 16 mm starke Gewindestange als Waschbeckenbefestigung sowie die Naßraumabdichtung. Nicht angesetzt bei allen vier Vorwandvarianten sind die Kosten für das Rohrmaterial und die Beplankung inklusive der Schnellbauschrauben. Der erforderliche Werkzeugaufwand hält sich ebenfalls in Grenzen. Mit einem Akkuschrauber, einem Schraubstock zum Biegen der Flachverbinder und dem üblichen Handwerkszeug wie Schraubendreher und Maulschlüssel sind Sie bereits bestens ausgestattet

## Waschbecken-Modul:

Auch die Waschtraverse muß mit der Naßraumabdichtung gegen Feuchtigkeit abgesperrt werden

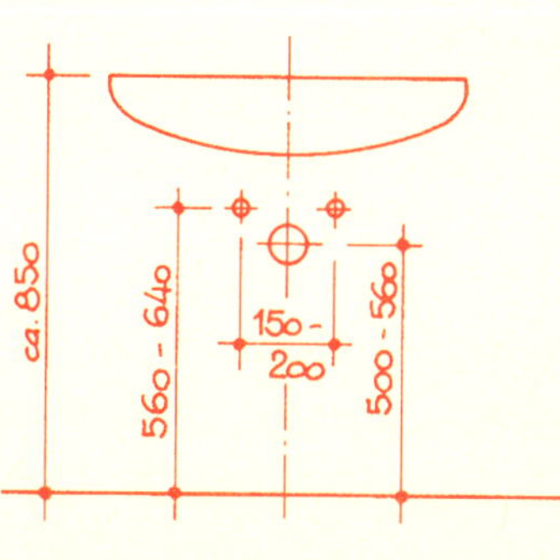


Die Höhe der Waschbeckenoberkante ist natürlich auch von der Körpergröße der Benutzer abhängig; 85 cm ist lediglich ein Richtwert

Die Breite der Tragplatte ist so gewählt, daß keine Durchlässe gebohrt werden müssen. Die Gummi-Isolierung der Schelle verhindert beim Wasserabfluß lästige Geräusche in der Installation

Fertigen Sie sich eine Schablone aus Pappe für die Durchlässe an und überprüfen Sie sie durch Anhalten. Das ist genauer, als jedes Maß einzeln zu nehmen und auf der Gipskartonplatte aufzuzeichnen

Metallständerwerk verarbeitet werden können. Die Ausschnitte für die Durchlässe können Sie mit einem Lochsägeneinsatz für die Bohrmaschine oder – bei großen Durchmessern – mit einer Stichsäge herstellen. Auch hier schneiden Sie die Aussparungen etwas größer als die Rohrdicke aus, um bei der Montage Bewegungsspielraum zu haben. Wenn die Fläche später verfliest wird, müssen Sie diese Fugen mit einem dauerelastischen Silikon verschließen, damit keine Feuchtigkeit zum Ständerwerk vordringen kann. Sind alle Platten angepaßt und befestigt, müssen die Plattenfugen mit Spachtelmasse geschlossen werden. Nach einem Zwischenschliff wird dann noch einmal nachgespachtelt.

# Vorwand fürs neue Bad

*Gehören Sie auch zu denen, die fast alles selbst machen, die aber beim Thema Badsanierung die Segel streichen? Dann sollten Sie die folgenden Seiten lesen. Der Weg zum neuen Bad ist einfacher, als Sie vielleicht denken: Vorwandinstallation heißt das Zauberwort*

Erstaunlich, wie lange auch die sinnvollsten Neuentwicklungen manchmal brauchen, bis sie sich am Markt durchsetzen. Ein solcher Fall ist die Vorwandinstallation im Trockenbau: Obwohl sehr viel für diese Methode spricht, wird sie vom Handwerk – wenn überhaupt – dann nur sehr zögerlich zur Kenntnis genommen. Aber als tüchtige Heimwerker müssen wir ja glücklicherweise nicht auf den Klempner warten: Auf den folgenden Seiten zeigen wir, wie die gängigsten Vorwand-Systeme funktionieren und was man alles damit machen kann.

Sogar solch eine raffinierte Ecklösung läßt sich vom Laien realisieren. Für Waschtisch, WC und andere Badmöbel gibt es spezielle Vorwand-Module, in die alle nötigen Verbindungen, Anschlüsse und Halterungen integriert sind

# Systeme im Vergleich: Beispiel Gäste-WC

## DAL: solide, aber ver-„winkelt“

Nach dem Anzeichnen von Wandabstand, Modulhöhe und Mittelachse wird beim DAL-System der Bodenwinkel ausgerichtet und festgedübelt

Danach setzt man das WC-Element auf die Stellbolzen, richtet es waagerecht aus und markiert die insgesamt vier Befestigungspunkte an der Wand

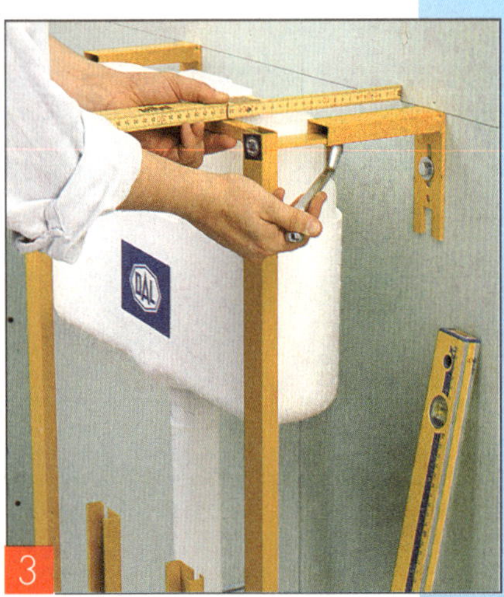

Nach dem Bohren wird das Element wieder eingesetzt und provisorisch befestigt. Dann die Wandwinkel auf den gewählten Abstand einstellen

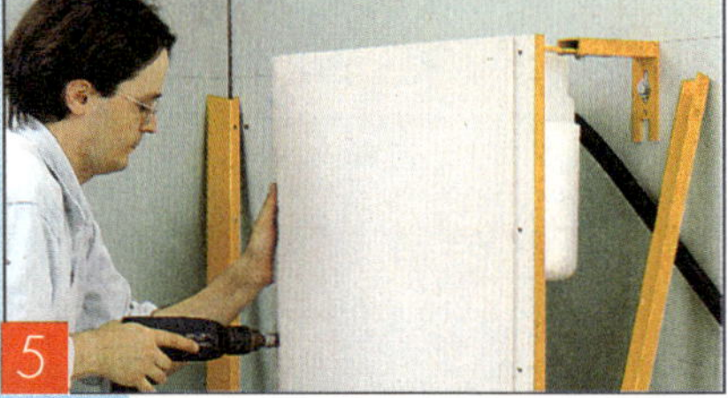

Nun das Modul mittels Stellschrauben senkrecht ausrichten (4). Die doppellagige Beplankung ist ab Werk mit den nötigen Ausschnitten versehen

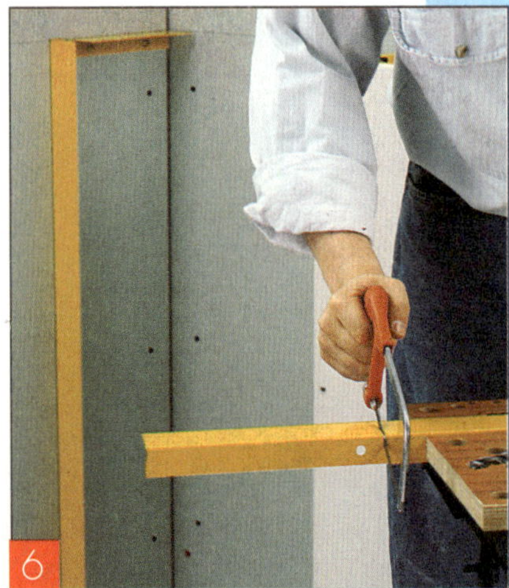

Die seitlichen Verblendungen werden auf Winkeleisen gesetzt, die man selbst zusägen und paßgenau andübeln muß. Zur Überbrückung größerer ...

... Abstände gibt es bei DAL übrigens auch sogenannte Leer-Elemente, die genauso angebracht werden wie die verschiedenen Funktionsmodule

## Geberit: nur für Geduldige

Auch beim Geberit-System müssen zuerst eine
he von Richtlinien auf Wand und Boden gezei
werden. Dann beginnt das etwas mühselige ...

Trotz der Schienenmontage muß man das Ele
zusätzlich noch in der Wand verdübeln. Auch
die Elementfüße braucht man hier ein Haltepr

... Gipsplatten noch einmal Querprofile zusäg
und anbringen. Auch die erforderlichen Aussp
gen in der doppellagigen Beplankung müssen

Für die Gipsplatten-
Zuschnitte legt
Burda jeder Packung
sogar Lineal und Messer bei

## Burda: einfach und durchdacht

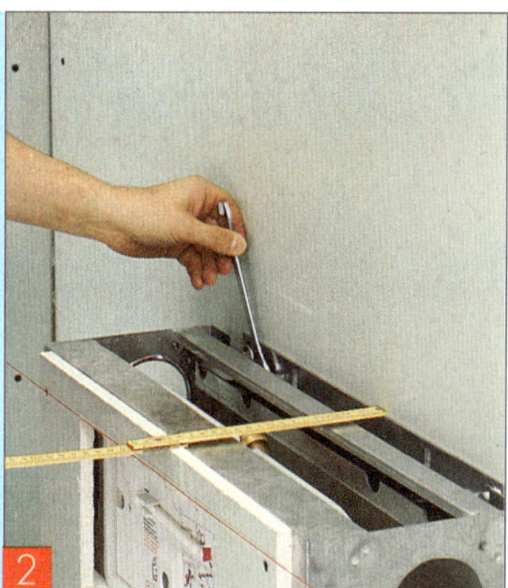

ısägen und Einpassen diverser Profilschienen. sich Modul und Beplankung auch wesentlich cher befestigen lassen, zeigen die Mitbewerber

Beim Burda-System müssen Sie zunächst nur zwei Linien ziehen: Elementhöhe und Mitlelachse. Dann die Aufhängeschiene andübeln. Jetzt kann ...

... man das schon teilweise beplankte Modul einhängen. Mit Hilfe von Stellschrauben wird nun der Wandabstand exakt justiert. Dann das ...

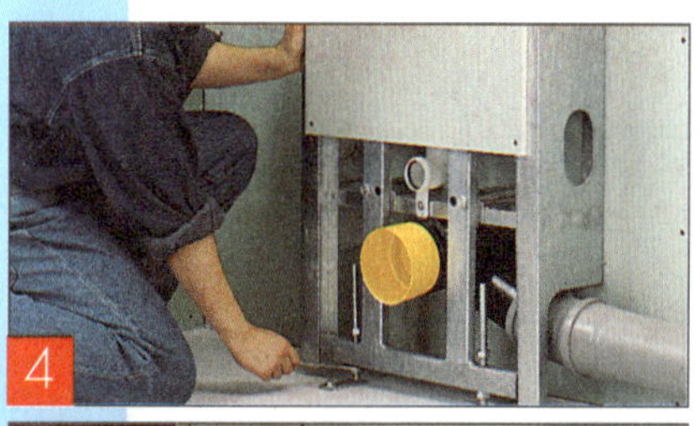

ächstes wird das WC-Element ausgerichtet ›efestigt. Obwohl nun schon etliche Schienen ’zt sind, muß man zur Befestigung der ...

... Modul ins Lot stellen und die Befestigungspunkte für die Elementfüße anreißen. Nach dem Bohren und Verdübeln wird das Element dann noch ...

... waagerecht ausgerichtet. Jetzt die nötigen Installationen einbauen und die ab Werk vorgeschnittene untere Abdeckung aufschrauben

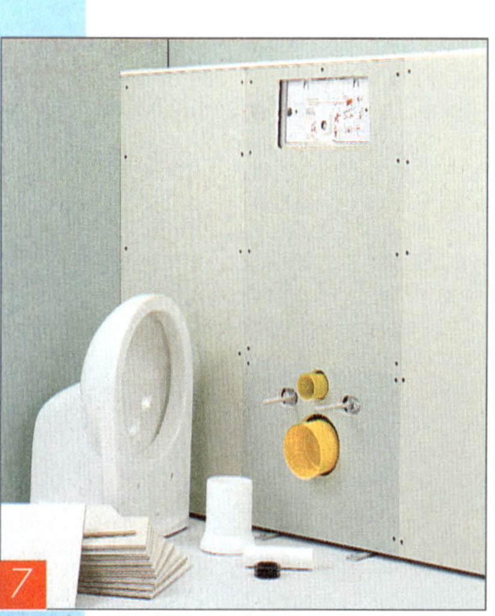

e hier von Hand einschneiden. Verglichen mit Konstruktionen von DAL und Burda scheint der ıu des Geberit-Systems unnötig kompliziert

Anders als die Mitbewerber kommt Burda übrigens mit einer durchgehend einlagigen Beplankung aus. Zum Wandabschluß und auch zur Überbrückung ...

... größerer Modulabstände gibt es Zwischenträger, die einfach an der Wand befestigt und dann mittels Stellschrauben ausgerichtet werden können

**Für den Selbstbau ungeeignet**

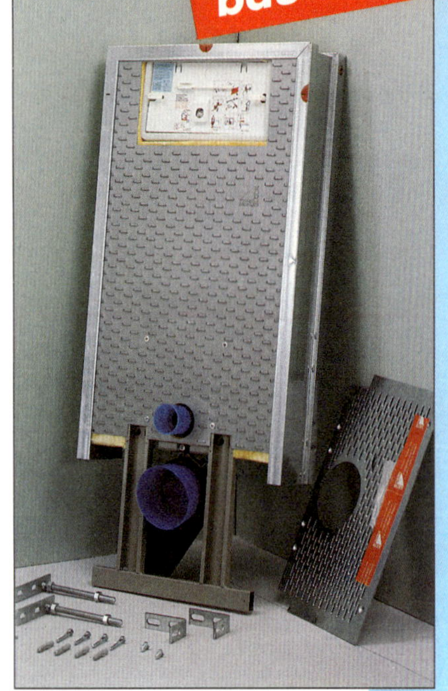

*Dieses Modul kommt vom Naßausbau-Spezialisten Mero. Es eignet sich zwar grundsätzlich auch zum Trockenbau. Allerdings gibt´s hier weder Schienen noch Zwischenträger oder Winkel: Das eigentliche Wandgerüst muß also bauseits konstruiert werden*

Das Prinzip ist eigentlich ganz einfach: Sie überlegen sich, wo Ihre Sanitärobjekte stehen sollen und setzen da jeweils ein spezielles Modul an die Wand. Diese Module sind mit allen Halterungen, Verbindungen und Anschlüssen ausgestattet, die Sie zur Befestigung und Inbetriebnahme des jeweiligen Sanitärmöbels (Dusche, WC, Waschtisch, Bidet etc.) benötigen. Größere Abstände zwischen den Modulen oder zwischen Modul und Seitenwand werden mit speziellen Systemteilen überbrückt. Nun verlegen Sie Ab- und Zulaufleitungen. Auch das ist dank flexibler Kunststoff-Wasserleitungen kein großes Problem. Dieses sogenannte Rohr-in-Rohr-System (das äußere Rohr hat dabei Schutzfunktion) besitzt einfache Klemmverbindungen und kann direkt von der Rolle verarbeitet werden. Zum Vergleich: Für eine durchschnittliche Bad-Installation mit Kupferrohr-Leitungen benötigt der Installateur etwa acht Stunden. Mit den Kunststoffleitungen kann er

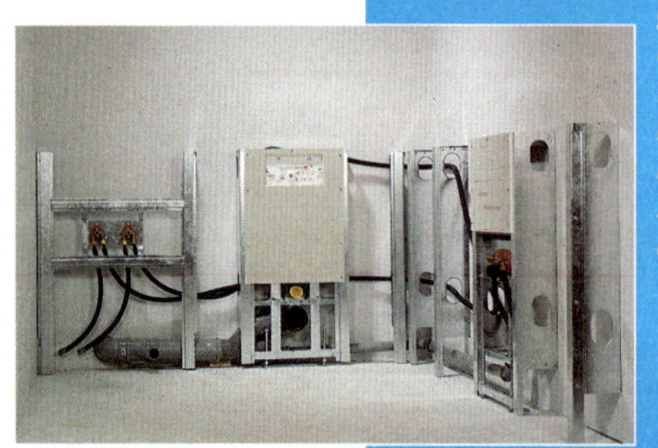

*Welches der beiden Vorwand-Verfahren das einfachere und sauberere ist, zeigen eigentlich schon die beiden Fotos links: Gipskarton ist nun mal schneller zu verarbeiten als Mauersteine*

*Weiteres Plus beim Trockenbau: Revisionsöffnungen lassen sich problemlos herstellen*

## Gute Gründe für die Vorwand-Installation

Beim Thema Sanitärinstallation denkt man gewöhnlich an Mauerschlitze, Kupferrohr und vor allem viel Dreck und Arbeit. All das können Sie getrost vergessen. Nach der geltenden Mauerwerks-DIN sind Mauerschlitze, wie man sie zur Sanitärinstallation benötigt, ohne statischen Nachweis überhaupt nicht zulässig (vgl. Graphik unten). Der Zentralverband Sanitär Heizung Klima kam bereits 1981 zu dem Schluß, daß „die herkömmliche Unterputzinstallation … bei Beachtung der einschlägigen Rechtsvorschriften … nicht möglich" ist. Als einzige fachgerechte Alternative gilt seither ganz offiziell die Vorwandinstallation. Interessanterweise wird sie allerdings heute zu 90% im weitaus aufwendigeren Naßausbauverfahren eingesetzt: Dabei werden die einzelnen Module in ein vorgesetztes Mauerwerk gestellt. Abgesehen vom anfallenden Schmutz ist das natürlich ein relativ teurer und vor allem zeitaufwendiger Spaß, bei dem gleich drei Fachkräfte (Installateur, Maurer und Verputzer) Hand in Hand arbeiten müssen. Ganz anders der Trockenausbau: Zuerst stellt man die einzelnen Module auf. Dann werden die erforderlichen Zu- und Abläufe mit elastischen Kunststoffrohren von den bestehenden Installationen zu den einzelnen Modulen verlegt. Dabei spielt es keine Rolle, wo die Sanitärobjekte ursprünglich einmal vorgesehen waren: Gestalterisch haben Sie völlig freie Hand. Wenn Sie wollen, können Sie Ihr Waschbecken sogar mitten in den Raum stellen. Danach wird das ganze einfach mit Gipsplatten beplankt – fertig. Und weil Gipskarton ein idealer Untergrund fürs Fliesenlegen ist, braucht Ihr neues Bad noch nicht mal einen neuen Putz. Daß darüber hinaus die meisten Systeme so bedienungsfreundlich sind, daß selbst ein Anfänger ohne Probleme damit zurechtkommt, haben wir auf den vorhergehenden Seiten gezeigt.

# Lösungen für jedes Bad

*Kein Löten, kein Schweißen, kein Kleben: Zum Verlegen der Kunststoffleitung brauchen Sie nur Schraubenschlüssel und Säge*

*Exklusivlösung: Freistehende Hi-tech-Dusche und ein raumgliederndes Podest. Dank Modultechnik werden auch ausgefallenste Wünsche realisierbar*

das gleiche Ergebnis in etwa einer halben Stunde erzielen. Und dabei fällt dann noch nicht einmal Schmutz an. Danach können Sie die neue Vorwand bereits mit imprägnierten Gipskartonplatten beplanken. Sie werden einfach mit Hilfe von selbstbohrenden Schrauben in den Modulen oder Zwischenträgern befestigt. Damit sind Ihre Installationsarbeiten bereits abgeschlossen. Auch wenn man den Preis für Module und Zubehör einbezieht – die Module kosten zwischen 400 und 550 Mark – ist die Rechnung am Ende positiv: Die zusätzlichen Kosten werden durch die Arbeitszeiteinsparung mehr als wettgemacht.

1 *Mit dem flexiblen Rohr-in-Rohr-System von der Rolle können Sie Ihren Wasseranschluß überall dorthin bringen, wo er benötigt wird*

2 *Zu- und Ablauf sind unter dem Holzpodest verlegt und münden an dem sogenannten Raumteiler-Modul, an dem Dusche und Waschtisch Halt finden*

3 *Die Module besitzen großzügig dimensionierte Durchlässe an den Seiten und bieten in ihrem Inneren viel Raum für Technik: Hier wurde eine ...*

4 *... elektronische Warmwasserregelung für die insgesamt fünf Duschköpfe eingebaut. Dann erfolgt die Beplankung. Im direkten Naßbereich müssen ...*

5 *... die imprägnierten Gipsplatten zusätzlich mit einer Dichtbeschichtung versehen werden. Den Wandbelag auf Baumwollbasis kann man einfach ...*

6 *... mit der Glättkelle aufziehen. Zum Schluß die Sanitärobjekte montieren. Die eigentlichen Installationsarbeiten heben nur wenige Stunden gedauert*

# Bad-Ideen in Hülle und Fülle

Alle hier gezeigten Gestaltungsideen wurden mit Vorwandmodulen realisiert. Ganz gleich, ob Großraumbad oder Gästetoilette – die Vorwandinstallation im Trockenbau bietet Lösungen für jeden Grundriß und jeden Geschmack. Gerade auch bei kleinen, ungünstig geschnittenen Räumen läßt sich so einiges machen.
Die Programme der Anbieter beinhalten neben den herkömmlichen Modulen in verschiedenen Bauhöhen auch Elemente, die die Ausführung Ihrer Vorstellungen vereinfachen: So gibt es neben Raumteilern (vgl. Seite 265) zum Beispiel auch Dreiecksprofile für allerlei Ecklösungen.

**TIP**

## Warum denn immer an der Wand lang?

Früher mußten die Badmöbel da stehen, wo der jeweilige Anschluß war. Mit der Vorwandtechnik haben Sie die Möglichkeit der Raumauflösung. Ob über Eck oder freistehend – alles ist machbar. Also lassen Sie sich bei der Planung nicht von Ihren alten Anschlüssen beeinflussen und geben Sie Ihrer Kreativität freien Raum. **TIP**

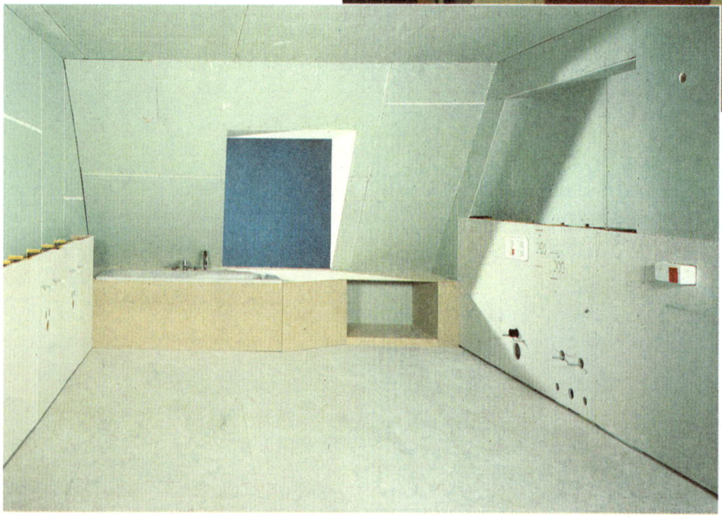

*In herkömmlicher Technik wird aus einem solchen Badprojekt leicht eine Dauerbaustelle. Mit Hilfe der Vorwandinstallation ist die links abgebildete Ausbaustufe in wenigen Tagen zu realisieren*

*Interessante Lösungen für kleine Räume (links) und in der Dachschräge (unten)*

*Oben: Wanne und Waschtisch sind durch drei trapezförmig aufgestellte Module harmonisch verbunden.*
*Links: Auch hier wurden Waschtische und Badewanne platzsparend und funktionell zusammengefaßt*

Etwas für Pilzkenner: Dieses Produkt kommt ohne Fungizide aus

Köster Bauchemie, Dieselstr. 3-8, 26607 Aurich

**Biozidfreies Anti-Schimmel-System**

# Schwamm drüber

Eigentlich ein reizvoller Gedanke – für ein Pfund Pilze muß man nicht mehr zum Wochenmarkt laufen, man kratzt es einfach von der Wand. Nur leider wären die Einbußen nicht nur geschmacklicher Natur, denn so ein Pilz nach Hausmacher-Art verursachte auch ernstzunehmenden Ärger. Ist die optische Beeinträchtigung des Wohnwertes eventuell noch hinzunehmen, so gelten die Samen des Schimmelpilzes, sogenannte Sporen oder Konide, als Erreger verschiedenster Atemwegserkrankungen bis hin zu Asthma. Entschließt man sich aber dazu, dem Schimmel den Kampf anzusagen, wird man merken, daß viele Pilzvernichtungsmittel aufgrund ihres Giftgehaltes der Gesundheit auch nicht viel zuträglicher sind als der Pilz selbst. Völlig ohne Biozide kommt hingegen das Putzsystem

**1** Die feuchte Wandoberfläche muß vor der Bearbeitung mit einem Fön getrocknet werden. Tragen Sie dabei eine Staubmaske

**2** Die können Sie auch dann brauchen, wenn Sie die Schimmelspuren sorgfältig entfernen und zwar entweder mit einem Spachtel ...

**3** ... oder, bei nur leichten Schäden, mit einer Bürste. Der Untergrund muß in jedem Fall frei sein von losen Resten oder Staub

**4** Anschließend wird die Grundierung gleichmäßig aufgetragen. Kleben Sie die nicht zu beschichtenden Flächen vorher ab

**5** Nach mindestens 15 Minuten erfolgt der Auftrag der Streichfolie. Wichtig ist die vollflächige Verarbeitung des Spezialanstrichs

**6** Mit einer Bohrmaschine und einem entsprechenden Rühraufsatz können Sie nun die Anti-Kondens-Spachtelmasse anmischen

in unserem Beispiel aus. Das Geheimnis liegt im Schichtaufbau. Dieser besteht aus einer Grundierung zur Haftverbesserung, einer Streichfolie und einem Spezialputz. Die Streichfolie von 0,3 mm Stärke ist zwar luft-, aber nicht wasserdurchlässig. Der Spezialputz ist aufgrund seiner groben Struktur extrem saugfähig. Im Verbund wirken diese beiden Schichten wie ein riesiger Schwamm, der die anfallende Raumfeuchtigkeit aufnimmt, ohne das Mauerwerk zu durchfeuchten. Die notwendige Dampfdiffusion kann durch die Streichfolie hindurch ungehindert stattfinden. Die Feuchtigkeit im Putz wird genauso schnell wieder abgegeben, wie sie vorher aufgenommen wurde und das sogar bei geringer Luftbewegung. So bleiben auch die besonders schimmelgefährdeten Raumecken trocken. Bei der Verarbeitung dieses Systems ist darauf zu achten, daß die behandelte Fläche die befallene um mindestens einen Meter in jede Richtung übergreift. Damit ist sichergestellt, daß sich der Pilz nicht am Putz ‚vorbeimogelt' und an anderer Stelle wieder auftaucht. Nicht zu behandelnde Flächen sollten sorgfältig mit Folie abgedeckt, Ränder abgeklebt werden.

Die Anwendung dieses Systems entbindet Sie aber keinesfalls davon, Ihre Räume regelmäßig und vor allem richtig zu lüften. Denn ohne Lüftung ist selbst der beste Pilzvernichter keinen Pfifferling wert. □

**7** *Nach mindestens einer Stunde Trockenzeit bringt man den Spezialputz mittels eines Zahnspachtels (Zahnung 3 mm) auf die Folie*

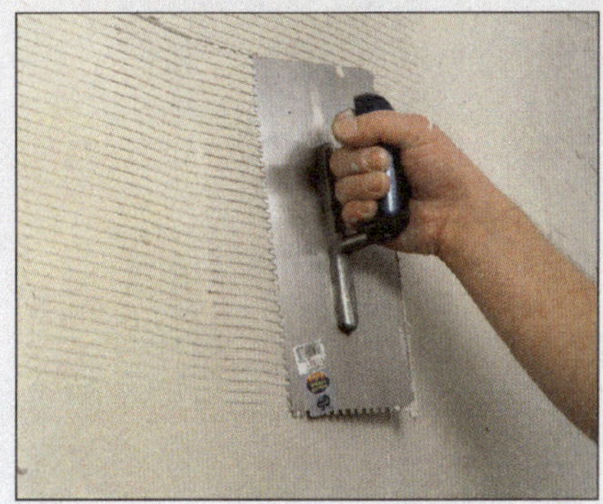

**8** *Die Zahnung sorgt dafür, daß der Putz sowohl sehr gleichmäßig als auch ausreichend dünn aufgetragen werden kann*

**9** *Anschließend wird die Oberfläche mit einer Glättkelle abgezogen und am Rand dem vorhandenen Putz angeglichen*

**10** *Wenn der Putz leicht angezogen hat, bearbeitet man ihn mit einem Reibebrett. So erreicht man eine gleichmäßige Oberfläche*

***Wissenswertes zum Thema Schimmel***

# Was Sie schon immer über Schimmelpilze wissen wollten

Auch heute sind noch mehr als 10000 Schimmelpilzarten bekannt, von denen ca. 100 im Wohnbereich vorkommen können. Drei Dinge brauchen Schimmelpilze zu ihrer Entstehung und Verbreitung: Feuchte, Wärme und einen geeigneten Nährboden. Dieser Nährboden muß organischer Natur sein, wie z. B. Erde, Holz, Staub, aber auch Kunststoff. Die Ausbreitung des Schimmels erfolgt nach dem gleichen Prinzip wie bei einer Lawine. Er bildet während seiner Wachstumsphase eine ungeheure Zahl von winzig kleinen Sporen, die in die Luft abgegeben werden. Sie zirkulieren übrigens ständig und überall. Es kommt aber nur dort zur Bildung von neuen Pilzgeflechten, wo eine erhöhte Feuchtigkeit über einen längeren Zeitraum und in Verbindung mit organischen Stoffen vorliegt. Diese Geflechte bestehen aus unzähligen Zellfäden, an deren Spitzen die Nahrungsaufnahme stattfindet. Auf ihrer Suche nach immer neuen Nährböden dringen die unliebsamen Untermieter ins feuchte Material ein und setzen dort ihr zerstörerisches Werk fort. Opfer dieser Freßgier werden vor allem Anstriche, Kleister und Tapeten; Putz wird wegen seiner meist anorganischen Zusammensetzung (hauptsächlich Kalk) seltener angegriffen. Die umherschwirrenden Sporen gelten als äußerst gesundheitsschädlich. Sie gelangen über die Luft auf die Haut bzw. in die Atemwege und können bei längerem Aufenthalt in belasteten Räumen Allergien, Asthma, rheumatische Erkrankungen und Erkältungen auslösen. Ändern sich die Wachstumsbedingungen des Pilzes, treten Verfärbungen auf, deren Farbspektrum von grün bis schwarz/grau alles abdeckt. Spätestens dann ist es an der Zeit zu handeln.

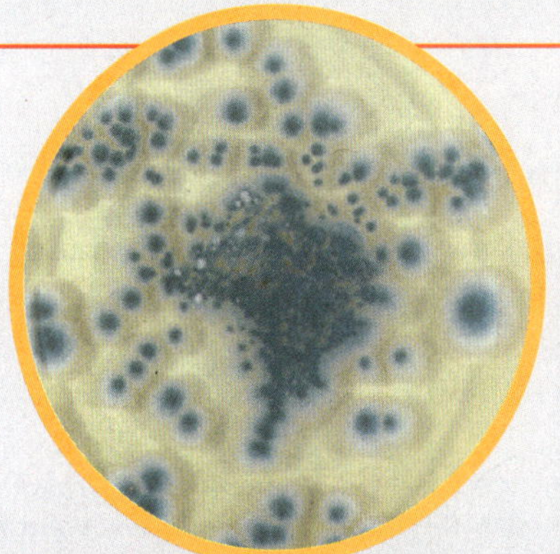

*Eine Pilzkultur aus der Nähe betrachtet. Sehr gut zu erkennen sind die Sporen*

*Ein Ausschnitt aus einer schimmelbedeckten Wand. Pilzbefall ist oft erst nach seiner oberflächlichen Verfärbung zu erkennen*

# Sanitärdichtungen erneuern

**Unser Trinkwasser wird immer teurer – Grund genug, das wertvolle Naß nicht durch tropfende Wasserhähne zu vergeuden. Der Austausch einer defekten Dichtung kostet nur ein paar Pfennige**

Ein stetig tropfender Wasserhahn kann ganz schön ins Geld gehen. Leicht fließt pro Tag ein ganzer Eimer Trinkwasser durh den Abfluß

## Zweigriffarmatur abdichten

1 Im sogenannten Oberteil sitzen je nach Ausführung zwei bis drei O-Ringe und eine Hahndichtung. Sie sind leicht auszuwechseln

2 Zunächst ziehen Sie die Griffkappe ab (bei einigen Modellen mit einer Schraube befestigt) und schrauben das Oberteil heraus

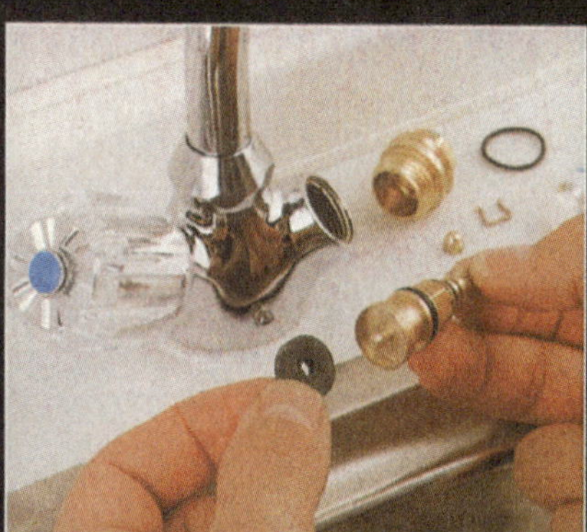

3 Nach dem Abziehen einer Halteklammer läßt sich der Einsatz in zwei Teile zerlegen, so daß alle Dichtungen zugänglich sind

4 Die Dichtungen des Schwenkauslaufs sind ebenfalls Verschleißteile. Auf die neuen O-Ringe gibt man spezielles Heißwasserfett

Auch die solideste Armatur ist nicht für die Ewigkeit gebaut. Zumindest besitzt sie mit ihren Dichtungen Verschleißteile, deren Abnutzung sich irgendwann durch kontinuierliches Tropfen aus dem Hahn bemerkbar macht. In diesem Fall hilft auch ein besonders festes Zudrehen des Ventils - nicht mehr weiter. Die defekte Dichtung muß ausgetauscht werden.

An Werkzeug brauchen Sie für einen solchen Reparatureinsatz neben der Armaturenzange einen stabilen Schraubendreher und natürlich die passende Dichtung. Um hier für alle Eventualitäten gerüstet zu sein, lohnt sich der Kauf eines Dichtungs-Sortiments, wie es in den meisten Bau- und Heimwerkermärkten für ein paar Mark angeboten wird.

Bei sogenannten Einhebelmischern übernimmt eine Kartusche mit Keramikeinsatz das Abdichten. Ist diese Dichtmechanik verschlissen, muß die komplette Kartusche ausgetauscht werden.

Stammt die Armatur von einem Markenhersteller, können Sie das Ersatzteil problemlos im Fachhandel nachbestellen. Für Billig-Hähne, deren Ursprung sich oft kaum rekonstruieren läßt, gestaltet sich die Ersatzteilbeschaffung dagegen mehr als schwierig. Oft genug kann auch der freundlichste Fachhändler nicht weiterhelfen. Und dann muß wegen der defekten Keramikdichtung die komplette Armatur ausgetauscht werden.

Vor Beginn jeder Reparaturarbeit an den Wasserhähnen des Haushalts muß die Absperrung der betreffenden Unterverteilung oder das Hauptabsperrventil an der Wasseruhr geschlossen werden. In Mehrfamilienhäusern sollten Sie bei abgesperrtem Haupthahn ein Hinweisschild an der Wasseruhr befestigen, damit niemand das Ventil öffnet, während Ihr Wasserhahn abgeschraubt ist.

Kapitel 8

# Dachausbau

**Der Dachausbau ist einer der Bereiche, in dem eine Vielzahl von Renovierungs- und Bautechniken gemeinsam zur Anwendung kommen. Ein großer Schwerpunkt liegt dabei heute vor allem auf dem Wärmeschutz**

## INHALT

# Wärmedämmung

*Eine Dämmung schützt Bauteile vor Feuchtigkeit, sorgt für ein angenehmes Raumklima im Haus, spart Heizkosten und dient dem Umweltschutz. Lesen Sie auf den nächsten Seiten, wie die Wärmedämmung funktioniert, welche Dämmstoffe man einsetzt und wie gedämmte Konstruktionen aussehen können*

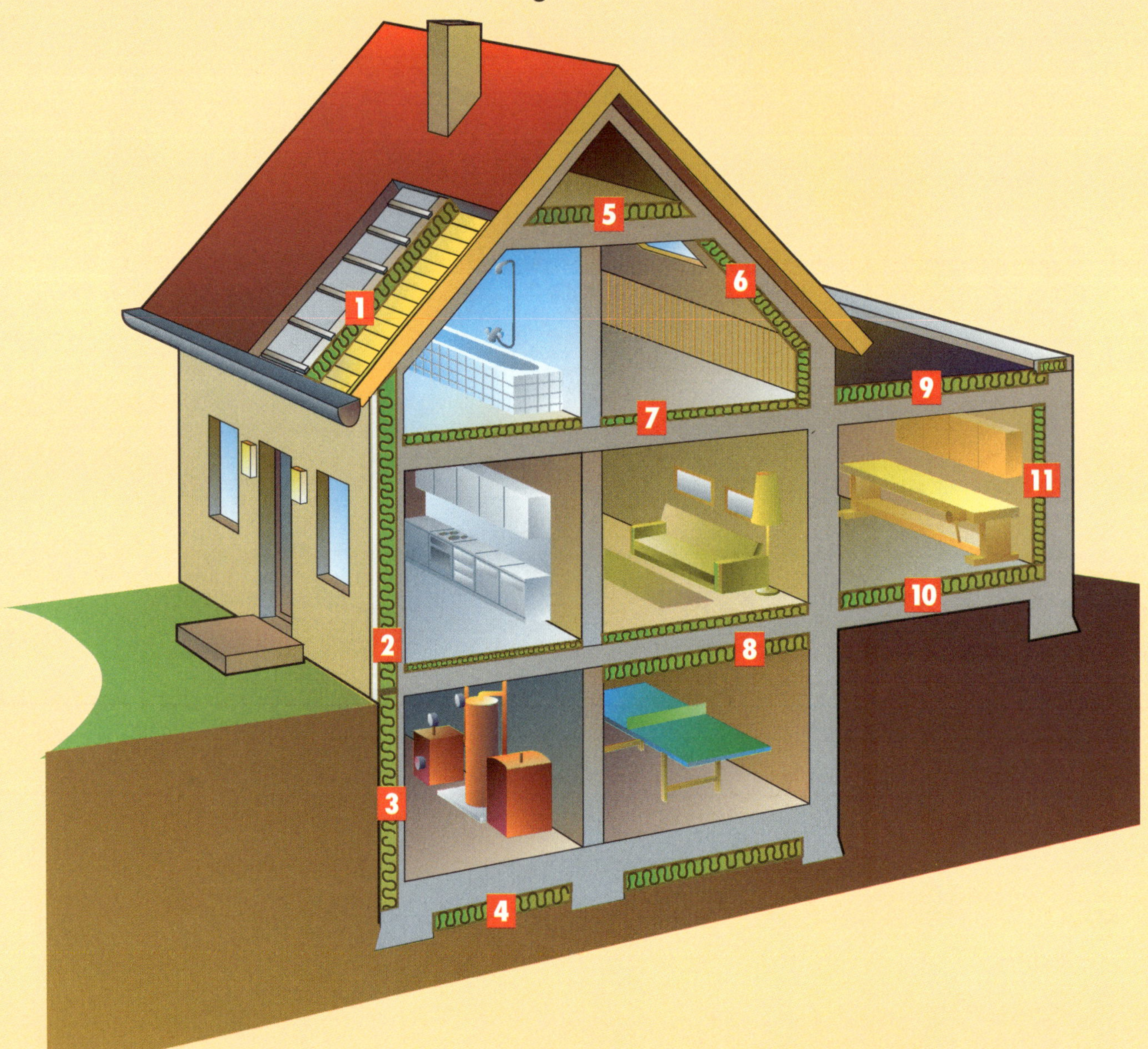


## An diesen Stellen ist der Einbau eines Wärmeschutzes möglich:

1 Über den Sparren, 2 an der Fassade, 3 zwischen Kellerwand und Erdreich, 4 unter der Bodenplatte, 5 auf dem Boden von unbewohnten Dachgeschossen und Spitzgiebeln, 6 zwischen und unter den Sparren, 7 unter dem Estrich (Trittschalldämmung), 8 an der Kellerdecke (bei nicht beheizten Kellern), 9 auf dem Flachdach, 10 unter dem Estrich bei nicht unterkellerten Räumen, 11 an der Innenseite von Außenwänden

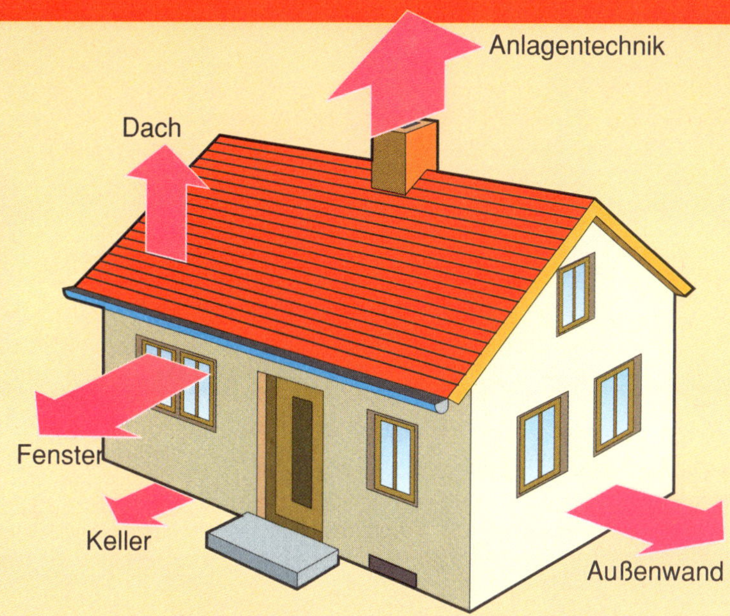


**1.0**

***Hier entweicht die Wärme:*** *Bei einem freistehenden Haus sind die Flächen, die an Außenluft grenzen, besonders groß. An Fenstern entweicht Wärme durch das Bauteil Glas (Transmission) und durch Lüftung*

## 1. Die Bedeutung des Wärmeschutzes

**Wärmeschutz senkt den Energieverbrauch**

Wären alle Häuser in Deutschland auf dem Stand der seit 1. 1. 95 gültigen Wärmeschutzverordnung (WSVO), könnte der momentane durchschnittliche Heizenergieverbrauch um weit mehr als die Hälfte reduziert werden – und damit in gleichem Maße auch die Verbrennungsschadstoffe aus Gebäudeheizungen. Insbesondere das Kohlendioxid ($CO_2$), das den Treibhauseffekt fördert, der wiederum für die Klimaverschiebungen der letzten Jahre verantwortlich gemacht wird. Moderner Wärmeschutz bedeutet deshalb: Den Abfluß von Wärmeenergie durch Außenbauteile so weit wie möglich zu reduzieren. Daß die moderne Anlagentechnik bei der Senkung des Heizenergieverbrauchs ebenfalls eine nicht zu unterschätzende Rolle spielt, sei an dieser Stelle nur der Vollständigkeit halber erwähnt.

## 2. Wärmeleitfähigkeit von Baustoffen

**Warme Körper streben einen Temperaturausgleich an**

Wie kommt es, daß Wärme über Wände, Dächer und Fenster verlorengeht und daß z. B. eine 10 cm dicke Dämmstoffschicht diesen Vorgang in dem gleichen Maße bremst wie eine fast 4 m dicke Beton- oder eine 1 m dicke Kalksandsteinmauer (Bild 2.2)? Warme Körper streben immer einen Temperaturausgleich mit ihrer kälteren Umgebung an. So auch die Luft aus beheizten Innenräumen, die ihre Wärme an die kälteren Außenwände abgibt. Diese Wärmeenergie wird dann durch die ganze Wand hindurch geleitet. Wie schnell dieser Prozeß verläuft, hängt vom jeweiligen Material ab.

**Jedes Material hat seine stoffspezifische Wärmeleitfähigkeit**

Jeder Stoff hat seine spezifische Wärmeleitfähigkeit, die mit der sog. Wärmeleitzahl λ (lambda) beschrieben wird (Bild 2.1). Die Einheit ist W/m·K. Stoffe mit einem dichten Gefüge leiten Wärme besser weiter als leichte, poröse (Tabelle 2.3). Wasser hat ebenfalls eine gute Wärmeleitfähigkeit, was in der Praxis dazu führt, daß durchfeuchtete Bauteile in ihrer Dämmfähigkeit stark nachlassen. Gase hingegen sind besonders schlechte Wärmeleiter. Das macht man sich bei der Herstel-

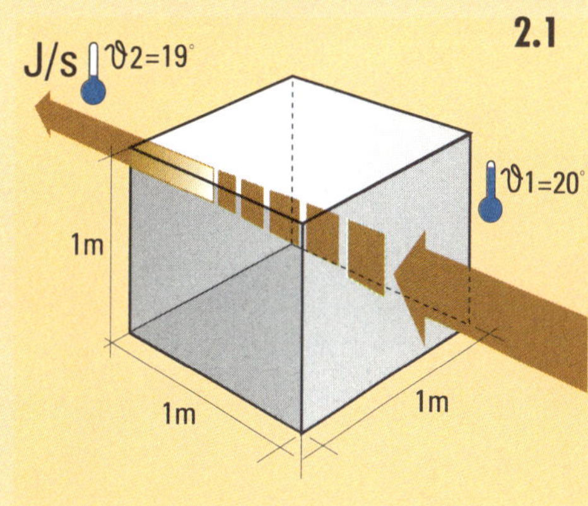


**2.1**

***Die Wärmeleitfähigkeit*** *eines Baustoffes gibt an, welche Wärmemenge (J) in 1 Sekunde (s) durch 1 m² Fläche einer 1 m dicken Materialschicht bei 1 Kelvin Temperaturdifferenz hindurchgeleitet wird*

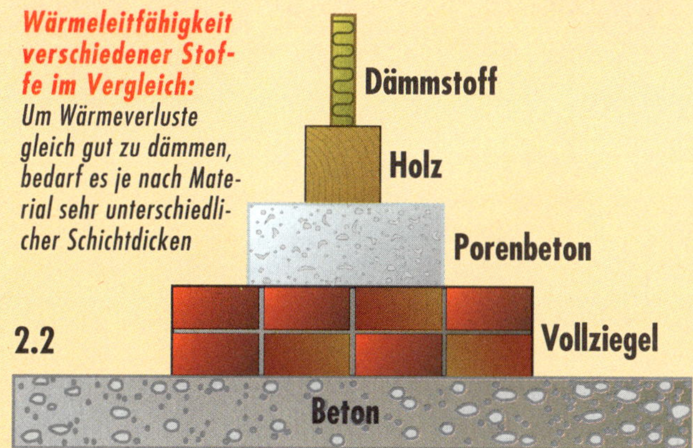


**2.2**

***Wärmeleitfähigkeit verschiedener Stoffe im Vergleich:*** *Um Wärmeverluste gleich gut zu dämmen, bedarf es je nach Material sehr unterschiedlicher Schichtdicken*

***Je kleiner λ, desto besser dämmt ein Baustoff:*** **2.3**

| Baustoffe | Rohdichte kg/m³ | Wärmeleitzahl W/mK |
|---|---|---|
| Normalbeton | 2 500 | 2,1 |
| KS-Lochstein | 1000 bis 1400 | 0,44 bis 0,54 |
| Lochziegel | 800 bis 2000 | 0,4 bis 0,6 |
| Porenbeton | 500 bis 800 | 0,22 bis 0,29 |
| Nadelholz | 400 bis 600 | 0,13 |
| Dämmstoffe | 15 bis 700 | 0,020 bis 0,1 |

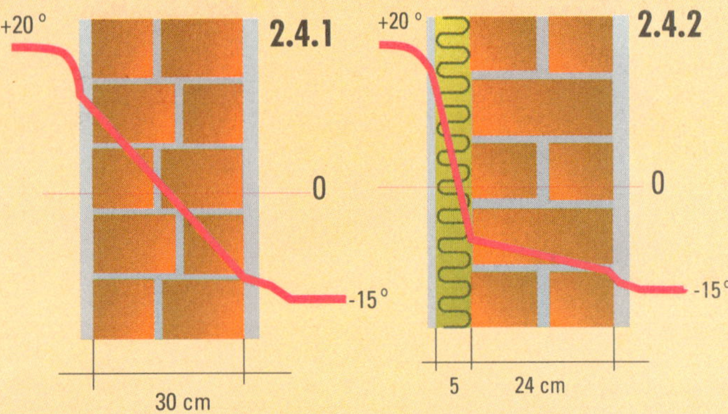


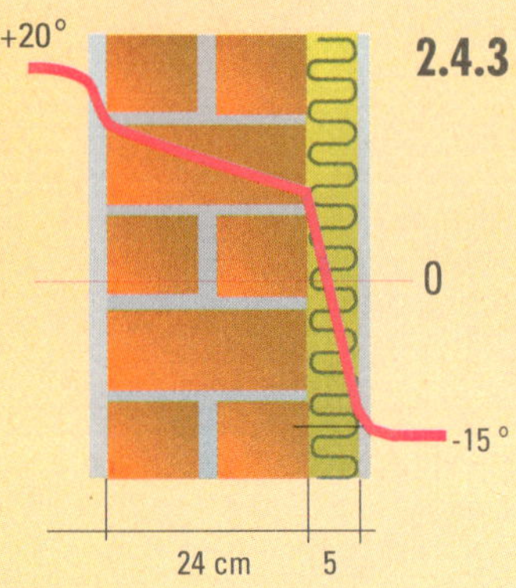


***Temperaturverläufe in der Außenwand :*** *Die Bilder zeichnen die verschiedenen Temperaturverläufe durch eine ungedämmte (2.4.1), eine von innen (2.4.2) und eine von außen gedämmte Hauswand (2.4.3) nach. Gut zu erkennen: Die Außendämmung schützt die Wand optimal vor Frost*

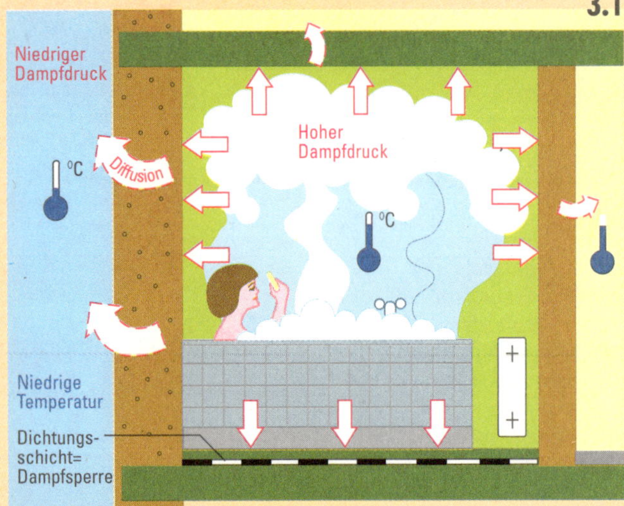


***Wasserdampfdiffusion:*** *Der in bewohnten Räumen durch Kochen, Baden und Atmung produzierte Wasserdampf durchdringt auch feste Stoffe*

**3.2** ***Diffusionsfähigkeit von Baustoffen:*** *Der µ-Wert beschreibt die Fähigkeit eines Stoffes, Wasserdampf weiterzuleiten.*

| Baustoff | µ-Wert |
|---|---|
| Ziegel | 5 bis 10 |
| Porenbeton | 5 bis 10 |
| Kalksandstein | 5 bis 10 |
| Holz | 40 |
| Normalbeton | 70 bis 150 |
| Bitumenbahnen | 10 000 bis 80 000 |
| Kunststoff-Folien | 10 000 bis 400 000 |
| Alufolie (>0,05 mm) | praktisch dampfdicht |
| Dämmstoffe | von 1 bis dampfdicht |

lung von Dämmstoffen zunutze, die einen λ-Wert von weniger als 0,1 W/mK haben. Ihre dämmende Wirkung beruht vor allem auf dem Umstand, daß sich in vielen kleinen Hohlräumen ihres porigen Gefüges einer der schlechtesten Wärmeleiter überhaupt befindet, nämlich ruhende Luft. Wie ein Dämmstoff die Wärmeweiterleitung in einer Baukonstruktion bei starkem Temperaturgefälle positiv beeinflußt, zeigen die Bilder 2.4.1 bis 2.4.3 sehr deutlich. Dämmstoffe, deren λ-Rechenwerte sich nur geringfügig unterscheiden, faßt man der Einfachheit halber in Wärmeleitfähigkeitsgruppen (WLG) zusammen. Ein Stoff mit λ=0,03696 W/mK käme demnach in die WLG 040.

**Ruhende Luft ist ein schlechter Wärmeleiter**

## 3. Dampfdiffusion

Luft enthält auch Wasserdampf (3.1). Je wärmer sie ist, desto mehr kann sie davon aufnehmen – bis zur sog. Sättigungsmenge. Ist diese überschritten, schlägt sich die Luftfeuchte als Kondenswasser z. B. an Fensterscheiben, Decken und Wänden nieder. Im Winter haben wir fast immer eine unterschiedliche relative Luftfeuchte von Innen- und Außenluft. Um dieses Druckgefälle auszugleichen, wandert der Wasserdampf nicht nur durch Fugen und Fenster nach außen, sondern auch durch Bauteile. Diesen Vorgang bezeichnet man als Dampfdiffusion. Manche Materialien setzen dem Wasserdampf so gut wie keinen Widerstand entgegen, manche einen mittleren, andere wiederum einen sehr hohen. Ausgedrückt wird die Diffusionsfähigkeit eines Baustoffes mit der Diffusions-Widerstandszahl µ (Tabelle 3.2). Sie gibt an, um wievielmal größer der Diffusionswiderstand einer Stoffschicht im Vergleich zu einer gleich dicken Luftschicht unter den gleichen Bedingungen ist (bei Luft ist µ=1). Die Diffusion durch Bauteile ist an sich unbedenklich; es sei denn, der Wasserdampf kommt bei seiner Wanderung auf die kältere Seite an einen Punkt, wo er kondensiert, also flüssig wird (Taupunkt). Dann besteht z. B. beim Mauerwerk die Gefahr von Frostschäden. Und wenn Wasserdampf in einer Dämmschicht kondensiert, wird deren Wärmeleitfähigkeit stark heraufgesetzt, sie dämmt nicht mehr.

**Warme Luft kann mehr Feuchtigkeit aufnehmen als kalte**

**Wasserdampf wandert auch durch Bauteile**

**Die Diffusionsfähigkeit von Stoffen wird in µ beschrieben**

**Der $s_d$-Wert berücksichtigt auch die Schichtdicke**

Um im konkreten Fall berechnen zu können, ob diese Gefahr besteht, muß man auch die Schichtdicke berücksichtigen. Man braucht den sog. $s_d$-Wert, die „wasserdampfdiffusionsäquivalente Luftschichtdicke". Sie ist das Produkt von µ und Schichtdicke in Metern. Je größer dieser Wert, desto dampfdichter ist eine Materialschicht. Um die schädliche Kondensation von Wasserdampf in Bauteilen zu verhindern, konstruiert man diese in der Regel so, daß die dampfdichteren Schichten innen, auf der warmen Seite, und die diffusionsoffeneren außen liegen.

## 4. Anforderungen an Dämmstoffe

**Wählen Sie bauaufsichtlich zugelassene Dämmstoffe**

Inzwischen gibt es eine Fülle von Dämmstoffen auf dem Markt. Es gäbe eine eigene *Grundwissen*-Reihe, wollte man auf alle im Detail eingehen. Darum behandeln wir dieses Thema hier nur ganz allgemein. Auf der Suche nach dem geeigneten Dämmstoff sollten Sie in jedem Fall nur genormte oder bauaufsichtlich zugelassene Produkte wählen. In beiden Fällen ist eine Güteüberwachung vorgeschrieben, die aus Eigen- und Fremdüberwachung besteht. Das Ü-Zeichen (4.1.2) auf den Verpackungen – früher Überwachungs-, nun Übereinstimmungszeichen genannt – gewährleistet eine gleichbleibende Produktqualität und die Erfüllung der Mindestanforderungen. Letztere sind jeweils für bestimmte Dämmstoffgruppen in den Stoffnormen festgelegt. So gilt beispielsweise die DIN 18164 für Hartschaum-Dämmstoffe, DIN 18165 für pflanzliche (z. B. Zellulose) und anorganische Faserdämmstoffe (Mineralfaser, z. B. Glas- und Steinwolle) oder DIN 18161 für Korkerzeugnisse. Die Eignung eines Dämmstoffs für bestimmte Einsatzgebiete ist in Kurzform (Beispiele in Tabelle 4.1.1) auf den Produktverpackungen angegeben. Hier sind auch weitere wichtige Stoff- und Anwendungseigenschaften aufgeführt. So bezeichnet z. B. der Code *Faserdämmstoff DIN 18165 - MinP - W - 035 - A2 - 80* einen mineralischen Faserdämmstoff in Plattenform (P) des Anwendungstyps W, in der Wärmeleitfähigkeitsgrupe 035, Baustoffklasse A2, in der Nenndicke

**Mindestanforderungen sind in Normen festgelegt**

**Produktkennzeichnungen**

**4.1.1**

| Typkurzzeichen | Verwendung im Bauwerk |
|---|---|
| W/WL | nicht druckbelastbar (Wände, Decken, zwischen Sparren) |
| WD | druckbelastbar (z. B. unter Böden ohne Trittschallfordg.) |
| WV | beanspruchbar auf Abreißfestigkeit (unter Putzfassaden) |
| T/TK | Trittschalldämmstoffe (unter schwimmenden Estrichen) |

**4.1.2**

***Dämmstoff-Kennzeichnungen:*** *Die Tauglichkeit für bestimmte Anwendungen ist auf den Produktverpackungen mit Typkurzzeichen angegeben (4.1.1). Das Ü-Zeichen (4.1.2) ist Nachweis einer ordnungsgemäßen Güteüberwachung. Aufgeführt sind die überwachende Stelle (hier: IBP) und die geltende Norm (hier: DIN 18165) als Überwachungsgrundlage*

**4.2** ***Dämmstoff-Eigenschaften:*** *Wichtige Kriterien sind Wärmeleitfähigkeit (WLG), Diffusions- (µ) und Brandverhalten (Baustoffklasse)*

| Dämmstoff | WLG | µ-Wert | Baustoffklasse |
|---|---|---|---|
| Holzwolle-Leichtbauplatten | 090 | 2 bis 5 | B 1 |
| Holzfaserplatten | 045 bis 055 | 5 bis 10 | B 1/B 2 |
| Blähton | ab 070 | 2 bis 3 | A 1 |
| Perlite (Schüttung) | 045 bis 050 | 2 bis 3 | A 1 |
| Korkdämmstoffe | 040 bis 055 | 5 bis 10 | B 2 |
| Zellulosefasern | 040 bis 045 | 1 bis 1,5 | B 1/B 2 |
| Schaf-/Baumwolle | 035 bis 040 | 1 bis 2 | B 2 |
| Kokosfaser | 045 bis 050 | 1 | B 2 |
| Mineralfasern | 035 bis 050 | 1 | A 1/A 2/B1 |
| Polystyrol („Styropor") | 035 bis 040 | 20 bis 100 | B 1/ B 2 |
| Polystyrol (extrudiertes) | 030 bis 035 | 80 bis 250 | B 1/ B 2 |
| Polyurethan | 020 bis 035 | 30 bis 100 | B 1/B 2 |
| Schaumglas | 045 bis 060 | dampfdicht | A 1 |

***Wärmeschutz beim nachträglichen Dachgeschoßausbau:*** *Beim Dachgeschoßausbau muß darauf geachtet werden, daß die Dämmung den Wärmeabfluß über die Außenbauteile möglichst lückenlos unterbindet. Statt von der Traufe bis zum First durchgehend zwischen den Sparren zu dämmen, kommt auch die hier gezeigte Variante in Frage. Der Wärmeschutz zum unbeheizten Spitzgiebel hin wurde zwischen den Sparren der Holzbalkendecke verlegt. Wichtig ist die lückenlose Dämmschicht hinterm Drempel*

**5.1**

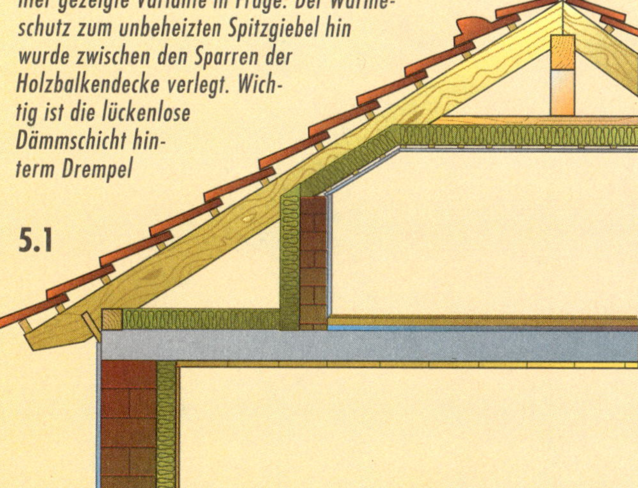

**3. WSVO:** *Mit Dämmstoffen kleinerer Wärmeleitfähigkeitsgruppen fallen die angegebenen Dämmdicken geringer aus* **5.2**

| Bauteil | Neubau k-Wert | Dämmdicke bei WLG 040 | Altbau k-Wert | Dämmdicke bei WLG 040 |
|---|---|---|---|---|
| Steildach zw. d. Sparren | 0,22 | 220 mm | 0,30 | 160 mm |
| Steildach zw. + unter d. Sparren | 0,22 | 180 - 200 mm | 0,30 | 140 mm |
| Steildach über den Sparren | 0,22 | 160 - 180 mm | 0,30 | 130 mm |
| Decken über nicht ausgebauten Dachgeschossen | 0,22 | 160 - 180 mm | 0,30 | 130 mm |
| Außenwand gegen Luft | 0,50 | 80 mm | 0,40 | 100 mm |
| Außenwand gegen Erde/ Bodenplatten | 0,35 | 80 mm | 0,50 | 50 mm |
| Kellerdecke | 0,35 | 80 - 100 mm | 0,50 | 50 - 60 mm |

**6.1**

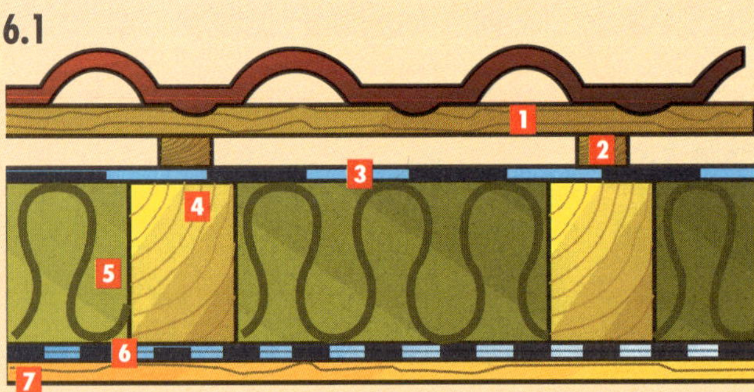


**Volldämmung zwischen den Sparren:** *1 Ziegellattung, 2 Grundlattung, 3 diffusionsoffene Unterspannbahn, 4 Dachsparren, 5 Dämmschicht, 6 raumseitige Dampfbremsfolie, 7 Raumverkleidung*

**Kombinierte Zwischen- und Untersparrendämmung:** *Da die geforderten Dämmdicken meist nicht mehr zwischen die Sparren passen, wird man diese Konstruktion künftig wohl häufiger antreffen. Wenn der Anteil der unteren Dämmschicht nicht mehr als 40% der Gesamtdämmdicke beträgt, kann die Dampfbremsfolie zwischen den Schichten verlegt werden.*

**6.2**

*1 Ziegellattung, 2 Grundlattung, 3 diffusionsoffene Unterspannbahn, 4 Volldämmung zwischen den Sparren, 5 Dampfbremse, 6 Dämmschicht unter dem Sparren, 7 Ausgleichslattung, 8 an den Fugen verspachtelte Gipskartonplatten, 9 raumseitige Paneelverkleidung mit Ausgleichslattung (Gipskarton- und Holzverkleidung können auch wahlweise verlegt werden)*

von 80 mm. Die Baustoffklassen (nach DIN 4102) teilen die Stoffe nach ihrem Brandverhalten ein: In A1/A2 findet man die „nichtbrennbaren" Baustoffe, in B1 die „schwer entflammbaren", in B2 die „normal entflammbaren". „Leicht entflammbare" Baustoffe (B3) sind im Bauwesen nicht zugelassen. Verschärfte Brandschutzanforderungen (die in den Landesbauordnungen geregelt sind) gibt es allerdings meist nur für öffentliche Gebäude, Hoch- und Mehrfamilienhäuser.

## 5. Die neue WSVO

Die 3. Wärmeschutz-Verordnung wurde mit dem Ziel verabschiedet, die $CO_2$-Emissionen aus Gebäudeheizungen stark zu reduzieren. Danach darf der jährliche Heizenergiebedarf eines Hauses je nach Verhältnis von Gebäudevolumen und zur Fläche der Außenbauteile nur noch zwischen 57 und 100 kWh/m² liegen. Diese Größe ermittelt der Architekt mit einem Rechenverfahren, bei dem Wärmeverluste durch Außenbauteile, aber auch Wärmegewinne, z. B. bei Südausrichtung der Fenster, wie in einer Bilanz aufgerechnet werden. Voraussetzung für den Planungserfolg ist ein lückenloser Wärmeschutz der Gebäudehülle (Bild 5.1 – Beispiel Dachgeschoßausbau). Nur Ein- und Zweifamilienhäuser dürfen – wie bisher – nach dem sogenannten Bauteilverfahren geplant werden. Werden die dabei vorgegebenen k-Werte für Außenbauteile eingehalten, kommt man etwa auf den maximalen jährlichen Energiebedarf von 100 kWh/m². Der k-Wert (Wärmedurchgangskoeffizient) beschreibt den Wärmeverlust durch ein ganzes Bauteil. Konkret: Er gibt die Wärmemenge in W/(m²K) an, die durch ein Bauteil von 1 m² Fläche und einer bestimmten Dicke bei 1 °Kelvin Temperaturunterschied hindurchfließt. Je kleiner der k-Wert, desto besser ist die Konstruktion gedämmt. Die k-Werte und daraus resultierenden Dämmdicken, die nun für Neubau und Altbau gefordert werden, haben wir in Tabelle 5.2 aufgeführt. Die Altbau-k-Werte gelten z. B. dann, wenn bei Instandsetzungen mehr als 20% der Fläche eines Bauteils betroffen sind. Allerdings – wird ein Altbau um einen beheizten Raum

**Die Baustoffklassen geben Auskunft zum Brandverhalten**

**Die WSVO begrenzt den Heizenergiebedarf auf 100 kWh/m²**

**Kleinere Häuser dürfen nach dem Bauteilverfahren geplant werden**

**Der k-Wert beschreibt den Wärmeverlust eines Bauteils**

von mehr als 10 $m^2$ erweitert, gelten die Neubauanforderungen. Das ist in der Regel bei jedem Dachgeschoß-Ausbau der Fall.

## 6. Dachdämmung

**Volldämmung zwischen den Sparren**

Die gängigste Wärmeschutz-Konstruktion im Dach ist die Zwischensparrendämmung, die von der Innenseite her verlegt wird. In den letzten Jahren hat sich dabei die vollgedämmte Variante (6.1) durchgesetzt. Das heißt, der komplette Hohlraum zwischen den Sparren wird mit Dämmstoff gefüllt. Eine sorgfältig verlegte Dampfbremsfolie (z. B. PE-Folie oder Systemprodukte) unter den Sparren sorgt dafür, daß keine Feuchtigkeit in die Konstruktion eindringen kann – weder durch Wasserdampfdiffusion noch durch Luftströmung infolge offener Fugen. Durch letzteres kann sogar mehr als 10000mal soviel Feuchtigkeit ins Dach gelangen als dies durch Diffusion überhaupt möglich wäre. Für die Dämmung bieten sich leichte und flexible Dämmstoffe an. Sie belasten die Dachkonstruktion nicht und schließen an den Sparren fugendicht ab.

**Dämmung zwischen und unter den Sparren**

Aufgrund der nun erforderlichen dicken Dämmschichten wird zunehmend die kombinierte Zwischen- und Untersparrendämmung (6.2) aktuell. Wir haben sie in Heft 10/96 ausführlich beschrieben. Durch die unter den Sparren verlaufende Zusatz-Dämmung wird die Wärmebrücke „Holzsparren" ausgeschaltet. So kann die Gesamtdämmdicke geringer ausfallen. Wärmebrücken sind Stellen, über die Wärme schneller nach außen abfließt als über die benachbarten, besser gedämmten Bauteile.

**Über den Sparren kann man wärmebrückenfrei dämmen**

Absolut wärmebrückenfrei wird oberhalb der Sparren gedämmt: Hier kann die Dämmschicht durchgehend, ohne Unterbrechung durch andere Bauteile verlegt werden (6.3). Die Konstruktion ist allerdings nur bei Neubauten wirtschaftlich oder wenn ohnehin neu eingedeckt werden muß.

## 7. Außenwand

Eine Dämmung der Außenwände senkt nicht nur den Energieverbrauch erheblich. Durch die wärmeren Innenwände empfindet

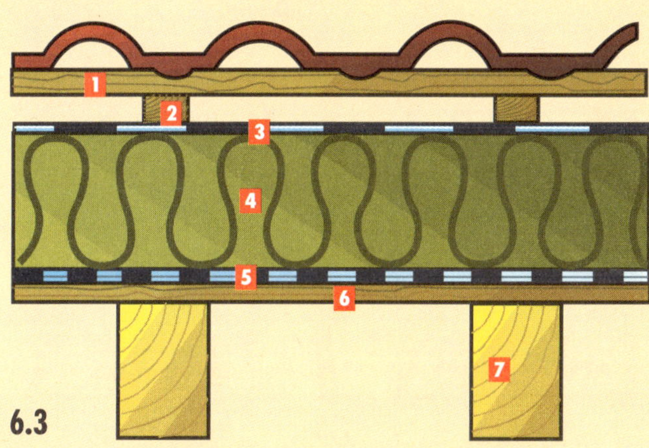


***Dämmung oberhalb der Sparren:*** *1 Ziegellattung, 2 Grundlattung, 3 Dämmstoff-Abdeckung, 4 Dämmstoff, 5 Dampfsperre, z. B. Glasvlies-Bitumenbahn, 6 Schalung, 7 Dachsparren*

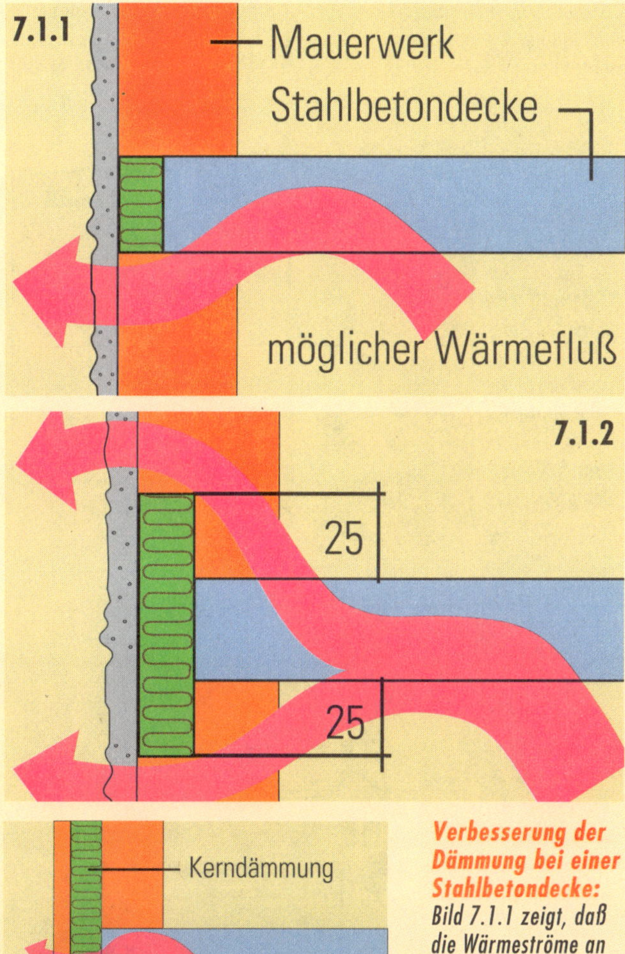


***Kerndämmung:*** *Die durchgehende Dämmschicht an der Außenwand dämmt auch den Wärmeverlust über einbindende Decken. Die Fassade besteht aus einer Vormauerschale*

***Verbesserung der Dämmung bei einer Stahlbetondecke:*** *Bild 7.1.1 zeigt, daß die Wärmeströme an der stirnseitigen Dämmung der ins Mauerwerk einbindenden Decke vorbeilaufen. Eine leichte Verbesserung wird mit einer breiteren Dämmschicht erzielt (7.1.2)*

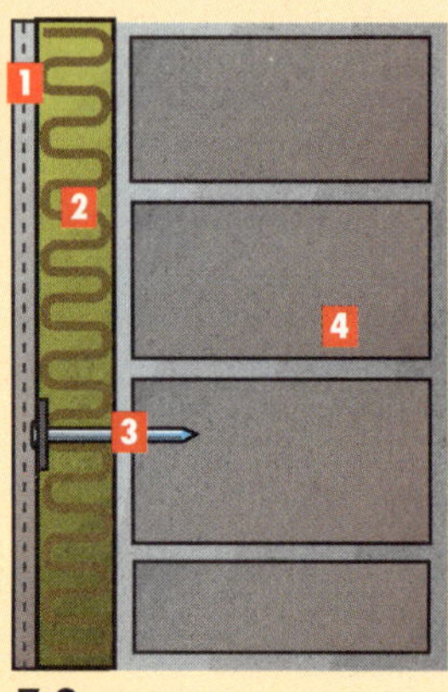


**7.2**

**Gedämmte Putzfassade bzw. Wärmedämm-Verbundsystem:** *1 Putz mit eingelegtem Armierungsgewebe, 2 Dämmstoff, 3 Dämmstoff-Befestigung, 4 tragende Außenwand*

**7.3**

**Vorgehängte, hinterlüftete Fassade:** *1 Vorgehängte kleinformatige Elemente, 2 waagerechte Traglattung, 3 Hinterlüftungs-Zwischenraum, 4 Grundlatttung mit 5 dazwischenliegendem Dämmstoff*

**7.4**

**Dämmung der Außenwand von innen:** *Der Dämmstoff wird zwischen einer Lattung verlegt und durch die Dampfbremse vor Feuchte durch Wasserdampfdiffusion geschützt*

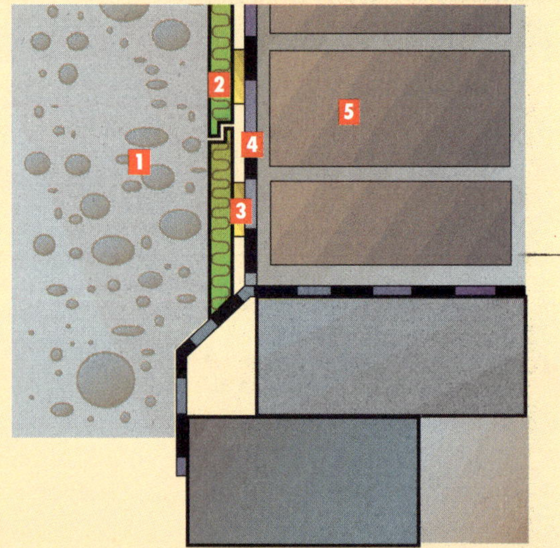


**8.1**

**Kellerdämmung gegen Erdreich (Perimeterdämmung):** *1 Aufgeschüttetes Erdreich, 2 Perimeter-Dämmplatten mit Nut und Feder, 3 Kleber z. B. auf Bitumenbasis, 4 Bauwerksabdichtung, 5 Kellerwand*

**Über Wärmebrücken fließt Wärme schneller ab**

man auch bereits Raumtemperaturen ab 18 °C als angenehmen. Grundsätzlich hat ein außen angebrachter Wärmeschutz Vorteile: Die durchgehende Dämmschicht verhindert Wärmebrükken – wie sie z. B. durch einbindende Stahlbetondecken entstehen (Bilder 7.1). Zum anderen schützt sie das tragende Mauerwerk vor Feuchte- und Frostschäden (S. 45, Bild 2.4.3). Die drei gängigen Wärmeschutz-Konstruktionen sind das zweischalige Mauerwerk mit Kerndämmung (7.1.3), die einschalige Wand mit gedämmter Putzfassade (7.2) und die vorgehängte, hinterlüftete Fassade (7.3). Jede einzelne Variante hat ihre speziellen Vorzüge. So ist eine Kerndämmung mit vorgemauerter Klinkerschale zwar die teuerste Maßnahme, dafür ist die Fassade auch ohne intensive Pflege sehr langlebig. Ein Wärmedämm-Verbundsystem ist die preiswerteste Art, eine Wand von außen zu dämmen. Der Aufwand für die Erhaltung entspricht aber der einer normal verputzten Fassade. Die vorgehängte Fassade schließlich ermöglicht die größte Gestaltungsvielfalt, da sich als Verkleidung eine Fülle von Materialien anbietet – von Holz über Kunststoff und Metall bis hin zum Naturstein. Fassadendämmstoffe müssen über ihren ganzen Querschnitt wasserabweisend sein. Bei der Putzfassade werden meist Polystyrolplatten eingesetzt, oft aber auch Mineralwolleplatten mit höherer Rohdichte. Mit Schüttmaterial, z. B. Perlite, kann man auch eine Kerndämmung nachträglich realisieren.

**Gängige Dämmkonstruktionen der Außenwand**

**Dämmplatten für den Wärmeschutz an der Fassade**

Die Außenwand von innen zu dämmen, ist die preiswerteste und einfachste Art (7.4). Allerdings birgt sie die Gefahr, daß sich z. B. durch einbindende Decken Wärmebrücken bilden, über die vermehrt Wärme abfließt. An diesen Stellen kann bei mangelnder Lüftung Tauwasser und – in Folge – auch Schimmel anfallen. Außerdem liegt die tragende Außenwand weiterhin im frostgefährdeten Bereich. Die Innendämmung bietet sich aber an, wenn an der Fassade nichts verändert werden darf, z. B. wegen Denkmalschutz, oder Räume nur zeitweise genutzt werden. Durch die innenliegende Dämmung lassen sie sich schneller auf angenehme Raumtemperatur bringen. Neben der Verlegung von Dämmplatten in einer Lattung bieten

**Die Dämmung der Außenwand von innen**

**Methoden der Kellerdämmung**

sich hier auch Gipskarton-Verbundplatten an, die bei sorgfältiger Fugenverspachtelung die sonst unbedingt erforderliche Dampfbremse überflüssig machen.

## 8. Kellerdämmung

Handelt es sich um einen beheizten Keller, dämmt man bei Neubauten sowohl unter der Bodenplatte als auch die Kelleraußenwände gegen das Erdreich (sog. Perimeterdämmung – 8.1). Die wenigsten Dämmstoffe vertragen den Erdkontakt. Meistverwendet und bauaufsichtlich zugelassen sind hier extrudierte Polystyrolplatten. Einen zusätzlichen Wärmeschutzeffekt bringt die Trittschalldämmschicht auf der Kellerdecke (8.3). Dieser läßt sich z. B. bei Altbauten und/oder unbeheizten Kellern durch Dämmplatten unter der Kellerdecke ergänzen oder verbessern (8.2).

**Rohrleitungen werden nach der Heizungsanlagenverordnung isoliert**

## 9. Rohrisolierung

Immer noch verlaufen viele Warmwasserleitungen ungedämmt durch unbeheizte Keller. Die Durchmesser der Dämmschalen (d), die es für diesen Zweck aus Kunststoff oder Mineralwolle gibt, müssen nach der Heizungsanlagenverordnung abhängig vom Rohrdurchmesser gewählt werden: Rohr bis 30 mm: d = 30, Rohr von 30 bis 100 mm: d = identisch mit Rohrdurchmesser, Rohre über 100 mm: d = 100. An Kreuzungspunkten kann jeweils die halbe Dicke gewählt werden.

**Moderne Fenster können auch Gewinne verbuchen**

## 10. Fenster

Isolierverglasung mit k-Werten von 3,0 W/m²K ist heute nicht mehr zeitgemäß. Die WSVO fordert beim Einbau neuer Fenster Wärmeschutzverglasung mit einem k-Wert von 1,8 W/mK. Angeboten werden aber bereits Verglasungen mit k-Werten von 1,1 bzw. auch 0,4 W/mK). Da die WSVO das Fenster nicht nur als Wärmeverlust-Bauteil ansieht, sondern auch die Energiegewinne durch die Sonne berücksichtigt, gibt es nun als zweite wichtige Kenngröße neben dem k-Wert auch den g-Wert. Er beschreibt den Gesamtenergiedurchlaßgrad der Sonneneinstrahlung in %.

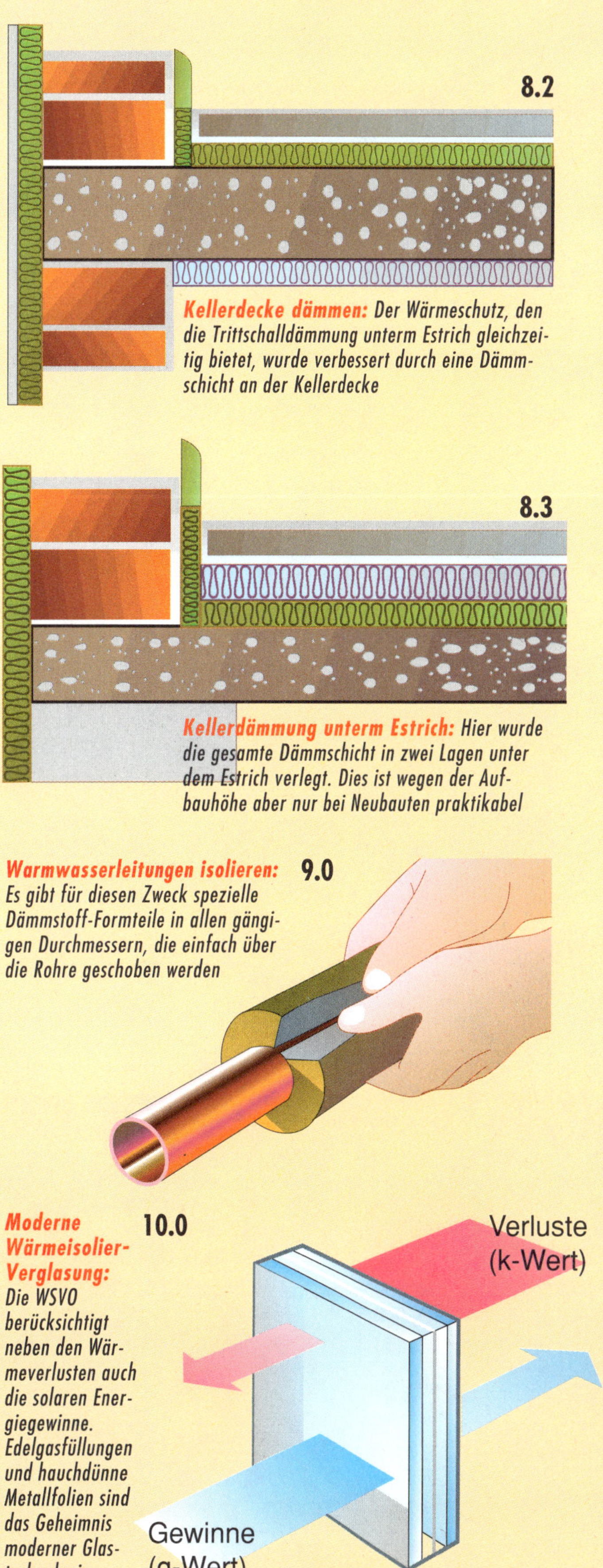


*Kellerdecke dämmen:* Der Wärmeschutz, den die Trittschalldämmung unterm Estrich gleichzeitig bietet, wurde verbessert durch eine Dämmschicht an der Kellerdecke

*Kellerdämmung unterm Estrich:* Hier wurde die gesamte Dämmschicht in zwei Lagen unter dem Estrich verlegt. Dies ist wegen der Aufbauhöhe aber nur bei Neubauten praktikabel

*Warmwasserleitungen isolieren:* Es gibt für diesen Zweck spezielle Dämmstoff-Formteile in allen gängigen Durchmessern, die einfach über die Rohre geschoben werden

*Moderne Wärmeisolier-Verglasung:* Die WSVO berücksichtigt neben den Wärmeverlusten auch die solaren Energiegewinne. Edelgasfüllungen und hauchdünne Metallfolien sind das Geheimnis moderner Glastechnologie

8
7
3
6
5
4
3
2
1
1

# Dämmstoffe

***Die meiste Energie verlieren private Haushalte in Form von Heizwärme. Diese Verluste fügen dem Klima, aber auch Ihrem Geldbeutel Schaden zu***

Dämmstoffe erfüllen eine wichtige Funktion: Durch Senkung der Wärmeverluste wird weniger Energie verbraucht, in der Folge fallen geringere Mengen des Treibhausgases $CO_2$ an. Entscheidend für die Wirksamkeit von Dämmstoffen sind Werte wie Wärmeleitfähigkeit (WLF – sollte gering sein), Dampfdiffusionswiderstand (DW – je niedriger, desto besser) und das Brandverhalten. Wir zeigen die wichtigsten Typen und erläutern ihre Qualitäten.

1 ***Korkschrot** (Cortex; Henjes) aus Rinde; WLF: mittel; DW: gering; normal entflammbar; chemisch neutral, verrottungsfest; feinststaubfrei; jedoch geruchsintensiv*

2 ***Blähton** (Fibo Ex-Clay; Liapor) aus Tonkugeln; WLF: relativ hoch; DW: gering; unbrennbar; feuchtigkeitshemmend; raumklimatisierend*

3 ***Holzfaserplatten** (Dobry; Pavatex) aus einheimischen Weichhölzern und Naturharzen; WLF: mittel bis relativ hoch; DW: gering; normal entflammbar*

4 ***Polystyrol-Platte** (G+H) aus Erdöl; WLF: gering; DW: hoch; schwer entflammbar; meist FCKW-frei; unverrottbar*

5 ***Holzwolle-Leichtbauplatte** (Heraklith) aus Holz und Magnesit bzw. Zement; WLF: relativ hoch; DW: gering; schwer entflammbar*

6 ***Korkplatte** (KWG) aus Rinde und eigenen Harzen; WLF: mittel; DW: gering bis hoch; normal entflammbar;*

7 ***Styroporplatte** mit Holzwolle-Deckschichten (Heraklith); WLF: mittel; DW: hoch; feuchtigkeitsresistent; schwer entflammbar; verrottungsfest*

8 ***Zellulose-Platte** (Homatherm) aus Zeitungspapier, Jute und Borsalzen; WLF: mittel; DW: gering; normal entflammbar*

9 ***Baumwolle-Matte** (Isocotton); WLF: mittel; DW: gering; feuchtigkeitsausgleichend; normal entflammbar; mottensicher*

10 ***Kokosfaser-Matten** (Emfa) aus Kokosnuß-Fasern und Ammoniumsulfat; WLF: gering; DW: gering; normal entflammbar*

11 ***Schafwolle-Matten** (DoschaWolle; Isolan) z. T. mit Borsalzen, WLF: gering; DW: gering; normal entflammbar; mottenfest*

12 ***Glaswolle-Matten** (G + H) u. a. aus Altglas und Kunstharzen; WLF: gering; DW: gering; unbrennbar*

13 ***Steinwolle-Matte** (Rockwool) u. a. aus Gestein und Phenolharz; WLF: gering; DW: gering; unbrennbar; Krebsgefährdung durch Fasern nicht bewiesen (wie 12)*

14 ***Zellulose-Flocken** (Isofloc; Intercel) aus Zeitungspapier und Borsalz; WLF: mittel; DW: gering; normal entflammbar*

15 ***Perlite** (Isoself, Hyperlite) aus vulkanischem Gestein und Kunstharzen; WLF: mittel bis rel. hoch; DW: gering; unbrennbar*

*Hier stimmt das Klima. In unserem hellen Dachatelier muß man sich einfach wohlfühlen*

Wärmedämmung einbauen

# Schichtarbeit zahlt sich aus

*Den Grundstein für ein ausgeglichenes Wohnklima unterm Dach legen Sie mit dem Einbau der Wärmedämmung. Dabei gibt es so einiges zu beachten – unter anderem die 3. Wärmeschutzverordnung*

Um ein besseres Klima in deutschen Dachwohnungen ging es dem Gesetzgeber allerdings nicht, als er vor zwei Jahren eine Verbesserung des baulichen Wärmeschutzes verordnete. Seit die Wissenschaft einen Zusammenhang zwischen dem Treibhauseffekt durch Anstieg der Kohlendioxid-Emissionen ($CO_2$) und den globalen Klimaverschiebungen vermutet, ist das Thema Wärmeschutz auch ein politisches geworden. Wären alle Häuser auf dem Stand der seit dem 1. 1. 1995 geltenden 3. Wärmeschutzverordnung (WSVO), könnten von den 360 Mio. Tonnen $CO_2$, die Gebäudeheizungen hierzulande jährlich ausstoßen, 240 Mio. eingespart werden. Wollte man eine solche Reduzierung auf dem Verkehrssektor erreichen, müßte man allen Fahrzeugen mit Verbrennungsmotoren 16 Monate lang Fahrverbot verordnen. Nach der WSVO dürfen nur noch Häuser mit einem jährlichen Heizenergiebedarf von maximal 100 kWh pro Quadratmeter beheizter Wohnfläche gebaut werden. Das entspricht etwa 10 l

## Unser Dachaufbau im Querschnitt

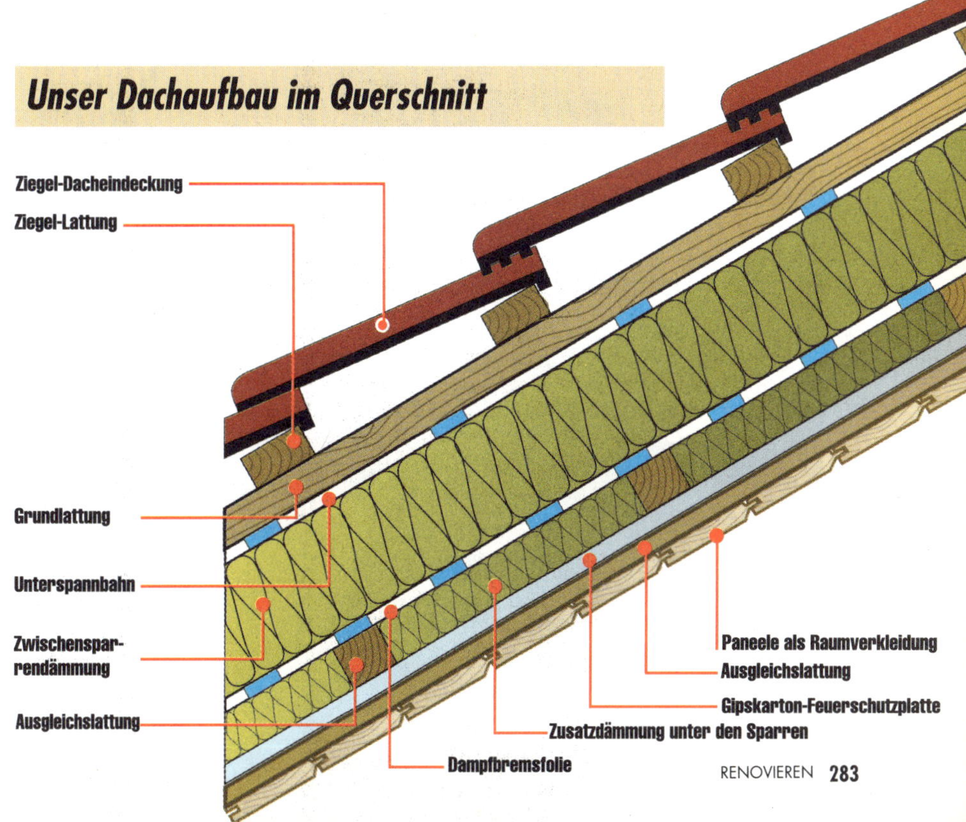

# Zwischen den Sparren wird kein Raum verschenkt

Heizöl oder 10 m³ Erdgas. Zum Vergleich: Der durchschnittliche Jahresheizenergieverbrauch liegt heute in den alten Bundesländern bei etwa 220, in den neuen Ländern bei 280 kWh/m².

Die größte Heizkosten-Einsparungen erreicht man, wenn die Wärmeverluste eines Hauses so gering wie möglich gehalten werden. Das war auch die Devise bei unserem Dachausbau. Für das Einfamilienhaus mit Porenbeton-Massivdach bis zur oberen Geschoßdecke besaß die 3. WSVO bereits Gültigkeit. Das Sparrendach über dem Spitzboden brauchte nach dem sogenannten Bauteilverfahren (siehe Kasten S. 287) mindestens einen k-Wert von 0,22 W/(m²K).

Der k-Wert drückt den Wärmeverlust eines Bauteils in Watt aus. Er gibt die

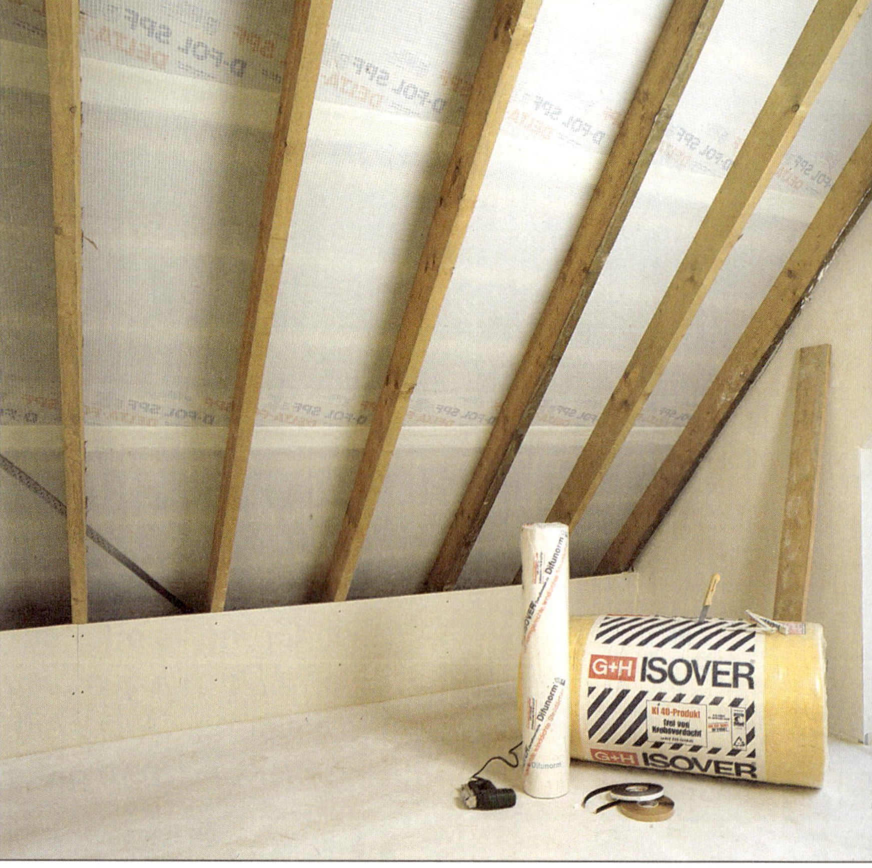


*Das Material steht bereit: der gerollt verpackte Glaswolle-Klemmfilz Isophen und die Dampfbremsfolie Difunorm mit den passenden Klebe- und Dichtbändern. Die Folie dient gleichzeitig als Windsperre*

## Zwischensparrendämmung

**1** *Die Glaswolle läßt sich mit einem scharfen Messer gut von Rolle abschneiden, wenn man sie mit einer Latte entlang der Schnittkante ...*

**2** *... zusammendrückt. Noch besser trennt ein elektrisches Küchenmesser. Hinter der Drempelwand erhielt auch der Boden eine Dämmung*

**3** *Dann drückt man Platte für Platte eng aneinander zwischen die Sparren. Durch die Klemmzugabe von 1 cm in der Breite halten sie ohne ...*

**4** *... weitere Hilfsmittel. Auch in kleinere Restgefache und Spalten läßt sich das elastische Dämmaterial problemlos einpassen*

### Ohne Verschnitt dämmen

Beim Zuschnitt der Glaswollematten bleibt am Ende einer Rolle in der Regel stets ein Rest übrig, der schmaler ist als die Gefach-Breite. Diese Stücke sollten Sie nicht in den Müll werfen, denn Sie können sie problemlos mit einem entsprechend abgemessenen Anfangsstück der neuen Rolle verbinden. Aufgrund der guten Materialverfilzung an den Rändern fügen sich die beiden Stücke im Gefach zu einer lückenlosen, wärmebrückenfreien Dämmplatte zusammen.

*So einfach läßt sich Müll vermeiden: Legen Sie das Reststück einer Rolle dicht an den Anfang der neuen. Über beide Stücke hinweg trägt man dann die Gefachbreite plus einer etwas größeren Klemmzugabe (ca. 2 cm) ab. Die Teile gleichzeitig zwischen die Sparren drücken. Sie verfilzen so gut, daß man die ‚Flickstelle' später kaum wiederfinden kann*

# Die Dampfbremsfolie dichtet auch gegen Luftzug ab

Wärmemenge an, die durch ein Bauteil von 1 m² Fläche und einer bestimmten Dicke bei einem Temperaturunterschied von 1 °Kelvin (≈1 °C) hindurchwandert. Je besser gedämmt ein Bauteil ist, desto kleiner ist der k-Wert.

Die Sparren über unserem Spitzboden waren mit einer Tiefe von 180 mm schon recht gut dimensioniert. Trotzdem reichten diese Querschnitte nicht ganz, um mit voll gedämmten Gefachen das Geforderte zu erreichen – zumal unser Bauherr lieber über als unter das Niveau der WSVO gehen wollte. So entschied er sich für eine zusätzliche, 50 mm dicke Dämmschicht unter den Sparren und erreichte mit einem k-Wert von 0,16 W/(m²K) einen Wärmeschutzstandard, den normalerweise nur Niedrigenergiehäuser mit Heizenergiewerten unter 50 kWh vorweisen können. Durch die Verwendung von nicht brennbarer und gut schalldämmender Glaswolle als Wärmedämmstoff und einer 12,5 mm dicken Gipskarton-Feuerschutzplatte unter der Innenverkleidung verbesserte er gleichzeitig den Schall- und Brandschutz. Unser Sparrendach (Zeichnung S. 283) dämmt Außenlärm genausogut wie eine beidseitig verputzte, 24 cm dicke Kalksandsteinwand (52 dB). Die kombinierte Zwischen- und Untersparrendämmung ist auch eine ideale Lösung für den Dachausbau in bestehenden Häusern. Denn auch hier verlangt die WSVO einen verbesserten Wärmeschutz – der bei üblichen Balkenquerschnitten bis maximal 160 mm zwischen den Sparren nicht zu realisieren ist. Mit dem von uns verarbeiteten Dämmsystem kann der

## Dampfbremsfolie verlegen

1 Die Dampfbremsfolie kann entweder in Längs- oder in Querrichtung an die Sparren getackert werden. Achten Sie aber in jedem Fall darauf, daß die Bahnen etwa 10 cm überlappen, ...

2 ... damit Sie sie spannungsfrei mit dem zum System gehörenden doppelseitigen Klebeband verbinden können. Auch zur ...

3 ... Giebelwand hin muß die Folie überlappen. Hier wird der winddichte Abschluß mit einem komprimierten, selbstklebenden Dichtband ...

4 ... hergestellt. Da dieses jedoch auf unserem Untergrund die ‚Haftung' verweigerte, mußten wir mit dem Tacker ein wenig nachhelfen

5 Dann wurde die überhängende Folie mit einer Dachlatte geradegezogen und zusammen mit dieser in der Giebelwand verschraubt

### Bei Altbaudämmung zahlt Vater Staat mit

Wenn Sie ein Haus besitzen, dessen Bauantrag vor dem Inkrafttreten der 1. Wärmeschutzverordnung (1.11.77) gestellt wurde, sollten Sie es jetzt wärmetechnisch auf den neuesten Stand bringen. Denn zur Zeit unterstützt der Staat über die Kreditanstalt für Wiederaufbau (KfW) im Rahmen des „Programms zur $CO_2$-Minderung" eine Verbesserung der Dämmung an der Gebäudeaußenhülle, also an Dach, Außenwand und Keller. Ebenfalls gefördert werden der Einbau von Fenstern mit Wärmeschutzverglasung und der Austausch von mehr als 10 Jahre alten Heizkesseln gegen energiesparende Brennwerttechnik. Die Förderung erfolgt in Form zinsgünstiger Kredite (Zinssatz 5,75% für die ersten 10 Jahre, effektiv: 5,88% p.a.) bei drei tilgungsfreien Anlaufjahren. Maximale Kredit-Laufzeit: 15 Jahre. Das Programm gilt nur in den alten Bundesländern. In den neuen Ländern gibt es jedoch eine vergleichbare Förderung durch das sog. KfW-Wohnraum-Modernisierungsprogramm. Antragsformulare für beide KfW-Programme gibt es bei Banken und Sparkassen.

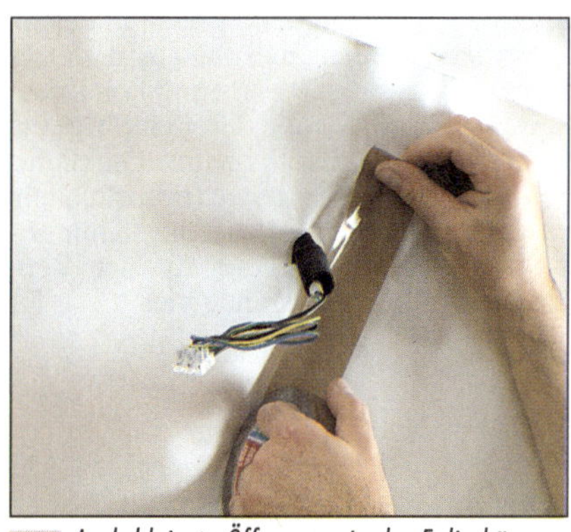

6 Auch kleinste Öffnungen in der Folie können später zu Luftzirkulationen führen und müssen mit Klebeband dichtgemacht werden

# Unter den Sparren folgt eine zweite Dämmschicht

Raum zwischen den Sparren komplett für die Dämmung genutzt werden. Eine Hinterlüftung ist bei den heutigen Dächern mit Schalungen oder den gängigen diffusionsoffenen Unterspannbahnen nicht nötig. Auch wenn weder das eine noch das andere vorhanden ist, kann voll gedämmt werden – allerdings unter der Voraussetzung, daß die Dachschrägen die sog. regensichere Regelneigung aufweisen. Sie ist je nach Deckung unterschiedlich. Auskunft erteilt der Dachdecker. Für künftige Bauherrn dürfte die Volldämmung auch aus einem weiteren Grund interessant sein: Wenn sie mit mineralischen Faserdämmstoffen, also Glas- oder Steinwolle, ausgeführt ist, braucht der Dachstuhl keinen chemischen Holzschutz (lt. DIN 68 800 vom Mai 96).

Die wichtigte Voraussetzung für ein funktionstüchtiges gedämmtes Dach ist die Winddichtigkeit – egal, ob voll gedämmt oder hinterlüftet. Durch Luftströme in der Konstruktion infolge offener Fugen kann nämlich mehr als 10 000mal soviel Feuchtigkeit aus dem Rauminnern ins Dach gelangen, als dies durch Wasserdampfdiffusion überhaupt möglich wäre. Winddichtigkeit stellt man an der Raumseite her – bei unserem System mit der Dampfbremsfolie und den dazugehörigen Klebe- und Dichtbändern (Fotos S. 285). Unter der Dampfbremse verlegt man dann die zweite Dämmlage quer zu den Sparren in einer Ausgleichslattung. Beträgt ihr Anteil an der Gesamtdämmschicht allerdings mehr als 40 Prozent, muß die Dampfbremse unter der Zusatzdämmung verlegt werden. Bei uns lag sie durch die 180 mm dicke Mineralwolleschicht zwischen den Sparren in einem so warmen Bereich, daß Tauwasser durch Dampfdiffusion dort nicht anfallen kann. Apropos Mineralwolle: Greifen Sie beim Kauf auf gesundheitlich unbedenkliche Produkte mit verbesserter Biolöslichkeit zurück – für die bei unserem Dämmsystem die Angabe KI 40 auf der Verpackungsfolie die Garantie bietet. □

Kontakte:
Dämmsystem Isophen+Difunorm, Isophen Plus:
G+H Isover, PF, 67005 Ludwigshafen, ✆ 0621/501-0
Gipskarton-Feuerschutzplatten:
Gebr. Knauf, Postfach 10, 97346 Iphofen, ✆ 09323/31-0

## Untersparrendämmung

**1** *Nachdem wir die Dampfbremsfolie sorgfältig verlegt hatten, erfolgte das Anbringen der 40-x-60-mm-Latten für die Zusatzdämmung*

**2** *Auch der spezielle Untersparrendämmstoff wird auf der Rolle geliefert und mit geringem Übermaß zwischen die Dachlatten geklemmt*

### Die schnelle Alternative:

# Ausbau mit Metallprofilen

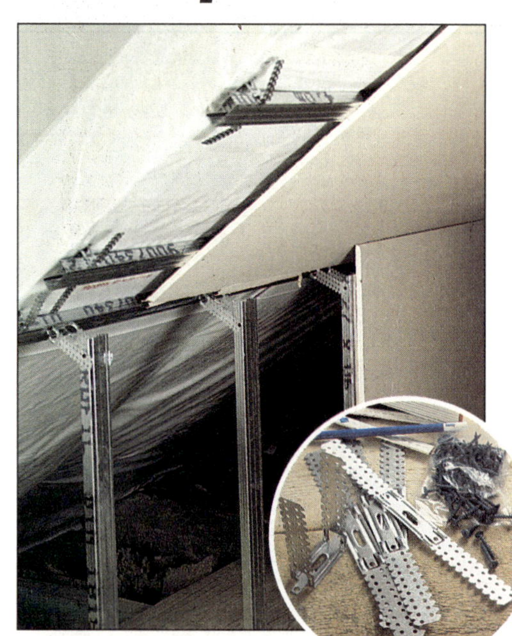

Anstelle der üblichen Dachlatten-Unterkonstruktion für die Beplankung können Sie auch Metallprofile verwenden. Mit Hilfe von gelochten Direktabhängern (s. Foto unten) aus verzinktem Blech und CW-Profilen kann z. B. eine Gipskarton-Verkleidung leichter und schneller ausgerichtet werden, wenn die Sparren nicht exakt fluchten. Man verschraubt die Direktabhänger mit den Dachbalken, biegt die Enden U-förmig um und schiebt die Untersparren-Dämmplatten – in diesem Fall eine 30 mm dicke, vlieskaschierte Steinwolleplatte – dicht aneinanderstoßend darüber. Die CW-Elemente werden dann zunächst mit Splinten grob zwischen den gelochten Laschen fixiert. So kann man mit der Alulatte ihre Flucht kontrollieren und gegebenenfalls durch Umstecken der Splinte korrigieren. Wenn die Unterkonstruktion exakt ausgerichtet ist, werden die Metallprofile seitlich mit Schnellbauschrauben befestigt.

Kontakte:
Direktabhänger, CW-Profile: Gebr. Knauf (siehe Kasten links); Formrock-Steinwolleplatte: Deutsche Rockwool, Karl-Schneider-Straße 14-18, 45966 Gladbeck., ✆ 02043/408-0;
Polystyrol-Dämmung: IVH Industrieverband Hartschaum, Kurpfalzring 100a, 69123 Heidelberg, ✆ 06221/776071

**3** *Unter der Zusatzdämmung war keine zweite Dampfbremsfolie erforderlich. Wir konnten gleich mit dem Verlegen der Gipskarton-Feuerschutzplatten beginnen, die mit phosphatierten-Schnellbauschrauben quer zur Unterkonstruktion an den Latten befestigt wurden*

## Was fordert die 3. WSVO?

Die 3. Wärmeschutzverordnung ist eigentlich eine Energiesparverordnung. Bei größeren Gebäuden fordert sie nicht mehr – wie bisher – k-Werte für Bauteile, sondern einen bestimmten Heizenergiebedarf. Je nach Verhältnis von Gebäudevolumen zur Fläche der Außenbauteile darf er jährlich zwischen 57 und 100 kWh/m² liegen. Diese Größe ermittelt der Architekt mit einem Rechenverfahren, bei dem Wärmeverluste durch Außenbauteile und Wärmegewinne – z. B. durch die Sonne bei Südausrichtung der Fenster – wie in einer Bilanz aufgerechnet werden. Nur Ein- oder Zweifamilienhäuser können weiter nach dem bisherigen sog. Bauteilverfahren geplant werden, das k-Werte für Dach, Außenwände, Keller und Fenster vorgibt. Hiernach muß im Dach ein k-Wert von 0,22 W/(m²K) eingehalten werden. Das erfordert zwischen den Sparren eine 220 mm (Dämmstoff der Wärmleitfähigkeitsgruppe WLG 040) bzw. 200 mm (WLG 035) dicke Dämmschicht. Bei kombinierter Zwischen- und Untersparrendämmung fällt die Gesamtdicke etwas niedriger aus, weil die Holzsparren, die Wärmbrücken in einem gedämmten Gefach darstellen, ebenfalls gedämmt sind. Im Altbau tritt die WSVO bei Instandsetzungen in Kraft. Wenn z. B. mehr als 20% des Daches neu gedeckt werden, muß auch gedämmt werden. Der k-Wert beträgt dann 0,30 W/(m²K) und wird mit einer 140 mm-Dämmung (WLG 035) zwischen den Sparren erfüllt. Wenn Sie allerdings mehr als 10 m² eines Dachstuhls zu beheiztem Wohnraum ausbauen, gelten immer die Neubau-Anforderungen.

*Wenn die Dampfbremsfolie verlegt ist, befestigt man die Direktabhänger mit Schnellbauschrauben Reihe für Reihe an den Dachsparren*

*Die Zusatz-Dämmschicht, in diesem Fall vlieskaschierte Steinwollplatten, schiebt man einfach über die abgewinkelten gelochten Metall-Laschen*

*Wenn die Flucht der Unterkonstruktion stimmt, verschraubt man die Profile seitlich mit den Abhängern. Die Schnellbauschrauben, die man ...*

*... dazu verwendet, dienen auch zur Befestigung der Gipskartonbeplankung. Die Plattenstöße werden dann abschließend mit Gips verspachtelt*

**Auch so geht's**

# Dämmen mit Polystyrol

Eine kombinierte Zwischen- und Untersparrendämmung läßt sich auch mit Polystyroldämmstoffen realisieren, landläufig auch Styropor genannt. Das fugendichte Anpassen an die Sparren geht allerdings nicht ganz so flott von der Hand. Neben rechteckigen und keilförmigen Platten gibt es auch Nut- und Federelemente, die ein wärmebrückenfreies Aneinanderfügen von Verschnittstücken im Gefach ermöglichen. Die mit leichtem Übermaß zugeschnittenen Platten fixiert man mit Kleber zwischen den Sparren. Wenn Sie als Zusatzdämmung unter den Sparren Gipskarton-Verbundplatten verwenden und diese später an allen Anschlüssen fugendicht verspachteln, brauchen Sie keine weitere Windsperre. Unter Holzverkleidungen empfehlen die Hersteller als Windsperre eine PE-Folie.

1

2

*Für die Dämmung zwischen den Sparren gibt es spezielle Nut- und Feder-Dämmplatten. Fugen an ungeraden Sparren müssen mit Montageschaum abgedichtet werden*

## Paneel-Verkleidung unter dem Dach

# Saubere Schräglage

*Es ist nicht ganz einfach, beim Verlegen der Paneel-Verkleidung an langen Dachschrägen eine exakte Flucht einzuhalten. Voraussetzung hierfür ist eine perfekt ausgerichtete Unterkonstruktion*

Erst in vier Metern Höhe treffen die Schrägen in unserer Dachgeschoßwohnung am First zusammen – ohne durch eine Kehlbalkenkonstruktion unterbrochen zu werden. Unsere weißfurnierten Paneele über eine Schrägenlänge von fast sechs Metern zu einer absolut ebenen Verkleidungsfläche zusammenzustecken, würde also nicht ganz einfach werden. Denn bei Flächen dieser Größenordnung kann die Verkleidung leicht aus der Flucht laufen. Auch die exakte Ausrichtung der ersten Paneelreihen wurde durch das Über-Kopf-Arbeiten in luftiger Höhe erschwert. Beim Verlegen der Unterkonstruktion sollten eine Richtlatte und eine Wasserwaage deshalb ständig griffbereit sein.

Zunächst verschraubt man die waagerechten Grundlatten im Abstand von etwa 60 cm. Unmittelbar unter und über Fenstern und Gauben sollten Sie zusätzlich eine Latte verschrauben, damit eventuell erforderliche Paßstücke hier später Halt finden. Den Grundstein für die exakte Flucht der Verkleidung in der Schräge legen Sie mit der dann folgenden, vertikal zu den Grundleisten verlegten Traglattung. Abweichungen

*Die weißen Dachschrägen lassen den Raum größer erscheinen, weil sie sowohl künstliches als auch das einfallende Tageslicht sehr viel besser reflektieren als etwa Naturholztöne*

## Die Unterkonstruktion:

**1** *Unmittelbar unter dem aluminiumkaschierten Dämmaterial wird zunächst die Grundlattung mit den Dachsparren verschraubt. Sie dient …*

**2** *… als Gerüst für die vertikalen Trägerleisten. Prüfen Sie mit einer Richtlatte, ob die Flucht der Traglattung stimmt. Abweichungen …*

**3** *… müssen mit Distanzscheiben ausgeglichen werden. Man kann die eingeschlitzten Scheiben einfach über die Schrauben clipsen*

**4** *Die Trägerleisten verbindet man mit kurzen Holzlatten. So bleibt die Lattung in der Flucht, und es fällt kaum Verschnitt an*

Paneele und Regal: Parador, 48653 Coesfeld, Bettwäsche: Descamps, 77676 Kehl-Sundheim

korrigiert man – wie auf Bild 3 gezeigt – mit Hilfe von Unterlegscheiben. Durch Aufdoppeln der Firstlaschen haben wir nicht nur den erforderlichen geraden Verlege-Untergrund für die Deckenverkleidung hergestellt. Die trapezförmigen Schalbretter wurden so zugeschnitten, daß ihre untere Kantenlänge der Breite von zwei Paneelreihen entsprach. So erhielten wir einen exakten Deckenabschluß ohne Paßstücke. Wenn Sie den Einbau von Halogenstrahlern an der Decke planen, sollten Sie die Aussparungen dafür schon vor dem Verlegen mit der Lochsäge zuschneiden. Als Befestigung für die Deckenelemente wurden Paneelklammern an die Firstlaschen genagelt. An den Längsseiten, die an die Schräge grenzen, haben wir die obere Nutwange im 45°-Winkel weggeschnitten, so daß die Paneele dicht an den Trägerlatten anliegen. Mit kleinen Nägeln fixiert man sie zusätzlich seitlich an der Traglattung. Die erste Paneelreihe an der Dachschräge setzt man stumpf an die Decken-

**Ein sauberer Start**

Durch das Aufdoppeln der Firstlaschen erhält man eine gerade Decke ohne Paßstücke. Die trapezförmig zugeschnittenen Schalbretter werden so ausgerichtet und mit den Firstlaschen verschraubt, daß ihre unteren Kantenlängen auf einer Ebene liegen. Gleichzeitig sollte die untere Kante so lang sein, daß eine gerade Anzahl von Paneelen ohne Zuschnitte verlegt werden kann. Berücksichtigen Sie bei der Planung den Platz für die losen Federn.

**5** *Um eine gleiche Flucht an der Deckenunterkonstruktion zu erhalten, werden die Firstlaschen mit Schalbrettern aufgedoppelt*

**6** *Bei diesem Arbeitsgang muß man die Flucht der Unterkonstruktion immer wieder mit Hilfe von Richtlatte und Wasserwaage kontrollieren*

## Paneele verlegen

**7** *Dann werden die Deckenpaneele mit den zuvor ausgesägten Aussparungen für die Halogenstrahler an der Unterkonstruktion befestigt*

**8** *Verlegen Sie weiter von oben nach unten. Lose Federn dienen als Verbindungselemente zwischen den Paneelbrettern. Diese sind ...*

**11** *Die Paßstücke müssen so breit sein, daß man sie an zwei Punkten der Unterkonstruktion befestigen kann. Dehnungsfuge zur Wand ...*

**12** *... einhalten. Unsere Dachfenster hatten eine werkseitig eingefräste Nut, in die das zugeschnittene Paneel einfach eingeschoben wurde*

## Das Befestigungssystem

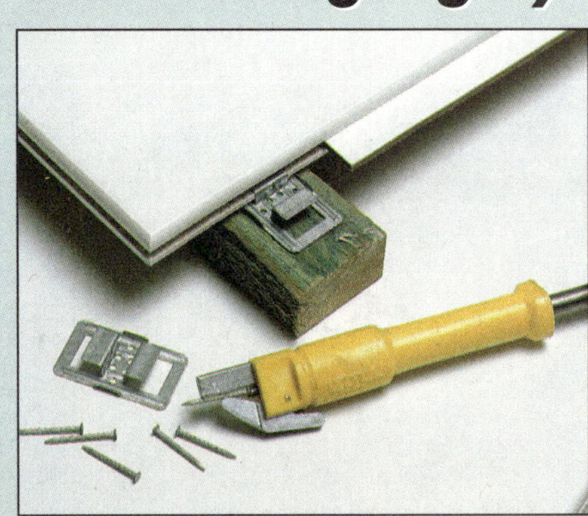

Paneele mit umlaufender Nut können Sie mit diesen Paneelklammern schnell und sicher verlegen. Sie werden mit Nägeln an der Traglattung befestigt. Die Anschlaghilfe mit magnetischer Führung sorgt dafür, daß jeder Nagel auf Anhieb richtig sitzt. Als Verbindungsstücke zwischen den Paneelen dienen lose Federn, die passend auf Stirn- und Längsseiten des Paneels zugeschnitten sind.

## Halogenstrahler mit Trafo

Spezielle Halogenstrahler mit Trafo bieten eine Fülle von Möglichkeiten, die neu ausgebaute Dachgeschoßwohnung ins rechte Licht zu setzen. Der flache Trafo verschwindet einfach hinter der Verkleidung. Mit einer Gesamt-Einbauhöhe von nur 20 cm können diese Halogenstrahler praktisch bei allen Profilholz-, Paneel- und Rigips-Decken eingesetzt werden. Durch das Stecksystem ist auch ein nachträglicher Ein- oder Ausbau der Halogenleuchten ohne Probleme möglich.

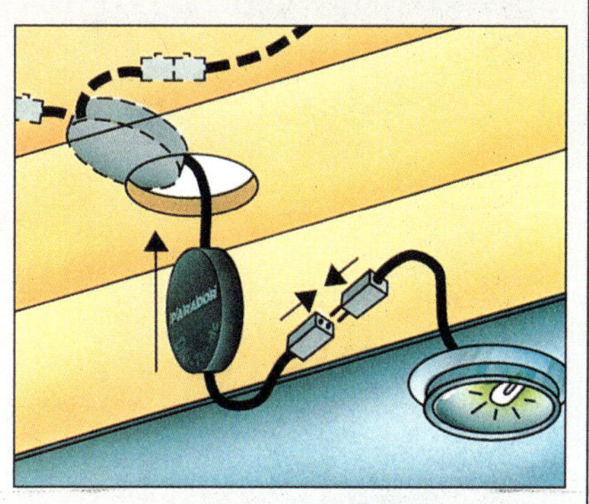

**9** ... mit einer umlaufenden Nut ausgestattet und werden von Klammern gehalten, die wir hier mit Hilfe eines Anschlagstiftes befestigen

**10** Ausschnitte reißt man mit Zollstock und Winkel an und schneidet sie mit der Stichsäge zu. Beim Sägen muß die Dekorseite oben liegen

### Der Abschluß

**13** Weiße Silikonmasse verschließt die Fuge zwischen Verkleidung und Fensterrahmen. Die Außenkante wird mit Winkelleisten abgedeckt

**14** An den Übergängen von Deckenverkleidung zu Giebelwänden bilden Abschlußleisten mit Clipbefestigung einen sauberen Abschluß

verkleidung. Die Fuge wird später mit Silikon nachgezogen. Dann geht's Reihe um Reihe abwärts, bis an Gauben und Fensternischen Zuschnitte erforderlich werden. Berücksichtigen Sie bei Zuschnitten eine Dehnungsfuge von 15 mm. Unser Dachfenster war werkseits bereits mit einer Nut versehen, in der das Paneel mit einer losen Feder sicher am Fensterrahmen befestigt werden konnte. Die gegenüberliegende Längsseite haben wir mit Nägeln befestigt, die im 45°-Winkel durch die Paneelnut eingeschlagen wurden. Die Stöße an der Außenkante verschwanden unter einer Winkelleiste. Saubere Übergänge zu den Giebelwänden haben wir abschließend mit weiß furnierten Leisten geschaffen, die mit Clips befestigt werden. □

## Die Höhe des Kniestocks

So braucht man keine Paßstücke für den unteren Abschluß: Die Verkleidung wurde so weit verlegt, daß genau ein Paneel den Kniestock bildet. Es wird an den rechtwinklig verschraubten Kanthölzern befestigt. Die obere Paneel-Kante haben wir – wie an der Decke – im 45°-Winkel hinterschnitten. Nach dem gleichen Bauprinzip können Sie den Kniestock auch zwei oder drei Paneel-Breiten höher ziehen. Dann haben Sie die Möglichkeit, eine Tür einzubauen und den Drempel als Stauraum zu nutzen. Bedenken Sie aber, daß eine höhere Abseitenwand auch eine Verkleinerung der Grundfläche zur Folge hat.

## Abschlußleisten

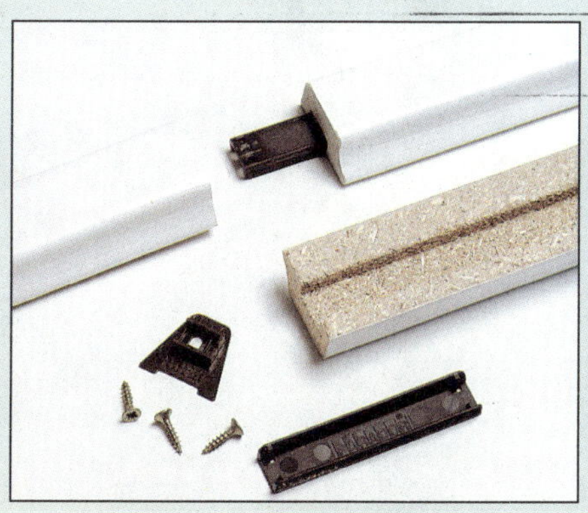

Passend zum Paneeldekor gibt es Abschlußleisten mit Clipbefestigung. Die Clips werden im Abstand von ca. 50 cm bündig zur Wand im Paneel verschraubt, die Kunststoffschiene in die Nut der Leiste eingeschoben. Die Abschlußleiste drückt man dann einfach auf die Clips. Genauso leicht ist sie wieder abzunehmen, z. B. wenn die Giebelwand neu gestrichen oder tapeziert werden muß.

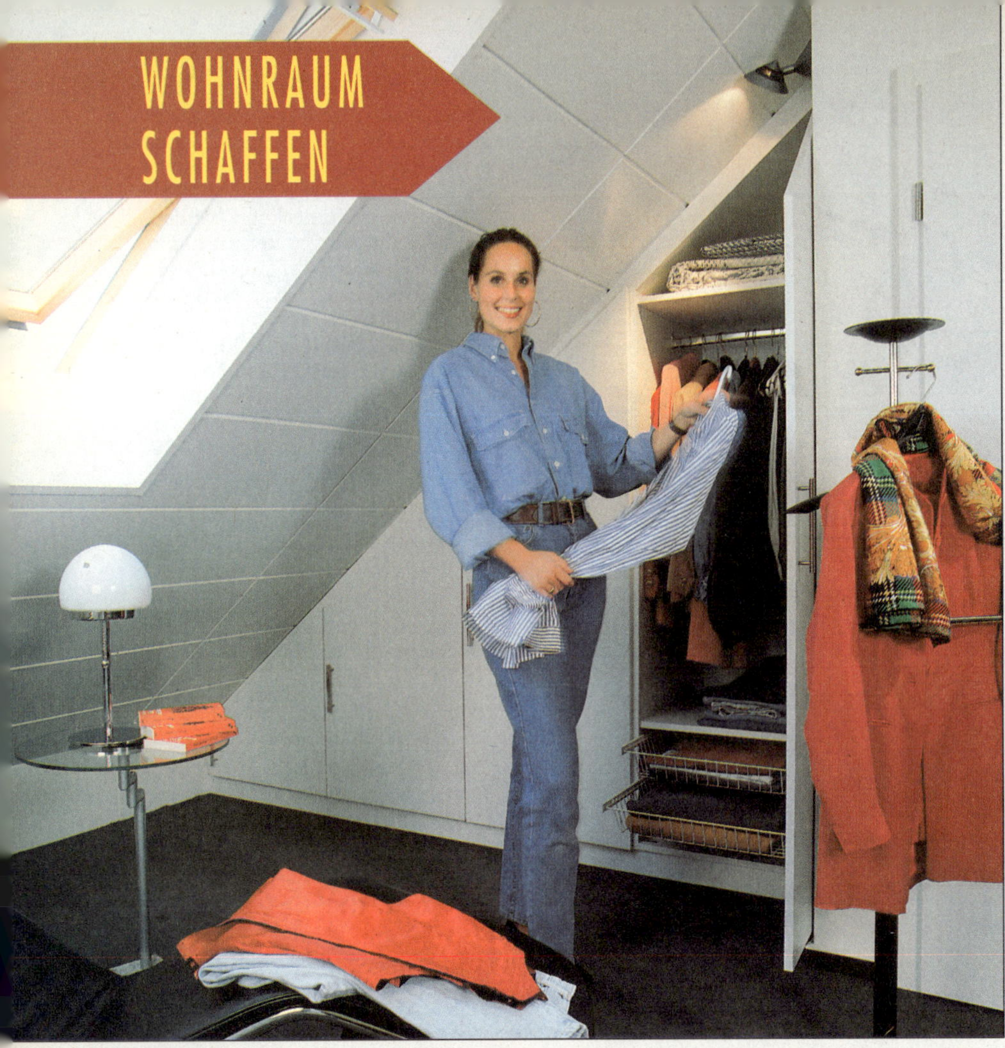

## Korpusteile vorbereiten

**1** An die oberen Kanten der seitlichen Schrankwände wird eine Gehrung geschnitten. Sie entspricht der Dachneigung. Rückwände ...

**2** ... und Schranktüren schrägt man im gleichen Winkel mit der Kombi-Kreissäge ab, allerdings mit rechtwinkligem Kantenverlauf

### Schrank für die Schräge

# Winkel-Funktion

Einen Kleiderschrank ‚von der Stange' in unserem Dachatelier unterzubringen, wäre der Quadratur des Kreises nahegekommen. Da gab es nur eine Lösung: Das Möbelstück mußte sich der Geometrie des Raumes beugen.
Eine einfache Lattenkonstruktion – wie unten abgebildet – erleichterte

**3** In die Längsseiten der Seitenwände, in Schrankböden und -decken werden Nuten für die Rückwände aus Hartfasermaterial gefräst

**4** Alle Sägekanten sind mit einem Schleifklotz zu glätten, bevor man den mit Schmelzkleber versehenen Umleimer aufbügelt

**5** Die Verwendung einer speziellen Lochschiene garantiert eine gleichmäßige Anordnung der Bohrlöcher für Regalbretter und Türscharniere

**6** Die Vertiefungen für Topfscharniere und Verbindungsbeschläge haben wir mit einem 35er bzw. 30er Forstner-Bohrer ausgefräst

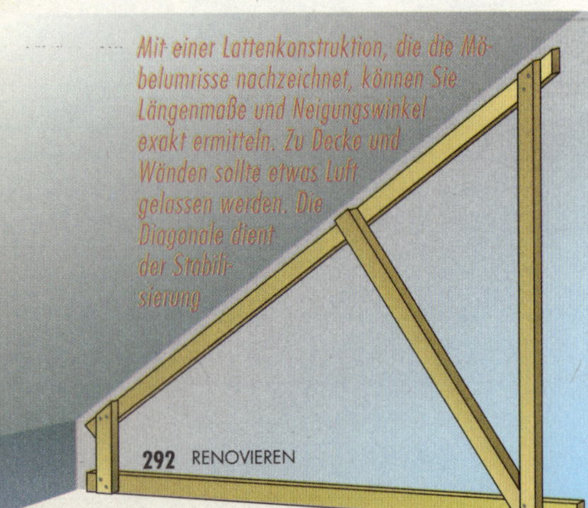

Mit einer Lattenkonstruktion, die die Möbelumrisse nachzeichnet, können Sie Längenmaße und Neigungswinkel exakt ermitteln. Zu Decke und Wänden sollte etwas Luft gelassen werden. Die Diagonale dient der Stabilisierung

*Hinter jeder Tür verbirgt sich ein in sich geschlossener Korpus. Wegen der beengten Platzverhältnisse empfiehlt sich dieses Konstruktionsprinzip bei Einbaumöbeln in Dachschrägen*

**Materialliste:**

| | |
|---|---|
| Esche weiß, 19 mm dick: | Türen, Sockelblende und alle erforderlichen Abschlußleisten zur Decke und zu den Wänden |
| weiß beschichtete Spanplatte, 19 mm dick: | alle Korpusteile und die komplette Sockelkonstruktion |
| weiß beschichtete Hartfaser, 3,2 mm dick: | alle Rückwände |

dazu: Möbelverbinder, Weitwinkelscharniere (170°) mit Feder für vorliegende Türen, Spanplatten-Schrauben, Holzleim; außerdem für das Innenleben (nach Wahl): Einlegeböden (weiß beschichtete Spanplatte), Bodenträger, Drahtkörbe.

## Verbindungsbeschläge:

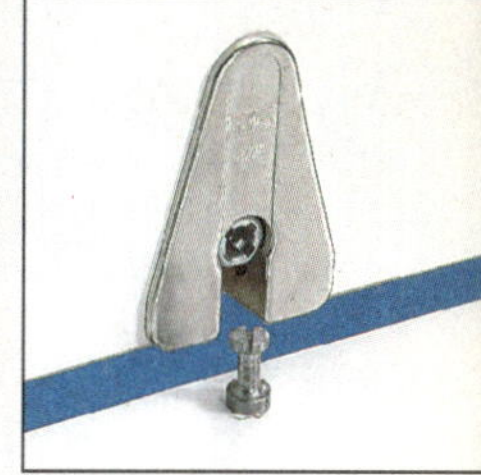

*Die Beschläge verbinden Böden und Seitenwände. Für die Löcher brauchen Sie einen 30-mm-Forstnerbohrer und einen 10-mm-Holzbohrer mit Anschlag*

### Montage

1 *Die mit Schraubzwingen fixierte Blende wird an die Sockelkonstruktion geschraubt, die man vorher waagerecht ausrichten muß*

2 *Die oberen Abdeckplatten verschraubt man schräg mit den Seitenwänden. Dabei sollten die Schraubenköpfe versenkt werden*

3 *Dann richtet man die Korpusse auf dem Sockel aus, fixiert sie mit Kunststoffzwingen und verschraubt sie durch die Seitenwände*

4 *Eine weiß lackierte Winkelleiste dient als Decken- und Wandabschluß. Sie wird von der Innenseite des Schrankes her verschraubt*

*Mit diesen ausziehbaren Körbchen fällt Ordnung halten nicht schwer. Sie laufen auf Schienen, die einfach in den Seitenwänden verschraubt werden*

uns das Maßnehmen in der Schräge. Den Neigungswinkel stellt man mit Hilfe einer Schmiege fest. Mit dem Lattengerüst sollte auch überprüft werden, ob die an einer Stelle ermittelten Maße über die gesamte Tiefe des Schrankes stimmen.

Unsere Schrankwand besteht aus vier getrennten Korpussen. Alle Elemente werden entsprechend den Bildern 1 bis 6 bearbeitet und dann nach dem gleichen Schema zusammengebaut: Die Verbindungsbeschläge an Böden und Seitenteilen zusammenstecken, Rückwände in die Nuten schieben und die Abdeckplatte schräg von oben mit den Seitenwänden verschrauben. Dann werden die Korpusse auf den Sockel gestellt und durch die Seitenwände verschraubt. Damit man später bequem an den Inhalt der Schränke gelangt, haben wir die drei linken Türen an 170°-Weitwinkelscharnieren aufgehängt. Wegen der angrenzenden Wand reichte bei der rechten Tür ein 90°-Scharnier. Eine weiß lackierte Winkelleiste bildete einen sauberen Abschluß zur Schräge. Die verbleibende Fuge kann mit weißem Silikon nachgezogen werden.

Lochschiene: Hettich, 32278 Kirchlengern; Kombi-Kreissäge: Scheppach Maschinenfabrik, 89335 Ichenhausen; Schienenkörbe: Robbi Kunststoffe GmbH & Co, 32130 Enger-Oldinghausen

# Atelier im Siedlungshaus

## So wird der Raum unter dem Steildach optimal genutzt

*Schlafen unter schrägen Wänden. In diesem Bett läßt es sich gemütlich schlummern*

Daß noch jede Menge ungenutzter Wohnraum unter den Dächern deutscher Eigenheime auf den fachgerechten Ausbau wartet, hat sich längst herumgesprochen. Wir zeigen ein Beispiel dafür, wie mit durchdachten Problemlösungen aus dem Spitzboden eines in die Jahre gekommenen Siedlungshauses ein attraktiver Wohnbereich im Atelierstil wurde. Dabei galt es, mehr Licht hereinzulassen, für eine optimale Wärmedämmung zu sorgen, die Schrägen mit Trockensystemen zu verkleiden und bei der Belegung des Bodens vorhandende Unebenheiten auszugleichen.

*So sah es vorher aus: Der 10 x 4 m große Dachraum besaß nur ein Fenster und war nordürftig verschalt*

# Mehr Licht durch Dachfenster

Wenn die baulichen Gegebenheiten und der örtliche Bebauungsplan es zulassen, stellen Dachgauben die ideale Lösung dar, um für Licht und Luft unter den Schrägen zu sorgen. Bei diesem nicht ganz billigen Umbau des Dachstuhls ist der Einbau senkrecht stehender Standard-Fenster möglich. Gleichzeitig vergrößert sich der nutzbare Raum.

Die preiswertere und weniger komplizierte Alternative stellen moderne Dachflächenfenster dar. In unserem Fall durften die zwei vorgesehenen Fenster ohne Baugenehmigung in den Dachschrägen installiert werden. Wie unsere Fotos zeigen, ist der Einbau keine Hexerei. Was hier der Fachmann demonstriert, kann ein geschickter Heimwerker auch problemlos in Eigenleistung vollbringen.

Beachten Sie dabei: Die Einbauhöhe soll bei Dachflächenfenstern mindestens 185 cm, die Brüstungshöhe etwa 80 bis 110 cm betragen.

1 *Um die beiden 1000 mm breiten und 1050 mm hohen Dachflächenfenster einbauen zu können, mußte jeweils ein Dachsparren herausgesägt werden*

2 *Mit zwei quer eingefügten Sparrenauswechselungen und einem senkrechten Paßstück wird die für die Fenstergröße erforderliche Öffnung geschaffen*

3 *Das komplette Fenster wird nun diagonal durch die Sparrenöffnung nach außen gehievt und in der vorgesehenen Position aufgelegt und ausgerichtet*

4 *Nach dem Ausrichten erfolgt eine Funktionsprüfung. Die hier gewählten Panoramafenster von Velux lassen sich wahlweise oben oder in der Mitte kippen*

5 *An der Unterseite des Fensterrahmens wird nun die Bleischürze befestigt, die man über die Dachpfannen legt*

6 *Hier im Detail zu erkennen: Drei Befestigungslaschen an jeder Seite dienen zum Verschrauben des Rahmens mit den Dachsparren*

7 *Nun folgen die seitlichen Abdeckbleche aus Aluminium. Sie sind mit einem Schaumstoffstreifen versehen, auf dem später die Dachpfannen aufliegen*

8 Die seitlich an die Fensterabdeckung heranreichenden Dachziegel haben an der Fensterseite keine Lattenauflage. Ihre Haltenase muß man abschlagen

9 Zusätzlichen Halt bekommen die auf dem Rahmenblech liegenden Ziegel durch Klammern aus verzinktem Draht, die man im Dachdeckerbedarf kauft

Nachdem auch das obere Abdeckblech angefügt ist und alle Dachziegel wieder aufgelegt sind, wird eine letzte Funktionsprüfung durchgeführt. Kippt man den Fensterflügel in der Mitte ab, läßt sich die Außenfläche problemlos reinigen. Ansonsten wird das obere Gelenk benutzt

## Ein Warmdach mit Dämmkeilen

Beim Dämmen der Dachschrägen sollte man die größtmögliche Dämmstoffdicke wählen. Die Sparrenhöhe gibt hier das Maß vor. Bei der häufig gewählten Technik des belüfteten (oder Kalt-)Dachs muß man mindestens 2 cm der Sparrenhöhe für die von der Traufe zum First hindurchstreichende Luft freilasssen. Bei unserem Siedlungshaus mit 160 mm hohen Sparren wären somit 140 mm Dämmung möglich gewesen. Obwohl dies der geltenden Wärmeschutzverordnung entsprochen hätte, entschieden sich die Bauherren für die optimale Nutzung der Sparrenhöhe durch die Warmdachlösung.
Dabei wird der gesamte Zwischenraum mit Dämmstoff gefüllt. Auf die Belüftung kann verzichtet werden. Die Innenseite der Dämmung muß dann allerdings mit einer Spezialfolie absolut winddicht verschlossen werden.

Dämmkeile von 160 mm Dicke werden zwischen die Sparren geklemmt. Eine Grobstaubmaske schützt die Atemwege

2 Durch Verschieben der Dämmkeile läßt sich das Material an jeden Sparrenabstand anpassen

3 Rund um die Kehlbalken der Dachkonstruktion wird ein bituminiertes Kompriband gelegt

4 Auf das Dichtband genagelte Dachlattenabschnitte bilden dann die Unterlage für die Folie

5 Vor dem Antackern der Folie wird ein weiterer Streifen Dichtband auf die Latten geklebt

6 Die erste Bahn der Folie deckt den Bereich der Dachspitze oberhalb der Kehlbalken ab

7 Auf den Dachsparren wird die Spezialfolie in Abständen von 30 bis 40 cm angetackert

8 Wo die Folie beschädigt ist oder überlappt, muß man mit Klebeband sorgfältig abdichten

11 Sind die Latten ausgerichtet, dreht man an jedem Befestigungspunkt eine 60 mm lange selbstschneidende Schraube ein. Die Unterkonstruktion muß schließlich das gesamte Gewicht der Gipskartonbeplankung tragen

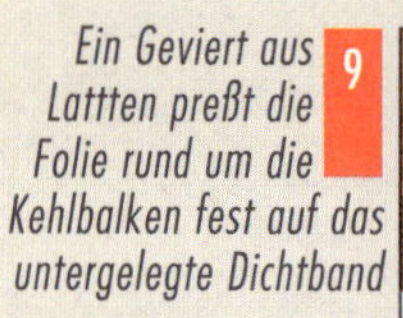

Ein Geviert aus Lattten preßt die Folie rund um die Kehlbalken fest auf das untergelegte Dichtband 9

Nun wird die Unterkonstruktion für die spätere Beplankung der Schrägen angebracht. Mit Abstandhaltern lassen sich geringe Unregelmäßigkeiten der Sparren ausgleichen 10

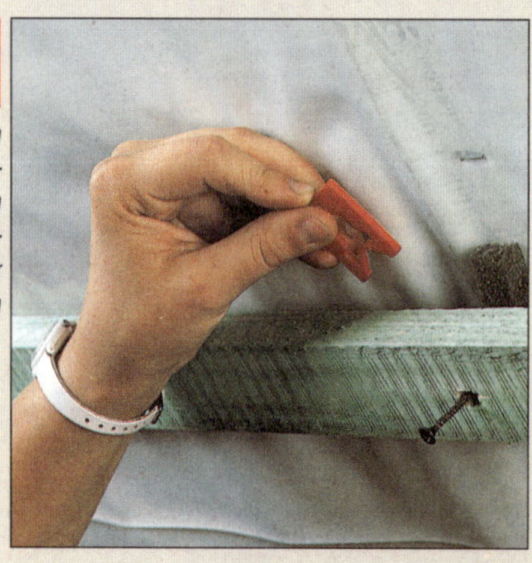

12 Mit einem geraden Brett wird immer wieder überprüft, ob die Latten exakt in einer Ebene liegen. Eventuell muß man einzelne Befestigungspunkte noch einmal lösen und zusätzliche Distanzhalter unterlegen

## Gipskartonplatten befestigen

Die Innenverkleidung stellt den nächsten Schritt nach dem Dämmen und Dichten dar. Sie bildet nicht nur den Untergrund für Tapeten, Putz oder Anstrich, sie soll darüber hinaus ebenfalls zur Wärme- und Schalldämmung beitragen. Ideal sind Gipskartonplatten von 12,5 mm Dicke, die mehr Masse aufweisen als das nur 10 mm dicke Normalformat.
Wählt man dann noch die besonders handliche Größe von 130 x 90 cm, lassen sich die Platten gut durchs Treppenhaus nach oben schaffen und auch allein verarbeiten.
Die Stichsäge ist der ideale Helfer, um Paßstücke zuzuschneiden. Gerade Teile lassen sich nach beidseitigem Anritzen der Platte auch problemlos brechen (s. rechts).
Beim Beplanken der Dachschrägen muß man darauf achten, Kreuzfugen zu vermeiden. Ein Trick, um die Wärme- und Schalldämmung weiter zu verbessern: zwischen Dichtfolie und Gipskartonplatten einfach weitere 20 mm Mineralfaser einschieben. So verlieren die beplankten Wände auch ihren sonst typischen hohlen Klang.
Nach dem Anschrauben der Platten werden die Fugen und Schraublöcher sorgfältig mit Fugenfüller gespachtelt.

1 *Die Lattung ist entsprechend den Plattenmaßen vorbereitet. An den Giebelwänden wurde Dichtband zwischen Folie und Mauerwerk gelegt. Die Dachfensterwangen werden später mit passenden Fertigfuttern verkleidet*

2 *Man richtet die erste Platte aus und befestigt sie mit Schnellbauschrauben an der Lattung*

3 *Den Hohlraum zwischen Gipskartonplatte und Folie kann man mit Dämmplatten ausfüllen*

## Saubere Arbeit: Die Platte ritzen und brechen

*So geht's besonders schnell: Das Paßstück wird angezeichnet und der Karton mit dem Cuttermesser geritzt*

*Einmal nach unten biegen und dann hochziehen. Die Gipskartonplatte bricht mit einer glatten Kante ab*

4 *Die halbrunden Längskanten der Ausbauplatten erlauben ein Verspachteln ohne zusätzlichen Bewehrungsstreifen. Ist die Spachtelmasse durchgehärtet, werden letzte Unebenheiten mit dem Schwinkschleifer beseitigt*

*An den Giebelwänden wurden die Gipskartonplatten mit Kleberbatzen am Mauerwerk befestigt*

# Trockenestrich als Oberboden

Auch der betagte Dielenboden des Dachgeschosses mußte saniert werden. Die Bretter wiesen breite Spalten auf, und die gesamte Holzbalkendecke bedurfte einer zusätzlichen Trittschalldämmung. Ideal für solche Ausbauprobleme ist Trockenestrich, den man auf einer Schüttung verlegt.

Als Rieselschutz wird zunächst Pappe in überlappenden Bahnen ausgelegt. Dann bereitet man an einer Wandseite einen 1 m breiten Streifen der Schüttung vor, den man mit Hilfe der Aluschiene auf die gewünschte Höhe abzieht. Spezialwerkzeuge zum fachgerechten Verarbeiten des Granulats kann man sich bei verschiedenen Baustoffhändlern ausleihen. Auf die abgezogene Schüttung werden Trittschallmatten gelegt. Dann folgen Trockenestrich-Elemente, die man im Falzbereich miteinander verklebt.

1 Bevor es an den Bodenaufbau geht, werden größere Ritzen mit Mineralwolle ausgestopft

2 Die Pappbahnen verhindern, daß Körner der Schüttung zwischen die Dielen fallen

3 Ein Streifen Trockenschüttung im Randbereich wird nun auf die gewünschte Höhe abgezogen

4 Nun wird parallel ein zweiter Streifen des Materials auf die Pappe geschüttet. Die Länge der Aluschiene zum Abziehen bestimmt dabei den Abstand

5 Wieder muß man die Schüttung in der gewünschten Höhe mit der Aluschiene ebnen. Das Werkzeug besitzt an jedem Ende eine Wasserwaagenlibelle

6 Liegen die beiden Grundschienen in der Waage, kann die Abziehschiene aufgesetzt werden

7 Den verbleibenden Zwischenraum füllt man nun mit weiterer Trockenschüttung aus dem Sack

8 Mit der quer aufgelegten Abziehschiene ebnet man nun abschnittweise die Fläche

9 Ist das erste Feld abgezogen, schiebt man die Schienen auf gleichem Niveau weiter

10 Auf der vorbereitetenn Schüttung werden nun 12 mm starke Trittschallmatten ausgelegt

11 Die dann folgenden Trockenestrich-Elemente dürfen die Wände nicht direkt berühren

12 Vor dem Ineinanderschieben der dreilagigen Elemente wird Kleber an die Stöße gegeben

13 Die großformatigen Estrichplatten sind vier Stunden nach dem Verkleben voll belastbar

14 Erforderliche Paßstücke am Ende der Verlegungsreihen werden mit der Stichsäge hergestellt

Vor dem Verlegen des Teppichbodens muß man den Estrich grundieren

## Ausbau-Tricks vom Profi

*Der durch den Dachboden führende Kamin wurde im Zuge des Ausbaus komplet mit Gipskartonplatte verkleidet. Eine zum Knauf-System gehörende Revisionsklappe sitzt vor den Reinigungsöffnungen*

Kapitel 9

# Haustechnik

**Bei der umfassenden Modernisierung lohnt es sich, gleich auch die Haustechnik auf den neuesten Stand zu bringen. Wir zeigen, an welchen Punkten man ansetzen kann – hierzu gehören z. B. Elektroarbeiten, Heizung oder Sicherheitstechnik**

## INHALT

**Selbstbausatz Fußbodenheizung**

# Von Grund auf warm

*Flächenheizungen, die mit niedrigen Vorlauftemperaturen betrieben werden und überwiegend Strahlungswärme abgeben, sind gesund für Mensch und Umwelt. Der bekannteste Vertreter dieser Gattung ist die Fußbodenheizung*

*Die Verlegung muß endlos, also ohne Verbindungsstücke erfolgen*

Während die heute immer noch üblichen Radiatorensysteme mit hohen Temperaturen hauptsächlich heiße Luft erzeugen, die dabei ständig aufgewirbelt und ausgetrocknet wird, gibt die Fußbodenheizung mit ihren niedrigen Oberflächentemperaturen den größten Teil ihrer Energie als Strahlungswärme ab: Die aber erwärmt nicht die Luft, sondern direkt die sie umgebenden Körper. Die Raumluft bleibt angenehm kühl und feucht; die Zirkulation und damit auch die Staubaufwirbelung hält sich in Grenzen (siehe dazu auch unseren Kasten auf Seite 305). Ein weiterer Vorteil für Allergiker: Da die Fußbodenheizung für einen permanent trockenen Boden sorgt, erschwert sie den Hausstaubmilben ihr Dasein beträchtlich. Neben den gesundheitlichen Aspekten ist die Fußbodenheizung dank der niedrigen Vorlauftemperaturen aber auch die ideale Ergänzung zu modernen Heizungsanlagen mit Brennwert- und Solartechnik.

Die interessanteste Komponente der auf diesen Seiten vorgestellten Selbstbau-Anlage ist das diffusionsdichte Kunststoff-Aluminium-Verbundrohr (vgl. dazu Kasten S. 304). Es bürgt zusammen mit den durchweg verchromten Messing-Verbindungen für eine hohe Lebensdauer

**Dämmen**

**1** *Vor dem Verlegen müssen Sie die Ebenheit der Rohdecke überprüfen: Toleranzen von mehr als 15 mm auf 4 m sind nicht erlaubt*

**2** *Beim Verlegen des Randdämmstreifens sorgfältig arbeiten: Estrich und Oberboden dürfen an keiner Stelle Wandkontakt haben!*

**3** *Normalerweise wird mit Polystyrol gedämmt. Die hier verlegten, deutlich teureren PUR-Platten mußten wir deshalb einsetzen, ...*

**4** *... weil man sich in der Bauphase mit der Aufbauhöhe verrechnet hatte. Als Feuchtigkeitssperre wird zum Schluß auf der Dämmung Bitumenpappe verlegt. Die einzelnen Bahnen überlappen!*

# Gut geplant ...

*Der exakt auf Ihr konkretes Projekt abgestimmte Bausatz wird bis an die Haustür geliefert. Die Lieferung umfaßt auch das nötige (Leih-)Werkzeug*

... ist halb verlegt. Wenn Sie sich für den Selbstbau entscheiden, sollten Sie einen Partner wählen, der nicht nur den Bausatz, sondern auch die entsprechenden Serviceleistungen liefert. Dazu gehören ausführliche Beratung, individuelle Planung, eventuell erforderliche Anträge und Bescheinigungen, Einweisung und Betreuung vor Ort, Abnahme der fertigen Anlage und – last not least – die Gewährleistung.

In unserem Fall wurde die Fußbodenheizung in einem Anbau an ein Einfamilienhaus verlegt. Die Versorung sollte über die bereits bestehende Zentralheizung erfolgen. Die Installation der Steigleitungen bis zum Etagenverteiler überließ der Bauherr einem Fachmann. Die Verlegekosten für die Fußbodenheizung selbst (ca. 20 Mark pro m$^2$; bei den hier verlegten 95 m$^2$ also rund 1900 Mark) aber wollte er sparen. Die komplette Planung und Betreuung dieses Projekts übernahm der Bausatzanbieter, so daß der Bauherr weder über tiefergehendes heizungstechnisches Know-How noch über gute Beziehungen zu einem Heizungsinstallateur verfügen mußte.

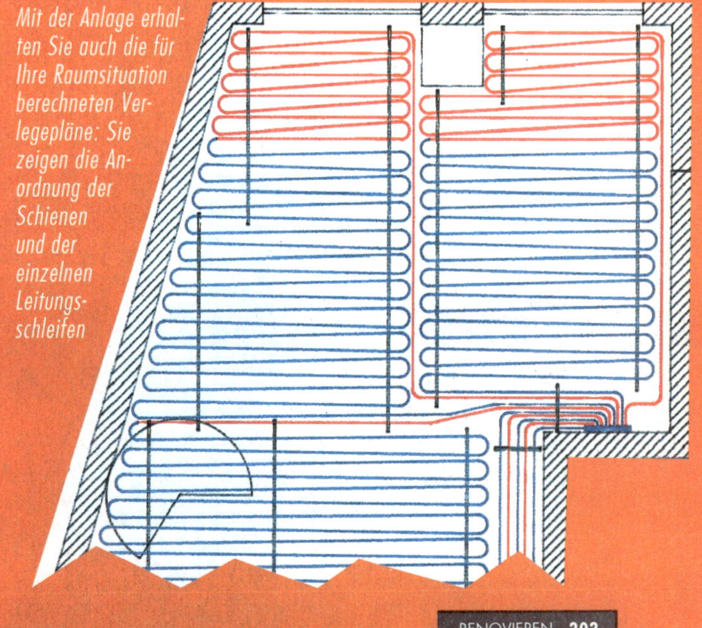

*Mit der Anlage erhalten Sie auch die für Ihre Raumsituation berechneten Verlegepläne: Sie zeigen die Anordnung der Schienen und der einzelnen Leitungsschleifen*

## Verlegen

6 Hier werden nach Plan die Verlegeschienen („Heizregister") aufgebracht. Sie müssen planeben auf der Bitumenpappe aufliegen

7 An der Verteilerstation wird der Vorlauf des ersten Heizkreises angeschlossen. Das Rohr wird mit Spezialwerkzeugen abgelängt und ...

8 ... kalibriert, dann wird das Fitting aufgesetzt und einfach verschraubt. Die Verlegung des Rohres erfolgt endlos von der Rolle

9 Auch dabei gehen Sie einfach nach dem Verlegeplan vor. Auf der hier ausgesparten Fläche steht später der Sockel einer Wendeltreppe

10 Zum Schluß das Rohr zurück zum Verteiler führen und an den Rücklauf anschließen. Die Steigleitungen fehlen hier noch. Sie ...

11 ... wurden in unserem Fall später installiert. Nach der Fertigstellung muß die Anlage probeweise in Betrieb genommen werden

der Anlage. Ein weiterer Vorzug des vorgestellten Systems liegt in der durch die Schienenmontage erreichten Trennung von Rohr und Dämmung: Immer noch gibt es zahlreiche Anlagen, bei denen das Heizrohr in die Dämmung integriert wird, was zu einer deutlichen Reduzierung der Strahlungsfläche und damit zu einer Steigerung des Energieverbrauchs führt. Die mäanderförmige Verlegung des Rohrs schließlich ermöglicht eine optimale Anpassung an den tatsächlichen Wärmebedarf der einzelnen Raumzonen (vgl. Kasten rechts). Durch eine entsprechend engere Verlegung im gesamten Raum kann dabei auch die Vorlauftemperatur erheblich reduziert werden (35 °C anstelle der häufig üblichen 50 °C). Eine Absenkung der Vorlauftemperatur um 10% spart immerhin 6% Energie! Damit die Fußbodenheizung trotz niedriger Vorlauftemperatur schnell und gleichmäßig reagiert, sollte sie ab etwa 10 m² Verlegefläche in mehrere Heizkreise unterteilt werden. Bei dem verwendeten System erfolgt die Berechnung dieser Heizkreise für die konkrete Raumsituation durch ein spezielles Computerprogramm. Die Gesamtkosten für eine Fußbodenheizung hängen von verschiedenen Faktoren ab: Je nach eingesetztem Material kostet der Quadratmeter Dämmung zwischen 6 und 40 Mark. Für Rohre und Schienen müssen Sie je nach Verlegedichte des Rohrs zwischen 40 und 55 Mark pro Quadratmeter bezahlen. Hinzu kommen noch die Kosten für den Estrichleger: Sie liegen im Durchschnitt bei 40-50 Mark für den Quadratmeter.

## Estrich

Fußbodenheizung: Haus & Energie Control, Olpener Str. 250/4, 51103 Köln, 0221/987100

## Rohr mit Innenleben

Das von uns eingesetzte Verbundrohr ist durch sein Kunststoff-Innenrohr geschützt gegen Korrosion und Ablagerungen. Gleichzeitig sorgt der Aluminiumkern für eine absolute Diffusionsdichtheit: Anders als bei den in Fußbodenheizungen häufig verwendeten einfachen Kunststoffrohren kann somit kein Sauerstoff ins Heizungswasser geraten. Das ist deshalb wichtig, weil das Eindringen von Sauerstoff bei allen im Kreislauf vorhandenen Metall-Bauteilen Korrosion auslösen kann. Ein weiterer Vorteil: Das Rohr wird mit Messing-Schraubfittings verbunden. Löt- oder Klebverbindungen sind damit überflüssig.

Metall oder Kunststoff? – eine alte Streitfrage. Die Lösung: Ein Kunststoff-Alu-Verbundrohr, das für die gesamte Hausinstallation geeignet ist

**ALLES GEREGELT**

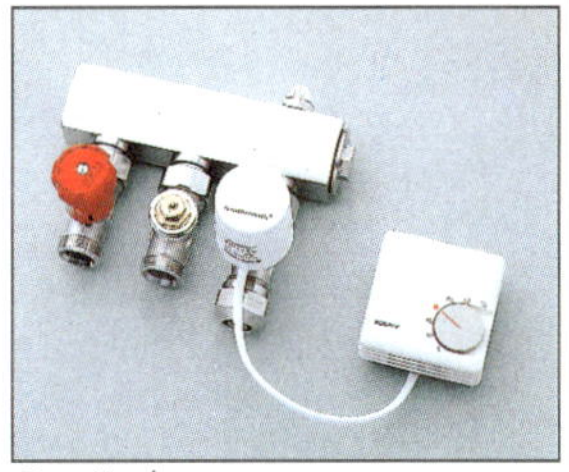

*Das Nachrüsten eines motorgetriebenen Ventils ist kein Problem*

Spätestens 1997 müssen alle bestehenden Fußbodenheizungen über eine automatische Einzelraumregelung verfügen. Bei der hier gezeigten Anlage ist die Nachrüstung kein Problem: Die Handventile können einfach gegen motorgetriebene ausgetauscht werden. Die Heizkreise eines Raums werden dann an einen Thermostat (auch mit Zeitschaltuhr erhältlich) angeschlossen, der die Voreinstellung einer individuellen Raumtemperatur ermöglicht.

**12** *Ist die Dichtigkeit der Anlage überprüft, kann der Estrich verlegt werden. Das Aufbringen eines Heizestrichs ist allerdings nicht ganz einfach. Von entscheidender Bedeutung ist z. B. die Ausführung der Dehnungsfugen (nach falsch gesetzten Randstreifen die zweithäufigste Schadensursache!). Schon aus Gewährleistungsgründen sollte man hier dem Fachmann das Revier überlassen*

# Die Fußbodenheizung im Vergleich

Ohne Frage ist die Fußbodenheizung durch Ihre niedrigen Vorlauftemperaturen die ideale Ergänzung zur Brennwerttechnik. Allerdings bleibt damit noch die Frage nach der Behaglichkeit der erzeugten Wärme. Der Einwand, Fußbodenheizungen seien träge, läßt sich heute kaum noch halten: Dank der Regeleinrichtungen und Mehrkreissysteme reagiert eine gute Fußbodenheizung ebenso schnell wie konventionelle Wärmeerzeuger. Darüber hinaus kann durch eine verfeinerte Verlegetechnik die Wärme optimal im Raum verteilt werden (s. Grafiken unten). Einen weiteren Vorzug verdeutlichen die Grafiken rechts: Der hohe Strahlungswärmeanteil führt zu einer gleichmäßigen Temperaturschichtung im Raum, während Konvektionsheizungen vor allem die Decke wärmen. Gerade bei höheren Räumen führt dies zu einer unnötigen Verschwendung von Energie.

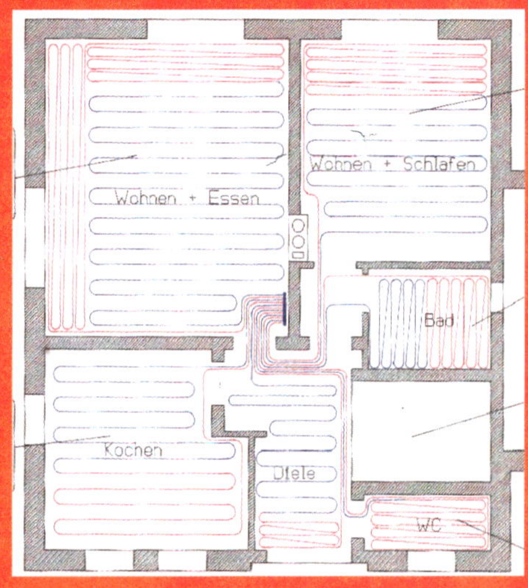

*Durch eine individuell den jeweiligen Verhältnissen angepaßte Rohrverlegung (s. Verlegeplan oben) kann man eine optimale Verteilung der Wärme im Raum erreichen. Die Thermografie (unten) zeigt, daß die Kaltzonen im Bereich der Außenwände deutlich stärker beheizt werden als die Stauzonen im Zentrum der Wohnung*

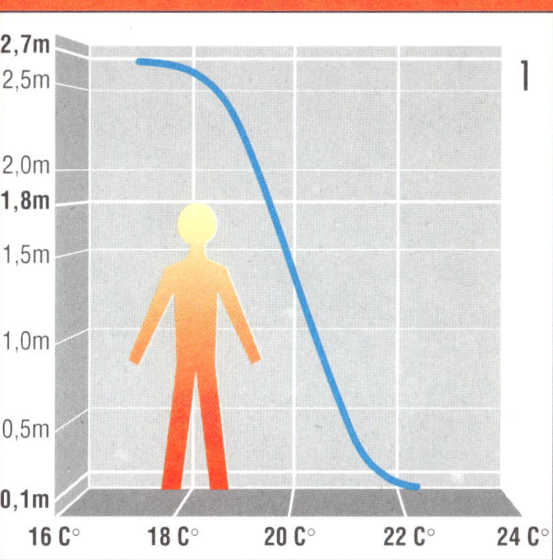


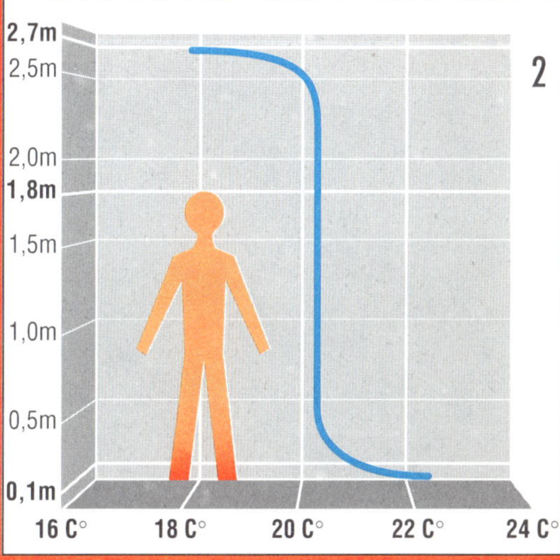


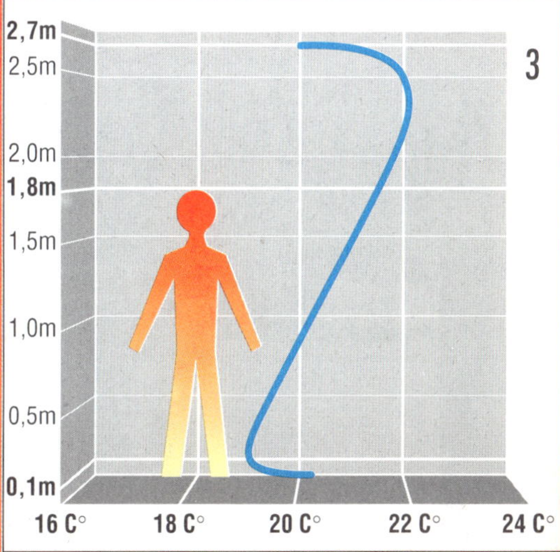


*(1) Die ideale Heizung: Warme Füße und ein kühler Kopf*
*(2) Diesem Wärmebedürfnis am nächsten kommt die Fußbodenheizung mit einer weitgehend gleichmäßigen Temperaturverteilung im Raum*
*(3) Ganz anders die Radiatorenheizung: Die Temperaturschichtung verläuft hier geradezu dem Bedarf entgegen*

Warmwasserbereitung mit Sonnenkollektoren

# Die Kraft der Sonne

Temperaturfühler

Brauchwasser

Solarspeicher

Temperatur-
Differenz-Regler

bar

°C

Heizkessel

Umwälzpumpe

Ausdehnungskessel

Brauchwasserzufluß

*Daß der Solarenergie die Zukunft gehöre, sagt man seit Jahren. Ein Stück dieser Zukunft ist indes längst Gegenwart. Sonnenkollektoren stellen nämlich heute bereits eine echte Alternative dar, wenn es um Ihr warmes Wasser geht*

Während die Nutzung der Sonnenenergie mittels Solarzellen technisch noch nicht ausgereift ist, sieht es bei den Sonnenkollektoren schon anders aus: Sie wandeln das Sonnenlicht nicht in elektrischen Strom, sondern in Wärme um. Kollektoren, wie sie heute zur Warmwasserbereitung eingesetzt werden, erreichen Wirkungsgrade bis 85%. Viel entscheidender aber ist, daß die Einrichtung einer solchen Solaranlage zur Brauchwassererwärmung unter Umständen sogar vom wirtschaftlichen Standpunkt aus sinnvoll sein kann. Zwar sind die Kosten für eine fertig installierte Anlage mit etwa 15.000 Mark (Vier-Personen-Haushalt) relativ hoch, aber zum einen gibt es in den meisten Bundesländern Förderprogramme,

*So einfach funktioniert die Warmwasserbereitung mit Sonnenkollektoren: Die Sonnenstrahlen erwärmen die im Kollektorsystem umlaufende Flüssigkeit. Ist deren Temperatur höher als die Wassertemperatur im Speicher, wird sie mit Hilfe einer Umwälzpumpe zum Wärmetauscher im unteren Teil des Speichers geleitet. Dort gibt sie ihre Energie an das Brauchwasser ab, das durch die Erwärmung automatisch nach oben steigt. So heizt sich das Wasser im Speicher allmählich auf. Sollte dennoch im oberen Drittel des Speichers die voreingestellte Warmwassertemperatur (z. B. 60 °C) nicht erreicht werden, wird mit Hilfe des zweiten Wärmetauschers (oben) auf konventionelle Weise nachgeheizt*

*Der einfachste Weg: Flachkollektoren in Aufdach-Montage. Zu- und Ablauf können zum Beispiel über solche Spezialziegel erfolgen (oberes Foto)*

*Vakuum-Röhrenkollektoren bieten eine besonders gute Isolierung. Außerdem sind Südausrichtung und Neigungswinkel der Montagefläche für den ...*

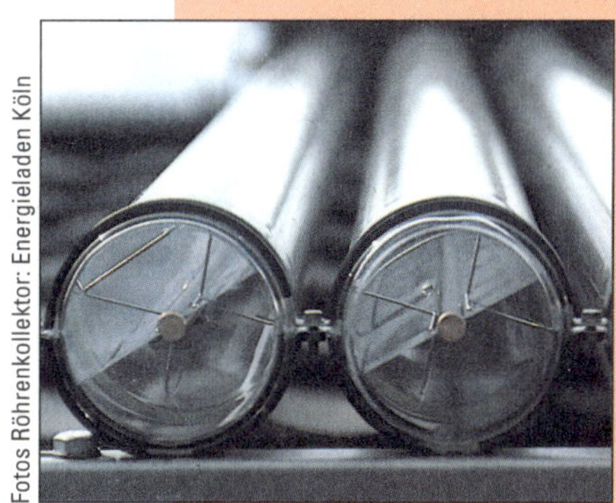

Fotos Röhrenkollektor: Energieladen Köln

*... Wirkungsgrad weniger wichtig, weil die Absorber einzeln ausgerichtet werden können. So wird auch Flachdach- oder Fassadenmontage möglich*

## Flachkollektoren

Moderne Flachkollektoren besitzen gut wärmeisolierte Gehäuse mit Spezialglasabdeckung, in denen sich ein aus mehreren Modulen zusammengesetzter Absorber befindet. Grundsätzlich sind sie die vom Preis-Leistungsverhältnis sinnvollste Kollektorart. Der Wirkungsgrad eines Flachkollektors wird jedoch entscheidend beeinflußt von der Südausrichtung und dem Neigungswinkel der Montagefläche: Ideal ist ein um etwa 45° geneigtes Süddach. Außerdem benötigen sie relativ viel Platz: Abhängig von der Kollektorqualität und den jeweiligen Rahmenbedingungen muß man mit etwa 1,3-2 $m^2$ Kollektorfläche pro Person rechnen, wenn man in den Sommermonaten (Mai-September) ganz ohne die Heizungsanlage auskommen will. Flachkollektoren können einfach auf der Dacheindeckung montiert werden (siehe Fotos links). Mit etwas mehr Aufwand kann man Sie aber auch – ähnlich wie ein Dachfenster – in die Eindeckung integrieren.

## Vakuum-Kollektoren

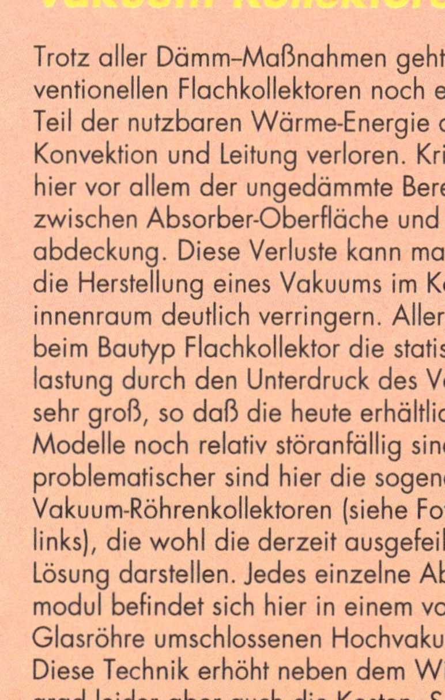

Trotz aller Dämm-Maßnahmen geht bei konventionellen Flachkollektoren noch ein guter Teil der nutzbaren Wärme-Energie durch Konvektion und Leitung verloren. Kritisch ist hier vor allem der ungedämmte Bereich zwischen Absorber-Oberfläche und Glasabdeckung. Diese Verluste kann man durch die Herstellung eines Vakuums im Kollektorinnenraum deutlich verringern. Allerdings ist beim Bautyp Flachkollektor die statische Belastung durch den Unterdruck des Vakuums sehr groß, so daß die heute erhältlichen Modelle noch relativ störanfällig sind. Unproblematischer sind hier die sogenannten Vakuum-Röhrenkollektoren (siehe Fotos links), die wohl die derzeit ausgefeilteste Lösung darstellen. Jedes einzelne Absorbermodul befindet sich hier in einem von einer Glasröhre umschlossenen Hochvakuum. Diese Technik erhöht neben dem Wirkungsgrad leider aber auch die Kosten. So ist der Einsatz solcher Kollektoren eigentlich nur bei speziellen baulichen Gegebenheiten sinnvoll. Das sind unter anderem Flachdächer oder Dächer mit großer Südabweichung. Weil sich die Absorbereinheiten jeder Röhre auf die Strahlungsrichtung der Sonne einstellen lassen, kann man Röhrenkollektoren sogar an der Hausfassade anbringen. Darüber hinaus reduziert sich natürlich auch die insgesamt benötigte Montagefläche.

## Sonnenkollektoren für besondere Fälle

Eine denkbar einfache Solaranlage ist der sogenannte Speicherkollektor, bei dem der Brauchwasserspeicher (ein 160 Liter fassendes Edelstahlrohr) im Kollektorgehäuse integriert ist und direkt erwärmt wird. Eine transparente Isolierung unter der Glasscheibe verhindert Wärmeverluste. Mit ca. 3700 Mark ist das auf einen Drei-Personen-Haushalt ausgelegte Gerät auch konkurrenzlos preiswert. Der Haken: In Zeiten, wo die Sonneneinstrahlung allein nicht ausreicht, muß ein nachgeschalteter Durchlauferhitzer (anstelle der Zentralheizung) das vorgewärmte Wasser auf die erforderliche Temperatur bringen.

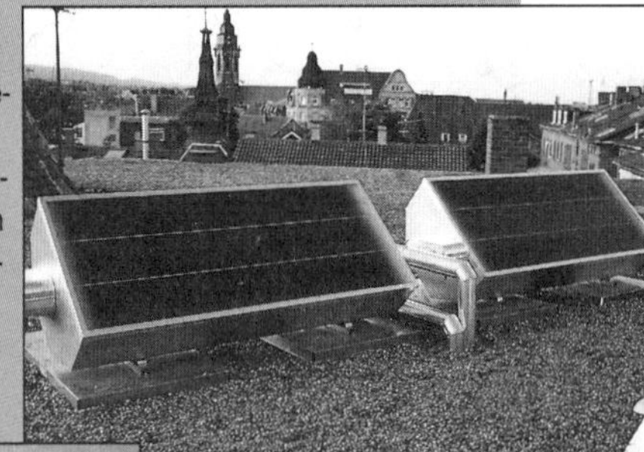

*Wirkungsvoll und preiswert: Bei diesem Modell bilden Kollektor und 160-l-Wasserspeicher eine Einheit. Nachteil: Es kann bislang nur zusammen mit Durchlauferhitzern (Gas oder Strom) betrieben werden. Links eine von vielen Einbaumöglichkeiten*

Dieser Kollektortyp ist also vor allem dann interessant, wenn das Warmwasser ohnehin per Durchlauferhitzer gewonnen wird und eine völlige Umstellung nicht möglich ist (etwa bei Eigentumswohnungen).

Kaum irgendwo ergänzen sich (Sonnen-)Energieangebot und (Wärme-)Energiebedarf so gut wie bei der Beheizung von Schwimmbecken im Freien. Hier lassen sich mit relativ einfachen und preiswerten Kunststoffabsorbern, durch die das Schwimmbadwasser geleitet wird, ohne jede Zusatzheizung erstaunliche Ergebnisse erzielen.

*Das rechnet sich in jedem Fall: Mit einfachen Rohr- oder Flächenabsorbern (links) aus Kunststoff kann das Wasser im Swimming-Pool ohne weitere Zusatzheizung erwärmt werden. Problemlose Selbstmontage*

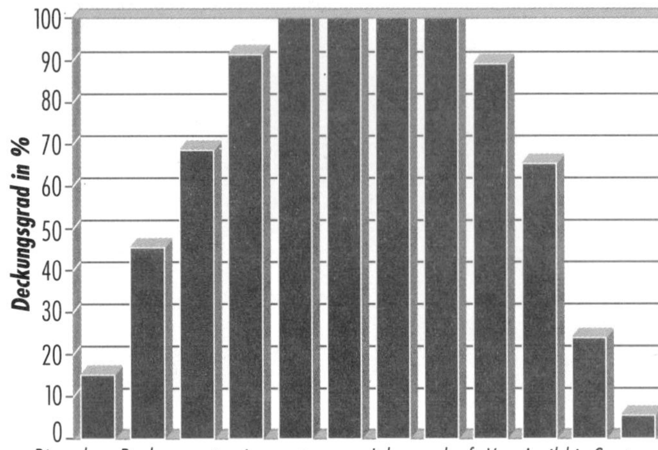


*Die solare Deckungsrate einer gut dimensionierten Solaranlage im Jahresverlauf: Von April bis September kann sie die Heizung ersetzen*

die 10-65% der Kosten übernehmen (fragen Sie bei den zuständigen Behörden nach). Zum andern kann man durch Eigenleistung eine Menge einsparen (ein Selbstbausatz für eine Vier-Personen-Solaranlage kostet mit dem zusätzlich benötigten Material rund 7000 Mark). Schließlich darf bei den Kosten/Nutzen-Rechnungen nicht vergessen werden, daß die Preise für Öl, Gas und Strom voraussichtlich in den nächsten Jahren erheblich steigen werden, während die Sonne auch weiterhin Energie zum Nulltarif liefert.

Wenn Sie selbst gerade bauen oder Ihre Heizung sanieren wollen, sich aber noch nicht für eine Solaranlage entscheiden können, zum Schluß ein Tip: Investieren Sie in einen – kaum teureren – solarfähigen Standspeicher mit zwei Wärmetauschern und größerem Fassungsvermögen: So halten Sie sich für die Zukunft alle Möglichkeiten offen.

*Schnitt durch einen Flachkollektor: Die Spezialglasscheibe sitzt auf einem Alu-Gehäuse. Darunter befindet sich das Kernstück der Anlage, der Absorber. Die dicken Dämmschichten sorgen für geringe Wärmeverluste*

### INFO Strom aus Sonnen-Energie

Wie zu Beginn erwähnt, rechnet sich die Stromgewinnung aus Sonnenlicht zur Zeit noch nicht. Ursache ist das für Solarzellen benötigte hochreine Silizium, dessen Herstellung sehr teuer ist. So kommt eine Solarstrom-Anlage als alleinige Energiequelle nicht in Frage. Interessant kann es jedoch in Einzelfällen sein, Solarstrom zusätzlich zur öffentlichen Stromversorgung zu gewinnen, denn in manchen Bundesländern werden auch für Solarstromanlagen Fördergelder zur Verfügung gestellt. In Spitzenzeiten – also bei langanhaltendem starkem Sonnenschein – kann ins öffentliche Netz so gewonnener Strom zurückgespeist werden, der von den Elektrizitätswerken vergütet wird: Der Stromzähler läuft dann in der Tat rückwärts.

# Elektroarbeiten

*Wenn ein elektrisches Gerät seinen Dienst verweigert oder eine Installation den aktuellen Bedürfnissen nicht mehr entspricht, ist guter Rat teuer. Berücksichtigt man einige elementare Regeln und ein wenig Theorie, kann man jedoch auch selbst an Elektrogeräten und Anlagen mit professionellem Ergebnis arbeiten*

## Das müssen Sie beachten!

Bei allen Arbeiten an Netzspannung führenden Installationen und an Geräten, die mit Netzspannung betrieben werden, ist Sicherheit das oberste Gebot. Von folgenden Sicherheitsvorschriften dürfen Sie daher in keinem Fall abweichen, auch wenn dadurch die Arbeit erschwert, verteuert oder verlängert wird.

- Bei allen Arbeiten an elektrischen Geräten und Anlagen ist die ausführende Person für die Einhaltung der gültigen VDE-Bestimmungen verantwortlich.
- Nie an Geräten oder Anlagen arbeiten, die unter Spannung stehen. Bei elektrischen Geräten ist vor Beginn der Arbeiten der Netzstecker zu ziehen. Vor Arbeiten an Installationen die Sicherung für den entsprechenden Stromkreis abschalten beziehungsweise herausschrauben.
- Die Sicherung gegen Wiedereinschalten durch Dritte sichern. Dafür können Sie ein entsprechendes Warnschild an der entsprechende Sicherung in der Verteilung anbringen (Abbildung auf der nächsten Seite). Zusätzlich sollen Sie bei Schraubsicherungen die Sicherungspatrone samt ihrem Halter nicht irgendwo am Sicherungskasten ablegen, sondern einstecken.
- Vor Arbeitsbeginn müssen Sie sich vergewissern, daß die Leitung spannungsfrei ist. Das gilt gleichermaßen für professionelle Elektriker wie auch für Selbstbauer.
- Falls ein Unfall mit einem elektrischen Gerät oder einer elektrischen Anlage geschieht, wird derjenige zur Verantwortung gezogen, der zuletzt daran gearbeitet oder das Gerät repariert hat. Zudem kann bei unsachgemäß ausgeführten Elektroarbeiten der Versicherungsschutz entfallen – entsteht beispielsweise ein Personen- oder Brandschaden durch eine nicht vorschriftsgemäße Installation oder Reparatur, kann in diesem Sinne der Verantwortliche in vollem Umfang schadenersatzpflichtig gemacht werden. Somit empfiehlt es sich, zumindest bei umfangreicheren Arbeiten an elektrischen Installationen den Rat eines konzessionierten Elektrikers einzuholen und diesen dann auch die fertige Arbeit abnehmen zu lassen.
- Ganz besondere Sorgfalt ist bei der Installation von Anlagen im Außenbereich erforderlich, da hier bezüglich der Art der zu installierenden Geräte und der Leitungen besondere Bestimmungen gelten.
- Generell stellen ein defektes Gerät oder eine unsachgemäße Installation eine permanente Gefahr dar. Wenn Sie sich also während einer Installation oder Reparatur überfordert fühlen, scheuen Sie sich nicht, die Arbeit abzubrechen und einen Elektriker zu beauftragen!

## 1. Spannung, Strom und Widerstand

**Spannung**

Die treibende Kraft ist die Spannung. Sie wird in Volt (kurz: V) gemessen. Sie steht beispielsweise an einer Spannungsquelle (z. B. Batterie, Bild 1.1), an deren einem Pol ein Überschuß an Elektronen herrscht und am anderen Pol ein Elektronenmangel.

**Strom**

Verbindet man beide Pole der Spannungsquelle, bewegen sich Elektronen von einem Pol zum anderen. Diese ‚fließenden' Elektronen bilden den Strom, den man in Ampere (A) angibt (Bild 1.2).

**Widerstand**

Normalerweise soll der Strom Arbeit an einem elektrischen Verbraucher leisten. Solch ein „Verbraucher" (etwa eine Lampe) setzt den fließenden Elektronen einen Widerstand entgegen, wodurch die Größe des Stroms begrenzt wird. Diesen Widerstand mißt man in Ohm (Ω).
Spannung, Strom und Widerstand haben zueinander eine feste Beziehung: Ein Strom kann nur fließen, wenn die Pole einer Spannungsquelle miteinander verbunden sind. Der Widerstandswert dieser Verbindung sowie der Widerstand des Verbrauchers bestimmen dann die Größe des Stroms. Bei einem geringen Widerstand (bis hin zum Kurzschluß) fließt ein großer Strom, ein kleiner Strom fließt bei einem hohen Widerstand.

**Lebensgefahr bei mehr als 42 V**

Jede elektrische Spannung, die an einen lebenden Organismus gelangt, kann zu Gesundheitsstörungen bis hin zum Tod führen. Als Spannungshöhe, bei der durch eine versehentliche Berührung mit keiner lebensbedrohlichen Gefahr zu rechnen ist, gelten maximal 42 Volt.

## 2. Das Stromnetz

**Hausanschluß: Für Heimwerker absolut tabu**

Die von den Energieversorgungsunternehmen erzeugte elektrische Energie wird über Freileitungen oder Erdkabel ans Haus geliefert. Von diesen Hauptleitungen zweigen dann die Hausanschlußleitungen ab, die im Haus am Hausanschlußkasten enden. Vom Hausanschlußkasten führt eine Hauptleitung zum Zähler, der sich oft zusammen mit einer Zählerabgangssicherung, dem Stromkreisverteiler und den Sicherungen für die einzelnen Stromkreise in einem

**Warnhinweis** Ausgeschaltete Sicherungen sollten Sie mit einem eindeutigen Hinweis versehen, herausgeschraubte Sicherungen einstecken

1.1

**Stromkreis** Elektronen fließen von einem Pol der Stromquelle zum anderen und versorgen den Verbraucher (hier eine Glühlampe) mit Energie

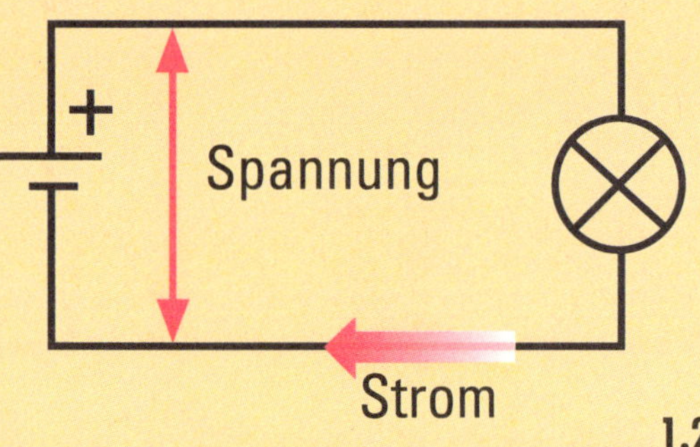


1.2

**Schema** Zwischen den Polen der Stromquelle steht bei geschlossenem Stromkreis Spannung. Die Stromstärke steht im Verhältnis zum Widerstand des Verbrauchers

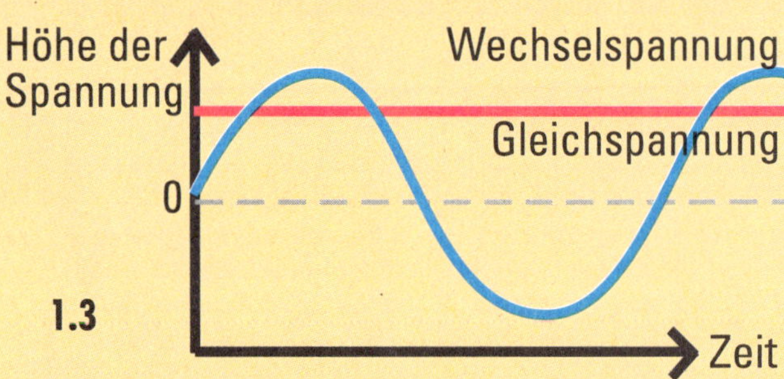


1.3

**Gleichstrom und Wechselstrom**
*Wenn ein Strom immer in einer Richtung fließt, bezeichnet man ihn als Gleichstrom. Bei der dazugehörigen Spannungsquelle gibt es je einen eindeutig definierten Plus- und Minuspol. Wechselstrom hat demgegenüber keine feste Polarität: An den Polen einer Wechselspannungsquelle verändert sich im festen Zeitintervall die Polarität von Plus nach Minus. Die Geschwindigkeit, mit der diese Polungswechsel stattfinden, beschreibt die Frequenzangabe: Der haushaltsübliche Wechselstrom in der Bundesrepublik hat eine Frequenz von 50 Hz (Herz). Das bedeutet, daß er 50mal in einer Sekunde seine Polarität ändert*

| Leiter | Kurzzeichen | altes Kurzzeichen |
|---|---|---|
| Außenleiter 1 | L1 | R |
| Außenleiter 2 | L2 | S |
| Außenleiter 3 | L3 | T |
| Mittelleiter | N | N |
| Schutzleiter | PE | SL |

**Leiter** *Die Tabelle zeigt die heute und die früher gebräuchlichen Leiterbezeichnungen*

**Spannung** *Diese Spannungen liegen zwischen Außenleitern (L1-L3) und dem Mittelleiter (N) an*

| | L1 | L2 | L3 | N |
|---|---|---|---|---|
| L1 | 0V | 380V | 380V | 230V |
| L2 | 380V | 0V | 380V | 230V |
| L3 | 380V | 380V | 0V | 230V |
| N | 230V | 230V | 230V | 0V |

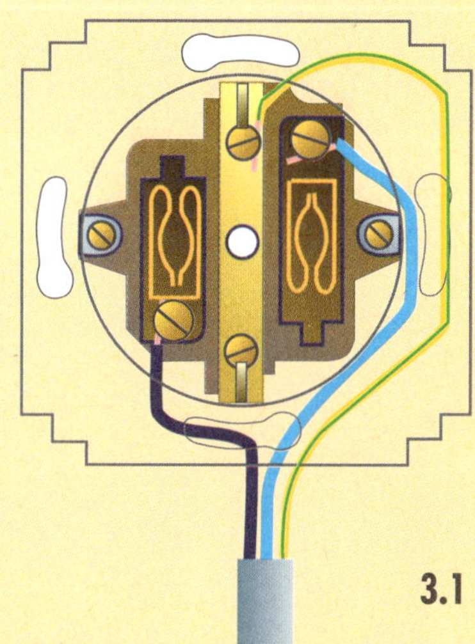
3.1

**Kontakte und Anschlüsse** *Eine heute vorgeschriebene Schutzkontakt-Steckdose hat zwei Löcher, durch welche die Stifte des Steckers geführt werden. An einem dieser Kontakte liegt die Phase – das ist der spannungsführende Pol an der Steckdose, ein Außenleiter. Eine Berührung mit diesem Anschluß führt zu einem elektrischen Schlag. An dem zweiten Steckdosenanschluß ist der Mittelleiter (auch Nulleiter genannt) angeschlossen. Zwischen Nulleiter und Außenleiter steht die Spannung von 230 Volt. Durch die Verbindung des Nulleiters mit dem Erdreich spürt man bei seiner Berührung nichts. Der Schutzleiter ist in der Steckdose an zwei offenliegenden Metallzungen angeschlossen. In der Elektroinstallation ist er nach dem Zählerkasten mit dem Nulleiter verbunden; eine Berührung mit dem Schutzleiter bleibt also ohne Folgen.*

Schutzklasse I

3.2.1

Schutzklasse II

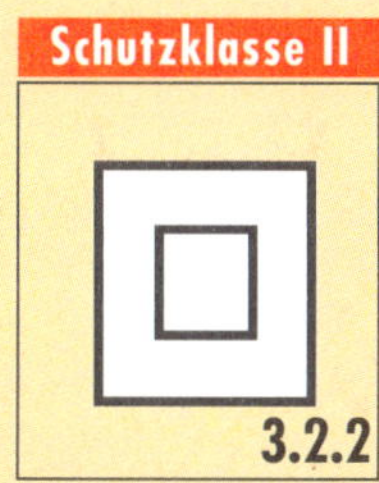
3.2.2

Schutzklasse III

3.2.3

**Schutzklassen:** *Die Schutzklassen geben an, wie ein elektrisches Gerät gegen eine gefährliche Spannung am Gehäuse geschützt ist. Jede Schutzklasse hat ein eigenes Symbol, das auf dem Typenschild des Gerätes oder an den Anschlußklemmen zu finden ist:*
*Geräte der Schutzklasse I werden mit einem Schutzleiter angeschlossen (Symbol oben links).*
*Die Schutzklasse II (Mitte) entspricht der Schutzisolation, zu finden bei Geräten mit Euro-Flachstecker.*
*Geräte der Schutzklasse III (rechts) arbeiten mit einer Schutzkleinspannung von maximal 42 Volt, die durch einen Sicherheitstransformator aus der Netzspannung gewonnen wird*

**Aufbau des Stromnetzes**

Zählerschrank befindet. Der Hausanschluß wird bis zum Zähler generell als Drehstromleitung verlegt. Ein Drehstromnetz besteht aus drei stromführenden Leitern, den sogenannten Außenleitern, einem Mittelleiter (auch Neutralleiter genannt) und dem Schutzleiter. Die Außenleiter führen jeweils eine zueinander zeitlich verschobene Wechselspannung. Die Rückleitung eines Stromes von einem Außenleiter erfolgt über den Mittelleiter. Die zwischen den verschiedenen Leitern anliegende Spannung zeigt die Tabelle links.

## 3. Schutz- und Sicherheitseinrichtungen

**Stromschlag vom Außenleiter**

Durch den Aufbau des Stromnetzes kann bereits beim Berühren lediglich eines Außenleiters ein lebensgefährlicher Strom über den Körper zum Erdreich fließen. Neben einigen anderen Maßnahmen dient besonders der Schutzleiter dafür, derartige Stromunfälle zu verhüten.

**Schutzleiter**

Ist ein Gerät an eine Schutzkontaktsteckdose angeschlossen, fließt normalerweise Strom vom Außenleiter zum Nulleiter. Der Schutzleiter ist über entsprechende Kontaktstreifen am Stecker und über die Metallzungen an der Steckdose mit elektrisch leitenden Gehäuseteilen verbunden (Bild 3.1).

**Funktion des Schutzleiters**

Wenn durch einen Defekt das Außenleiter-Anschlußkabel mit leitenden Gehäuseteilen in Verbindung käme, würde ohne Schutzleiter das gesamte Gerätegehäuse unter Spannung stehen. Mit angeschlossenem Schutzleiter entsteht in diesem Fall jedoch ein Kurzschluß, wodurch die Sicherung auslöst und den Stromkreis unterbricht.

**Eurostecker besitzt keinen Schutzkontakt**

Viele Geräte werden über einen flachen Euro-Stecker an eine Steckdose angeschlossen. Dieser Stecker hat keinen Schutzkontaktanschluß sondern lediglich zwei Kontaktstifte. Alle mit solch einem Stecker ausgestatteten Geräte müssen ganz besonders isoliert sein: sie sind schutzisoliert (weitere Schutzklassen: Bild 3.2). Dabei ist durch den Einsatz von besonderen Werkstoffen sichergestellt, daß auch bei durchtrenntem Mittelleiter kein berührbares Teil am Gerät unter Spannung stehen kann.
Einen weitergehenden Schutz gegen Stromunfälle als Sicherun-

**Zusatzschutz: FI-Schalter**

gen oder Leitungsschutzschalter (Bilder 3.3 und 3.4) bieten sogenannte Fehlerstrom-Schutzschalter (auch als FI-Schutzschalter oder FI-Schalter bekannt). Sicherungen oder Leitungsschutzschalter unterbrechen einen Stromkreis erst dann, wenn der dem Sicherungswert entsprechende Strom überschritten wird. Dabei handelt es sich um sehr hohe Ströme, die mit Sicherheit jedes Lebewesen umbringen, wenn sie durch den Körper fließen. FI-Schalter unterbrechen dagegen den Stromkreis bereits dann, wenn ein Fehlerstrom größer seinem Auslösewert fließt. Dieser Auslösewert beträgt in der Regel 30 mA (Milliampere, das entspricht dreißig tausendstel Ampere). Für erhöhte Schutzansprüche sind jedoch auch FI-Schalter mit einem Auslösestrom von 10 mA erhältlich.

**FI-Schalter rechtfertigt keinen Leichtsinn**

Allerdings darf man auch bei einer mit einem FI-Schalter gesicherten Anlage keinesfalls arbeiten, ohne daß der Stromkreis unterbrochen ist. Die Schutzfunktion eines FI-Schalters kann man selbst durch Betätigen der mit P oder T beschrifteten Taste am Schutzschalter überprüfen: der Stromkreis muß unterbrochen werden. Diesen Test sollte man zweimal im Jahr durchführen. Der Einbau eines FI-Schalters muß durch einen Elektriker erfolgen, da er meist in der Hausverteilung montiert wird.

**Sicherungen nie überbrücken oder flicken**

In modernen Installationen gibt es mehrere Arten von Sicherungen. Diese haben die Aufgabe, bei zu hohem Stromfluß den Stromkreis zu unterbrechen. Sicherungen dürfen niemals überbrückt oder geflickt werden, da hierdurch die Leitungen überlastet werden können. Nur ein konzessionierter Elektriker darf Sicherungen durch stärkere Ausführungen ersetzen oder Leitungsschutzschalter austauschen.

**Gerätefehler überprüfen**

Wird eine neue Sicherung sofort wieder zerstört, ist nach dem Fehler im Gerät zu suchen. Keinesfalls darf man diesen Fehler durch das Einsetzen einer stärkeren Sicherung „reparieren".

## 4. Leitungen

**Nur zugelassene Leitungen verwenden**

Grundsätzlich müssen in Elektroinstallationen zugelassene und geprüfte Leitungen verwendet werden. Leitungen bestehen meist aus mehreren sogenannten

| | Fremdkörperschutz<br>1. Kennziffer:<br>Schutz gegen | Wasserschutz<br>2. Kennziffer<br>Schutz gegen |
|---|---|---|
| IP | 1: Fremdkörper > 50 mm | 1: Senkrecht fallendes Tropfwasser |
| IP | 2: Fremdkörper > 12 mm | 2: Schräg fallendes Tropfwasser (bis 15°) |
| IP | 3: Fremdkörper > 2,5 mm | 3: Sprühwasser |
| IP | 4: Fremdkörper > 1mm | 4: Spritzwasser |
| IP | 5: Staubablagerungen | 5: Strahlwasser |
| IP | 6: Eindringen von Staub | 6: Schwere See |
| IP | | 7: Eintauchen |
| IP | | 8: Untertauchen |

***Schutzarten:*** *Je nach Verwendungszweck müssen Geräte unterschiedlich stark gegen Fremdkörper und Wasser geschützt sein. Am Gerät bzw. am Bauteil ist die Schutzart durch die Bezeichnung IP xx markiert. Die erste Ziffer bedeutet den Fremdkörper-, die zweite den Wasserschutz. IP 45 hieße also: Schutz gegen Fremdkörper über 1 mm und gegen Strahlwasser*

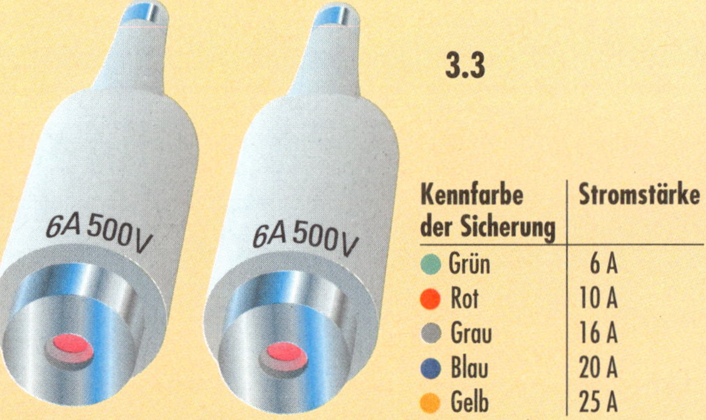


**3.3**

| Kennfarbe der Sicherung | Stromstärke |
|---|---|
| Grün | 6 A |
| Rot | 10 A |
| Grau | 16 A |
| Blau | 20 A |
| Gelb | 25 A |

***Schmelzsicherung***
*Bei Schmelzsicherungen (Diazed-Sicherungen), schmilzt im Falle einer Überlastung ein Draht im Innern der Sicherungspatrone durch und unterbricht so den Stromfluß. Um den Stromkreis nach Beseitigung der Überlastungsursache wieder in Betrieb zu nehmen, muß man die Sicherungspatrone gegen eine neue ersetzen*

**3.4**

***Sicherungsautomat***
*Anstelle von Schmelzsicherungen setzt man heutzutage überwiegend Leitungsschutzschalter ein. Diese „Automaten" schützen ebenfalls die Leitungen gegen Überlastung, können aber nach dem Auslösen einfach wieder eingeschaltet werden. Leitungsschutzschalter unterbrechen den Stromkreis bei einer länger andauernden, kleineren Überlastung durch einen thermischen Auslöser. Fließt über den Leitungsschutzschalter ein erheblich größerer Strom als zulässig, schaltet er dagegen sofort ab*

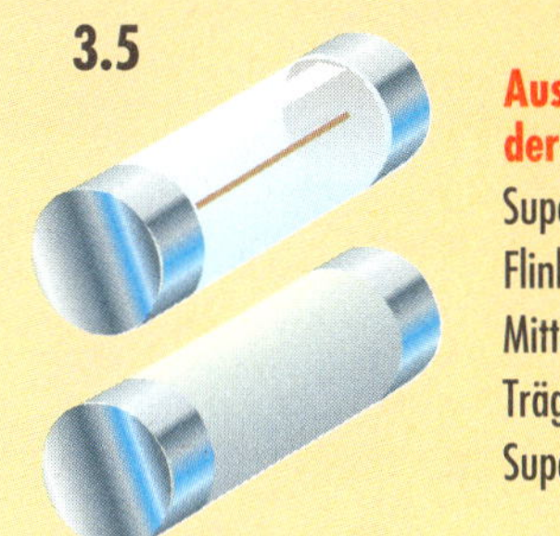

3.5

| Auslöseverhalten der Sicherung | Kennbuchstabe |
|---|---|
| Superflink | FF |
| Flink | F |
| Mittelträge | M |
| Träge | T |
| Superträge | TT |

***Feinsicherungen** Eine besondere Art von Schmelzsicherungen findet man im Inneren von elektronischen Geräten sowie beispielsweise in Dimmern: die Feinsicherungen. Ihre Aufgabe ist es, das Gerät im Fehlerfall vor weiteren Schäden zu schützen, indem die Sicherungen den Stromfluß zum Gerät unterbrechen. Feinsicherungen sprechen bei viel kleineren Strömen an als Leitungsschutzschalter oder Diazed-Sicherungen*

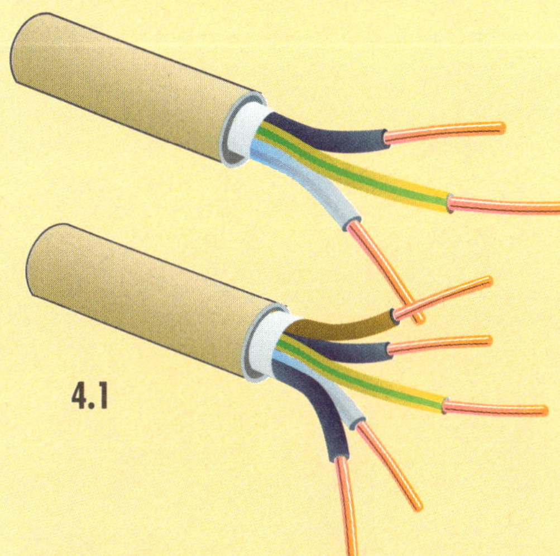

4.1

***Leitungen:** Dreiadrige Leitung (oben) werden für die meisten Installationsarbeiten verwendet. Fünfadrige Leitung kommen bei Starkstrom-Installationen zum Einsatz (z. B. Herdanschluß)*

| Bezeichnung | Kennfarbe der Aderisolation (neu) | Kennfarbe der Aderisolation (alt) |
|---|---|---|
| Schutzleiter | Grün-Gelb | Rot |
| Mittelleiter (Nulleiter) | Hellblau | Grau |
| Außenleiter (Phase) | Schwarz oder Braun ggf. Braun für einen geschalteten Außenleiter verwenden | Schwarz |

*Adern und ihre Farbkennzeichnung*

4.2

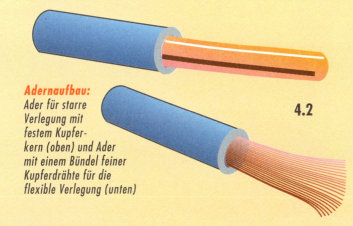

***Adernaufbau:** Ader für starre Verlegung mit festem Kupferkern (oben) und Ader mit einem Bündel feiner Kupferdrähte für die flexible Verlegung (unten)*

**Feste Installation: mindestens dreiadrig**

Adern, die zusammen in einer äußeren Isolationshülle liegen. Die Anzahl der Adern in einer Leitung wird von der Verwendung bestimmt, beträgt aber bei festen Installationen immer mindestens drei (Bild 4.1). Dabei ist jede Ader wieder isoliert, wobei die Farbe der Isolation den Verwendungszweck der Ader angibt (Tabelle unter Bild 4.1).

**Kern aus massivem Kupfer**

Leitungen für feste Installationen, die also nicht von Geräten zu einer Steckdose führen, haben immer einen Kern aus massivem Kupfer (Bild 4.2 oben). Die Stärke jeder Ader richtet sich nach dem maximalen Strom, der durch die Leitung fließen soll. Bei den üblichen Hausinstallationen muß jede Ader einen Querschnitt von mindestens 1,5 mm² haben. Derartige Leitungen sind mit einer Sicherung von 16 A geschützt.

**Aderquerschnitt und Absicherung**

Schützt eine stärkere Sicherung einen Stromkreis, muß der Leitungsquerschnitt angepaßt werden. So muß beispielsweise in einem mit 20 A gesicherten Stromkreis eine Leitung mit Aderquerschnitten von jeweils 2,5 mm² verlegt sein.

**Den Verwendungszweck der Leitung beachten**

Der Gesamtaufbau der Leitung richtet sich nach der vorgesehenen Verwendung. Niemals darf eine Leitung anders verlegt werden, als es ihrem Verwendungszweck entspricht. Dabei bedeutet die Aussage, eine Leitung darf im Putz verlegt werden, daß diese Leitung auf dem Mauerwerk liegt und von einer Putzschicht von mindestens einem Zentimeter Dicke bedeckt ist. Die Verlegungsart „unter Putz" bedeutet, daß die Leitung im Mauerwerk eingelassen ist und dann von der Putzschicht in der vollen Stärke (üblicherweise 1,5 cm) bedeckt ist. Keinesfalls darf eine Leitung für die Verlegung in und unter Putz offen auf der Mauer oder auf brennbaren Baustoffen liegen.

**Ortsveränderliche Verbraucher**

Zum Anschluß von ortsveränderlichen Verbrauchern, also meist Geräten, die über einen Stecker an eine Steckdose angeschlossen werden, ist die Verwendung einer anderen Leitungsart vorgeschrieben. Diese Leitungen bestehen ebenfalls aus mehreren untereinander isolierten Adern, die in einer gemeinsamen Außenisolation liegen.

**Flexible Leitung**

Im Gegensatz zu den Leitungen für feste Verlegung müssen hier aber die einzelnen Adern aus vielen feinen Kupferdrähten bestehen (4.2 unten). Dadurch ist eine hohe Flexibilität

**Leitung muß zur Stromaufnahme passen**

**Kurzzeichen für Leitungen**

**Für Heimwerker wichtige Leitungsarten**

**Vielseitig einsetzbar: NYM-Leitungen**

**Leitungswahl folgt aus der Verlegesituation**

**Funktionierende Installationen sind nicht automatisch sicher**

der Leitungen sichergestellt. Würde man eine Leitung mit starrem Kupferleiter häufiger biegen, würden die Leiter in den Adern brechen. Auch bei den flexiblen Leitungen muß der Querschnitt der einzelnen Adern der Stromaufnahme des angeschlossenen Verbrauchers entsprechen. An Leitungen mit einem Querschnitt von 0,75 mm² darf ein Verbraucher mit einer Stromaufnahme von maximal 10 Ampere angeschlossen sein; ein Leitungsquerschnitt von 1 mm² kann mit höchstens 16 Ampere belastet werden. Üblicherweise verwendet man jedoch im letzteren Fall Leitungen mit einem höheren Querschnitt, nämlich 1,5 mm².

Alle für Elektroarbeiten zugelassenen Leitungen haben eine Kurzbezeichnung, die aus Buchstaben und Zahlen besteht. Dabei geben die Buchstaben den Leitungstyp an, die Ziffern bezeichnen die Anzahl und den Querschnitt der Adern. So bezeichnet beispielsweise NYM-J 3 x 1,5 eine Mantelleitung mit drei Adern von je 1,5 mm² Querschnitt, wobei eine Ader der Schutzleiter ist – in der Kurzbezeichnung hier durch das „J" spezifiziert.

Für selbst ausgeführte feste Installationen sind die Leitungen NYM und NYIF mit unterschiedlicher Anzahl an Leitern (Adern) am wichtigsten. Grundsätzlich kann man sich hier merken, daß die dünne Stegleitung (Bild 4.3) nur auf Mauerwerk (also Steinen) unter einer Putzschicht verlegt werden darf. Sie darf niemals frei zugänglich und auf brennbaren Materialien liegen. Universeller ist da die Leitung NYM einzusetzen: Mit Ausnahme der Verlegung im Erdreich und im Freien kann man diese Leitungsart für viele Installationen verwenden. Die diversen flexiblen Leitungen dürfen in keinem Fall für eine feste Installation benutzt werden, umgekehrt gehört eine starre Installationsleitung keinesfalls an ein bewegliches Gerät.

Leider werden vielfach in Elektroinstallationen durch mangelnde Sachkenntnis falsche Leitungen verlegt. Obwohl solche Installationen oft zunächst funktionieren kann es im Laufe des Betriebs geschehen, daß durch die falschen Leitungen die Funktion der angeschlossenen Geräte gestört wird und es im schlimmsten Fall sogar zu einem Brand kommen kann.

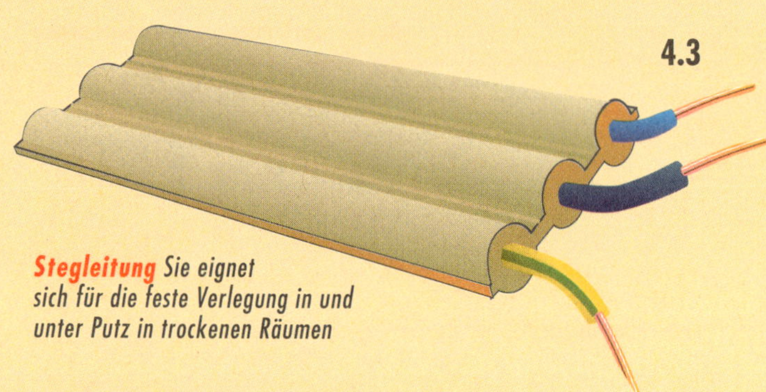

**4.3**

***Stegleitung*** *Sie eignet sich für die feste Verlegung in und unter Putz in trockenen Räumen*

| Bezeichnung | Verwendung (Verlegungsart) | Kurzzeichen | Aderzahl im Beispiel |
|---|---|---|---|
| Stegleitung | Feste Verlegung: in trockenen Räumen in und unter Putz. Nicht in Holzhäusern, auf brennbaren Materialien, in landwirtschaftlichen Gebäuden. | NYIF-J 3 x 1,5 | 3 Adern m. Schutzleiter, ∅ 1,5 mm² |
| Mantelleitung | Feste Verlegung: in trockenen und feuchten Räumen auf, in und unter Putz, kurze Strecken im Freien im Schutzrohr. Nicht im Erdreich | NYM-J 3 x 1,5 | 3 Adern mit Schutzleiter, ∅ 1,5 mm² |
| Erdleitung | Feste Verlegung: im Freien und in der Erde, in Innenräumen | NYY-J 3 x 1,5 | 3 Adern mit Schutzleiter, ∅ 1,5 mm² |
| Leichte PVC-Schlauchleitung | Für ortsveränderliche Verbraucher: in trockenen Räumen bei geringen Beanspruchungen, für leichte Handgeräte und Werkzeuge. Nicht im Freien | H03VV-F 3G 0,75 | 3 Adern mit Schutzleiter, ∅ 0,75 mm² |
| Mittlere PVC-Schlauchleitung | Für ortsveränderliche Verbraucher: in trockenen Räumen bei mittleren mechanischen Beanspruchungen. Nicht im Freien, Gewerbe und Landwirtschaft | H05VV-F 3G 1,0 | 3 Adern mit Schutzleiter, ∅ 1,0 mm² |
| Leichte Gummi-Schlauchleitung | Für ortsveränderliche Verbraucher: in trockenen und feuchten Räumen bei leichten mechanischen Beanspruchungen. Nicht in Gewerbe und Landwirtschaft | H05RN-F 3G 1,5 | 3 Adern mit Schutzleiter, ∅ 1,5 mm² |
| Schwere Gummi-Schlauchleitung | Für ortsveränderliche Verbraucher: in trockenen und feuchten Räumen bei mittlerer mechanischer Beanspruchung. Auf Baustellen | H07RN-F 3G 1,5 | 3 Adern mit Schutzleiter, ∅ 1,5 mm² |

***Gebräuchliche Leitungen*** *In der Tabelle finden Sie die für den Do-it-yourself-Bereich wichtigsten Leitungen. Beachten Sie in jedem Fall die Hinweise für die vorgeschriebenen Verlegungsarten und Einsatzzwecke*

**Beachten Sie in jedem Fall die Warnhinweise auf Seite 309 und 315. Sobald Sie – auch bei der Auswahl des Materials – unsicher sind, fragen Sie einen Fachmann!**

# Elektroarbeiten

*Im zweiten Teil unserer Einführung in die Elektro-Installation erfahren Sie, was Sie beim Verlegen von Leitungen im Haus zu beachten haben, welche Werkzeuge und Materialien Sie benötigen, wie Sie Installationen richtig vorbereiten, planen und schließlich auch prüfen*

## Das müssen Sie beachten!

*Bei Arbeiten an Netzspannung führenden Installationen und an mit Netzspannung betriebenen Geräten ist Sicherheit oberstes Gebot. Von folgenden Regeln dürfen Sie daher nie abweichen, auch wenn dadurch die Arbeit erschwert, verteuert oder verlängert wird.*

- *Nie an Geräten oder Anlagen arbeiten, die unter Spannung stehen. Bei elektrischen Geräten vor Beginn der Arbeiten den Netzstecker ziehen. Vor Arbeiten an Installationen die Sicherung für den entsprechenden Stromkreis abschalten beziehungsweise herausschrauben.*
- *Vor Arbeitsbeginn müssen Sie sich vergewissern, daß die Leitung spannungsfrei ist. Das gilt für professionelle Elektriker wie für Selbstbauer.*
- *Die Sicherung gegen Wiedereinschalten durch Dritte sichern. Dafür können Sie ein Warnschild an der entsprechenden Sicherung in der Verteilung anbringen. Zusätzlich sollten Sie bei Schraubsicherungen die Sicherungspatrone samt Halter nicht irgendwo ablegen, sondern einstecken.*
- *Falls ein Unfall mit einem elektrischen Gerät oder einer elektrischen Anlage geschieht, wird derjenige zur Verantwortung gezogen, der zuletzt daran gearbeitet oder das Gerät repariert hat. Zudem kann bei unsachgemäß ausgeführten Elektroarbeiten der Versicherungsschutz entfallen – entsteht beispielsweise ein Schaden durch eine nicht vorschriftsgemäße Installation oder Reparatur, kann der Verantwortliche in vollem Umfang schadenersatzpflichtig gemacht werden. Zumindest bei umfangreicheren Arbeiten an elektrischen Installationen sollte man den Rat eines konzessionierten Elektrikers einholen und diesen auch die fertige Arbeit abnehmen lassen.*
- *Ein defektes Gerät oder eine unsachgemäße Installation stellen eine permanente Gefahr dar. Wenn Sie sich also während einer Installation oder Reparatur überfordert fühlen, dann brechen Sie die Arbeit ab und beauftragen einen Elektriker!*
- *Ganz besondere Sorgfalt ist bei der Installation von Anlagen im Außenbereich erforderlich, da hier bezüglich der Art der zu installierenden Geräte und der Leitungen besondere Bestimmungen gelten.*
- *Bei allen Arbeiten an elektrischen Geräten und Anlagen – bei Installation oder Reparatur – ist die ausführende Person für die Einhaltung der gültigen VDE-Bestimmungen verantwortlich. Eine der wichtigsten Vorschriften ist die VDE 0100, die Bestimmungen über Schutzmaßnahmen enthält. Jede Person, die an elektrischen Anlagen und Geräten arbeitet, hat sich über diese Vorschrift zu informieren.*

## 1. Installation

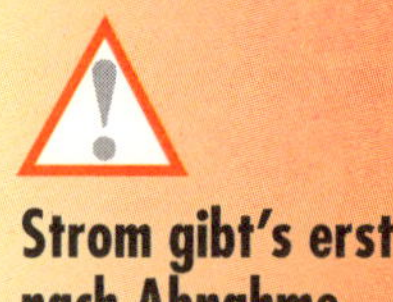

**Strom gibt's erst nach Abnahme**

Wer eine feste Installation neu anlegen oder erweitern möchte, muß einige Vorschriften beachten. In jedem Fall ist es bei solchen Unterfangen sinnvoll, einen konzessionierten Elektriker um Rat zu bitten. Bei Neubauten dürfen Elektroarbeiten sowieso nur unter der Regie eines Elektrikers durchgeführt werden, da die Energieversorgungsunternehmen erst dann Strom in dieses Haus liefern, wenn ein vom zuständigen Versorgungsunternehmen zugelassener Elektriker die Anlage abgenommen hat und dafür verantwortlich zeichnet.

Für die Verlegung von Elektroleitungen unter oder im Putz gibt es sogenannte Installationszonen (1.1), in denen die Leitungen liegen müssen. Ebenso sind bei der Montage von Verteilerdosen sowie Schaltern und Steckdosen diese Zonen einzuhalten. Der Sinn: Bei verputzten Wänden findet man die Leitungen nur mit einigem Aufwand wieder. Wenn man jedoch weiß, daß sie sich in den Installationszonen befinden, kennt man automatisch die Stellen, wo man ohne Risiko bohren und nageln kann.

**Leitungen parallel zu den Raumkanten legen**

Grundsätzlich müssen alle Leitungen parallel zu Decke, Ecke oder Boden geführt werden. Richtungsänderungen haben rechtwinklig zu erfolgen. Rundbögen oder diagonal geführte Leitungen sind nicht zulässig.

## 2. Leitungen legen

Häufig verwendet man Stegleitungen (NYIF) für die Verlegung im Putz. Diese Leitungen werden direkt auf dem Mauerwerk befestigt. Dazu verwendet man spezielle Stahlnägel, deren Kopf mit einer Scheibe aus Isolierstoff versehen ist (2.1). Keinesfalls darf man irgendwelche anderen Nägel verwenden, da hierdurch eine Verletzung der Kupferleiter möglich ist. Die Länge der Stegleitungsnägel richtet sich nach der Art des Mauerwerks – hier findet man durch Probieren die optimale Länge.

**Spezialnägel für Stegleitungen**

**Für jede Leitung eigene Nägel**

Verlegt man mehrere Leitungen gleichzeitig, darf man niemals mit einem Nagel zwei oder mehrere Leitungen befestigen. Ebenso ist auf einen ausreichenden Abstand (1 bis 2 cm) parallel lie-

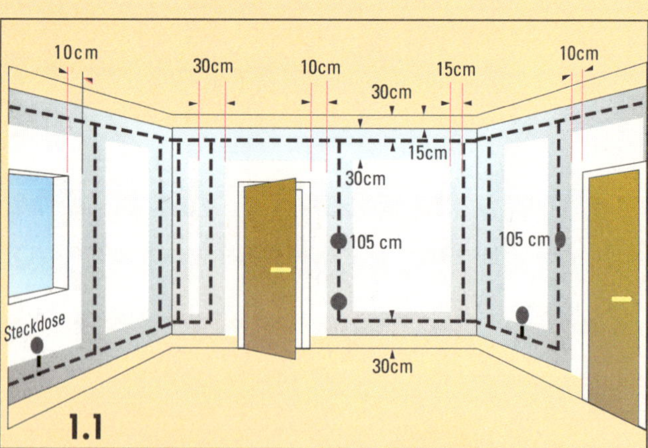


***Installationszonen:** An Wänden werden Leitungen waagerecht und senkrecht verlegt. An Decken dürfen Leitungen zum Leuchtenauslaß diagonal liegen. In Wohnräumen sind die waagerechten Zonen 30 cm breit. Die in dieser Zone liegenden Leitungen sind im Mittel 30 cm von Fußboden oder Decke entfernt. Die senkrechten Zonen sind 20 cm breit, die Leitungen verlaufen hier im Mittel 15 cm von Zimmerecken, Türdurchbrüchen und Fensterkanten. Schalter müssen in einer Installationszone liegen, wobei der Abstand zum Fußboden 105 cm betragen soll. Steckdosen liegen in der Installationszone 30 cm über dem Fußboden. Verteilerdosen müssen sich ebenfalls in den Installationszonen befinden*

**2.1** ***Stegleitungen*** *Grundsätzlich darf ein Nagel in einer Stegleitung nur durch die dünnen Verbindungsstege zwischen den einzelnen Adern geschlagen werden. Für eine sichere Befestigung der Leitung sollten Nägel im Abstand von etwa 25 cm sorgen*

**2.2** ***Einfacher: Befestigung mit Gipspflaster*** *Besonders bei der Leitungsverlegung auf Beton ist das Nageln ein mühsames Unterfangen. Einfacher ist hier die Leitungsbefestigung mit Gipspflastern. Damit man alleine arbeiten kann und keinen Helfer benötigt, der die Leitung festhält, bis der Gips getrocknet ist, kann man die Leitung mit Nägeln fixieren. Dazu schlägt man einen Stahlnagel nur so weit in den Beton, bis die Leitung gerade hält. Anschließend befestigt man sie mit den Gipspflastern und entfernt die Nägel wieder nach dem Aushärten des Gipses*

**Bögen legen:** *Um einen Bogen mit einer Stegleitung zu legen, gibt es zwei Möglichkeiten. Man kann einmal die Leitung an den Verbindungsstegen im Bogenbereich aufschneiden und die einzelnen Adern dann so legen, daß sie nicht über die Höhe der Gesamtleitung herausragen. Allerdings besteht bei dieser Methode immer die Gefahr, die Isolation zu verletzen. Sicherer ist es, die Leitung rechtwinklig umzuklappen. Da hierbei die Leitungsdicke sich an der Ecke verdoppelt, sollte man das Mauerwerk durch einige Schläge mit der Hammerfinne etwas „ausstemmen"*

**Verlegen auf Putz** *Bei der Leitungsbefestigung mit Schellen muß ein Schellenabstand in der Waagerechten von 25 cm eingehalten werden, in der Senkrechten kann man die Schellen mit 30 bis 40 cm Abstand setzen. Vor Geräten (Schalter, Steckdosen, Verteilerdosen) sollte die letzte Schelle in 10 cm Entfernung sitzen*

2.4.1

2.4.2

3.1.1 3.1.2 3.1.3

**Gerätedosen:** *Beim Einkauf der Dosen muß man darauf achten, daß Dosen zur Aufnahme von Schaltern oder Steckdosen einen Durchmesser von 60 mm haben. Diese Dosen bezeichnet man auch als Schalterdosen. Müssen in so einer Schalterdose noch zusätzliche Leitungsverbindungen vorgenommen werden, so reicht die Tiefe der Schalterdose nicht aus. Als Lösung für dieses Problem bietet die Industrie Geräteverbindungsdosen an. Diese Dosen haben den gleichen Durchmesser wie die Schalterdosen, sind aber um einiges tiefer (3.1.3). Dadurch finden zusätzliche Leitungen und Verbindungsklemmen in der Dose auch dann Platz, wenn eine Steckdose oder ein Schalter montiert ist*

**Dosen anreihen:** *Wenn mehrere Gerätedosen kombiniert werden sollen, beispielsweise für eine Doppelsteckdose, dann müssen die einzelnen Dosen in einem genormten Abstand zueinander in der Wand montiert sein, damit die Rastermaße für die Schalter- und Dosenabdeckungen eingehalten werden. Diesen Abstand sichern an die Dosen angespritzte Verbindungsstücke: Durch einfaches Zusammenstecken der Dosen erhält man dann automatisch den richtigen Abstand. Allerdings gibt es hier von verschiedenen Herstellern unterschiedliche Stecksysteme*

gender Leitungen zu achten, damit der Putz Halt auf dem Mauerwerk findet – auf den Leitungen haftet er extrem schlecht.
Auch bei der Aufputzverlegung sollten die Leitungen in den Installationszonen liegen, alle Richtungsänderungen müssen rechtwinklig erfolgen. Auch hier ist also eine diagonale Verlegung untersagt. Sie können eine Mantelleitung (NYM) in einem Kunststoffrohr (2.4.2), mit Dübelschellen, in Kunststoff-Kabelkanälen oder mit Nagelschellen (2.4.1) befestigen. Praktisch für spätere Nachrüstungen ist die Verlegung in Kabelkanälen – diese Kästen montiert man, legt die Leitungen ein und verschließt den Kanal mit dem passenden Kunststoffprofil.
Verlegt man eine Mantelleitung in einem Rohr, sollte dieses in der Waagerechten maximal alle 40 cm und in der Senkrechten spätestens alle 50 cm fixiert werden. Bis in die Abzweigdosen dürfen die Rohre übrigens nicht hereingeführt werden.

## 3. Verteiler und Anschlußdosen

Anfang und Ziel vieler Leitungen sind Verteiler- oder Anschlußdosen. Bei Unterputzinstallationen verwendet man Unterputzdosen aus Kuststoff (3.1).
Verteilerdosen bieten mehr Raum zur Aufnahme von Leitungen und Klemmen. In der runden Ausführung haben Verteilerdosen meist einen Durchmesser von 70 mm und sehen ähnlich aus wie eine Gerätedose, jedoch ohne Verbindungsstutzen. Nach der Montage und dem Verputzen der Wände verschließt man die Verteilerdosen durch einen Klemmdeckel aus Kunststoff. In allen Verteilerdosen ist eine Prägung vorhanden, die angibt, wieviele Leiter (einzelne Adern) und Klemmen maximal in der Dose liegen dürfen, damit sie sich nicht übermäßig erwärmt. Ignorieren Sie diese Angaben niemals!
Bereits bei der Planung einer Installation müssen Sie darauf achten, daß in einer Verteilerdose grundsätzlich nur jeweils ein Stromkreis liegen darf. Durch diese Regel soll sichergestellt sein, daß die Dose nach dem Abschalten der dazugehörigen Sicherung stromlos ist.

**Leitungen auch auf Putz rechtwinklig legen**

**Zukunftssicher: Kabelkanäle**

**Standard-∅ für Verteilerdosen: 70 mm**

**Maximale Zahl der Klemmen und Adern beachten**

**Je Dose nur ein Stromkreis**

**Dosen dürfen nicht über den Putz ragen**

**Dosen mit Gips befestigen**

**Ausgleichsringe egalisieren Putzunebenheiten**

**Bei Aufputzmontage auf das Zubehör achten**

Bevor man eine Unterputzdose setzt, ist deren Lage genau zu markieren. Beachten Sie hierbei unbedingt die Installationszonen. Sollen Dosen für Kombinationen gesetzt werden, sind die Gerätedosen zusammenzustecken (3.2) und dann die genaue Lage zu markieren. Alle Dosen sind so weit in der Wand zu versenken, daß nach dem Verputzen der Dosenrand bündig mit der Putzfläche abschließt. Das gilt für Verteiler- ebenso wie für Gerätedosen. Dazu ist mit Meißel und Fäustel oder einem Dosensenker für die Bohrmaschine ein entsprechendes Loch in das Mauerwerk zu stemmen.

Nun brechen Sie die für die Leitungseinführung benötigten Öffnungen an den vorgesehenen Stellen aus. Für die Leitungseinführung stemmen Sie zudem noch eine schräge Vertiefung zu der vorgesehenen Einlaßstelle in der Dose. Die Wandöffnung reinigen Sie und nässen sie vor. Füllen Sie eine ausreichende Menge Gips in das Loch und drücken sofort die Dosen in ihre Position. Kontrollieren Sie die Lage der Dose: sie sollte bei geraden Wänden höchstens 1,5 cm über das Mauerwerk herausragen. Bei Kombinationen zudem mit der Wasserwaage die horizontale oder vertikale Lage kontrollieren. Gegebenenfalls entfernen Sie nun den Gips, der die Einführungsöffnung für das Kabel verschließt. Stellt sich nach dem Verputzen heraus, daß Sie die Dose zu tief gesetzt haben, können Sie die Dosenhöhe durch Aufschrauben von Putzausgleichsringen der tatsächlichen Putzstärke anpassen.

Bei der Aufputzinstallation verwendet man spezielle Verteilerdosen, meist sogenannte Feuchtraumverteiler. Alle an die Leitung angeschlossenen Geräte müssen dann auch für die Aufputzmontage geeignet sein und den Gegebenheiten des Raumes entsprechen – also beispielsweise in Räumen wie Garagen und vielen Kellern für Feuchträume geeignet sein.

## 4. Leitungen anschließen

Sind die Leitungen auf der Wand verlegt und die Dosen gesetzt, müssen die Adern der Leitung angeschlossen werden. Dazu ist

3.3

***Hohlwanddosen:*** *Müssen Sie in Hohlwänden Dosen setzen, sind dafür spezielle Hohlwanddosen zu verwenden. Bedenken Sie bitte: In Hohlwänden darf keinesfalls Stegleitung verlegt werden; hier ist eine Mantelleitung (NYM) das Kabel der Wahl. Zur Montage dieser Dosen in Gipskarton oder Holzverkleidungen ist mit einer Lochsäge ein Loch entsprechend dem Dosendurchmesser auszuschneiden. Für die Leitungseinführung brechen Sie die entsprechenden Öffnungen einfach aus der Dosenwand an den vorgesehenen Stellen aus. Sind die Löcher geschnitten, können Sie die Dosen einsetzen und durch Anziehen der Schrauben mit den Krallen an der Wand befestigen. Nach dem Anschluß des Geräteeinsatzes (Steckdose oder Schalter) an die Leitung darf dieser nicht mit den Spreizkrallen fixiert werden – bei Hohlwanddosen müssen die Schrauben der Dose durch die Öffnungen am Rahmen des Geräteeinsatzes geführt und dann festgezogen werden. Alternativ dazu kann man bei etlichen Dosen den Einsatz auch mit separaten Schrauben an der Dose befestigen*

3.4 ***Montage im Putz*** *Die abgebildete flache Dose ist lediglich 15 mm dick und eignet sich daher nur für Stegleitungen. Unterputzdosen werden versenkt und dürfen nur etwa 15 mm über die rohe Wand ragen, damit sie vollständig eingeputzt werden*

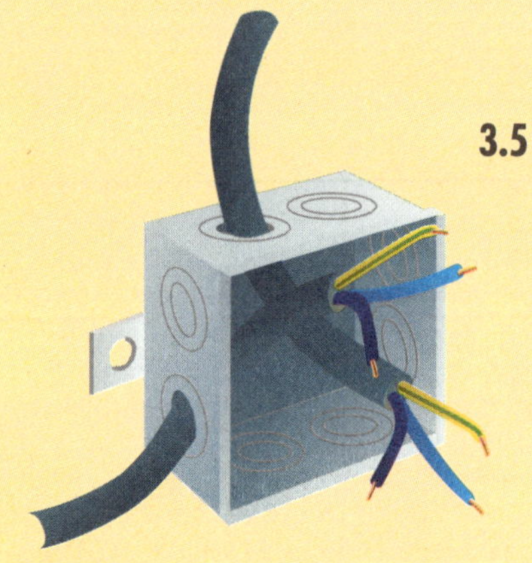

3.5 ***Leitungen einführen:*** *Für die vorgesehenen Leitungen brechen Sie die gestanzten Löcher aus der Dosenwandung aus und führen die Leitungen nach dem Verlegen dort ein*

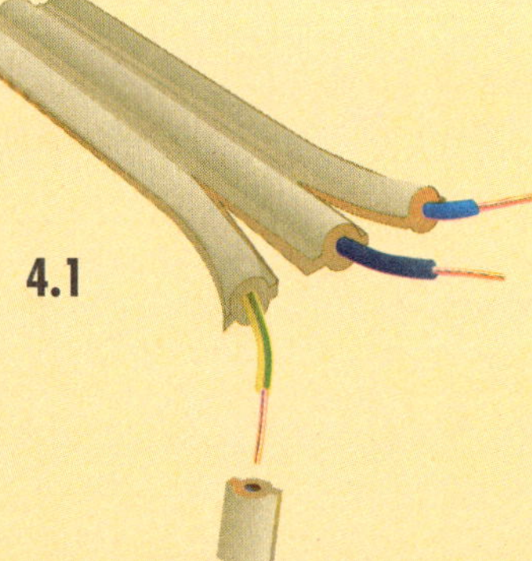

4.1

***Stegleitungen abisolieren*** *Bei Stegleitungen ist dies sehr einfach: In der Dose kann man die elastische Außenisolation am schnellsten mit den Fingern von den Adern abziehen, wenn man zuvor die Leitung an den dünnen Verbindungsstegen aufgerissen hat. Hier ist in der Regel keinerlei Werkzeug nötig*

**Abisolieren:** *Bei Mantelleitungen entfernt man die äußere Isolation durch einen vorsichtig durchgeführten Kreisschnitt um den Umfang der Leitung. Anschließend biegt man den Mantel an der Schnittstelle, wodurch entweder der Schnitt nur aufklafft oder die Außenisolation aufreißt. Hier schneiden Sie gegebenenfalls vorsichtig nach, damit der Mantel aufreißt. Ist das auf dem ganzen Leitungsumfang geschehen, können Sie die Außenisolation wie einen Schlauch abziehen. Darunter liegt eine Füllschicht aus einem weichen Material, das sich leicht mit den Fingern abziehen läßt*

4.2.1

4.2.2

**Abisolierzange:** *Von den inneren Adern ist nun noch für den Anschluß die Isolation auf einer Länge von etwa 1-1,5 cm zu entfernen. Am einfachsten geschieht das mit einer speziellen Abisolierzange. Entweder stellen sich diese Zangen automatisch auf die Stärke der Leitung ein, oder Sie müssen mit einer Stellschraube die Schnitttiefe so begrenzen, daß nur die Isolation eingeschnitten wird, nicht der Kupferleiter. Diese Zangen setzt man dann auf die Leitung, drückt die Griffe zusammen und zieht die Isolation vom Kupferleiter*

4.3

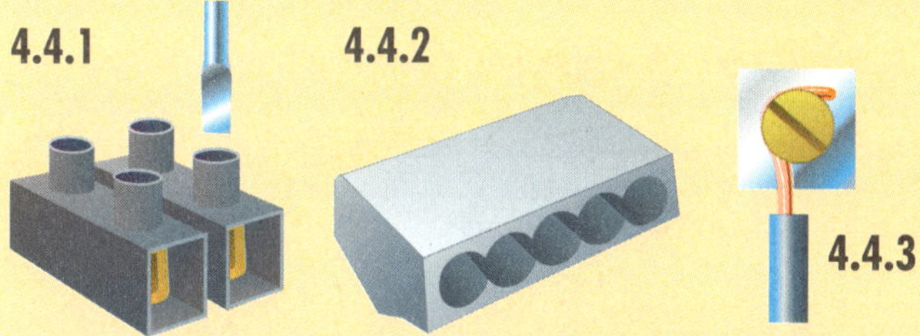


**Klemmen:** *Lüsterklemmen (links) und die ähnlichen Dosenklemmen halten den Draht mit Hilfe von Schrauben fest. Steckklemmen (Mitte) sind werkzeuglos zu bedienen. Die eigentlich veralteten Schraubanschlüsse (rechts) finden sich immer noch in vielen Steckdosen*

**Endhülsen für flexible Adern:** *Aderendhülsen sind kleine Metallhülsen, die es in unterschiedlichen Durchmessern gibt. Dieser muß dem Querschnitt der Adern entsprechen. Die passende Hülse wird einfach auf das abisolierte Leiterbündel geschoben und mit einer Spezial-Quetschzange befestigt. Anschließend kann die so vorbereitete Ader angeschlossen werden*

zunächst die äußere Isolation zu entfernen (4.1, 4.2). Kontrollieren Sie nun die freiliegenden Adern: Ihre Isolation darf nicht eingeschnitten oder anderweitig beschädigt sein. Falls das doch einmal geschehen ist, müssen Sie das bereits abisolierte Ende abschneiden und die Leitung erneut abisolieren. Generell ist es beim Abisolieren wichtig, den Kupferleiter nicht zu beschädigen. Ist er eingeschnitten oder angequetscht, kann er später leicht an der Einkerbung brechen.

**Beschädigte Adern neu abisolieren**

Der Anschluß der abisolierten Adern erfolgt in Verbindungsdosen meist an Dosenklemmen. Diese haben im Gegensatz zu den kleineren Lüsterklemmen (4.4.1) nur eine Schraube und können problemlos mehrere Leiter aufnehmen. Die blanken Aderenden sind in die Klemme einzuführen und die Schraube anzuziehen. Die Klemmschraube muß unbedingt fest angezogen sein, um einer zu großen Wärmeentwicklung vorzubeugen. Allerdings dürfen Sie sie auch nicht zu fest anziehen, da dann die Kupferleiter abgequetscht werden können. Gegebenenfalls weit aus der Klemme herausragende Adern können Sie dann abschneiden.

**Standard: Dosenklemmen**

**Adern mit Gefühl anklemmen**

Alternativ zu diesen Dosenklemmen gibt es die (teureren) schraublosen Steckklemmen (4.4.2). In diese wird der auf etwa 11 mm abisolierte Leiter lediglich eingesteckt. Bei den meisten Schaltern erfolgt der Aderanschluß genau wie bei den Steckklemmen: der blanke Kupferdraht ist lediglich in die Anschlußklemme einzuschieben. Hier gibt es allerdings eine Nase, die bei Druck den Leiter wieder freigibt. Bei den Verbindungsklemmen muß man den Leiter unter Drehbewegungen aus der Klemme herausziehen.

**Steckklemmen: teurer, aber praktischer**

Bei Steckdosen ist vielfach immer noch ein Schraubanschluß üblich (4.4.3). Hier sollten Sie die Kupferader zu einer Öse biegen und diese dann so unter die Schraube legen, daß das offene Ende in die Richtung weist, in der die Schraube festgezogen wird. Dadurch zieht sich die Öse beim Festdrehen der Schraube zu.

**Noch anzutreffen: Schraubklemmen**

Grundsätzlich sollten Sie bei allen Anschlußarbeiten darauf achten, daß das abisolierte Ende einer Leitung vollständig in der Klemme verschwindet und nicht herausragt – dadurch vermeiden Sie Kurzschlüsse.

**Blanke Drähte dürfen nicht überstehen**

**Flexible Leitungen mit Endhülsen versehen**

Bei allen flexiblen Leitungen haben Sie eine kleines Bündel an feinen Kupferdrähtchen vor sich. Zum Anschluß dieser Leiter ist zwingend die Verwendung von Aderendhülsen aus Metall vorgeschrieben (4.5). Keinesfalls ist es erlaubt, die Leitung zu verzinnen oder nur zu verdrillen und dann anzuschließen.

## 5. Werkzeuge und Prüfgeräte

Für die Installation benötigen Sie Hammer, Fäustel, Meißel, Zollstock, Bleistift, Gipsbecher, Spachtel, Bohrmaschine und Steinbohrer – gegebenenfalls Dosenfräser bzw. Lochsäge.

**Werkzeug nach VDE-Norm**

Für Anschlußarbeiten am 230-Volt-Netz sollten Sie gemäß den VDE-Vorschriften vollisolierte Werkzeuge verwenden. Das betrifft vor allem Schraubendreher, Kombizange, Seitenschneider und Abisolierzange. Zudem ist für alle Arbeiten mit flexiblen Leitungen eine Aderendhülsen-Quetschzange erforderlich.

**Phasenprüfer**

Außerdem sind mindestens noch zwei Prüfgeräte erforderlich: ein Phasenprüfer und ein Zweipol-Spannungsprüfer. Mit dem Phasenprüfer (5.1) können Sie einzelne Adern darauf überprüfen, ob sie Spannung führen. Dabei fließt ein sehr kleiner, unschädlicher Strom durch Ihren Körper. Er kann jedoch nicht fließen, wenn Sie auf nichtleitenden Materialien stehen, etwa einer Leiter aus Holz. Trotzdem können Sie einen Stromschlag bekommen, wenn Sie ohne Phasenprüfer die elektrische Leitung berühren!

**Stromschlag auch auf nichtleitendem Grund**

**Zweipol-Spannungsprüfer**

Mit einem Zweipol-Spannungprüfer (5.2.1) können Sie ebenfalls feststellen, ob an einer Leitung Spannung anliegt. Für den Prüfvorgang müssen die beiden isolierten Prüfspitzen an die beiden Pole der zu messenden Spannung angeschlossen werden (5.2.2). Allerdings liefert ein Zweipol-Spannungprüfer nur dann eine Aussage, wenn Sie zwischen zwei Leitungen messen – erwischen Sie dabei zum Beispiel den Schutzleiter und den Mittelleiter, wird der Prüfer keine Spannung anzeigen, obwohl an der dritten Leitung Spannung anstehen kann. Messen Sie beim Einsatz des Zweipolprüfers also grundsätzlich jede Leitungsader gegen jede andere.

**Alle Adern gegeneinander prüfen**

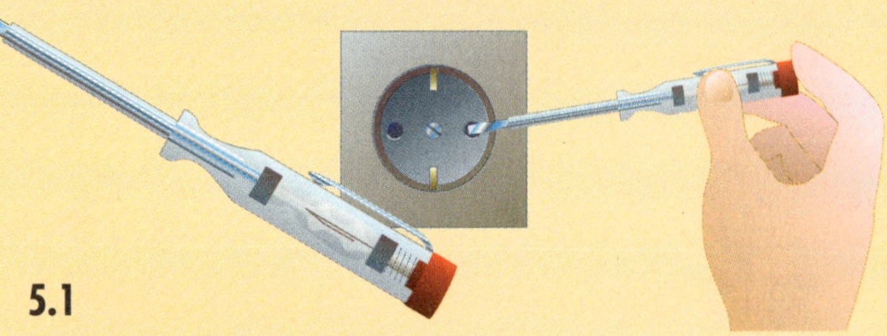

5.1

***Anwendung des Phasenprüfers:*** *Wenn Sie mit der Spitze des Phasenprüfers eine spannungsführende Leitung berühren und gleichzeitig die Metallkappe am Griff des Gerätes anfassen, leuchtet die Glimmlampe im Griff des Prüfers auf. Um zu korrekten Aussagen mit einem Phasenprüfer zu kommen, sollten Sie den Phasenprüfer in der einen Hand halten und damit die Leitung testen und mit der anderen Hand beispielsweise die Decke oder Wand anfassen, damit der Prüfstrom fließen kann*

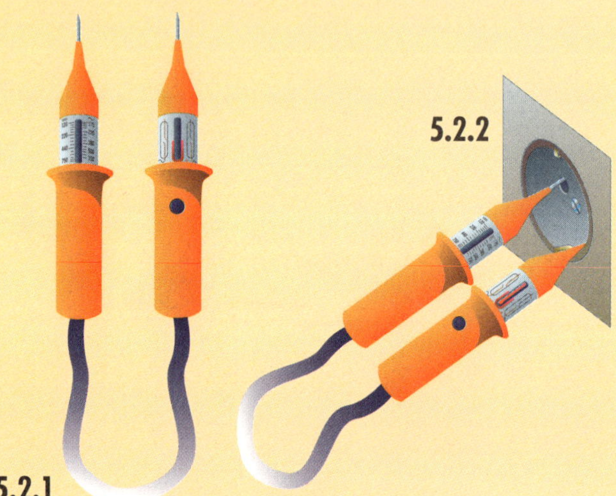

5.2.1 5.2.2

***Sicherer – der Zweipolprüfer:*** *Wenn Sie die Spitzen des Zweipolprüfers in eine Steckdose stecken, leuchtet eine kleine Lampe im Griff des Prüfgerätes auf. Da bei diesem Gerät kein Strom durch den Körper fließt, ist seine Anwendung sicherer. Zudem sind solche Fehlermöglichkeiten wie beim Phasenprüfer ausgeschlossen*

5.3

***Hilfsmittel: Durchgangsprüfer***
*Bei der Überprüfung von Neuinstallationen ist ein Durchgangsprüfer ein hilfreiches Gerät. Wenn seine beiden Anschlußleitungen miteinander verbunden sind, leuchtet eine Lampe auf und/oder ein akustisches Signal ertönt. Damit kann man leicht feststellen, welche Leitung wo endet und wie sie beschaltet sein muß. Allerdings darf man mit solch einem Gerät niemals an Leitungen arbeiten, die unter Spannung stehen. Der für den Test nötige Strom stammt aus einer Batterie im Testgerät*

# Alles aus einer Hand

**Elektro-Installationen waren für Heimwerker bislang tabu. ›selbst‹ stellt ein Bausatz-System vor, das der Do-it-yourselfer alleine einbauen darf**

Auch wenn die zur Installation und Verlegung von Elektroanlagen erforderlichen Techniken nicht schwerer zu erlernen sind als andere handwerkliche Verfahren (s. vorangehende Seiten), gab es doch lange Zeit eine starke Hemmschwelle bei den Heimwerkern. Zu groß waren die Angst vor Stromunfällen und ungeklärten Haftungsfragen. Als erster Bausatz-Anbieter reagierte die Firma Hermann aus Schwerte auf die Situation mit einem maßgeschneiderten Elektro-Installationspaket. Wir hatten Gelegenheit, dieses Angebot zu testen.

Während der gesamten Installationsphase kommt der Selbstbauer nie mit Strom in Berührung. Er führt lediglich jene zeitraubende Arbeiten aus, die vor dem Anschluß ans Netz des Elektro-Versorgers anfallen. So muß er Schlitze und Dosenöffnungen herstellen, verlegt Kabel für Taster und Steckdosen (siehe dazu die Fotos 1 bis 7) und klemmt die einzelnen Leitungen zum Schluß nur noch Farbe auf Farbe zusammen. Alles weitere, von der Planung und den erforderlichen Anträgen für das E-Werk bis hin zu Prüfung, Endabnahme und Kundendienst übernimmt der Bausatzanbieter. Diese Leistungen sind komplett im Bausatz enthalten. Es kommen keine weiteren Kosten auf den Selbstbauer zu.

Ausgehend vom Grundriß des Hauses, wird zunächst per Computer ein Installationsplan nach Kundenwunsch erstellt. Material, Werkzeug und der fertig

1 Nach dem 3D-Verlegeplan werden die erforderlichen Schlitze und Dosen an der Wand markiert

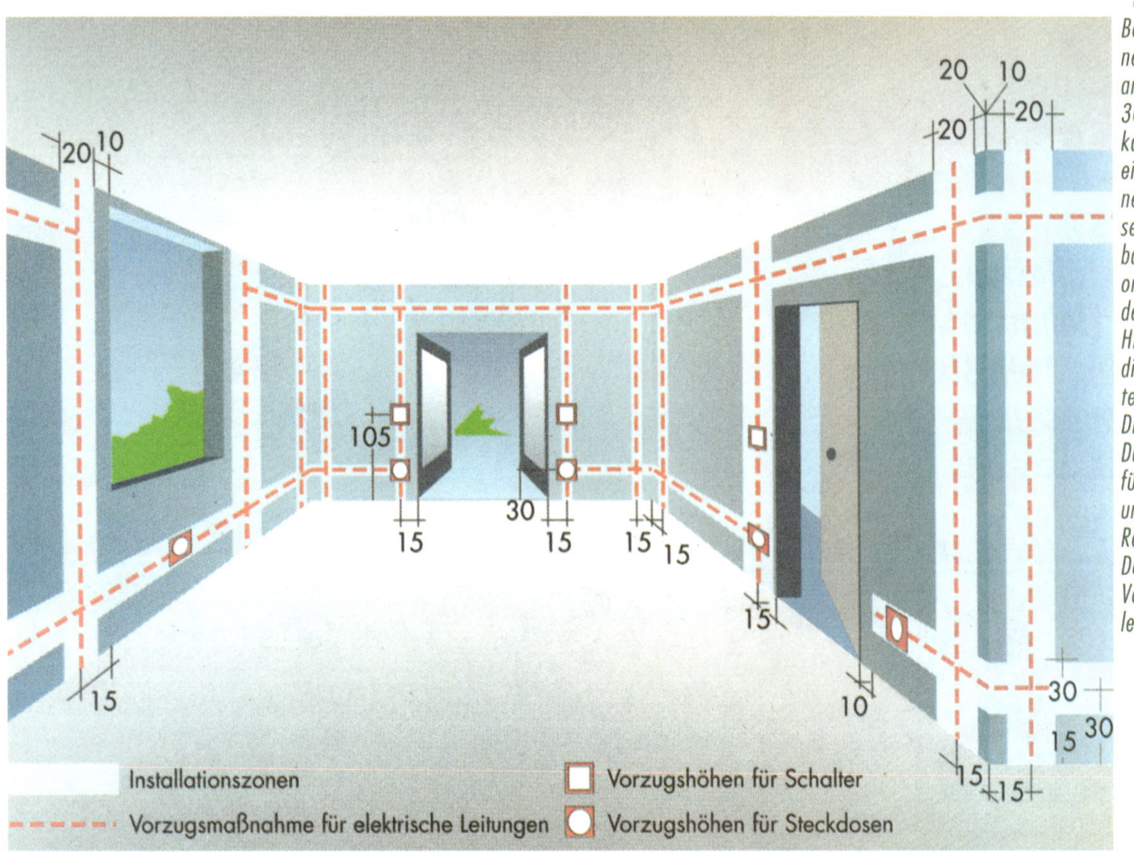


*Bei Elektroinstallationen ist der Lohnkostenanteil besonders hoch. 30 bis 40 Prozent kann der Heimwerker einsparen, wenn er seinen Kabelsatz im Haus selbst verlegt. Die Einbaupläne und Installations-Vorschläge machen den Selbstbau leicht. Hilfreich sind hier auch die im Bausatz enthaltenen 3-D-Zeichnungen: Diese dreidimensionale Darstellung ist selbst für Laien leicht lesbar und verständlich. Eine Reihe von zusätzlichen Detailzeichnungen und Vorschlägen klärt die letzen offenen Fragen*

**2** *Die Profimaschine stellt der Bausatzanbieter gegen eine Gebühr zur Verfügung. Beton, Bims und Porenbeton-Steine sind für dieses Werkzeug kein Problem*

**3** *Mit der Mauerfräse werden nun die Schlitze für die Leerrohre und Kabel gefräst. Dabei sollte immer der Absauger in Betrieb sein. Das Gerät hält die Raumluft staubfrei*

**4** *Die mitgelieferten Unterputzdosen werden mit Hilfe von Spezial-Dübeln ohne Gips oder Mörtel in die vorbereiteten Öffnungen eingelassen*

**5** *Als nächstes werden die im Bausatz enthaltenen Kabel verlegt. Dank der fünfadrigen Ausstattung der Kabel ist der Einsatz von Leerrohren weitgehend überflüssig*

6 Sind alle Kabel in der Dose verlegt, kann man die Verdrahtung vornehmen. Im Bausatz enthalten sind auch die Lüsterklemmen und Steckverbindungen

7 Farbe auf Farbe in den Verteilerdosen. Alle Klemmen haben schraubenlose Steckhülsen als Verbindung. Verlegefehler sind beim Hermann-Bausatz fast ausgeschlossen

## Der Elektro-Bausatz

Zu jedem Raum des Hauses bekommt der Bausatzkunde ein seperates Paket mit dem dafür vorgesehenen Installations-Material. Zu jedem Paket gibt es wiederum einen dreidimensionalen Installationsvorschlag. Die Raumbezeichnung auf dem Bausatzpaket entspricht den Raumbezeichnungen auf dem Elektro-Bauplan. Grundsätzlich werden alle Räume mit Tasterschaltungen versehen. Entlang der Außenwände ist ein i-bus-Steuerkreis vorgesehen. Den Anschluß zum und vom Zählerschrank führt der Hermann-Servicemeister nach den Bestimmungen der örtlichen Elektro-Versorgungsunternehmen durch.

## Stromverteiler

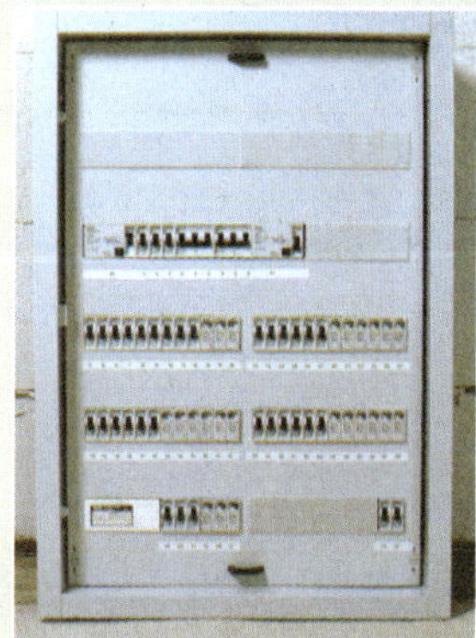

Das Herzstück der Anlage ist der Verteilerkasten. Die Anlage läßt sich damit zu einem i-bus-System (digitales Datennetz) aufrüsten. Heute schon im Zählerschrank enthalten sind u. a. ein Drehstrom-FI-Schalter sowie ein Feldfreischalter. Die Feldfreischaltung verhindert elektromagnetische Felder, die Schlaf- und Gesundheitsstörungen hervorrufen können. Im fertig montierten Verteilerkasten sind noch ausreichend Steckplätze für Installations-Erweiterungen.

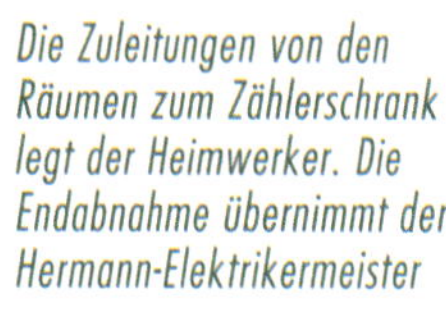

Die Zuleitungen von den Räumen zum Zählerschrank legt der Heimwerker. Die Endabnahme übernimmt der Hermann-Elektrikermeister

bestückte und verdrahtete Verteilerkasten kommen per Bahnexpreß. Der Lieferumfang beinhaltet neben einem reichhaltigen Sportiment hochwertiger Steckdosen und Schalter von Siemens auch einen Bewegungsmelder für die Haustürbeleuchtung und eine Haussprechanlage. Auch an die Zukunft wurde gedacht: Das System arbeitet an allen Tür- und Fensteröffnungen in einem Ein- oder Mehrfamilienhaus mit dem aufwärtskompatiblen i-Bus-System. Dieses neue Verdrahtungsprinzip läßt sich ohne Eingriff ins verlegte Netz erweitern. Es werden einfach die Relais im Verteiler durch i-Bus-Systemgeräte ersetzt. So können dann z. B. mit einem Tastendruck oder einem Telefonanruf sämtliche Rolläden heruntergelassen und die Alarmanlage scharfgestellt werden.

Rund 100 Stunden sollte der Heimwerker für die Montage in einem Einfamilienhaus veranschlagen. Die Kosten für den Bausatz variieren: je nach Größe und Ausstattung des Hauses. Sie betragen zwischen 9000 und 12 500 Mark. Der durch Eigenleistung eingesparte Lohn für den Elektro-Installateur ist beträchtlich.

Die Garagentore „Euroline“ und „Euroclassic“ von Normstahl werden bis 3 m Breite und 2,5 m Höhe vormontiert geliefert. Das erspart dem Heimwerker einen komplizierten Zusammenbau

# Komfort auf Knopfdruck

## Beim Aufbau eines Garagentors mit Antrieb lassen sich bis zu 800 Mark einsparen. Wir haben es ausprobiert

Der Aufbau eines Garagentores durch den Heimwerker bietet sich geradezu an – erst recht, wenn wie in unserem Beispiel das Garagentor fast komplett angeliefert wird und nur noch nach Anleitung an der Laibung der Garage justiert werden muß. Aber auch der Rahmen, in dem das Tor nach dem Einbau geführt wird, ist einfach und dank der verständlichen Bedienungsanleitung schnell aufgebaut. Sie müssen nur die beiliegenden Systemteile zusammenfügen, schon ist das Tor einsatzbereit.
Ebenfalls narrensicher ist der Torantrieb „Perfekt“ von Normstahl. Hier wird lediglich die Laufschiene aufgeklappt und dann der Antrieb mit dem Tor verbunden. Für diese Arbeiten ist kein Spezialwerkzeug erforderlich. Es genügen hier eine

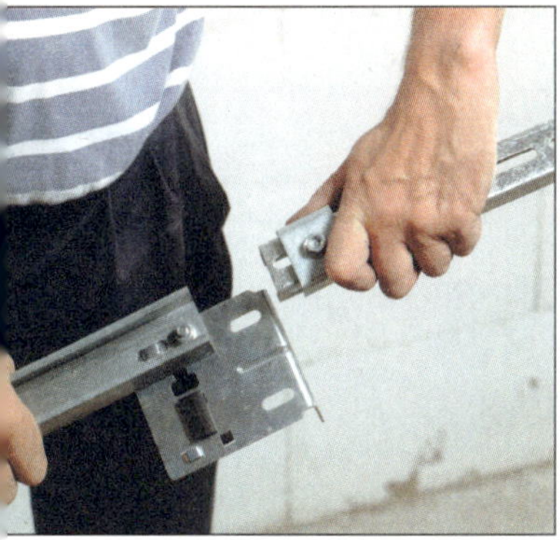

*Bis auf wenige Teile ist der Antrieb komplett zusammengebaut. Die Führungsschiene sichert man durch vier Schrauben und Muttern*

**2** *Danach wird der Rahmen für den Torantrieb über dem Sturz waagerecht befestigt. Bei Porenbeton-Steinen müssen Spezialdübel her*

*Am Rahmen des Garagentores muß die Laufschiene aus Kunststoff gesichert werden. Die Systemteile erleichtern den Einbau auch hier*

**4** *Anschließend stützen Sie die seitlichen Laufschienen aus Aluminium auf dem Mauerwerk gegen Abknicken mit einem Winkel ab*

*Die Laufrollen verbinden an sechs Punkten das Garagentor mit dem Rahmen. Sie laufen völlig fettfrei und müssen nicht eingeölt werden*

**6** *Jetzt wird die Torsionsfeder nach Anleitung vorgespannt. Das Werkzeug hierfür wird mitgeliefert. Diesen Arbeitsschritt vorsichtig durchführen*

*Die Codierung der Funkfernsteuerung erfolgt an Sender und Empfänger. Man sollte mindestens eine vierstellige Codenummer eingeben*

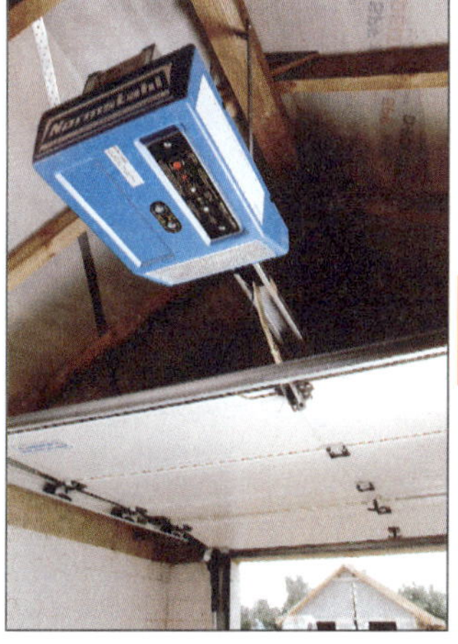

**8** *Beim „Perfekt“ von Normstahl lassen sich Hindernis-Sicherung, Beleuchtung und Endabschaltung einstellen*

## Nebentür einbauen

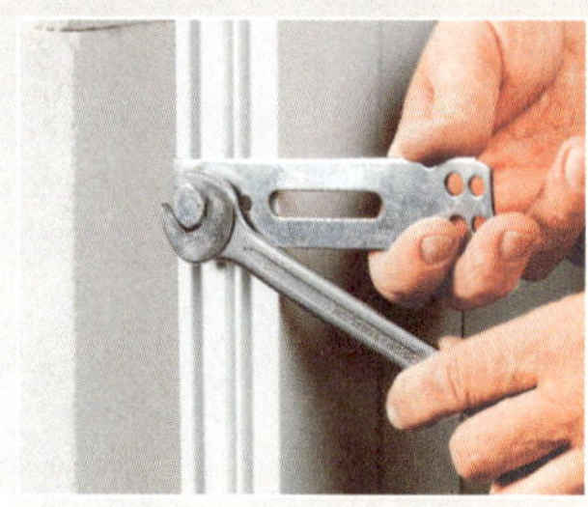

*Die Löcher an der Normstahl-Türzarge sind vorgebohrt. Sie müssen lediglich den Verbindungsanker anschrauben*

*Jetzt werden die Anker an sechs Stellen im Mauerwerk gesichert. Danach ist die Nebentür sofort funktionsfähig*

*Soll das Mauerwerk verputzt werden, kann die Nebentür fluchtgerecht eingesetzt werden. Wird die Garage jedoch verklinkert, erfolgt der Tür-Einbau besser danach*

*Die verschiedenen Hersteller bieten mittlerweile zu jedem Garagentor eine im Design baugleiche Nebentür an. Sie wird komplett mit Zarge ausgeliefert und kann ohne viel Aufwand vom Heimwerker eingebaut werden. Sämtliche Teile für die Befestigung liegen dem Einbausatz bei. Auch die Türdrücker-Garnitur sowie ein Zylinderschloß werden werksseitig geliefert.*

Bohrmaschine mit dem passenden Bohrer und ein Knarrenkasten.

Knapp zwei Stunden haben wir für ein 250 x 212,5 cm großes Tor benötigt, und der Garagenantrieb war in einer halben Stunde einsatzbereit. Deshalb wundert es, daß Handwerksbetriebe für den Aufbau rund 650 Mark kalkulieren. Zumal keine weiteren Arbeiten anfallen, da beispielsweise der 220-V-Antrieb beim „Perfekt“ steckdosenfertig vormontiert ist. Ist das Tor vom Heimwerker fachgerecht nach Anleitung aufgebaut, gibt es bei Normstahl auf den Antrieb fünf und aufs Tor zehn Jahre Garantie – eine lobenswerte Leistung. Ebenso einfach ist die Nebentür in der Garage eingebaut. Auch hier lassen sich leicht 200 Mark einsparen, wenn man die Garagentür selbst einsetzt.

Welches Tor zum Einsatz kommt, hängt häufig von den Platzverhältnissen ab und von dem, was der Heimwerker anlegen möchte. Sektionaltore sind generell etwas teurer als die weitverbreiteten Kipptore; sie haben aber den Vorteil, daß ein Auto bis ans Tor heranfahren kann.

## Neuheiten rund um die Garage

Der Torantrieb „Perfekt Solar" (1347 Mark) eignet sich für Garagen ohne Stromanschluß und ist universell für alle gängigen Schwing- und Decken-Sektional-Tore einsetzbar. Als Energiequelle dienen dem Antrieb Solarzellen. Die gewonnene Energie wird in einer wartungsfreien Autobatterie gespeichert

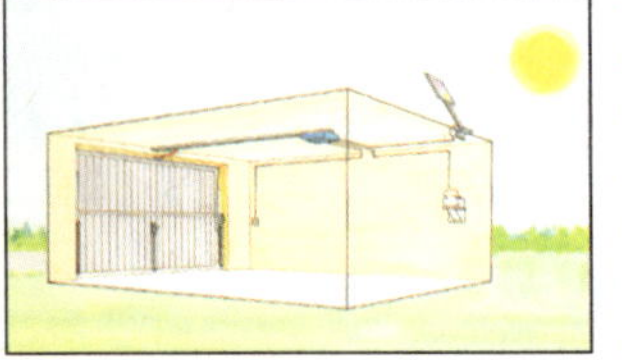

Großes Tor- und Türen-Angebot: Passend zu allen acht Sektionaltor-Ausführungen in Stahl und Holz sind bei Hörmann Nebentüren mit dem gleichen Oberflächenmaterial lieferbar. Sie erlauben eine Frontgestaltung aus einem Guß. Das Bild zeigt eine Garagentor Ausführung in Leimholz aus nordischer Fichte

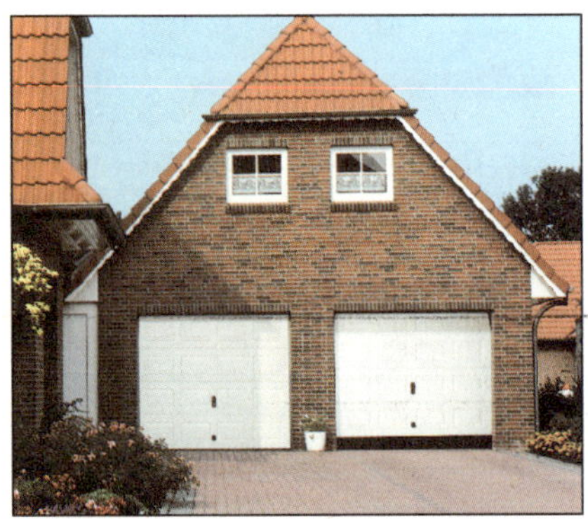

Neue Optik: Neben Fischgrät-Mustern liegen Kassetten-Füllungen im Trend. Die Modelle „Euroline" und „Euroclassic" sind neu im Programm

Nach eigenen Ideen kann die sonst komplette Torkonstruktion verkleidet werden. Der Torbelag sollte nicht schwerer als 10 kg pro Quadratmeter sein

Nachrüstung: Der mit Kettenzug ausgestattete Antrieb von Endress wird über Baumärkte vertrieben und paßt auf gängige Tore. Preis: rund 250 Mark

### Torantrieb zum Nachrüsten

*Auch Bosch bietet neuerdings einen preislich sehr interessanten Torantrieb. Da der „Profilift" universell an allen Garagentoren zu montieren ist, ist er mit einem Mikroprozessor ausgestattet, der die Schließkraft des Tores reguliert. Darüber hinaus korrigiert der Bosch-Torheber automatisch selbst Veränderungen, die z. B. durch Klimaschwankungen hervorgerufen werden. Zu kritisieren ist lediglich das etwas umständliche Einstellen der Schließkraft: ca. zehn Minuten lang haben wir in einem Versuch am Antrieb justiert, bis das Tor bündig am Boden schloß. Den Zusammenbau erledigt jeder Heimwerker spielend. Dem Bausatz liegt das Montagematerial für ein ausschwingendes Kipptor bei. Bei einem Decken- oder Seiten-Sektionaltor muß der Kunde weiteres Zubehör ordern. Im Preis enthalten sind neben dem einsatzbereiten Antrieb eine Funkfernsteuerung, ein Handsender und eine ausführliche Bedienungsanleitung. Der „Profilift" von Bosch wird über Baumärkte für rund 500 Mark vertrieben.*

Bevor der Antrieb arbeiten kann, wird die Antriebskette montiert

Die Laufschienen werden mit dem Antriebskopf verbunden

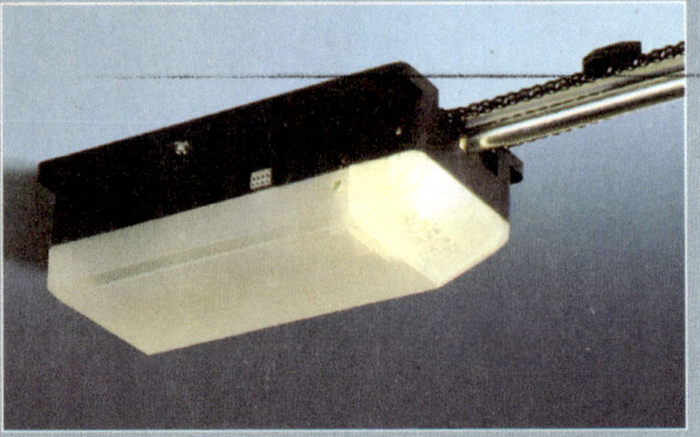

Schon fix und fertig montiert: Das kompakte Herzstück des „Profilift", der Elektroantrieb

# Wohnungstür nachrüsten

## Komplettlösung mit Zusatzschloß und Spion

Laut Auskunft der Kriminalpolizei sind für Wohnungseinbrüche nach wie vor steigende Zahlenzu verzeichnen. Dabei werden die Täter immer dreister und sind häufig sogar bewaffnet. Bei Etagenwohnungen wählen Diebe meist den direkten Weg durch die Eingangstür. Mangelhafte Beschläge und Schlösser machen es den Tätern häufig genug ausgesprochen leicht.

Eine Schwachstellen-Analyse zeigt Ihnen schnell, ob die eigene Tür sicher genug ist. Kostenlose fachliche Unterstützung bieten dabei die Kriminalpolizeilichen Beratungsstellen. Ein zusätzliches Schloß mit Distanzsperre können Sie leicht selbst montieren. Zusätzliche Sicherheit bietet der ins Türblatt eingelassene Spion.

1 Die Grundplatte des von außen verriegelbaren Zusatzschlosses wird auf den Rahmen geschraubt und zusätzlich in der Wand verdübelt

2 Zur Montage des Schließkastens wird eine Schablone mitgeliefert. Sie erleichter das Anreißen der Befestigungspunkte am Türblatt

3 Mit einem Forstnerbohrer stellen Sie den erforderlichen Durchlaß für das Schloß her. Er ist für alle gängigen Türstärken geeignet

4 Die Distanzsperre bietet Sicherheit bei Besuchern, die man nicht kennt – besonders wichtig für alleinlebende Personen

### Ein Blick durch den Spion

*Wenn zwielichtige Gestalten vor Ihrer Wohnungstür auftauchen, können Sie durch einen Spion sofort erkennen, mit wem Sie es zu tun haben. Im Zweifelsfall bleibt die Tür dann verriegelt.*
*Der nachträgliche Einbau der hilfreichen Optik ist eine Sache von wenigen Minuten. Sie müssen lediglich ein Bohrloch von 25 mm Durchmesser herstellen.*

Die beste Übersicht bietet ein Weitwinkelspion mit 200°-Optik

Reißen Sie die Bohrung mittig in Augenhöhe an. Mit wenig Druck bohren, damit das Holz an der Gegenseite der Tür nicht ausreißt

Der Türspion kann nun einfach eingeschoben und durch Verschrauben der beiden Teile im Bohrloch fixiert werden

# Elektronische Wächter

*Während mechanische Sicherungen nur passiv schützen, reagiert eine Alarmanlage aktiv mit Blitzlicht, Sirene oder telefonischem Hilferuf auf ungebetene Gäste*

Leider bieten selbst die besten Schlösser und Riegel nicht die Garantie, daß ein Einbrecher vom Objekt seiner Begierde abläßt. Ein Sicherungssystem ist erst dann perfekt, wenn als zweite Komponente die Alarmanlage hinzukommt. Richtig eingebaut und konsequent genutzt, registriert sie den Eindringling und kann unverzüglich Hilfe herbeirufen. Kostspielig wird die elektronische Überwachung allerdings, wenn Werte über 200 000 Mark zu versichern sind. Dann nämlich fordern die Sachversicherer eine nach strengen Richtlinien installierte Anlage. Wer nicht an diese Vorgaben gebunden ist, kann sich den Wunsch nach mehr Sicherheit mit einer Funk-Alarmanlage jedoch wesentlich preiswerter erfüllen. Ihr Funktionsprinzip entspricht dem der herkömmlichen, verdrahteten Systeme: Es

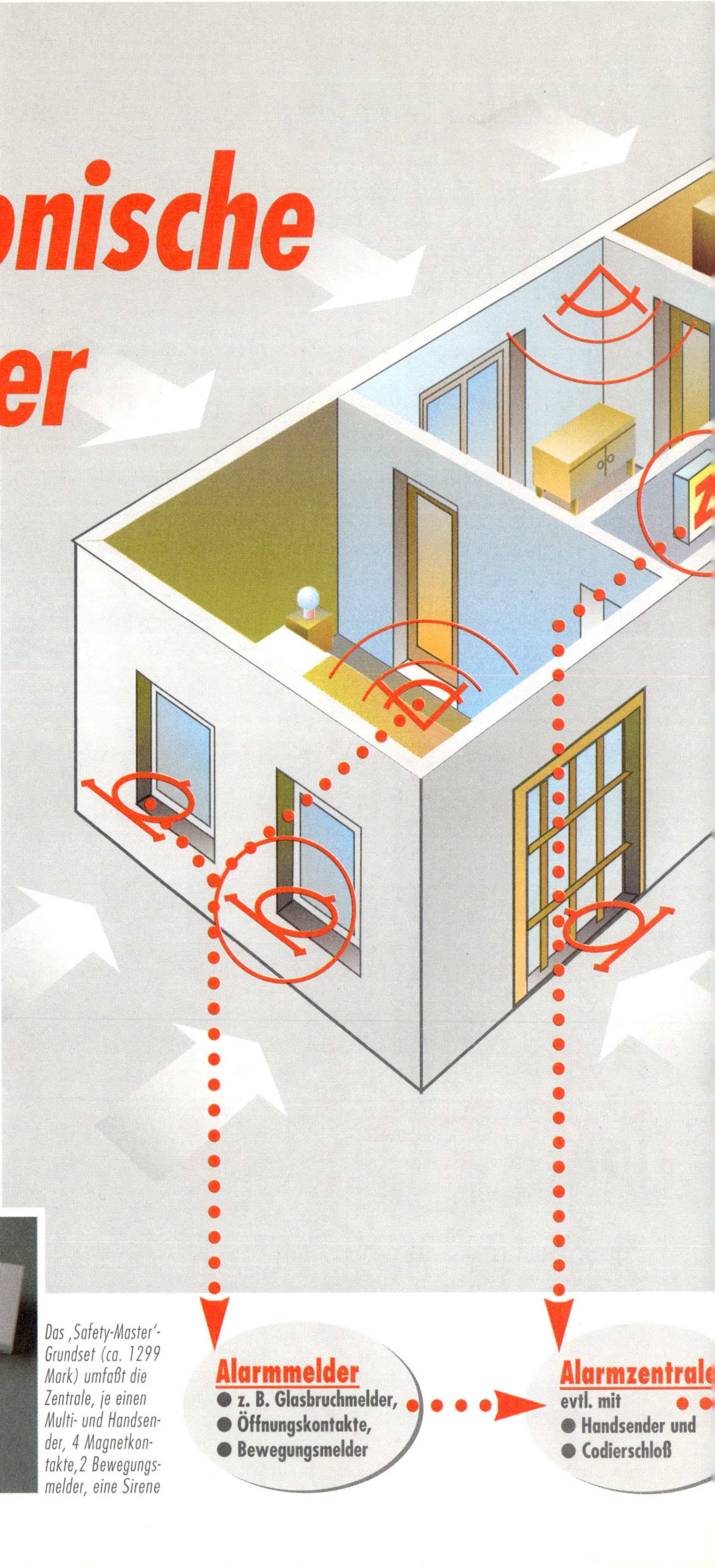

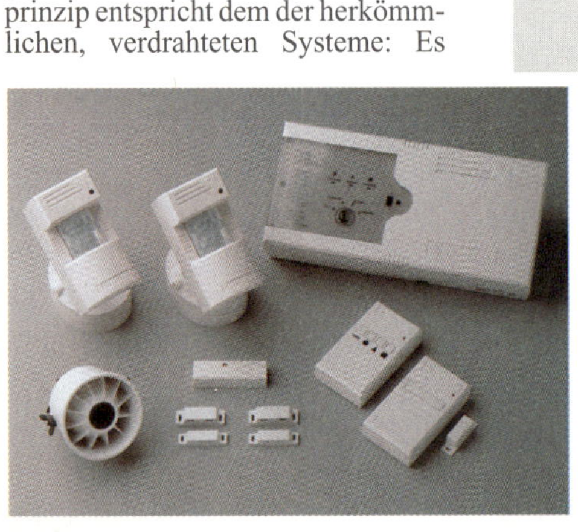

*Das ‚Safety-Master'-Grundset (ca. 1299 Mark) umfaßt die Zentrale, je einen Multi- und Handsender, 4 Magnetkontakte, 2 Bewegungsmelder, eine Sirene*

**Alarmmelder**
- z. B. Glasbruchmelder,
- Öffnungskontakte,
- Bewegungsmelder

**Alarmzentrale**
evtl. mit
- Handsender und
- Codierschloß

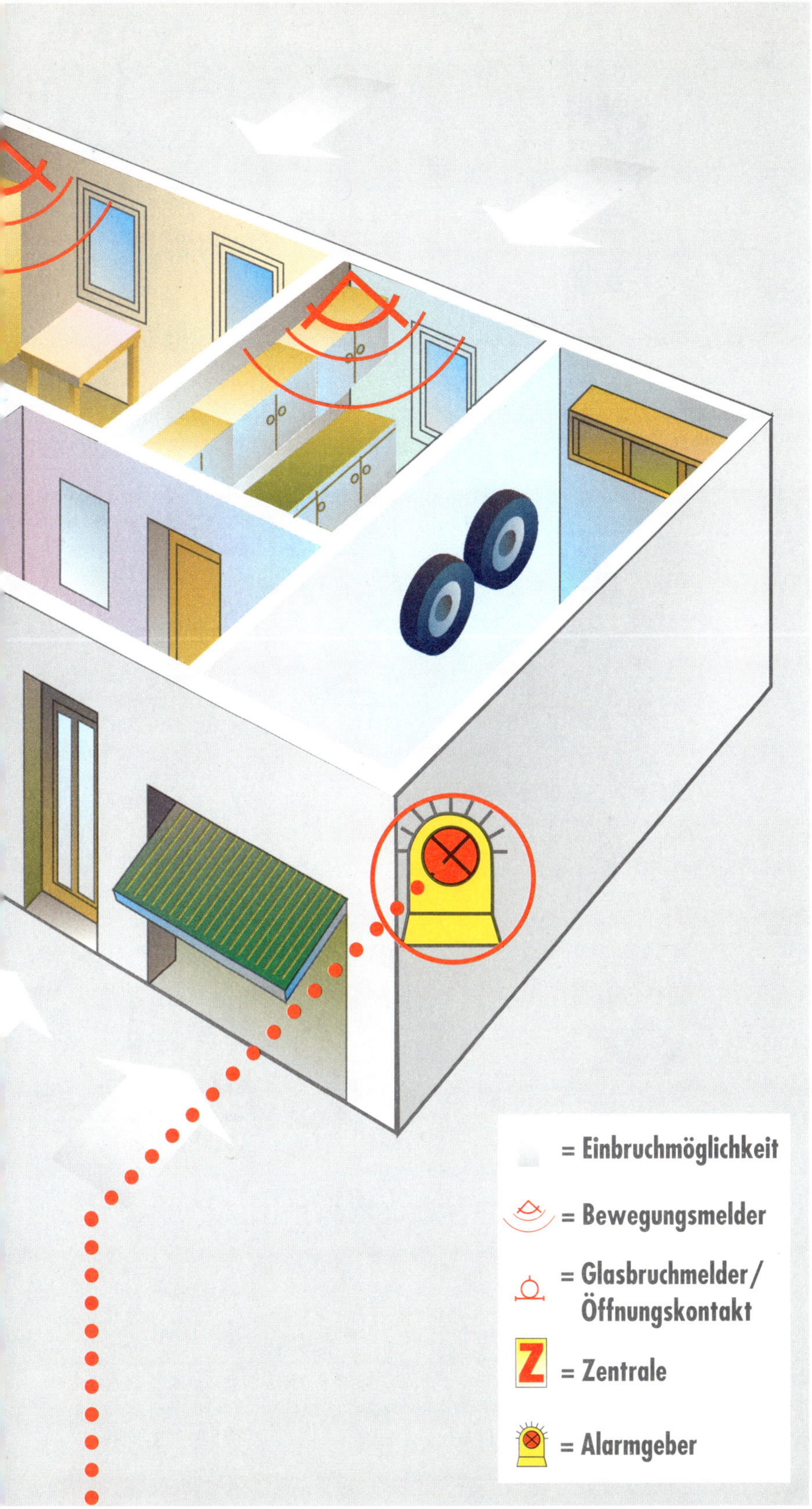

## Alarmzentrale

Die Zentrale der Funkalarm-Anlage sollte an einem gut erreichbaren, aber für Fremde nicht direkt erkennbaren Platz montiert werden. Sie benötigt ...

... einen Anschluß ans Stromnetz. Durch individuelle Codierung von Sendern und Empfänger werden Störungen der Sendefrequenz ausgeschlossen

Die Zentrale verfügt über mehrere Meldelinien, in denen die Alarmmelder bestimmter Bereiche zusammengefaßt sind. Sie lassen sich getrennt ...

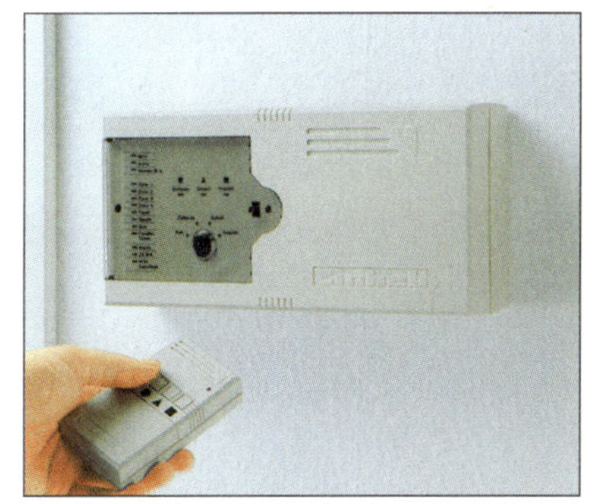

... scharfschalten. Der Handsender ermöglicht auch ein An- und Abschalten einzelner Alarmzonen oder der kompletten Anlage nach Verlassen des Hauses

= Einbruchmöglichkeit
= Bewegungsmelder
= Glasbruchmelder / Öffnungskontakt
Z = Zentrale
= Alarmgeber

**Alarmgeber**
- z. B. Sirene,
- Blitzlicht und Sirene,
- Telefon-Wählgerät

Bei einem Einbruchsversuch wird an den Alarmmeldern je nach Bauart entweder ein Stromkreis geschlossen oder unterbrochen. Sie melden diese Störung unverzüglich per Funk oder Kabel an die Zentrale, die dann je nach Programmierung direkt oder verzögert verschiedene Alarmgeber aktiviert

basiert auf den drei Grundkomponenten Alarmmelder, Zentrale und Alarmgeber (s. Zeichnung S. 12/13). Die Übertragung der Signale von den Alarmmeldern – wie Öffnungskontakte, Bewegungs- und Glasbruchmelder – zur Zentrale erfolgt jedoch nicht über Kabel, sondern über kleine Funksender. Deshalb sind Funk-Alarmanlagen – wie das hier abgebildete ‚Safety-Master'-System von Einhell – auch zum Selbsteinbau geeignet (Auf Wunsch übernimmt der Hersteller aber auch die Montage zum Festpreis von 499 Mark). Kabel sind lediglich für den Netzanschluß der Zentrale und als Verbindung zu den Alarmgebern erforderlich. Eine Überlagerung der Funkfrequenz durch fremde Sender oder Sabotage ist durch individuelle Codierung des Funksignals aus 6561 Möglichkeiten so gut wie ausgeschlossen. Die einzelnen Funksender lassen sich in verschiedenen Meldelinien zusammenzufassen, so daß Teilbereiche des Hauses separat scharfgestellt werden können. In der Grundausstattung stellt die hier gezeigte Anlage vier Meldezonen für die Innenüberwachung zur Verfügung sowie eine fünfte für die Außensicherungen an Fenstern und Türen. Weitere Meldelinien sind für Gas-, Feuer- und Rauchalarm reserviert. Die entsprechenden Sensoren lassen sich mit einer Kabelverbindung in die Anlage integrieren. Als Alarmgeber werden meist Blitzleuchten und/oder Sirenen eingesetzt. Weil diese aber wegen häufiger Fehlalarme – meist aufgrund unsachgemäßer Bedienung – heute vielfach nicht mehr beachtet werden, empfehlen Fachleute den sogenannten stillen Alarm. Dabei aktiviert die Zentrale der Anlage ein Telefonwählgerät, das Vertrauenspersonen aus der Umgebung oder einen Wachdienst (kostet zwischen 1 und 1,50 Mark/Tag) alarmiert. □

**Kontakte:**
Funk-Alarmanlage, Bildtelefon: Hans Einhell AG, Postfach 150, 94402 Landau ✆ 09951/942-0

## Alarmmelder

*Die batteriebetriebenen Infrarot-Bewegungsmelder montiert man jeweils in den oberen Raumecken. Sie sind mit einem eigenen Sender ausgestattet*

*Sender und Magnetkontakt registrieren das Öffnen von Fenstern oder Türen. Fenster eines Raumes lassen sich mit Magnetkontakten (oben) auch zu einer Meldelinie verkabeln*

*Die Funk-Anlage ist auch um Sensoren für technische Alarme erweiterbar. Hier ein Rauchmelder, der im 20-Sekunden-Takt Messungen vornimmt*

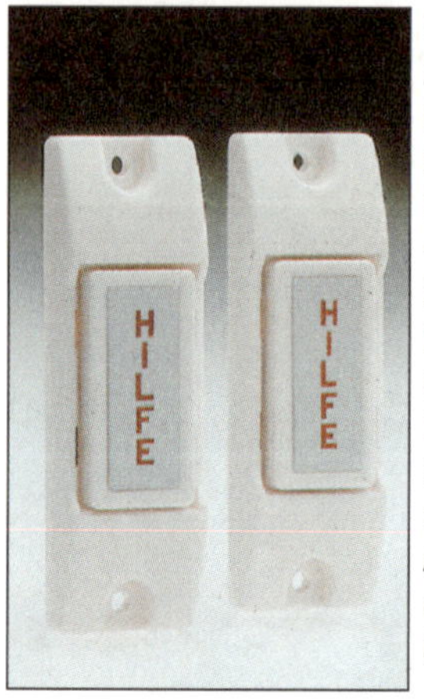


*Für die manuelle Auslösung von Sofort-Alarm – beispielsweise vom Schlafzimmer aus – sind diese Schalter gedacht. Sie müssen mit einem Magnet-Sender (s. Bild oben) kombiniert werden, der den Alarmruf per Funk an die Zentrale übermittelt*

## Alarmgeber

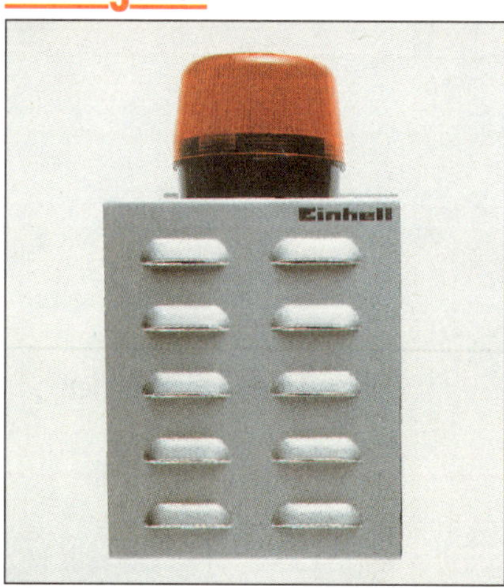


*Der kombinierte Blitzlicht/Sirenen-Alarm gehört zum Zubehör des ‚Safety-Master'. Er ist über ein Kabel mit der Zentrale verbunden. Alternative …*

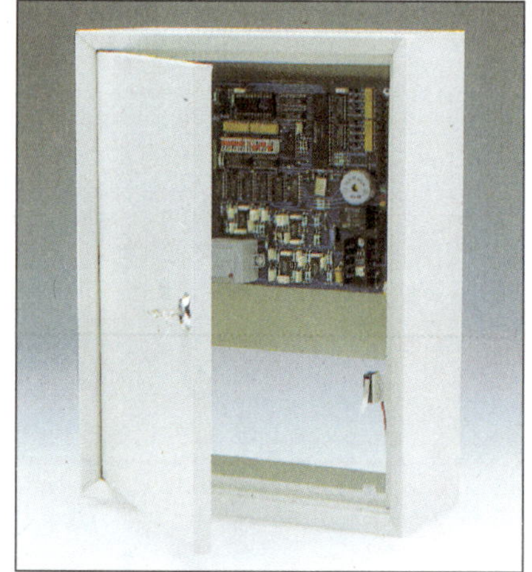

*… hierzu ist ein Telefonwählgerät, das bei Alarmauslösung automatisch – und vom Einbrecher unbemerkt – bis zu vier Teilnehmer anwählt*

### Türsprechanlage mit Video-Überwachung

*Ob der Besucher, der an der Haustür klingelt, auch kein ungebetener ist, erkennen Sie mit einer videoüberwachten Türsprechanlage auf den ersten Blick. Die Anlage beinhaltet darüber hinaus eine Gegensprechanlage und die Türöffnertaste. Im Torgerät (rechtes Bild) sind Kamera und Infrarotbeleuchtung integriert. Letztere sorgt dafür, daß der Monitor auch bei völliger Dunkelheit ein einwandfreies Bild zeigt. Die Anlage (ca. 699 Mark) benötigt einen 230-V-Netzanschluß und ist um drei zusätzliche Bildtelefone erweiterbar.*

Kapitel 10

# Küchen renovieren und modernisieren

**Auch Küchen gehen mit der Mode. Was liegt da näher, als beim fälligen »Facelifting« selbst Hand anzulegen? Wir zeigen Ihnen Beispiele unterschiedlichster Schwierigkeitsgrade – vom Neubeschichten der Schränke bis zum Komplett-Umbau**

INHALT

# Die vollkommene Verwandlung

**Durch einen ungünstigen Grundriß war die hier gezeigte Küche zu einem Hinterzimmer-Dasein verurteilt. Ein Mauerdurchbruch integrierte sie in den Wohnbereich**

Als die Bewohner des in den 50ern gebauten Siedlungshauses vor einigen Jahren einzogen, war für größere Umbauten zunächst keine Zeit und auch kein Geld vorhanden. Gerade die Nutzung der Küche stellte sich aber schon bald als täglich wiederkehrendes Ärgernis dar. Der Kochbereich, der bei einer Familie mit Kindern häufig den Mittelpunkt des Lebens darstellt, war als regelrechtes Hinterzimmer angelegt, völlig abgetrennt von den übrigen Wohnräumen. Zudem orientierte sich die alte Kücheneinrichtung eher an der Zweckmäßigkeit der Installationsführung als an ergonomischen Gesichtspunkten.
Nach dem Gespräch mit einem Architekten kamen die Hausbesitzer zu der Überzeugung, daß nur die radikale Umgestaltung der Küche zu einem befriedigenden Ergebnis führen würde. Die alte Zugangstür vom Flur sollte geschlossen und dafür ein breiter Mauerdurchbruch zum Wohnbereich hin geschaffen werden. Das Ergebnis kann sich sehen lassen, wie unsere Fotos beweisen.

*Die Trennwand zur Linken wurde durchbrochen, die alte Terrassentür auf Brüstungshöhe zugemauert*

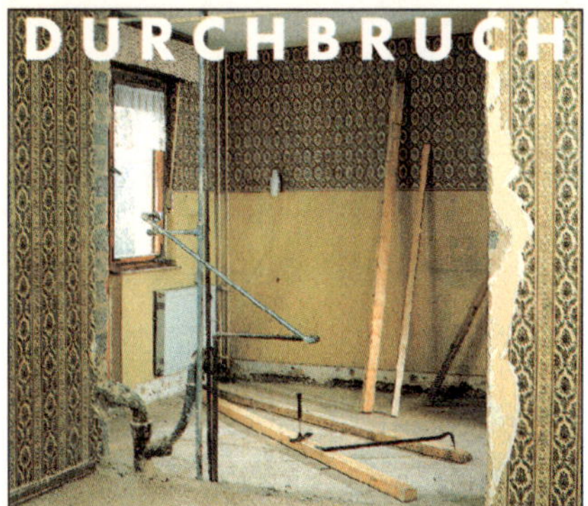


1 Die alten Installationsleitungen in der aufgebrochenen Trennwand zum Wohnzimmer müssen vom Fachmann umgelegt werden

2 Die Innenwangen des Durchbruchs lassen sich am besten durch Gipskartonstreifen begradigen, die man mit Ansetzbinder aufklebt

3 Auch der Mauersturz wird mit Gipskarton verkleidet. Während der Abbindezeit des Klebers hält eine Stützkonstruktion den Streifen

4 Zum Schluß werden die Übergänge sauber beigeputzt. Um die Nahtstellen zu stabilisieren, legt man am besten Vlies-Streifen ein

5 Nachdem die neue Öffnung geschaffen ist, kann die alte Tür geschlossen werden. Dazu baut man eine Fachwerkkonstruktion ein

6 Wenn die erste Seite der Unterkonstruktion mit Gipskartonplatten beplankt ist, sollten Sie schalldämmende Mineralfaserplatten einlegen

7 Als Abschluß der sandwichartigen Konstruktion wird eine zweite passend zugeschnittene Platte mit Schnellbauschrauben angebracht

8 Anschließend Schraublöcher und Übergangsfuge zuspachteln. Auch hier verhindert ein eingelegtes Vlies, daß später Risse entstehen

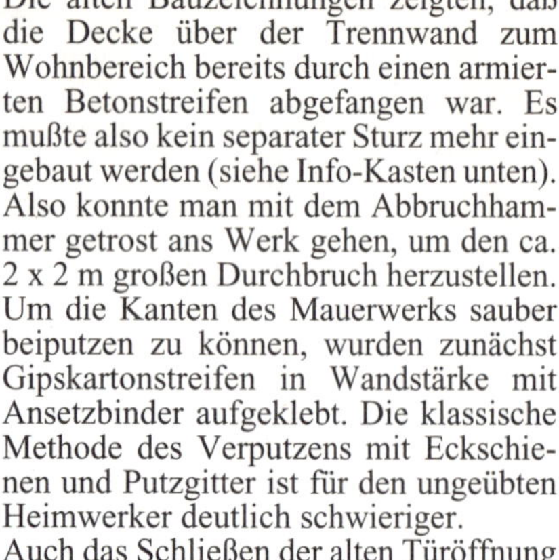

Die alten Bauzeichnungen zeigten, daß die Decke über der Trennwand zum Wohnbereich bereits durch einen armierten Betonstreifen abgefangen war. Es mußte also kein separater Sturz mehr eingebaut werden (siehe Info-Kasten unten). Also konnte man mit dem Abbruchhammer getrost ans Werk gehen, um den ca. 2 x 2 m großen Durchbruch herzustellen. Um die Kanten des Mauerwerks sauber beiputzen zu können, wurden zunächst Gipskartonstreifen in Wandstärke mit Ansetzbinder aufgeklebt. Die klassische Methode des Verputzens mit Eckschienen und Putzgitter ist für den ungeübten Heimwerker deutlich schwieriger.

Auch das Schließen der alten Türöffnung erfolgte mit Gipskarton. Nach der Demontage des Türrahmens mußte zunächst eine Unterkonstruktion für die Verkleidungsplatten hergestellt werden. Der Fachhandel bietet hierfür spezielle Metallprofile an, die eine schnelle Montage erlauben. Ebensogut können Sie aber auch eine Fachwerkkonstruktion aus Dachlatten anfertigen.

Als dann die erste Seite des Holzgerüstes bündig mit der anschließenden Wand beplankt war, füllte man den enstehenden Hohlraum zur Schalldämmung mit Mineralfaserplatten. Schließlich erfolgte auch die Gipskartonverkleidung der anderen Seite. Die Anschlußfuge zum verputzten Mauerwerk wurde zugespachtelt und mit einem eingelegten Vlies verstärkt, damit sich keine Risse bilden.

## Mauersturz einbauen

*Wenn es sich bei der zu durchbrechenden Mauer um eine tragende Wand handelt (Architekten oder Statiker fragen), muß ein Sturz aus Stahlbeton gegossen werden. Alternativ können Sie, wie die Fotos zeigen, auch einen vom Statiker berechneten Doppel-T-Träger aus Stahl als Stützelement einmauern.*

# FENSTER

1 *Damit unter dem neuen Fenster ein Unterschrank mit eingebauter Spüle Platz finden kann, wird es auf 95 cm Höhe montiert*

2 *Die Verankerung des Fensters erfolgt mit langen Rahmendübeln. Zuvor muß das Element mit Keilen exakt ausgerichtet werden*

3 *Die Fugen zwischen Rahmen und Mauerwerk füllt man mit Montageschaum. Den trockenen Schaum am nächsten Tag wegschneiden*

4 *Die unter dem Fenster verbliebene Öffnung der ehemaligen Terrassentür wird mit Bimsstein ausgemauert und beidseitig verputzt*

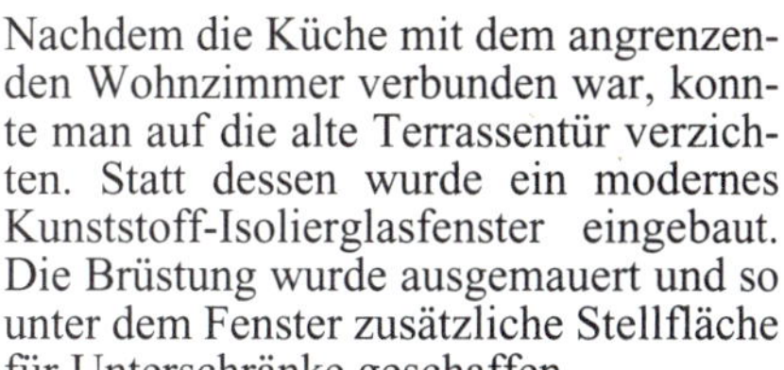

Nachdem die Küche mit dem angrenzenden Wohnzimmer verbunden war, konnte man auf die alte Terrassentür verzichten. Statt dessen wurde ein modernes Kunststoff-Isolierglasfenster eingebaut. Die Brüstung wurde ausgemauert und so unter dem Fenster zusätzliche Stellfläche für Unterschränke geschaffen.
Auch der alte, mehrfach mit PVC belegte Holzboden war renovierungsbedürftig. Er sollte durch einen pflegeleichten Fliesenbelag ersetzt werden. Die einfachste Lösung wäre gewesen, Spanverlegeplatten auf die Dielen zu schrauben, um darauf mit elastischem Kleber die Fliesen zu verlegen. Zum angrenzenden Wohnzimmer hätte sich dann allerdings eine ‚Stolperstufe' ergeben. Deshalb ging man auch hier den radikalen Weg und riß den Boden samt Balkenkonstruktion heraus. Mit dem etwa 10 cm tiefen Loch ergab sich die ideale Voraussetzung für eine Trockenschüttung. Dabei handelt es sich um ein Granulat aus speziell präpariertem vulkanischem Gestein, das sehr gute Dämm- und Schallschutzwerte aufweist. Eine solche Schüttung ist wiederum der ideale Untergrund für einen Trockenestrich aus Gipsfaser- oder Spanplatten. Im Gegensatz zu einem Naßestrich, der immerhin vier Wochen trocknen muß, kann auf dem Trockenestrich sofort weitergearbeitet werden. Um Schwingungen des Bodens aufzufangen, sollten Sie flexiblen Fliesenkleber verwenden.

# FUSSBODEN

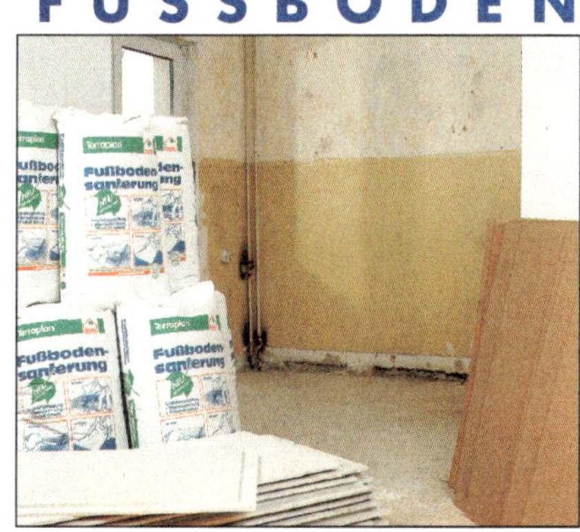

1 *Nachdem die alten Dielen herausgerissen sind, wird der neue Boden mit Schüttung, Dämmplatten und Trockenestrich aufgebaut*

2 *Für den Übergang zum Dielenboden des Wohnzimmers wird eine Holzschwelle auf eine ausgerichtete Unterkonstruktion geschraubt*

3 *Damit die Schüttung nicht unter die Schwelle rieseln kann, wird ihre Längsseite verkleidet und durch Montageschaum abgedichtet*

4 *Sind auch alle anderen ‚Schlupflöcher' für die Schüttung gestopft, geht's ans Verteilen. Zunächst schüttet man zwei Dämme auf*

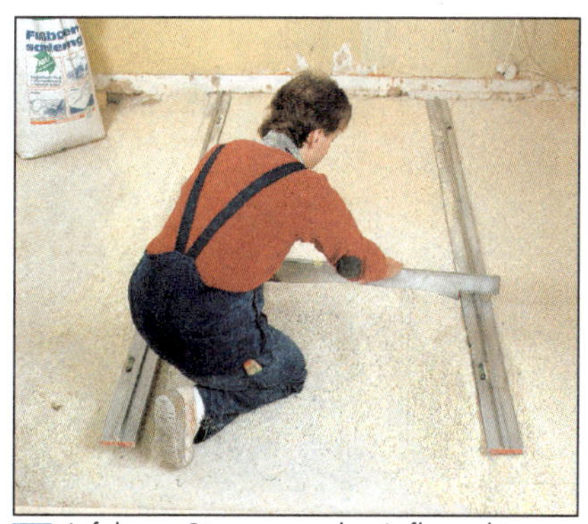

5 *Auf diesen Dämmen werden Auflegeschienen ausgerichtet, um dann den Zwischenraum zu füllen und über den Schienen abzuziehen*

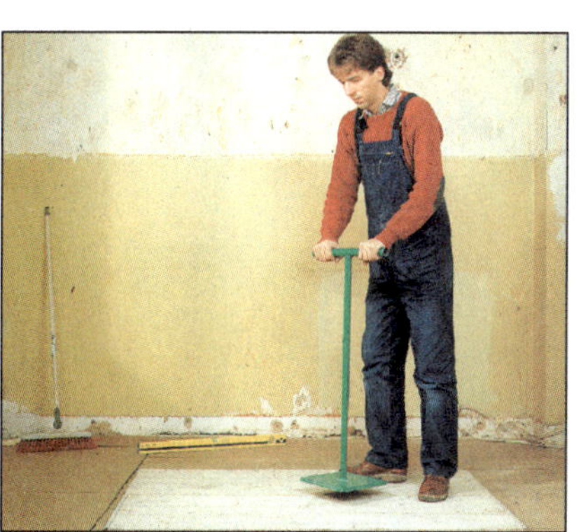

6 *Die Schüttung muß mittels eines Handstampfers verdichtet werden. Um den Druck zu verteilen, legt man eine Schal-Tafel dazwischen*

7 Nach dem Abziehen und Verdichten der Schüttung wird eine Lage Trittschall-Dämmplatten aufgebraucht. Dabei Kreuzfugen vermeiden

8 Die Trockenestrich-Elemente bestehen aus je zwei Gipsfaserplatten mit überlappenden Falzen, die man verklebt und verschraubt

9 Der Trockenstrich kann sofort mit Fliesen belegt werden. Um eine optisch gerade Flucht zu erreichen, markiert man zuvor den Verlauf

10 Verwenden Sie mit Kunststoffanteilen vergüteten „flexiblen" Fliesenkleber. Auch der Fugenmörtel muß entsprechend vergütet sein

Auf die vorbereitete Schüttung kam eine Lage Dämmplatten aus Mineralfaser. Dann konnten die mit überlappenden Falzen versehenen Trockenestrich-Elemente aus Gipsfaserplatten verlegt werden. Damit ergab sich ein planebener Untergrund, ideal zum Verlegen von Fliesen. Als der Fliesenbelag fertiggestellt war, kamen auch schon die Kartons mit den Einzelteilen der bestellten Küche zum Selbstaufbauen. Wichtigster Grundsatz bei der Einrichtung einer Küche ist, daß die einzelnen Bereiche in der Reihe der typischen Arbeitsabläufe angeordnet werden. Demnach sollte der Spülbereich immer links von der Kochstelle liegen (bei Linkshändern genau umgekehrt).

## TIP

*Die Fugen zwischen Wand und Boden sowie am Übergang zum Dielenbelag des Wohnzimmers müssen dauerelastisch mit Silikon gefüllt werden, damit kein Putzwasser in die Ritzen eindringt.*

Zwischen diesen beiden Bereichen braucht man jeweils Arbeitsflächen von wenigstens 60 cm. Eine weitere Abstellfläche rechts neben dem Herd sollte mindestens 30 cm breit sein.

Neben der Anordnung der Bereiche ist die Höhe der Arbeitsflächen entscheidend für die Ergonomie. Personen über 170 cm Körpergröße benötigen eine Arbeitshöhe von mindestens 90 cm, um sich nicht zu stark bücken zu müssen. Während das Spülen bei einer höheren Arbeitsfläche wesentlich rückenschonender vonstatten geht, ist bei der Kochstelle eher eine Vertiefung angebracht. In unserem Fall ergab sich bei den Unterschränken mit aufgelegter Arbeitsplatte eine Höhe von genau 91 cm – ein guter Kompromiß.

Mit den Elementen der gewählten Bausatz-Küche können fast alle Einrichtungsprobleme gelöst werden. Dennoch waren noch einige Anpassungsarbeiten erforderlich. So mußte für den schrägen Eckschrank rechts neben dem Herd auch die Arbeitsplatte im entsprechenden Winkel abgeschrägt werden. Für die Sägearbeiten an unhandlichen Arbeitsplatten bietet sich die an einer Alu-Schiene geführte Handkreissäge an.

Der Schaltkasten für den Herd wurde in unserem Fall – sicher vor Kinderhänden – rechts neben der Abzugshaube im Oberschrank untergebracht.

## WANDFLIESEN

1 Hinter den Oberschränken ist kein Fliesenbelag erforderlich. Man reißt einen Fliesenspiegel an, der knapp unter die Schränke reicht

2 Der Fliesenkleber wird aufgezogen und dann mit der Zahnkelle gut durchgekämmt. Je kleiner die Fliesen, desto enger die Zahnung

3 Beim Verlegen von Mosaikflisen müssen Sie darauf achten, daß Einzelfliesen und Matten stets den gleichen Abstand aufweisen

4 Zum Schluß wird der Fugenmörtel diagonal eingearbeitet. Nach dem Anziehen sofort mit Schwamm und feuchtem Tuch abwischen

1 Um ein Ausreißen der Schnittkante zu vermeiden, wird die Arbeitsplatte von der Unterseite her gesägt. Eine Führungsschiene benutzen

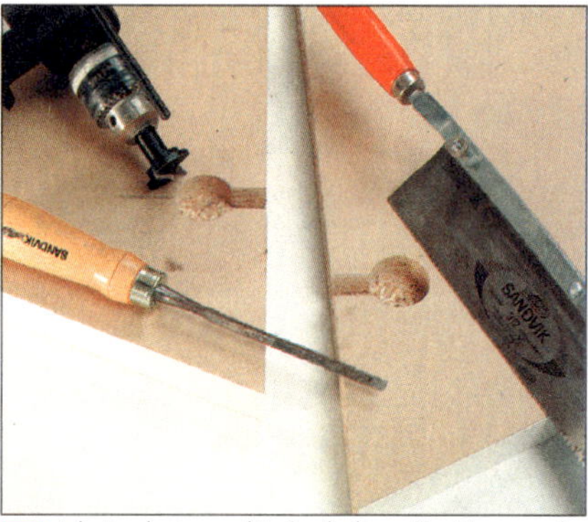

2 Arbeitsplattenverbinder halten die Plattengehrungen zusammen. Zum Einlassen brauchen Sie Forstnerbohrer, Feinsäge und einen Beitel

3 Die Plattenkanten werden mit Silikon abgedichtet, ehe man die Segmente zusammenfügt und die Verbindungsbeschläge anzieht

4 Die Abzugshaube verschwindet in einem Oberschrank. Je nach Modell muß der Schrank dazu unten mit Ausschnitten versehen werden

5 Nicht alle gegebenen Raummaße lassen sich mit Normteilen füllen. Hier wurde eine Lücke durch eine selbstgebaute Tür geschlossen

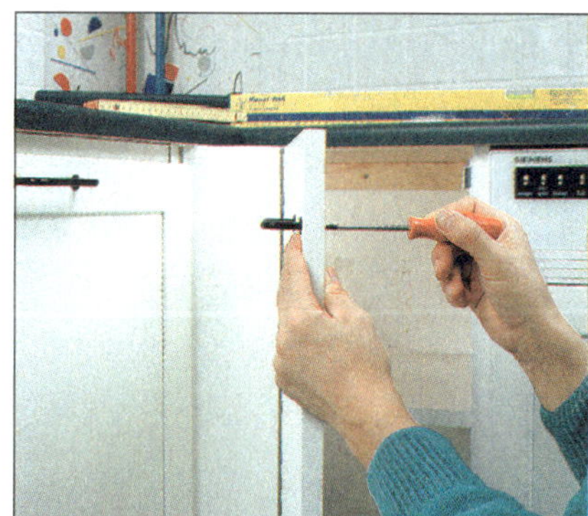

6 Hinter der zweigliedrigen, aus beschichteter Spanplatte bestehenden Tür „Marke Eigenbau" verbirgt sich ein beachtlicher Stauraum

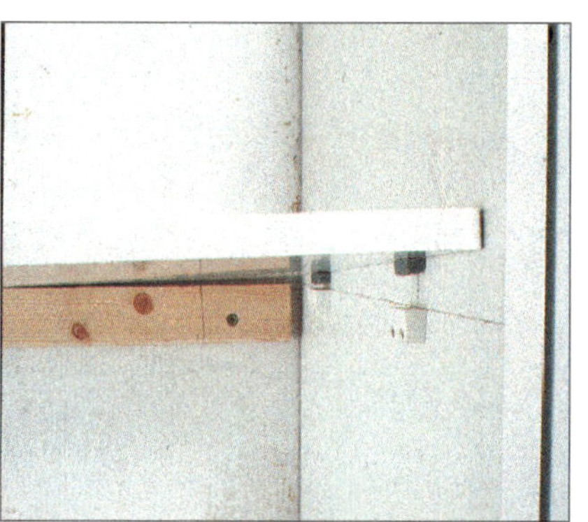

7 Das Regal- und das Bodenbrett hinter der Gliedertür werden durch Trapezverbinder an den Seiten der angrenzenden Schränke befestigt

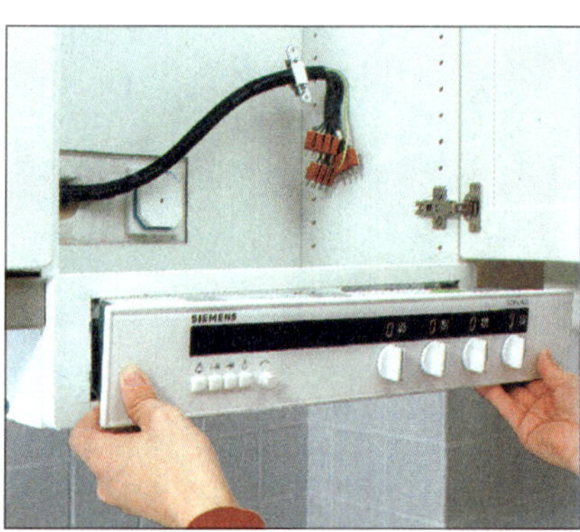


8 Der Schaltkasten für den Herd befindet sich im Oberschrank. Hier ist er kindersicher untergebracht und trotzdem leicht erreichbar

9 Die Verbindungsleitung zum Herd (kann man mit vorbereiteten Steckern im Fachhandel kaufen) wurde zuvor unter Putz gelegt

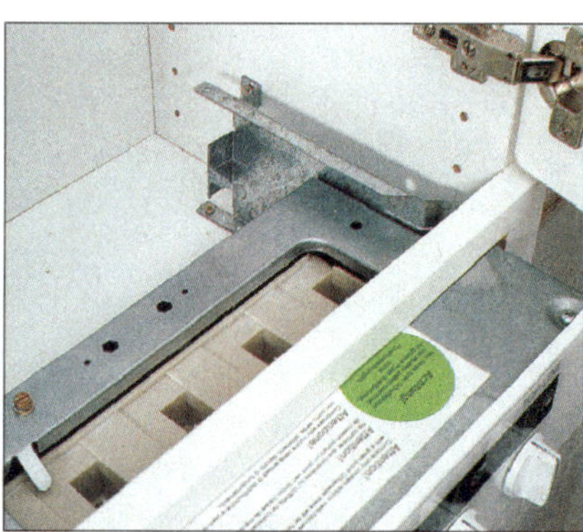

10 Um die Schalterblende unterzubringenn, bekommt der Oberschrank eine kürzere Tür, wie sie auch bei der Abzugshaube verwendet wird

1987
MARTINENGA
BARBARESCO
Spaghetti

# Neue Fronten aus Edelstahl

## Unansehnlich gewordene Küchen aufarbeiten

Nach mehr als zehn Jahren treuer Dienste war die hier vorgestellte Küche noch recht gut in Schuß. Die Scharniere der Türen mußten ein wenig nachjustiert werden, aber sonst war – rein funktionell betrachtet – eigentlich alles in Ordnung. Die weißen Kunststoff-Fronten mit den aus der Mode gekommenen Griffleisten wirkten allerdings ziemlich trist und unansehnlich. Sollte man das gute Stück vielleicht doch zum Sperrmüll geben und eine neue Küchenzeile anschaffen? Ein Thema für den Familienrat. Daß etwas geschehen mußte, war einhellige Meinung. Doch gegen den Neukauf sprachen zwei gewichtige Argumente: erstens, daß man nicht ohne Not zur Vergrößerung des Müllberges beitragen wollte; zweitens der aktuelle Kontostand der Haushaltskasse.

Beim Ortstermin in der Küche kam man dann gemeinsam auf die Lösung: Face-Lifting statt Neukauf! Die Fronten der Türen sollten dem Material der Dunstabzugshaube und des Herds angepaßt werden – durch aufgeklebtes Blech aus Edelstahl.

Funktionsfähig, aber unansehnlich: Neue Fronten müssen her

1 *Zuerst wird die Kühlschranktür komplett zerlegt: Griff, Dämmung und Kunststoffeinsatz entfernen. Dann die Front gründlich reinigen*

2 *Zum Verkleben muß eine lösemittelhaltiger Kontaktkleber verwendet werden. Sorgen Sie daher für gute Belüftung des Arbeitsbereiches*

3 *Der Kontaktkleber muß gleichmäßig dünn auf beide Klebeflächen gespachtelt werden. Nach dem Antrocknen der Oberfläche ...*

4 *... (Handrückenprobe) können Sie das Blech auflegen. Am besten arbeiten Sie dabei mit einem Anschlag: Nachträgliche Korrekturen ...*

5 *... sind nicht möglich! Der zur Klebeverbindung erforderliche Anpreßdruck läßt sich am besten mit einer solchen Hartgummiwalze ...*

6 *... erzielen. Dabei ist die Höhe des Anpreßdrucks, nicht die Anpreßdauer entscheidend. Zum Schluß wird ein neuer Griff montiert*

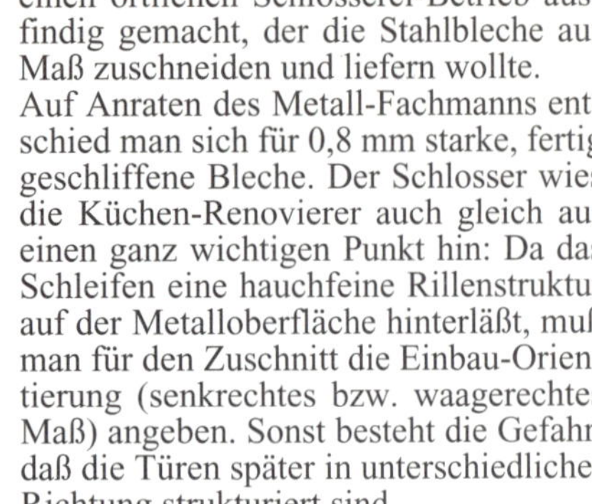

Der erste Schritt hieß Materialbeschaffung. Ein Blick in die „Gelben Seiten“, ein paar Telefonate, und schon hatte man einen örtlichen Schlosserei-Betrieb ausfindig gemacht, der die Stahlbleche auf Maß zuschneiden und liefern wollte.
Auf Anraten des Metall-Fachmanns entschied man sich für 0,8 mm starke, fertig geschliffene Bleche. Der Schlosser wies die Küchen-Renovierer auch gleich auf einen ganz wichtigen Punkt hin: Da das Schleifen eine hauchfeine Rillenstruktur auf der Metalloberfläche hinterläßt, muß man für den Zuschnitt die Einbau-Orientierung (senkrechtes bzw. waagerechtes Maß) angeben. Sonst besteht die Gefahr, daß die Türen später in unterschiedlicher Richtung strukturiert sind.
Am besten läßt man sich vom Fachmann, der den Zuschnitt des Blechs übernimmt, auch schon die Kanten der Edelstahlplatten anfasen. Er kann mit seinen Spezialmaschinen wesentlich sauberer arbeiten als der Heimwerker dies mit Schwing- oder Winkelschleifer vermag.
Eine ausgesprochen positive Überraschung stellte die Rechnung für die verarbeitungsfertig gelieferten Edelstahlbleche dar: Mit nur knapp 300 Mark schlugen sie zu Buche. Hinzu kamen lediglich noch die Kosten für Kontaktkleber und passende Griffe (rund 80 Mark).
Da man die Alu-Griffleisten der alten Türen durch normale Griffe ersetzen wollte, mußten die Frontplatten komplett ausgetauscht werden. Die neuen Tür- und Schubladenfronten aus weiß beschichteter Spanplatte ließ man im Baumarkt zuschneiden. Die Kanten der Platten wurden mit Kunststoffumleimern versehen. Eine etwas aufwendigere Alternative hierzu stellt die Rahmung der Frontbleche mit aufgeleimten Holzleisten dar.
Der Frontenwechsel begann dann mit der Beschichtung der Kühlschranktür. Ihre emaillierte Oberfläche mußte gründlich gereinigt werden. Durch den Küchendunst lagert sich Fett ab, das die Haftung des Kontaktklebers beeinträchtigt. Der Kleber muß dünn und gleichmäßig auf beide zu verbindenden Flächen aufgetragen werden. Erst wenn er angetrocknet ist, kann man die Teile zusammenfügen. Beim Auflegen des Blechs sollte man einen Anschlag verwenden, da nachträgliche Korrekturen nicht möglich sind.

## Ein Material für höchste Beanspruchungen

*Blech aus Edelstahl (Chrom-Nickel-Stahl) ist sehr robust und dabei ausgesprochen pflegeleicht. Da das Material nicht oberflächenbehandelt werden muß, gibt es auch keine Schutzschicht, die beim täglichen Einsatz in der Küche beschädigt werden könnte.*
*Edelstahlbleche werden mit fertig geschliffener Oberfläche angeboten. Für den Einsatz in der Küche empfiehlt sich der Schliff mit 240er Körnung. Bei grober strukturierten Oberflächen setzt sich sehr schnell Schmutz in den tieferen Rillen fest.*
*Für den exakten Zuschnitt benötigt man Profi-Maschinen. Das Anfasen der Platten kann man zur Not selbst übernehmen. Am besten eignet sich dazu einWinkelschleifer, der mit einer Fächerschleifscheibe (Bild) bestückt wird. Die Oberfläche des Blechs ist mit einer dünnen Schutzfolie versehen, die man erst nach dem Bearbeiten abzieht.*

Bei der Spülmaschine war die Neugestaltung der Front eine Sache von Minuten. Sie besaß eine Rahmen für auswechselbare Dekorplatten. Die neuen Türen und Schubladenfronten mußten wieder mit Kontaktkleber beschichtet werden, um die Stahlbleche zu fixieren.

Passend zum Edelstahl-Look erhielt die geflieste Arbeitsplatte eine Verkleidung der Kante mit Winkelblech. Hier sorgte ein Zweikomponenten-Kleber für festen Halt. Das Ergebnis des Face-Liftings kann sich sehen lassen – obgleich es mit einem relativ geringen Aufwand an Zeit und Geld erzielt wurde.

Natürlich kann man auf alte Küchenfronten auch andere Materialien aufkleben – zum Beispiel spezielle Laminatplatten, die in den unterschiedlichsten Dekoren angeboten werden. Darüber hinaus gibt's in vielen Baumärkten auch Komplettprogramme zur Küchenrenovierung. Dazu gehören Dekorplatten zum Austausch der Fronten, neue Arbeitsplatten, aber auch Zubehör für die Schrankeinrichtung und die Beleuchtung. Die alten Schrankkorpusse bleiben erhalten. Auch intakte Scharniere können weiter benutzt werden. So kostet die renovierte Küche nur einen Bruchteil der Neuanschaffung.

## TIP

*Gefällt Ihnen nur die Farbe Ihrer Küchenfronten nicht mehr, können Sie auch mit Lack und Schaumstoffrolle für eine neue Optik sorgen. Die ausgehängten Türen werden gereinigt, mit 320er Körnung geschliffen und mit Alkydlack beschichtet, der im Gegensatz zu Acryllack fettbeständig ist.*

7 Bei Elektrogeräten mit einem Rahmen für auswechselbare Dekorplatten (hier die Spülmaschine) wird eine Hälfte des Profils gelöst

8 Die andere Hälfte des Rahmens muß man nur etwas lockern, um die Edelstahlplatte einschieben und dann fixieren zu können

9 Die Bleche sind mit einer Schutzfolie versehen. Um Beschädigungen zu vermeiden, sollten Sie diese erst ganz zum Schluß entfernen

10 Auch in den Blendrahmen unterhalb der Klapptür kann das auf Maß zugeschnittene Edelstahlblech ohne Kleben eingelegt werden

11 Da die alten Türen mit Alu-Griffleisten versehen sind, werden sie komplett ausgetauscht. Die Scharniere lassen sich weiter verwenden

12 Auf die Türen und Schubladenfronten klebt man die Edelstahlbleche ebenfalls mit Kontaktkleber. Dann die Griffe montieren

13 Das Winkelblech für den Randabschluß der Arbeitsplatte wird zuletzt mit einem speziellen Zwei-Komponenten-Kleber befestigt

14 Um das Blech bis zum Aushärten des Klebers zu fixieren, setzt man Schraubzwingen an und treibt Keile zwischen Kante und Schaft

### Preiswerte Lösung

# Aus alt mach neu

vorher

*Wiederverwerten statt wegwerfen. Nach dieser Devise verhalfen die Wohnungsbesitzer ihren Küchenschränken zu neuem Leben – und sparten so Geld für einige Extras*

Vor einigen Jahren hätte man eine unmoderne, aber funktionstüchtige Kücheneinrichtung vielleicht noch bedenkenlos den Weg alles Irdischen gehen lassen. Vorausgesetzt natürlich, der Geldbeutel hätte es erlaubt. Angesichts stetig anwachsender Müllberge macht man so etwas heute nur mit einem schlechten Umwelt-Gewissen. Denn aus ökologischer Sicht ist eine lange Lebenserwartung von Gütern die beste Lösung für das Müllproblem. Heimwerker kennen die Alternative zum Wegwerfen schon lange: Mit ein wenig Übung, Geschick und Phantasie lassen sich alte Sachen oftmals attraktiv umgestalten. Und so ganz nebenbei kann man dadurch ein hübsches Sümmchen sparen. Wie unser Küchen-Umbau zeigt, eignen sich sogar furnierte Spanplatten-Elemente hervorragend zum ‚Aufmöbeln'.

Seit die Einbauküche in den 60er Jahren ihren Siegeszug antrat, hat sich nichts Grundsätzliches an den Systemteilen geändert. Lediglich in der Gestaltung von Türfronten, Fliesen und Arbeitsplatten

*Die alte Küche hat sich in ein modernes, großzügiges Koch-Paradies verwandelt, in dem alle Elemente farblich miteinander harmonieren*

# Durch gute Planung ging der Umbau zügig vonstatten

spiegelt sich wieder, was gerade *en vogue* ist. So machte die Küche unseres Ehepaares in den 70er Jahren eine ausgesprochen gute Figur. Die ockerfarbenen Schranktüren mit ihren rechteckigen, braunen Plastikgriffen und die dunkelbraunen Arbeitsplatten entsprachen dem Stil der Zeit. Aber nun, 20 Jahre später, stand den Bewohnern der Sinn nach Veränderung. Als kurz hintereinander sowohl der Herd als auch der Kühlschrank das Zeitliche segneten, entschieden sie sich zu handeln. Die neuen, modernen Geräte hatten ein adäquates Umfeld verdient. So träumte man etwa schon lange von einer Koch-Insel in der Mitte des Raumes, der bisher durch eine lange Schrankreihe in Küchen- und Eßbereich unterteilt war. Nach dem Motto „Wenn schon, denn schon" sollte bei dieser Gelegenheit auch gleich der schäbig gewordene Korkbelag

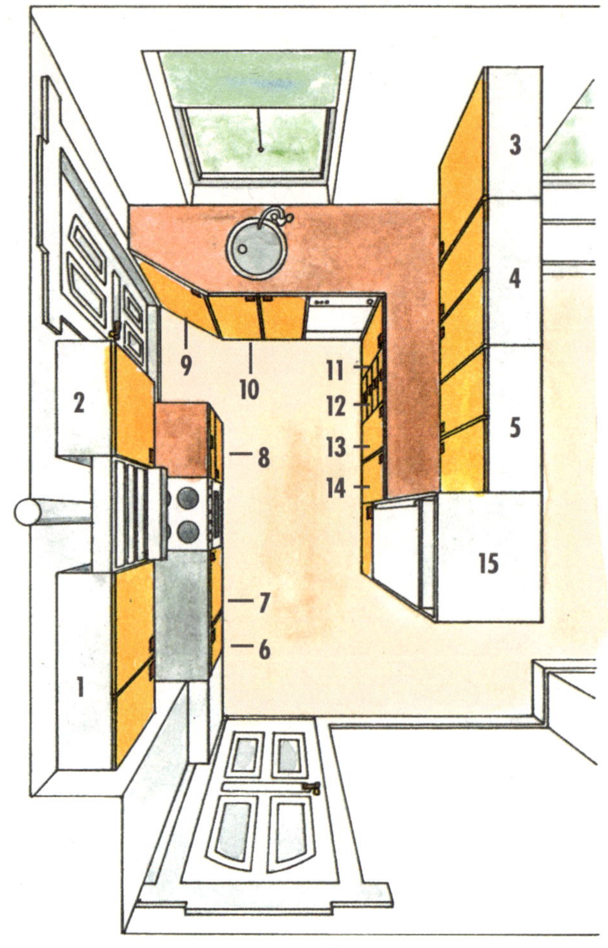


## Renovierungs-Ablauf

**1** Als Schrankkorpusse und Geräte aus der Küche geräumt wurden, waren die Türfronten bereits überarbeitet und lackiert

**2** Der unansehnlich gewordene Korkbelag mußte das Feld räumen, die vorhandenen Dielen erhielten einen neuen Schliff

**3** Weil die Schränke auf die bequeme Arbeitshöhe von 90 cm gesetzt werden sollten, mußte man neue Sockel bauen. Die furnierten, ...

**5** Entsprechend dem neuen Einrichtungsplan wurden zunächst die Hängeschränke – ohne die überarbeiteten Türen – in der Wand verdübelt

**6** Die Unterschränke finden ihren neuen Platz auf den erhöhten Sockeln. Man fixiert die Seitenwände mit Zwingen und verschraubt ...

**7** ... die Schränke miteinander. Verschraubte Metallwinkel sorgen für eine feste Verbindung zwischen Arbeitsplatten und Unterschränken

*Die linke Zeichnung zeigt die Küche im ursprünglichen Zustand. Rechts ist die neue Anordnung zu sehen. Zwei Unterschränke (11 und 13) fanden keine Verwendung mehr. Die Elemente 16 und 17 mußten neu gebaut werden*

*Indem man die bearbeiteten Teile erst zum Schluß einsetzt, schützt man den Lack vor Beschädigungen*

## Exakte Planung spart Umbauzeit

Man muß schon ein ausgesprochener Fast-Food-Liebhaber sein, um leichten Herzens längere Zeit auf eine funktionsfähige Küche zu verzichten. Durch gute Ablaufplanung kann man jedoch die reine Umbauzeit erheblich verkürzen. Unsere Tips für die Renovierung:

- Es ist ratsam, die Schranktüren vorab komplett zu restaurieren und neue Schrank-Elemente bereits vor der Renovierung zusammenzubauen.
- Auch die Seitenwände des Küchenblocks kann man montagefertig vorbereiten.
- Den Küchenblock erst montieren, wenn die neuen Schränke aufgestellt und eingeräumt sind.
- Beim Kauf von Geräten und Arbeitsplatten muß man eventuell mit Lieferzeiten rechnen. Material also rechtzeitig bestellen.
- Das gleiche gilt für Terminabsprachen mit Handwerkern.

**4** *... 16 mm dicken Spanplatten werden hier in die Waage gesetzt und im Dielenboden mit Metall-Winkelverbindern verschraubt*

**8** *Die Wandfliesen wurden in dieser Küche erst nach der Schrankmontage verlegt. Wer's vorher macht, vermeidet unnötige Verschmutzung*

### Gutes Licht zum Arbeiten

Deckenlampen allein reichen in der Küche meist nicht aus. Zusätzliche Lichtquellen sollten die Arbeitsflächen blendfrei direkt von oben beleuchten. Ansonsten wäre das Hantieren mit scharfen Messern, elektrischen Küchengeräten und heißen Töpfen ein ausgesprochen unfallträchtiges Unterfangen. Für die Lichtinstallation bieten sich die Unterseiten der Hängeschränke geradezu an. Die Halogenleuchten, die hier exakt zum Kücheninterieur passen, sind einfach und schnell gebaut. Eine dreieckig zugeschnittene lackierte Holzplatte dient als Fassung. Die Aussparung für die flachen Halogenspots schneidet man mit der Lochsäge aus, die Nut für die Kabelführung wurde mit dem Beitel ausgestemmt. Die Kabel laufen durch die Rückwand zu den Transformatoren, die man im Schrankinneren festschraubt.

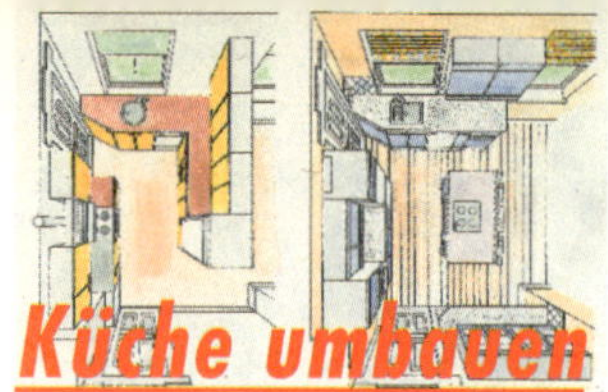


# Zwei Schränke mußten neu gebaut werden

die vorhandenen Plastikgriffe und füllten die entstandenen Lücken mit Spanplatten-Stücken. An den Außenseiten überdecken Sperrholzleisten die Flickstellen. Die Schubfächer erhielten komplett neue Fronten aus Sperrholz. Dann wurden die beiden neuen Schränke nach einfachster Bauart zusammengeschraubt und Holzdreiecke für die Arbeitsplatten-Beleuchtung zugeschnitten. Weil sich das Ehepaar nicht sicher war, ob sich mit der Schaumstoffrolle eine absolut gleichmäßige Farboberfläche erzielen läßt, hat es die Lackierarbeiten einem Profi überlassen. Auch einige der neuen weißen Fliesen gab man zum Lackierer, nachdem die Suche nach Dekor-Fliesen im

## Renovierungskosten

| | |
|---|---|
| Fliesen und Kleber | 320 DM |
| Arbeitsplatten | 550 DM |
| Granitplatte f. d. Herd | 1330 DM |
| Holz | 540 DM |
| Halogenstrahler | 230 DM |
| Wandfarbe | 190 DM |
| div. Kleinteile | 250 DM |
| | **3410 DM** |
| Lackierer | 980 DM |
| Elektriker | 1180 DM |
| Installateur | 210 DM |
| | **2370 DM** |
| Schleifmasch. (Leihgeb.) | **240 DM** |
| Neuanschaffungen (elektrische Geräte) | **3880 DM** |

## Neuer Schrank

**1** *Die Einzelteile eines neuen Küchenschranks kann man sich auf Maß zuschneiden lassen. Zunächst wurden die Schraublöcher in den …*

**2** *… Seitenteilen vorgebohrt. Man verleimt und verschraubt ein Seitenteil mit der fixierten Bodenplatte. An der oberen Kante des …*

**3** *… Seitenteils werden die Verbindungsstützen befestigt. Danach die gegenüberliegende Seite mit Bodenplatte und Stützleisten verschrauben*

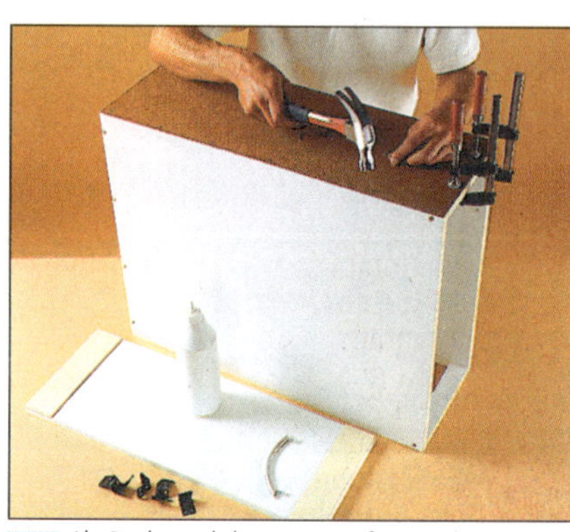

**4** *Als Rückwand dient eine aufgenagelte 4 mm starke Hartfaserplatte. Auf die neugebauten Türen wurden die gleichen …*

**5** *… Sperrholzblenden geleimt, die bei den überarbeiteten Exemplarendie Flickstellen verdecken. Zum Schluß werden die Türen mit …*

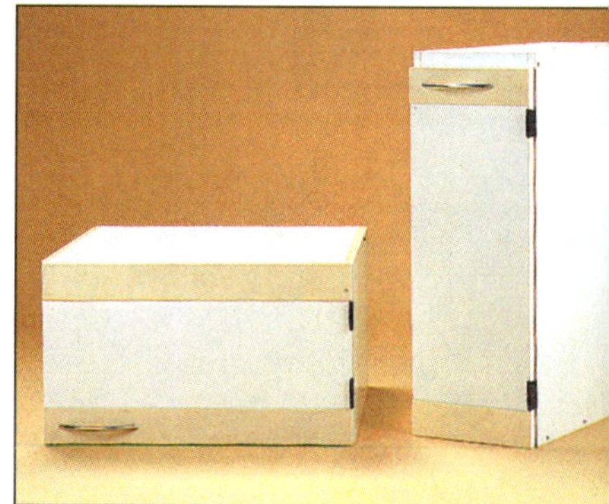

**6** *… handelsüblichen Topfscharnieren befestigt und mit Griffen ausgestattet. Fertig sind die beiden fehlenden Elemente im Umbau-Puzzle*

### Spanplatten ausbessern

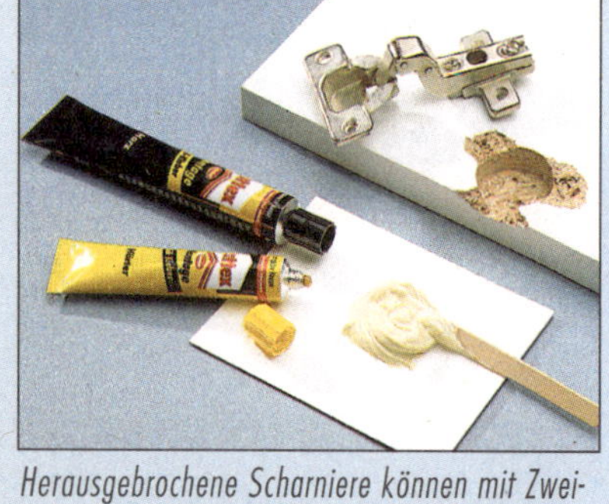

*Herausgebrochene Scharniere können mit Zwei-Komponenten-Füllkleber leicht repariert werden*

Herausgebrochene Verbindungsbeschläge oder Türscharniere bedeuten nicht zwangsläufig das Aus für Küchenmöbel aus Spanplatten. Die defekten Teile kann man mit Füllkleber leicht wieder funktionstüchtig machen. Die beiden Komponenten Harz und Härter gut mischen und die Masse auf die schadhafte Stelle auftragen. Nach ca. 5 Stunden läßt sich die getrocknete Spachtelmasse wie Holz mit Beitel oder Hobel bearbeiten, glattschleifen und bohren. Der Füllkleber eignet sich auch für spaltfüllende Verbindungen zwischen Metall, Holz und Kunststoffen. Anschließend kann man die Reparaturstelle mit handelsüblichen Lacken überstreichen. Das Material gibt's in Baumärkten.

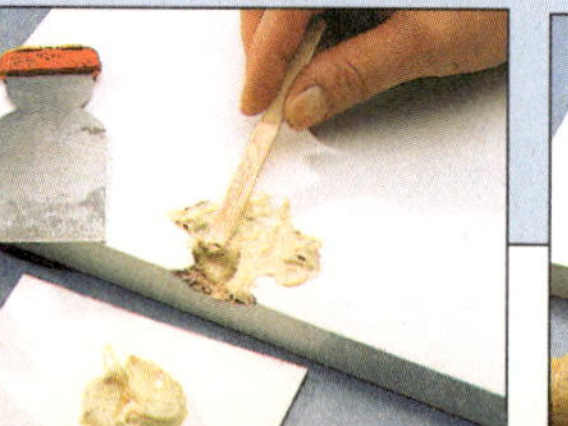

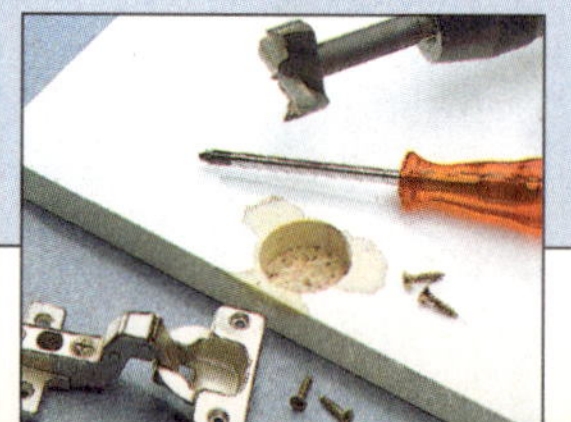

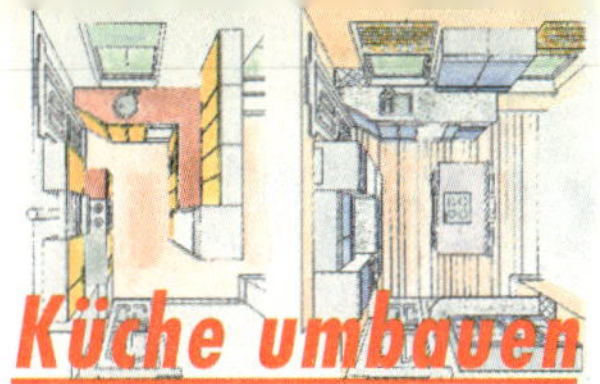


# Verjüngungskur für die alten Schranktüren

den darunterliegenden alten Holzdielen weichen. Die Wunschliste war also lang. Der Haken: Was unterm Strich bei der Kostenkalkulation herauskam, sprengte den Budgetrahmen ganz erheblich. Nach kurzer Überlegung stellte sich das versierte Heimwerker-Ehepaar dann die entscheidende Frage, die geradewegs zur Lösung des Problems führte: Warum 15 intakte Küchenschränke auf den Müll werfen, wenn lediglich ihre Fronten stören? Es folgte eine Planungsphase, die der Lösung eines Puzzles glich: Welches Element kommt wohin? Man löste die Aufgabe so gut, daß nur zwei Schränke nicht in den Plan paßten und neu gebaut werden mußten. Erster Umbauschritt war die Überarbeitung der Türen. Sie sind wie die Korpusse aus beschichten Spanplatten gefertigt. Unsere Heimwerker entfernten

*Wie ausgewechselt. Mit Hilfe von Sperrholz, Glas und Lack entstanden aus den baugleichen alten Elementen zwei neue Türvarianten*

## Türen erneuern

**1** Billige Plastik-Griffe ‚zierten' die bisherigen Türfronten. Sie ließen sich mit einem Schraubendreher leicht heraushebeln

**2** Die nicht wiederverwendeten Türen lieferten das Füllmaterial für die Griffaussparung. Die Ecken der Klötzchen wurden rundgeschliffen

**3** Eine auf die Türfront aufgeleimte Sperrholzleiste verdeckt die Flickstelle. Leim auf beide Teile auftragen und etwas antrocknen lassen

**4** Dann wird das zugeschnittene Füllstück in der Griffaussparung von der Türinnenseite her verleimt und mit Zwingen fixiert. Wenn der ...

**5** ...Leim angezogen hat, schleift man unebene Übergänge glatt. Eventuell etwas nachspachteln. Die späteren Glastüren sägt man ...

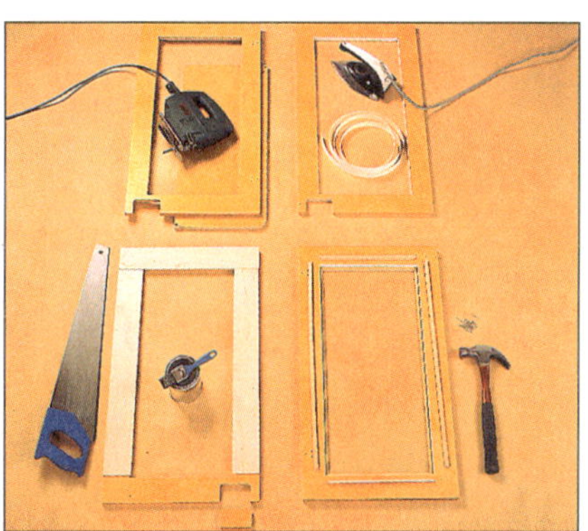

**6** ... so aus, daß die vorderen Sperrholz-Blenden rundum 10 mm überstehen. Das Glas fixiert man an der Rückseite mit Viertelstäben

Rundum schön und praktisch: Die dem Eßbereich zugewandte Rückseite des Herdblocks bietet viel Platz für Kochbücher, Weinflaschen und anderes

## Herdblock

**1** Man beginnt mit der doppelten Rückwand. Wenn die obere Kantenrundung sowie der Ausschnitt für die Regalfächer markiert sind, ...

**2** ... werden zwei identische Rückwände zugeschnitten. Die beiden Multiplexplatten mit den aufgeleimten Futterleisten verschrauben

**5** Wenn die Seitenteile angebracht sind, verankert man den Herdblock mit Winkelverbindern im Boden. Die Kabel wurden von unten ...

**6** ... durch Bohrungen in den Trägerleisten hochgeführt. Anschließend setzt man die Sockel für die beiden Schrankelemente. Alle ...

Dort, wo vorher eine Schrankwand als Raumteiler diente, verbindet nun der selbstgebaute Herdblock den Koch- mit dem Eßbereich. Er ist attraktiver Mittelpunkt der neugeschaffenen ‚Recycling'-Wohnküche

3 *Den montierten Regaleinsatz in den Rückwand-Ausschnitt einpassen und mit den seitlichen Futterleisten verschrauben. Als ...*

4 *... Abdeckung der abgerundeten Rückwand-Kante diente ein Hartfaser-Streifen, der aufgeleimt und mit dünnen Nägeln fixiert wurde*

7 *... sichtbaren Oberflächen des Küchenblocks erhielten eine Fliesenverkleidung. Dabei stellen die seitlich angebrachten farbigen ...*

8 *... Elemente die stilistische Verbindung zum übrigen Küchen-Interieur her. Die Zwischenräume wurden abschließend weiß verfugt*

# Der Herdblock wird zum Mittelpunkt des Koch- und Eßbereichs

Blauton der Türen ergebnislos abgebrochen wurde. Als diese Vorarbeiten erledigt waren, begann der eigentliche Umbau. Der Korkboden mußte entfernt, die Holzdielen abgeschliffen, gelaugt und geölt werden. Da die alten Unterschränke inklusive Arbeitsplatte nur 85 cm hoch waren, setzte man sie mit neuen Sockeln auf die heute übliche, bequeme Arbeitshöhe von 90 cm. Die Wandflächen zwischen Unter- und Oberschränken erhielten einen Fliesenbelag.

Erst zum Schluß wurde der vormontierte Herdblock in der Raummitte verankert. Die Tragkonstruktion, die komplett aus Holz und zwei überarbeiteten Schrankelementen besteht, ist von außen nicht sichtbar. Mit der modernen Glaskeramik-Kochfläche, der schweren Granit-Arbeitsplatte und den gefliesten Oberflächen wirkt der Herdblock massiv und edel. Er ist ein echter Hingucker und gleichzeitig Mittelpunkt der neuen ‚Recycling'-Wohnküche, um den sich nun das Familienleben dreht. □

Füllkleber: Henkel, 40589 Düsseldorf, Tel: 0211/797-0

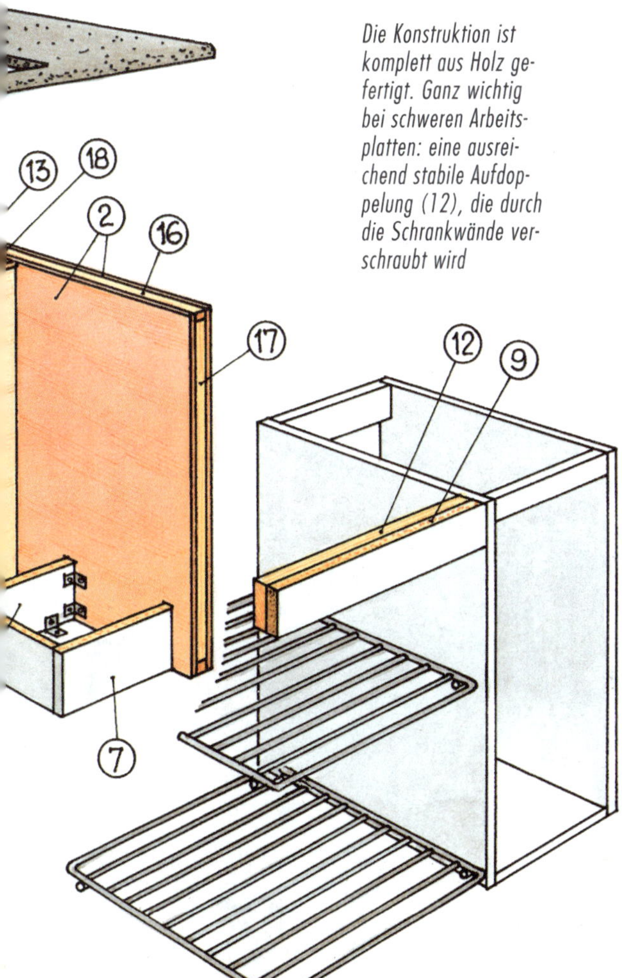


*Die Konstruktion ist komplett aus Holz gefertigt. Ganz wichtig bei schweren Arbeitsplatten: eine ausreichend stabile Aufdoppelung (12), die durch die Schrankwände verschraubt wird*

**EINKAUFSZETTEL**

| Pos. | Anz. | Bezeichnung | Maße in mm | Material |
|---|---|---|---|---|
| ① | 2 | Rückwände | 1570 x 1120 | Multiplex |
| ② | 4 | Seitenwände | 850 x 870 | 15 mm dick |
| ③ | 1 | Zwischenwand | 1422 x 870 | |
| ④ | 3 | Böden | 912 x 255 | |
| ⑤ | 2 | Seitenbretter | 466 x 255 | |
| ⑥ | 2 | Sockelbretter | 524 x 145 | Spanplatte, |
| ⑦ | 2 | Sockelbretter | 390 x 145 | weiß beschichtet, |
| ⑧ | 2 | Sockelbretter | 374 x 145 | 16 mm dick |
| ⑨ | 1 | Frontblende | 606 x 95 | |
| ⑩ | 1 | Abdeckung | 1650 x 76 | Hartfaser 3,2 mm |
| ⑪ | 2 | Futterhölzer | 968 lang | Kiefer 68 x 44 mm |
| ⑫ | 1 | Aufdoppelung | 606 lang | Kiefer 95 x 20 mm |
| ⑬ | 1 | Trägerleiste | 1420 lang | Kiefer 44 x 21 mm |
| ⑭ | 2 | Futterleisten | 1570 lang | |
| ⑮ | 2 | Futterleisten | 968 lang | |
| ⑯ | 4 | Futterleisten | 850 lang | |
| ⑰ | 6 | Futterleisten | 828 lang | |
| ⑱ | 2 | Eckleisten | 870 lang | |

**1 Arbeitsplatte, Granit 30 mm dick, 1600 x 870 mm; 2 Unterschränke, 400 mm breit (je 1x mit Tür und Schubläden); Fliesen nach Bedarf und Wunsch; 2 Gitterroste, 600 x 550 mm mit Bodenträgern; verzinkte Winkelverbinder (Sockelmontage); Spanplatten-Schrauben; Holzleim.**

**Materialkosten (ohne Arbeitsplatte, Unterschränke, Gitterroste und Fliesen) rund 650 Mark.**

## Kompaktküche

# Klein abe

Wohnraum ist knapp und teuer. Gleichzeitig steigt die Zahl der Ein- und Zweipersonenhaushalte. Wir zeigen Ihnen, wie man auf 4 m² eine funktionelle und pfiffige Küche unterbringt

*Gerade in kleinen Küchen muß man jede Lücke nutzen. Daher wurden hier Mikrowelle und Heißwassergerät unter ein Bord montiert. Über dem Dunstabzug finden die Gewürze Platz*

# praktisch

Appartements und Kleinwohnungen sind bei Singles beliebt. Ihr Nachteil: Sie haben oft nur eine winzige Küche oder Kochnische. Die hier vorgestellte Kompakt-Lösung kommt mit einer Grundfläche von 4 m² aus. Selbstgebaute Möbel, vom platzsparenden Klapptisch vor dem Fenster bis zu raffiniert genutzten Schränken und Regalen, bieten gute Arbeitsmöglichkeiten. Auch die Farbgebung spielt eine nicht zu unterschätzende Rolle.

Weil eine zweckmäßige Küchenplanung sehr stark vom Grundriß und der Lage der Fenster und Türen abhängt, wird sich unser Beispiel in den seltensten Fällen exakt kopieren lassen. Die darin vorgestellten Ideen bieten aber sicherlich viele interessante Lösungsansätze für individuell geplante und funktionelle Kleinküchen.

Da ein solcher Raum auf jeden Fall pflegeleicht sein sollte, beginnt die Neugestaltung mit dem Fußboden. Im Hinblick auf die starke Beanspruchung wählten wir weißglasierte Steinzeug-Fliesen im Format 100 x 100 mm. Die durch Netzklebung zu handlichen 300 x 500 mm großen Tafeln zusammengefaßten Platten werden entlang der Hauptblickachse ausgerichtet. Wenn der Estrich eben ist, erfolgt die Verklebung im Dünnbett-Verfahren. Nach dem Trocknen des Klebers wird der Boden verfugt. Die Wände fliest man nach dem gleichen Verfahren, jedoch nur oberhalb der Arbeitsplattenhöhe. Für die übrigen Wandflächen eignet sich Prägetapete mit unregelmäßigem

# Kompakt-Küche

1 *Die Fliesen sind auf 300 mal 500 mm großen Tafeln zusammengefaßt, damit man sie leichter verlegen kann*

2 *Für den Zuschnitt am Rand leihen Sie sich möglichst ein Fliesenschneidgerät*

Perlenmuster. Damit man die Prägung nicht „plättet", sollten die Bahnen mit einer Tapezierbürste oder Lammfellrolle nur leicht angedrückt werden. Abschließend erfolgt der Anstrich mit Acryl-Seidenmattlack. So erhalten Sie eine ausdrucksvolle Oberfläche, die sich wunderbar leicht abwischen läßt.

Wer einen vorhandenen Grundriß möglichst gut ausnutzen möchte, kommt mit maßgeschneiderten Selbstbau-Möbeln am besten ans Ziel. Dabei müssen lediglich die üblichen Breiten- und Tiefenmaße für Einbaugeräte berücksichtigt werden. Wenn alle Teile laut Einkaufszettel zugeschnitten sind, kann die Montage beginnen: Mit einer Lehre, wie sie im Foto 6 zu sehen ist, lassen sich die Dübellöcher problemlos dekkungsgleich herstellen. Die exakte Tiefe wird mit einem Stellring am Holzbohrer festgelegt. Dann können die Verbindungsstellen mit Holzleim eingestrichen werden. Unter Verwendung eines Beilageholzes klopft man die Korpusteile anschließend zusammen und spannt das Ganze mit langen Zwingen ein.

Den meisten Einbauspülen liegt eine Schablone bei, mit deren Hilfe die Konturen der Aussparung aufgezeichnet werden. Anschließend bohrt man an den Ecken 10-mm-Löcher und sägt die Arbeitsplatte entlang den Linien aus. Dann wird die Platte ebenfalls mit Fliesen belegt. Sowohl für das Bett als auch für das Verfugen eignet sich am besten Zweikomponenten-Kleber. Er

5 *Saubere Kanten beim Zuschneiden von beschichteter Spanplatte erhält man mit einem Sägeblatt aus Hartmetall*

8 *Zum Einbau der Spüle bohrt man an den Ecken vier Löcher und sägt die Platte entlang den Markierungen aus*

9 *Nachdem die Arbeitsplatte angebracht ist, wird der Zweikomponentenkleber dünn aufgetragen*

3 *Auch die Wände werden im Dünnbett-Verfahren gefliest. Wenn alles verfugt ist, kann es an das Tapezieren gehen*

4 *Beim Kleben von Prägetapete sollte man die Bahnen mit einer weichen Bürste nur leicht andrücken*

6 *Mit einer solchen Bohrhilfe erreicht man deckungsgleiche Löcher für die Dübelverbindung*

7 *Während der Holzleim abbindet, sollte man den Schrank in langen Zwingen fest eingespannen*

10 *In den Kleber kann man nun die Fliesenmatten legen und diese dann sauber dort ausrichten*

11 *Als Fugenfüller findet wiederum Kraftkleber Verwendung. Er schützt die Holzplatte vor Nässe*

# Kompakt-Küche

## EINKAUFSZETTEL

| Pos. | Anz. | Bezeichnung | Maße in mm | Material |
|---|---|---|---|---|
| 1 | 2 | Seitenwände | 850 x 450 | |
| 2 | 1 | Rückwand | 850 x 562 | |
| 3 | 1 | Frontwand | 562 x 433 | beschichtete |
| 4 | 1 | Zwischenwand | 562 x 417 | Spanplatte |
| 5 | 4 | Böden | 562 x 90 | 19 mm dick |
| 6 | 1 | Blende | 562 x 100 | |
| 7 | 2 | Blenden | 393 x 100 | |

Umleimer; Holzleim.
Materialkosten rund 80 Mark

*In dem Hängeschrank ist die Dunstabzugshaube versteckt. Wie die Konstruktion vor dem Fenster funktioniert, sehen Sie in der Zeichnung unten. Links haben wir den Grundriß der Küche abgebildet*

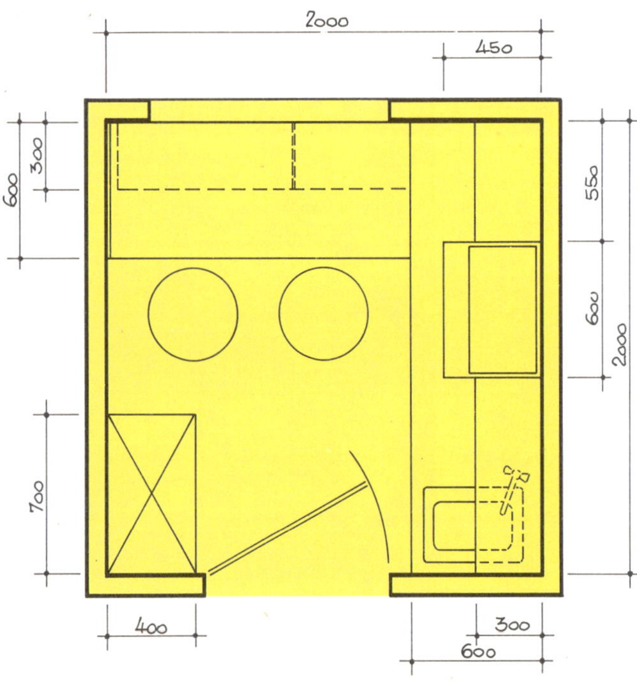


## EINKAUFSZETTEL

| Pos. | Anz. | Bezeichnung | Maße in mm | Material |
|---|---|---|---|---|
| 1 | 1 | Wandplatte | 850 x 600 | |
| 2 | 1 | Tischplatte | 1380 x 562 | |
| 3 | 2 | Kantenbretter | 1380 x 40 | |
| 4 | 2 | Stege | 562 x 21 | beschichtete |
| 5 | 1 | Klappe | 575 x 300 | Spanplatte |
| 6 | 1 | Ablage | 800 x 300 | 19 mm dick |
| 7′ | 2 | Böden | 762 x 300 | |
| 8 | 2 | Seitenwände | 641 x 300 | |
| 9 | 2 | Sockelbretter | 790 x 150 | |
| 10 | 2 | Sockelbretter | 240 x 150 | |
| 11 | 1 | Auflager | 600 lang | Fichte, 30 x 40 mm |

Umleimer; Klavierband, je 1 x 600 und 300 mm lang; Schrauben; Holzdübel; Holzleim.
Materialkosten rund 120 Mark

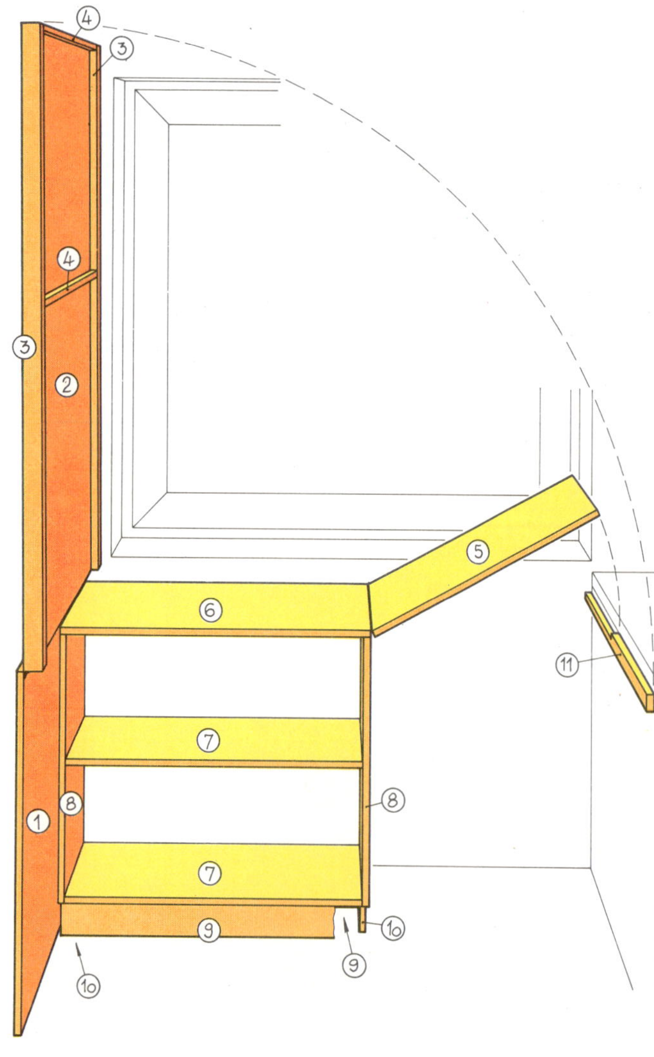

**12** *In den Hängeschrank wird die Dunstabzugshaube integriert. Die Montage erfolgt mit Leim und Holzdübeln*

**13** *Hat man eine Wasserwaage mit Markierungsdornen zur Verfügung, ist das Anbringen des Kastens kein Problem*

**14** *Lackiert wird die Fläche am Schrank erst nach dem Aufhängen. Die Uhr schraubt man erst zum Schluß an*

**15** *Die Eßtisch-Klappe vor dem Fenster schlägt man mit einem Klavierband an der Wandplatte an*

*In das schmale Regalbord wurden noch eine Rezeptablage sowie eine Soffittenlampe zur guten Arbeitsplattenbeleuchtung integriert*

schließt die Arbeitsplatte mit einer harten, emailleartigen Schicht gegen von oben eindringendes Wasser ab.

Die Abzugshaube über dem Kochfeld versteckten wir in einem Spanplattenkasten, in dessen Front drei Gewürzborde und eine Uhr integriert sind. Das schmale Regalbrett daneben dient nicht nur als Ablage: Auf seiner Unterseite verbirgt sich eine Rezept-Ablage, die mit einem Klavierband angeschlagen ist. Vorne am Bord befindet sich eine Leiste, hinter der sich gut die blendfreie Arbeitsplatten-Beleuchtung verstecken läßt. Vor dem Fenster gibt es zwei weitere Mechanismen: Zum einen kann ein großer Arbeits- und Eßtisch heruntergeklappt werden; zum anderen läßt sich die Arbeitsplatte hochschwenken, damit das Fenster leicht erreichbar ist.

# Register

# Register